普通高等教育"十三五"规划教材

矿 山 机 械

主　编　田新邦

副主编　李　斌　粟登峰

北　京

冶 金 工 业 出 版 社

2020

内 容 提 要

本书系统介绍了矿山机械的工作原理、类型、性能、参数计算、选型及相关知识。全书分 4 篇，共 17 章。第 1 篇为钻孔机械，包括岩石的机械破碎原理、凿岩机、凿岩钻车、潜孔钻机和牙轮钻机；第 2 篇为装载机械，包括铲斗式装载机、单斗挖掘机、耙式装载机、抓岩机和电耙；第 3 篇为矿山运输与提升机械，包括矿山轨道运输机械、矿用重型载重汽车、矿井提升设备和胶带输送机；第 4 篇为矿山流体机械，包括矿山排水设备、矿井通风设备和矿山压气设备。

本书为高等学校采矿工程（非煤）、安全工程、隧道工程、水利水电工程等专业的本科生教材，也可作为矿业工程及其他相关专业的研究生教材，还可供相关工程技术人员参考。

图书在版编目 (CIP) 数据

矿山机械/田新邦主编. —北京：冶金工业出版社，
2020. 11

普通高等教育 "十三五" 规划教材

ISBN 978-7-5024-8548-1

Ⅰ. ①矿…　Ⅱ. ①田…　Ⅲ. ①矿山机械—高等学校—教材　Ⅳ. ①TD4

中国版本图书馆 CIP 数据核字 （2020） 第 122698 号

出版人　苏长永

地　　址　北京市东城区嵩祝院北巷 39 号　邮编　100009　电话　(010)64027926
网　　址　www.cnmip.com.cn　电子信箱　yjcbs@cnmip.com.cn
责任编辑　杨　敏　美术编辑　吕欣童　版式设计　禹　蕊
责任校对　郑　娟　责任印制　禹　蕊
ISBN 978-7-5024-8548-1
冶金工业出版社出版发行；各地新华书店经销；北京印刷一厂印刷
2020 年 11 月第 1 版，2020 年 11 月第 1 次印刷
787mm×1092mm　1/16；32 印张；774 千字；496 页
79. 00 元

冶金工业出版社　投稿电话　(010)64027932　投稿信箱　tougao@cnmip.com.cn
冶金工业出版社营销中心　电话　(010)64044283　传真　(010)64027893
冶金工业出版社天猫旗舰店　yjgycbs.tmall.com
（本书如有印装质量问题，本社营销中心负责退换）

前　　言

随着采矿业向技术工艺连续化作业方向发展，矿山机械由粗放型逐步转向智能化、集成化和大型化方向发展，为适应矿山机械的这种发展趋势，使学生毕业后能够尽快熟悉工作岗位，我们编写了本书。

"矿山机械"课程是一门为采矿专业学生开设的机械类专业基础课。根据采矿工程（非煤）专业人才培养目标和专业特点，本书紧扣矿山机械发展趋势，注重基本概念、基本原理和基础知识的表述，强调矿山机械设备的实际工程应用，坚持理论联系实际的原则。本书以当前主流矿山机械设备为例，重点介绍了矿山机械的基本结构、工作原理、工程应用和选型原则，并介绍了各类矿山机械的发展前沿，为矿床资源开发确定最佳开采工艺方案和机械设备选型提供必要的基础知识。

进入21世纪，矿产资源的大量需求和矿业开发水平的飞速进步，以及以机-电-液一体化、微电子技术等为标志的智能化，促进了矿山机械的成套化、自动化和地下矿山无人化的全新发展。因此，在本书编写时融入了当前矿山工程使用的主要类型机械，以适应矿业发展的需要。考虑到教学用书内容的系统性和知识的完备性，本书增加了矿山流体机械的内容，在装载机械部分增加了电耙的内容。

本书由田新邦担任主编，李斌、粟登峰担任副主编。田新邦负责编写绪论、第1篇第1章、第2篇、第3篇，并负责全书的统稿工作；李斌负责编写第1篇的部分内容；粟登峰负责编写第4篇的部分内容；周强、邹梅参与了部分章节的编写；刘猛负责本书的排版及校对工作。全书由李显寅最终审定。

本书的出版得到了西南科技大学的支持和兄弟院校同行的帮助，同时在编写过程中，参考了一些文献，在此一并致以衷心感谢。

由于编者水平所限，书中不足之处，敬请读者批评指正。

编　者
2020 年 7 月

目　录

第 1 篇　钻孔机械

第 2 篇　装载机械

第 3 篇　矿山运输与提升机械

第4篇　矿山流体机械

绪 论

采矿业是国民经济的基础工业，是工业的龙头行业，它承担着为各行工业企业提供原材料、能源及动力的重任，而矿山机械制造业则是国家建立独立工业体系的基础，其在经济建设、科技进步和社会发展中占有十分重要的地位和作用，是衡量一个国家矿业工业实力的重要标志。

纵观发展历程，矿山机械从石器时代的简单工具，到依靠人力、畜力、水力、风力，直到 1698 年 Thomas Savery 制成世界上第一台实用蒸汽提水机（被称为"矿工之友"），才标志着真正意义上的"矿山机械"的诞生，也可以说是人类整个工业文明的第一块奠基石。经过三次工业革命，内燃机、AC 电动机、发电输电技术、机-电-液一体化、模块化、微电子技术相继诞生并成熟起来，促成了矿山机械的动力多样化、电气化和行走装置的多样化时期到来，凿岩机械、采装机械、运输机械、选矿机械、勘探机械被研制出来并投入使用。以露天钻孔机械为例，半个多世纪以来，露天穿孔设备经历了从"磕头钻"、喷火钻到潜孔钻机、牙轮钻机的发展过程，最终牙轮钻机以钻孔孔径大、穿孔效率高等优点成为目前大中型露天矿山普遍使用的穿孔设备。美国 1907 年开始使用牙轮钻机钻凿油井和天然气井，1939 年开始试用于露天矿山，发展到现在逐步形成了世界上主要生产牙轮钻机的三个厂商：Bucyrus-ERIE（BE）、Ingersoll Rand（I-R）、Harnisch Feger（P&H）。瑞典 Atlas Copoc 公司生产的液压钻机也十分有名，并且技术先进。我国自 20 世纪 60 年代起开始研制牙轮钻机，逐步形成了 KY 和 YZ 两大系列的 12 种型号。

我国矿业机械行业作为机械制造业的特殊行业，走过了一条引进仿制、企业初建、壮大发展和开拓创新的曲折道路，经历了如下四个发展阶段：

（1）矿山机械行业的创业和初建阶段（1949~1962 年）。新中国成立以前，我国的矿山机械制造企业极少，仅有十多家机械制造厂，而且多为兼业厂，普遍设备陈旧，生产技术落后，如抚顺炭矿机械制造所、沈阳大亨铁工厂、太原育才机器厂、上海中华铁工厂和大鑫钢铁厂（民族企业）等。到 20 世纪 40 年代末，这些制造厂只能生产矿山机械配件，进行结构装配，修理改造和制造某些小型而简单的矿山设备。解放后新中国开始了战后恢复建设时期，1950 年 10 月，我国建成了第一座年产两万吨的重型机器厂——太原重型机械厂。第一个五年计划时期，我国陆续建起了抚顺重机厂、沈阳矿机厂、洛阳矿机厂、太原矿机厂、承德矿机厂、上海重机厂和汉阳机械厂等 30 余家能够制造矿山机械的工厂，但这个时期的产品多为仿制，能够生产单斗挖掘机、颚式破碎机、风动装岩机、钢绳冲击式钻机等。这些设备对促进建国初期的矿山生产和国民经济发展发挥了巨大作用。到 20 世纪 50 年代末，全国已有矿山机械制造厂 180 多个，矿山机械产品的年生产能力已达 23.228 万吨，基本满足了各类中小型矿山生产需要，并为后期行业发展大型矿山机械设备开辟了新途径。

（2）矿山机械行业的形成和壮大阶段（1963~1978 年）。随着国民经济的迅速发展，矿业开发对矿山设备的需求量越来越大，第一机械工业部组织有关部门和专家，编制了我国"矿山机械十年发展规划"。第三个五年计划期间，在国家的大力扶持下，矿山机械行业掀起了新的生产高潮，使矿山生产技术水平上了一个新台阶，各制造厂很快研制出了一批功能优良的新产品，如 2JK 型双筒提升机、HK 型竖井抓岩机、WK-4 型单斗挖掘机等。在此期间，我国从瑞典引进了一批先进的采矿设备，并在广泛吸收国外先进技术的同时，结合我国国情，加速引进设备的国产化改造，促进了国产矿山机械设备的发展。设计研究部门陆续研制出一批符合国情的矿山机械设备，比如 CGZ700 型轮轨式采矿钻车、CTJ700-3 型轮胎式掘进钻车、梭式矿车、KQ150 型潜孔钻机、KY-250 型牙轮钻机等。到 20 世纪 70 年代末，我国矿山机械行业的生产能力和主要产品已经能够满足装备年产量 500～800 万吨的露天矿山和年产 200～300 万吨的地下矿山的需要，有力地促进了各类矿山的生产建设。

（3）矿山机械行业的全面发展阶段（1979～2000 年）。20 世纪 80 年代初，改革开放掀起了市场经济体制改革的浪潮，外资企业的引进不仅带来了优质产品，还引入了科学先进的管理理念，矿山机械行业也随之飞速发展。我国矿山机械领域投入力度不断增加，引进大量先进的生产技术与设备，使矿山机械的技术创新能力不断提高，技术革新速度不断加快。计算机技术、机械电子的广泛应用使我国矿山机械行业能够进行自主技术研发，为我国矿山机械的发展做出了突出贡献，形成了遍布全国的由大、中、小企业构成的矿山机械制造体系，矿山设备及其配件的年产量超过 100 万吨，全国共形成 50 多个矿山机械行业主导生产厂，其中著名厂家有太原重型机器厂、沈阳风动工具厂、衡阳冶金矿山机器厂、湘潭电机厂、天水风动工具厂、上海重型机械厂等。20 世纪 80 年代末期，我国矿山发展步入机械化发展的完善和巩固阶段，解决了露天矿山穿孔、爆破、铲装、运输及辅助设备的配套制造生产，形成了地下无轨采矿和掘进作业生产线，补齐用途广泛的配套设备，如地下汽车、电动铲运机等，对几种主要引进设备进行消化改进、完善提高。这促进了采矿工艺变革、大幅度提高了矿山生产能力，劳动条件得到明显改善，矿山企业生产进入全面机械化和局部自动化的新阶段，逐步缩短了与世界先进水平的差距。随着矿山机械制造业的蓬勃发展，机电一体化技术含量迅速提高，逐步形成了"专业互融，技术集成，学科交差，标准为先"的矿山机械研发准则，研制出了一批性能良好、结构先进、符合我国实际的现代化生产设备，如 KY-310 型牙轮钻机、WK-10 型单斗挖掘机、CTZ-2 型轮胎式采矿台车、WJ 型地下铲运机等。

（4）矿山机械行业的创新发展阶段（2001 年至今）。进入 21 世纪，我国经济建设进入了高速发展阶段，极大地带动了冶金、煤炭、电力、石化、建材和轻工业等诸多行业对矿产资源的需求，促进了矿业开发投资大幅度增加，各生产矿山规模不断扩大，生产技术水平迅速提高，其中钢铁、有色金属、水泥、玻璃等产品已成为世界最大产品生产国。2018 年，我国铁矿石产量 7.6 亿吨，黑色金属矿采选业固定资产投资 790 亿元；磷矿石产量 9632.6 亿吨，生产水泥 22.1 亿吨，非金属矿采选业固定资产投资 2223 亿元。随着钢铁、煤炭、冶金、建材和燃料等工业的飞速发展，对采矿工业提出了越来越高的要求。矿产资源的大量需求和矿业开发的飞速进步使矿山机械行业迎来了新的发展机遇。气动液压化、电气化、机-电-液一体化、大型化和小型化、模块化、以微电子技术（计算机和传感器技术）为标志的智能化和无人化、设计方法多样化、设计和实验工程模拟化、制造工程的机器人化、一机多功能化等，促进了矿山机械规模壮大、技术飞跃发展。最优化设计和服务理念使采矿工程设计和矿山机械设计制造融为一体，催生和迅速发展了矿山机械的成套化以及系统控制技术和地下矿山无人化，实现了规模矿山开采工艺的高度集成化。

世界工业技术的飞速发展和我国矿山生产规模与技术水平的提高，促使矿山机械行业新技术、新材料、新工艺不断涌现。我国已拥有一批具有自主知识产权的大型先进矿用设备，使矿山机械行业走上了开拓创新之路，如长沙矿山研究院与衡阳有色冶金机械总厂研制的 YZ-55 型牙轮钻机（孔径为 $\phi310\sim380mm$）、宣化采掘机械厂和长沙矿山研究院研制的 CBH-10 型和 QZ-165E（SC-165E）型潜孔钻机（气压高达 $1.6\sim1.8MPa$）、地下采矿用全方位凿岩的 CS-100D 型环形潜孔钻机、太重集团研制成功 WK-55 型、WK-75 型机械式单斗正铲挖掘机、北方股份公司与美国 TERREX 公司合作生产的 MT5500 型电动轮矿用卡车（载重质量为 326t）、GYP1200 型惯性圆锥破碎机等。这些都显示了我国矿山机械设备的整体水平，极大地缩短了我国矿业装备制造业技术水平与世界先进国家矿山设备公司的差距，标志着我国大型矿山机械设备的研究开发已跻身于国际先进行列。按照我国国民经济发展战略目标，到 21 世纪中叶，我国要基本实现工业化和现代化，而建设强大且具有竞争力的机械工业是实现我国现代化的必然选择，也为矿山机械行业的振兴和发展开辟了广阔前景。

在经历了引进消化吸收国外先进技术、合作设计和制造、再到自主设计研发的发展道路之后，特别是在国家相关政策的推动下，我国矿山机械制行业基本实现了两大转变：一是产品开发由仿制型向自主创新型转变；二是经济运行由粗放型向效益型转变。目前，我国矿山机械行业的整体发展态势良好，总体水平已经达到了世界领先水平，实现了矿山机械设备的"门类齐全，高精尖可选"，催生了矿山生产工艺的集成化。但是，矿业的飞速发展也带来了资源消耗日益庞大和环境污染日趋严重以及生存环境的急剧恶化等问题，人类面临着如何实现矿业可持续发展的问题，从而使得矿山机械正面临着第四次工业革命——环境友好型采矿。21 世纪各国积极研发提高资源开采率和回收率技术、研究替代能源、太空采矿，并且新兴能源（水、核、太阳、风、潮汐、生物等）成为推广和研究方向，这也必将对矿山机械的发展产生新的重大影响。

第 1 篇

钻 孔 机 械

在采矿工程中，通常采用爆破的方法将矿石或岩石从岩体上分离下来，而承担钻孔工作的机械设备或工具统称为钻孔机械。钻孔设备的发展历史悠久，早在 1844 年就制造出了第一台轻型气动凿岩机，20 世纪 60 年代研发出独立回转凿岩机。随后，为适应矿山巷道掘进和采矿凿岩作业、铁路隧道和国防工程等方面施工的要求，发展并完善了导轨式凿岩机和凿岩钻车。自 20 世纪 70 年代开始研发液压凿岩机并投入使用，已成为当前钻孔机械的发展趋势。

为了适应井下大量崩矿采矿方法及露天矿山宗量爆破规模的需求，大孔径和深孔凿岩势在必行，潜孔钻机和牙轮钻机成为矿岩采剥凿岩作业中比较经济、高效的钻孔设备。我国潜孔钻机经过引进、研制和创新，自自行研制 YQ-150A 型露天潜孔钻机至今，已形成了多种规格的潜孔凿岩设备，在孔径 60mm 到 250mm 的很宽范围内均有钻机可选。

牙轮钻机是以旋转凿岩原理为基础发展起来的一种高效钻孔设备，1907 年，美国石油工业部门首先使用牙轮钻机钻凿油井和天然气井。1939 年，牙轮钻机开始试用于露天矿。因牙轮钻机之技术经济指标优于潜孔钻机，而在露天矿中得到了广泛的应用。目前能够批量生产牙轮钻机的国家有中国、美国和俄罗斯，国外露天矿山的钻孔量有 70%~80% 是由牙轮钻机完成的，中国、加拿大、美国、俄罗斯和澳大利亚等国的大型露天矿几乎全部使用了牙轮钻机钻孔。我国从 1958 年开始研制牙轮钻机，到目前已逐步形成了完整的 KY 和 YZ 两大产品系列，其中 KY 系列牙轮钻机机型有 KY-200 型、KY-250 型、KY-310 型等，YZ 系列牙轮钻机机型有 YZ-35 型、YZ-55 型、YZ-55A 型等，穿孔直径范围为 95~380mm，当前，我国牙轮钻机的设计、制造水平和穿孔技术已经达到了世界领先水平。

岩石的机械破碎原理

教学目标

通过本章的学习，学生应获得如下知识和能力：

（1）了解矿石的物理力学性质及其对矿山机械设备性能与选用的影响；

（2）掌握矿岩的可钻性与可挖性；

（3）掌握矿岩的机械破岩原理及其过程；

（4）了解钻孔机械的类型及其适用范围。

1.1 岩石的物理力学性质

为了合理地选用和设计新型钻孔机械以及探求高效率、低能耗的机械破岩方法，必须对岩石的物理力学性质及其对矿山机械设备作业的影响有所了解。

岩石的物理力学性质随岩石的类型、赋存条件、成因和组成成分的不同而异，其将会影响到钻孔和采装机械的工作效率。本章仅介绍对钻孔、采装设备有重要影响的岩石物理力学性质。

（1）容重。容重也称为重度，是指单位体积原岩的重量，一般用符号 γ 表示，单位是N/m³。岩石的容重与其密度 ρ 的关系是 $\gamma=\rho g$。

（2）碎胀性。碎胀性是指岩石破碎后其总体积增大的性质。岩石破碎后的体积与破碎前的原岩体积之比称为岩的碎胀系数或松散系数，用符号 K_s 表示。岩石的碎胀性对采装、运输设备的选型有较大影响，松散系数 K_s 是确定挖掘机生产率的重要因素，其值取决于岩土的类型。

（3）强度。岩石在各种载荷作用下，达到破坏时所能承受的最大应力称为岩石的强度，它是岩石抵抗机械破坏（包括拉伸、压缩和剪切等载荷作用）的能力。岩石的强度受岩石的孔隙度、异向性和不均匀性的影响而变化很大。一般地，岩石的抗压极限强度 σ_c 最大，抗剪强度 σ_s 次之，抗拉强度 σ_t 最小，其大小有如下关系：$\sigma_t = （1/10 \sim 1/50）\sigma_c$，$\sigma_s = （1/8 \sim 1/12）\sigma_c$。表1-1列出了几种常见岩石的单轴抗压强度。因此，尽可能使岩石处于受拉伸或剪切状态下，这样利于破碎岩石，提高爆破效果。

（4）硬度。硬度是指岩石抵抗尖锐工具侵入其表面的能力，是比较各种岩石软硬的指标。岩石的硬度取决于岩石的结构、组成颗粒的硬度及其形状与排列方式等，岩石的硬度越大，则凿岩越困难。一般使用两种不同矿物互相刻划的方法来比较矿物的相对硬度，标准矿物的摩氏硬度分为十级，按从小到大排列，依次是滑石、石膏、方解石、萤石、磷灰石、长石、石英、黄玉、刚玉、金刚石。

表 1-1　常见岩石的单轴抗压强度

岩石名称	单轴抗压强度/MPa		岩石名称	单轴抗压强度/MPa	
	干的	湿的		干的	湿的
细粒花岗岩	259.9	236.3	泥质细砂岩	78.2	54.5
花岗斑岩	150.0	129.1	黏土质砂岩	154.3	60.8
安山岩	251.3	213.9	细粒硅质砂岩	116.3	74.8
安山凝灰集块岩	119.6	72.2	中粒石英砂岩	60.8	42.9
凝灰岩	175.0	150.5	砂质黏土岩	36.3	24.0
玄武岩	261.0	184.9	黏土岩	23.5	11.7
闪长岩	127.5	98.1	石灰岩	202.7	185.5
黑云母花岗闪长岩	176.5	117.7	白云质灰岩	124.2	62.2
辉绿岩	267.2	241.0	泥质灰岩	73.6	59.0
流纹斑岩	276.1	274.6	结晶灰岩	132.5	106.5
红砂砾岩	17.8	9.0	泥灰岩	44.1	20.6
石英砂岩	171.5	162.6	石英岩	142.3	136.4
泥质砂岩	64.1	51.3	角闪片岩	214.7	159.9
细砂岩	153.6	113.0	砂质板岩	192.8	146.7

（5）弹性。当撤除所受外力后，岩石恢复原来形状和体积的性能称为弹性。弹性使岩石在遭受冲击力时产生弹性变形而不易破碎，因此岩石的弹性越强则钻孔越困难。

（6）脆性。岩石在外力作用下仅产生极小的变形就发生破坏的性能。在冲击载荷作用下，脆性较大的岩石消耗于岩石的变形功小，岩石愈易于破碎，易于进行钻孔。

（7）研磨性。在工作过程中岩石磨损钻头、铲齿等工具使之变钝的能力称为岩石的研磨性，用单位压力下工具移动单位长度后被磨损的体积来表示。研磨性是一种工具的相对磨损形式，它贯穿于整个机械作业过程中，表现为钻头或刃齿逐渐被磨钝，磨损面逐渐增大，机械钻速逐渐降低。研磨性一方面增加了钻头的消耗，研磨性越大对凿岩工作越不利，同时也降低了钻孔效率和钻头寿命，增加了钻孔成本。含坚硬颗粒多且孔隙较大的岩石，其研磨性也大。

（8）稳定性。稳定性是指岩体开挖后，矿岩暴露一定面积的自由面而不塌陷的性能，用岩石允许暴露面积大小与暴露时间长短来表征。

（9）坚固性。坚固性是指矿岩抵抗综合外力（锹、镐、机械破碎以及爆破等）的性能。

岩石的坚固性表征了岩石机械破碎的多因素综合作用，是岩石抵抗拉压、剪切、弯曲和热力等作用的综合表现，其中岩石的硬度、强度和脆性起着主要作用。

岩石的坚固性通常用坚固性系数 f 表示，可根据岩石的极限抗压强度的大小近似地用式（1-1）确定。

$$f = \frac{\sigma_c}{10} \tag{1-1}$$

式中　f——岩石的坚固性系数；

σ_c——岩石的单轴抗压强度，MPa。

对于某一具体类型岩石，应选用与其坚固性系数相匹配的钻孔设备。为便于了解各种岩石的性质，通常是按照岩石的坚固性系数将岩石分成若干个等级。我国采用的普氏分级法能较正确地反映机械破碎岩石的实质，并且应用比较方便。普氏分级法将常见岩石按其坚固性系数分为 20 级，同时还按照岩石的坚固性程度分成 10 个等级，见表 1-2。但普氏分级法比较笼统粗糙，只能大体上反映岩石破碎的难易程度，而不能表示岩石破碎的规律。

表 1-2 岩石的普氏分级表

等级	坚固性程度	岩　　　石	f
I	最坚硬岩石	最坚硬、细致和有韧性的石英岩和玄武岩，其他各种最坚固的岩石	$\geqslant 20$
II	很坚固岩石	很坚固的花岗质页岩，石英斑岩，很坚固的花岗岩砂质生岩，比上级稍软的石英岩，最坚固的砂岩和石灰岩	15
III	坚固岩石	致密的花岗岩和花岗岩质岩石，很坚固的砂岩和石灰岩，石英质矿脉岩坚固的砾岩，最坚固的铁矿	10
IIIa	坚固岩石	坚固的石灰岩，不坚固的花岗岩，坚固的砂岩，大理石和白云岩，黄铁矿	8
IV	颇坚固岩石	一般的砂岩，铁矿	6
IVa	颇坚固岩石	砂质页岩，页岩质砂岩	5
V	中等岩石	坚固的黏土质岩石，不坚固的砂岩和石灰岩	4
Va	中等岩石	各种不坚固的页岩，致密的泥灰岩	3
VI	颇软弱岩石	软弱的页岩，很软弱的石灰岩，白垩，岩盐，石膏，冻结土壤，无烟煤，普通泥灰岩，破碎的页岩，胶结砾石，石质土壤	2
VIa	颇软弱岩石	碎石质土壤，破碎的页岩，凝结成块的砾石，碎石，坚固的煤，硬化的黏土	1.5
VII	软弱岩石	致密的黏土，软弱的烟煤，黏土质土壤	1.0
VIIa	软弱岩石	轻砂质黏土，黄土，砾石	0.8
VIII	土质岩石	腐殖土泥煤，轻砂质土壤，湿砂	0.6
IX	松散性岩石	砂，山麓堆积，细砾石，松土，采下的煤	0.5
X	流动性岩石	流沙，沼泽土壤，含水黄土及其他含水土壤	0.3

注：1. 表中的岩石坚固性系数可以是岩石在所有不同方面相对坚固性的表征，其在采矿中的意义在于：（1）开采时的采掘性；（2）浅孔和深孔钻孔时的凿岩性等。

　　2. 在分级表中所指出的数字是针对某一类岩石的，而不是对此类岩石中个别岩石而言的。因此，在特定的情况下，f 值的确定必须十分慎重。

1.2　岩石的可钻性与可挖性

1.2.1　岩石的可钻性

岩石的可钻性表示钻头在钻进过程中破碎岩石的难易程度，常用机械钻速作为衡量岩石可钻性的指标，单位是 m/h。岩石的可钻性是合理选择钻进方法、钻头规格及钻进参数的依据，是制定钻孔生产定额、编制钻孔生产计划的基础，也是考核生产效率的依据。由于岩石可钻性的影响因素较多，科研工作者从不同角度提出了各自的分级方法及相应的评价指标。根据所用的分级评价原则不同，可以得到不同的分级。目前岩石的可钻性分级方法主要有按凿碎比功分级，按岩石的 A、B 值分级，按岩石硬度、切削强度和磨蚀性分级，按点荷强度分级，按断裂力学指标分级、按岩石的主要声学指标分级，按最小体积比能分级，按岩石的单轴抗压强度分级等。下面着重介绍前三种分级方法。

（1）按凿碎比功分级。在现场或实验室内采用实际或缩小比例的微型模拟钻头钻孔试验，并以钻速、钻一定深度炮眼所需的时间和钻头的磨损量、凿碎比功耗等指标来表示岩石的可钻性。这些指标不仅取决于岩石本身的性质，还取决于所采用的钻孔方法、钻机型式、钻具、钻孔工艺参数（冲击力、冲击频率、转数、轴压）、钻孔参数（孔径、孔深、角度）和清除岩粉方式等钻孔条件。因此，为比较不同岩石的可钻性，必须规定一个统一的钻孔条件，称为标准钻孔条件。

为固定钻孔条件和方便快速地确定出岩石的可钻性，东北大学（原东北工学院）设计出了一种岩石凿测器。凿测器锤重为 4kg，落高为 1m，采用直径为（40±0.5）mm 的一字形钻头，镶 YG-11（CK013 型）硬合金片，刃角为 110°，每冲击一次转动角度为 15°，测定每种岩样冲击 480 次，每 24 次清除一次岩粉。冲击完成后，计算比功耗和用带有专用卡具的读数显微镜读出钎刃两端向内 4mm 处的磨钝宽度，作为岩石可钻性和磨蚀性分级的指标，用如下两项指标来衡量岩石的可钻性。

1）凿碎比功。

$$\alpha = \frac{A}{V} = \frac{N A_0}{\frac{\pi D^2}{4} \cdot \frac{H}{10}} \tag{1-2}$$

式中　α——凿碎比功（是指凿碎单位体积岩石所消耗的功），J/cm^3；

　　　A——每次冲击功，J，实际实验中 $A = 40J$；

　　　V——破碎岩石体积，cm^3；

　　　A_0——落锤单次冲击功，J/次，实验中 $A_0 = 39.2J$/次；

　　　N——总冲击次数，次；

　　　D——孔径，cm，孔径约比钻头直径大 1mm，因此 $D = 4.1cm$；

　　　H——冲击 480 次后的净孔深度，cm。

因此，$\alpha = 14550/H$。只要用深度卡尺量取净孔深 H 后，便可求出 α 值的大小。按凿碎比功的不同，将岩石可钻性分成七级，见表 1-3。

表 1-3　岩石凿碎比功分级

级　别	I	II	III	IV	V	VI	VII
凿碎比功/$J \cdot cm^{-3}$	<190	200~290	300~390	400~490	500~590	600~690	>700
可钻性	极易	易	中等	中难	难	很难	极难

2）钎刃磨钝宽度。钎刃磨钝宽度用 b 表示，是指落锤冲击 480 次后，钎刃上从刃锋两端各向内 4mm 处的磨钝宽度平均值。钎刃磨钝宽度用读数显微镜和专用卡具量取。按

钎刃磨钝宽度，将岩石的磨蚀性分成三类，见表1-4。

表 1-4 岩石磨蚀性分级

类 别	1	2	3
钎刃磨钝宽度/mm	<0.2	0.3~0.6	>0.7
磨蚀性	弱	中	强

综合表示岩石可钻性时，用罗马数字表示岩石凿碎比功的等级，用左右下标阿拉伯数字表示岩石的磨蚀性，如 III_1 即表示该岩石为中等可钻性的弱磨蚀性。

（2）按岩石的 A、B 值分级。无论难钻进的岩石还是容易钻进的岩石，其对钻头的磨损程度都有大有小，因此岩石钻进的难易程度与钻头磨损（岩石的研磨性）没有固定关系，不能用单一的指标表示。故采用双指标来表示岩石的可钻性，即按岩石的 A、B 值分级，A 值表示岩石的钻进难易程度，而 B 值则表示岩石的研磨性。

1）A 值测量原理。如图1-1所示，用金刚石锯片同时切割直径相同的耐酸瓷棒（比较标准）与岩样，以它们的切割深度比来表示用金刚石磨削的难易程度，即 A 值。岩样的切割深度大于瓷棒，说明岩样的磨削难度低于瓷棒。岩样的切割深度较瓷棒大得越多，岩样的 A 值也较瓷棒低得越多。这样，岩样的可钻性 A 值是以瓷棒的标准进行对比（不是以锯片为标准）。测量出切槽深度，用式（1-3）计算岩样可钻性 A 值。

$$A = \frac{L_P}{L_R} \times 8 \qquad (1\text{-}3)$$

式中　L_P——在瓷棒上切割出来槽的深度，cm；

　　　L_R——在岩样上切割出来槽的深度，cm。

将深度比值乘以8，目的是把瓷棒的可钻性系数 A 值定为8，因为估计瓷砖与十二级分级法的8级岩石可钻性相当。

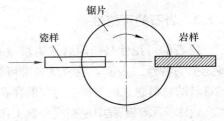

图 1-1　锯片切割对比示意图

2）B 值测量原理。用"微钻对比法"测量 B 值，其实质是用微型钻头以恒速并按"耐酸瓷砖→岩样→耐酸瓷砖"顺序钻进，并用精密天平测量出钻进后的钻头磨损，以式（1-4）计算 B 值。

$$B = \frac{F_Z}{F_C} \qquad (1\text{-}4)$$

式中　F_Z——钻进岩样后的钻头磨损，cm；

　　　F_C——钻进瓷砖后的钻头磨损平均值，cm。

采用极速钻进是为了消除时效对岩粉粒度与岩粉量的影响；用钻进瓷砖时的两次钻头磨损平均值计算 B 值，是为了消除钻头性能变化的影响。

（3）按岩石硬度、切削强度和磨蚀性分级。硬度又称作接触强度，岩石硬度一般利用圆柱形平底压模压入的方法来测定，此时岩石的硬度值按式（1-5）计算。

$$H = \frac{\sum P}{n S_P} \qquad (1\text{-}5)$$

式中　P——压模底部岩石发生完全破碎，即脆性破碎形成凹坑时的载荷，N；

　　　n——测定次数，次；

S_P——压模底面积，cm^2。

硬度区分为静硬度和动硬度两种，利用冲击载荷测定出的硬度称为动硬度。

实验研究表明，钻孔时在一定范围内提高冲击速度，硬度的增加比较缓慢，但超过该范围后继续提高冲击速度，硬度将迅速增大。在硬度缓慢增加阶段内，比能耗不仅没有增大，反而有所下降，这是因为在该阶段内提高冲击速度，岩石塑性变形减小所节约的能量大于硬度增大所需增加的能量；在硬度迅速增大阶段内，比能耗将迅速增加。从能量观点来看，比能耗可用来判断岩石的可钻性，而比能耗又取决于岩石硬度及其塑性性质。当冲击速度相同时，硬度大的岩石的比能耗一般较大。由于冲击载荷较难测定，故通常利用静硬度来判断岩石的可钻性。

旋转凿岩时，钻头在轴向静载荷作用下切入岩石，同时在旋转产生的切削力作用下切削岩石（牙轮钻头例外）。切削一定宽度和厚度岩石所需切削力称为切削强度。因为压入和切削时，岩石破坏的主要形式都是剪切破坏，所以硬度高的岩石，切削强度也高。但旋转凿岩时，岩石的可钻性不仅取决于硬度或切削强度，还取决于岩石的磨蚀性。

在钻孔过程中，由于钻头不断受到岩石表面的磨损而变钝，钻速就会不断下降。这种情况在旋转凿岩时更为严重。磨蚀性除与岩石硬度有关外，还与造岩矿物的硬度、岩石组构等因素有关。除岩石磨蚀性外，钻头磨损的快慢还与钻头形状、几何尺寸、钻头材料、钻孔工艺参数、岩粉颗粒大小以及清除岩粉的方式等因素有关。

1.2.2 岩石的可挖性

岩石的可挖性是指原岩或岩堆（机械破碎或爆破破碎的爆堆）可被挖掘机等采装设备挖掘的特性，表征了原岩或岩堆可被挖掘的难易程度，是一个受多种因素影响的岩石挖掘难易的总概念。根据被挖对象的存在状态，岩石的可挖性分为原岩的可挖性与岩堆的可挖性。通常，采矿工程中挖掘或采掘工作是对爆破破碎后的爆堆按采掘带宽度分区段进行。

挖掘机铲斗的挖掘阻力 F_s 取决于被爆岩石的松散程度、块度大小以及岩块的强度和容重。如图 1-2 所示，挖掘阻力 F_s 随松散系数的下降而显著增大，当岩石的容重和块度增加时，挖掘阻力 F_s 成比例增大，说明岩石的松散性、容重和块度对挖掘阻力都有较大的影响。

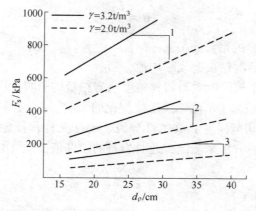

图 1-2 挖掘阻力 F_s 与爆堆块度 d_p 的关系

1—$K_s = 1.05$；2—$K_s = 1.2$；3—$K_s = 1.4$

经爆破破碎后的岩石，其可挖性相对指标可按经验公式（1-6）确定。

$$W = 0.022 \left[A + \frac{10A}{(K_s)^9} \right] \qquad (1-6)$$

式中　A——岩堆块度及岩石抗剪强度对挖掘阻力的影响参数，$A = \gamma d_\rho + \dfrac{\sigma_s}{1000}$；

　　　K_s——松散系数；

　　　d_ρ——岩堆块体的平均尺寸，cm；

　　　γ——岩石的容重，N/cm³；

　　　σ_s——岩石的抗剪强度，kPa。

根据 W 值的大小，可将爆破破碎后岩石的可挖性指标分为 10 级，见表 1-5。考虑所采用的采装设备类型、规格，确定岩石的实际可控性指标 W_s 按式（1-7）计算。

$$W_s = k_1 k_g W \qquad (1-7)$$

式中　k_1——与破碎后的岩石性状及采装设备类型有关的参数，其取值见表 1-6；

　　　k_g——与采装设备类型及规格有关的系数，其取值见表 1-7。

表 1-5　经爆破后岩石的可挖性分级表

分级	不同岩块尺寸 d_ρ 时的 K_s 值					可挖性相对指标 W
	很小的	小的	中等	大的	很大的	
I	1.05~1.40	1.20~1.45	1.30~1.50	1.50~1.60	—	≤3
	1.10~1.15	1.25~1.30	1.35~1.40	—	—	
	1.20~1.25	1.35~1.50	1.50~1.60	—	—	
II	1.01~1.03	1.10~1.15	1.15~1.25	1.25~1.40	1.35~1.60	3~6
	1.01~1.10	1.10~1.25	1.20~1.35	1.30~1.60	1.50~1.60	
	1.10~1.20	1.20~1.40	1.25~1.60	1.35~1.60		
III	—	1.02~1.05	1.10~1.20	1.15~1.20	1.25~1.30	6~9
	1.01~1.03	1.05~1.15	1.10~1.20	1.20~1.30	1.30~1.50	
	1.02~1.10	1.10~1.20	1.15~1.25		1.35~1.60	
IV	—	1.01~1.02	1.03~1.05	1.10~1.15	1.20~1.25	9~12
	—	1.02~1.05	1.05~1.10	1.15~1.20	1.25~1.30	
	1.01~1.05	1.05~1.10	1.10~1.15	1.20~1.25	1.20~1.40	
V	—	—	1.01~1.03	1.05~1.10	1.10~1.20	12~15
		1.01~1.03	1.02~1.05	1.10~1.15	1.15~1.25	
	1.01~1.02	1.03~1.05	1.05~1.10	1.15~1.20	1.25~1.30	
VI	—	—	—	1.03~1.05	1.05~1.15	15~18
	—	—	1.01~1.03	1.05~1.12	1.15~1.20	
	1.01~1.01	1.02~1.05	1.03~1.10	1.10~1.15	1.20~1.25	

续表 1-5

分级	不同岩块尺寸 d_p 时的 K_s 值					可挖性相对指标 W
	很小的	小的	中等	大的	很大的	
VII	—	—	—	1.02~1.03	1.03~1.08	18~21
	—	—	1.00~1.02	1.03~1.10	1.05~1.15	
	—	1.00~1.03	1.02~1.08	1.08~1.15	1.15~1.20	
VIII	—	—	—	1.01~1.02	1.02~1.05	21~24
	—	—	—	1.02~1.08	1.03~1.10	
	—	—	1.00~1.05	1.05~1.12	1.08~1.15	
IX	—	—	—	1.01~1.05	1.01~1.08	24~27
	—	—	1.00~1.02	1.02~1.08	1.05~1.12	
X	—	—	—	1.01~1.02	1.01~1.03	27~30
	—	—	—	1.01~1.05	1.02~1.10	

注：各分级中，第 1 行为爆堆密实后岩石的 K_s 值，第 2 行为中硬岩石的 K_s 值，第 3 行为坚硬岩石的 K_s 值。

表 1-6　系数 k_1 的参考值

采装设备	可挖性相对指标 W			
	≤3	3~6	6~10	11~15
铲运机	1.25	1.30	1.40	1.60
单斗挖掘机	1.00	1.00	1.00	1.00
前装机	1.00	1.05	1.10	1.15
索斗挖掘机	1.05	1.10	1.15	1.25
推土机	1.20	1.25	1.35	1.50

表 1-7 系数 k_g 的参考值

设备类型	设备规格	采 矿 型			剥 离 型		
机械铲	铲斗容积/m³	<2　3~5	8~12.5　16~20		10~20　30~50		80~100　>100
	k_g	1.10~1.15　1.00	0.95~0.90　0.90~0.85		0.90~0.85　0.75		0.70　0.65
拉铲	铲斗容积/m³	4~6	10~15		20~30		50~100
	k_g	1.00	0.95~0.90		0.85~0.75		0.70~0.60
前装机	铲斗容积/m³	2~3	4~6		7.5~12.5		15~28
	k_g	1.10~1.05	1.00		0.95~0.90		0.90~0.85
铲运机	铲斗容积/m³	3~5	8~12		15~20		>20
	k_g	1.0	0.97~0.93		0.90~0.85		0.80~0.70
推土机	功率/kW	<75	100~135		150~220		>300
	k_g	1.08~1.03	1.00		0.97~0.92		0.90~0.80

1.3 岩石的机械破碎过程

为了设计和选用更高性能的钻孔设备和钻具，必须了解机械凿岩时岩石破坏的过程和规律。但迄今为止，人们对于岩石的机械破碎过程了解得还不够深入，尚没有形成统一认识的机械破岩理论。

根据凿岩作用的特点，可将机械破岩原理分为冲击作用、旋转作用和旋转冲击联合作用，相应地机械凿岩方法有三种，即冲击式凿岩、旋转式凿岩和旋转冲击联合式凿岩（见图 1-3）。

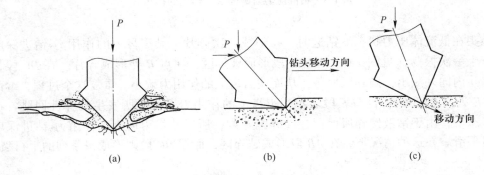

图 1-3 机械凿岩作用原理
（a）冲击式；（b）旋转式；（c）旋转冲击式

1.3.1 冲击式凿岩的岩石破碎过程

冲击式凿岩是向钻头施加一个垂直于岩石表面的冲击力，在这个冲击力作用下使钻头切入并破碎岩石。破碎岩石的过程就是在岩石表面下形成破碎漏斗的过程，如图 1-4 所示。在岩石中形成破碎漏斗的顺序（图 1-3（a）、图 1-4）为：（1）破坏岩面不规整处；（2）弹性变形；（3）在钻头下面形成破碎岩石区；（4）沿曲线轨迹形成碎片；（5）重复这个过程，直至总作用力或总能量全部被利用为止。

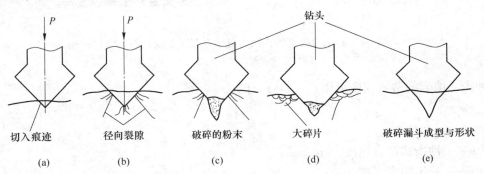

图 1-4 冲击式凿岩时破碎漏斗的形成与岩石破碎过程

作用于孔底壁上的流体压力会严重影响漏斗的形成机理。流体压力低时，漏斗以脆性破坏方式形成，破碎的岩屑从漏斗溅出（见图 1-5（a））。流体压力高时，钻液使碎屑保留在漏斗内，当钻头钻入岩石时会产生一系列平行的裂隙（见图 1-5（b））。这种高流体压力减小了破碎漏斗的尺寸，使钻头下面的碎屑重复粉碎。

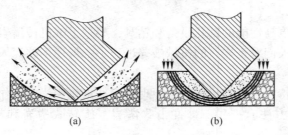

图 1-5　钻液压力对破碎漏斗形成的影响
(a) 低孔底压力；(b) 高孔底压力

钻头在低流体压力状态下钻进时，每形成一次碎片，其刃齿上的作用力-钻进深度曲线就产生一次振荡（见图 1-6）。在 *AB* 段形成破碎区，在点 *B* 处形成碎片。在 *BC* 段，碎片从漏斗内向外溅出，破碎区塌落，从而使刃齿上的作用力减小。重复这个过程，继而在点 *D*、*E* 处又会形成碎片。*EF* 段表示当刃齿上的作用力撤稍后所发生的弹性回跳。在高压力状态下，由于钻液使碎屑保留在破碎漏斗内，所以使得刃齿上的作用力-钻进深度曲线显得平滑。在这种情况下，在 *AB* 段形成破碎区，而在 *BC* 段则形成一系列的平行裂隙。

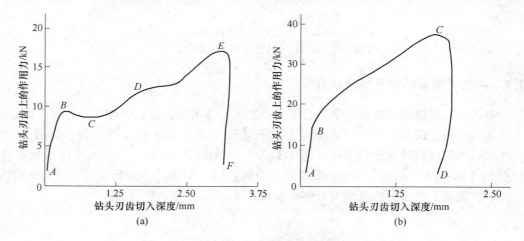

图 1-6　钻头刃齿上的作用力与钻进深度曲线（石灰岩）
(a) 脆性岩石；(b) 塑性岩石

冲击式凿岩的凿岩速度可用式（1-8）计算。

$$v = \frac{fV_0}{F} \tag{1-8}$$

式中　　v——冲击式凿岩速度，cm/min；

　　　　f——冲击频率，次/min；

　　　　V_0——平均每冲击一次所排除的岩石体积，cm³；

　　　　F——钻孔的断面积，cm²。

试验表明，冲击式凿岩钻机的凿岩速度与传递给岩石的能量大致成正比关系，因此考虑到冲击一次所排除的岩石体积难以确定，可引入岩石的比能参数，用式（1-9）近似地计算凿岩速度。

$$v = \frac{fE_{p}e}{FE} \tag{1-9}$$

式中　E_{p}——活塞的冲击能，J；

　　　e——冲击能传给岩石的效率；

　　　E——破碎单位体积岩石所需的比能，J/cm^3。

　　冲击式凿岩钻机的冲击频率在 25～50Hz 之间，冲击能量为 20～140J，活塞回程时钻头转动 15°～30°。在最优轴推力钻进情况下，$e \approx 70\% \sim 90\%$。

1.3.2　旋转式凿岩的岩石破碎过程

　　如图 1-7 所示，旋转式凿岩的特点是同时向钻头施加一个扭转力和一个固定的轴向力，钻头呈螺旋线形向前运动，并破碎其前方的岩石。

图 1-7　旋转式凿岩原理示意图

　　旋转式凿岩中多刃旋转切削钻头的切削作用是一个不连续的过程，如图 1-8 所示，在形成大碎片以后钻头继续向前移动，不断破碎岩石和形成小碎片，直至钻头足以"咬掉"岩石，从而再一次形成大碎片为止。如此重复不断地切削破碎石。

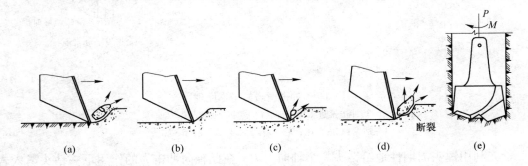

图 1-8　多刃旋转钻头的切削破碎岩石
（a）大碎片；（b）压碎作用；（c）压碎和切削作用；（d）断裂和大碎片；（e）多刃钻头工况

多刃旋转切削钻头的凿岩速度按式（1-10）计算。

$$v = zhn \qquad (1-10)$$

式中　z——钻刃数目，片；

h——切削深度，cm；

n——转速，r/min。

对于中硬岩，多刃旋转切削钻头的凿岩速度随推压力增大而迅速增加，并呈近似的线性关系。但由于钻头磨损很快，故目前还只适用在较软的岩石中钻进。

在机械凿岩方法中，还有旋转冲击式凿岩，其特点是在对钻头施加一个旋转力之外，还间歇地向钻头给以轴向冲击力，使钻头与岩石表面成一定的倾角向岩石内钻进（见图1-8（c））。

1.4　凿岩机的凿岩原理

凿岩机主要用于坚硬岩石中的钻孔作业，其工作原理是冲击旋转式的，如图1-9所示。根据机械破碎岩石作用原理，冲击旋转式凿岩机破碎岩石需要完成四个工作：（1）冲击钎杆；（2）转钎；（3）实时排粉，冷却钎头；（4）推进。凿岩机冲击旋转凿岩的过程呈跃进式破岩，在钻头底部产生承压核，进而在冲击旋转作用下形成破碎漏斗。

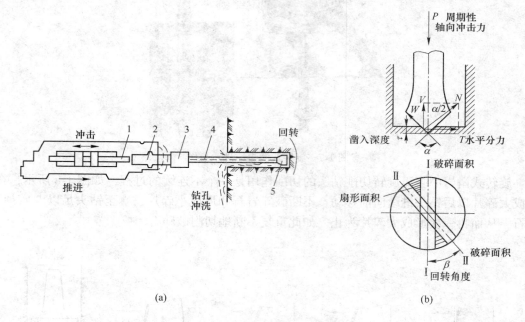

图 1-9　冲击凿岩机工作原理

（a）冲击推进工作原理；（b）冲击回转动作原理

1—活塞；2—钎尾；3—接杆套；4—钎杆；5—钻头

首先利用锤头周期性地给钻头一个轴向力 P，在此轴向冲击力的作用下，钻头凿入岩石一个深度 τ，其破碎的岩石面积为 Ⅰ—Ⅰ。为了形成一个圆形的炮孔，钎杆每冲击一次之后还须回转一个角度 β，然后再进行新的冲击，相应的破碎面积为 Ⅱ—Ⅱ。如此重复运动，即形成一个具有一定深度的钻孔。在两次冲击之间留下来的扇形岩瘤将借钻头切削刃上所产生的水平分力 T 剪碎。此外，为保证凿岩机持续有效地进行凿岩作业，还必须把凿岩过程中形成的粉尘从炮孔中及时地排出。

1.5 钻孔机械及其分类

钻孔机械是用于岩体上钻凿一定孔径、一定方向和一定深度的爆破用孔（钻孔）的机械（或工具）。通用的分类方法是按照破碎岩石的过程和原理来进行。

根据机械破碎岩石方法的不同，可将钻孔机械分为如下几种：

（1）旋转式钻机：多刃切削钻头钻机、金刚石钻头钻机等。这种钻机多用于中等硬度以下的岩石或煤中钻孔。

（2）冲击转动式钻机：各种类型凿岩机、潜孔钻机和钢绳冲击式钻机等。可用在中硬以上的岩石中钻孔。

（3）旋转冲击式钻机：牙轮钻机。用在中硬以上的岩石中钻孔。

除了上述用钻头破碎岩石的各种钻机之外，国内外的矿山工程技术人员和科学工作者还提出和试验了大量的特殊钻机。根据特殊钻机的破岩原理，可将其分为机械凿岩、热力剥落凿岩、熔融气化凿岩和化学凿岩等四种。

机械凿岩有腐蚀、浸蚀、爆破、挤压、钻、火花、火花冲击和超声波等方法。热力剥落凿岩有火钻、电分解，高频电流、电感应和微波等方法。熔融气化凿岩有原子核反应、熔融、电弧、等离子，电子束和激光等方法。化学凿岩有氟腐蚀等方法。

根据钻机的使用场所，可将其分为井下钻机和露天钻机两种。

根据可以钻孔的深度，可将其分为深孔钻机与浅孔钻机两种。

复习思考题

1-1 从广义上解释什么是矿山机械。请查阅 2~3 种当前比较先进的矿山机械设备，写出其基本结构及其功能，列出其工作性能参数，并附实物图。

1-2 简述机械凿岩的三种破岩作用及其过程。

1-3 简述钻孔机械的类型。

2 凿 岩 机

教学目标

通过本章的学习，学生应获得如下知识和能力：

（1）熟悉常用凿岩机的类型、基本结构及其性能；

（2）掌握凿岩机的冲击配气结构及其工作原理；

（3）了解凿岩机的应用环境，能够依据现场工作条件正确选用凿岩机。

2.1 凿岩机的分类

根据《凿岩机械与气动工具产品型号编制方法》（JB/T 1590—2010），凿岩机型号应依次由其类别、组别、型别、产品主参数、产品改进设计状态和制造企业标识等产品特征信息代码组成。例如：

YT——气腿式凿岩机，其中 Y 表示凿岩机（岩）的类别，组别为气动，T 为型别代号（气腿式）。

YSP——向上式高频凿岩机，其中 S 表示型别代号为上向式，P 表示特性代号（高频）。

YGP——导轨式高频凿岩机，其中 G 表示其型别代号为导轨式。

FT——气腿，其中 F 表示该气腿的类别为辅助凿岩设备，T 为该气腿的组别。

凿岩机按照冲击钎尾和转动钎头所用的驱动动力，可以划分为电动、内燃、液压和气动四种类型。

电动凿岩机是以电动机为驱动动力，并通过机械的方法将电动机的旋转运动转化为锤头周期性地对钎尾的冲击运动。电动凿岩机的动力单一，效率较高。

内燃凿岩机是以小功率内燃机为驱动动力。其优点是自身带有动力机构，使用灵活，适用于野外、山地以及没有其他能源的地方进行凿岩作业。

液压凿岩机是以高压液体为驱动动力。这种凿岩机动力消耗少，能量利用率高，可提高凿岩机的性能和加快凿岩的速度。

气动凿岩机是以压缩空气为驱动动力。目前在国内应用最广，可在采矿、土建工程、铁路、水利和国防工程中进行凿岩作业。气动凿岩机的类型很多，如图 2-1 所示，一般有以下所述几种类型。

（1）手持式凿岩机。重量较轻（通常在 20kg 左右）、功率较小，便于手持操作。主要用于钻浅孔和二次爆破作业，如 YT-23、YT-26 等型号的凿岩机。

（2）气腿式凿岩机。气腿式凿岩机的重量通常为 22~30kg，带有起支承和推进作用的气腿。一般能钻深度为 3~5m、直径为 34~42mm 以及带有一定倾角的钻孔。如 YT-24、7655、YT-26、YT-28、YT-29、YTP-26 等型号的凿岩机。

（3）伸缩式（上向式）凿岩机。伸缩式凿岩机带有轴向气腿，专用于钻 60°~90°的上向孔，一般重量为 40kg 左右，钻孔深度为 2~5m，孔径为 36~48mm，如 YSP-45、01-45 等型号的凿岩机。

（4）导轨式（柱架式）凿岩机。导轨式凿岩机的质量较大，约为 35~100kg。一般装在凿岩钻车或柱架的导轨上工作。如 YG-40、YG-65、YG-80 及 YGZ-90 等型号的凿岩机。

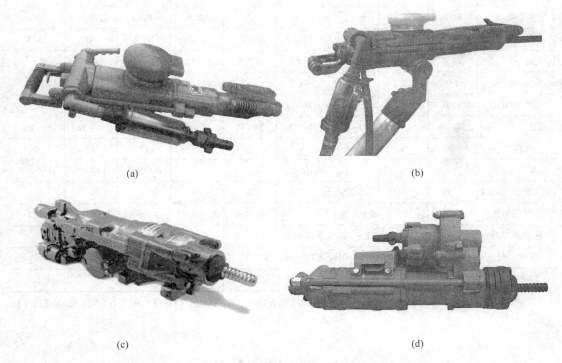

(a)   (b)

(c)   (d)

图 2-1　常用凿岩机类型
（a）YT-29A 型凿岩机；（b）YT-28 型气腿式凿岩机；（c）COP 1800HD 型液压凿岩机；
（d）YGZ-90 型导轨式独立回转凿岩机

气动凿岩机的结构简单，工作可靠，使用安全，在金属矿中应用较早且较多。手持式的功率小、重量轻，但手持作业劳动强度大，钻孔速度慢，孔径不超过 40mm，孔深不超过 3m，主要用于立井掘进中的向下钻孔及钻二次爆破孔；气腿式凿岩机采用气腿支承和推进，可减轻劳动强度，提高钻孔效率，适用于开凿孔深 2~5m，孔径 34~42mm，或带有一定倾角的软岩、中硬岩及硬岩炮眼；伸缩式凿岩机的气腿与主机安装在同一纵向轴线并连成一体，可将其立于地面进行操作，钻凿向上的炮眼；导轨式的重量大，钻孔效率高，要安装在台车或架柱的导轨上使用，可显著减轻劳动强度，改善作业条件，适用于坚硬岩石中孔径 40~80mm、孔深 5~10m 的炮孔凿岩作业。

国产气动凿岩机的技术特征见表 2-1。

表 2-1　国产气动凿岩机的技术特征

项目 ＼ 型号	YT-23	YT-24	YT-27	YT-28	YT-29A	YSP-45	YG-40	YG-80	YGZ-90
机重/kg	24	24	27	28	26.5	44	36	74	90
全长/mm	628	678	668	690	659	1420	680	900	883
工作气压/MPa	0.49	0.49	0.49	0.49	<0.63	0.49	0.49	0.49	0.49~0.69
气缸直径/mm	76	70	80	75	82	95	85	120	125
活塞行程/mm	60	70	60	70	60	47	80	70	62
冲击功/J	58.8	58.8	63.7	68.6	78	68.6	102.9	176.4	196
冲击频率/Hz	35	30	36.7	33.3	>37	>45	26.7	30	33.3
耗气量/m³·min⁻¹	<3.2	<2.9	<3.3	3.5	<3.9	<5	5	8.1	11
扭矩/N·m	>14.7	>12.74	>18	>14.7	>17	>17.64	37.24	98	117.6
水压/MPa	0.19~0.29	0.29	0.19~0.29	0.3	0.19~0.29	0.29~0.49	0.39~0.59		
钻孔直径/mm	34~38	34~42	34~45	34~42	34~45	35~42	40~55	50~75	50~80
钻孔深度/m	5	5	5	5	5	6	15	40	30
钎尾尺寸/mm	H22.2×108						φ32×97	φ38×97	φ38×97
最大轴推力/kN	1.57	1.02	1.57	2	2	—	—	—	—
配气阀形式	环状活阀	碗状控制阀			蝶形阀	环状活阀	碗状控制阀		无阀
注油器型号	FY-200A	FY-250		FY-200B	FY-250	专用			
气腿型号	FT-160A	FT-140	FT-160B	FT-160A	FT-160B、D	专用推进器			
生产厂家	①	②	③	②	④	①	②		⑤

①沈阳风动工具厂；②天水风动工具厂；③陕西西阳风动工具公司；④沈阳阿特拉矿山设备公司；⑤南京战斗机械厂。

2.2　凿岩钎具

2.2.1　钎具及其分类

　　凿岩工具是安装在凿岩机械上用以破碎岩石的工具。通常将凿岩机使用的凿岩工具称为钎具，包括钎尾、钎杆、钎头等，而将潜孔钻机等大孔径钻机的凿岩工具称为钻具，包括钻杆、钻头。凿岩机械根据凿岩原理不同，分为凿岩机和电钻两大类，其凿岩工具根据凿岩机械不同而分为凿岩机钎子和电钻钎子。

　　凿岩机钎子由钎头和钎杆组成（见图 2-2）。钎头上多焊有硬质合金片。钎杆都用六角中空钢制成，前部有梢头与钎头连接，后部有钎尾供插入凿岩机钎套内承受冲击。钎尾前部突出部分叫钎肩，起限制钎尾进入凿岩机机头深度的作用，也便于用钎卡卡住钎杆。钎杆中央有中心孔，用以供水或气冲洗排出的岩粉。

　　中深孔凿岩时，需用连接套将多根钎杆连接起来，以满足凿岩炮孔深度的要求，这种

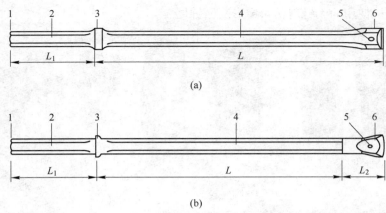

(a)

(b)

图 2-2 凿岩机钎杆及其结构

(a) 整体钎子；(b) 分体钎子

1—钎尾端面；2—钎尾；3—钎肩；4—钎杆；5—冲洗孔；6—钎头

钎具称为接杆钎，如图 2-3 所示。

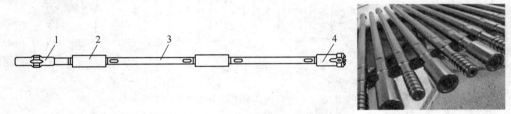

图 2-3 接杆钎及其实物图

1—钎尾；2—连接套；3—钎杆；4—钻头

2.2.2 钎头

钎头是直接破碎岩石的，是钎子的主要组成部分。钎头按活动性分为活动钎头和自刃钎头。其中，活动钎头是指钎头与钎杆可分离，修磨使用方便；自刃钎头是指钎头与钎杆连成一体，不耐磨，修磨使用不便。钎头按刃口形状可分为一字形、十字形、T 字形、X 形等，钎头根据钎刃的形状来命名，其中最常用的是一字形和十字形钎头，如图 2-4 (a) 所示。一字形钎头的主要优点是凿岩速度快、容易制造和修磨，钎刃处镶嵌硬质合金片，由于镶嵌的硬质合金片数少，在使用中比较坚固，不易掉片，但在有裂隙的岩石中钎子易夹钎。十字形钎头如图 2-4 (b) 所示。这类钎头由于刃数多，比较耐磨、眼形较圆、眼底较平，并且在多裂隙岩石中不易夹钎，但是由于镶嵌的硬质合金片数多，其制造和修磨都比较麻烦，兼顾性和钻速都差一些，因此它的使用不及一字形钎头广泛。

2.2.3 钎尾

钎尾的作用是将凿岩机活塞的冲击能量传递给钎杆，继而传给钎头，分为整体钎尾和分体钎尾两类，如图 2-5 所示。分体钎尾按供水方式可分为中心供水和旁侧供水两种。

钎尾结构有三种形式。图 2-6 (a) 所示为气腿式凿岩机使用的带钎肩的六角形断面钎尾；图 2-6 (b) 所示为导轨式凿岩机使用的带凸台的圆形断面钎尾；图 2-6 (c) 所示为伸结式凿岩机使用的无钎肩伪六扇形断面钎尾。

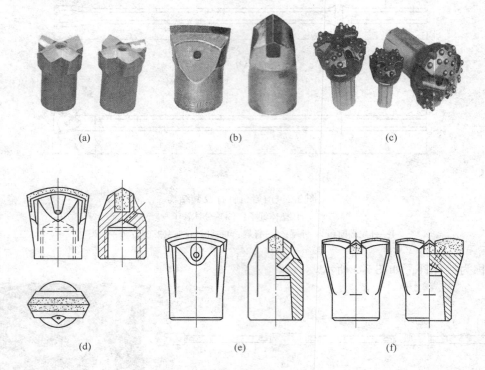

图 2-4　凿岩机用钻头及其结构

（a）十字钎头；（b）一字形钎头；（c）柱齿钻头；（d）螺旋连接（一字钎头）；

（e）锁销连接（一字钎头）；（f）锁销连接（十字钎头）

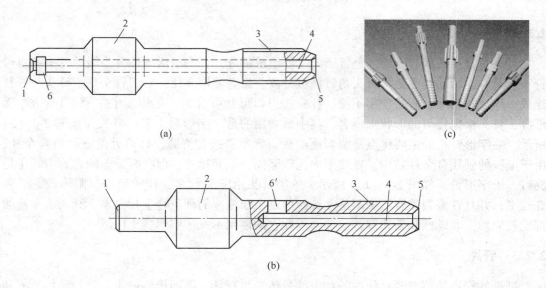

图 2-5　钎尾供水孔

（a）中心供水钎尾；（b）旁侧供水钎尾；（c）钎尾实物图

1—活塞冲击端面；2—钎耳；3—螺纹；4—钎尾供水孔；5—钎杆接触面；6—密封槽；6′—钎尾供水孔；

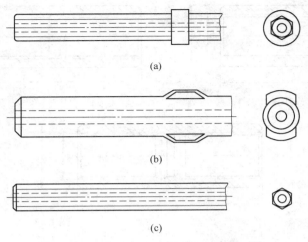

图 2-6　钎尾的结构

钎尾应进行淬火，其端面硬度应保持在 48～53HRC 为最合适，过硬将严重损伤活塞端头，使活塞端头严重碎裂；若钎尾过软，则易于被活塞墩粗而不易从凿岩机中拔出。

2.2.4　连接套

连接套是接杆钎具不可缺少的配套件，其作用是把钎尾、钎杆与钎头连接成一整体，利用连接套内螺纹将两根或多根钎杆，或钎尾与后续钎杆连接在同一轴线上，传递凿岩机的冲击能量，达到钻凿炮孔的目的。连接套按螺纹结构可分为波形螺纹、复合螺纹、梯形螺纹等。

常用连接套有筒式或直接贯通式、半桥式、桥式。无论哪种形式，必须注意连接螺纹并不承受冲击力，而是通过钎杆相顶端面或连接套端面传递，因此接触端面必须平整，以利于传递应力波。

筒式连接套的螺纹是贯通的，它适用于普通波形螺纹连接。半桥式与桥式连接套均可防止钎杆在连接套中串动，主要用于反锯齿螺纹和双倍长螺纹的连接。

按几何结构，连接套可分为直通式连接套、变径式连接套和中止式连接套三种（如图 2-7 所示）。

2.3　气动凿岩机

2.3.1　气动凿岩机的主要组成结构

气动凿岩机按照冲击转动式凿岩动作原理，凿岩机必须具备一些借以完成各主要动作和辅助动作的机构和装置，即冲击配气机构、转钎机构、推进机构、排粉系统、润滑系统和操纵机构等。虽然各种类型气动凿岩机的机构大同小异，但其主要区别在于冲击配气机构和转钎机构的不同。

2.3.1.1　冲击配气机构

冲击配气机构是气动凿岩机的主要机构。它是由配气机构、气缸、活塞和气路等组

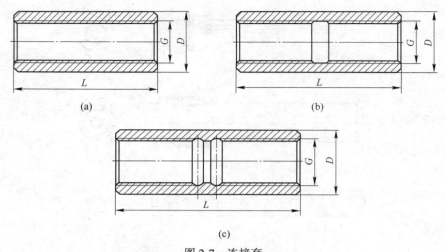

图 2-7　连接套
（a）直通式连接套；（b）变径式连接套；（c）中止式连接套

成。配气机构的作用是将由节气阀输入的压气依次输送到气包的后腔和前腔中，推动活塞作往复运动，从而获得活塞对钎尾的连续冲击动作。配气机构制造质量和结构性能的优劣，直接影响活塞的冲击功、冲击频率、转动和气耗量等主要技术指标。

按配气机构的动作原理和结构形式，冲击配气机构可分为从动阀配气机构、控制阀配气机构和无阀配气机构三种。

A　从动阀配气机构

从动阀配气机构又称为活阀配气机构。在这种配气机构中，活阀位置的变换是依靠活塞在气缸中作往复运动时，压缩的余气压力与自由空气压力间的压力差来实现的。根据阀的结构形式有球阀（已被淘汰）、环状阀和螺阀（摆动阀）等。7655、YT23 等型气腿凿岩机和 YSP-45 型上向式凿岩机采用环状阀配气，而 YT-25 型凿岩机则采用蝶阀配气。

B　控制阀配气机构

控制阀配气机构中，阀的位置的变换是依靠活塞在气缸中往复运动时，在活塞端面打开排气口之前，经由专用孔道引进压气推动配气阀（利用压气与自由空气的压力差）来实现的。控制阀又分碗状阀和柱状阀两种。YT-28、YT-24 等型气腿式凿岩机和 YG-40、YG-80 型导轨式凿岩机均采用碗状控制阀配气。控制阀配气机构的优点是动作灵活，工作平稳，寿命长；缺点是形状复杂，加工精度要求较高。

C　无阀配气机构

无阀配气机构没有独立的配气机构，其依靠活塞在气缸中往复运动时活塞位置的变换来实现配气，可分为活塞配气和活塞尾杆配气两种。YT-26 型凿岩机、YZ-90 型外回转导轨式凿岩机均采用活塞配气杆式无阀配气机构。

无阀配气机构的优点是结构简单，零件维修方便，能充分利用压气的膨胀功，气耗量小，换向灵活，工作稳定可靠；不足之处是气缸、导向套和活塞同心度要求高，制造工艺性较差。

2.3.1.2　转钎机构

凿岩机中常用的转钎机构有内回转和外回转两大类。内回转凿岩机是当活塞作往复运动时，借助棘轮机构使钎杆作间歇转动。内回转转钎机构有内棘轮转钎机构（如 7655、YT-24、YT-25、YT-28、YT-27、YG-40、YSP-45 等型凿岩机）、外棘轮转钎机构（如 YG-80、YG-65 等型凿岩机）。外回转转钎机构是由独立的发动机带动钎杆作连续的转动，如YGZ-99 型凿岩机。

本节将通过对不同类型凿岩机的结构及工作原理的讲解，介绍常见凿岩机的冲击配气机构及其配气原理。

2.3.2 YT-23 型凿岩机

2.3.2.1 YT-23 型凿岩机的构造

凿岩机类型虽多（主要是配气和转钎机构以及参数不同、重量不等），但结构却基本相似。各类凿岩机中，以气腿式凿岩机应用最广，其冲击配气和转钎结构具有代表性。现以 YT-23 型气腿式凿岩机为例，剖析凿岩机的构成及其工作原理。

YT-23 型气腿式凿岩机即原 7655 型气腿式凿岩机，其外形如图 2-8 所示。YT-23 型凿岩机适用在中硬或坚硬岩石（$f=8\sim18$）中钻凿水平或倾斜方向炮眼，钻眼深度可达 5m，被广泛用于岩巷掘进等各种凿岩作业中，是矿山、铁路、交通、水利等工程建设施工中的重要机具。YT-23 型凿岩机配备 FT160A 型（短）、FT160B 型（长）两种气腿，以适应不同大小断面的巷道掘进作业，还配备有 FY200A 型注油器，以保证机具具备良好的润滑。YT-23 型凿岩机也可与钻车配套使用。

YT-23 型凿岩机采用碗状配气阀配气和风水联动冲洗机构，具有重量轻、凿岩效率高、操作方便、工作经济效益好等优点，是现代凿岩工具之一。该型凿岩机适用于中硬和坚硬岩石凿岩。

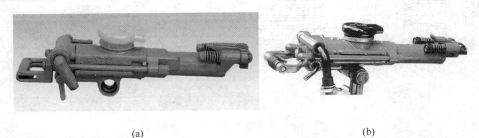

(a)   (b)

图 2-8　凿岩机全貌图

（a）YT-23 型凿岩机；（b）7655 型凿岩机

YT-23 型凿岩机由柄体、气缸和机头三大部分组成，三个部分通过连接螺栓组装成一体，如图 2-9 所示。操纵手柄楚在缸盖后部，内侧安有操纵气腿快速缩回的扳机。柄体、气缸、机头与手柄借助两根长螺栓固装成一整体。凿岩时钢钎插到机头的钎尾套中，并借助卡钎器将其卡住。凿岩机的操作手柄及气腿伸缩手柄集中在柄体上。冲洗钻孔的压力水是风水联动的，只要开动凿岩机，压力水就会沿着水针进入钻孔冲洗岩粉和冷却钎头。

2.3.2.2 YT-23 型凿岩机冲击配气原理

YT-23 型气动凿岩机采用凸缘环状阀配气机构，属于活阀配气结构，其工作原理如图2-10 所示。气动凿岩机的冲击运动是由活塞在气缸中作往复运动，并冲击钎尾来实现的。

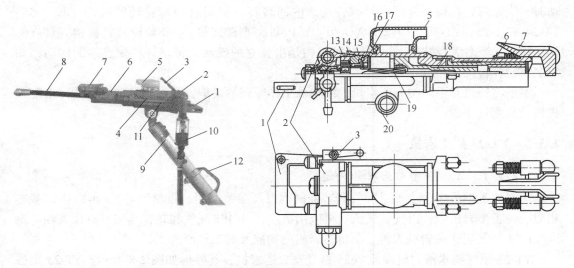

图 2-9　YT-23 型气腿式凿岩机外貌及其结构

1—手把；2—柄体；3—操纵手柄；4—气缸；5—消音罩；6—机头；7—钎卡；8—钎杆；9—气腿；10—自动注油器；11—连接螺栓；12—把手；13—棘轮；14—定位销；15—阀柜；16—阀；17—阀套；18—活塞；19—螺旋棒；20—联轴孔

冲击配气机构主要由缸体、活塞、配气机构（包括配气阀、阀套、阀柜和导向套）等组成，其工作原理包括活塞冲程和回程两个行程，如图 2-10 所示。

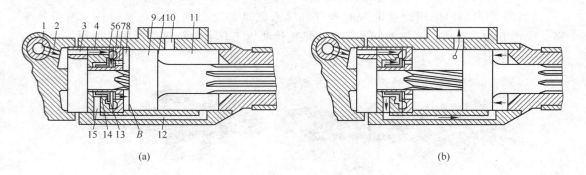

(a)　　　　　　　　　　　　　　　　　　　(b)

图 2-10　环阀配气机构配气原理

（a）冲程；（b）回程

1—操作阀气孔；2—柄体气道；3—棘轮气道；4—阀柜轴向气孔；5—阀柜；6—环形气室；7—阀套气孔；8—气缸左腔；9—活塞；10—排气孔；11—气缸右腔；12—返程气道；13—配气阀；14—配气阀左气室；15—阀柜径向气孔

活塞冲击行程：冲程开始时，活塞在左端，配气阀位于极左位置。当操纵阀转到机器的运转位置时，由操纵阀气孔进来的压气经缸盖柄体气室、棘轮气道、阀柜轴向气孔、环形气室和配气阀前端阀套气孔进入气缸左腔推动活塞向右，而气缸右腔则经排气口与大气相通。此时活塞在压气压力作用下，迅速向右运动，冲击钎尾。当活塞的右端面 A 越过排气口后，缸体右腔中余气受活塞压缩，其压力逐渐增高。经过回程孔道，右腔与配气阀的左端气室相通，于是气室内的压力亦随着活塞继续向右运动而逐渐增高，有推阀右移的趋势。当活塞左端面 B 越过排气口后（见图 2-10 （b）），缸体左腔即与大气相通，气压骤然下降。在这瞬时，配气阀两侧出现压力差，于是阀被右移并与前盖靠合，切断了通往左腔的气路。与此同时活塞冲击钎尾，结束冲程，开始回程。

活塞返回行程：回程开始时活塞及阀均处于极右位置。这时压气经柄体气室、棘轮气道、阀柜轴向气孔及阀柜与阀的间隙、配气阀气室和回程孔道进入气缸右腔，而活塞左腔经排气口与大气相通，故活塞开始向左移动。当活塞左端面越过排气口后，缸体左腔余气受活塞压纸压迫配气阀的右端面，随着活塞的右移，逐渐增加压力的气垫也有推动阀向左移动的趋势，而当活塞右端面 A 越过排气口后（见图 2-10（a）），缸体右腔即与大气相通，气压骤然下降，同时使配气阀气室内的气压亦骤然下降，配气阀两侧出现压力差而被推向左移与阀柜靠合，切断通往缸体右腔的气路和打开通往缸体左腔的气路，此刻活塞回到了缸体左腔结束了回程。压气再次进入气缸左腔，随即冲程开始，进入下一个工作循环。

2.3.2.3 转钎工作原理

YT-23 型凿岩机转钎机构由棘轮、棘爪、螺旋棒、螺母、活塞、转动套、钎尾套和钎子等组成，如图 2-11 所示。螺旋母与活塞通过左旋螺纹连接成一体。螺旋棒上有六条右旋花键槽与螺旋母配合；螺旋棒的另一端有 4 个棘爪，棘爪在塔形弹簧作用下与固定在机体上的棘轮相啮合（见图 2-11）。活塞杆与转动套通过花键配合。转动套左端内的花键孔与活塞杆上的花键相配合，其右端固定安装的钎尾套内有六边形孔，六角形钎尾恰好插入其中。整个转动套装在机头之内，可以自由转动。

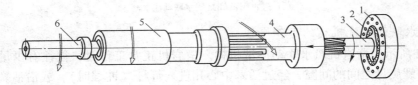

——▶ 活塞冲程时各零件的动作 ══▶ 活塞回程时各零件的动作

图 2-11 转钎机构工作原理

1—棘轮；2—棘爪；3—螺旋棒；4—活塞；5—转动套；6—钎杆

棘轮机构具有单方向间歇回转特征。当活塞冲程时，活塞只作直线运动，由螺旋母带动螺旋棒转动一个角度，棘爪此时处于顺齿位置。当活塞回程时棘爪处于逆齿位置，此时在塔形弹簧的作用下棘爪抵住棘轮内齿，使螺旋棒不能转动（因棘轮固定），于是迫使活塞转动一个角度，从而通过转动套、钎尾套带动钎杆转动。活塞每往复运动一次，钎子便转动一次，故钎子的转动是间歇性的。钎子每次转动的角度与活塞的行程和螺旋棒的导程有关。

YT-23 型凿岩机内棘轮转钎机构合理地利用了活塞回程时的能量来转动钎杆，它具有零件少和结构紧凑等优点，因此而得以推广应用。

2.3.2.4 排粉机构

为了便于成孔和提高凿岩效率，凿岩机在钻孔过程中产生的大量岩粉必须及时地排出孔外。YT-23 型凿岩机使用的风水联动冲洗机构使其具有两种排除岩粉的方式，即凿岩时注水冲洗加吹风和停止凿岩时强力吹扫。YT-23 型凿岩机风水联动冲洗机构由进水阀（见图 2-12（a））和气水联动注水阀（见图 2-12（b））两部分组成。

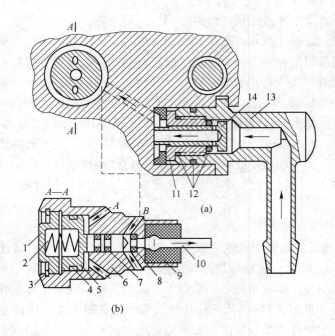

图 2-12　风水联动冲洗机构

(a) 进水阀；(b) 气水联动注水阀

A　风水联动冲洗机构的工作原理

图 2-12 所示为凿岩机风水联动冲洗机构。凿岩机正常工作时，往往有少量的压气沿着螺旋棒与螺旋母之间的间隙，经过活塞中心孔进入钎杆（冲程时），或沿活塞杆的花键槽进入钎杆（回程时）。进入钎杆的压气将沿钎杆中心孔至孔底，与由水针引进的压力水一起排除孔底岩粉。水针安装在柄体缸盖上，并经过螺旋棒和活塞杆的中心孔插入钎尾的中心孔中。风水联动冲洗机构的特点是按通水管后，凿岩机一开动，即可自动向钻孔注水冲洗；凿岩机停止工作时，又可自动关闭水路，停止供水。

当凿岩机开动时，压气从柄体气室经过进气孔道，到达注水闸的前端，克服弹簧的压力，使注水阀后移，从而开启水路，水即通过水针及钎子中心孔注入孔底。当机器停止运转时注水阀的 A 孔无压气进入，故注水阀将在弹簧压力的作用下向前移动井堵塞水路，停止注水。注水水压一般为 0.2~0.3MPa。

B　强力吹扫

当钻孔较深或打下向孔时，聚集在孔底的岩粉如不能及时排除，就会影响凿岩效率。停止凿岩时，将操纵手柄扳到强力吹扫位置。强力吹扫时，压气从操纵阀气孔进入，经由气缸壁等相应的专用孔进入钢钎中心孔，然后通过水针与钢钎的间隙直达孔底实现强力吹粉。为了防止强吹时因活塞后退而从排气口漏气，在气缸左腔钻有与强吹风路相通的小孔（图 2-13 中 8 所指示），使压气进入气缸左腔，保证强吹时活塞处于封闭排气口的位置，防止漏气影响强吹效果。

2.3.2.5　凿岩机的支撑及推进结构

为了克服凿岩机工作时产生的后坐力，并使活塞冲击钎尾时钻头能抵住孔底以提高凿

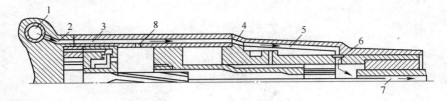

图 2-13　强力吹扫风路图

岩效率，所以必须对凿岩机施以适当的轴推力。因此，YT23 型凿岩机配用 FT160 型气腿作为其支承与推进机构，FT-160A 型气腿的基本结构与工作原理如图 2-14 所示。

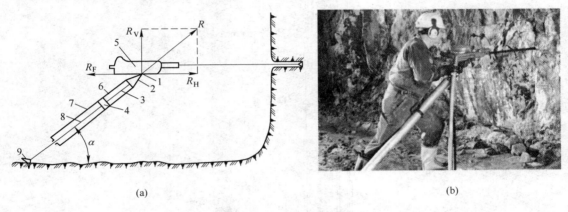

(a)　　　　　　　　　　　　　　　　　(b)

图 2-14　气腿的工作原理

(a) 气腿工作原理简图；(b) 工作面上气腿工作状态

FT-160A 型气腿最大推进长度为 1362mm，最大轴推力可达 1.6kN，它由气缸（外管）、活塞、伸缩管（活塞杆）、架体、气针等组成（见图 2-15）。气管安设在架体上。气腿工作时伸缩管沿导向管伸缩，并用防尘套密封。气腿借连接轴与凿岩机铰接。顶叉固定在伸缩管的下端，工作时支承在底板上。

凿岩机工作时，气腿轴心线与地平面成 α 角（见图 2-14（a））。当压气进入气缸上腔时活塞伸出，把凿岩机支持在适当的钻孔位置。顶叉抵住底板后压气继续进气缸上腔，于是对凿岩机产生一个作用力 R，将其沿水平和垂直方向可分解，则有

水平分力：$R_H = R\cos\alpha$

垂直分力：$R_V = R\sin\alpha$

水平分力 R_H 的作用是平衡凿岩机工作时产生的后坐力，并对凿岩机施加适当的轴推力；垂直分力 R_V 使凿岩机获得最优钻速。因此，R_H 必须大于凿岩机的后坐力 R_F。R_V 的作用是平衡凿岩机和钎杆的重量。

随着钻孔的不断加深，活塞杆继续伸出，α 角将逐渐变小。为了经常保持凿岩机工作时需要的最优轴推力和适当的推进速度，可通过调压阀调节进气量实现。如果活塞已全部伸出，或在更换钎杆时，可扳动换向阀改变气路，使压气进入气腿的下腔，扣动扳机使活塞杆快速缩回，从而可以移动顶叉到合适的位置，然后再重新支承好凿岩机，继续凿岩。

2.3.2.6　操作机构

YT-23 型凿岩机设有三个操纵手柄，分别控制凿岩机的操纵阀、气腿的调压阀及换向

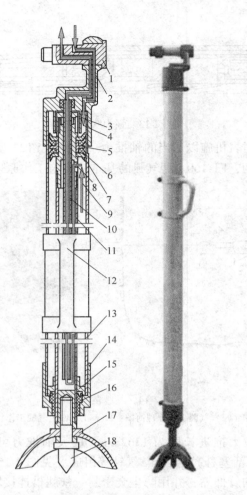

图 2-15　FT160 型气腿结构及实物图

1—连接轴；2—架体；3—螺母；4—上腔；5—压垫；6—塑料碗；7—垫套；8—孔；9—下腔；10—气管；

11—伸缩管；12—提把；13—外管；14—下管座；15—导向管；16—防尘套；17—顶叉；18—顶尖

阀。三个操纵手柄都安装在柄体缸盖上，以便集中控制，操纵方便。

　　A　操纵阀

　　操纵阀用来开闭凿岩机气路及控制凿岩机进气量，其呈柱状中空形，如图 2-16 所示。$A—A$ 剖面中的 a 孔是通往气缸的，$B—B$ 剖面的 b 孔是当机器停止工作时，进行弱吹风的气孔，c 孔是用于强力吹扫的气孔。操纵阀有五个操纵位置（见图 2-17），分别是：

　　0 位——停止工作，停风停水。

　　1 位——轻运转、注水和吹洗钻孔，操纵阀的 a 孔被部分接通。

　　2 位——中运转、注水和冲洗钻孔，a 孔接通部分较大。

　　3 位——全负荷运转、注水和冲洗钻孔，a 孔被全部接通；

　　4 位——停止工作，停水和进行强力吹扫。a 孔被全部堵死，而 c 孔接通强吹气路。

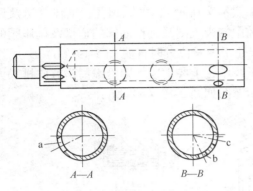

图 2-16　操纵阀的构造

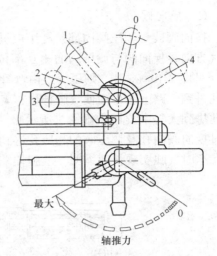

图 2-17　操纵阀、调压阀的操作位

B　调压阀

调压阀是控制气腿工作的装置，它可以无级地调节气腿的轴推力，以适应凿岩机在各种不同条件下作业时对轴推力的要求。

调压阀的结构如图 2-18 所示，扳动调压阀手柄置于不同位置，可以实现气腿轴推力从零到最大值之间的变化。当气腿伸出时，由操纵阀来的压气经过调压阀端部进气口、偏心槽 m 进入通向气腿上腔的孔道。另外尚有一部分压气通过偏心槽 n 和横槽 R 排到大气中。偏心槽 m 是进气槽，偏心槽 n 是泄气槽，二者偏心方向相反。当顺时针方向扳动调压阀时，随着偏心槽 m 的断面逐渐加大而偏心槽 n 的断面逐渐减小，则进入气腿上腔的压气量逐渐加大，排出的气量逐渐减少，这时气腿的轴推力亦逐渐加大。当逆时针方向扳动调压阀时情况则相反，气腿轴推力逐渐减小。当进气口完全对正气腿上腔的孔道时气腿轴推力最大。当横槽 R 完全对正气腿上腔的孔道时气腿处于自由状态。

为了使调压阀随时都可能固定在所需位置上，在调压阀内始终有一股压气经由气封孔进入环形腔内，胀紧环形胶圈。

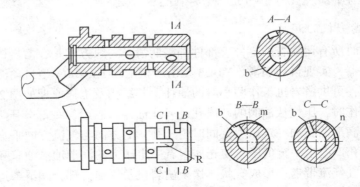

图 2-18　调压阀工作原理

b—调压阀气孔；m—进气槽；n—泄气槽；R—横槽

C　换向阀

换向阀装于调压阀内部，利用扳机可使它在调压阀内腔中左右移动，从而改变气腿的进气方向。换向阀与调压阀的相互部位及工作原理如图 2-19 所示。换向阀处于极左位置时（见图 2-19（a）），则压气经由弯管（图中实箭头所示）、操纵阀孔、柄体气道及调压阀孔进到气路上腔中而使气腿伸出，气腿下腔中的废气则经过换向阀的横槽及调压阀的相应孔排到大气中（图中虚箭头所示）。换向阀处于极右位置时（见图 2-19（b）），压气将经过换向阀内孔及调压阀的相应孔进到气腿下腔中，上腔中废气则沿虚箭头方向排入大气中。这时气腿实现快速缩回。气腿伸缩气路示意图如图 2-19（c）所示。

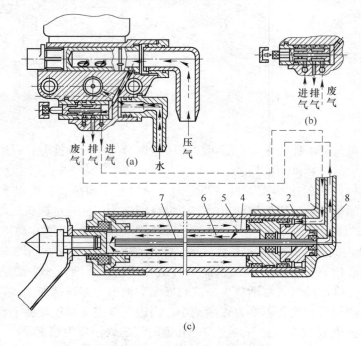

图 2-19　换向阀工作图及气腿气路图
（a）气腿伸出时；（b）气腿缩短时；（c）气腿上下两腔的气路图
1，2—气缸上腔进（排）气通道；3—气缸上腔；4—气孔；5—气缸下腔；6~8—气缸下腔进（排）气通道

2.3.2.7　凿岩机的润滑

凿岩机工作时所有运动着的零件、部件都需润滑。一般方式是在凿岩机进气管路上连接一个自动注油器，实现自动润滑。YT-23 型凿岩机配用 FY-200A 型自动注器，该注油器的容量为 200mL，可供凿岩机工作两小时的油耗，其结构及工作原理如图 2-20 所示。

当凿岩机工作时，压气从油阀的迎风孔进入注油器内腔后，一部分压气顺孔 a 经孔 b 进入壳体内，对润滑油施加一定压力。同时由于孔 c 的方向与气流方向垂直，故在高速气流的作用下在 c 孔口产生一定负压，使壳体内有一定压力的润滑油沿油管和孔 d 流到 c 的孔口，被高速压气气流带走，形成雾状，送至凿岩机及气腿内部，润滑各运动零部件。可用调油阀调节供油量的大小，YT-23 型凿岩机的润滑油耗油量一般调节为 2.5mL/min 左右。气动凿岩机所用润滑油，应根据凿岩机冲击频率高低和作业地点的气候条件来选择。

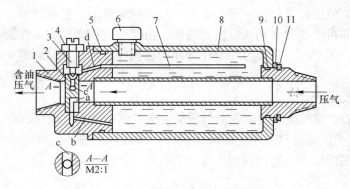

图 2-20　FY200A 型自动注油器

1—管接头；2—油阀；3—调油阀；4—螺帽；5，9—密封圈；6—油堵；7—油管；8—壳体；10—挡圈；11—弹性挡圈

2.3.3　导轨式凿岩机

导轨式凿岩机机重较大，工作时一般需要安装在凿岩钻车或凿岩柱架上。导轨式凿岩机均配备有专用的推进机构，以提供凿岩机工作时所需要的合理轴压和推进动作。本节将介绍两类代表性的导轨式凿岩机的基本结构及冲击配气原理。

2.3.3.1　YG-40 型轻型导轨式凿岩机

用于采场凿岩作业的 YG-40 型凿岩机需与 FJZ-25 型凿岩柱架配套使用（见图 2-21），可钻水平、垂直等各角度的钻孔，孔径为 40～55mm，孔深达 15m。YG-40 型凿岩机亦可装配在凿岩钻车上用以巷道和隧道掘进作业。

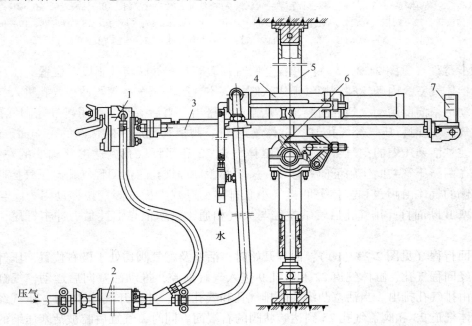

图 2-21　YG-40 型凿岩机与 FJZ-25 型凿岩柱架配套使用图

1—推进风马达；2—自动注油器；3—导轨；4—凿岩机；5—立柱；6—横臂；7—卡钎器

采场凿岩作业时，凿岩机安装在导轨（亦称滑架）上（见图 2-21），转子式风马达带

动丝杆构成了凿岩机的推进机构。导轨安装于柱架的横臂上，横臂可沿立柱上下移动和绕立柱转动，导轨亦可沿横臂移动或绕横臂转动，由此可使凿岩机在工作面钻凿不同位置和不同倾角的钻孔。工作时，横臂可固定在立柱的适当位置上，从而调整导轨达到恰当的作业高度。

A　冲击配气原理

YG-40 型凿岩机采用碗状控制阀配气机构，配气阀由阀柜、碗状阀和阀盖组成（见图 2-22）。碗状控制阀依靠活塞往返运动时，在打开排气口之前使压气经专门的气孔推动配气阀变换位置，从而实现气路换向和活塞冲击行程与返回行程的交替。

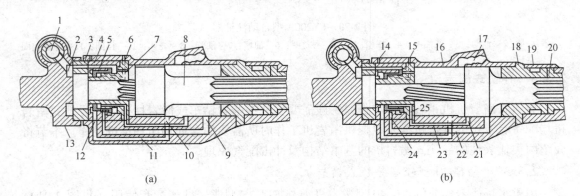

图 2-22　碗状控制阀配气原理
（a）冲程；（b）回程

1—操纵阀；2—柄体气室；3—棘轮；4—阀柜；5—碗状阀；6—阀盖；7—冲程气孔；8—活塞；9，10，21—气孔；
11—缸体气道；12—阀柜气孔；13—柄体；14，15-排气小孔；16—缸体；17—排气孔；18—导向套；19—机头；
20—转动套；22，23—缸体气道；24—返程气孔；25—阀盖气孔

冲击行程（见图 2-22（a））：冲程开始时，活塞及配气阀均处于极左位置，压气经操纵阀、柄体气室、内棘轮和阀柜气道进入阀柜气室，随即压气经阀盖冲程气孔进入气缸后腔，推动活塞向前运动，气缸前腔气体从排气孔排出。当活塞凸缘关闭排气孔和气孔 21、并打开气孔 10 时，压气经气孔 10、缸体气道 11、阀柜气孔进入碗状阀的左端面。同时，气缸前腔被活塞压缩的空气经气孔 9、缸体气道 22 和回程气孔到达碗状阀 5 的左端面。碗状阀在两路压气共同作用下向右移动，关闭阀盖冲程气孔，使回程气孔与压气接通。配气阀右侧的气体由阀盖和缸体上的排气小孔排出，以减少配气阀变位移动阻力。与此同时，活塞 B 断面打开排气孔后气缸左腔与大气相通，活塞依靠惯性猛力冲击钎尾，冲程结束。

返回行程（见图 2-22（b））：回程开始时，活塞及配气阀均处于极右位置，压气从阀柜气室经回程气孔、缸体气道 22 和气孔 9 进入气缸前腔，推动活塞向后运动，气缸后腔的气体由排气孔排出。当活塞凸缘关闭排气孔和气孔 10、并打开气孔 21 时，压气经气孔 21、缸体气道 23 和阀盖气孔 25 到达碗状阀的右端面。同时，气缸后腔被活塞压缩的空气经阀盖冲程气孔到达碗状阀的右端面。碗状阀两路气压共同作用下向左移动，关闭回程气孔，使阀盖冲程气孔与压气接通，碗状阀左侧的气体从阀盖和缸体上的排气小孔排出，以减少配气阀变位移动阻力。与此同时，活塞打开排气孔，气缸右腔与大气相通，活塞依靠

惯性继续向后移动，直至因左腔气垫作用而停止运动，回程结束，随即又开始冲程。

采用控制阀配气机构的还有 YT-24、YT-28、YG-80 等型号的凿岩机。

YG-40 型凿岩机采用内回转棘轮式转钎机构。

B　推进机构

YG-40 型凿岩机使用的是转子式自动推进器，这类推进器由叶片转子式风马达、行星减速装置和传动丝钎等组成，如图 2-23 所示。风马达（功率为 0.74kW）的推进行程为 1m。通过风马达操作手柄可以变换凿岩机的推进方向，调节凿岩机的推进速度。

转子式自动推进器的工作原理：压气由节气阀通过通路进到气缸的下半部，推动叶片带动偏心转子逆时针方向旋转。当叶片转过排气口后，缸内废气由排气口排到大气中。当叶片继续转动时，处于其中的余气将从通路 7、节气阀环形通路和辅助排气孔排入大气中。当节气阀转动 90°（见图 2-23（b））时，即停止向气缸中进压气，马达则停止转动。当节气阀再转动 90°（见图 2-23（c））时，压气将沿通路 7 进到气缸的上半部，因此转子将顺时针方向旋转。

工作时，为使叶片随时都能抵住缸壁，在经通路 5 或 7 向气缸内进气的同时，都有一小部分压气经过专用的通路和左右端盖上的半月形凹槽分别进入叶片根部，从而将叶片推出抵住缸壁。

螺母与凿岩机固定在一起。当转子转动时，经行星减速机构减速后，经转动板带动丝扣（借助花键）旋转，从而实现凿岩机推进运动。

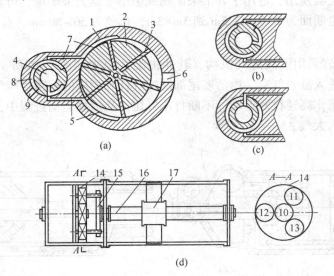

图 2-23　转子式风马达自动推进器

1—气缸；2—偏心转子；3—叶片；4—节气阀；5，7—通路；6—排气孔；8—节气阀环形通路；9—辅助排气孔；10—太阳轮；11~13—行星轮；14—内齿轮；15—转动板；16—丝杠；17—螺母

2.3.3.2　YGZ-90 型外回转导轨式凿岩机

YGZ-90 型凿岩机是以压缩空气为动力的中深孔凿岩机具，采用独立的外回转转钎机构，增大了回转力矩，从而对凿岩机可施加更大的轴推力，提高了纯凿岩速度（转钎速度可调节）。这种转钎机构独立于冲击机构，取消了棘轮、棘爪等零部件（易于磨损），

可适用于各种矿岩条件下作业，延长了凿岩机的使用寿命，机器便于维护与拆装。YGZ-90 型凿岩机采用无阀配气机构，不仅减少了阀柜、配气阀等加工精度要求高的零部件，而且充分利用了压气膨胀做功，从而减少了耗气量。YGZ-90 型外回转导轨式凿岩机的外形如图 2-24 所示。YGZ-90 型外回转导轨式凿岩机由气动马达、减速器、机头、缸体和柄体五个主要部分组成。机头、缸体、柄体用两根长螺杆连接成一体，气动马达和减速器用螺栓固定在机头上，钎尾由气动马达经减速器驱动。

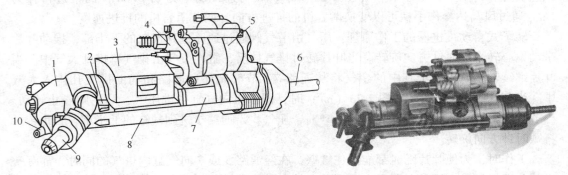

图 2-24　YGZ-90 型导轨式凿岩机外形图

1—柄体；2—配气体；3—排气罩；4—气动马达；5—减速器；6—钎尾；7—机头；8—缸体；9—气管接头；10—水管接头

YGZ-90 型凿岩机属重型导轨式凿岩机，与 CTC14.2、CTC-700 型凿岩钻车或 TJ25 型圆盘式凿岩柱架配套使用，适用于井下采矿场或中小型露天采矿场，可在中硬及以上岩石中凿岩，适用巷道断面为 2.5m×2.5m 到 3m×3m，孔径为 50~80mm，有效孔深可达 30m。

A　冲击配气原理

YGZ-90 型凿岩采用无阀配气机构，其冲击配气原理如图 2-25 所示。当操纵阀打开后，压气经风管进入缸盖气室，由活塞尾部的配气杆和相应的通路将压气导入气缸的后腔或前腔，推动活塞作高速往复运动，不断打击钎尾。在活塞运动过程中，前腔、后腔中的余气经排气口排入大气。

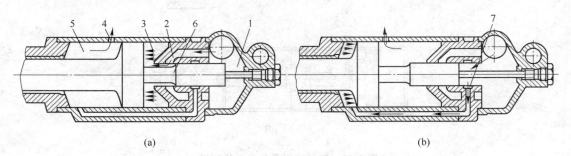

(a)　　　　　　　　　　　　　　　(b)

图 2-25　YGZ90 型凿岩机无阀配气原理

(a) 冲程；(b) 回程

1—缸盖气室；2—后腔进气孔；3—后腔；4—排气孔；5—前腔；6—活塞配气杆；7—前腔进气孔

冲击行程：当活塞处于冲程开始位置时（见图 2-25 (a)），压气由缸盖气室经活塞配气杆的颈部进入气缸后腔中，推动活塞加速向前运动。而气缸前腔则与大气相通，前腔中余气经排气孔排入大气中。当活塞运动到配气杆将后腔进气孔堵住后，后腔即不再进气。

后腔中的压气开始膨胀做功，推动活塞继续向前运动。当活塞前端面关闭排气孔后前腔中的余气被压缩，此时后腔中的压气继续膨胀做功，直到活塞后端面打开排气孔为止。当活塞后端面打开排气孔之后，配气杆的后端面即打开了通往气缸前腔的进气孔，压气开始进入前腔。这时后腔与大气相通，余气经排气孔排入大气。活塞依惯性克服前腔中的压气阻力向前沿行，打击钎尾，完成冲程。

返回行程：当活塞冲击钎尾后，在前腔中压气压力和冲击反跳力共同作用下使活塞加速退回（见图 2-25 (b)）。当配气杆关闭前腔进气孔后即停止向前腔进气。前腔中的压气开始膨胀做功，推动活塞向后运动。在关闭排气孔之后，后腔中的余气被压缩。当活塞前腔与排气孔相通后，配气杆亦打开后腔进气孔，压气开始进入后腔。此时前腔余气排入大气，压力降低，活塞依靠惯性克服阻力继续向后运动，直到速度降低到零，回程终了。活塞在后腔中压气作用下又开始了下一个冲程。

死点与启动阀：在无阀配气机构中，有时会出现前后腔进气孔和排气孔恰好被配气杆和活塞所关闭的状态，此时活塞所处的位置被称为"死点"，致使凿岩机无法启动。为此在配气机构中需要设置一个启动阀（见图 2-26）。当活塞处于死点位置时，压气将经过后腔进气孔和气孔 3 进入气缸后腔推动活塞向前运动，将其推开"死点"位置，完成启动作用。由于启动阀前后两端面积大小不等，压气作用其前后端面后将产生一定的压力差，则启动间在此压力差作用下克服弹簧的阻力迅速前移将气孔 3 堵住。因此在正常工作时，气孔 3 是常闭的。当切断压气气路时，启动阀将在弹簧作用下恢复原状，即打开气孔 3 的位置。

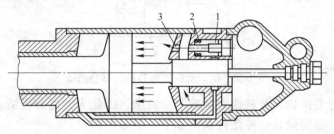

图 2-26　启动阀工作原理

1—启动阀；2—弹簧；3—气孔

YT-26 型凿岩机也采用与 YGZ-90 型凿岩机一样的无阀配气机构。

B　转钎机构工作原理

YGZ-90 型凿岩机转钎机构是由独立的可逆齿轮式风马达驱动，然后经过两级齿轮传动带动转动套转动。转动套与钎尾档套借牙嵌离合器相互啮合，因此当风马达工作时即可带动钎杆转动。传动的最大扭矩为 117.6N·m，钎杆转动速度可在 0~250r/min 之间任意调节。

可逆齿轮式风马达驱动是由模数相同、齿数不等的大小两个圆柱齿轮 2 和 3 及壳体等构成，如图 2-27 所示。扳动转钎机构操纵阀，使压气由右侧风口 a 输入风马达，而左侧风口 b 则与大气相通。压气在风马达齿轮上产生的压

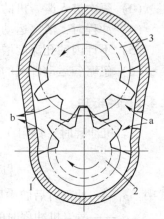

图 2-27　齿轮式风马达工作原理

1—壳体；2—小齿轮；3—大齿轮

力差使两个齿轮向相反方向旋转。压气充满于齿构中,并沿着齿轮回转的方向流入风马达的左侧,由左侧风口排入大气中。反之,扳动转钎机构操纵阀使压气由左侧风口 b 输入风马达,而右侧风口 a 与大气相通,风马达则反向旋转。

2.4 气动凿岩机主要性能参数的计算与分析

气动凿岩机主要性能参数包括活塞冲击功和冲击功率、冲击频率、转数和扭转力矩、合理轴推力和气耗量等。各性能参数均与凿岩机气缸内压气压力、温度和容积的变化,活塞运动的速度和加速度,以及活塞冲击钎尾时的不均匀回跳现象等有关。但目前尚不能从理论上准确地计算出凿岩机的性能参数。国内外学者则通过理论研究和实验分析等方法来探求凿岩机内部动力过程的变化规律,研究各个性能参数对凿岩机凿岩工作的影响,从而为设计新型凿岩机和合理选用凿岩机提供比较可靠的依据。图 2-28 为凿岩机性能参数的计算分析图。

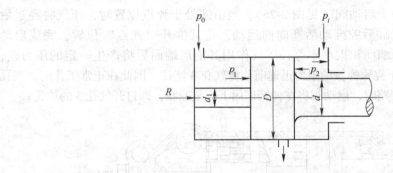

图 2-28 凿岩机性能参数的计算分析图

因为凿岩机的工作状态及其作业环境非常复杂,因此为方便分析凿岩机各参数之间的关系和简化计算,需要对其计算条件做出如下一些基本假定:

(1) 凿岩机处于水平状态工作,故可不计活塞与钎子重量的影响。

(2) 气缸中往返移动活塞的压气压力用平均指示压力表示。

(3) 每次进入凿岩机的压气量是常量。

(4) 冲程时,活塞运动的初速度为零,然后作等加速运动。

(5) 不计因钻孔深度增加而钻具重量增加对活塞反弹速度的影响。

(6) 忽略各运动件间的摩擦阻力(误差仅为 3%~5%)。

2.4.1 冲击功

凿岩机冲程时,作用在活塞上的力为

$$p_1 = p_i F_1 = c_1 p_0 F_1 = \frac{1}{4}(D^2 - d_1^2)c_1 p_0 \tag{2-1}$$

式中 p_1——冲程时后腔中压气的平均压力,MPa;

c_1——凿岩机冲程时的构造系数,见参数表 2-2;

p_0——管网压力,MPa;

F_1——气缸后腔中压气的有效作用面积，cm^2；

D——气缸直径，cm；

d_1——螺旋棒平均直径，cm，对于无独立螺旋棒的转钎机构或冲击器 $d_1 = 0$。

表 2-2　凿岩机构造系数

系数	活阀配气	控制阀配气
c_1	0.52	0.62
c_2	0.26	0.40
K_1	1.15	1.00

活塞的冲击功为

$$A_1 = p_1 \lambda S_1 = \frac{1}{4}(D^2 - d_1^2) c_1 p_0 \lambda S \qquad (2\text{-}2)$$

式中　S——活塞的设计行程，cm；

λ——活塞行程系数，一般地，$\lambda = 0.85 \sim 0.90$。

活塞冲击功率（单位为 kW）为

$$N = \frac{A_1 f}{1000} \qquad (2\text{-}3)$$

式中　f——活塞冲击频率，Hz。

同理，回程时作用在活塞上的力

$$p_2 = p_i F_2 = \frac{1}{4}(D^2 - d^2) c_2 p_0 \qquad (2\text{-}4)$$

式中　p_i——活塞回程时前腔中的平均压力，MPa；

F_2——回程时压气在前腔中的有效作用面积，cm；

d——活塞杆直径，cm，对于潜孔冲击器 $d = 0$；

c_2——凿岩机构造系数。

2.4.2　冲击频率

冲击频率是指活塞每分钟冲击钎尾的次数，单位是次/min。为计算冲击频率，首先应计算出活塞运动的加速度和一次循环所需的时间。在力 p_1 作用下活塞运动的加速度为

$$a_1 = \frac{p_1}{m_1} \qquad (2\text{-}5)$$

式中　m_1——活塞质量，kg。

活塞冲程的时间为

$$t_1 = \sqrt{\frac{2\lambda S}{a_1}} = \sqrt{\frac{2\lambda S m_1}{c_1 p_0 F_1}} \qquad (2\text{-}6)$$

回程的时间与气缸中压气压力、钎子质量、岩石性质以及活塞冲击钎居时的反跳现象等有关，难以用计算方法求出，通常用冲程时间乘以系数 K_1 来表示回程的时间，即

$$t_2 = K_1 t_1 \qquad (2\text{-}7)$$

式中　K_1——回程时间与冲击行程时间的比例系数，其值与凿岩机的配气方式有关。

此外，还应考虑在冲程前活塞处于静止状态的时间，利用系数 K_2 将其折算成冲程时间，即

$$t_3 = K_2 t_1 \tag{2-8}$$

活塞一个冲出循环的时间为

$$T = t_1 + t_2 + t_3 = (1 + K_1 + K_2)\sqrt{\frac{2\lambda S m_1}{c_1 p_0 F_1}} \tag{2-9}$$

则活塞的冲击频率 f 为

$$f = \frac{1}{T} = \frac{1}{1 + K_1 + K_2}\sqrt{\frac{c_1 p_0 F_1}{2\lambda S m_1}} = K_f\sqrt{\frac{c_1 p_0 F_1}{2\lambda S m_1}} \tag{2-10}$$

式中，$K_f = 1/(1 + K_1 + K_2)$，一般地，$K_f = 0.32 \sim 0.42$，从动阀配气时其值较低，控制阀和无阀配气时其值略高。在初步设计时通常取 $K_f = 0.37$。

2.4.3 钎子转数

钎子的转动是借助螺旋棒转钎机构来实现的，在活塞回程时由于棘轮棘爪机构的单向逆止作用而迫使钎子转动，这种转动是间歇进行的。钎子转数的大小可以通过活塞回程时转动的角度 β 来计算。由图 2-29 螺旋棒展开图可见，当活塞沿着螺旋棒轴线方向移动距离 S（行程）时，螺旋棒（或活塞）即将转动一个角度 β，而其所对应的弧长

$$X = \lambda S \tan\alpha \tag{2-11}$$

与此弧长相对应的螺旋棒（或活塞）转动角 β 为

$$\beta = \frac{180}{\pi} \cdot \frac{2X}{d_1} = \frac{360}{\pi d_1}\lambda S \tan\alpha \tag{2-12}$$

式中 α——螺旋棒导角，一般地，$\alpha \approx 4°$。

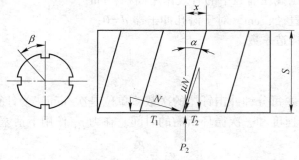

图 2-29 螺旋棒展开图

因此钎子每分钟转数为

$$n_0 = \frac{60f\beta}{360} = \frac{60f\lambda S \tan\alpha}{\pi d_1} \tag{2-13}$$

由式（2-13）看出，钎子转角 β 与活塞有效行程（λS）成正比，与螺旋导角 $\tan\alpha$ 成正比。

2.4.4 转矩

转矩值关系到凿岩机运转的稳定性。转矩过小，易于引起卡钎现象，特别是在节理发

达的岩石中钻孔时更为明显。转矩过大则会增加凿岩机的结构尺寸和重量。实践表明，对用于浅孔凿岩、孔径为 40mm 左右的气腿凿岩机，其设计转矩以 12~20N·m 为宜；对于中深孔接杆凿岩的导轨式凿岩机，其转矩应在 35N·m 以上。凿岩机转矩的大小取决于回程时压缩空气对活塞的作用力 P_2 以及螺旋棒的导角 α（见图 2-29）。活塞回程时由于棘爪的作用，螺旋棒不能转动，作用力 P_2 必须克服各运动副间的阻力，才能使活塞沿着螺旋方向带动钎子转动。根据力学关系可写出

$$P_2 = N\sin\alpha + \mu N\cos\alpha = N(\sin\alpha + \mu\cos\alpha) \tag{2-14}$$

因此

$$N = \frac{P_2}{\sin\alpha + \mu\cos\alpha} \tag{2-15}$$

促使活塞转动的圆周力 T_1 和阻力 T_2 分别为

$$T_1 = N\cos\alpha, \quad T_2 = \mu N\sin\alpha \tag{2-16}$$

故扭转力应为

$$T = T_1 - T_2 = N(\cos\alpha - \mu\sin\alpha) \tag{2-17}$$

凿岩机转矩为

$$M_n = T\frac{d_1}{2} = \frac{d_1 N}{2}(\cos\alpha - \mu\sin\alpha) = \frac{P_2 d_1}{2}\cot(\alpha + \rho) \tag{2-18}$$

式中 ρ——摩擦角，（°），$\tan\rho = \mu$；

μ——摩擦系数，钢对钢时 $\mu = 0.15$。

考虑到传动的损失，钎子所得到的转矩为

$$M_n' = \eta M_n \tag{2-19}$$

式中 η——扭转机构传动效率，通常 $\eta = 0.5 \sim 0.6$。

2.4.5 耗气量

耗气量是气动凿岩机在单位时间内所消耗的自由空气的体积。它是衡昼气动凿岩机使用经济性的基本指标之一。耗气量的大小，主要与凿岩机结构形式有关。同时也与机器零件制造质量和装配质量有关。外回转凿岩机冲击部分的耗气量与内回转凿岩机的耗气量（单位是 m^3/min）可按下式计算

$$Q = 60(F_1 + F_2)\lambda S K_Q f\left(\frac{p_0 + 0.1}{p_a}\right) \times 10^{-6} \tag{2-20}$$

式中 F_1，F_2——活塞冲程和回程的有效受压面积，cm^2；

λS——活塞有效行程，cm；

K_Q——耗气量修正系数，考虑到气缸内压气充满程度和压气容积损尖系数，其值约为 $0.6 \sim 0.85$；

p_0——压气管路压力，MPa；

p_a——排气压力，一般取 $p_a = 0.10MPa$；

式（2-20）所计算耗气量不包括强吹钻孔和气腿的耗气量。如考虑强吹钻孔和气腿的耗气量，则需增加 15% 左右。

2.4.6　耗水量

根据环保和作业健康要求，目前普遍采用湿式凿岩作业。在凿岩机凿岩时，需保证用水的压力适当、水量充足且水中无杂质。凿岩机耗水量（单位为 L/min）可按式（2-21）确定

$$Q_S = K_S F v \times 10^{-3} \tag{2-21}$$

式中　K_S——水与粉尘体积比，一般取 $K_S = 12 \sim 18$；

　　　F——孔底面积，cm^2；

　　　v——凿岩速度，cm/min。

通常手持式和气腿式凿岩机的耗水量为 $3 \sim 5$ L/min，上向式和导轨式凿岩机的耗水量为 $5 \sim 15$ L/min。内回转凿岩机多采用中心供水，并实行风水联动，其水压应低于风压，水压一般在 0.3MPa 左右。

2.4.7　凿岩机的轴推力

凿岩机工作时，压气交变地进入气缸的后腔和前腔，推动活塞往返运动。同样压气也作用在气缸的后盖或前盖上，使凿岩机后退或前进，因此凿岩机产生振动。一般凿岩机活塞冲程作用力 P_1 大于回程作用力 P_2，因此每个工作循环凿岩机必然向后运动一段距离，这种现象称为凿岩机的后坐现象，使之向后运动的力，称为后坐力。

为了克服凿岩机的后坐力，减小机器振动和保证钎刃经常与孔底岩石接触，保持较高的凿岩速度，在凿岩过程中，必须施加给凿岩机一定的轴推力。实践证明，施加于凿岩机的轴推力过大或过小都将影响凿岩机的有效工作，亦即不能满足凿岩速度和降低钎少磨损的基本要求。因此施加于凿岩机的轴推力应有一个合理值，称之为最优轴推力。

探求最优轴推力的方法主要有理论分析和实验总结，前者计算起来烦琐且误差较大，可供分析各结构参数间的关系时参考。现以实验总结经验公式为例介绍凿岩机的轴推力的计算。

当前，多运用应力波理论来探讨和计算最优轴推力，即认为当活塞以一定的能量冲击钎尾时，促使钎尾产生弹性变形和压缩应力。这个变形和应力以波的形式通过钎杆向钎头传递，在应力波达到钎头端面并将此被传递给岩石。钎头和孔底岩石的接触状况对能量的传递起着决定性作用，两决定钎头和岩石接触状况的是轴推力。

美国学者脉斯特鲁利德认为，当应力波传至钎头与岩石的界面时，保证两者接触所需要的最优轴推力由下式确定

$$R_y = 2 \times 60 f (1 + \beta) \int_0^T F\sigma \, dt \tag{2-22}$$

式中　σ——脉冲应力，MPa，σ 是时间的函数；

　　　F——钎杆断面积，cm^2；

　　　T——应力波持续时间，μs；

　　　β——考虑从岩石返回的那部分冲量的系数，通常 $0 \leqslant \beta \leqslant 0.2$。

$\int_0^T F\sigma \, dt$ 表示由于钎杆中的脉冲应力作用到凿岩机相通上的动量，该值实际等于活塞

冲击前钎尾的动量，因此有

$$R_y = 2 \times 60f(1 + \beta)mgv \qquad (2\text{-}23)$$

由凿岩机冲击功与活塞冲击速度的关系，即 $A = \frac{1}{2}mv_1^2$，所以有

$$R_y = 120fg(1 + \beta)\sqrt{2Am} \qquad (2\text{-}24)$$

我国根据试验资料推荐使用式（2-24）计算最优轴推力

$$R_y = 60K_R gf\sqrt{2Am} \qquad (2\text{-}25)$$

式中　A——凿岩机冲击功，J；

　　　m——活塞质量，kg；

　　　K_R——修正系数，一般地，$K_R = 1.5 \sim 2.3$。

倾斜钻孔时应考虑凿岩机和钎杆在推进方向上的分力，即

$$R'_y = R_y \pm G\sin\theta \qquad (2\text{-}26)$$

式中　G——凿岩机质量，kg；

　　　θ——凿岩机中轴线与水平方向的夹角，(°)。

2.5　液压凿岩机

液压凿岩机是在气动凿岩机的基础上发展起来的。它们的共同特点，都是利用压差作用迫使活塞在缸体内作高速往复运动，在活塞冲程终了时冲击钎尾。液压凿岩机以高压油为驱动动力。

近年来，国内外对液压凿岩机做了大量的研制工作，并已取得了较好的效果。作为与液压凿岩钻车相配套的液压凿岩机发展尤为迅速。表 2-3 中所列为国产液压凿岩机的技术特征。

表 2-3　国产液压凿岩机的技术特征

特　征		机　型					
		YYG80-1	YYG-90A	YYGJ-90	TYYG-20	YYGJ-145	SCOP1232HD
机重/kg		84	90	90	90	145	96
外形尺寸/mm		790×253×242	825×266×199	—	916×250×310	985×260×225	808×260×225
钎杆中心以上高度/mm		120	59	—	—	82	80
冲击机构	冲击功/J	137~157	147~196	147	>196	—	—
	冲击频率/Hz	42~48	49~58	60	47~50	42~60	40~53
	轴压/MPa	9.8~11.8	12.25~13.24	11.8	11.8	<24.5	15~24
	流量/L·min⁻¹	80~90	85	70	90	—	—
转钎机构	最大扭矩/N·m	147	137	147	196	245	200
	转数/r·min⁻¹	0~300	0~400	0~200	0~200	0~300	0~300
	油压/MPa	—	7.85	6.86	4.9~9.8	8.8	—
	流量/L·min⁻¹	36	40	44	58		

特 征	机 型					
	YYG80-1	YYG-90A	YYGJ-90	TYYG-20	YYGJ-145	SCOP1232HD
轴推力/kN	5.88~9.8	—	—	—	8.8~11.8	—
电机功率/kW	28	—	29.5	40	45	—
适用钎头直径/mm	38~50	43~65	38	50~65	40~90	35~64
冲洗用水压力/MPa	0.4~0.8	0.6~0.8	0.6~0.8	—	0.45~0.98	1.2
研制单位	长沙矿冶研究院	中南大学	中南大学	北京科技大学	天水风动工具厂	沈阳风动工具厂

2.5.1 液压凿岩机基本结构

各种类型液压凿岩机的结构、组成和工作原理基本相似。现以 YYG80-1 型液压凿岩机为例予以简要说明。YYG80-1 型液压凿岩机是由冲击器与外回转转钎机构组合而成（见图 2-30）。冲击器采用活塞双腔回油、滑阀配油的工作原理；转钎机构采用摆线液压马达驱动，一级齿轮减速后带动钎杆回转。凿岩时，可通过水套向钻孔内供除尘用水。冲击功与转钎速度可根据岩石条件分别调节。

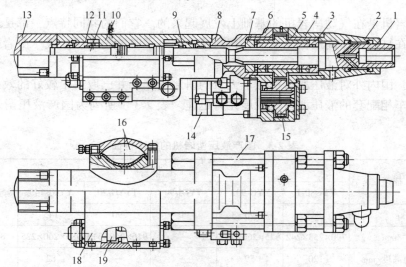

图 2-30 YYG80-1 型液压凿岩机结构图

1—钎尾；2—水套；3—转动套；4—前机壳；5—大齿轮；6—后机壳；7—垫环；8—过渡套；
9—活塞前套；10—机壳（油缸）；11—活塞；12—活塞后套；13—后盖；14—摆线马达；
15—小齿轮；16—蓄能器；17—拉紧螺栓；18—阀体；19—阀芯

2.5.2 常用液压凿岩机工作原理

2.5.2.1 冲击器

冲击器的工作原理如图 2-31 所示。滑阀与油缸通过机内油路交替连通，实现位移反

馈,从而产生往复运动,其工作过程如下:

冲程(见图 2-31(a)):高压油经油口 P、阀腔 H、G、油孔 a 进入缸体 2 后油室 A,活塞 1 在高压油作用下,快速向前运动。缸体前油室 M 的油经油孔 e 阀腔 K、Q 流回油箱。在冲程末端,油室 A 和冲程推阀孔 b 接通,高压油进入阀座 4 左油室 E,推动阀芯 3 向右移动,油流换向。与此同时,活塞高速冲击钎尾,冲程结束。

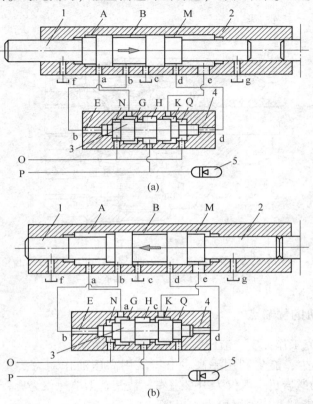

图 2-31　YYG-80 型液压凿岩机冲击器工作原理
(a)冲程;(b)回程
1—活塞;2—缸体;3—阀芯;4—阀座;5—蓄能器

回程(见图 2-31(b)):高压油经油口 P、阀腔 H、K、回程进油口 e 进入缸体前油室 M,推动活塞作回程运动。油室 A 的油经过孔 a、G、N 流回油箱。活塞回程至一定位置,进油口 e 和回程推阀孔 d 联通,回油路 O 与阀左端油室联通,阀体向左移动,油流换向,高压油经阀腔 H、G、冲程进油口 a 进入缸体后部油室 A。由于惯性的作用,活塞继续向后运动,直到速度为零时停止,回程结束。

在高压油入口处装有一个储能器,用来积蓄和补充液流、减少油泵供油量,从而提高了效率,并减少了系统的液压脉动。

2.5.2.2　转钎机构

转钎机构是由液压马达、小齿轮和大齿轮、转动套等构成(见图 2-30)。液压马达为摆线齿轮式。大齿轮通过转动套带动钎尾转动。可传递扭矩 150N·m,转钎速度为 0~300r/min,可以实现旋转冲击凿岩。

图 2-32 所示为 COP1238 型液压凿岩机转钎机构的外回转齿轮机构，主要用于转动钎具和接卸钎杆，其液压马达是放在液压凿岩机的尾部，通过长轴传动回转机构的，也有的液压凿岩机不用长轴，而是把液压马达的输出轴直接插入小齿轮内。液压凿岩机的输出扭矩较大，一般都采用外回转机构，用液压马达驱动一套齿轮装置，带动钎具回转。液压凿岩机转钎机构中普遍采用摆线液压马达驱动，这种马达体积小、扭矩大、效率高。转钎齿轮一般采用直齿轮。

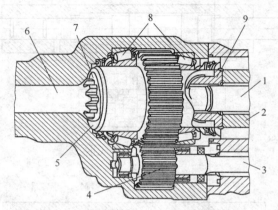

图 2-32　液压凿岩机转钎机构
1—冲击活塞；2—缓冲活塞；3—传动长轴；4—小齿轮；5—大齿轮；
6—钎尾；7—三边形花键套；8—轴承；9—缓冲套筒

2.5.3　液压凿岩机的优缺点

生产实践和研究工作证实，液压凿岩机具有如下优点：

（1）动力消耗少，能量利用率高。由于采用高压油作动力，其能量利用率可高达 30%~40%，而气动凿岩机一般仅为 10% 左右，故其动力消耗仅为后者的 1/3~1/4。

（2）凿岩机性能和凿岩速度可大大提高。

（3）液压凿岩机的所有运动件都是在液压油中工作，润滑条件好，零件寿命高。

（4）采用全液压传动，可一人多机操作，台班工效高。

但由于采用高压油作动力，故对机器零件制造和装配精度要求比较严格；维护保养技术和费用较高；液压油的质量要求高，滴损多；对管道、接头质量要求亦高；还必须对辅助设备、泵、仪表、控制器、电源等进行严格的维护保养，管理费用较高，并应设法控制温升以免在温度升高过多时引起油质的变化，影响力学性能和凿岩速度。

2.5.4　液压凿岩机的性能参数

液压凿岩机的性能参数有冲击能、冲击频率、转钎扭矩、转钎速度。冲击能与冲击频率的乘积等于冲击功。

2.5.4.1　冲击能

液压凿岩机活塞的单次冲击能为：

$$E = \frac{1}{2}m_{\mathrm{p}}v^2 \tag{2-27}$$

式中　E——液压凿岩机的单次冲击能，J；

　　m_p——活塞质量，kg；

　　v——活塞冲程最大速度，m/s。

手持式液压凿岩机的冲击能一般为 40~60J，支腿式液压凿岩机的冲击能一般为 55~85J，导轨式液压凿岩机的冲击能一般为 150~500J。

2.5.4.2　冲击频率

液压凿岩机的冲击频率一般都高于气动凿岩机，大多数机型的冲击频率都大于或等于 50Hz。为提高凿岩钻孔速度，制造商都不断地提高液压凿岩机的冲击功率，由于冲击能受到零件材料强度与价格的限制，所以只能提高冲击频率。Atlas Copco 公司生产的 COP3038 型液压凿岩机的冲击功率为 30kW，冲击频率为 102Hz，冲击能不大于 30J，钎头直径为 43~64mm，钻孔速度达到了 4~5m/min。

2.5.4.3　转钎扭矩

导轨式液压凿岩机转钎机构都是外回转式，其扭矩一般都大于同级气动凿岩机。导轨式液压凿岩机最大扭矩的数值一般都大于其冲击能的数值，有的扭矩值与冲击能值之比达到两倍以上。

2.5.4.4　转钎速度

液压凿岩机的转钎速度为 0~300r/min，一般来说，转速随冲击频率的增大而增大。

2.6　凿岩机的选型

凿岩机选型需要考虑岩石性质、凿岩机性能、工作制度及工作面情况等因素，主要是确定凿岩机的类型和数量。

2.6.1　凿岩机类型的选择

在选择凿岩机类型时，首先根据现场使用条件和具体要求进行选择：作业场所、矿岩种类、钻凿的炮孔参数和台班效率。

根据作业场所可选择出凿岩机的类别。比如露天矿山浅孔凿岩多选择手持式凿岩机；地下矿山平巷掘进则多选择气腿式凿岩机；开凿竖井宜选手持式凿岩机，若掘进天井则多选上向式凿岩机；对于地下采矿则可选上向式、导轨式等类型的凿岩机。

凿岩机的类别确定以后，即可根据现场矿岩的软硬程度、孔径孔深、孔向以及工作面上总孔深，参照凿岩机的技术特征和应用范围，来选择凿岩机的具体型号。

2.6.2　凿岩机效率的选择

矿山浅孔凿岩作业一般采用气动凿岩机，其凿岩效率可参照表 2-4 选取。

2.6.3　凿岩机台数的确定

作为巷道或隧道掘进和矿山生产的主要浅孔凿岩设备，凿岩机每班工作台数按式 (2-28) 确定：

表 2-4　风动凿岩机的台班效率　　　　（m/台·班）

矿岩性质 f	凿岩机型号		
	YT-23	YT-24	YT-29A
<6	37	38	42
6~8	33	34	40
8~10	28	29	37
10~12	24	25	32
12~14	21	22	23
14~16	17	18	20
16~20	15	14	17

$$N = \frac{Q}{qV_b} \tag{2-28}$$

式中　　Q——矿山每班的平均爆破量，t；

　　　　V_b——凿岩机台班生产能力，m/（台·班）；

　　　　q——炮孔的延米爆量，t/m，一般地，$q = 1.2 \sim 1.4 \text{t/m}$。

　　二次爆破凿岩需要的凿岩机台数可按生产经验确定，一般地，二次爆破凿岩机的备用数量按 100% 考虑。

复习思考题

2-1　凿岩机是如何进行分类的，有哪些类型？

2-2　气动凿岩机有哪些类型的配气机构？绘图说明冲击配气结构有哪些形式及其冲击配气原理。

2-3　导轨式凿岩机的推进方式有哪几种？

2-4　简述 YT 系列气腿式凿岩机的基本结构，各结构的功能是什么？

2-5　YT23 型凿岩机的转钎机构由哪些部分组成，其工作原理是什么？

2-6　凿岩机有几种除粉方式，其工作原理是什么？

2-7　与气动凿岩机相比，液压凿岩机有哪些优缺点？

2-8　注油器的功能是什么？

2-9　某地下矿山需要同时掘进三条运输巷道，其断面为三心拱形，掘进断面尺寸均为宽×高 = 5.9m × 5.23m，设巷道长度分别为 800m、1200m 和 1000m，施工工期为 6 个月，每天两班制；设计楔形掏槽炮眼 8 个，超深 0.1m，其他炮眼 56 个。试进行凿岩机选型及配套空压机。

3 ◆ 凿岩钻车

通过本章的学习，受教育者应获得如下知识和能力：

(1) 了解常用凿岩钻车的类型和基本特征；

(2) 掌握掘进钻车与采矿钻车的基本结构及其功能；

(3) 掌握凿岩钻车的选型与计算。

3.1 概　　述

凿岩钻车是随着采矿工业不断发展而出现的一种新型凿岩作业设备。它是将一台或几台凿岩机连同自动推进器一起安装在特制的钻臂或钻架上，并配以行走机构，使凿岩作业实现机械化。

凿岩钻车广泛地用于矿山巷道掘进和回采作业、铁路隧道和国防工程等方面的施工。随着凿岩爆破工艺的不断改善，凿岩钻车在生产建设中愈来愈显示出它的优越性。如巷道断面大于 $10m^2$ 的凿岩作业、平巷掘进的直线掏槽法对钻孔平行度的要求、无底柱分段崩落法对钻孔角度的要求等，都是人力控制所难以保证的。但若采用凿岩钻车进行凿岩作业，不仅完全可以满足上述各种要求，而且也为采矿过程自动控制创造了前提条件。

凿岩钻车的作业特点：(1) 提高了凿岩作业机械化和自动化程度；(2) 改善了工人的劳动条件；(3) 缩短了凿岩辅助作业时间；(4) 实现了一人多机操作。

随着液压技术在采矿机械中的应用，凿岩钻车有了较快的发展。近年来，国内外先后生产了与气动凿岩机配套使用的液压凿岩钻车、与液压凿岩机配套使用的全液压凿岩钻车等，从而逐步以更高水平的机械化凿岩作业替代了使用手持式或气腿式凿岩机进行的凿岩作业，使掘进速度和采矿工效大为提高，减轻了工人的劳动强度，改善了工作条件。凿岩钻车的应用，标志着采掘机械化程度的提高。

凿岩钻车的种类很多，按照用途可分为平巷掘进钻车、采矿钻车、锚杆钻车和露天开采用凿岩钻车等；按照钻车的行走机构可分为轨轮、轮胎和履带式；按照架设凿岩机台数可分为单机、双机和多机钻车。各类钻车的类型、主要特点和适用性列于表 3-1 中。

表 3-1　凿岩钻车的类型

钻车类型	主要特点	适用范围
露天钻车	多为单臂钻车 轮胎式或履带式行走	中小型露天矿山 基建设施，基建工程

钻车类型		主要特点	适用范围
地下钻车	掘进钻车	单臂、双臂和多臂钻车 轨轮式、轮胎式或履带式行走	地下工程掘进
	采矿钻车	单臂、双臂钻车 轮胎式行走为主	地下采场 大型硐室
	锚杆钻车	单臂钻车 轮胎式行走	打锚杆孔 安装锚杆

3.2　平巷掘进凿岩钻车

为实现矿山平巷掘进工作的机械化，近年来我国研制了多种平巷掘进钻车。例如，适于小断面巷道掘进用的 PYT-2C 和 CGJ-2 型双机液压钻车，适于中等断面巷道的 CG J-3 和 CTJ700-3 型三臂液压掘进钻车等。此外还研制了 CGJ-2Y 和 CYTJ10-2 型等。平巷掘进凿岩钻车的技术特征列于表 3-2 中。

3.2.1　掘进凿岩钻车的结构及工作原理

根据平巷掘进作业和钻孔布置的要求，以 CGJ-2Y 型全液压凿岩钻车为例，来说明凿岩钻车必须具备的主要组成部分和它们的工作原理。

为完成平巷掘进，凿岩台车应实现下列运动：（1）行走运动，以便台车进入和退出工作面；（2）推进器变位和钻臂变幅运动，以实现在断面任意位置和任意角度钻眼；（3）推进运动，以使凿岩机沿钻孔轴线前进和后退。

如图 3-1 所示，该钻车是具有两个钻臂的双机凿岩钻车。它的组成有两组钻臂、转柱、推进器，以及它们各自的操纵机构；还有车体、行走装置、气、水、电和液压供应系统及其操纵机构；两台凿岩机及其钻具等。CGJ-2Y 型钻车可在 2.3m×2.4m～3m×3m 巷道中掘进。

CGJ-2Y 型全液压凿岩钻车钻臂的运动方式为直角坐标式。按钻孔布置的要求，可利用摆臂油缸使转柱套及铰接在其上的钻臂与支臂油缸绕转柱的轴线左右摆动，亦可利用支臂油缸使钻臂绕铰点上下摆动，从而使利用托架铰接在钻臂前端的推进器作上下左右的摆动。推进器亦可借助俯仰角油缸和摆角油缸的控制作俯仰和左右摆动运动。通过推进器的作用，可使安装在推进器滑架上的液压凿岩机前进或后退。凿岩时推进器将给凿岩机以足够的推进力。借助由支臂油缸、推进器俯仰角油缸和摆角油缸以及相应的液压控制系统等组成的液压平移机构，可以获得相互平行的钻孔。如单独控制俯仰角油缸和摆角油缸时，可钻凿具有一定角度的倾斜孔。通过翻转油缸使推进器绕油缸的轴心线翻转，以便获得靠近巷道两侧和底部的钻孔。由于上述各机构的相互配合，即可在巷道断面内的任何部位钻凿各种方向的钻孔。

在推进器的前方安有钎杆托架和顶尖，借以保持推进器工作时的稳定性。补偿油缸 7 可使顶尖始终与工作面保持接触。

表 3-2　国产平巷掘进凿岩钻车的技术特征

特　征		型　号						
		CGJ-2	CGJ-3	PYC-2C	CTJ-700	CTJ-500	CGJ-2Y	CYTJ10-2
外形尺寸(长×宽×高)/mm		4470×970×1420	6700×1250×1730	4405×950×1575	7050×1720×2370	6800×1560×1680	6515×1200×1430	7600×1700×1750
适用巷道断面(高×宽)/mm		(1.8×2.0)~(2.8×3.2)	4~10.8	(2×2)~(2.6×3.2)	(3×3)~(4×5)	(2.4×2.4)~(3.5×4.5)	(2.3×2.4)~(3×3)	(2.4×2.4)~(4×5)
配用凿岩机型号		—	YGP-28	YSP-45, YGP-28, YG-40	YGJ-70	YGP-28	YYG80-1	—
钻孔深度/m		1.8	2.5	2.0	1.5, 2, 2.5	2.5	2.3	—
钻臂	数量	2	3	2	2, 3	2	2	2
	运动方式	直角坐标	极坐标	直角坐标	极坐标	直角坐标	直角坐标	直角坐标
	平移机构	四连杆	液压	四连杆	液压	液压	液压	液压
	仰角/(°)	47	54	34	50	45	50	50
	俯角/(°)	26	—	30	—	25	23	30
	内摆角/(°)	30	内转180	24	内转180	40	40	45
	外摆角/(°)	40	外转180	37	外转180	40	30	45

续表 3-2

特征		CGJ-2	CGJ-3	PYC-2C	CTJ-700	CTJ-500	CGJ-2Y	CYTJ10-2
推进器	推进方式	气马达螺旋	液压缸钢绳	气缸钢绳	气马达螺旋	液压缸钢绳	液压缸钢绳	液压缸钢绳
	补偿方式	液压缸	液压缸	气缸	液压缸	液压缸	液压缸	液压缸
	仰角/(°)	28	—	26	—	25	50	—
	俯角/(°)	28	—	32	—	48	40	—
	内摆角/(°)	42	—	32	—	40	30	—
	外摆角/(°)	32	—	24	—	60	40	—
行走驱动方式		直流电机	直流液压马达	直流电机	气动，电动，柴油	交流液压马达	交流液压马达	液压马达差速器
行走速度/km·h⁻¹		6~8	—	6~8	0.3	0~4.5	4.3	0~2
轨距/mm		600	600	600	轮胎式	轮胎式	600	轮胎式
最小转弯半径/m		7	8	8	6	4.5	10	内1.8，外4.0
液压系统压力/MPa		5.88	9.81，7.85，2.94	6.86	7.85	4.9，7.85	6.86，8.83，冲击9.81~11.78	11.78~14.71
功率/kW		3.5	5	3.5	3.3×2	—	7.3	6.1
自重/t		2	5.5	1.85	8.5	6	6.5	8
制造厂		济宁通用机械厂	沈阳风动工具厂	湘东钨矿	宣化风动机械厂	沈阳风动工具厂	湘东钨矿	沈阳风动工具厂

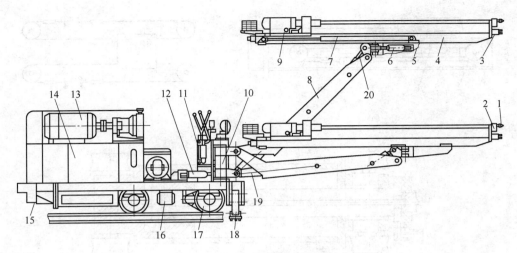

图 3-1　CGJ-2Y 型全液压凿岩钻车

1—钎具；2—托钎器；3—顶尖；4—推进器；5—托架；6—摆角油缸；7—补偿油缸；8—钻臂；9—凿岩机；
10—转柱；11—操作台；12—摆臂油缸；13—电动机；14—电气柜；15—后支腿；16—滤油器；
17—行走装置；18—前支腿；19—支臂油缸；20—俯仰油缸

在钻车车体上还布置着油箱与油泵站、操纵台、车架与行走装置，以及液压、供电、供水、供气等系统。为使车体在工作时保持平衡与稳定，在车体上还装有前后支腿。

3.2.2　凿岩钻车工作机构分析

钻车的工作机构有推进器、钻臂、回转机构、平移机构等，现对各种机构予以分析。

3.2.2.1　推进器

推进器的作用是：在准备开孔时，使凿岩机能迅速地驶向（或退离）工作面，并在凿岩时给凿岩机以一定的轴推力。推进器的运转应是可逆的。推进器产生的轴推力和推进速度应能任意调节，以便使凿岩机在最优轴推力状态下工作。能满足上述要求，且在实践中经常使用的推进器有以下三种型式。

（1）钢绳活塞式推进器。图 3-2 所示为钢绳活塞式推进器工作原理。这种推进器主要由滑架、导向滑轮、油缸、滑板、活塞杆及钢绳等组成。在油缸前后端的两侧安装两对导向滑轮。四根牵引钢绳（每侧两根）每根钢绳的一端固定在滑板上，另一端分别绕过油缸两端的导向滑轮，固定在滑架两侧的适当位置上。分别固定活塞或油缸，可使凿岩机推进或后退。钢绳的松紧程度可由调节螺栓调节。钢绳活塞式推进器的优点在于，结构简单、重量轻、推进行程较长等。其缺点则是钢绳寿命较短，且易拉伸变形，调整次数较多。

推进器作用在凿岩机上的最大轴推力 R_{max} 取决于钻车配用凿岩机的类型和它所需的最优轴推力 R_y。轴推力的大小，取决于缸体直径 D 及进入缸体压气或液压压力的高低。推进器作用在凿岩机上的最大轴推力为

$$R_{max} = R_y + R_b \qquad (3-1)$$

式中　R_y——最优轴推力，N；

R_b——备用轴推力，N，对于浅孔平港钻车一般取 $R_b = 300 \sim 500N$。

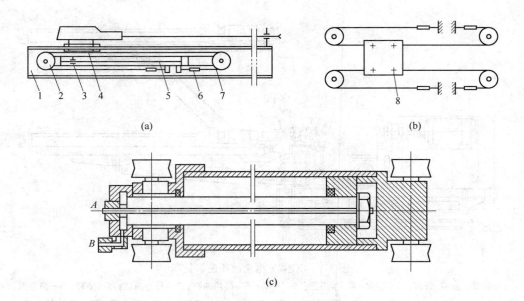

(a)　　　　　　　　　　　　　　　　(b)

(c)

图 3-2　钢绳活塞式推进器

（a）推进器的组成；（b）推进系统；（c）油缸构造

1—滑架；2—导向滑轮；3—油缸；4—滑板；5—活塞杆；6—调节螺栓；7—钢绳；8—U 形螺栓

活塞式推进器推动缸体或活塞运动产生的轴推力 P_y 为

$$P_y = \frac{\pi D^2}{4} k_1 p \tag{3-2}$$

式中　D——缸体内径，cm；

　　　k_1——考虑管网压力损失的系数，一般 $k_1 = 0.8 \sim 0.9$；

　　　p——压气压力或液压压力，MPa。

根据滑轮工作原理，推进油缸实际作用到凿岩机上的最大轴推力应为：

$$R_{\max} = \frac{P_y}{2} = \frac{\pi D^2}{8} k_1 p \tag{3-3}$$

则缸体直径为

$$D = 2\sqrt{\frac{2R_{\max}}{\pi k_1 p}} \tag{3-4}$$

（2）气动链条式推进器。图 3-3 所示为气动链条式推进器，其主要由风马达、蜗轮蜗杆减速器、导向链轮和链条等组成。凿岩机借滑板固定在链条上。风马达可正转和反转，以便使凿岩机推向工作面或退离工作面。其推进速度和轴推力可借调整风马达的进风量来调节。工作过程中如发现链条松长，可用链条松紧调节器进行调整。

风马达功率一般可按式（3-5）计算。

$$N = \frac{R_{\max} v}{1000 \eta} \tag{3-5}$$

式中　v——凿岩机推进速度，m/s，

$$v = \frac{\pi d n}{60}$$

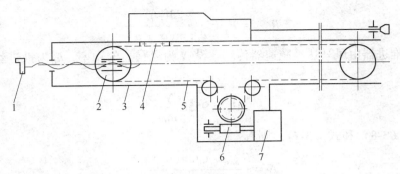

图 3-3　气动链条式推进器

1—链条松紧调节器；2—导向链轮；3—滑架；4—滑板；5—链条；6—蜗轮蜗杆减速器；7—风马达

d——主动链轮直径，m；

n——主动链轮转速，r/min；

η——机械传动总效率。

（3）气动螺旋副式推进器。气动螺旋副式推进器的基本结构与工作原理如图 3-4 所示，它由风马达、行星减速器、推进螺母和丝杆等组成。凿岩机固装在推进螺母上。当风马达正转或反转时，则通过丝杆的转动可迫使推进螺母及凿岩机前进或后退。进退速度可由风马达操纵阀控制。

气动螺旋副推进器具有结构紧凑，外形尺寸小，动作平稳可靠等优点，并可通过操纵阀控制风马达进气量来达到调整轴推力和推进速度的目的。它存在的问题是，在工作过程中岩粉及水滴容易落到丝杆上，螺旋副磨损较快，传动效率较低，推力减小。

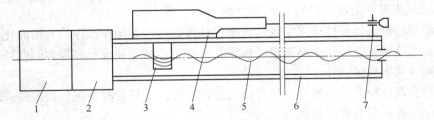

图 3-4　气动螺旋副式推进器

1—风马达；2—行星减速器；3—推进螺母；4—滑板；5—丝杆；6—滑架；7—夹钎器

气动螺旋副推进器的轴推力取决于风马达功率的大小及螺旋副的特征。气动螺旋副推进器所能产生的轴推力 P_y 为：

$$P_y = \frac{2M_T\eta}{d_0\tan(\alpha+\rho)} \tag{3-6}$$

式中　M_T——螺旋副输出扭矩，N·m；

η——螺旋副机构的传动效率，一般 $\eta=0.4\sim0.6$；

d_0——丝杆螺纹平均直径，cm，对于浅孔平巷钻车 $d_0=2.5\sim3.5\text{cm}$；

α——螺旋升角，一般 $\alpha=3°\sim8°$；

ρ——摩擦角，对于梯形螺纹 $\rho=3°\sim8°$。

推进器的正常工作条件必须满足：

$$R_{\max} = P_y = \frac{2M_\text{T}\eta}{d_0 \tan(\alpha + \rho)} \qquad (3\text{-}7)$$

螺旋副推进器由风马达经减速器传动，设 N 为风马达的功率，n_0 为推进丝杆的转数，于是有：

$$M_\text{T} = 9550\frac{N}{n_0} \qquad (3\text{-}8)$$

联立式 (3-8) 和式 (3-7)，则有：

$$N = \frac{R_{\max} d_0 n_0 \tan(\alpha + \rho)}{2 \times 9550\eta} \qquad (3\text{-}9)$$

3.2.2.2　钻臂

钻臂是支撑凿岩机的工作臂。钻臂的结构和尺寸、钻臂动作的灵活性和可靠性等，都将影响钻车的适用范围及其生产能力。钻臂按照动作原理可分为直角坐标、极坐标和复合坐标钻臂三种。

(1) 直角坐标钻臂。为了满足钻孔布置的要求，直角坐标钻臂应具有钻臂的升降和水平摆动、推进器俯仰和水平摆动及推进器的补偿运动等基本动作。这些动作分别由支臂油缸、摆臂油缸、俯仰角油缸、托架摆角油缸和补偿油缸来实现（见图 3-1）。

直角坐标钻臂结构简单、操作直观，易于掌握、通用性好，适合钻凿直线和各种不同角度的倾斜钻孔。国内外大多数钻车都采用这种形式的钻臂。但由于使用的油缸较多，操作程序比较复杂。对于任一钻臂，将会存在较大的无法凿岩的凿岩盲区。

(2) 极坐标钻臂。极坐标钻臂可以围绕安在车架前端的某一水平轴线旋转 360°（见图 3-5）。通过支臂油缸改变钻臂与水平间的夹角。按布孔的要求，只需使钻臂升降和旋转、托架俯仰和推进器补偿即可实现。极坐标钻臂的结构和操作程序均有所简化，油缸数亦有所减少。这种钻臂可用于钻凿直线掏槽孔，亦可钻贴近顶板、底板和侧壁处钻孔，从而大大地减少凿岩盲区。

操作时直观性较差，司机看不到钎杆的运转情况，不易及时发现和处理凿岩时发生的故障，仍存在着一定的凿岩盲区。

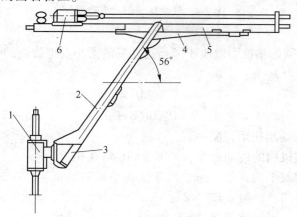

图 3-5　极坐标钻臂

1—回转机构；2—钻臂；3—支臂油缸；4—托架；5—推进器；6—凿岩机

（3）复合坐标钻臂。复合坐标钻臂（见图3-6）综合了直角坐标钻臂和极坐标钻臂两者的特点，它既能钻凿正面孔，又能钻凿两侧任意方向的钻孔和垂直向上的锚杆孔及采矿用孔，可以克服凿岩盲区。复合坐标钻臂由主副两个钻臂（4和6），借助齿轮油缸、支臂油缸、摆臂油缸和俯仰角油缸等的调幅动作，可以钻出所需要的钻孔。

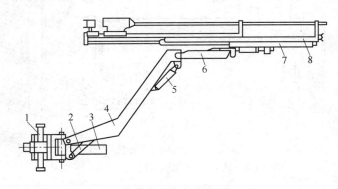

图3-6　复合坐标钻臂

1—齿轮油缸；2—支臂油缸；3—摆臂油缸；4—主钻臂；5—俯仰角油缸；6—副钻臂；7—托架；8—伸缩式推进器

3.2.2.3　回转机构

回转机构有两种：一种是使直角坐标钻臂在水平面内左右摆动；另一种则是使极坐标钻臂围绕某点作极坐标转动。这两种运动分别与各自的钻臂的升降运动相配合，即可使推进器处于所需的任何布孔位置。

（1）摆动式转柱。摆动式转柱（见图3-7）的结构特点是在转柱轴3外面有一个可转动的转套2。钻臂下端部和支臂油缸下铰分别铰接于转动套上。当摆臂油缸1伸缩时，使转动套绕轴线转动，从而带动钻臂左右摆动。摆动式转柱结构简单、工作可靠、维修方便，用在国产PYT-2C和CGJ-2Y型凿岩钻车上。

（2）螺旋副式转柱。螺旋副式转柱（见图3-8）的结构特点是转柱本身即是一个内部带有螺旋副的液压油缸。当压力油从进油口A或B进入油缸时，螺旋母（活塞）在缸内移动，其下端通过螺旋齿花键与轴头相啮合。轴头固装在车架上不动。当螺旋母沿油缸移动时，通过花键可迫使螺旋棒转动，因螺旋棒与缸体系刚性连接，故缸体亦随之转动。缸体转动将带动与之相铰接的钻臂左右摆动。

螺旋副式转柱结构紧凑、占用空间小，但结构复杂，加工难度较大，用于国产CGJ-2型双机液压凿岩钻车上。

（3）极坐标钻臂回转机构。极坐标钻臂回转机构（见图3-9）采用的是齿条传动活塞油缸结构。它是由轴齿轮、铣有轮齿的活塞杆齿条、油缸、液压锁和回转机构外壳等构成。钻臂借助联接器与中空齿轮相联，当向油缸一侧供油时，随着活塞的移动，通过齿条

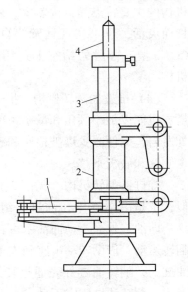

图3-7　摆动式转柱

1—摆臂油缸；2—转柱套；

3—转柱轴；4—稳车顶杆

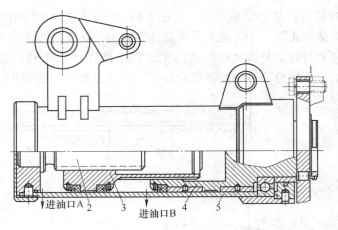

图 3-8　螺旋副式转柱

1—车架；2—螺旋棒；3—螺旋母；4—轴头；5—缸体

使齿轮转动，从而带动钻臂转动。为平衡齿轮的受力状态和提高其运转的稳定性，多采用双缸结构。这种回转机构的主要特点是机构紧凑、外形尺寸小、运转工作平稳而灵活，且可实现钻臂绕自身轴线旋转 360°。国产CGJ-3 型三臂凿岩钻车上适用的就是极坐标钻臂回转机构。

（4）推进器翻转机构。推进器翻转机构的作用是使凿岩机能以最小倾角和最小距离贴近于巷道侧壁和底板处凿岩，以便减少爆破根底和超挖量，并保证爆破后巷道侧壁和底板平整。

推进器翻转机构（见图 3-10）与螺旋副式转柱相类似，也是由螺旋棒和油缸等组成。但动作恰与转柱相反，即油缸外壳不动而活塞可转动，从而带动推进器作翻转运动。借助转动卡座和支承座将推进器安装于翻转油缸上，翻转油缸外壳通过转叉和弯铰头与钻臂相联。因此，翻转油缸固定不动。转动卡座通过连接筒上的花键槽与转动体相连。当向油缸内供油时，转动体则在螺旋棒上作直进旋转运动。于是连接筒绕油缸轴线作旋转运动，并通过转动卡座带动推进器托架作 0°～180° 的翻转动作。

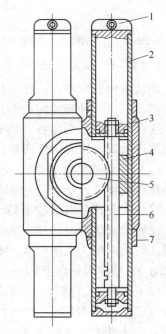

图 3-9　钻臂回转机构

1—波压锁；2—油缸；3—活塞；4—衬套；5—齿轮；6—齿条；7—导套

3.2.2.4　推进器平移机构

为了适应钻凿平行钻孔和提高钻孔平行精度的要求，所有钻车都配备有推进器自动平行移动机构（简称平移机构）。平移机构的功能是指当钻臂移位时，推进器能自动保持平行移位。

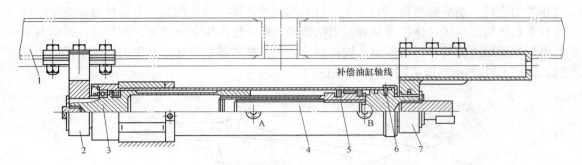

图 3-10　推进器翻转机构

A，B—进油口

1—推进器；2—转动卡座；3—连接筒；4—螺旋棒；5—转动体；6—固定销；7—支承座

在钻车中常用的平移机构，有机械式平移机构和液压平移机构两大类。属于机械式平移机构的有剪式、平面四连杆式和空间四连杆式等几种，属于液压平移机构的有无平移引导缸式和有平移引导缸式等。剪式平移机构已被淘汰。

（1）平面四连杆式平移机构。常用的有内四连杆式和外四连杆式两种平移机构。两者工作原理相同，只是因四连杆机构安装在钻臂的内部或外部而有所区别。图 3-11 所示为内四连杆式平移机构，应用于 CGJ-2 型和 PYT-2C 型钻车中。

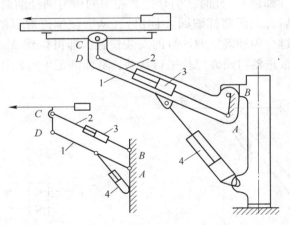

图 3-11　内四连杆平移结构

1—钻臂；2—连杆；3—俯仰角油缸；4—支臂油缸

当钻平行钻孔时，只需将俯仰角油缸 3 处于中间位置即可。此时，因 $AB = CD$，$BC = AD$，故构成四边形 $ABCD$ 的四个连杆实质上是一个平行四边形杆件系统。其中 AB 杆垂直于车架，CD 杆垂直于推进器水平轴线。当通过支臂油缸 4 使钻臂升降时，AB 杆与 CD 杆始终保持平行，而推进器的轴线亦始终保持平行状态，从而获得一组相互平行的钻孔。当钻倾斜孔时只需向俯仰角油缸的任一侧输入压力油，使连杆伸长或缩短，即可获得相对应的向上或向下的倾斜钻孔。

平面四连杆式平移机构结构简单，平行精度基本满足要求，连杆安装在钻臂内部工作安全可靠，在小型钻车上应用较多。

（2）空间四连杆平移机构。如图 3-12 所示，它是由 MP、NQ、OR 三根相互平行而长度相等的连杆，前后都有球铰与两个三角形端面相连接，从而构成一个棱柱形体的空间四连杆平移机构。该棱柱体即是钻臂。当钻臂在支臂油缸作用下升降时，利用棱柱体的两个三角形端面始终保持平行的原理，铰接的活动端使推进器始终在垂直平面与水平平面内平移。国产 BYC-1 钻车即采用这种平移机构。

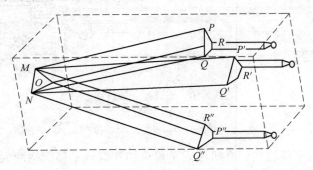

图 3-12 空间四连杆平移机构

（3）液压平移机构图。图 3-13 所示为液压平移机构工作原理图。为获得平移运动，在油路设计时，使平移引导油缸与俯仰角油缸两者的有杆腔联通，而两者的无杆腔亦联通（见图 3-13（b））。当钻臂在支臂油缸作用下升起（落下）一个角度 $\Delta\alpha$ 时，平移引导油缸的活塞杆即被拉出（缩回）。此时，引导缸某腔中的压力油经油路将排入俯仰角油缸的相联通的腔中，并使后者的活塞杆缩回（伸出），从而使推进器下俯（上仰）$\Delta\alpha'$ 角。在平移机构设计时，通过合理地确定两油缸的安装位置，即可得到 $\Delta\alpha \approx \Delta\alpha'$ 的关系。这样，在钻臂升降过程中，推进器将始终保持平行移动，从而满足平行钻孔的工艺要求。

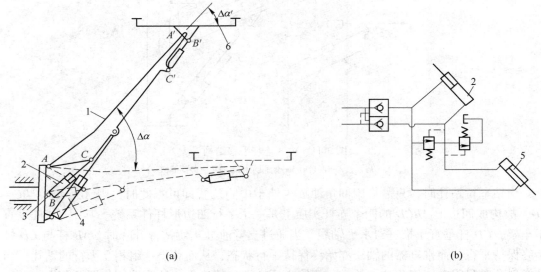

(a)   (b)

图 3-13 液压平移机构

1—钻臂；2—平移引导油缸；3—回转支座；4—支臂油缸；5—俯仰角油缸；6—托架

为防止因误操作而导致油管和元件损坏，在某些钻车的油路中，还设有安全保护回路（见图 3-13（b））。

钻车中多有采用无液压引导油缸的液压平移机构的，其工作原理是在设计时严格控制支臂油缸在钻臂和回转支座上的安装尺寸与俯仰角油缸在钻臂和托架上的安装尺寸之间保持一定的比例，并通过相应的油路系统（图 3-14）以实现 $Aa \approx Aa'$ 的关系，从而获得推进器的平移运动。

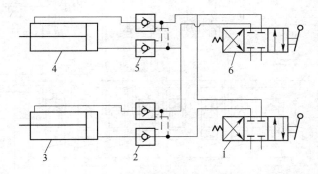

图 3-14　无平移引导油缸的液压平移机构
1，6—控制阀；2，5—液压锁；3—支臂油缸；4—俯仰角油缸

液压平移机构在 70 年代初期始用于钻车上，国产 CGJ-3、CTJ-3 和 CGJ-2Y 型钻车，瑞典 BUT15 型钻车和加拿大 MJM-20M 型钻车等均已采用。液压平移机构的优点是结构简单、尺寸小、重量轻和工作可靠，且适用于各种不同结构的大、中和小型钻臂，平移精度较高。

3.2.3　液压系统

凿岩钻车的液压系统，分为气动凿岩钻车和全液压凿岩钻车两类。气动凿岩钻车的液压系统仅用来控制钻车的行走，稳车、钻臂和推进器的调幅、定位动作等；全液压凿岩钻车的液压系统除了具有上述各功能之外，还应具有运转和控制液压凿岩机的功能。图 3-15所示为某全液压凿岩钻车的液压系统。

3.2.3.1　凿岩钻车控制系统

控制系统由油泵 P_3 供油到多路换向阀后分成若干支路到各液压工作机构，再经精滤器 26、冷却器回到油箱，形成一个开式多支路的循环系统。系统压力由多路换向阀上的溢流阀调整。油泵 P_3 承担另一个钻臂的供油系统。

（1）钻臂和推进器的调幅、定位和平移。多路阀由两条支路向支臂油缸和俯仰角油缸供给压力油，通过油管与液压锁相连接，从而形成一个无引导油缸的自动平移回路。当支臂油缸伸缩时，俯仰角油缸便能按比例伸缩，使推进器自动平移。另外两条支路向回转油缸和摆角油缸供给压力油，经油管和液压锁构成另一条自动平移回路（横向平移）。单向节流阀可防止钻臂下落时产生震动。

（2）推进器的补偿。多路阀的一条支路直接与补偿油缸相连，形成控制推进器的补偿回路。

（3）行走与支承。多路阀的另一条支路接到旋阀上，再由旋阀分别向前支腿油缸、后支腿油缸或行走马达供油，多路阀可控制进油的方向。行走回路中，还有两个自闭合回路，即由溢流阀、单向阀和液压马达所构成的回路，这两条制动回路分别承担钻车前进和

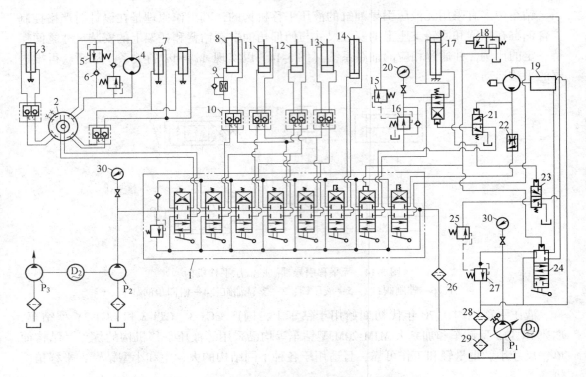

图 3-15 全液压凿岩钻车液压系统
D_1，D_2—电动机；P_1，P_2，P_3—油泵

1—多路换向阀；2—旋阀；3—前支腿油缸；4—行走液压马达；5，27—溢流阀；6—单向阀；7—后支腿油缸；
8—支臂油缸；9—单向节流阀；10—液压锁；11—回转油缸；12—俯仰角油缸；13—摆角油缸；14—补偿油缸；
15，25—调压阀；16—单向减压阀；17—推进油缸；18—限位阀；19—液压凿岩机；20—防卡钻阀；
21，23—液控阀；22—流量阀；24—换向阀；26，28—精滤器；29—冷却器；30—压力表

后退时的制动。

3.2.3.2 液压凿岩机的运转和控制系统

A 冲击系统

油泵 P_1 供油经换向阀进入凿岩机的冲击器。工作回油经精滤器、冷却器回到油箱构成一个开式循环系统。换向阀有三个挡位，即空载、轻冲和全冲位置。空载位置时油泵 P_1 供给的油经换向阀短路，返回油箱。轻冲位置时有一部分经减压的油进入冲击器进行轻冲击凿岩，另一部分油返回油箱。轻冲力量的大小可由调压阀调节。全冲击位置时冲击系统以额定的工作油压进入冲击器实现全冲击凿岩，全冲击时的油压由调压阀调节。

B 转钎系统

油泵 P_3 排出的油经多路换向阀的一条支路与液压凿岩机的液压马达相连接，形成转钎回路。通过流量阀可以调节钎杆的转速。钎杆的正转和反转由多路阀控制。

C 推进系统

油泵 P_3 排出的油经多路换向阀的一条支路与推进油缸相连接，回路中串联有减压阀和防卡阀，形成推进系统。减压阀可以调节推进系统中的压力。调压阀是调节轻推进压力

用的。液控阀的作用是当换向阀处于轻冲位置时，能自动保证推进缸进入轻推进状态。

　　D　防卡钎装置系统

　　在推进回路中装设一个二位四通阀，即防卡钻阀。防卡钻阀一端的液控油路与液控阀相连接。液控阀另外有二根油管，一根与推进油路连接，另一根是与转钎油路相连接的液控油路。这就构成防卡钎装置的油路系统。当液压凿岩机正常工作时，转钎液压马达正常运转，防卡钻阀处于正常推进位置。一旦发生卡钎，转钎油压上升，当超过额定压加 2~3MPa 时，防卡钻阀即换向，使凿岩机退回。直到转钎油压降到正常值时，防卡钻阀又恢复到正常推进位置。在防卡钻阀退回过程中，凿岩机自动处于轻击状态。

　　E　钻孔过程的半自动控制

　　在完成某一钻孔的钻进过程中，该系统可实现各种凿岩工况的半自动控制，在钻孔完毕时可自动停钻和自动退回。

　　(1) 钻进过程半自动控制系统由换向阀、液控阀 (21 和 23)、防卡钻阀、减压阀、溢流阀和调压阀 (15 和 25) 及其管路等构成了钻进过程半自动化控制系统。

　　启动油泵 P_1 并使冲击换向阀手柄处于 I 位时，冲击系统空载运转。压力油经换向阀返回油箱，此时油压仅能克服管路系统阻力。

　　当将换向阀手柄转至 I 位，同时将推进和转钎手柄置于工作位置时，系统为轻冲击和轻推进工作状态，即开孔状态。系统压力由调压阀所确定。当将换向阀手柄转至 II 位时，即全冲击和全推进位置。此时液压凿岩机正常工作。系统压力由减压阀和溢流阀确定。

　　如发生卡钻故障时，转钎回路中油压升高，液控阀换向，防卡钻阀亦换向，凿岩机立即自动退回由于防卡油路的影响，引起液控阀换向，于是凿岩机自动改变为轻冲击状态。一旦卡钎故障消失，转钎回路油压降低到正常值时，推进和冲击系统恢复正常，继续钻进。

　　(2) 自动停钻与自动退钎系统由多路换向阀中的推进阀、限位阀、换向阀及其管路组成自动停钻与自动退钎系统。当完成一次钻进时，装在推进缸上的碰块触动限位阀的阀芯使限位阀换位，压力油即通向推进阀和冲击换向阀的液控口，使两阀换向，于是凿岩机自动停钻、钎杆自动退出钻孔。当凿岩机和钎杆自动退回后，限位阀恢复正常，为下一次钻进创造了条件。

3.3　凿岩钻车的选型与计算

　　当前，在采矿、巷道掘进和隧道掘进工程中，凿岩钻车已成为主要的凿岩设备。但由于现有凿岩钻车结构形式繁多，其整机功能和适用范围各不相同，故合理选用机型颇为重要。选用钻车时，应考虑所选设备的技术、经济指标的合理性和先进性，分析对比择优选用。

　　经济指标包括设备的投资、能源消耗、材料消耗、设备维修及管理、设备折旧等方面的费用。通常是将所有费用换算成每钻一米钻孔时所需的费用。

　　技术指标包括设备的先进性和对凿岩爆破工艺要求的适应性。具体地讲，所选设备应具备：(1) 凿岩速度快、工作稳定可靠、结构简单、便于操作和维修；(2) 满足各种凿岩爆破工艺对钻孔布置和深度的要求，以及巷道断面尺寸和运输方式等方面的要求。

3.3.1　凿岩钻车的生产率

当使用凿岩钻车钻孔时，每班生产率可按式（3-10）计算。

$$L = KvTn \times 10^{-2} \tag{3-10}$$

式中　n——凿岩钻车上同时工作的凿岩机台数，台；

　　　T——每班纯工作时间，min；

　　　v——技术钻进速度（与钻车构造参数有关），cm/min；

　　　K——凿岩机的时间利用系数。

时间利用系数 K 是凿岩机纯工作时间与每个掘进循环中凿岩工序所占时间的比值（%），它与钻臂结构、推进器行程、岩石物理机械性质及操作技术熟练程度等有关。在其他条件相同时，K 值与推进器行程的关系见表3-3。其中岩石坚固性系数 $f = 10 \sim 14$，采用液压调幅钻臂，钻进速度 $v = 20 \text{cm/min}$。

表 3-3　时间利用系数 K

推进器行程/mm	1000	1500	2000	2500
时间利用系数	0.5	0.6	0.7	0.8

3.3.2　凿岩机类型及台数的确定

凿岩钻车的具体结构和性能，在很大程度上取决于所选配的凿岩机类型。一般地，凿岩机类型选定之后，即可确定钻臂数（亦即每台钻车安装凿岩机的台数）和推进器形式等，如 CGJ-2 型钻车使用 7655 型凿岩机，CGJ-2Y 型钻车使用 YYG80-1 型液压凿岩机。必要时也可为钻车设计制选专用凿岩机，如 YG-35 轻型导轨式凿岩机与 CGJ-3 型液压凿岩钻车配套使用。

凿岩钻车上安装凿岩机的台数，亦即选用带有几台凿岩机的钻车，主要根据工作面尺寸和所需钻孔总深度来确定，即

$$n = \frac{100L}{KvT} = \frac{100Zh}{KvT} \tag{3-11}$$

式中　L——所需钻孔的总深度，m，$L = Zh$；

　　　Z——所需钻孔数；

　　　h——每班所钻孔的平均深度，m。

3.4　采矿凿岩钻车

采矿凿岩钻车是根据不同的采矿方法，在采矿场中进行凿岩的钻车。采矿钻车的应用可以提高采矿工效，加快回采速度，也可以促使改进采矿工艺，提高资源回收率，在采用无底柱分段崩落采矿法的某些金属矿山中得以成功应用。CTC-700 型和 CTC-214 型采场钻车钻凿中深孔时其台班可钻孔 150～250m，大大提高了凿岩效率。对于薄矿脉、小巷道的金属矿山建议使用 CTC-140 和 SGC-1B 型采场钻机，其特点是行走方便、移位迅速、布孔准确、凿岩稳定、劳动强度小和凿岩工效高等。国产采矿钻车的技术特征见表3-4。

表 3-4 采矿钻车的技术特征

特 征		型 号			
		CTC-700	CTC-214	CTC-140	SGC-1B
外形尺寸（长×宽×高)/mm		3980×1800×2120	4700×2100×1800	2500×1200×2600	3750×850×1500
适用巷道断面（宽×高)/m		2.8×3.0	(3×3)~(5×3.5)	—	(1.8×2)~(2.5×3)
钻臂型式及数量		复摆，1	单摆，2	单摆，1	单摆回转，1
上向平行钻孔范围/m		1.8	3.5	—	1.98
炮孔前倾角度/(°)		30	0~90	25	90
钻孔后倾角度/(°)		95	—	—	30
钻孔左右倾角度/(°)		0~180	0~100	0~25	90
钻孔直径/mm		51~65	51~65	38~46	50~80
钻杆长度/m		1.26	—	2~4	1
配用凿岩机		YG-80，YGZ-90	YGZ-90	YSP-45	YGZ-90
钻车质量/t		2.75	4~5	0.3	1.7
推进器	形式	气马达-丝杠	气马达-丝杠	气马达-丝杠	双油缸接传
	推进行程/mm	1420	1400	2000	1140
	推进力/kN	6~8	14	1.9	8~14
	气马达功率/kW	0.74	2.2	—	
	补偿行程/mm	500	700		1000
行走方式		气动轮胎式	气动轮胎式	手动轮胎式	液动轮胎式
行走功率/kW		2×3.7	4.4	—	2.61
稳车方式		液压千斤顶	液压千斤顶		液压千斤顶
油泵气马达功率/kW		2	2.2	—	气动增压泵
系统工作压力/MPa		9.8	7.85~9.8	水压 0.49	6.86~10.8
制造商		昆明风动机械厂	南京战斗机械厂	天水风动工具长厂	湘潭机械厂

3.4.1 工作面上采矿钻车的基本工作

（1）钻车行走。地下采矿钻车一般都能自行移动，行走方式有轨轮、轮胎、履带，行走驱动可由液压马达或气动马达提供。

（2）炮孔定位与定向。钻车要能够满足采矿钻凿要求的炮孔位置与炮孔方向、深度，而炮孔的定位与定向动作由钻臂变幅机构和推进器的平移机构完成。

（3）推进器补偿运动。推进器前后移动又称补偿运动，一般都由推进器具的补偿油缸完成。

（4）凿岩机推进。凿岩时，需对凿岩机施加轴向推进力（又称轴压力），以克服其工作时的反弹力，使钻头能紧压孔底岩石，以提高钻凿速度。凿岩机的推进动作由推进器完成。推进方法为：油压推进、油马达（气马达)-链条推进、油马达（气马达)-螺旋（又称丝杆）推进。

（5）凿岩钻孔。这是钻车最基本最重要的动作，由凿岩机系统完成。

除上述5种基本动作外，还有钻车的调整水平、稳车、接卸钻杆、夹持钻杆、集尘等辅助动作，各由其相应机构完成。

3.4.2　采矿钻车的基本结构

（1）底盘。底盘是用来完成转向、制动、行走等动作，钻车底盘的概念一般将原动机也包括在内，是工作机构的平台。国外钻车底盘基本采用通用底盘。

（2）工作机构。用来完成钻孔的定位、定向、推进、补偿等动作。钻车的工作机构由定位系统和推进系统组成。

（3）凿岩机与钻具。用于完成凿岩钻孔作业，凿岩机有冲击、回转、排渣等功能。凿岩机包括液压凿岩机和气动凿岩机，钻具由钎尾、钻杆、连接套、钻头组成。

（4）动力装置。一般分为柴油机、电动机、气动机三类。

（5）传动装置。一般分为机械传动、液压传动、气压传动三类。部分钻车同时具有液压传动和气压传动两套装置。

（6）操纵装置。可分为人工操纵、计算机操纵两种，人工操纵又可分为直接操纵和先导控制两种。一般大中型采矿钻车因所需操纵力过大，因而都采用了先导控制，先导控制又可分为电控先导、液控先导和气控先导。凿岩钻车由计算机程序控制又称凿岩机器人，是目前最先进的操纵方式。

3.4.3　CTC-700型采矿钻车

CTC-700型轮胎式采矿台车以压缩空气为动力，全部采用液压控制的深孔凿岩设备，主要用于分段崩落法开采的矿体。CTC-700型采矿钻车配备YG-80或YG-65型导轨式凿岩机，可向上、向左、向右扇形深孔凿岩及向上平行深孔凿岩，孔径为50~70mm，孔深为30~35m，台班生产能力为80~100m 特别适用于厚大或急倾中厚以上矿体的大中型金属矿山和大型地下硐室。

CTC-700型采矿凿岩钻车由导轨式凿岩机、推进器、叠形架、底盘、操作台、风动液压系统、供水系统以及稳车装置（气顶及前后液压千斤顶）等8个部分组成，如图3-16所示。

钻车工作时，首先利用前液压千斤顶是钻车平台处于水平状态并支承其重量，同时开动气顶将钻车固定。然后根据炮孔位置操纵叠形架对准孔位，开动推进器油缸（补偿器）使顶尖抵住工作面，随即可开动凿岩机及推进器，进行钻孔工作。

3.4.3.1　推进机构

推进机构包括推进器、补偿器及托钎器等。

A　推进器

推进器如图3-17所示，凿岩机借助四个长螺杆紧固在滑板上，滑板下部装有推进螺母并与推进丝杆组成螺旋副。当丝杆由TM1B-1型风马达带动向右或向左旋转时，凿岩机则前进或后退。

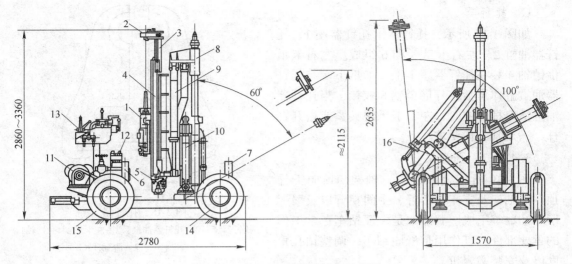

图 3-16 CTC-700 型凿岩钻车示意图

1—凿岩机；2—托钎器；3—托钎器油缸；4—滑轨座；5—推进风马达；6—后千斤顶；7—前千斤顶；8—上轴架；
9—摆动油缸；10—摆臂；11—行走气动马达；12—注油器；13—液压操纵台；14—前轮对；15—后轮对；16—侧摆油缸

B 补偿器

补偿器又称为延伸器或补偿机构，如图 3-17 所示。补偿器由托架和推进油缸等组成，其作用是在顶板较高（向上钻孔时）或工作面离机器较远时，推进器的托钎器离工作面较远，开始钻孔时会引起钎杆跳动，这时可使推进油缸右端通入高压油，左端回油，推进油缸活塞杆便向左运动。带动推进器滑块沿导板向左滑动，而使装在滑块上的推进器向工作面延伸，从而使托钎器靠近工作面。其最大延伸行程为 500mm，延伸距离可在此范围内依需任意调节。补偿器只是在钻孔开眼时使用，正常钻孔凿岩时仍退回原位。为承受滑架座返回时的凿岩反作用力，在滑架后部装有挡铁，在托架上装有挡块，使它们在滑架退回时互相接触而停止，同时还防止滑架座退回时碰坏风马达。

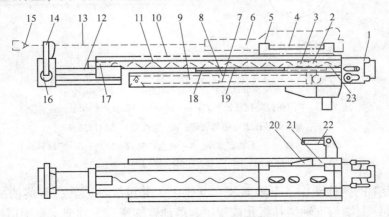

图 3-17 CTC-700 型凿岩钻车推进器

1—推进风马达；2—减震器；3—推进螺母；4—长螺杆；5—滑板；6—凿岩机；7—托架；8—推进油缸活塞杆；
9—推进油缸；10—滑架；11—推进丝杆；12—托钎器座；13—钎杆；14—卡爪；15—钎头；16—托钎器油缸；
17—减震器；18—滑块导板；19—滑块；20—挡铁；21—挡块；22—扇形摆动油缸活塞杆；23—滑架座

C　托钎器

如图 3-18 所示，托钎器由托钎器座 1、托钎器油缸 2、左右卡爪 3 和 6 组成。左右卡爪借销轴 4 装在托钎器座 1 上，卡爪下端与托钎器油缸缸体及活塞杆借销轴 8 铰接，当托钎器油缸活塞杆伸缩时，左右卡爪便夹紧或松开钎杆，满足其工作要求。

3.4.3.2　叠形架

图 3-19 所示叠形架由上轴架、顶向千斤顶、下轴架及支座、摆臂、中间拐臂以及扇形摆动油缸等组成。叠形架是保证钻车正常工作的重要部件，其作用是稳固钻车、调整钻孔角度以及安装凿岩机。

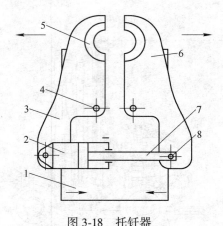

图 3-18　托钎器
1—托钎器座；2—托钎器油缸；3—左卡爪；4—销轴；
5—钎套；6—右卡爪；7—活塞杆；8—销轴

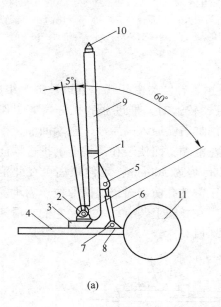

(a)

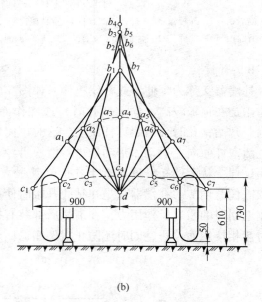

(b)

图 3-19　叠形架
（a）叠形架俯仰动作；（b）扇形孔中心 c 的运动轨迹
$a_1 \sim a_7$—中间拐臂与摆臂铰接点；$b_1 \sim b_7$—中间拐臂与轴架铰接点；
$c_1 \sim c_7$—扇形孔中心运动轨迹；d—摆臂与下轴架铰接点
1—下轴架；2—轴；3—下轴架支座；4—底盘；5，7—销轴；6—起落油缸；
8—起落油缸支座；9—铜管套；10—顶向千斤顶；11—前轮

（1）叠形架的俯仰动作。下轴架装在支座上，并可绕轴回转，起落油缸下端借销轴与其支座铰接，上端与下轴架耳板孔铰接。起落油缸支座和下轴架支座则借螺钉固定在钻车底盘上，它们共同支承叠形架的重量。当起落油缸伸缩时，下轴架便和整个叠形架仰俯起落。向前倾可达 60°，向后倾可达 5°，即叠形架可在 65° 范围内前后摆动，保证钻车有较大的钻孔区域。

（2）叠形架的稳固。顶向千斤顶安装在铜管套内，凿岩时，顶向千斤顶活塞杆伸出，抵住顶板，从而使整个叠形架稳定并减少钻车震动。顶向千斤顶的推力约为2800N。活塞杆向外伸出可达1700mm，这样可以达到高度为4.5m的顶板。

（3）扇形孔中心及其运行轨迹。从图3-19可见，在钻凿扇形孔时托架是以中间拐臂的下轴孔为中心作扇形摆动。当侧摆油缸伸缩到一定程度时，中间拐臂便固定不摆动（即下轴孔轴线不动），此时只要开动扇形摆动油缸便可使托架绕下轴孔中心线摆动，以便钻凿扇形孔。因中间拐臂上部有销轴和上轴架铰接，而上轴架又套在千斤顶的铜管套外面并可上下移动，因此，中间拐臂在上轴架上下移动的过程中作扇形摆动，扇形孔中心的摆动是复摆。扇形孔中心c的运动轨迹是一条曲率半径较大的上凸曲线。

（4）托架扇形摆动。当扇形孔中心在侧摆油缸作用下，摆动到钻车纵向中心线上的位置c_4点时，托架可向左、右各摆动60°角（见图3-20（a））。当扇形孔的孔口中心c在侧摆油缸作用下摆动到极左、极右位置时，则可使托架摆幅达100°，可钻凿左右各下倾5°的炮孔，如图3-20（b）、（c）所示。

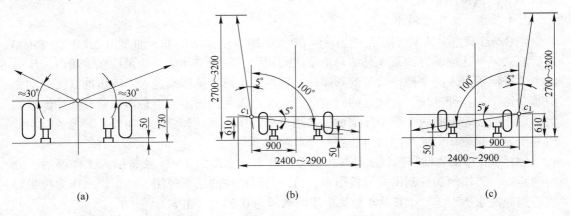

图3-20　扇形孔中心c位于不同位置时的扇形炮孔范围
（a）扇形孔中心c位于中心位置；（b）扇形孔中心c位于极左位置；（c）扇形孔中心c位于极右位置

（5）托架的平动。为能钻凿平行炮孔，采矿钻车安装有如图3-21所示的平移机构。调整扇形摆动油缸的伸缩量使$AC=BD$、$AB=CD$时，$ABDC$为一平行四边形，托架处于垂直位置。这时如使BD长度保持不变，并操纵侧摆油缸使托架6平行移动，这样安装在托架推进器上的凿岩机便可钻凿出垂直向上的平行炮孔。如果操纵起落油缸，使顶向千斤顶在其起落范围内任意位置固定后，也可操纵扇形摆动油缸使$ABDC$成一平行四边形。这时开动侧摆油缸即可钻凿与顶向千斤顶方向一致的倾斜向上的平行炮孔。

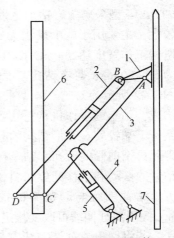

3.4.3.3　底盘与行走机构

CTC-700型凿岩钻车的底盘是由一根纵梁和三根横梁焊接而成，各梁都是槽钢与钢板的组合件。

图3-21　托架的平移机构
1—上轴架；2—扇形摆动油缸；3—拐臂；4—摆臂；5—侧摆油缸；6—托架；7—上向千斤顶

在底盘上装有前后轮对、前后稳车用液压千斤顶、行走机构传动装置、起落油缸支座、脚踏板、前轮转向油缸、油箱及注油器和下轴架支座等。钻车的行走机构包括前、后轮对和后轮对的驱动装置。后轮对的驱动是由风马达、两级齿轮减速器、传动链条及链轮和离合器等组成。左右两轮分别由两套完全相同的驱动装置驱动。

3.4.3.4　风动系统

CTC-700型凿岩钻车的风动系统分成三路：一路进入行走操作阀及油泵给风阀门以开动两个行走风马达及油泵风马达；一路进入风动操作阀组，经过凿岩机操作阀开动凿岩机；经过凿岩机换向操作阀开动凿岩机换向机构，使钎杆正反转，实现机械化接卸钎杆；经过顶向千斤顶操作阀开动顶向千斤顶，使顶向千斤顶活塞杆伸出顶住顶板，以稳定钻车及其叠形架；通过推进风马达操作阀，开动推进风马达；另一路经过推进风马达辅助阀，也可开动推进风马达。推进风马达辅助操作阀安装在操作台前面并靠近凿岩机的一边，在接卸钎杆时，司机站在推进器旁侧，可以就近利用这个辅助阀来开动推进器风马达，从而实现单人单机操作钻车。

3.4.3.5　液压与供水系统

CTC-700型凿岩钻车液压系统由一台CB-10F型齿轮油泵供油。油泵由21kW的TM1-3型后塞式风马达驱动。油泵风马达与油泵之间用弹性联轴节连接。油泵设在油箱内。压力油由总进油管进入两个操作阀组的阀座内，再经过个液压操作阀进入个液压油缸，分别完成驱动钻车的各种动作。各油缸的回油分别经操作阀回到阀座，由总回油管经滤油器过滤污物后流回油箱。除两个前千斤顶油缸共用一个操作阀驱动和彼此联动外，其他各缸均各由一个操作阀驱动，油泵出油口装有一个单向阀。

CTC-700型凿岩钻车的供水系统很简单，即水从水源由3/4″胶管引入工作面后，分为两路：一路用闸阀控制供凿岩机用水，另一路则供冲洗钻车等用。钻车供水压力视凿岩机需用冲洗水压而定。CTC-700型钻车使用水压为0.3~0.5MPa。

3.4.4　CTC-214型采矿钻车

CTC-214型采矿凿岩钻车是带有两个钻臂，配用YGZ-90型外回转式凿岩机，其摆动范围较大，主要用于地下矿山无底柱分段崩落法开采进路中钻凿上向扇形、平行回采炮孔，凿岩工作宽度达5m。CTC-214型采矿凿岩钻车可在3m×3m~5m×3.5m巷道中作业，孔径为50~80mm，具有钻孔速度快、台班生产率高和故障少等优点。

图3-22所示为CTC-214型采矿凿岩钻车的结构简图。钻车由底盘、器和液压控制系统等构成，钻车的工作机构是由左右两组布置在钻车中部的钻臂、起落架和凿岩机等构成。钻臂下端铰安在箱形结构的起落架上。借助起落架油缸可使钻臂在0°~90°范围内起落，因此可钻前倾的钻孔。钻车行走时放平钻臂以降低行走高度。

钻臂的摆动和平移调位如图3-23所示。钻臂的两侧安有摆角油虹和摆臂油缸。摆臂油缸可使钻臂围绕与起落架的铰接点 D 左右摆动，最大摆动范围是偏离钻车中心线1.75m。摆角油缸伸缩可改变接进器与钻孔间的角度，从而可以钻出具有各种前倾角的扇形钻孔。若将摆角油缸调节成某一特定长度，即保持 $AC = BD$，又因在设计时已取 $AB = CD$，则 $ABDC$ 为一平行四边形，从而构成一个四连杆式平移机构，因此可获得上向的一组平行钻孔。

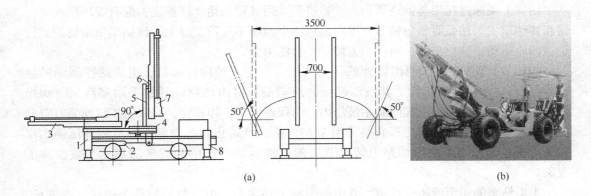

图 3-22　CTC-214 型采矿钻车

（a）钻车结构；（b）CTC14 系列采矿钻车外貌

1—前支腿；2—起落架油缸；3—推进器；4—起落架；5—钻臂；6—托架；7—凿岩机；8—后支腿

图 3-24 所示为钻车工作机构的平面作业范围。图中右侧为 3m×3m 巷道断面时钻车的作业范围，双中心孔距为 1~1.1m，边孔扇形角为 50°；图的左侧为 5m×3.5m 加断面巷道时的作业范围，中间布置 4 个平行钻孔，孔距为 1.1~1.2m，边孔倾角为 70°。

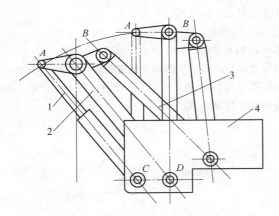

图 3-23　CTC-24 型钻车平移机构

1—摆角油缸；2—钻臂；3—摆臂油缸；4—起落架

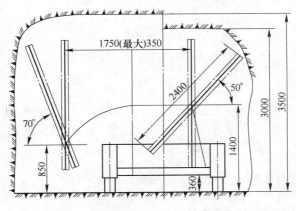

图 3-24　工作面上工作机构作业范围

　　钻臂上端通过托架与推进器相连。推进器采用气动马达丝杆推进，配有液压楔式夹钎器和弹性顶尖。钻孔时整台钻车支撑在前后四个液压千斤顶支腿上。该钻车采用轮胎式行走，四轮驱动，移位灵活，对孔位方便，爬行能力强。

　　CTC-214 型采矿钻车两组钻臂的传动共用一台定量径向柱塞泵，由脚踏控制阀操纵TVl-4 气马达驱动油泵工作。其液压系统的所有液压缸由两组并联的手动多路换向阀操纵，在液压回路中由溢流阀限制系统压力。为保证钻车工作稳定，可取液压缸均装有双向液压锁。多路阀中间位置内部通路采用 Y 型连接，可防止阀芯内部泄漏造成液压锁工作失灵。在起落和摆臂液压油路上装有节流阀以控制钻臂起落和摆动的速度，减少冲击现象。

　　支承钻车的四个液压千斤顶，其中前面两个并联为一组，与后面两个构成三点支承，以利于调整水平。各个液压千斤顶由手动换向阀通过旋转分别或同时操作。

复习思考题

3-1　在掘进工作面上，凿岩钻车应该完成哪些动作，相应的工作机构是什么？

3-2　凿岩钻车基本结构包括哪些部分？

3-3　钻臂与回转机构及其作用是什么？钻臂有哪些类型？

3-4　简述掘进钻车的推进器的工作原理。

3-5　画图说明掘进凿岩钻车钻凿相互平行的炮孔的工作原理。

3-6　钻车选型计算：某地铁隧道设计断面为半圆形，掘进断面尺寸为宽 10.8m、高 9.3m、墙高 3.6m，设隧道长度为 1440m，掏槽超深 0.3m，施工工期为 6 个月，每天两班制，采用凿岩台车施工。试规划施工方案，并进行设备的选型计算。

4 潜孔钻机

教学目标

通过本章的学习，受教育者应获得如下知识和能力：

（1）掌握潜孔钻机的基本工作原理、分类及其选用；

（2）理解潜孔钻机钻具结构及其工作原理；

（3）掌握露天和井下用潜孔钻机的基本结构及其功能；

（4）掌握潜孔钻机的工作性能参数及其计算。

4.1 概　　述

为了适应井下大量崩矿采矿方法及露天矿山一次爆破规模的要求，钻孔设备应能钻出 4~40m 甚至更深的炮孔，而气腿凿岩机和接杆凿岩机远不能满足凿岩速度和效率的要求，因此潜孔钻机应运而生。潜孔钻机的特点是其冲击器潜入孔底，活塞打击钎杆时的能量损失不随钻孔的延伸而加大，成为中深孔凿岩作业中比较经济、有效的钻孔设备。

我国潜孔钻机先是引进苏联的井下潜孔钻机，后又自行设计并定型生产了 YQ-150A 型露天潜孔钻机。目前潜孔钻机品种繁多，在孔径 60~250mm 的很宽范围内均有钻机可选，被广泛应用于各个行业，成为国内主选钻孔设备之一。

4.1.1 潜孔钻机的工作原理及其特点

潜孔钻机可在中硬或中硬以上矿岩中钻孔，属于冲击转动式凿岩，具有冲击、转动、排岩和推进的成孔过程和独立的外回转机构与冲击机构——潜孔冲击器。潜孔钻机的冲击器装于钻杆的前端，潜入孔底直接冲击钻头，对岩石进行冲击破碎，随着钻孔的延伸而不断推进，潜孔钻机因此而得名。

与凿岩机相比，潜孔钻机的冲击能量不会因钻杆的推进加长而损失，因而能钻深孔、大直径孔。应用于井下钻孔时，工作面噪音大大降低；应用于露天钻孔时钻孔速度高，辅助作业时间少，提高了钻机作业效率。潜孔钻机可以钻倾斜孔，有利于控制矿石的品位，增加边坡的稳定性，消除根底，提高爆破质量。

潜孔钻机主要由推进调压机构、回转供气机构、冲击机构、提升机构、操纵机构和排粉机构等来完成。潜孔钻机钻孔原理如图 4-1 所示。

潜孔钻机工作时，推进调压机构使钻具连续推进，将一定的轴向压力施于孔底，使钻头始终与孔底岩石接触。由风动马达和减速箱组成的回转机构使钻具连续回转。同时，安装在钻杆前端的冲击器在压气的作用下，其活塞不断冲击钻头，完成对岩石的冲击动作。

钻具回转避免了钻头重复打击在相同的凿痕上，并产生对孔底岩石起刮削作用的剪切力。在冲击器活塞冲击力和回转机构的剪切力作用下，岩石不断地被压碎和剪碎。压气由回转供风机构的气接头进入，经中空钻杆直达孔底，把破碎的岩粉从钻杆与孔壁之间的环形空间排至孔外，从而形成炮孔。

潜孔凿岩原理的实质，就是在轴向压力作用下，冲击和回转两种破碎岩石方法的结合，冲击是断续的，回转是连续的，岩石在冲击力和剪切力作用下不断地被压碎和剪碎。

对于中硬以上的岩石，轴压力实际上无法使钻头凿入岩石起到切削作用，只是防止钻具的反跳。因此，在潜孔凿岩中，起主导作用的是冲击做功，仍属于冲击回转式凿岩法。

潜孔钻头通过扁销和花键两种零件与冲击器直接连接，冲击器与钻杆采用锥形螺纹连接。接杆钻进的两根钻杆之间采用方形螺纹连接。

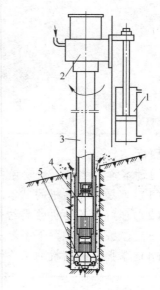

图 4-1　潜孔钻机钻孔原理
1—推进调压机构；2—回转供风机构；
3—钻杆；4—冲击器；5—钻头

4.1.2　潜孔钻机的分类

（1）按使用地点分类：地下潜孔钻机、露天潜孔钻机。

（2）按有无行走机构分类：自行式、非自行式。自行式潜孔钻机又分为轮胎行走和履带行走两类，地下潜孔钻机主要是轮胎行走方式，露天潜孔钻机多为履带行走方式。

（3）按气压大小分类：低气压型（≤0.7MPa）、中气压型（0.7~1.4MPa）、高气压型（1.7~2.5MPa）。

（4）按钻孔径直径和潜孔钻机机重分类：轻型（≤ϕ80~100mm，≤3t）、中型（ϕ120~180mm，10~15t）、重型（ϕ180~250mm，25~30t）、特重型（≥ϕ250mm，≥40t）。

如图 4-2 所示，（a）、（b）分别为露天用和地下用潜孔钻机的实际外形图。

4.1.3　潜孔钻机的特点及适用范围

潜孔钻机具有结构简单，重量轻，价格低，机动灵活，使用和行走方便，制造和维护较容易，钻孔倾角可调等优点。

潜孔钻机在接杆钻进过程中，回转机构仅带动钎杆旋转，冲击器潜入孔底与岩石接触，冲击能量直接作用于钻头，冲击能量随钎杆传递损失很少，可钻凿更深的炮孔。当采用高风压潜孔钻机，不仅凿岩速度快，而且比普通接杆钎杆导向性更好，钻孔偏差小，精度高；并以高压气体排出孔底岩渣，可大幅减少孔底岩石被重复破碎现象；同时，冲击器潜入孔内，工作面噪声很低。

地下潜孔钻机主要用于钻凿大孔径的深孔，如 VCR 法、阶段矿房法、深孔分段爆破法的大直径深孔以及天井掘进的中心孔等。

(a)

(b)

图 4-2 潜孔钻机

（a）KQ-250 型潜孔钻机；（b）JZ-150 型全液压潜孔钻机（井下用）

露天潜孔钻机除可用于钻凿露天矿主爆炮孔外，还用于钻凿矿山的预裂孔、光面孔、锚索孔、地下水疏干孔，也可钻凿通风孔、充填孔、管缆孔等。

虽然牙轮钻机在露天矿钻孔已占主导地位，潜孔钻机的钻孔效率和钻进技术不如牙轮钻机，在大型乃至中小型露天矿潜孔钻机已被牙轮钻取代，但在中等硬度矿岩的中、小型露天矿山潜孔钻机仍广为使用。

潜孔钻机主要机构有冲击机构、回转供风机构、推进机构、排粉机构、行走机构等。

潜孔钻机是露天矿山普遍选用的钻机，其中 KQ 系列潜孔钻机最具代表性。国产潜孔钻机的技术特征见表 4-1、表 4-2。

表 4-1　露天潜孔钻机的技术特征

特　征		型　　号				
		KQD-80	SQ-100J	KQ-150	KQ-200	KQ-250
钻孔直径/mm		80~120	80~120	150~170	200~220	230~250
钻孔深度/m		30	30	17.5	20	20
孔向/(°)		多角度	多角度	60, 75, 90	60, 75, 90	60, 75, 90
适应岩种		$f=6\sim18$	$f=6\sim18$	$f=6\sim18$	$f=6\sim18$	$f=6\sim18$
工作压力/MPa		0.49~0.69	0.49~1.47	0.49~0.69	0.49~0.59	0.49~0.59
耗气量/m³·min⁻¹		9	12.3	15.5	25	30
总质量/t		8	6	14	42	45
钻具	钻杆直径/mm	60	70	133	168	203, 219
	钻杆长度/m	3	3	9	9.5, 10.2	10
	钻具转速/r·min⁻¹	35, 45, 53 67, 77, 115	0~35	21.7, 29.2, 42.9	13.5, 17.9, 27.2	17.9, 22.3
	接送杆器	无	无	气动转臂	电动蜗轮蜗杆	液压直推

特　征		型　号				
		KQD-80	SQ-100J	KQ-150	KQ-200	KQ-250
回转机构	原动机类型	双速电机	风马达	三速电机	三速电机	电动机
	功率/kW	4, 6	4	7.5, 8.5, 13	10, 11, 15	22
	最大扭矩/N·m	1089	1471	2883	5806	8453
推进机构	调压方式	风马达链条	风马达链条	气缸钢绳	气缸链条	自重抱闸
	调压力/kN	0~9.8	0~23.5	0~14	0~19.9	0~29.4
	一次推进行程/m	3	3	1	1.2	16
行走机构	传动方式	电动履带	风马达履带	电动履带	电动履带	电动履带
	行走速度/km·h⁻¹	1	1	1	0.755	0.77
	爬坡能力/(°)	20	20	14	14	10
除尘系统	供风方式	机外供风	机外供风	机外供风	空压机（自带）	空压机（自带）
	除尘方式	湿式除尘	干式、湿式除尘	干式、湿式除尘	干式、湿式除尘	干式、湿式除尘
外形尺寸（钻架平放）	长/mm	600	5600	12190	13770	20445
	宽/mm	2520	2260	3125	5740	5930
	高/mm	2770	2000	3865	6630	5120
制造商		宣化风动机械厂	嘉兴冶金机械厂	宣化风动机械厂	江西矿山机械厂	宣化风动机械厂

表 4-2　井下潜孔钻机的技术特征

特　征		型　号			
		QZJ-100A	QZJ-100AB	KQG-165	DQ150J
钻孔直径/mm		100~130	80~130	165	150~170
钻孔深度/m		60	60	50~60	50~100
适应岩种		$f=6\sim16$	$f=6\sim16$	$f>6$	$f>6$
总质量/kg		240	195	5700	4500
钻具	钻杆直径/mm	50	50	133	114
	钻杆长度/m	1045	1026	1600	1500
	钻具转速/r·min⁻¹	89	90	0~30	0~35
推进机构	调压方式	气缸链条	气缸	油缸	气缸链条
	一次推进行程/m	1000	1000	1600	1500
	调压力/N	0~6374	0~6374	0~1373	0~34323
回转机构	原动机类型	电动机	风马达	油马达	风马达
	转速/r·min⁻¹	1430	3200		
	功率/kW	3	4.41	2×4.8	4

特　征		型　号			
		QZJ-100A	QZJ-100AB	KQG-165	DQ150J
行走机构	传动方式	无行走机构	无行走机构	油马达履带	风马达履带
	行走速度/km·h^{-1}			1	1
	爬坡能力/(°)			25	20
工作气压/MPa		0.49~0.69	0.49~0.69	0.98~1.73	0.49~1.47
耗气量/m³·min^{-1}		6	10~12	16.2	18.4
水压/MPa		0.78~0.98	0.78~0.98		
排渣方式		气水混合	气水混合	气水混合	气、气水混合
外形	长/mm	1850	2380	3110（立起）	3000（立起）
	宽/mm	—	—	1400	1420
	高/mm	550	470	3450	3500
制造商		宣化风动机械厂	宣化风动机械厂	宣化风动机械厂	嘉兴冶金机械厂

4.2　钻具及其工作原理

4.2.1　潜孔钻具

潜孔钻机的钻具包括钻杆、冲击器和钻头。钻杆的两端有联接螺纹，一端与回转供风机构相连接，另一端连接冲击器。冲击器的前端安装钻头。钻孔时，回转供风机构带动钻具回转并向中空钻杆供给压力，冲击器冲击钻头进行凿岩，压力将岩渣排出孔外，推进机构将回旋供风机构和钻具不断的向前推进。

4.2.2　钻杆

钻杆的作用是带动冲击器回转，并通过其中心孔向冲击器输送压气。地下潜孔钻机的钻杆较短，一般长度为 800~1300mm，钻完一个深炮孔，需要几十根钻杆。露天潜孔钻机一般有两根钻杆。一根为主钻杆，另一根为副钻杆。

图 4-3 是 KQ-200 型钻机主钻杆结构图，主副钻杆只是长度不同，结构完全一样。钻杆的两端有联接螺纹。钻杆接头上都有供装卸钻杆和冲击器用的卡搬刃。

4.2.3　冲击器

冲击器是潜孔钻机的心脏部件，其质量优劣直接影响着钻孔速度和钻孔成本。冲击器的作用是将从钻杆中心来的高压空气能量转变成活塞往复运动的冲击能，并将其传递给钻头来冲击破碎岩石。对潜孔钻机冲击器的基本要求是：（1）性能参数好，钻孔效率高；（2）结构简单，便于制造、使用和维修；（3）零部件工作可靠，使用寿命长，能在各种岩层（如含水岩层）正常工作。

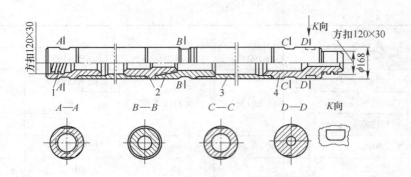

图4-3 KQ-200型潜孔钻机主钻杆结构图
1—下接头；2—中间接头；3—钢管；4—上接头

潜孔钻机冲击器的特点是：（1）冲击力直接作用于钻头，冲击能量不因在钻杆中传递而损失，故凿岩速度受孔深的影响小；（2）以高压气体排出孔底的岩碴很少有重复破碎现象；（3）孔壁光滑，孔径上下相等，一般不会出现弯孔现象；（4）工作面的噪声低（因冲击器位于孔底）。

当前国内外新型高工作气压空压机（达2.5MPa）和高风压潜孔冲击器使钻孔速度提高了数倍，而大孔径冲击器和捆绑式冲击器的使用增大了钻孔孔径，使其应用范围更广。

潜孔钻机冲击器按配气方式分为有阀配气和无阀配气，有阀配气又分为自由阀（板阀与蝶阀）和控制阀。按照废气排出的途径，潜孔钻机冲击器分中心排气和侧向排气两种。我国现用冲击器主要有如下三种型号：

（1）C型。特点是自由阀配气，侧向排气，已被新型冲击器所代替。

（2）J型和CZ型。自由板阀配气，中心排气，单次冲击功大，冲击频率较低，使用寿命长，适用工作气压0.4~0.7MPa。

（3）W型。无阀配气，中心排气，单次冲击功较大，具有结构简单、工作可靠等优点。

潜孔冲击器的技术特征见表4-3。

4.2.3.1 J-200B型冲击器

J-200B型冲击器属有阀中心排气潜孔冲击器，其结构如图4-4所示。冲击器通过接头上的螺纹将冲击器与钻杆联接。接头上镶有硬质合金注，用以防止因上部掉入物料而卡磨冲击器，减少外缸与孔壁的摩擦，延长冲击器使用寿命。J-200B型冲击器配气机构由阀盖、阀片、阀座组成，活塞为一个中空棒锤形圆柱体。冲击器就是通过活塞的运动将压气的压力转变为破碎岩石的机械能。气缸由内外缸组成，内外缸之间的环形空间是气缸前腔的进气道，外缸联接安装着冲击器的所有机件。衬套位于卡钎套顶端，活塞运动时其前端部分可在衬套里滑动。卡钎套与外缸螺纹联接，并依靠其内壁上花键带动钻头。钻头为整体式球面柱齿钻头，钻头尾部可在卡钎套内上下滑动，靠圆键将钻头与卡钎套连在一起，并用柱销和钢丝阻挡圆键，防止钻头在提升或下放时脱落而掉入孔内。碟簧4的作用是补偿接触零件轴向磨损，保证零件压紧，防止高、低压腔联通以致影响冲击器性能，其在工作时还起到减振作用。

表 4-3　冲击器技术特征

特征		JB-80B	J-100B	J-150B	J-200B	JG-80	JG-100	JG-150	QCW-150	QCW-170	QCW-200	QCWZ-90	QCZ-170
型号													
全长/mm		854	870	1012	1249	928	1141	1510	983	1139	1295	800	1040
总质量/kg		23.5	36	97	195	28	46	138	96	121	182	21	90
动力介质		压气、气水混合											
工作压力/MPa		0.49	0.49	0.49	0.49	1.05	1.05	1.7	0.4~0.7	0.4~0.7	0.4~0.7	0.49	0.49
结构行程/mm		140	140	140	140	150	148	140	127	130	130	120	140
阀的结构		环状板阀				无阀			无阀			环状板阀	
性能参数	冲击功/J	88	150	330	450	111	233	608	254~294	333~392	392~460	78	275
	冲击频率/Hz	15.5	15	15	14.5	23.3	22	20	16	15	14	13.3	14
	耗气量/m³·min⁻¹	6	9.6	15	21.6	4.2	4.8	16.2	8	12	18	4.8	15
活塞	长度/mm	280	280	300	280	340	404	446	339	370	400	240	230
	直径/mm	54	70	104	130	63	75	108	110	120	130	53	100
	质量/kg	3.4	5.51	13.8	19.4	4.42	9.05	22.5	13.6	20.5	20.5	2.75	9
钻头型式		三翼柱齿							整体柱齿			三翼柱齿	四翼柱齿
钻头	直径/mm	90	100~125	155~165	205~215	90	105~115	155~165	155	175	210	90~95	165~170
	质量/kg	4.5	16	16	32	4.25	8.5	26	15.2	20.3	30.34	3.25	16
制造商		嘉兴冶金机械厂							通化风动工具厂			宣化风动机械厂	

　　为了使冲击器能在含水层里正常作业，J-200B 型冲击器设有防水装置。防水装置由密封圈、止逆塞和弹簧组成。在压气作用下弹簧处于压缩状态，止逆塞前移，压气便进入冲击器；停止供气时止逆塞在弹簧作用下自动关闭进气口，冲击器内气体被封闭，阻止了钻孔中涌水及泥沙倒灌入冲击器。在阀盖和阀座之间安装了可更换的节流塞，用适当直径的节流孔来调节耗气量和风压，保证有足够大的回风速度，使孔底排渣干净。

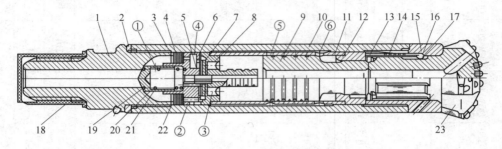

图 4-4　J-200B 型有阀中心排气潜孔冲击器

1—后接头；2—钢垫圈；3—调整圈；4—碟簧；5—节流塞；6—阀盖；7—阀片；8—阀座；9—活塞；
10—外缸；11—内缸；12—衬套；13—柱销；14、21—弹簧；15—卡钎套；16—钢丝；17—圆键；
18—螺纹；19—密封圈；20—止逆塞；22—磨损片；23—钻头
①止逆塞孔；②阀盖轴向孔；③阀座轴向孔；④阀盖孔；⑤防空打孔；⑥前腔进气孔

　　J-200B 型冲击器的冲击工作原理本质上与被动阀配气的气动凿岩机的工作原理相同。钻机开始工作时先给冲击器供给压气，然后推进钻具。当钻头未触及孔底时钻头及活塞均处于下限位置，阀片前后两侧的压力相等，阀片依靠自重落在阀座上。由中空钻杆输入的压气进入后接头压缩弹、推开止逆塞后分成两路。一路进入止逆塞孔，经阀盖、节流塞、阀座、活塞和钻头各零件的中心孔直吹孔底；另一路经阀盖轴向孔，通过阀片后侧面与阀盖之间的间隙进入孔④，再经内外缸之间的环形气道，从防空打孔⑤进入后腔，并排至孔底。

　　当钻头触及孔底后，钻头尾部顶起活塞，使活塞后端将防空打孔⑤堵死，露出前腔进气孔⑥，压气便进入前腔，同时活塞前端密封面将前腔密封。于是前腔压力升高，压气推动活塞回程，活塞由静止开始作加速运动，后腔气体由活塞中心孔排出。当活塞中心孔被阀座上的配气杆堵死后，后腔气体被压缩，压力逐渐升高，活塞继续向后运动。当活塞前端脱离衬套的密封面时前腔气压从钻头中心孔排出。这时前腔压力逐渐降低，阀片后侧的压力也随之逐渐下降。与此同时，由于前腔排气，阀片后侧的气流速度增大，也使阀片后侧的压力下降。活塞依靠惯性继续向后运动，后腔压力不断上升，作用在阀片前侧的压力也不断上升。当作用在阀片前侧的压力大于阀片后侧的压力时，阀片便向后移动，关闭阀盖上的孔④，打开阀座上的轴向孔③，阀片完成一次换向。从孔②来的压气改道经孔③进入气缸后腔。此时活塞继续作减速运动，直至停止，回程结束。阀座上的两个小孔是为了提高后腔压力，避免活塞打击阀座，使活塞停止时有一定厚度的气势。

　　活塞回程结束后，由于后腔继续进气、压力升高，推动活塞向前运动，冲程开始。前腔气体继续由钻头中心孔排出。当活塞前端密封面进入衬套时前腔排气通路被关闭，气体被压缩，压力上升。当活塞后端脱离阀座上的配气杆时后腔开始排气，这时活塞仍以很高的速度向前运动直至冲击钻头尾部，冲程结束。在活塞冲击钻头尾部之前，后腔压力逐渐降低，阀片前侧的压力亦随之下降；同时由于后腔的排气作用，阀片前侧的气流速度加大，也使阀片前侧的压力降低。而前腔压力不断上升，阀片后侧压力亦不断增加，当阀片后侧压力大于前侧压力时阀片即向前移动，盖住了后腔的进气通道，压气重新进入前腔，开始下一个工作循环。

在钻孔过程中，当提起或下放钻具喷吹孔底岩渣或处理夹钻时，冲击器将会继续冲击，造成空打钻头，导致损坏卡钎套等零件，这种现象称为空打现象。消除空打现象的方法是在冲击器内设计一个防空打结构。当提起或下放钻具，钻头靠自重下落，其尾部卡在圆键上，活塞随之处于下限位置，此时进气孔⑥被活塞堵死，露出防空打孔⑤，使前腔与孔底沟通，前腔气体排至孔底。由孔⑤进入后腔的压气经活塞中心孔直吹孔底，活塞停止运动，因而消除空打现象。

4.2.3.2 W 型无阀冲击器

W 型无阀冲击器的工作原理如图 4-5 所示。

冲程时，压气经由内、外缸之间的环形空间①、内配径向孔⑧和活塞大头外表上的纵向沟槽②进入后腔，推动活塞作冲程运动。前腔气体经导向套内气道④和钻头中心排至孔底。当活塞大头后密封面将沟沼气道②关闭后，后腔停止进气，活塞压缩后腔气体的膨胀做功而继续向前运动。当活塞小头关闭及超过气道④时，前腔气体被压缩。当活塞大头前密封面脱离内缸壁后压气进入前腔，此时活塞依靠惯性继续前进。当活塞脱离配气杆时后腔气体经中心孔排至孔底，随后活塞小头冲击钻头尾部，冲程结束。

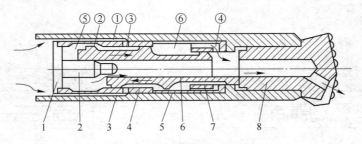

图 4-5 无阀冲击器工作原理

1—进气座；2—配气杆；3—外缸；4—内缸；5—隔套；6—活塞；7—导向套；8—钻头
①—内外缸间环形空间；②—纵向沟槽；③—内缸径向孔；④—导向套内气道；⑤—气缸后腔；⑥—气缸前腔

回程时，压气经由气道①、孔②以及活塞上纵向沟槽②与隔套构成的环形空间，从气道④进入前腔，推动活塞作回程运动。后腔气体经中心孔排出。当活塞大头前密封面进入内缸队进入前腔的压气通道被切断，活塞在前腔气体膨胀作用下继续回程。当活塞进入配气杆比后腔气体按压缩。当活塞小头越过气道④队前腔气体经钻头小心孔排出。当活塞大头后密封面脱离内缸壁时压气经气孔⑨和活塞上纵向沟槽②进入后腔，活塞继续减速，直至静止在上死点，接着开始下一个冲击循环。

有阀与无阀冲击器的比较：有阀冲击器的配气阀换向与气缸排气压力有关，只有当排气口被开启，气缸内压力降到某一数值后阀才换向。所以，从活塞打开排气口开始直到阀换向这段时间内，压气从排气口排出，压气能量没有被利用。而无阀冲击器则利用压气膨胀做功推动活塞运动，减少了能量消耗，压气耗量比有阀冲击器节省 30% 左右，并具有较高冲击频率和较大冲击功。但是，无阀冲击器的主要零件精度要求较高，加工工艺较复杂。

4.2.3.3 CGWZ165 型冲击器

CGWZ165 型冲击器为高气压型潜孔冲击器，使用气压为 1.05～1.5MPa，具有凿岩速度快、钻孔成本低的优点。CGWZ165 型冲击器采用无阀配气，其结构如图 4-6 所示。为开动冲击器，须先使钻头与岩石接触并顶起活塞，当处于图 4-6 所示位置时，开动准备工作即告结束。由后接头的中空孔道①引入压气，顶开逆止塞时，压气分为两路，一路经逆止塞上的补气孔②和中心孔③，再经配气座的中心孔⑧、活塞中心孔⑪、钻头中心孔⑰直吹孔底，用以直接排粉除渣。另一路压气经配气座孔④、环形槽⑤、气缸上的斜孔⑥、外套管的环形槽⑦、气缸环形槽⑩交替地进入气缸前腔和后腔。

回程开始时，活塞处于图 4-6 所示位置。气缸环形槽⑩中的压气经活塞大端圆弧槽、活塞与外套管环形槽之间的通道进入钎尾与外套管形成的环形腔，推动活塞向左运动。当圆弧槽与通道断开时，活塞前腔进气停止，活塞前腔气体排至孔底，使活塞运动所受的气压很小。当活塞后端面与配气座的配气杆接合时，就关闭了后腔通向孔底的孔道，此时活塞的回程运动使后腔的气体受到压缩。当活塞的外圆弧槽与气缸的圆弧槽⑨接通时，压气经圆弧槽⑩、⑨进入后腔。由于活塞运动的惯性，活塞仍左向移动一段距离，直至后腔压气产生的作用力终止活塞的回程运动，并使活塞开始向右做冲程运动。活塞运动到圆弧槽⑩与圆弧槽⑩脱开瞬间，压气进入后腔的通道即被堵死，活塞靠气体膨胀仍向前运动。当活塞中心孔⑪与配气座的配气杆脱开时，后腔的气体经气缸环形槽⑩、孔道⑫～⑮至孔底。与此同时，活塞撞击钻头尾部，完成冲程运动。

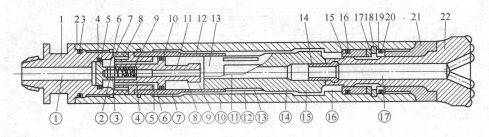

图 4-6 CGWZ165 型冲击器的结构图

1—后接头；2—外套管；3，4，10，16，20—胶圈；5—逆止塞；6—尼龙销；7—后垫圈；8—碟形弹簧；9—弹簧；11—配气座；12—气缸；13—活塞；14—钎尾管；15—导向套；17—前垫圈；18—内卡簧；19—卡环；21—前接头；22—钻头
①—中空孔道；②—(止逆塞)补气孔；③—中心孔；④—配气座孔；⑤—环形槽；⑥—(气缸)斜孔；
⑦—(外套管)环形槽；⑧—配气座中心孔；⑨—气缸后腔；⑩—气缸环形槽；⑪—活塞中心孔；
⑫～⑮—孔道；⑯—气缸前腔；⑰—钻头中心孔

活塞开始做冲程运动时，前腔的气体继续经钎尾管中心、钻头中心孔排至孔底。当活塞前端进入钎尾管时，通孔底的中心孔道封闭，前腔气体开始压缩，直至活塞运动到圆弧槽与通道接通后，压气进入到环形槽，活塞又开始回程运动，如此反复。

4.2.4 冲击器的性能参数

冲击器的冲击功、冲击频率和耗气量是表征冲击器性能优劣的三个主要参数，其计算方法与气动凿岩机相应参数的计算类似。

冲击器的冲击功越大，钻孔速度越高。提高冲击功最有效的途径是提高压气压力。潜孔钻机使用气压已达 $1.72 \sim 3.43$ MPa，大幅度提高了冲击功。但是冲击功的增加是有一定限度的，这是因为：一方面受到钻头硬质合金柱强度的限制；另一方面在钻头直径一定的情况下，不同的冲击功破碎单位体积岩石所消耗的冲击功——单位功耗是不同的，而且差别很大。破碎每一种岩石都存在一个单位功耗最低的最优冲击功范围。

对于一定直径的冲击器，当冲击功或冲击频率确定之后，活塞的冲击速度即可确定，并且与冲击功相对应活塞冲击速度也有一个最优范围，冲击速度过低或过高都会增加单位功耗。对于坚硬岩石，最优冲击速度一般在 $5 \sim 7.5$ m/s 之间。根据应力波理论，活塞和钻头的疲劳破坏主要取决于其承受的最大应力，而随着活塞冲击速度的提高，应力峰值也增大。从延长钻具寿命的观点出发，冲击速度不宜过高。此外，在冲击功、冲击频率和活塞重量完全相同的情况下，细长活塞所产生的应力峰值小，压力波作用时间长，破碎岩石的效果好，单位功耗小，所以冲击器都采用棒锤形细长活塞结构。

冲击功越大，冲击频率越高，冲击功率就越大。冲击功率综合反映了冲击器做功能力的大小。但是冲击功率大，钻孔效率不一定就高。实践表明，破碎岩石的冲击功不足，不能用提高冲击次数来补偿。因此，国内冲击器多属于大冲击功、低冲击频率类型。

4.2.5　钻头

钻头是传递冲击能量、直接破碎岩石的工具。在钻孔过程中，钻头上端承受活塞的冲击，下端冲击钻凿岩石，同时还承受着轴压、扭矩和岩渣的磨蚀作用，受力状态极其复杂。因此，钻头材料应具有较高的动载荷强度和优良的耐磨性；在结构上应利于压气进入孔底以冷却钻头和排除岩渣，形状简单，易于制造；钻头重量与活塞重量之比应尽可能接近于 1，以提高冲击能量的传递效率。影响钻头工作性能和使用寿命的因素很多，包括钻头的结构设计和钻头体材质的选择，硬质合金的质量、形状、固齿工艺以及钻头使用和修磨制度等。

钻头按照镶嵌的硬质合金的形状主要分为刃片型和柱齿型钻头。刃片型钻头在其工作面上镶嵌硬质合金片，易于修磨，但硬质合金片在整个工作面上分布不合理，边缘部分负担重、磨损快，影响钻进速度，并因经常修磨和更换钻头，降低了钻机作业效率。柱齿钻头是在钻头工作面上用机械的方法压入头部为球形的硬质合金柱，故又称之为球齿形钻头。柱齿钻头便于根据受力状况合理地布置合金栓。边缘部分速度快、阻力大，可以镶嵌较多的合金柱，使每个齿负担凿岩面积大致相等，有利于提高钻进速度和钻头寿命。钻头体通常做成整体式，便于加工和使用，能提高能量传递效率。钻头与冲击器之间多采用花键连接，传递的扭矩大、受力均匀、磨损小、寿命长。

4.2.5.1　刃片型钻头

刃片型钻头（见图 4-7）是一种镶焊硬质合金片的钻头，其主要缺陷是不能根据磨蚀载荷合理地分配硬质合金量，因而钻刃距钻头回转中心愈高时，承载负荷愈大，磨钝和磨损也愈快。钻刃磨损 20% 以上时，容易卡钻，穿孔速度明显下降。刃片型钻头只适合小直径浅孔凿岩。

图 4-7　刃片型钻头

4.2.5.2　柱齿型钻头

柱齿型（整体形）潜孔钻头（见图 4-8）在钻孔过程中钝化周期很长，并使钻进速度趋于稳定；柱齿潜孔钻头便于根据受力状态合理布置合金柱齿，并且不受钻头直径限制；柱齿损坏 20% 时钻头仍可继续工作；柱齿型钻头嵌装工艺简单，一般用冷压法嵌装即可。

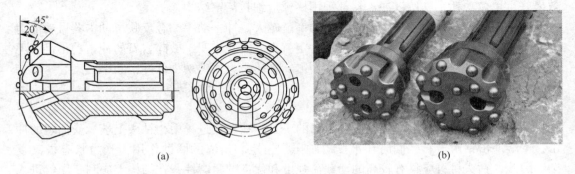

(a)　　　　　　　　　　　　　　　　(b)

图 4-8　柱齿型钻头

（a）J-200B 型柱齿钻头；（b）柱齿钻头实物图

图 4-8（a）所示为 J-200B 型柱齿钻头。为使钻头端面上所有挂齿达到均匀磨损并防止卡钻，J-200B 型钻头头部加工成近似球体，边齿的颇角设计成 45°，使边齿突出，这有利于提高钻头寿命。此外还在钻头体周边上铣出一些小缺口，以减少钻头与孔壁的按触面积，减少摩擦，防止卡钻。

4.2.5.3　刃柱混装型钻头

刃柱混装型（整体形）潜孔钻头为一种边刃与中齿混装的复合型潜孔钻头。钻头的周边嵌焊刃片，中心凹陷处嵌装柱齿，根据钻头中心破碎岩石体积小，而周边破碎岩石体积大的特点而设计。混装钻头还能较好地解决钻头径向快速磨损问题，使用寿命较长。显然，这种钻头边刃钝化后需要重复修磨。

4.2.5.4　分体型钻头

分体钻头能更换易磨损的合金齿，有两种形式：一种是钻头头部和尾部分装型，它们之间采用螺纹相连接；另一种是可换钻头的工作面与合金柱型。其连接处呈凸出状（异型台阶），工作面和钻头体之间以榫和槽相接，并在埋头螺钉上部用橡胶塞加以保护。合金柱下接有同轴的栓杆，栓杆下端牢固地抵在钻头体上。这种结构形式，使冲击器活塞产生的冲击能由钻头体通过栓杆传递给合金柱，由后者去破碎岩石。

4.3 露天潜孔钻机

根据潜孔钻机的技术特征，露天潜孔钻机分为轻型、中型和重型。中型露天潜孔钻机的孔径为 130~180mm、机重为 10~20t，具备自行机构，是中、小型矿山主要穿孔设备，目前的机型繁多。重型露天潜孔钻机的孔径为 180~250mm，机重为 30~45t，有自行机构，可作为大、中型矿山的主要穿孔设备，主要机型为 KQ 系列潜孔钻机。图 4-9 所示为 KQ-200 型潜孔钻机的总体结构，它是一种自带螺杆空压机的自行式重型露天钻孔机械，钻凿直径为 200~220mm、孔深为 20m、下向倾角为 60°~90°的各种炮孔。相比之下，KQ-250 型潜孔钻机的特点是其钻机调平、钻架起落、存送杆等结构均采用液压传动，并且采用高钻架，最大钻孔深度可达 20m。

4.3.1 钻架与机架

钻架是由钢管或方钢管、角钢、槽钢等型钢焊接成的空间桁架。机架则是由工字钢、槽钢、钢板等型钢焊接成的。钻架和机架铰接，钻架可绕铰接轴转动，以适应各种孔向。

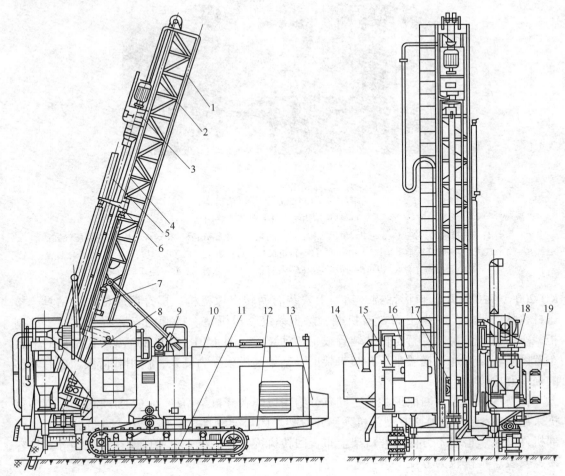

(a)

(b)

图 4-9　KQ-200 型潜孔钻机

（a）钻机结构图；（b）钻机实物图

1—滑架；2—推进提升链条；3—回转供风机构；4—钻具；5—副钻杆；6—接送杆机构；7—调压气缸；
8—除尘系统；9—起落钻架机构；10—机棚；11—行走机构；12—机架；13—电焊机；14—机棚净化装置；
15—司机室净化装置；16—司机室；17—托杆器；18—悬臂吊；19—空压机散热器

KQ-200 型钻机采用闭口形钻架，钻架上安装有回转供风机构、提升调压机构、钻具、接送杆机构。钻机的机架上布置有机棚、除尘系统、司机室。机棚内安装有变压器、控制柜、空压机、油泵站、行走传动装置或主传动装置。图 4-10 为 KQ-200 型潜孔钻机的平台布置图。机架则通过横梁坐落在履带架上，钻架和机架受力复杂，作用载荷大，应有足够的强度和刚度。

钻架的结构按其断面形状的不同有分为闭口架和开口架两种。KQ-150 和 KQ-200 型钻机采用闭口架，而 KQ-250 型钻机采用开口架。闭口架刚性好、体积小、重量轻，但其内部机件安装、检修不方便。开口架上布置回转机构、推进提升机构以及送杆机构等比较容易，安装、检修较为方便。

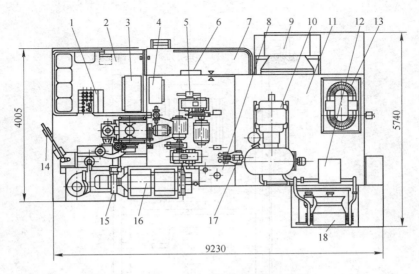

图 4-10　KQ-200 型钻机平台布置图

1—操纵台；2—司机室；3—1 号电控柜；4—2 号电控柜；5—行走传动机构；6—梯子；7—走台；8—水箱；
9—机棚空气净化装置；10—空压机；11—底盘；12—空压机电控柜；13—变压器；14—悬臂吊；
15—高压离心通风机；16—干式除尘器；17—水泵；18—空压机油冷却器

4.3.2　回转供风机构

回转供风机构的作用是驱动钻具回转和向冲击器供给压气，它由原动机、减速机、风接头、钻杆接头等组成。图 4-11 所示为 KQ-200 型钻机的回转供风机构，其原动机是具有三种不同转速的交流电动机，可以根据不同的矿岩硬度调整钻具获得适当的转速。减速机采用三级圆柱齿轮传动，末一级采用内啮合传动，具有传动比大、体积小的特点。

工作时，电动机通过弹性联轴器带动减速机，减速机的输出轴通过花链带动空心轴，通过空心轴前端的花键带动花键套和钻杆接头，钻杆接头用螺纹与钻杆连接，从而驱动钻具回转。压气从进风管进入风接头体内，经空心轴上的径向孔进入空心轴和中空钻机向冲击器供气。钻杆接头的前端装有卡爪，在压气的作用下活塞推动卡爪转动，将钻杆夹紧，以免工作时或卸冲击器时上部自动脱扣，保证安全作业。

回转机构的原动机有电动机、风马达和油马达三种。电机传动的又有交流电机和直流电机两种。国产潜孔钻机的回转机构多采用交流电机传动。回转机构的减速机有圆柱齿轮减速机、渐开线行星齿轮减速机和摆线针轮减速机，国产潜孔钻机普遍采用圆柱齿轮减速机，其优点是易于制造、维修，缺点是体积及重量较大、效率较低。渐开线行星齿轮减速机和摆线针轮减速机是比较理想的回转减速机构，其显著特点是体积小、重量轻、传动比大、效率高、承载能力强，但其制造精度要求较高，维修困难。

回转供风机构的供风方式有旁侧供风和顶部供风两种。旁侧供风结构复杂，机件密封性要求高；顶部供风可借减速机中空轴直接将压气引入钻杆，结构简单，机件密封性易于保证。由于国产钻机多采用电动机拖动，因电动机占据了顶部位置而难以采用顶部供风，所以中、重型潜孔钻机（如 KQ-150 型、KQ-200 型、KQ-250 型等潜孔钻机）多采用旁侧供风方式。

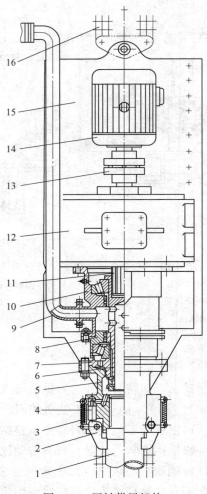

图 4-11　回转供风机构

1—钻杆；2—卡爪；3—弹簧；4—活塞；5—钻杆接头；6—空心主轴；7—花键套；8—轴承套；9—送风管；10—风接头；
11—减速箱输出轴；12—减速机；13—弹簧联轴器；14—回转电动机；15—滑板；16—提升链条

4.3.3　推进提升与调压机构

　　推进提升机构的作用是推进钻具，保证钻头工作时始终与孔底接触，并实现回转供风机构和钻具的快速升降。调压装置的作用是保证钻具对孔底施以合理的轴压力，以期获得最优的钻孔效率。

　　KQ-200 型潜孔钻机采用电机-封闭链条-气缸式推进提升调压系统，如图 4-12 所示，它由电动机、制动器、蜗轮减速机、双排链条、活动链轮组、减压气缸、行程开关以及链条张紧装置等组成。各组成部分全部安装在钻架上，不受钻架起落转动的影响。电磁制动器制动灵活，当电动机停转时能使回转供风机构及钻具准确地停止在任何位置上。蜗轮减速机的两侧各有一个输出链轮带动双排封闭短链条，再通过双联链轮组带动双排封闭长链条。若发生单根链条断裂时也不会出现危险，保证链条传动的安全可靠。KQ-200 型潜孔钻机的钻进部件（包括两根钻杆）总重量为 2750kg，其自重施于孔底的有效轴压力均大于合理的轴压力，所以其工作制度为减压钻进。减压气缸固定于钻架上，当气缸的上部进气时活塞受压气作用的推力之半，通过链条作用于钻具上，使钻具受到一定的向上提升力，平衡掉一部分向下的重力，从而起到消减钻进部件的重力以获得合理的轴压力的作用。

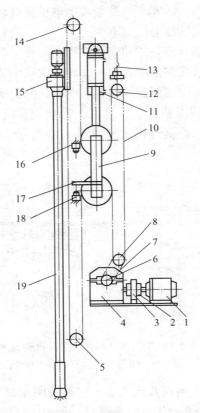

图 4-12　KQ-200 型潜孔钻机推进提升机构与调压装置

1—提升电动机；2—齿形联轴器；3—电磁制动器；4—蜗轮减速器；5—下部链轮组；6—输出链轮；7—双排封闭短链条；
8—双联链轮；9—滑动链轮组；10—双排封闭长链条；11—减压气缸；12—张紧链轮；13—调整螺栓；14—上部链轮组；
15—回转供风机构；16—上行程开关；17—碰头；18—下行程开关；19—钻杆

　　凿岩作业之前，钻头没有触及孔底。由于钻进部件重力的作用使减压缸的活塞杆完全缩回到缸内，滑动链轮组则停在最上端位置上。开动提升电动机并使其正转或反转，则可实现钻进部件的快速提升或下放。

　　凿岩作业时钻具的连续进给分两个步骤进行。首先当滑动链轮组在最上端位置时，提升电动机转动，并经蜗轮减速机、双排封闭短链条驱动双联链轮反时针方向转动。由于钻头抵及孔底，钻进速度远小于双联链轮的线速度，即滑动链轮组左边的链条运动速度小于右边的链条运动速度，因而右边快速运动的链条将滑动链轮组向下牵引，气缸活塞杆伸出。当滑动链轮组上的碰头触压下行程开关时电动机停转，减速机被制动，滑动链轮组因向下的牵引力消失而停止向下运动。随后，由于轴压力的作用钻具继续向下推进，并通过钻进部件上期的链条使滑动链轮组受到向上的牵引力而向上运动，压迫气缸活塞杆缩回。当碰头接触上行程开关时开动电动机，又驱动双联链轮反时针转动，重复上一循环动作，如此实现钻具的连续进给。

在钻具连续进给的过程中，提升电动机只是每隔一段时间（约 6~15min）转动 6s 左右，以便把滑动链轮组从上端拉到下端。每循环一次，钻具推进的距离等于链轮组行程的两倍。在钻孔作业过程中减压气缸的上腔始终不断地输入压气，由于压气作用在活塞上面，无论活塞杆伸出还是缩回，活塞杆始终紧紧地推压着滑动链轮组，所以作用于钻具上的提升力始终不变，亦即孔底轴压力保持不变。

潜孔钻机的推进提升机构有链条式和钢绳式传动两种。重型潜孔钻机多采用链条式推进提升机构。调压装置有气缸式和抱闸式两种。气缸式调压装置是通过调节气缸的进气压力来获得合理的轴压力，并利用端部行程开关实现钻具的稳压连续钻进，既可实现减压钻地又可实现加压钻进。气缸调压装置工作可靠，自动化程度较高，但结构复杂。KQ-150型潜孔钻机采用的是钢绳式推进提升机构，如图 4-13 所示，钻进部件重量较轻，在钻大倾角钻孔时需进行加压钻进。

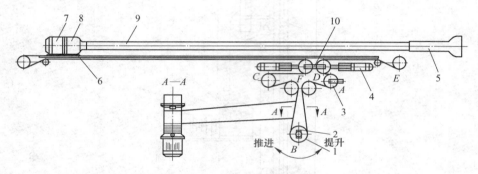

图 4-13　KQ-150 型潜孔钻机推进提升机构与调压装置

1—卷筒；2—制动器；3—绳轮；4—推压气缸；5—冲击器；6—滑板；7—回转电动机；8—减速机；9—钻杆；10—滑轮架

KQ-250 型潜孔钻机采用抱闸式调压装置，它是在驱动提升机构的传动主轴上安装一个带有抱闸的制动轮，抱闸的开合用气缸来操纵。调节气缸的进气压力可改变抱闸与制动轮之间的摩擦间隙，从而改变制动力矩的大小。工作时利用调节制动力矩大小的方法抵消钻进部件的一部分自重力，使钻具在合理的轴压力作用下钻孔。抱闸式调压装置结构简单，但可靠性和自动化程度较低。

4.3.4　接卸钻杆机构

露天潜孔钻机多用主、副二根钻杆钻进。副钻杆的存放、送出以及与主钻杆的接卸均由钻机的接卸钻杆机构来完成。图 4-14 所示为 KQ-200 型钻机的接卸钻杆机构示意图，它由电动机、蜗轮减速器、上下送杆器、托杆器、定心环等组成，整个机构安装于钻架上。

当钻机不工作或只用主钻杆钻进时，上下送杆器处于退出位置，副钻杆存放于其上。当需要接卸杆时，开动电动机，并使之正转或反转，蜗轮减速器使传动轴带动上送杆器转动，将副钻杆送入或退出。托杆器在接卸杆过程中，起着支撑钻杆、保证钻杆的平行和对中作用。定心环则对钻杆进行限位，并在钻凿倾斜炮孔时，支承钻杆，起着对孔向的定心作用。蜗轮减速器具有逆止性能，可防止送杆器在振动时移位。

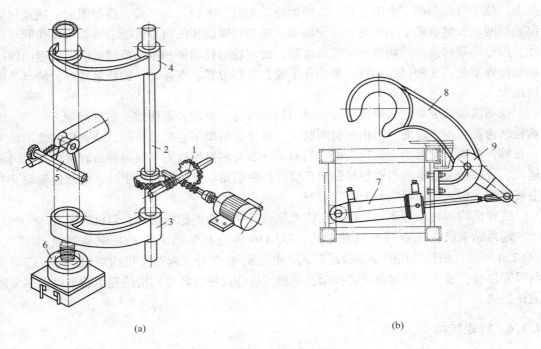

(a)   (b)

图 4-14　接卸钻杆机构

（a）KQ-200 型潜孔钻机接卸钻杆机构；（b）KQ-150 型潜孔钻机接卸钻杆机构

1—涡轮减速器；2—传动轴；3—下送杆器；4—上送杆器；5—托杆器；6—定心环；7—气缸；8—送杆臂；9—支座

4.3.5　起落钻架机构

　　起落钻架机构的作用是使钻架绕绞接轴转动，以适应钻凿不同倾角的炮孔，并支撑钻架使其固定在所需的位置上。图 4-15 所示为 KQ-200 型钻机的起落钻架机构。它安装在机

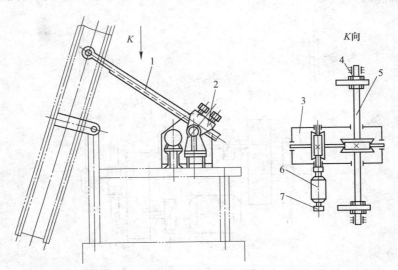

图 4-15　KQ-200 型潜孔钻机起落钻架机构

1—齿条；2—鞍形座；3—二级涡轮减速机；4—小齿轮；5—传动长轴；6—电动机；7—电磁抱闸

架上，位于机棚顶部。由电动机、二级蜗轮减速机、齿轮齿条、鞍形座等组成。减速机输出轴的两端安装有两个小齿轮，用于驱动一端与钻架铰接的两根齿条沿着鞍形座作同步运动，推拉钻架起落。当调整好钻架角度后，由蜗轮蜗杆功能和电动机轴端的电磁抱闸保持钻架位置不变。这种机构的特点是动作平稳，工作可靠，支撑钻架的稳定性好，缺点是机构庞大。

电动机经两级蜗轮减速器、长轴及两侧小齿轮，驱动齿条伸缩，钻架即随之俯仰。因蜗轮减速器的逆止性能，再用电磁闸制动，可保证钻架不会自行移位。减速机的输出轴为一长轴，两端装有两个小齿轮，由它们驱动一端与钻架绞接的二根齿条沿着鞍形座作同步运动，推拉钻架起落。当调整好钻架角度后，除蜗轮蜗杆的自锁作用外，电动机轴端又有电磁抱闸，保证了钻架位置的固定不变。

这种机构的特点是动作平稳、工作可靠，支撑钻架的稳定性好，但机构庞大。

起落钻架机构还有另外两种形式，KQ-150 型潜孔钻机采用的是电动钢绳-撑杆式，KQ-250 型潜孔钻机采用的则是液压缸式。电动钢绳-撑杆式起落架机构结构简单，但安全与可靠性差；液压缸式起落架机构动作平稳，操作简便，新型钻机的起落钻架机构多采用液压缸式。

4.3.6　行走机构

露天矿用潜孔钻机一般采用履带自行式行走机构，能够长距离行走和移位，其驱动方式有单电机驱动和双电机驱动两种。KQ-200 型潜孔钻机是采用双电机驱动的履带行走机构，如图 4-16 所示。左、右履带各有自己的驱动装置，两台电动机的正转或反转可使钻机直行前进或后退；一侧电动机处于运转状态，另一侧电动机制动状态，则可使钻机转弯。钻机的直行和转弯由电气按钮来控制。双电机驱动的传动效率高、使用寿命长、爬坡能力大、转弯灵活、操作方便。但转弯时只能利用一侧电动机功率，电动机容易过载，并且钻机平台面积较大。

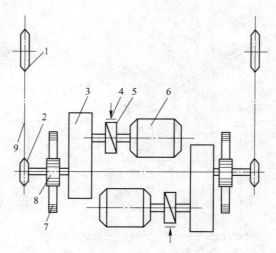

图 4-16　KQ-200 型潜孔钻机行走机构传动系统

1—从动链轮；2—主动链轮；3—减速机；4—电磁抱闸；5—带制动轮的弹性联轴器；
6—电动机；7—大齿轮；8—小齿轮；9—链条

KQ-150 和 KQ-250 钻机则采用单电机驱动的行走机构，其特点是转弯功率大、结构较复杂、主减速箱及传动件的尺寸较大。钻机的直行和转弯是依靠控制离合器来实现的。转弯时，一侧履带处于制动状，而另一履带处于运转状态；当两条履带都处于同向运转状态时钻机则直行。KQ-150 型潜孔钻机的行走传动系统如图 4-17 所示，其行走离合器采用的是电磁离合器，而 KQ-250 型潜孔钻机的行走离合器则采用气胎离合器。

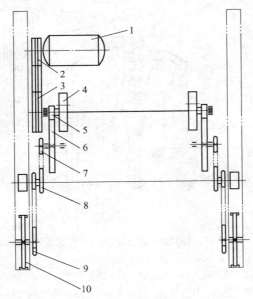

图 4-17　KQ-150 型钻机行走机构传动系统

1—电动机；2—小皮带轮；3—大皮带轮；4—电磁离合器与制动器；5—小齿轮；
6—大齿轮；7—小链轮；8—双链轮；9—单链轮；10—花轮

4.3.7　除尘系统

露天潜孔钻机凿岩时，破碎下来的岩渣不断地被排出孔外，于是除尘系统的作用就是将排出的尘气混合物进行尘气分离，以保证作业区空气中的粉尘浓度达到环境保护规定的标准，对于保证工人身体健康及提高设备寿命意义重大。

潜孔钻机的除尘方式有干式和湿式两种类型。干式除尘是直接对尘气混合物进行分离和捕集，适用于低温和缺水地区。但干式除尘效果较差，设备复杂庞大，而且对分离出来的粉尘要作专门处理，否则将造成二次尘源。湿式防尘是利用风水混合物进行排粉，使孔底湿润的岩粉成岩粉球团或岩浆后排出孔外，然后在孔口用捕尘罩收集到孔口或钻机一侧。湿式防尘的除尘效果良好，消除了二次尘源，但凿岩效率有所降低，在低温地区的冬季使用时需要采取防冻措施。KQ-150 型、KQ-200 型、KQ-250 型等潜孔钻机都具有干式和湿式两套除尘系统，以供选用。

4.3.7.1　干式除尘系统

干式除尘系统如图 4-18 所示，它由捕尘罩、沉降箱、旁室旋风除尘器、机械脉冲布袋除尘器以及扇风机等部分组成，总集尘效率可达 99.9986%。

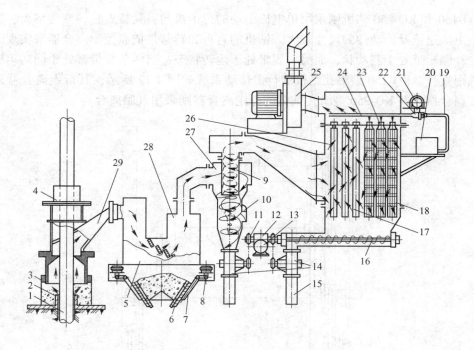

图 4-18　KQ-200 型潜孔钻机干式除尘系统

1—钻杆；2—护口筒；3—帆布罩；4—定心环；5，28—沉降箱（体）；6—活动盖；7，17—拨杆；8—气缸；9—排气管；
10—螺旋形旁室；11—链轮；12—减速机；13—电动机；14—卸尘装置；15—布袋；16—螺旋清灰器；18—骨架；
19—铜管；20—机械脉冲控制器；21—气包；22—脉冲阀；23—喇叭管；24—喷吹管；25—扇风机；
26—机械脉冲布袋除尘器；27—旁室旋风除尘器；29—捕尘罩

凿岩时开动扇风机（吸出式）在捕尘罩内形成负压。100μm 以上的粉尘大部分在罩内沉降，小颗粒粉尘被扇风机吸入沉降箱。由于捕尘罩内为负压，因而孔口附近不会有粉尘外逸。扇风机抽吸作用的尘气突然进入较大空间的沉降箱时流速大大降低，沉降速度大的颗粒落入箱体底部成为岩渣，较细小的粉尘随气流从出口进入旁室旋风除尘器。箱体底部的岩渣由自动放渣机构放出。气缸通过管路与通往冲击器的主风路接通。冲击器工作时，气缸内有压气，推动活塞杆向下运动并推动拨杆，使之紧紧地压在活动盖上。活动盖将排渣口封闭住。当冲击器停止工作时，主风路停供压气，在气缸内的弹簧作用下，活塞杆向上运动，此时拨杆离开活动盖，排渣口打开，岩渣靠自重放落。

从沉降箱出口出来的粉尘气流，沿着口径不大的进口管从切线方向高速进入旁室旋风除尘器，获得旋转运动。在同一平面上旋转一周后，大部分粉尘气流在外圆与中央排气管之间因被继续进入的气流挤压而向下作螺旋线运动。由于离心力的作用，较粗大的粉尘甩向外壁，沿螺旋线方向下降。外层较粗大的粉尘失去惯性后，沿下部锥体滑至卸尘装置内。靠近中央排气管的内层细微粉尘气流随圆锥形的收缩而转向除尘器的中心，并受底部所阻而返回，形成一股上升旋流，其方向与外层相反，经排气管排出。另外，还有一小部分粉尘气流向除尘器顶部旋流，在顶盖下面形成粉尘环。该粉尘环进入螺旋形旁室，并沿旁室流至器体下部，被分离出来的粉尘则落入卸尘装置。

从沉降箱出口出来的粉尘气流，沿着口径不大的进口管从切线方向高速进入旁室旋风除尘器，获得旋转运动。在同一平面上旋转一周后大部分粉尘气流在外因与中央排气管之间因被继续进入的气流挤压而向下作螺旋线运动。由于离心力的作用，较粗大的扬尘甩向外壁，沿螺旋线方向下降。外层较粗大的粉尘失去惯性后沿下部锥体滑至卸尘装置内。靠近中央排气管的内层细微粉尘气流随圆锥形的收缩而转向除尘器的中心，并受底部所阻而返回，形成一股上升气流，其方向与外层相反，经排气管排出。另外，还有一小部分粉尘气流向除尘器顶部旋流，在顶部下面形成粉尘环。该粉尘环进入螺旋形夯宣，并掘旁室流至器体下级，被分离出来的粉尘则落入卸尘装置。

旁室旋风除尘器和布袋除尘器之排尘口的严密程度是保证除尘效率的重要围素。因排尘口处的负压较大，稍不严密都会产生较大的漏风，从而将分离出来的物尘重新扬起，使除尘器的净化效率大大降低。因此，在排尘口安装有卸尘装置、依靠卸尘装置的气密性来保证除尘器的正常工作。卸尘装置采用星形隔式阀，它由带星形隔板的转子和外壳组成。星形隔板之间的空间可以容纳粉尘。转子由机械传动（如图 4-16 所示）。当间隔位于上部时充灰，而当间隔转到下方时，粉尘从中倾出，倒入灰布袋。

从旁室旋风除尘器出来的尘气流由机械脉冲布袋除尘器的中部箱体进入。箱体内装有 6 排 24 条由骨架支承着的涤纶绒布布袋，在扇风机的作用下，粉尘被阻留在布袋的外围，净气穿过布袋经喇叭管，进入上部箱体，然后通过出口，由扇风机排到大气中。在布袋外围积存的粉尘，一部分因重力的作用落到下部箱体，还有一部分粉尘将继续积附在布袋上，增大了布袋的过滤阻力。因此，需要由机械脉冲喷吹机构每隔一定时间用压气从里向外地喷吹布袋，扫落积附的粉尘，以保证尘气分离的正常进行。落入下部箱体的粉尘，由螺旋清灰器推向排灰口，再经卸尘装置——星形隔式阀倒入出灰布袋，由此排至地面。

图 4-19 为机械脉冲喷吹机构的示意图。它由脉冲阀和机械脉冲控制器组成。在不进行喷吹时，从气包来的压气从 A 口进入脉冲阀，并通过恒节流孔进入气室 C，在弹簧及波纹膜片两侧压气压力差的作用下，波纹膜片堵住喷吹口，喷吹管内没有压气。当由凸轮转轴带动的凸轮，将平杆抬起时，阀杆压缩弹簧，橡胶垫离开下阀体，排气口被打开，使气室 C 与大气相通。因排气口大于恒节流孔，于是 C 室气压下降，波纹膜片在其左边的压气作用下，被压向右侧，喷吹口打开，压气则从喷吹口直通喷吹管，并从喷吹管的径向口向喇叭管喷吹。

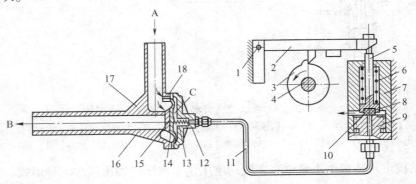

图 4-19　机械脉冲喷吹机构

1—平杆转轴；2—平杆；3—凸轮；4—凸轮转轴；5—阀杆；6—弹簧；7—上阀体；8—橡胶垫；9—下阀体；10—机械脉冲控制器；11—铜管；12—阀盖；13—弹簧；14—硬芯；15—波纹膜片；16—阀座；17—脉冲阀；18—恒节流孔

当凸轮转过凸起部分时，平杆落下恢复原位。阀杆在弹簧的作用下，使橡胶垫封闭排气孔，气室 C 的压力又恢复到气源压力。波纹膜片重新封闭喷吹口，喷吹立即停止。上述动作在 0.1~0.2s 内完成，在这一瞬间喷出的压气于喇叭管的喉部形成高速气流，气流周围产生负压，发生气体的卷吸作用，能从上部箱体引入约五倍于喷吹压气量的空气。冲入布袋的压气和被卷进的空气急速膨胀时，产生一次振动，并形成由里向外的逆向气流。在振动和逆向气流的作用下，积附在布袋外围的粉尘被抖落，附着在布袋纤维孔隙中的粉尘被吹掉。由此可见，布袋过滤分离尘气是连续的，喷吹岩粉是间断脉冲的。由于脉冲控制信号是由机械的方法产生的，故称之为机械脉冲布袋除尘器。

KQ-200 型潜孔钻机的千式除尘系统比较先进，但在钻凿含水矿岩时粉尘被水分凝结成球团，黏结在布袋外围，堵住纤维孔隙，大大降低了除尘效率和布袋的使用寿命。干式防尘系统都是由捕尘罩、沉降箱、旋风除尘器等组成的。

4.3.7.2 湿式除尘系统

图 4-20 所示为 KQ-200 型钻机的湿式除尘系统，它由水泵供水装置、风水混合装置和孔口排渣装置三部分组成。凿岩作业时，供水装置提供一定量的压力水，水压一般高于工作压气的最大压力 0.05MPa。压力水进入安装在冲击器供风管路上的风水混合装置与压气混合，从而用风水混合物来推动冲击器工作，破碎下来的岩粉在孔底以及沿孔壁上升的过程中被湿润，凝成湿的岩粉球团或半流动的岩浆，排至孔口，由孔口排渣装置吹到钻机一侧。

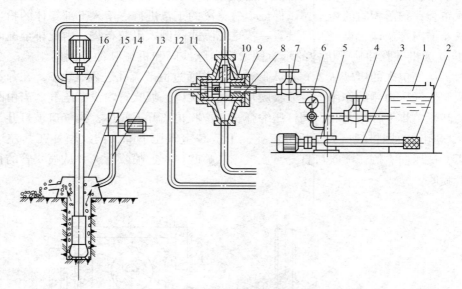

图 4-20 KQ-200 型钻机水泵供水湿式除尘系统

1—水箱；2—过滤器；3—供水装置；4—调压阀；5—水泵；6—压力表；7—截止阀；8—风水混合装置（主水器）；9—活塞；10—弹簧；11—喷嘴；12—孔口排渣装置；13—压风机；14—捕尘罩；15—钻杆；16—回转供风机构

潜孔钻机供水装置由水泵供水、气动增压供水和压气加压供水三种形式。采用水泵供水的有 KQ-200 型、KQ-250 型潜孔钻机，水泵供水装置由水泵、电动机、水箱、调压阀、截止阀等组成，如图 4-20 所示。钻孔作业过程中，调节截止阀可获得合理的供水量，以尽可能提高凿岩效率而又满足除尘的需要。当钻机不用水时，高压水经调压阀返回水箱。

KQ-150 型潜孔钻机采用压气供水系统。

KQ-200 型潜孔钻机采用气控注水器的风水混合装置,如图 4-21 所示。气控注水器安装在给冲击器供风的主风道上。当需注水时,操作注水器操纵阀,压气自注水器左端进入,推动活塞向右运动,并压缩弹簧 8;当活塞上的环形槽对正喷嘴时,压力水便从活塞的右端小孔进入,经喷嘴喷入主风路中。当操作注水器操纵阀切断压气时,活塞左端气室的余气排至大气,活塞在弹簧作用下复位,压力水通路被切断,停止供水。

各种潜孔钻机湿式除尘系统中的孔口排渣装置均由压风机、风管、捕尘罩组成。孔口捕尘罩由钢板制成,其连接压风机的入风口与湿润的岩粉的排出口在一条直线上。

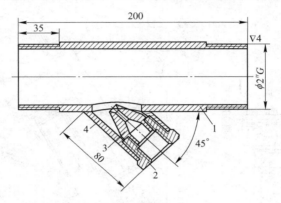

图 4-21 风水混合接头
1—主气管;2—过渡接头;3—喷嘴;4—水管接头

4.3.8 司机室和机棚的空气净化与调节装置

KQ-200 型潜孔钻机的司机室空气净化装置安装于司机室顶部。采用两级净化,外部供风与室内循环风相结合的正压送风净化装置。司机室内还安装有空气调节装置,进一步改善司机的作业环境。司机室内空气调节装置由顶部吹风百叶窗、室内循环百叶窗、电热器等组成。

夏季主要由室外吸风,经过净化处理的新鲜空气,从顶部吹风百叶窗进入司机室,对司机进行空气淋浴,风速为 2~4m/s。转动百叶窗,可以调节吹风角度。冬季作业时主要是室内循环供风,从室外补充部分新鲜空气。将顶部吹风百叶窗关闭,打开室内循环百叶窗,经过净化处理的空气通过方形连通管,从位于司机座椅下面的进风口进入司机室。

座椅底部安装有电热器,净化过的空气经过电热器时被加热,然后吹入室内,使室内气温保持在 20°C 左右。由于门窗都有密封装置,在供风过程中,室内始终保持有压力为 1~2mm 水柱的正压,室外粉尘不会进入室内。

4.4 井下潜孔钻机

井下潜孔钻机用于井下钻孔作业,比如在无底柱分段崩落采矿法中用于钻扇形深孔,在掘进天井、通风井时用于钻吊桶穿绳孔,在掘进平巷或各种硐室时用于钻中深孔。国产井下潜孔钻机的技术特征见表 4-2。

为强化地下开采和适应新的采矿方法（如 VCR 采矿法），近年来一些大型地下矿山推广使用了大孔径潜孔钻机，如井下高风压 KQG165 型潜孔钻机，孔径达到了 165mm，大大提高了井下钻孔作业的机械化作业水平。

4.4.1 QZJ-100B 型潜孔钻机

QZJ-100B 型潜孔钻机为低气压非自行式潜孔钻机，是我国仿制、改进定型的支架式潜孔钻机，主要由钻具、回转换风机构、推进调压机构、操纵机构、凿岩支柱等部分组成，无独立的自行机构，其构造和工作安装如图 4-22 所示。

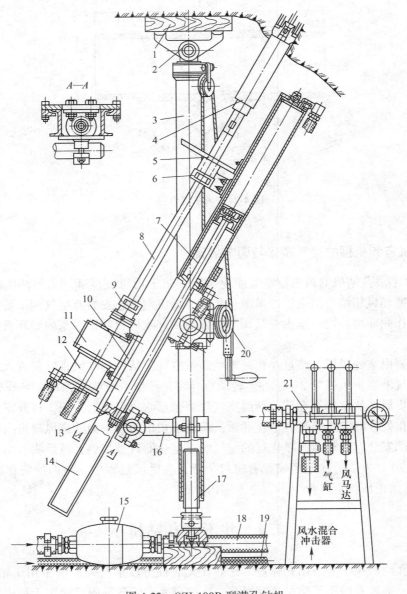

图 4-22 QZJ-100B 型潜孔钻机

1—垫木；2—上顶盘；3—支柱；4—冲击器；5—挡板；6—托钎器；7—推进气缸；8—钻杆；9—卸杆器；10—滑板；11—减速箱；
12—风马达；13—支架；14—滑架；15—注油器；16—横轴；17—升降螺柱；18—气管；19—水管；20—手摇绞车；21—操纵阀

4.4.1.1 回转供风机构

QZJ-100B 型潜孔钻机由风马达、减速箱和风接头、钻杆接头等组成（见图 4-22）。风马达直接与减速箱连接。减速箱采用四级圆柱直齿轮减速，其输出轴为空心轴。空心轴前端用螺栓与钻杆接头连接，把回转扭矩传给钻具。空心轴内部安装不随空心轴转动的供气管道，由操纵阀来的气水混合物经此进入钻杆直达冲击器。

4.4.1.2 推进调压机构

推进调压机构由推进气缸、滑板、支架、滑架组成。用螺栓将回转供风机机构和支架连接在滑板上。压气通过管道进入气缸作用于活塞上，活塞杆通过支架带动滑板，使回转供风机构沿滑架向前滑动，钻具则以一定的轴压（推）力作用于孔底，实现钻孔作业。调节气缸的进气压力，便可实现在合理轴推力下钻孔。

4.4.1.3 操纵阀

操纵阀上有三个手柄。左手柄控制回转用风马达，有正、反、停三个位置。中间手柄控制推进气缸的往复运动，有进、退、停三个位置。右手柄控制开、停冲击器的气水混合物，有开、闭两个位置。供水量由水阀来控制，在操纵阀进气的前方装有注油器。

4.4.1.4 凿岩钻架

凿岩钻架由上顶盘、支柱、横轴、升降螺柱、手摇绞车等组成。使用时根据硐室高度调整升降螺柱，使支柱紧顶在顶板和底板上。横轴由三件组成，组合起来使用，用以适应不同的孔向（可旋转 360°），升高或降低钻机则由手摇绞车操纵。地下支架式潜孔钻机也可以架设在台车上进行钻孔作业。

4.4.2 DQ-150J 型潜孔钻机

我国在 20 世纪 80 年代初研制了 DQ-150J 型履带式高气压潜孔钻机，采用人工垫叉——卸杆油缸式的钻杆接卸装置，其尺寸和性能与瑞典产 ROC306 潜孔钻机相同，其结构如图 4-23 所示。DQ-150J 型潜孔钻机由钻具、回转供风机构、推进机构、变幅机构和行走机构等组成。为了控制和操作这几个机构，设置了液压系统和操纵系统。

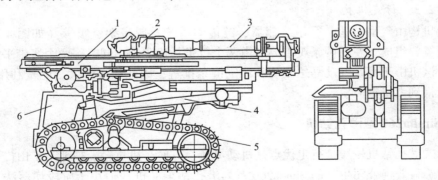

图 4-23 DQ-150J 履带式高气压潜孔钻机

1—链式推进器；2—回转供风机构；3—钻具；4—变幅机构；5—履带；6—操纵等系统

4.4.2.1 回转供风

DQ-150J 型潜孔钻机的回转机构如图 4-24 所示，它由气动马达、行星减速器和头部箱体组成。链式推进器由气动马达、行星减速器、蜗轮蜗杆减速器和套筒滚子链组成。气动马达通过减速器和链条推进钻具，并施加轴向推力。

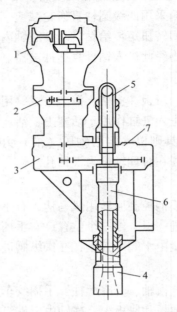

图 4-24　DQ-150J 潜孔钻机回转供风机构工作原理

1—气动马达；2—行星减速器；3—头部箱体；4—钻杆接头；5—压气进气口；6—中空主轴；7—排气阀

4.4.2.2　变幅机构

变幅机构由钻架、起落油缸、仰俯油缸、摆角油缸等组成，用这些部件可以完成钻架的前后摆动、推进器俯仰摆动及侧向扇形摆动等运动，运动幅度如图 4-25 所示。图 4-25（a）中的尺寸 A 表示推进器通过行程补偿油缸在推进器长度方向上的伸缩位移，图 4-25（b）表示钻架在起落油缸控制下的起落运动，图 4-25（c）和 4-25（d）分别表示推进器的前后摆动和侧向摆动；4-25（e）表示履带对机身的纵向摆动。

4.4.2.3　行走机构

行走机构由气动马达、行星减速器、链传动系统及履带架、履带（如图 4-23 所示）和调平装置等组成。左右两条履带分别由两个行走马达驱动，同时用两个履带平衡油缸自动调节。该机由于都是气动马达驱动和油缸链条推进，因此噪声较大，能量利用率较低，所以未能得到大量推广。

4.4.3　Simba260 型潜孔钻机

轮胎式潜孔钻机较履带行走优点是机动灵活，方便，机重轻。被地下矿山广为使用的阿特拉斯·科普柯公司生产的 Simba260 系列潜孔钻车（机）适用于阶段崩落法、分段崩落法、阶段矿房法采矿及其他大孔采矿作业。它能钻出扇形孔、环形孔和平行孔等多种布孔方式。Simba260 系列钻机均是用该公司的标准模块组装，大大提高了机器的可靠性和适应性。图 4-26 为 Simba260 系列钻机的正视图。Simba260 系列钻机可以安装在履带式或轮胎式底盘上。这两种底盘均可配备电动液压式或内燃液压式牵引系统。Simba260 系列

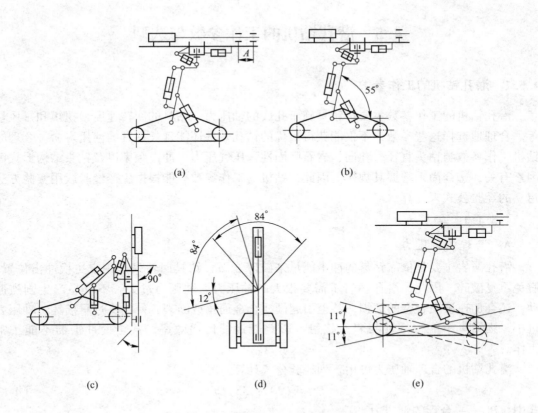

图 4-25　DQ-150J 潜孔钻机变幅范围示意图

（a）推进器伸缩运动；（b）钻臂上下变幅运动；（c）推进器前后摆动；（d）推进器侧向摆动；（e）履带纵向变动

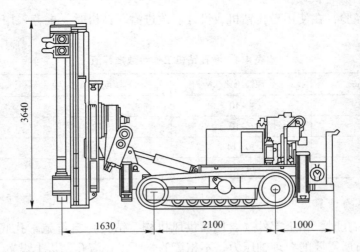

图 4-26　Simba260 系列钻机的正视图

钻机设计工作压力高达 2.7MPa，可大大提高生产能力，并降低生产成本。该系列钻机还可配数据记录系统、遥控系统、机械式钻管装卸系统。

4.5 潜孔钻机的工作参数与选型

4.5.1 潜孔钻机的工作参数

潜孔钻机的工作参数主要指钻具施于孔底的轴压力、钻具的回转速度、扭矩和排风量等。合理地选择这些参数，不仅能获得最优的钻孔效率还能延长钻具的使用寿命。合理的钻机工作参数与钻头直径、孔向、岩石坚固性、压气压力、冲击频率以及钻头结构形式等因素有关，迄今尚未掌握其规律。因此，钻机的工作参数只能根据生产经验或用实验方法建立的经验公式来计算。

4.5.1.1 轴压力

A 合理的轴压力

潜孔凿岩主要是依靠钻具的冲击能量来破碎岩石，钻具回转只是用来更换冲击位置，避免重复破碎。因此，潜孔凿岩不需要很大的轴压力。轴压力过大，不仅易产生剧烈振动，还会加速硬质合金的磨损，甚至引起硬质合金崩角或断裂，使钻头过早损坏；轴压力过小，则钻头不能很好地与岩石接触，影响能量的传递效率，甚至使冲击器不能正常工作。

潜孔钻机的合理轴压力可用下列经验公式计算

$$P_H = (30 \sim 35)Df \tag{4-1}$$

式中　P_H——合理的轴压力，N；

　　　D——钻孔直径，cm；

　　　f——岩石普氏硬度系数。

根据国内经验，在使用潜孔钻机或设计、改进潜孔钻机时，推荐采用表 4-4 所列的工作参数。

表 4-4　潜孔钻机工作参数推荐值

钻头直径/mm	合理轴压比/kN	回转速度/r·min⁻¹	回转扭矩/N·m
100	4~10	30~40	500~1000
150	6~10	15~25	150~3000
200	10~14	10~20	3500~5500
250	14~18	8~15	6000~9000

B 调压力的计算

潜孔钻机钻孔时，钻进部件（含回转供风机构、钻具）自重施于孔底的有效轴压力，与钻凿某种岩石所需要的合理轴压力是不相等的，所以在潜孔钻机上设置了调压装置，以便调整施于钻具上的作用力，使凿岩作业在合理的轴压力下进行。调压装置施于钻具上的调压力按下式计算

$$P_T = P_H - Gg\sin\beta + \mu Gg\cos\beta + R \tag{4-2}$$

式中　P_T——施于钻具上的调压力，N；

G——钻进部件（回转供风机构和钻具）的质量，kg；

β——孔向与水平面的夹角，(°)；

μ——摩擦系数，钢对钢为 0.15，钢对岩石为 0.35，取平均值 $\mu = 0.25$；

R——冲击器的反跳力，其值为活塞在每一个工作循环中使气缸返回到初始位置所需要的最小轴推力，单位为 N。

当调压力 P_T 为负值时，表明钻进部件的自重施于孔底的有效轴压力大于合理的轴压力，必须通过调压装置进行减压，即所谓减压钻进；反之，则须加压，进行加压钻进。当 P_T 为零时，表明钻进部件的自重施于孔底的有效轴压力恰等于合理的轴压力，即依靠钻进部件的自重进行无调压钻进。

4.5.1.2　钻具的回转速度

钻头每冲击一次只能破碎一定范围的岩石。当钻具转速过高时，在二次凿痕之间，势必留下一部分未被冲击破碎的岩瘤，使得回转阻力矩增大，钻机振动加剧，钻头端面及径向上的硬质合金迅速磨损，不仅降低了钻孔速度，甚至造成夹钻事故；当转速过低时，则可能产生重复破碎现象，没有充分利用钻头的冲击能量，钻速降低。钻具的最优转数应当根据钻头两次冲击之间能破碎的最大孔底扇形面积的最大转角来确定。然而，这个合理的转角与钻头直径、岩石物理力学性质、冲击功、冲击频率、轴压力、钻头刃数和形状，以及硬质合金片（柱）的磨损程度等因素有关。一般说来，当钻孔直径愈小、岩石硬度愈低、冲击功愈大、冲击频率愈高、轴压力愈大、钻头刃数愈多、硬质合金片（柱）愈锋利的情况下，钻具转速可以高些。反之，转速应低些。

根据国内潜孔钻机的使用经验和参考国外的资料，钻具的合理转速可以按表 4-4 选取，矿山可用下列经验公式计算

$$n_1 = \left(\frac{6500}{D} \right)^{0.78 \sim 0.95} \tag{4-3}$$

式中　n_1——钻具的合理转速，r/min；

D——钻孔直径，mm。

4.5.1.3　钻具扭矩

钻孔作业时，钻具需克服的回转阻力矩主要有：由于轴压力的作用在钻具工作面上产生的摩擦阻力矩，钻刃剪切两次冲击间遗留下来的岩瘤时所受的阻力矩、钻具与孔壁之间的摩擦阻力矩，以及因裂隙、浮石引起夹钻的阻力矩等。因此，钻具回转扭矩的大小与孔径的大小、岩石坚固性、钻头形状、轴压力和回转速度的大小诸因素有关。根据国内外生产实践的总结，回转扭矩与钻孔直径的关系推荐按表 4-4 确定，也可按下列数理统计公式计算

$$M = K_M \frac{D^2}{8.5} \tag{4-4}$$

式中　M——钻具回转扭矩，N·m；

D——钻孔直径，mm；

K_M——力矩系数，$K_M = 0.8 \sim 1.2$，一般地取 $K_M = 1.0$。

4.5.1.4　排渣风量

排渣风量的大小对钻孔速度和钻头的使用寿命影响很大。实践表明，增大排渣风量，

可以更有效地清除孔底岩渣，避免大颗粒岩渣的重复破碎，降低不必要的能量消耗，从而提高钻进速度，增大排渣风量，能够有效地冷却钻头，并减少钻头的磨损，延长钻头的使用寿命。此外，排渣干净，可以增加有效的孔深，减小超钻深度，提高了钻孔的利用率。但是，风量过大会增加空压机的容量和能耗，还会加速钻杆的磨损。

合理的排渣风量，取决于在钻杆和孔壁之间的环形空间内有足够大的回风速度，以便及时地将孔底岩渣排出孔外。这个回风速度必须大于最大颗粒岩渣在孔内空气中的悬浮速度（即临界沉降速度）。根据国外的经验，认为回风速度大约为 25.4m/s，最低不能小于15.3m/s。对于密度较大的某些铁矿，悬浮速度较大，有的甚至超过 45.7m/s。一般可用下面的公式来计算岩渣的悬浮速度

$$v = 4.7 \sqrt{\frac{b\rho}{1000}} \tag{4-5}$$

式中 v——岩渣的悬浮速度，m/s；

b——岩渣的最大粒度，mm；

ρ——岩石密度，kg/m³。

因此，合理的排渣风量按下式计算

$$Q = \frac{60\pi k(D^2 - d^2)v}{4} \tag{4-6}$$

式中 Q——合理的排渣风量，m³/min；

D——钻孔直径，m；

k——考虑漏风的系数，$k = 1.1 \sim 1.5$；

d——钻杆外径，m。

4.5.2 潜孔钻机的选型

4.5.2.1 钻头的选择

根据矿岩物理力学性质、采剥总量、开采工艺要求的钻孔爆破参数、装载设备及矿山具体条件，并参考类似矿山应用经验选择潜孔钻机。比较简单的方法是按采剥总量与孔径的关系选择相应的钻机。

在特定的岩石中凿岩，必须选择合适的钻头，才能取得较高的凿岩速度和较低的穿孔成本。

（1）坚硬岩石凿岩比功较大，每个柱齿和钻头体都承受较大的载荷，要求钻头体和柱齿具有较高的强度，因此，钻头的排粉槽个数不宜太多，一般选双翼型钻头，排粉槽的尺寸也不宜过大，以免降低钻头体的强度。同时，钻头合金齿最好选择球齿，且球齿的外露高度不宜过大。

（2）在可钻性比较好的软岩中钻进时，凿岩速度较快，相对排渣量较大，这就要求钻头具有较强的排渣能力，最好选择三翼型或四翼型钻头，排渣槽可以适当大一些、深一些，合金齿可选用弹齿或楔齿，齿高相对高一些。

（3）在节理比较发育的破碎带中钻进时，为减少偏斜，最好选用导向性比较好的中间凹陷型或中间凸出型钻头。

（4）在含黏土的岩层中凿岩时，中间的排渣孔经常容易被堵死，最好选用侧排渣

钻头。

（5）在韧性比较好的岩石中钻孔时，最好选用楔形齿钻头。

4.5.2.2 钻杆的选型

根据流体动力学理论可知，只有当钻杆和孔壁所形成的环形通道内的气流速度大于岩渣的悬浮速度时，岩渣才能顺利排出孔外，该通道内的气流速度主要由通道的截面积、通道长度以及冲击器排气量决定。通道截面积越小，流速越高；通道越长，流速越低。钻杆直径越大，气流速度越高，排渣效果越好。当然也不能大到岩渣难以通过，一般环形截面的环宽取 10~25mm，深孔取下限，高气压取上限。

钻杆的选择不仅要考虑排渣效果，还要考虑其抗弯抗扭强度以及重量，这主要由钻杆的壁厚决定。在保证强度和刚度的前提下，尽可能让壁薄一点以减轻重量，壁厚一般在 4~7mm。

4.5.2.3 冲击器的选型

特定的冲击器只有在特定的工作气压、特定的工艺参数和特定的岩性中才能发挥最优的凿岩效果。冲击器的工作参数主要指工作气压、冲击能量和冲击频率。冲击器的选择必须依据工作气压、钻孔尺寸和岩石特性等参数。

首先是根据工作压气的压力等级合理选择相应等级的冲击器；其次是根据钻孔直径选择相应型号冲击器；最后是根据岩石坚固性选择相应冲击器。

软岩建议使用高频低能型冲击器，硬岩建议使用高能低频型冲击器。

复习思考题

4-1 按用途和作业环境不同，潜孔钻机分为哪几类？

4-2 潜孔钻机与其他钻孔机械的主要区别是什么？

4-3 潜孔钻机的钻具有哪些？潜孔冲击器的作用是什么？

4-4 简述潜孔钻机无阀冲击器的构造及工作原理。

4-5 简述 KQ-200 型潜孔钻机的供风方式及其回转供风机构的构成。

4-6 KQ-200 型潜孔钻机如何除尘排粉？

4-7 选型计算。某平原区露天石灰石矿，年产量为 500 万吨，考虑第四季及夹石剔除，设计剥采比为 0.4，矿岩平均密度为 $2.72t/m^3$，岩石普氏硬度为 8~12。矿山正常作业天数 300，两班工作制。设计台阶高度为 15m，孔网参数为 8m×7m，生产富余系数 1.2。作业要求：

（1）给出设备选型依据，并选择孔径；

（2）计算钻机主要工作参数；

（3）设备选型，并给出其技术参数；

（4）计算台班效率和钻机数量（不备用）。

5 牙轮钻机

教学目标

通过本章的学习，学生应获得如下知识和能力：

(1) 了解牙轮钻机的特点、分类及适用范围；

(2) 掌握牙轮钻头的组成、结构与运动原理，牙轮钻机的凿岩作业原理；

(3) 熟悉 KY250A 型与 KY310A 型牙轮钻机的基本结构及其功能；

(4) 掌握牙轮钻机的选型与计算。

5.1 牙轮钻机概述

5.1.1 牙轮钻机的发展概况

牙轮钻机是在旋转钻机的基础上发展起来的一种高效钻孔设备，它采用电力或内燃机驱动，履带行走，顶部回转，连续加压。牙轮钻机装备有干式或湿式除尘系统，是以牙轮钻头为凿岩工具的自行式钻孔机械。

1907 年，美国石油工业部门开始使用牙轮钻机钻凿油井和天然气井。1939 年，牙轮钻机开始试用于露天矿。1946 年，试制成功了用液压传动产生轴压的牙轮钻机。但是，由于采用水排渣，存在着水的运输、冰冻、因岩层裂隙而渗漏以及钻孔效率低、钻头寿命短等问题，致使牙轮钻机未在露天矿得到推广。1949 年，美国采用压缩空气排渣，提高了钻孔效率并延长了钻头的寿命，从而推动了牙轮钻孔技术的发展，使之在露天矿得到实际的应用。20 世纪 50 年代后期和 60 年代初期，由于牙轮钻头的技术水平较低，牙轮钻机主要还是用在中硬以下的岩石中钻孔。1965 年，出现了镶嵌硬质合金挂齿的牙轮钻头之后，钻头寿命显著提高，并能在花岗岩、铁燧岩、磁铁石英岩等坚硬的岩石中钻孔，其技术经济指标优于潜孔钻机，从而牙轮钻机在露天矿中得到了广泛的应用。

目前能够批量生产牙轮钻机的国家有中国、美国和俄罗斯，主要生产公司有洛阳矿山机械工程设计研究院、中钢集团衡阳重机有限公司、南昌凯马公司（国内形成了完整的 KY 和 YZ 两大产品系列）、Bucyrus International Inc.（简称 B-I 公司）、Harnisch Feger 采矿设备公司（简称 P&H）、Ingersoll Rand（简称 IR）、REICHdrill 公司、Reedrill 设备公司、Snadvik Group、俄罗斯矿山技术设备公司、Hausherr 公司。瑞典 Atlas Copoc 生产的牙轮钻机也十分有名，其技术比较先进。美国生产且使用较多的机型为 45R、60R 等钻机，45R 钻机台年穿爆量可达 400~500 万吨；60R 钻机台年穿爆量可达 800~1000 万吨。现已列入国家标准的苏联产牙轮钻机有 4 种，其中效果较好的有 CBLLI-250MH，其台年穿爆量约为 300~500 万吨。国外露天矿山的钻孔量有 70%~80% 是由牙轮钻机完成的，中国、加拿大、美国、俄罗斯和澳大利亚等国的大型露天矿几乎全部使用了牙轮钻机钻孔。

我国从 1958 年起研制牙轮钻机，主要研制单位有洛阳矿山机械工程设计研究院、中钢集团衡阳重机有限公司第三事业部和南昌凯马公司，1976 年定型并批量生产 HYZ-250C 型牙轮钻机，牙轮钻机的研制和应用迅速发展起来。自 20 世纪 90 年代以来，我国牙轮钻机技术不断进步，其驱动电机及其调控方式、钻机结构和技术性能具有很大发展，形成了比较完整的两大系列产品，其中 KY 系列牙轮钻机机型有 KY-150 型、KY-200 型、KY-250 型、KY-310 型等，YZ 系列牙轮钻机机型有 YZ-12 型、YZ-35 型、YZ-55 型、YZ-55A 型等，穿孔直径范围为 95~380mm，常用孔径是 200~310mm。图 5-1 所示为在矿山工作面上正在作业的两款牙轮钻机。当前，我国牙轮钻机的设计、制造水平和穿孔技术已经达到了世界先进水平。

(a)　　　　　　　　　　　　(b)

图 5-1　作业中的牙轮钻机
(a) YZ-35 型牙轮钻机；(b) KY-310 型牙轮钻机

5.1.2　牙轮钻机的分类与选用

牙轮钻机的分类方法比较多，按作业场所分为露天牙轮钻机和地下牙轮钻机。露天牙轮钻机又可按回转方式、动力源、行走方式等进行分类，具体分类见表 5-1。

表 5-1　牙轮钻机的分类

分　　类		主 要 特 点	适用范围
按回转和加压方式	卡盘式	底部回转间断加压，结构简单，但效率低	已淘汰
	转盘式	底部回转连续加压，结构简单可靠，钻杆制造困难	已被滑驾式取代
	滑架式	顶部回转连续加压，传动系统简单，结构坚固，穿孔效率高	大中型矿山广泛适用

续表 5-1

分　类		主 要 特 点	适 用 范 围
按动力源	电力	系统简单，便于调控，维护方便	大中型矿山
	柴油机	适应地域广，效率低，能力小	多用于新建矿山和小型钻机
按行走方式	履带式	结构紧固	大中型矿山露天采场
	轮胎式	移动方便、灵活，能力小	多为小型钻机
按钻机技术特征	小型钻机	孔径 $D \leqslant 150mm$，轴压力 $P \leqslant 200kN$	小型矿山
	中型钻机	孔径 $D \leqslant 280mm$，轴压力 $P \leqslant 400kN$	中、大型矿山
	大型钻机	孔径 $D \geqslant 380mm$，轴压力 $P \leqslant 550kN$	大型矿山
	特大型钻机	孔径 $D > 445mm$，轴压力 $P > 650kN$	特大型矿山

5.1.3　牙轮钻机的优缺点及适用范围

牙轮钻机的优点：钻孔效率高，生产能力大，作业成本低，机械化和自动化程度高，适应各种硬度矿岩的钻孔作业，是当今露天矿山广泛使用的最先进的钻孔设备。

牙轮钻机的缺点：价格昂贵，设备及其质量庞大，矿山初期投资比较大，要求要有较高的技术管理水平和设备维修能力。

牙轮钻机的适用范围：适用于矿岩坚固性系数 $f = 4 \sim 20$ 的钻孔作业，广泛适用于矿山穿孔作业。目前，国内外牙轮钻机在中硬及以上矿岩中的钻孔孔径为 $130 \sim 380mm$，钻孔深度为 $14 \sim 20m$，钻孔倾角为 $90°$。

5.1.4　牙轮钻机的选型与配套

为加大矿山推进速度，提高矿山开采规模和经济效益，露天矿山开采需要依靠和应用大规格、性能先进的各种大型设备。我国大型和特大型金属露天矿山现今选用的主要穿孔设备孔径为 $250 \sim 380mm$ 甚至达到 $440mm$ 的牙轮钻机。按照不同的开采工艺，露天矿山的集成化生产已趋于成熟，对于采装作业、矿山运输等都采用了相应的成套设备。今后我国金属矿山装备的发展方向是以 $16 \sim 23m^3$ 的单斗挖掘机为主，配用孔径 $250 \sim 380mm$ 的大型牙轮钻机。常用国产牙轮钻机的技术特征列于表 5-2。在矿山开采设计和生产中，金属露天矿山设备配套选型可以参考表 5-3 和表 5-4。

表 5-2　常用国产牙轮钻机的技术特征

特　征	型　号						
	YZ-35	YZ-55	KY-150	KY-200	KY-250	KY-250A	KY-310
孔径/mm	$170 \sim 270$	$270 \sim 380$	$150 \sim 170$	$150 \sim 200$	$220 \sim 250$	$220 \sim 250$	$250 \sim 310$
孔向/(°)	90	90	90	$70 \sim 90$	90	90	90
孔深/m	$17.5 \sim 25$	$16.5 \sim 24$	21	$7.5 \sim 15$	$8.5 \sim 17$	17	$9 \sim 17.5$
适用岩种	$f = 6 \sim 20$	$f = 6 \sim 20$	$f \leqslant 12$	$f = 4 \sim 12$	$f = 6 \sim 18$	$f = 6 \sim 20$	$f = 5 \sim 20$
排渣风量/$m^3 \cdot min^{-1}$	28	37	18	27	30	30	40
总功率/kW	341	467	265	270	369	365	394
机重/t	85	140	32	45	88	93	125
钻杆直径/mm	219	273	114	168	194，219	194，219	219，273
钻具转速/$r \cdot min^{-1}$	$0 \sim 90$	$0 \sim 120$	$0 \sim 115$	$0 \sim 100$	$0 \sim 115$	$0 \sim 88$	$0 \sim 100$

特 征		型 号						
		YZ-35	YZ-55	KY-150	KY-200	KY-250	KY-250A	KY-310
回转变速方式		直流电机可控硅		直流	直流磁放大			
最大轴压/kN		343	539	137	157	412	346	490
加压变速方式		油马达			油缸	滑差电机		
加压速度/m·min⁻¹		0~1.2	0~0.92	0~2.5	0~1.2	0.08~0.8	0~0.94(2.1)	0.098~0.98(4.5)
提升速度/m·min⁻¹		0~36.7	0~30	18.6	20	10	6.6, 14.8	0~20
行走速度/m·h⁻¹		0~1.3	0~1.2	0.78	0~1	0.72	0.73	0~0.6
爬坡能力/(°)		14, 8.5	14	15	12	12	12	12
除尘方式		湿式	湿式	干式	湿式	湿式	干、湿式	干、湿式
钻架特征		高、标准架	高架	标准架	标准架	标准架	高架	高、标准架
工作尺寸/mm	长	13300	14248	7780	9300	11900	12107	13835
	宽	5910	6110	3341	4440	5482	6215	5772
	高	24570	27085	12500	12835	17910	25026	26326
制造商		衡阳有色冶金机械厂		吉林重型机械厂	江西采矿机械厂			

表5-3 金属露天矿设备匹配方案

设备名称		小型露天矿	中型露天矿	大型露天矿	特大型露天矿
穿孔设备	牙轮钻机孔径/mm	150	250	250~310	250~310（软岩）
	潜孔钻机孔径/mm	≤150	150~200	150~200	310~380（硬岩）
采装设备	单斗挖掘机斗容/m³	1~2	1~4	4~10	>10
	前装机斗容/m³	1.25~3	3~5	5~8	8~13
运输设备	自卸式汽车载重/t	≤15	<50	50~100	>100
	电机车黏重/t	<14	10~20	100~150	150
	翻斗车斗容	<4m³	4~6m³	60~100t	100t
	带式输送机带宽/mm	80~1000	1000~1200	1400~1600	1800~2000
主要辅助设备	履带式推土机/kW	75	135~165	165~240	240~308
	破碎机（旋回移动）口径/mm			1200~1500	1200~1500

表5-4 金属露天矿设备配套实例

矿山规模	方案	主 设 备	辅助设备	适用条件	矿山实例
小型	I	φ80~20mm 潜孔钻机，1.25m³挖掘机，3~7t 电机车，10t 以下矿车、斜坡道提升或8t 以下载重汽车	60~75kW 推土机，4~8t 洒水车，8t 装药车	采剥量 50 万吨以下的中等深度的露天矿山，或 100 万吨左右的露天矿山	祥山铁矿

矿山规模	方案	主 设 备	辅助设备	适用条件	矿山实例
小型	II	$\phi150mm$ 潜孔钻机或 $\phi150mm$ 牙轮钻机，$1.25\sim2m^3$ 挖掘机，$8\sim15t$ 载重汽车	60~75kW 推土机，4~8t 洒水车，8t 装药车	采剥量 $100\sim200$ 万吨的露天矿山	可可托海一矿
	III	$\phi150mm$ 潜孔钻机，$3\sim5m^3$ 前装机装运作业或配 20t 以下载重汽车		矿岩运距在 3km 以内的露天矿	山西铝土矿
	IV	$\phi150\sim200mm$ 潜孔钻机或 $\phi200mm$ 牙轮钻机，$2\sim4m^3$ 挖掘机，$15\sim32t$ 载重汽车		采剥量 $300\sim500$ 万吨的露天矿山	雅满苏铁矿
中型	I	$\phi200mm$ 潜孔钻机或 $\phi250mm$ 牙轮钻机，$4m^3$ 挖掘机，100t 电机车或内燃机车，60t 侧翻式矿车	75~165kW 推土机，8~10t 洒水车，8t 装药车	一般开采深度中型露天矿山	金堆成钼矿 密云铁矿
	II	$\phi200mm$ 潜孔钻机或 $\phi250mm$ 牙轮钻机，$4m^3$ 挖掘机，100t 电机车或内燃机车，60t 侧翻式矿车		深度不大的中型露天矿山	大冶铁矿（上部） 甘井子石灰石矿
	III	$\phi250mm$ 牙轮钻机，$4\sim6m^3$ 挖掘机，60t 以下载重汽车，破碎站，$1000\sim1200mm$ 宽度钢绳芯带式输送机		深度较大的露天矿山	
大型特大型	I	$\phi250\sim380mm$ 牙轮钻机或 $\phi250mm$ 潜孔钻机，$4\sim11.5m^3$ 挖掘机，32~60t 以下载重汽车，108~154t 电动轮汽车	165kW 以上推土机，10t 以上洒水车，12t 以上装药车，135kW 以上平地车，14t 以上振动式压路机	大型、特大型露天矿山	南芬铁矿 水厂铁矿
	II	$\phi250\sim310mm$ 牙轮钻机，$10m^3$、$55m^3$ 挖掘机，60t 侧翻式矿车组，108t、154t、232t 电动轮汽车		大型、特大型露天矿山	白云铁矿
	III	$\phi250\sim380mm$ 牙轮钻机，$8\sim15m^3$ 挖掘机，100~150t 电机车或联动机车组，100t 侧翻式矿车		大型、特大型露天矿山	南山铁矿
	IV	$\phi250mm$ 以上牙轮钻机，$8m^3$ 以上挖掘机，100~300t 电动轮汽车，$1200mm\times1200mm$ 破碎机，1200mm 以上宽度钢绳芯带式输送机		大型、特大型露天矿山	齐大山铁矿 水厂铁矿

5.2 牙轮钻头的构造

　　牙轮钻孔方法从开始到现在，经过了较长的发展过程，相继使用过各种类型的牙轮钻头。目前在金属矿山中，广泛使用的是三牙轮钻头，其外貌如图 5-2 所示。

图 5-2   三牙轮钻头

5.2.1   牙轮钻头的基本结构

图 5-3 所示为 KC$_1$-10JY 型三牙轮钻头的构造。它是一种三牙轮中心排渣式钻头，其主要部件是牙爪、牙轮和轴承。三个牙爪合并在一起，焊接成一个整体，然后车出与钻杆连接的端部螺纹，一般为英制圆锥管螺纹。三个牙轮分别套在三个牙爪下端的轴颈上。滚

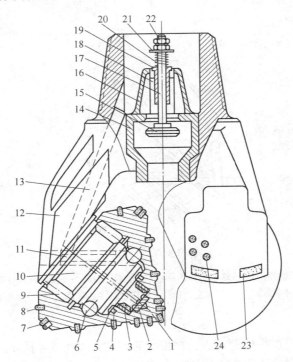

图 5-3   牙轮钻头的构造

1—牙轮；2—止推块；3—衬套；4—耐磨合金止推圆柱；5—轴承二道止推台肩耐磨合金堆焊层；
6—滚珠；7—硬质合金柱；8—平头合金柱；9—滚柱；10—轴颈；11—塞销；12—牙爪；13—轴承风道；
14—止逆阀座；15—阀片；16—阀盖；17—阀杆；18—阀盖窗孔；19—导向套；20—弹簧；21—垫圈；
22—螺母；23—硬质合金堆焊层；24—合金柱

珠从牙爪背上的塞销孔送入滚珠轴承跑道内。当滚珠装满后，将塞销插入塞销孔内，并将塞销尾部堵焊在牙爪背上，滚珠则将牙轮限定在牙爪轴颈上。为了防止轴承过热和被异物堵塞，矿用牙轮钻头采用压气或气水混合物冷却并吹洗轴承。由中空钻扦通入钻头的压缩空气或气水混合物，大部分经中央喷管喷出，用于排渣；少部分经由轴承风道进入滚珠轴承跑道和小轴端部，用以冷却和吹洗轴承。为了防止突然停风时，岩渣倒流入轴承风道，在钻头内腔安装有止逆阀。

5.2.1.1　牙爪

牙爪的结构如图5-4所示。牙爪是一个形状复杂的异形体，其主要部分是各轴承的轴颈（2、3、4），爪背以及牙爪体上部与钻杆相连接的螺纹。轴颈轴线与钻头轴线的夹角多叫做轴倾角，β 角一般为50°~55°。为了减少爪背的磨损，在爪背与孔壁之间有1°30′~5°的夹角。为了增强爪尖的抗磨损能力，在爪尖外表堆焊一薄层硬质合金粉，并镶焊一些平头合金柱。钻机施加给钻头上的轴压，通过轴颈及轴承传给牙轮。为了增强轴颈的耐磨性，在轴颈和小轴端面上堆焊有耐磨合金。

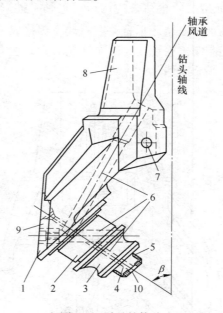

图5-4　牙爪的构造

1—掌尖；2—滚柱轴承轴颈；3—滚珠轴承轴颈；4—滑动轴承轴颈；5—轴承表面与端面耐磨合金堆焊层；
6—轴承风道；7—连接定位销孔；8—螺纹；9—掌背；10—小轴端面

5.2.1.2　牙轮

国产矿用牙轮钻头多为柱齿钻头，柱齿牙轮的构造如图5-4所示。在牙轮的外表面上钻有若干排齿孔，并用冷压方法将硬质合金挂压入孔内。每一排柱齿都构成一个齿圈。考虑到各牙轮之间的啮合以及排渣的需要，在各齿圈之间都车出一定宽度的沟槽，称为齿槽。牙轮内部设有滚柱跑道、滚珠跑道、滑套和止推块空腔。当牙轮钻头具有二道止推轴承结构时，则在牙轮内腔还有二道止推轴承面。为了保护牙轮的背锥，防止被孔壁岩石过分磨损，在背锥上镶嵌有平头硬质合金柱，其数目一般与该牙轮的边圈齿数相等并与边圈齿相间排列。

矿用钻头的布齿方式，一般是中间齿圈，采用自洁式布齿，即各牙轮的中间齿圈相间布置，互不重复；内齿圈部分重复；边齿圈互相重复。牙轮布齿的原则是使各齿圈上柱齿齿痕能全部覆盖孔底，并使各牙轮与孔底接触的齿数相等，以使三个牙轮轴承的负荷均匀。柱齿齿痕对孔底的覆盖情况如图5-5所示。

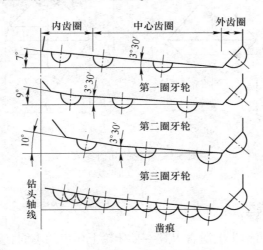

图 5-5　柱齿凿痕对孔底的覆盖

牙轮的几何形状有两种，一种是单锥牙轮，一种是复锥牙轮，如图5-6所示。复锥牙轮的外部形状由主锥角 2φ、副锥角 2θ 及背锥角 2γ 所决定，如图5-7所示。

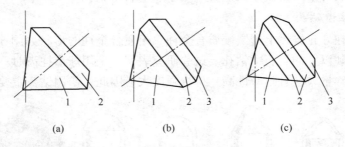

图 5-6　牙轮锥面结构形式

(a) 单锥；(b)，(c) 复锥

1—主锥；2—副锥；3—背锥

5.2.1.3　轴承组

轴承是牙轮钻头的重要部件。它的作用是保证牙轮灵活地转动，并把钻机施加在钻头上的轴压和扭矩传给牙轮。据国外统计，牙轮钻头有60%～80%是因轴承损坏而报废。矿用牙轮钻头常用的是滚柱-滚珠-滑动衬套所组成的轴承组。其中滑动衬套是用冷压的方法装配的，滚柱轴承和滑动衬套轴承只承受径向载荷。牙轮上的轴向载荷则由牙爪小轴颈端面与止推块所构成的第一道止推轴承所承受。有些钻头，为了提高轴向的承载能力，在牙爪轴颈的小台肩处增设了第二道止推轴承。滚珠轴承主要起着固锁作用，使牙轮不能脱落。

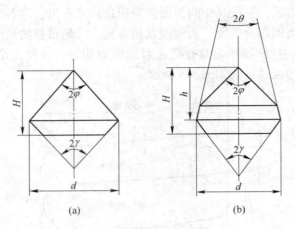

图 5-7　牙轮的几何参数

（a）单锥牙轮；（b）复锥牙轮

5.2.2　三牙轮钻头的类型

矿用三牙轮钻头按照钻头上凿岩刃具——牙轮上牙齿的不同，可分为铣齿钻头和柱齿钻头；按排渣时吹风方式的不同，分为中心吹风排渣式和旁侧吹风排渣式钻头。

5.2.2.1　铣齿钻头

铣齿钻头是在牙轮锥体上直接铣制出楔形齿。为了增加齿的耐磨性，在铣齿的刃部表面堆焊碳化钨硬质合金。铣齿钻头主要应用于软岩石中钻孔。

5.2.2.2　柱齿钻头

柱齿钻头是在牙轮锥体上镶嵌硬质合金柱。硬质合金柱的形状如图 5-8 所示。柱齿钻头用于中硬和中硬以上的岩石中钻孔。试验研究表明，采用球形柱齿时，能承受较大的轴压，岩石体积破碎量大，且耐磨性高，抗折强度大。因此，矿用钻头主要采用球形齿。

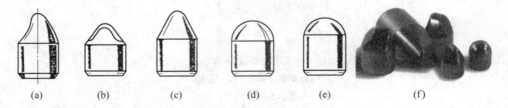

图 5-8　柱齿齿形

（a）勺形；（b）楔形；（c）圆锥形；（d）尖卵形；（e）球形；（f）柱齿实物图

5.2.2.3　中心吹风排渣式钻头

这种钻头是把压气或气水混合物从钻头的中心孔道直接喷射到孔底，如图 5-3 所示。工作时，大部分压气通过牙爪之间的较大空间流向钻杆与孔壁所构成的环形空间，只有小部分气流从牙轮之间的缝隙吹向孔底，用于排渣。这种排渣方法，压气不能充分吹洗孔底，将导致破碎下来的岩渣重复破碎，降低了钻进速度；同时，由于岩渣由孔底中央吹向周边，使牙轮受到带有磨蚀性的岩渣的喷射而磨损，从而降低了钻头的使用寿命。但是，由于它的内腔较大，可以比较容易地安装备种形式的止逆阀。

5.2.2.4　旁侧吹风排渣式钻头

图 5-9 所示为三牙轮旁侧吹风排渣式钻头。压气或气水混合物从布置在钻头周边上的三个喷嘴喷出，并通过两相邻牙轮的间隙喷向孔底，从而将岩渣从牙轮上吹走。这种排渣方式效果好，钻进速度较高，同时减少了牙轮的磨损，有利于延长钻头的使用寿命。国产 WK 系列牙轮钻头均为旁侧吹风排渣式钻头。

5.2.3　牙轮钻头的主要结构参数

牙轮钻头的主要结构参数有钻头直径、轴倾角、孔底角。应用于中硬以下软岩的牙轮钻头还有牙轮轴线偏移位。图 5-10 表示了牙轮钻头的几个主要结构参数。

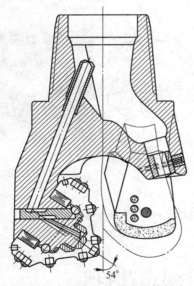

图 5-9　旁侧吹风排粉式牙轮钻头

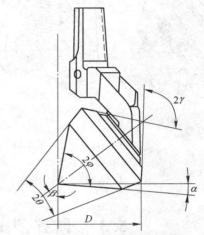

图 5-10　牙轮钻头结构参数

D—钻头直径；β—轴倾角；α—孔底角；2φ—牙轮主锥角；2θ—牙轮副锥角；2γ—牙轮背锥角

轴倾角、孔底角和牙轮主锥角有如下关系：

$$\alpha = \varphi + \beta - 90° \tag{5-1}$$

轴倾角 β 的大小直接影响着牙轮轴承的受力状况和轴承的强度。减小轴倾角，可以使轴承的径向负荷减小。随着岩石硬度的提高，轴压力必须增大。为了减小轴承的径向负荷以延长钻头的寿命，而适当地减小轴倾角。但是轴倾角减小后，相邻两牙轮之间的轴间角减小了，轴承的结构尺寸也随之减小，从而削弱了轴承的强度。从增加轴承尺寸来提高轴承强度的方法来说，希望尽量增大轴倾角。具体的牙轮钻头结构参数值见表 5-5。矿用牙轮钻头的轴倾角多采用 $\beta = 54°$。

表 5-5　牙轮钻头的结构参数值

钻头类型	JR	R	ZR	Z	ZY	Y	JY
轴倾角 β	57°~59°	55°~58°	55°~58°	52°~57°	51°~55°	51°~55°	50°~54°
孔底角 α	12°~15°	10°~14°	5°~10°	1°~3°	1°~3°	1°~3°	1°~3°

续表 5-5

钻头类型	JR	R	ZR	Z	ZY	Y	JY
主锥角 2φ	94°	92°~94°	90°~92°	90°~92°	80°~87°	80°~87°	80°~84°
副锥角 2θ	30°~50°	30°~50°	30°~50°	30°~50°	30°~50°	0°~50°	0°~50°
背锥角 2γ	由直径投影轴上决定					$2\gamma = 2\beta$	
μ（轴线偏移值 $S=\mu D$）	0.03~0.045	0.02~0.03	0.02~0.03	0.015~0.025	0~0.012	0	0

孔底角 α 应保证有足够的轴向推力，其结构如图 5-11 所示。当牙轮磨损后，可通过止推轴承的磨损并在轴向推力的作用下，使牙轮向外移位，保证钻孔直径不因牙轮的磨损而变小。

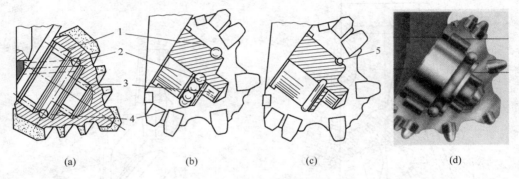

（a） （b） （c） （d）

图 5-11 牙轮的轴承结构

（a）滚动轴承；（b）滑动轴承；（c）卡簧滑动轴承；（d）牙轮轴承结构模型图
1—大轴承；2—中轴承；3—小轴承；4—止推轴承；5—卡簧

5.3 牙轮钻头运动学及其凿岩原理

图 5-12 为牙轮钻机钻孔作业示意图。工作时加压机构通过钻杆给钻头施以很高的轴向压力，牙轮则被压在孔底上。当回转供风机构使钻具以一定的转速回转时，钻头上的各个牙轮，既绕钻杆轴线公转，又可以绕本身轴线自转。

5.3.1 牙轮的运动分析及其转速的计算

在设计牙轮钻头时，需要确定牙轮的运动学参数。在选用牙轮钻头时，必须了解因牙轮的布置方式不同而使得其运动状态不同，其破碎岩石的效果也不同。牙轮在孔底的运动是非常复杂的，其运动学参数不仅与钻杆的运动参数、轴压力、牙轮布置方式、牙轮形状有关，而且还与孔底的环境、轴承的好坏、钻杆的变形等因素有关。因此，我们假设：（1）只考虑钻头上一个单锥牙轮的运动，钻头的孔底角为零；（2）钻杆匀速转动；（3）孔底为刚体；（4）不超顶不移轴布置和移轴布置的牙轮作纯滚动，超顶布置的牙轮由于轴压力的作用获得最大速度。

5.3.1.1 不超顶不移轴布置

牙轮锥体的顶点落在钻杆轴线上，称为不超顶不移轴布置，如图 5-13（a）所示。以

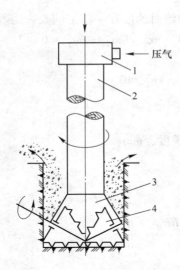

图 5-12 牙轮钻机钻孔示意图
1—回转供风机构；2—钻杆；3—钻头；4—牙轮

牙轮轴 OA 为动参考系，则 OA 轴连同牙轮绕钻杆轴线的转动为牵连运动，牙轮绕 OA 轴的自转为相对运动（见图 5-14(a)）。根据运动的合成原理则有

$$\boldsymbol{v}_{\mathrm{H}} = \boldsymbol{v}_{\mathrm{T}} + \boldsymbol{v}_{\mathrm{L}} \tag{5-2}$$

式中　$\boldsymbol{v}_{\mathrm{H}}$——动点的绝对速度矢量；

　　　$\boldsymbol{v}_{\mathrm{T}}$——动点的牵连速度矢量；

　　　$\boldsymbol{v}_{\mathrm{L}}$——动点的相对速度矢量。

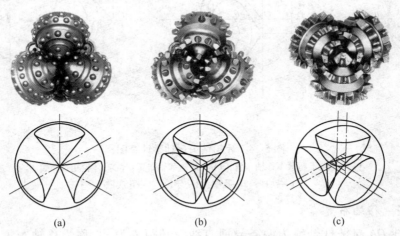

(a) (b) (c)

图 5-13 牙轮的布置形式
(a) 不移轴不超顶布置；(b) 超顶不移轴布置；(c) 超顶移轴布置

孔底接触线 Om 上的员外一点 m，其 $\boldsymbol{v}_{\mathrm{T}}$、$\boldsymbol{v}_{\mathrm{L}}$ 方向如图 5-14（a）所示，它们在 x 轴上的投影为零，即

$$\boldsymbol{v}_{\mathrm{H}x} = \boldsymbol{v}_{\mathrm{T}x} + \boldsymbol{v}_{\mathrm{L}x} = 0 \tag{5-3}$$

式中，脚标 x 为速度矢量在 x 轴上的投影，下同。

根据假设，牙轮作纯滚动，则 m 点的绝对速度在 y 轴上的投影为零，即

$$\boldsymbol{v}_{Hy} = \boldsymbol{v}_{Ty} + \boldsymbol{v}_{Ly} = 0 \quad 或 \quad R\omega_T - r\omega_L = 0 \tag{5-4}$$

于是有

$$Rn_T - rn_L = 0 \tag{5-5}$$

式中　　ω_T——钻杆角速度，rad/s；

　　　　ω_L——牙轮自传角速度，rad/s；

　　　　R——钻孔半径，此时为接触线长度，mm；

　　　　r——牙轮大端半径，mm；

　n_T，n_L——分别为钻杆和牙轮的转速，r/min。

由上式得到

$$n_L = \frac{Rn_T}{r} = \frac{n_T}{\sin\varphi} \tag{5-6}$$

式中　　φ——二分之一牙轮锥顶角，(°)。

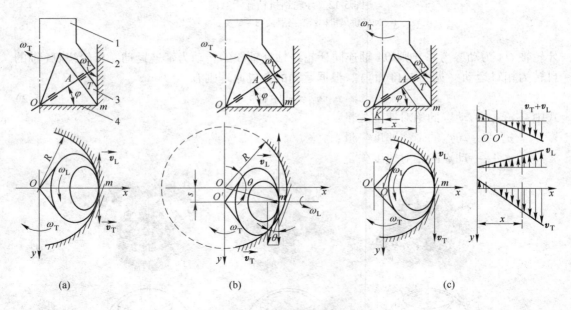

图 5-14　牙轮钻头运动学计算图

(a) 牙轮不超顶不移轴布置；(b) 牙轮移轴布置；(c) 牙轮超顶布置

1—钻杆；2—孔壁；3—牙轮；4—孔底壁

5.3.1.2　移轴布置

牙轮轴线 OA 与钻杆轴线为两条异面直线，其距离为 s，称为移轴布置，如图 5-13 (c) 所示。图 5-14 (b) 中接触线 $O'm$ 上最外一点 m 的速度为 $\boldsymbol{v}_T$、$\boldsymbol{v}_L$，将它们投影到 x 轴上则有

$$\boldsymbol{v}_{Hx} = \boldsymbol{v}_{Tx} + \boldsymbol{v}_{Lx} = -\overline{Om} \cdot \omega_T \sin\theta = -s\omega_T \tag{5-7}$$

式中　　$\boldsymbol{v}_{Hx}$——m 点在 x 方向的绝对速度，即沿接触线方向的滑动速度，负号表示速度方向为所设 x 轴方向的负方向，mm/s；

s——移轴距，mm；

θ——Om 与 x 轴正向的夹角，（°），$\sin\theta = s/\overline{Om}$。

同样，依据不超顶不移轴布置和移轴布置的牙轮作纯滚动假设，对于 m 点有 $\boldsymbol{v}_{Hy} = 0$，于是

$$\boldsymbol{v}_{Ty} + \boldsymbol{v}_{Ly} = \boldsymbol{v}_{Hy} = 0$$

$$\overline{Om} \cdot \omega_T \cos\theta - r\omega_L = 0$$

$$\overline{Om} \cdot \frac{\pi n_T}{30} \cdot \frac{\overline{O'm}}{\overline{Om}} - r \cdot \frac{\pi n_L}{30} = 0$$

由此解出

$$n_L = \frac{\overline{O'm}}{r} \cdot n_T = \frac{n_T}{\sin\varphi} \tag{5-8}$$

可见，移轴引起牙轮沿接触线方向滑动，滑动速度的大小与移轴距和钻杆转速成正比；当牙轮锥半顶角和钻杆转速相同时，移轴布置与不超顶不移轴布置的牙轮转速大小相等。

5.3.1.3 超顶布置

牙轮轴线与钻杆轴线相交，但锥顶点不在钻杆轴线上，对副锥来说就称为超顶布置，如图 5-13（b）所示。设牙轮超顶布置时超顶量为 k，以锥顶点 O 为原点建立坐标系，如图 5-14（c）所示。对于在接触线上到锥顶点 O'' 的距离为 x 的点，其牵连速度和相对速度的大小分别为

$$|\boldsymbol{v}_T| = (x - K) \cdot \omega_T \tag{5-9}$$
$$|\boldsymbol{v}_L| = x\omega_L \sin\varphi \tag{5-10}$$

式（5-9）、式（5-10）即为 $\boldsymbol{v}_T$ 和 $\boldsymbol{v}_L$ 的分布函数，其方向和在接触线上的分布如图 5-14（c）中的速度图所示。由图可见，$\boldsymbol{v}_T$ 和 $\boldsymbol{v}_L$ 在 x 轴上的投影为零，所以

$$\boldsymbol{v}_{Hx} = \boldsymbol{v}_{Tx} + \boldsymbol{v}_{Lx} = 0 \tag{5-11}$$

将 $\boldsymbol{v}_T$ 和 $\boldsymbol{v}_L$ 投影到 y 轴上，得速度矢量在 y 方向上的分量表达式

$$\boldsymbol{v}_{Hy} = \boldsymbol{v}_{Ty} + \boldsymbol{v}_{Ly} = (x - K)\omega_T - x\omega_L \sin\varphi = (\omega_T - \omega_L \sin\varphi)x - K\omega_T \tag{5-12}$$

式中，$\boldsymbol{v}_{Hy}$ 为在接触线上距离锥顶点为 x 的点的绝对速度，即在该点裁圆切线方向上的滑动速度。

由叠加后的速度图可见，在接触线上存在一个绝对速度 $\boldsymbol{v}_{Hx} = \boldsymbol{v}_{Hy} = 0$ 的纯滚动点 O''，令式（5-12）的左边为零，可求得这个纯滚动点的坐标为

$$x = \frac{K\omega_T}{\omega_T - \omega_L \sin\varphi} \tag{5-13}$$

根据假设条件（4），由式（5-13）可见，当 $x = K$ 时 $\omega_L = 0$，此时牙轮卡死不转；当 x 增大时 ω_L 亦增大，纯滚动点 O'' 向端方向移动。当纯滚动点处于接触线右端点 M 时牙轮的转速最大，此时

$$x = \overline{O'm} = \frac{r}{\sin\varphi} \tag{5-14}$$

将式（5-14）代入式（5-13）可得

$$\omega_{Lmax} = \frac{\omega_T}{\sin\varphi}\left(1 - \frac{K\sin\varphi}{r}\right) \tag{5-15}$$

或

$$n_{Lmax} = \frac{n_T}{\sin\varphi} \cdot \Delta \tag{5-16}$$

式中，Δ 为牙轮最大转速时的速度降低系数，$\Delta = 1 - \dfrac{K\sin\varphi}{r}$。

由上可见，超顶布置使牙轮的转速比不超顶不移轴布置时降低了，而且在接触线上除一个纯滚动点外，其余各点在截圆切线方向上有滑动。

5.3.2　牙轮的纵向振动

上节牙轮运动分析中将牙轮看作是光面锥轮，但事实上牙齿在锥面外是有一定高度的。钻孔时牙轮绕自身轴线旋转而滚动，交替地由两个齿着地变为一个齿着地，如图 5-15 所示。当 A、B 两齿同时着地时，齿圈中心 C 的位置最低，当 B 齿离地变为 A 着地后齿圈中心逐渐升高，齿圈中心达到最高位置后，随着牙轮的继续转动又逐渐降低，直至与下一个齿同时着地。牙轮不停地滚动，齿圈中心则周而复始地运动在最高位置和最低位置之间。可见由于牙齿的存在，使牙轮连同整个钻进部件作纵向振动。

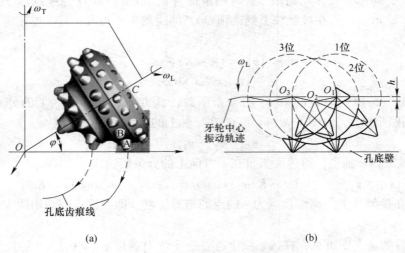

(a)　　　　　　　　　　　　　　(b)

图 5-15　牙轮的运动示意图

（a）牙轮在孔底运动齿痕；（b）垂直牙轮轴面内牙轮的纵向振动

5.3.3　牙轮钻头的凿岩原理

由以上分析可知，牙轮钻机钻孔时，依靠加压机构和回转机构给钻头施加的轴压力和回转力矩，岩石在轴压静载荷和纵向振动动载荷以及滑动剪切力的联合作用下，被牙轮上的牙齿压碎、凿碎和剪碎，于是形成钻孔。

牙轮钻孔时，着地齿在轴压力的作用下，牙齿会吃入岩石某一个深度，减小了牙轮纵向振动的振幅。试验研究表明，对于硬岩牙齿，吃入深度较浅，纵向振幅大，冲击破碎岩石的效果好；而对于软岩和中硬岩牙齿，吃入深度较深，纵向振幅小，冲击破碎的效果较差。

　　为了提高钻孔效率，对于硬及极硬的岩石，常采用牙轮作纯滚动运动的不超顶不移轴布置的钻头，以便能充分地利用牙齿着地时的冲击力来破碎岩石，其破岩过程如图 5-16 所示，

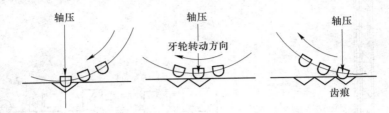

图 5-16　作纯滚动运动的柱齿钻头破岩示意图

　　对于软岩和中硬岩石，应使牙轮除滚动之外，还有一定程度的滑动，以借助牙齿的刮削作用剪切破碎一部分岩石，故多采用移轴布置或复锥牙轮钻头，其破岩过程如图 5-17 所示。

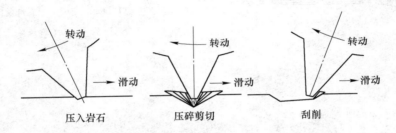

图 5-17　有滑动运动的铣齿钻头破岩示意图

　　此外，破碎岩石的效果优劣，不仅与岩石的性质和牙轮的运动状态有关，而且还与牙齿的齿形等因素有关。试验研究表明，在硬和坚硬而且有研磨性的脆性岩石中，宜采用球形齿和锥球齿；在软岩中宜采用楔形齿或铣齿。

5.4　KY-310A 型牙轮钻机

　　KY-310A 型牙轮钻机属滑架式钻机，由钻架和机架、回转供风机构、加压提升机构、接卸及存入钻杆机构、行走机构、除尘装置以及压气系统和液压系统等组成。

　　该机全部采用电动，由高压电缆向机内供电。钻机采用顶部回转、齿条-封闭链条-滑差电动机（或直流电动机）连续加压的工作机构；直流电动机拖动钻具提升、下放和履带行走机构；钻机使用三牙轮钻头，利用压缩空气进行排渣，可在 $f \geqslant 5$ 的各种矿岩中穿凿孔径为 250~310mm、孔深为 17.5m 的垂直炮孔。KY-310A 型牙轮钻机的总体结构如图 5-18 所示，其整体面貌见图 5-1（b），其技术特征见表 5-6。

　　图 5-19 所示为 KY-310A 型牙轮钻机的传动系统。钻孔时，回转机构带动钻具回转，加压机构通过封闭链条向钻头施加轴压力并推进钻具，进行连续凿岩；由空压机供给的压缩空气通过回转供风机构进入中空钻杆，然后由钻头的喷嘴喷向孔底，岩渣沿钻杆与孔壁之间的环形空间被吹到孔外。钻孔完毕，开动行走机构使钻机移位，再行钻孔。

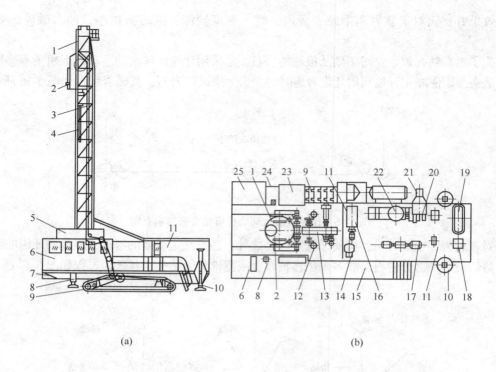

(a)   (b)

(c)

图 5-18 KY-310A 型牙轮钻机总体结构图

（a）钻机立面图；（b）平台平面布置图；（c）KY-310D 型牙轮钻机

1—钻架；2—回转机构；3—加压提升机构；4—钻具；5—空气增压净化调节装置；6—司机室；7—机架；
8，10—后、前千斤顶；9—履带行走机构；11—机械间；12—起落钻架油缸；13—主传动机构；14—干油润滑系统；
15，24—右、左走台；16—液压系统；17—直流发电机组；18—高压开关柜；19—变压器；20—压气控制系统；
21—空气增压净化装置；22—压气排渣系统；23—湿式除尘装置；25—干式除尘系统

表 5-6　KY-310A 型牙轮钻机技术特征

特　征		参数	特　征		参数
适应岩性		$f = 5 \sim 20$	行走速度/m·h^{-1}		$0 \sim 0.63$
钻孔直径/mm		$250 \sim 310$	爬坡能力/(°)		12
钻孔深度/m		17.5	接地比压/MPa		0.05
钻孔方向/(°)		90	除尘方式		干、湿式
最大轴压/kN	交流	500	空压机类型		螺杆式
	直流	310	排渣风量/m³·min^{-1}		40
钻进速度/m·min^{-1}	交流	$0 \sim 0.98$	排渣风压/MPa		0.35
	直流	$0 \sim 4.5$	装机功率/kW		450
回转速度/r·min^{-1}		$0 \sim 100$	外形尺寸（长×宽×高）/m	钻架竖起时	13.838×5.695×26.326
回转扭矩/N·m		7210		钻架平放时	26.606×5.695×7.620
行走方式		液压履带式	整机重量/t		123

5.4.1　钻杆

KY-310A 型牙轮钻机采用接杆钻进，主、副钻杆各一根，采用无缝钢管制成，其上、下端焊有锥形螺纹接头，如图 5-20 所示。主、副钻杆各长 9m，结构基本相同。主钻杆与其上端的稳杆器、副钻杆与其下端的牙轮钻头和主、副钻杆之间，均采用锥形螺纹连接。副钻杆的上接头圆柱面上车有细颈并铣有下槽（图 5-20B—B 剖面），两钻杆的下接头圆柱面上只有卡槽（图 5-20C—C 剖面）。

为保证排渣风速，应根据钻孔直径选择钻杆外径。孔径为 250mm 时采用外径为 219mm 的钻杆，孔径为 310mm 时应采用外径为 273mm 的钻杆。

稳杆器（见图 5-21）安装在钻头的尾部、钻杆的前端，用来保持钻孔方向并有利于钻出光滑孔壁。稳杆器将迫使钻头围绕自己的中心旋转，因而使钻具工作平稳，振动小，钻进能量利用率高。

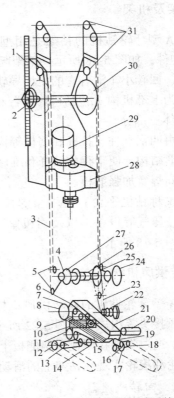

图 5-19　KY-310A 型牙轮钻机传动系统示意图

1—齿条；2—齿轮；3，10，17，19，23—链条；
4~6，11，13~15，18，22，25，30，31—链轮；
7—行走制动系统；8—气囊离合器；9—牙嵌离合器；
12—履带驱动轮；16—电磁滑差调速电机；20—行走提升电机；
21—主减速器；24—主制动器；26—主离合器；27—辅助卷
场及其制动器；28—回转减速器；29—回转电动机

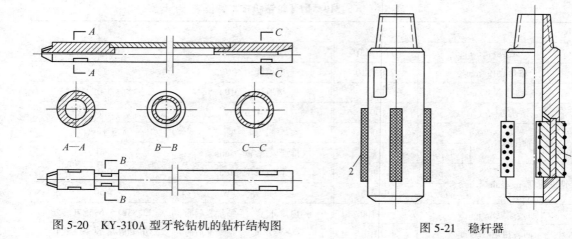

图 5-20　KY-310A 型牙轮钻机的钻杆结构图

图 5-21　稳杆器
1—滚轮；2—辐条

5.4.2　钻架及机架

KY-310A 型牙轮钻机的钻架是用型钢焊接而成的空间桁架，钻架横断面多为敞口
"Π"形结构件，如图 5-18 所示。钻架起落机构、送杆机构、封闭链条系统等部件都安装
在钻架上面，回转小车沿着它的立柱导轨行走。因此钻架既是支承部件，又是导向装置。

钻架分为上部机构（包括检修平台和盖板）、下部机构（包括前平台、中平台和后平
台）和钻架体三部分。

钻架体由四根立柱、拉杆和筋板等构成。后立柱上装有回转小车的导轨和齿条。钻架
采用"Π"形结构，便于存放钻杆和维修架内各装置。为了增加钻架的刚性，钻架的桁架
每两个节点间焊有加强筋板。

机架（又称钻机平台）是一个焊接成大型框隔式的金属结构件，上面安装着机械、
电器、液压、压气等设备，以及司机室、机棚、钻架和除尘装置等。KY-310A 型钻机的
平面布置如图 5-18 所示。

5.4.3　回转供风机构

KY-310A 型牙轮钻机的回转供风机构由回转电动机、回转减速器、钻杆连接器、回
转小车和进风接头等组成，如图 5-22 所示。回转电动机（ZDY-52-L 型）经回转减速器带
动钻具回转。通过安装在减速器两侧板上的大链轮和齿轮传递轴压力。利用侧板上的滑板
以及开式齿轮和滚轮实现在钻架上的滑动，压气则通过减速器的中空主轴传给钻具。

5.4.3.1　回转减速器

KY-310A 型牙轮钻机的回转减速器为立式布置的两级圆柱齿轮减速器，箱体为圆形，
如图 5-23 所示。直流电动机经齿轮（2、3、4、5）驱动中空主轴回转，中空主轴上端的
进风接头与压气管路相接，下端连接转杆连接器。

单列圆锥滚子轴承和双列向心球面滚子轴承，分别承受提升时的提升力和加压时的轴
压力。单列向心圆柱滚子轴承可承受由于钻杆的冲击和偏摆而产生的径向附加载荷，调整
螺母可起消除轴承轴向间隙的作用。

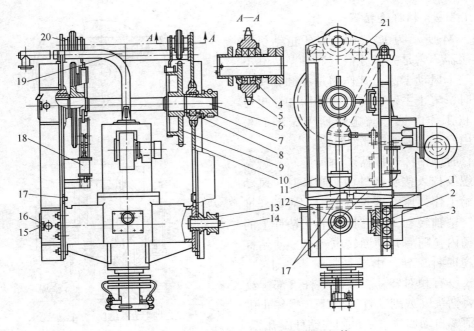

图 5-22　KY-310A 牙轮钻机回转供风机构

1—导向滑板；2—调整螺钉；3—碟形弹簧；4，8—轴承；5—小齿轮；6—小车驱动轴；7—加压齿轮；
9—大链轮；10，11—左、右立板；12—导向轮轴；13—导向轮；14—轴套；15—防松架；16—螺栓；
17—切向键装置；18—防坠制动装置；19，21—连接轴；20—导向齿轮架

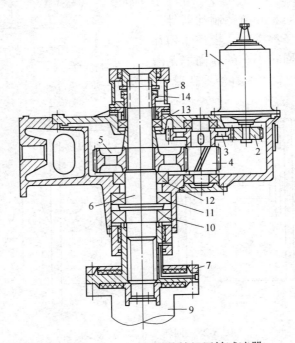

图 5-23　KY-310A 型牙轮钻机回转减速器

1—回转电动机；2~5—圆柱齿轮；6—中空主轴；7—钻杆连接器；8—进风接头；9—风动卡头；
10—双面向心球面滚子轴承；11—双列向心球面滚子轴承；12—单列圆锥滚子轴承；
13—单列向心短圆柱滚子轴承；14—调整螺栓

5.4.3.2　钻杆连接器

图 5-24 所示为 KY-310A 型牙轮钻机的钻杆连接器。它是一个牙嵌式联轴节，其下部装有一个风动卡头，其作用是在卸钻头或副钻杆时，防止主钻杆与连接器脱扣，也可防止钻机工作时钻杆与连接器因振动而松扣。它由汽缸、卡爪等部件组成。

接杆时，钻杆连接器顺时针旋转，将钻杆下端螺纹拧入接头螺母内。卸杆时，风动卡头开始工作，压气进入汽缸中，活塞杆推动卡爪绕销轴转动，使它恰好卡在钻杆上的两侧凹槽内，随后开动回转电动机，使钻杆连接器逆时针旋转。由于钻杆被卡爪卡住，与连接器没有相对转动，致使钻杆下部螺纹松开而将钻头（或副钻杆）卸下。当停止供气时，活塞自动回位，卡爪则与钻杆脱开。

5.4.3.3　回转小车

KY-310A 型牙轮钻机的回转小车结构如图 5-25 所示，它由小车体、大链轮、导向小链轮、加压齿轮、导向轮和防坠制动器等组成。当加压齿轮沿齿条滚动时，齿条作用在齿轮上的径向分力使回转小车的导向尼龙滑板紧紧地压在钻架的导轨上，并沿导轨滑动。

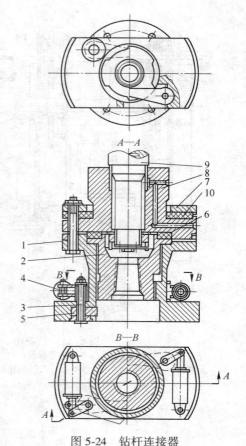

图 5-24　钻杆连接器

1—下对轮；2—接头；3—销轴；4—气缸；5—卡爪；
6，10—橡胶垫；7—压环；8—上对轮；9—中空主轴

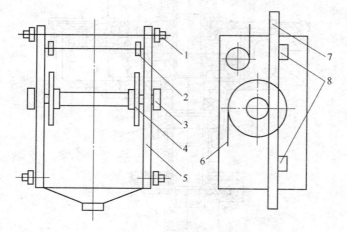

图 5-25　回转小车结构示意图

1—导向轮；2—导向小链轮；3—加压齿轮；4—大链轮；5—小车体；6—封闭链条；7—齿条；8—导向尼龙滑板

5.4.3.4　防坠制动装置

KY-310A 型钻机的防坠制动装置（见图 5-26）采用一对常闭带式制动器。当封闭链

条断开时，链条均衡装置的上链轮下移，触动行程开关，发出电信号，切断汽缸的进气路，同时通过快速排气阀迅速排气。由于弹簧的作用，闸带立即制动大链轮，使加压齿轮停在钻架的齿条上，防止回转机构的下坠。这种装置结构简单，使用可靠。

5.4.4 加压提升机构

KY-310A 型钻机的加压提升机构由主传动机构和封闭链条传动装置组成。

5.4.4.1 主传动机构

KY-310A 型牙轮钻机的主传动机构如图 5-27 所示，它由加压电动机（7.5kW 电磁滑差调速电动机）、提升行走直流电动机（54kW）、四级圆柱斜齿轮减速器、主离合器、主制动器、A 型架轴等组成，呈卧式布置在平台上。

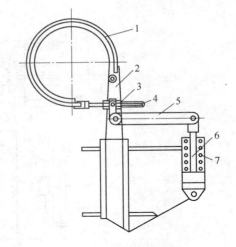

图 5-26　防坠制动装置
1—闸带；2—支承架；3—调整螺母；4—调整螺杆；
5—传动杠杆；6—气缸；7—弹簧

加压钻进时将主离合器的离合体右移，使内外齿啮合，加压离合器的气囊充气，行走离合器的气囊放气，主制动器松阀，辅助卷扬制动器、行走制动器制动。其传动路线是：加压电动机 1→减速器齿轮 Z_1、Z_2、Z_3、Z_4→加压离合器 6→减速器齿轮 Z_5、Z_6、Z_7、Z_8→链轮 L_1、L_2→主离合器→主动链轮 L_3，通过封闭链条带动回转小车加压。当电动机反转时，可实现慢速提升。

提升钻具时使加压离合器的气囊放气，其传动路线为：提升行走电动机 4→减速器齿轮 Z_5、Z_6、Z_7、Z_8→链轮 L_1、L_2→主离合器→主动链轮 L_3，通过封闭链条带动回转小车提升。当电动机反转时，可实现快速下降。

辅助卷扬提升时将主离合器的离合体左移，牙嵌啮合，加压离合器和行走离合器的气囊放气，主制动器 9 制动，辅助卷扬制动器松闸，行走制动器制动。其传动路线是：提升行走电动机 4→减速器齿轮 Z_5、Z_6、Z_7、Z_8→链轮 L_1、L_2→主离合器 10，带动辅助卷扬 12 运动。

A 型架是提升加压系统主机机构的支承构件，也是钻架的支承构件。KY-310A 型牙轮钻机的主离合器、主制动器、辅助卷扬设置在 A 型架轴上。

离合器用花键与从动链轮连接，其左端内齿与外齿圈的外齿组成一个齿形离合器，其左端侧齿与辅助卷筒右端侧齿组成一个牙嵌离合器。当离合器处于中间位置时，主制动器和辅助卷筒制动器都处于制动状态。此时从动链轮空转，行走离合器处于结合状态。当离合器右移时，内外齿啮合，A 型轴转动，实现加压提升，下放行动，当离合器左移时，牙嵌啮合，则辅助卷筒工作。

主制动器为常闭带式制动器，如图 5-28 所示。制动轮安装在 A 型架轴的加压提升链轮上，闸带 3 固定在机座的柔性钢带上。当钻机不工作时，靠弹簧闸紧制动轮；钻机工作时，由压气松开闸带。

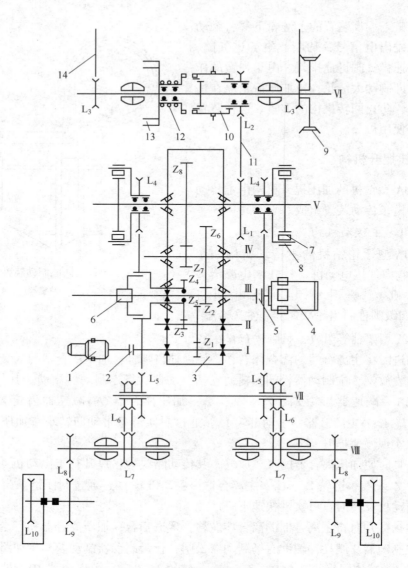

图 5-27　主传动机构传动系统

1—加压电动机；2，5—联轴器；3—减速器；4—提升行走电动机；6—加压离合器；7—行走离合器；
8—行走制动器；9—主制动器；10—主离合器；11—加压链条；12—辅助卷扬；13—辅助卷扬制动器；
14—封闭链条；$Z_1 \sim Z_8$—齿轮；$L_1 \sim L_{10}$—链轮；Ⅰ～Ⅷ—轴

5.4.4.2　封闭链条及均衡张紧装置

KY—310A 型牙轮钻机封闭链条的缠绕方式如图 5-29 所示，链条从主动链轮，经张紧链轮和两个顶部天轮、导向链轮和加压大链轮，再经过张紧链轮返回到主动链轮，形成一个封闭的链条系统。当主动链条转动时，动力通过链条传给回转小车的大链轮，大链轮再带动同轴的加压齿轮一起旋转。由于与加压齿轮啮合的齿条固定在钻架上，所以使加压齿轮带动回转小车沿钻架上下移动，达到加压和提升的目的。

回转小车靠两侧的两根封闭链条进行加压和提升工作，在两根链条上设有平衡张紧装置。图 5-29 所示为 KY-310A 型牙轮钻机张紧装置的原理。均衡架上装有上张紧轮、下张紧轮，它们可以在均衡架的槽内滑动，并在其上装有被压缩的上弹簧、下弹簧，均衡架的上端通过油缸与钻架固定在一起，下端为自由端。链条8绕过张紧轮并与主动轮啮合。

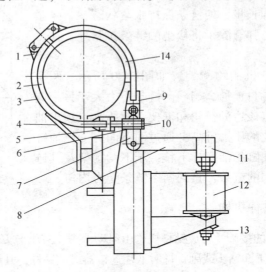

图 5-28　主制动器

1—铰链；2—制动轮；3—闸带；4—闸托架；5，9—带卡；6—套；7，8—杠杆；
10—拉杆；11—活塞杆；12—汽缸；13—弹簧；14—摩擦材料

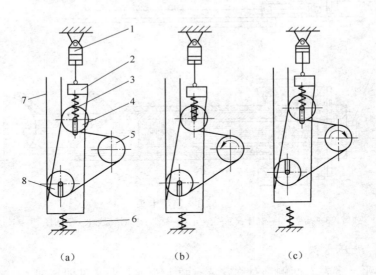

（a）　　　　　　　（b）　　　　　　　（c）

图 5-29　链条张紧装置原理

1—油缸；2—均衡架；3—上弹簧；4—上张紧轮；5—主动链轮；
6—下弹簧；7—下张紧轮；8—链条

链条张紧后（见图5-29（a）），上张紧轮4位于均衡架导槽内的最上部位置，上弹簧3被压缩到最大量，下张紧轮7靠近导槽上部某一位置，下弹簧6被压缩。

加压时（见图5-29（b）），主动链轮逆时针方向旋转，松边在上部。此时上弹簧伸出，推动上张紧轮下移，补偿了链条的伸长量，下张紧轮被紧边链条拉至最上部，下弹簧

被压缩到最大量。提升时（见图 5-29（c）），主动链轮顺时
针转动，松边在下部。此时下弹簧伸长，下张紧轮移至最下
位置，吸收了链条的伸长量，使链条保持张紧状态，上张紧
轮被压迫至最上位置。弹簧除了将松弛的链条拉紧外，在工
作中还能起缓冲作用。

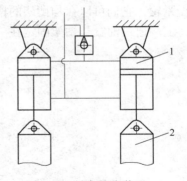

KY-310A 型牙轮钻机的均衡装置如图 5-30 所示。两个
油缸的上、下腔油路各自连通，当一侧链条受力大于另一侧
时，受力大的链条就将该边的链轮和框架一起抬高，顶出油
缸活塞杆，使油缸上腔的压力升高，通过油路向另一侧油缸
上腔排油，使另一侧油缸的活塞杆下移，压下均衡架及其链
条，拉紧原来受力较小的链条，直到两条链条受力均匀。

图 5-30　链条均衡装置
1—油缸；2—均衡架

5.4.5　接卸及存放钻杆机构

KY-310A 型号钻机的接卸及存放钻杆机构由风动卡头、液压卡头和钻杆架组成。风动卡头
设在钻杆连接器上，用于卸钻头或副钻杆时卡住连接器或主钻杆，其动作原理如图 5-31 所示。

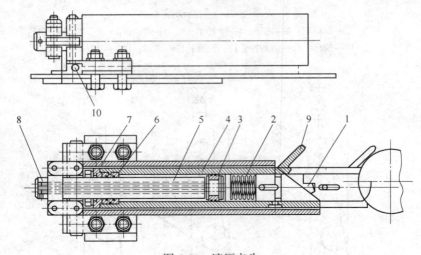

图 5-31　液压卡头
1—卡头；2—弹簧；3—活塞；4—缸体；5—外壳；6—衬套；7—缸盖；8—活塞杆；9—长块；10—销轴

5.4.5.1　液压卡头

在钻架小平台上左右两侧，对称安装有两个液压卡头（见图 5-31），该机构采用反置
油缸、前部带弹簧卡头、后部铰接的结构。活塞杆和外壳铰接在小平台上，缸体装在外壳
内，可从外壳伸出或缩回。活塞杆内设有两个通道 A、B，分别给油缸前腔进油或排油。
当缸体沿外壳伸出时，卡头顶住下钻杆的细颈。当钻杆反转、卡头对准钻杆卡槽时，卡头
就被弹簧迅速顶出，卡住钻杆细颈的卡槽，即可接卸主钻杆。钻孔时，油缸体收缩，躲开
钻杆，钻杆正转时，钻杆卡槽的坡面把卡头推向缸体孔内。

5.4.5.2　钻杆架

KY-310A 型牙轮钻机钻杆的钻架内安装两个钻杆架，每个钻杆架可存放一根钻杆。

钻杆架的结构如图 5-32 所示，它由送杆机构、盛杆机构和抱杆器等组成。送杆机构是一个由上连杆、下连杆、架体和钻架构成的平行四连杆机构。通过送杆油缸推动下连杆，带动架体实现钻杆的推送或收回，并由挂钩装置将钻杆架锁在存放位置。

盛杆装置（见图 5-33）的下部是一个杯状的盛杆座 5，用以盛放钻杆。为了防止钻杆向外倾斜，在盛杆装置上部设有抱杆器，它由两个抱爪和连板（2 和 3）组成。盛杆座和抱杆器之间由拉杆连接起来。

当钻杆放入盛杆座内时，钻杆把弯杆、弹簧压下，通过拉杆带动连板使抱爪抱住钻杆。卸杆时，盛杆座侧面的两个卡块在扭力弹簧带动下，卡在钻杆接头槽内，当同转电动机反转时，钻杆即被卸下。当钻杆吊离钻杆架时，被压缩的弹簧复位，将拉杆升起，通过连板使抱爪松开钻杆，此时即可收回钻架杆，钻杆可被取出。

如图 5-27 所示，钻杆行走时加压离合器处于放气状态，主制动器和辅助卷扬制动器处于制动状态，主离合器则处于中间位置。在行走离合器充气的同时，闸带自动松开。钻杆行走的传动线路是：提升行走电动机

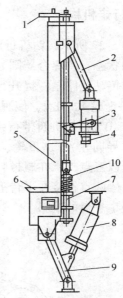

图 5-32　钻杆架

1—抱爪机构；2—上连杆；3—挂钩装置；
4—汽缸；5—架体；6—盛杆装置；
7—拉杆；8—送杆油缸；
9—下连杆；10—弹簧

4→减速器齿轮 $Z_5 \sim Z_8$→行走离合器 7→行走主动链轮 L_4→链轮 $L_5 \sim L_{10}$→使履带运行。

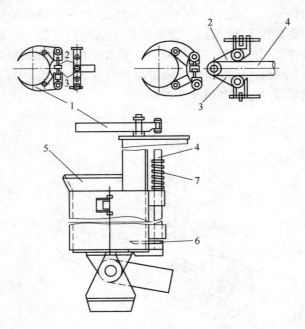

图 5-33　盛杆装置

1—抱爪；2，3—连板；4—拉杆；5—盛杆座；6—弯杆；7—弹簧

5.4.6 行走机构

如图 5-27 所示，钻机行走时加压离合器处于放气状态，主制动器和辅助卷扬制动器处于制动状态，主离合器则处于中间位置。在行走离合器充气的同时，闸带自动松开。钻机行走的传动线路是：提升行走电动机 4→减速器齿轮 $Z_5 \sim Z_8$→行走离合器 7→行走主动链轮 L_4→链轮 $L_5 \sim L_{10}$，使履带运行。

KY-310A 型钻机履带行走装置的构造如图 5-34 所示，它由履带、履带架、主动轮、张紧轮（导向轮）、支重轮、托带轮、前梁（均衡梁）、后梁及履带张紧装置等组成。钻机的平台以三点支承在履带装置的前后梁上，即前梁两端铰接着履带架，中间一点与平台铰接，后梁两点铰接在平台上。当路面不平时，前梁浮动，两履带以后梁为轴上下摆动，因而减轻小平台的偏斜。

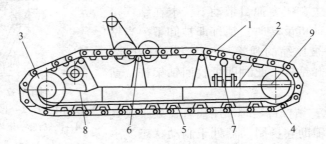

图 5-34 履带行走装置

1—履带；2—履带架；3—主动轮；4—张紧轮；5—支重轮；6—托带轮；
7—前梁；8—后梁；9—履带张紧装置

由于履带行走机构采用三级链传动（见图 5-35），为保证链条的张紧，在传动系统中设有张紧装置，其原理如图 5-35 所示。张紧螺栓 4 从垂直（2 个）和水平（1 个）方向顶在张紧块 5 上，调整张紧螺栓使张紧块移动，要求左右两边张紧块的移动量相等。链条 3 的张紧是在用支承千斤顶将钻机顶起、履带离开地面的情况下，用轻便油缸 6 顶 IX 轴，使其相对上部平台向后移动，调整链条 3 的松紧。

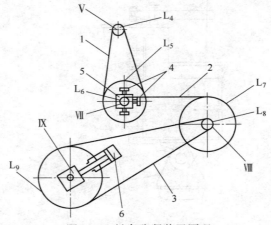

图 5-35 链条张紧装置原理

1~3—链条；4—张紧螺栓；5—张紧块；6—油缸；V、VII、VIII、IX—轴；$L_4 \sim L_9$—链轮

5.4.7 除尘系统

KY-310A 型牙轮钻机采用干式和湿式两种除尘方式相结合的干排湿除的混合式除尘系统。

5.4.7.1 干式除尘系统

如图 5-36 所示，该系统由捕尘罩、旋风除尘器、脉冲布袋除尘器和通风机等组成。在钻架小平台下方，孔口周围悬挂有四片由液压控制起落的胶带罩帘构成的捕尘罩。脉冲布袋除尘器共悬挂有条绒布滤袋，通风机为离心式通风机（9-27-101 N05A 型）。

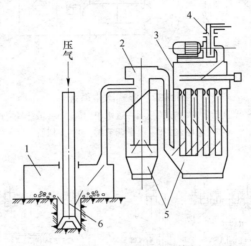

图 5-36　干式除尘系统

1—捕尘罩；2—旋风除尘器；3—脉冲布袋除尘器；4—通风机；5—灰斗；6—钻杆

工作时，由炮孔排出的含尘气流进入捕尘罩，在重力作用下，粗颗粒的岩尘落在孔口周围，在通风机造成的负压作用下，含尘气流进入旋风除尘器，较细的颗粒受离心作用落入灰斗；留下的细粉尘随气流进入脉冲布袋除尘器过滤后，经通风机排到大气中。

5.4.7.2 湿式除尘系统

湿式除尘是通过湿化来消除粉尘。湿式除尘系统由带保湿层的水箱、装在水箱中的风水包和流量调节阀等组成，如图 5-37 所示。该系统采用压气式供水。钻孔时，在压气的压力作用下，水箱中的水通过进水单向阀进入风包，被雾化形成的气水混合物经管路送入主风管。破碎下来的岩粉在孔底及沿孔壁上升的过程中被湿润，凝成湿的岩粉球团排出孔口。气水混合物的流量大小可通过流量调节阀调整。为了防止水箱和管路冻结，在水箱和管路上分别设有加热器和电阻丝加热。

5.4.8 司机室和机棚的增压净化装置

5.4.8.1 司机室

司机室布置在钻机后部右侧平台上。为了防寒，司机室外壳采用双层结构，其内布置有电控柜、操纵台和司机座椅等，如图 5-38 所示。由风机、除尘器、过滤箱组成的增压净化装置向司机室输送具有一定压力的清洁空气，而管状电热元件和空调器用来改变和控制司机室内温度。

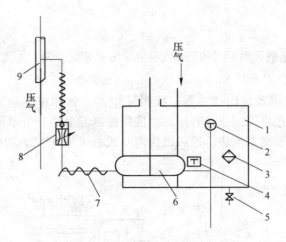

图 5-37　湿式除尘系统

1—水箱；2—温度计；3—加热器；4—进水单向阀；5—截止阀；6—风水包；

7—电阻丝；8—流量调节阀；9—主风管

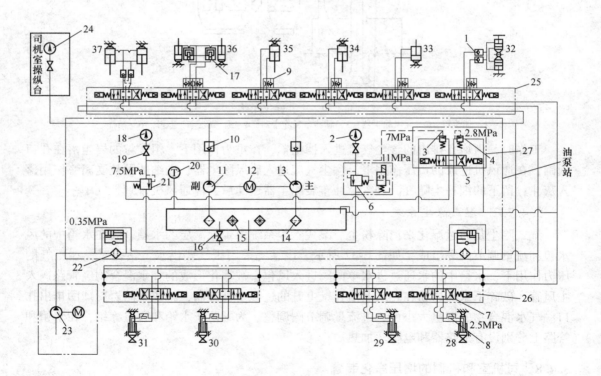

图 5-38　液压系统

1—双向液压锁；2，18，24—压力表；3—卸荷阀；4—远程调压阀；5—电磁换向阀；6—电磁溢流阀；

7—电液换向阀；8—远程平衡阀；9—单向节流阀；10—直角单向阀；11，13，23—齿轮油泵；12—电动机；

14—粗滤器；15—加热器；16—截止阀；17—平衡阀；19—压力表开关；20—双金属温度计；21—溢流阀；

22—精滤油器；25—六联底板；26—二联底板；27—集成块；28，29—后左、后右千斤顶；30，31—前左、

前右千斤顶；32—液压卡头油缸；33—捕尘罩油缸；34，35—左、右送杆器油缸；36—钻架起落油缸；37—链条

5.4.8.2 机棚

机棚是焊接结构，顶棚是可拆卸的，用专用的螺栓压板与侧壁相连，便于检修。为隔热和减少棚内的噪声，顶棚为双层结构。为了保持机棚内清洁和合适的温度，机棚装有增压净化装置和热风器。

5.4.9 液压系统

KY-310A 型钻机的液压系统如图 5-38 所示，它采用单电动机拖动、双泵并联驱动各油缸的开式液压系统。钻机工作时，油泵从油缸中吸油并供给各工作油缸，然后再排出油箱。根据每个油缸的工作特点，在各油缸回路中安装了不用的控制调节装置，其中六联阀组用来控制链条张紧、钻架起落、左右送杆机构、液压卡头、捕尘罩等油缸；两个二联阀组分别用来控制前部左右千斤顶和底部左右千斤顶。

5.4.9.1 系统的压力和流量控制

系统的压力控制包括限压、保压和卸压。当油泵启动或油泵空转而液压系统暂不工作时，为了减少动力消耗和系统发热、延长油泵的使用寿命和保护电动机，需要油泵卸荷。为此，在主油泵和副油泵的回路中分别装有卸荷阀、电磁换向阀、电磁溢流阀和溢流阀。在启动或非工作循环时，使电磁换向阀呈通路，油泵输出的油液经电磁溢流阀、溢流阀直接回油箱卸荷。

溢流阀装在系统油路上，起限压保护作用，防止系统过载。当油泵启动完毕，换向阀呈断路，截断了溢流阀遥控口与油箱的通路，溢流阀恢复正常状态。当工作压力高于溢流阀的调定压力时，溢流阀开始溢流，从而使系统压力保持在一定的范围内。当油泵停止工作时，为了防止管路中的油回流冲击油泵，在油泵的排油口设有直角单向阀，用以锁紧油路，保护油泵。

系统采用低压大流量和高（低）压小流量的供油方式，通过改变油泵（11 和 13）的连接方式调节系统供油量，实现调速。当钻机稳车时，千斤顶（28～31）需要同时起落。这时溢流阀和换向阀处于左位，使主油泵 13 和副油泵 11 同时工作，系统的流量为两泵流量之和，使四个千斤顶的动作加快。当四个千斤顶同时着地或收回到极限位置时，系统压力上升；当压力达到卸荷阀的调整值（7MPa）时，副油泵空转，由主油泵单独供油，使压力继续升到溢流阀的调整值（14MPa）。这时也可操纵单个千斤顶或其他油缸单独工作，当换向阀 5 右位工作时，副油泵投入负荷运转，而主油泵通过溢流阀卸荷，处于空转状态。当系统压力达到远程调压阀的调定值（2.8MPa）时，副油泵卸荷。所以，低压张紧链条时只有副油泵工作。

5.4.9.2 工作油缸的控制

根据各工作部件的工作要求，系统对工作油缸分设了稳车回路、起落钻架回路、钻杆架回路、接卸钻具回路、起落捕尘罩回路和加压链条张紧回路十个基本回路。各回路都设有独立的电磁换向阀和其他控制阀。在钻孔过程中，为了防止千斤顶下腔回油而造成钻机偏斜，以及起落钻架油缸下腔油管破裂使钻架急速跌落，在各自回油路上设置了由平衡阀与单向阀组成的液压锁。

为了控制钻架及钻杆架的起落速度，分别用液控单向阀锁住油缸。为使收回的捕尘罩不因钻机行走颠簸而下落，在其油缸下腔回路中设可调节溢流阀锁紧回路。

5.4.10　压器控制系统

压气控制系统为钻机各气缸、气囊离合器、干式和湿式除尘系统和干油集中润滑站等提供控制风源，其工作原理如图 5-39 所示。该系统由空压机、防冻器、辅助风包以及各种阀和气动附件组成。手动气阀（8、10、11）装在司机室操纵台上，电磁阀（14 和 15）安装在机棚内。辅助空压机设在钻机平台下方，起除水、稳压和提高执行元件速度的作用。防冻器内注入工业酒精，雾化后混入压气，用以防止系统内部的积水冻结。

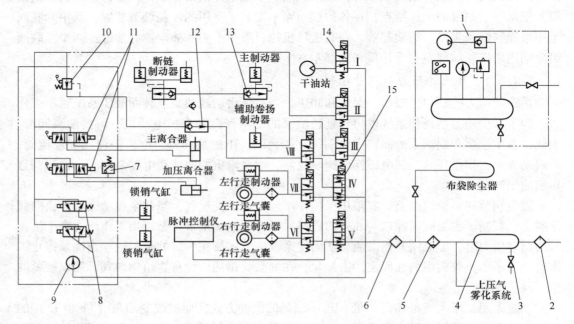

图 5-39　KY—310A 型牙轮钻机压气控制系统

1—辅助空压机；2—防冻器；3—截止阀；3—辅助风包；5—分水滤气器；6—油雾器；
7—压力电器；8—按钮阀；9—压力表；10—手控压力阀；11—手控三位五通阀；12—梭形阀；
13—快速放气阀；14—二位三通电磁阀；15—二位五通电磁阀

压气经道分水滤气器将水分滤掉，再经油雾器喷入雾状润滑油，然后通过气阀进入气缸或气囊。为了使主制动器和回转小车防坠制动器制动迅速，在这两个汽缸的入口处装有快速放气阀。在气囊离合器的进气口加设了分水滤气器，可对压气进行一次干燥处理，避免气囊内积存水分，以防冬季结冰而损坏气囊。

通过电磁气阀 Ⅰ～Ⅷ控制干油润滑系统和脉冲控制仪的供气，以及主制动器的气缸、断链制动汽缸、辅助卷扬汽缸、行走制动气缸和气囊离合器的动作。操纵手控换向阀可以实现对离合器汽缸、加压离合器气缸和两个钻杆锁销气缸的控制。

5.5　牙轮钻机工作参数的确定

牙轮钻机的工作参数主要有轴压力、钻具转速、回转功率及排渣风量。正确地选择和调配工作参数，即确定合理的穿孔工作制度，对提高钻孔效率、延长钻具使用寿命和降低钻孔成本具有极重要的意义。

牙轮钻机有两种差别颇大的工作制度：一种是轴压为 $300\sim600kN$、转速为 $0\sim150r/min$ 的高轴压、低转速的工作制度；另一种是的压为 $150\sim300kN$、转速为 $250\sim350r/min$ 的低轴压、高转速的工作制度。实践表明，高轴压低转速和压气强力吹洗钻孔（风量高达 $25\sim70m^3/min$）的工作制度效果较好。随着牙轮钻机和钻头的不断改进和完善，尤其是钻头强度的提高，国内外牙轮钻机的轴压均有所增加。

目前，对于牙轮钻机的各项工作参数，尚不能用理论计算的方法来确定，只能在大量钻孔实践的基础上，对影响工作参数的主要因素作定性的分析，或提出一些经验公式来计算合理的工作参数，为建立最佳的工作制度提供参考。

5.5.1 轴压力

根据牙轮钻头的破岩原理，岩石是在轴压的静载荷和牙轮滚动时的冲击动载荷联合作用下破碎的。加在钻具上的轴压力俞大，破碎岩石的体积愈大，钻进速度愈快。钻进速度与轴压力的关系如图 5-40 所示。由图可见，当轴压力增大到一定程度时，钻进速度增加的速率变缓。这是因为轴压力过高，牙齿吃入

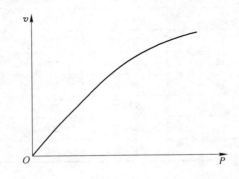

图 5-40　轴压力 $P(kN)$ 与钻速 $v(m/min)$ 的关系

岩石较深，使牙轮的振幅减小，削弱了冲击破碎效果；并且，轴压力过高还会恶化孔底排渣状况，降低钻速，加速钻头轴承的磨损，甚至折断牙齿，降低钻头寿命。因此，对于钻凿一定性质的岩石，需要选择一个合理的轴压力。

合理轴压力的计算有许多种经验公式，但应用比较广泛且比较符合实际的有以下两种。

（1）国外用直径为 214mm 的钻头进行钻孔试验表明，当作用在岩石上的轴压力超过使岩石产生破坏的临界阻力的 $30\%\sim50\%$ 时，岩石则能顺利地被破碎。因此，这种钻头的合理轴压力为

$$P_0 = fK \qquad\qquad (5-17)$$

式中　f——岩石的普氏坚固性系数；

K——经验系数，$K=13\sim15$。

试验研究者认为，当钻头直径增加或减小时，合理的轴压力应按比例地增加或减小。因此得出一般情况的经验公式

$$P = fK\frac{D}{D_0} \qquad\qquad (5-18)$$

式中　P——合理的轴压力，kN；

D——使用的钻头直径，mm；

D_0——实验用钻头直径，mm，$D_0=214mm$。

（2）根据苏联有关资料介绍，对于露天矿用牙轮钻机，其合理的轴压力可按下列经

验公式求得

$$P = (60 \sim 70)fD \tag{5-19}$$

按公式（5-18）计算的结果与按公式（5-19）计算的平均值基本相同，其值列于表5-7中。从国内外现有牙轮钻机的设计轴压来看，用上述公式确定的轴压值和实际采用的轴压值是比较接近的。但是，可以看出，这两个经验公式都没有考虑到钻头结构因素的影响。如牙轮牙齿越钝，所需的轴压越大；此外，当岩石有裂隙或夹块时，钻机会发生剧烈振动，应适当减小轴压。

表 5-7　钻凿各种孔径钻孔的合理轴压力　　　　　　　　　　（kN）

普氏系数 f	孔径/mm				
	$\phi200$	$\phi230$	$\phi250$	$\phi270$	$\phi310$
8	100~110	110~130	120~140	130~150	150~170
10	120~140	140~160	150~170	160~190	190~220
12	140~160	170~190	180~210	190~230	220~260
14	170~200	190~230	210~260	230~270	260~300
16	190~220	220~260	240~280	260~300	300~350
18	220~250	250~290	270~320	290~340	340~390
20	240~280	280~320	300~350	320~380	370~450

5.5.2　钻具转速

钻进速度不仅与轴压力有关，而且还与钻具的转速有关。实践表明，在一定转速范围内，钻进速度随钻具转速的增加而增加。但是，转速过高时，钻进速度下降，而且会引起回转机构的强烈振动或造成机件的损坏。关于钻具的最优转速问题，国内外都在进行试验探讨，并提出了各种不同的看法。

美国石油钻井部门认为，钻进速度与钻具转速的平方根成正比；加拿大铁矿公司认为，当轴压相同，转速只是在 30~60r/min 的范围时，钻进速度与转速成正比；美国派洛克铁矿和 B-E 公司则认为，转速在 30~90r/min，甚至更大的范围内，钻进速度仍与转速成正比，加拿大、非洲利比里亚一些铁矿的实践也得出这一结论。

苏联思·莫·比留科夫根据他对合金齿牙轮钻头的试验研究认为，破碎岩石的效果与牙齿同岩石接触的时间有关。当牙齿与岩石接触的时间小于 0.02~0.03s 时，牙齿对岩石的破碎效果会急剧降低，亦即钻进速度急剧下降。据此，就限定了牙轮的最大滚动速度，从而也就限定了钻具的最大转速。

从牙轮钻头的运动学可知，牙轮锥体大端齿圈的圆周速度最大，该齿围上的牙齿与岩石接触时间最短。对于不超顶不移轴布置的牙轮钻头，牙轮大端齿圈的圆周速度为

$$v_{\mathrm{L}} = \frac{\pi D n_{\mathrm{T}}}{60} \tag{5-20}$$

式中　v_{L}——牙轮大端齿圈的圆周速度，mm/s；

　　　D——钻头直径，mm；

n_T——钻具转速，r/min。

由于牙轮在孔底不完全是纯滚动，圆周速度会有所降低，所以将上式修正为

$$v_L = \frac{\pi D n_T}{60} \cdot \lambda \tag{5-21}$$

式中 λ——考虑到速度损失的系数，实验测得 $\lambda = 0.95$。

牙轮大端齿圈上牙齿与岩石的接触时间为

$$t = \frac{L}{v_L} = \frac{\pi d}{v_L Z} \tag{5-22}$$

式中 t——牙轮与岩石的接触时间，s；

d——牙轮大端直径，mm；

L——牙轮大端齿圈的齿间弧长，mm，$L = \pi d / Z$；

Z——牙轮大端齿圈上的牙齿数，个。

将式（5-21）代入式（5-22）可求出钻杆的转速应为

$$n_T = \frac{60d}{0.95 D t Z} \tag{5-23}$$

当牙齿与岩石的接触时间 $t = 0.02 \sim 0.03s$ 时，钻杆的转速度为

$$n_T = (2100 \sim 3160) \frac{d}{DZ} \tag{5-24}$$

根据 EN Mo Biryukov 的观点，n_T 就是钻具允许的最大转速。在轴压力合理的情况下，当钻具转速在不大于 n_T 的范围时，岩石能顺利地被破碎，钻进速度随转速的增加而增加；当转速大于 n_T 时，岩石来不及完全破碎，破碎效果急剧下降，钻进速度随转速的增加而降低。另外，由公式（5-24）还可以看出，为了满足牙齿与岩石的最小接触时间，保证岩石能顺利地被破碎，当钻头直径增大时，钻具转速成相应地降低。国内外牙轮钻机的钻具转速多为 0~150r/min。低转速用于钻大孔径钻孔、硬岩及按卸钻杆，高转速则用于小孔径或软岩。

5.5.3 回转功率

回转机构的输出功率主要消耗在以下几个方面：使牙轮滚动和滑动破岩所需的功率；牙轮滑动时，用于克服牙齿与孔底的摩擦力所需的功率；用于克服钻杆、钻头与孔壁的摩擦力所需的功率；还用于克服钻头轴承的摩擦力所需的功率等。这些耗功因素都与岩石的物理力学性质、钻孔直径、钻具施于孔底的轴压力、回转速度、钻头的结构形式及新旧程度、孔底排渣状况诸因素有关。

关于回转功率的计算，国外有多种观点及计算公式。其中，美国休斯公司在实验室大量实验的基础上，总结出下列计算回转功率的经验公式

$$N = 0.96 K n_T D \left(\frac{P}{10}\right)^{1.5} \tag{5-25}$$

式中 N——回转功率，kW；

D——钻头直径，cm；

P——轴压力，kN；

n_T——钻具转速，r/min；

K——表征岩石特性的常数，其值见表5-8。

从影响回转功率的因素来看，公式（5-24）的构成形式是合理的，应用起来也比较简便，但没有计入排渣状况、钻头构造及钻头磨损后对功率的影响。其计算结果比实际使用值小。

表 5-8　岩石特性常数 K 值

岩石种类	抗压强度/MPa	K	岩石种类	抗压强度/MPa	K
最软	—	14×10^{-5}	中	56	8×10^{-5}
软	—	12×10^{-5}	硬	210	6×10^{-5}
中软	17.5	10×10^{-5}	最硬	475	4×10^{-5}

实际上，由于在钻孔过程中负荷频繁波动，特别是当发生卡钻事故或卸钻杆时，需要的回转扭矩往往达到正常钻孔时的3倍以上。因此，回转机构原动机的功率及机件的强度都应设计得足够大，以便在正常钻孔时，只使用额定功率（扭矩）的三分之二左右，而处理卡钻或卸钻杆时，则利用原动机的过负荷能力。

5.5.4　钻孔速度

牙轮钻机的钻进速度是表征钻机是否先进的主要指标。钻孔时工作制度是否合理也反映在钻进速度上。国外一些研究者提出了不少反映钻进速度与钻孔工作参数之间关系的经验公式，如苏联的勒·阿·捷宾格尔根据对露天牙轮钻机钻孔工作制度的研究，整理出以下估算钻进速度的经验分式

$$v = 0.375 \frac{Pn_T}{Df} \tag{5-26}$$

式中　v——钻进速度，cm/min；

　　P——轴压力，kN；

　　n_T——钻具转速，r/min；

　　D——钻头直径，cm；

　　f——岩石的普氏硬度系数。

经验公式（5-26）比较全面地反映了钻进速度与几个主要钻孔参数的一般关系，计算结果比较接近实际。但事实上，影响钻进速度的因素还有很多，如排渣用介质、排渣风量、钻头型式及新旧程度、岩石的可钻性等。

复习思考题

5-1 牙轮钻头由哪些部分构成，其主要结构参数有哪些？

5-2 什么是牙轮的移轴布置和超顶移轴布置？

5-3 牙轮钻机有哪些基本组成部分？

5-4 简述三牙轮钻头的构造及其结构参数。

5-5 简述牙轮钻机的回转供风结构及其钻具。

5-6 某铁矿年产量为 700 万吨，平均生产剥采比为 2.5，年作业时间 300 天，三班工作制，矿岩普氏硬度 $f = 10 \sim 14$，矿岩平均比重 3.68t/m^3，台阶高度 15m，超深 2m，设计孔网参数 8m×7m。作业要求：

（1）规划合理的采剥进度计划，计算总的穿孔米道；

（2）设备选型，并给出钻机主要技术参数；

（3）计算钻机的台班效率和台年效率；

（4）计算钻机数量。

第2篇

装 载 机 械

无论是露天采矿或是地下采矿，装载作业是整个采掘生产中最繁重的工作之一，消耗在这一工作上的劳动量约占整个掘进（采矿）循环的 30%~50%。因此，最大限度地发挥现有装载机械的能力和研制新型高效装载机械，不断提高装载作业的机械化水平，对提高劳动生产率、解除工人繁重的体力劳动、促进采矿工业的现代化发展有着十分重要的意义。

装载机械不仅仅用于各类矿山，而且也广泛地应用于铁道、水电、国防等基础建设当中。各种类型的铲斗式装载机是矿山生产中应用得最多、最广泛的装载机械。矿山装载机械的类型按其使用场所、工作、机构类型、行走方式、动力源的种类等分为若干基本类型。

（1）按工作场所可分露天装载机和井下装载机两大类；

（2）按装载岩石的工作机构可分为铲斗式、耙爪式和耙斗式等几种；

（3）按行走方式可分为轨轮式、履带式和轮胎式等；

（4）按所使用的动力为源分为电动、液压、气动和内燃驱动等。

在采矿工程中，挖掘机除少数用于直接剥离表土外，大多数都是用于装载或转运已爆破下来的矿岩。

对装载机械的基本要求是：

（1）装载能力大，即要求斗容量大或能连续装载。

（2）结构简单，坚固耐用，动力单一，操纵简单，维修方便。

（3）行动灵活，便于调动，能在弯曲巷道中工作。

（4）适应性强，要求能装载各种不同的块度，清底干净，能在一定角度倾斜巷道中进行装载。

（5）造价低，运转费用少。

一种装载机械不可能同时满足上述全部要求，有些要求是互相矛盾的，选型时应权衡利弊，尽可能满足主要方面要求，兼顾其次要方面。

铲运机是集装卸作业和短程运输于一身的铲斗式装载机械，既可用作露天工程机械，也可用于井下采装运作业。井下装载机械的特点是：

（1）车身低矮，宽度较窄而长度较长；

（2）经常处于双向行驶状态；

（3）动臂较短，卸载高度和卸载距离较小；

（4）柴油机要采取消烟和净化措施；

（5）零件材料选择及制造工艺应考虑防潮防腐。

6 铲斗式装载机

教学目标

通过本章的学习，学生应获得如下知识和能力：

(1) 了解铲斗式装载机的主要类型和选用条件；

(2) 掌握常见铲斗式装载机的基本结构及其功能；

(3) 掌握铲斗式装载机的设备选型与计算。

铲斗式装载机的铲斗装于装载机的前端，依靠装载机的行走机构使铲斗插入岩堆，借助于提升机构提升铲斗实现装载。铲斗式装载机可以向前方卸载、向侧面卸载和向后面卸载，也可以借助于各种类型的运输机向矿车转载。地下矿用装运机是本身带有一定容积储矿仓的装载设备，除了完成矿岩装卸作业外，还可兼作短程的运输作业。

铲斗式装载机行走方式有履带式、轮胎式和轨轮式三种。

6.1 前端式装载机

铲斗安装在装载机前端进行铲装和向前卸载的装载机称为前端式装载机，主要是指用于露天矿山的前端式装载机。习惯上将地下矿山使用的一种低车身、铰接转向、轮胎行走的前端式装载机称为铲运机，其基本结构与露天矿用前装机相似，但与土方工程的铲运机在机械结构、工作对象及作业条件等方面是截然不同的两种机械设备。

露天矿用前端式装载机是用作露天矿生产的辅助设备，主要用于爆破后矿岩的倒堆、表土转排、工作场地的平整和清扫等方面。随着前端式装载机各部分结构的改进和斗容不断增大，中小矿山也将前端式装载机作为主要采装设备使用，以求降低开采成本和提高生产效率。随着地下矿山强化开采的需要和地下矿山向无轨化、无污染和自动化方向发展，铲运机以其集装、运、卸功能于一体而成为地下矿山的重要采装设备之一。

近年来，由于液力变矩器和铰接转向等新技术的应用，使前端式装载机得到迅速发展，而且，日益趋向于大型化。国外已制造了功率为 $295 \sim 934kW$、斗容为 $7.6 \sim 23m^3$ 的露天矿用前端式装载机，地下矿用铲运机最大功率达 220kW，斗容亦达到 $9 \sim 10m^3$。通常情况下，前端式装载机是一种露天矿山重要的辅助设备，用以清理岩堆、从工作面搬移大块矿岩、筑路和搬运重型机器部件及材料等。在一定的条件下，如开采相距不远而又分散的矿体或多品种矿石分采的矿山以及中小型露天矿山，前端式装载机可代替挖掘机作为主要的生产设备。在无轨作业的井下矿山，铲运机适用于阶段崩落法、分段崩落法、空场法、房柱法等采矿方法的回采出矿和巷道出碴。短距离运输条件下（小于200m），前端式装载机可单人单机独立进行装运卸作业；在长距离运输条件下（大于200m），前端式装载机可作为装载设备，配合井下自卸汽车进行工作。

前端式装载机和铲运机因具有如下突出优点而在矿山生产中得以广泛应用：

（1）制造成本低，节约钢材。前端式装载机的自重是同等斗容的电铲的 1/6～1/7，制造成本是电铲的 1/3～1/4。地下矿山使用无轨化铲运机后，不必再铺设轨道及电机车架线，大大节省了成本钢材，成本可以降低 15%～25%。

（2）机动灵活，应用范围广。因前端式装载机多是自带动力的无轨设备，所以他们的运距和路线不受轨道的限制。前端式装载机都采用铰接车架梁，因而转弯半径小，具有较大的爬坡能力，更适合于狭小空间和巷道内的作业条件。此外，前端式装载机斗容多样并具有较大的生产能力，可以一机多用，成为比较理想的装、运、卸的联合作业设备。

（3）生产能力大，生产效率高。目前前端式装载机和铲运机的斗容已达 15m³，可以替代斗容为 12m³ 的电铲的工作，而采装工作生产率可以提高 50%～150%。地下矿山采用无轨运输设备后，生产效率可以提高 8%～12%。采用无轨设备开采可以缩短矿山基建期，从而使矿山快速投产。

实践表明，前端式装载机和铲运机也存在如下不足之处：

（1）轮胎磨损比较严重。在作业中，前端式装载机和铲运机普遍存在的突出问题就是轮胎磨损严重，且使用寿命不长。据统计轮胎寿命一般在 1250～2750h。

（2）增加了地下矿山开拓工程量和通风量。地下矿山采用无轨运输无疑增加了无轨设备上下通行的倾斜开拓巷道和各分段间的辅助巷道（坡度为 10%～20%），增加了巷道掘进工程量。当选用以柴油机为动力的铲运机时，在工作过程中会排出大量对人体健康有害的废气，所以必须采取强制通风来稀释废气中的有害成分，以求达到降温及净化的目的。因此增加了通风量及通风机的负荷和成本。

（3）维修工作量大，运行费用高，维修技术及要求高，其维修费占整个装运卸费用的 65%～72%。

前端式装载机一般多采用柴油机作动力，地下矿用装载机亦采用电动式的。前端式装载机多数采用液力-机械传动方式，也有采用静液传动方式和柴油-电力传动方式的。

表 6-1 及表 6-2 是国内外部分前端武装载机的主要技术特征。

6.1.1 前端式装载机的主要结构

图 6-1 所示为两类前端式装载机结构图，其主要由柴油发动机、液力变矩器、变速箱、驾驶室、车架、前后桥、转向铰接装置、车轮和工作机构等部件组成。

地下矿用前端式装载机的结构与露天矿用前端式装载机类似，只是由于工作条件的限制，地下矿用前端式装载机具有如下独特特点：

（1）车身低矮，宽度较窄而长度较大，以适应井下作业空间狭窄的环境；

（2）经常处于双向行驶状态，司机操纵室采用侧坐或双向驾驶的布置，有的不设司机棚以降低高度；

（3）动臂较短，卸载高度和卸载距离较小；

（4）柴油机要采取消烟和净化措施；

（5）井下作业环境潮湿并往往有腐蚀性水，零部件材料选择及制造工艺应考虑防潮防腐蚀。

表 6-1　国产前端装载机的技术特征

特　征		ZL-20	ZL-30	ZL-50	ZL-70	ZL-90	ZDL-50	Z_2-120
行走及卸载方式		轮胎式，前卸	轮胎式，前卸	轮胎式，前卸	轮胎式，前卸	轮胎式，前卸	轮胎式，前卸	履带式，前卸
斗容/m^3		1	1.5	3	3.7	5	3	1.5
载重量/t		2	3	5	8	9	6	3.5
卸载高度/m		2.6	2.7	2.845		3.32	1.7	2.7
行走速度/$km \cdot h^{-1}$		0~30	0~32	0~32	0~36	0~32	0~34	2.64~10.4
最大牵引力/kN		53.5	73.5	117.5	240	279	150	132
爬坡能力/(°)		25	25	30	30	30	30	30
配套动力	型号	695T	695ZT	6135BQ-1	6150Z	12V135Q	6135AZQ	6135K-3
	额定功率/kW	约55	~75	~160	~215	~320	~150	~104
	转速/$r \cdot min^{-1}$	1600	1850	2200	1800	2000	2000	1800
外形尺寸	长/mm	5660	6000	6700	9125	9160	8804	5700
	宽/mm	2150	2350	2850	3330	3590	2500	2500
	高/mm	2700	2800	2700	3800	3900	1950	3000
自重/t		7	9.2	16	27	36	16.7	18.4

表6-2 国外部分前端式装载机的技术特征

特 征		KLD，B	KLD100L	992	D600	675	ST 2D	ST-5A	ST-8A	TORO400E	TLF-4
额定斗容/m³		3.5	5.0	7.65	10.26~19.76	18.4~27.5	1.5	3.82	5.6	3.8~4.6	1.75
额定载重量/t		6.3	8.8	13.6	20.4	32.7	3.63	7.38	9.8	9.6	3.5
发动机有效功率/kW		209.6	308.8	404.4	514.7	841.2	61.147	147	183.8	110	—
外形尺寸	长/m	8.56	9.4	11.4	11.7	15.11	7.004	8.9	9.7	9.736	7.1
	宽/m	3.06	3.25	3.65	3.43	4.9	1.549	2.45	2.43	2.505	1.65
	高/m	3.645	4	4.45	5.17	5.61	1.423	1.52	1.83	2.32	1.9
最小转弯半径/m		6.3	6.75	8.85	9.3	13.1	2.567	2.85	2.95	3.53，6.635	2.005
最大卸载高度/m		2.88	3.6	4.0	6.6	5.23	3.607	1.88	1.83	5.27	1.7
卸载距离/m		1.55	1.6	2.21	—	2.44	2.545	0.59	1.17	2.5	0.7
轴距/m		3.52	3.75	4.3	4.8	5.67	2.64	3.4	3.45	3.47	2.57
轮距/m		3.3	2.6	2.94	3.4	—	—	—	—	—	1.22
最大行走速度/km·h⁻¹		3.4	33.7	36.7	35.2	28	16.2	37	18.6	12	17
传动方式		液力	液力	液力	液力	液力	液力	液力	液力	液力	静液压
翻倾载荷	直线时/kN	153.9	199.9	363.6	505.7	734	—	—	—	—	—
	最大回转角时/kN	133.3	172.5	326.3	—	653.6	—	—	—	—	248
最大铲取力/kN		176.4	219.5	350.8	503.7	555.7	56.46	147	198.9	204	53.9
最大牵引力/kN		166.6	278.3	—	637	—	9.312	—	—	—	—
自重/t		—	—	54.2	68.6	143.4	10.887	19.4	25.7	24	9.7
生产商		川崎重工	川崎重工	CATERPILLAR	KERFUDAT	MICHIGAN	WAGNER Co.	WAGNER Co.	WAGNER Co.	TAMROCK Co.	JOY Co.

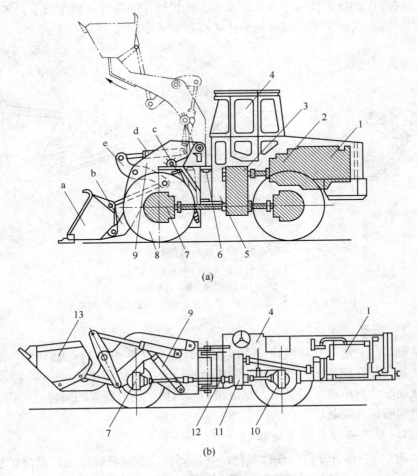

图 6-1 前端式装载机的结构图

（a）ZL 型露天矿前端式装载机；（b）地下矿用前端式装载机

1—柴油发动机；2—液力变矩器；3—变速箱；4—驾驶室；5—车架；6—转向铰接装置；

7—前桥；8—车轮；9—工作机构；10—后桥；11—减速箱；12—传动轴；13—铲斗

6.1.2 前端式装载机的工作机构

前端式装载机的工作机构是完成铲装和卸载的机构，它包括铲斗、动臂、举升油缸、转斗油缸、转斗摇臂和转斗拉杆及其液压操纵系统等（图 6-1）。

6.1.2.1 铲斗

前端式装载机的铲斗除作装卸工作外，有时还兼作短程运输，一般容积较大。国产 ZL 系列前端装载机铲斗容积有 $1m^3$、$2m^3$、$3m^3$ 和 $5m^3$ 等数种。铲斗由钢板焊接而成，斗底和斗唇采用耐磨合金钢。斗唇有带铲齿的和不带铲齿的两种，前者适用于装载大块坚硬的矿岩，后者适用于装载密度较小的物料。铲斗的几何尺寸具有一定的比例关系，铲斗的宽度应比两轮之间的外宽大 $50 \sim 100mm$，以便清道和保护轮胎。

铲斗卸载方式有倾翻式、推卸式和底卸式三种（见图 6-2）。倾翻式简单可靠、有效容积大、适应面广，故多被采用。推卸式和底卸式铲斗卸载空间高度较小，多用于井下工作的装载机。推卸式铲斗还能较好地防止矿石在铲斗中黏结。

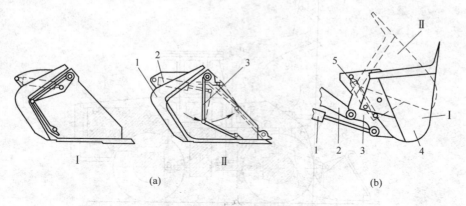

图 6-2　推卸式与底卸式铲斗

（a）推卸式铲斗；（b）底卸式铲斗

Ⅰ—未卸载状态，Ⅱ—卸载状态

1—转斗油缸；2—动臂；3—铲斗下支座；4—铲斗；5—卸载油缸

6.1.2.2　动臂

动臂是铲斗的支承和升降机构，一般有左右两个（见图 6-1）。动臂的一端铰接于车架上，另一端铰接在铲斗上。动臂一般做成曲线形状，使铲斗尽量靠近前轴，降低倾覆力矩。动臂断面形状有单板、工字形、双板和箱形四种。箱形断面的动臂受力情况较好，多用于大、中型前端式装载机上。

6.1.2.3　举升油缸和转斗油缸

如图 6-1 所示，举升油缸的动作是使动臂连同铲斗实现升降运动以满足铲装和卸载的要求。举升油缸的活塞杆一端铰接于动臂上，另一端则铰连于机架上。一般是一个动臂配置一个举升油缸。转斗油缸的作用是使铲斗绕其与动臂的铰接点上下翻转，以满足铲装和卸载的要求。转斗油缸一般配置 1~2 个。

6.1.2.4　转斗杆件

转斗杆件连接于转斗油缸与铲斗之间，其作用是将转斗油缸的动力传递给铲斗，实现铲斗的翻转。转斗杆件有连杆、摇臂等形式。常用的转斗杆件的配置方式有反转连杆式（见图 6-1）、平行四边形式（见图 6-3）。

反转连杆式转斗杆件的转斗油缸一端铰接于车架上，另一端铰接于摇臂上。摇臂的另一端经连杆铰接于铲斗上，摇臂的中间回转点铰接于动臂上。转斗油缸的活塞杆伸出时铲斗铲挖矿岩，活塞杆收缩时则卸载。但是，反转连杆式转斗杆件的配置杆件数目较多，如果配置不当会使铲斗在举升过程中产生前后摆动而撒落矿岩。

平行四边形配置的转斗杆件在动臂举升的全过程中铲斗上口始终保持水平位置而不发生摆动，铲斗中的矿岩不致因举升而撒落，从而有利于提高装载效率。

国外地下矿用前端式装载机采用的转斗杆件是直接推拉式配置的，如图 6-4 所示，这种转斗杆件结构简单，卸载高度小。

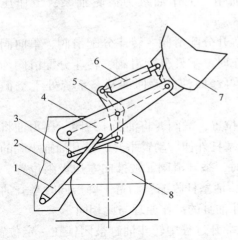

图 6-3　平行四边形配置的转斗杆件

1—举升油缸；2—前车架；3—连杆；4—动臂；

5—摇臂；6—转斗油缸；7—铲斗；8—车轮

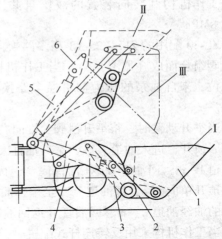

图 6-4　直接推拉式配置的转斗杆件

Ⅰ—运输位置；Ⅱ—举升位置；Ⅲ—翻卸位置

1—铲斗；2—小臂；3—举升油缸；4—动臂；

5—转斗油缸；6—转斗拉杆

6.1.2.5　工作机构的液压系统

装载机的工作机构液压系统由油箱、过滤器、油泵、多路换向阀、单向阀、单向顺序阀、举升油缸和转斗油缸等组成（见图 6-5）。通过操纵多路换向阀完成动臂的升降和铲斗的翻转动作。

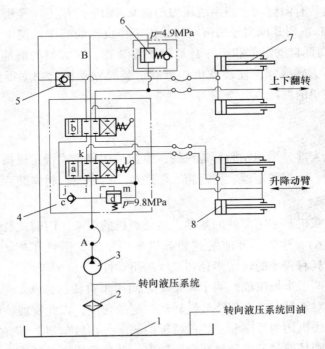

图 6-5　ZL-30 型装载机工作机构液压系统

1—工作油箱；2—过滤器；3—齿轮油泵；4—多路换向阀；5—单向阀；6—单向顺序阀；7—转斗油缸；8—举升油缸；

a—举升分配滑阀；b—转斗分配滑阀；c—单向阀；d—溢流阀；A—进油管；B—回油管；i，j，k，l，m—油道

工作机构和转向装置的液压泵共用一个油箱。工作油泵为齿轮油泵，工作压力为 9.8MPa。

ZL-30 配用的 ZFS-L25-YT 型多路换向阀由举升分配滑阀、转斗分配滑阀、单向阀和溢流阀组合而成（见图 6-5）。当工作机构不工作时，举升分配滑阀、转斗分配滑阀均处于中位，来自油泵的压力油贯通多路换向阀，再经回油管返回油箱。系统处于空循环状态。

当举升动臂时，将举升滑阀 a 推向右边极限位置，滑阀 a 将油道 i 封闭，压力油将单向阀 c 顶开，进入油道 j、k，举升油缸大腔，活塞杆外伸，动臂举升。举升油缸小腔的油经油道 l、m、回油管 B 返回油箱。当动臂下降时，举升滑阀 a 被推向左边极限位置，压力油顶开单向阀 c，经油道 j、l 至举升油缸小腔，活塞杆收缩，动臂下降。同时举升油缸大腔的油经油道 k、m、回油管 B 返回油箱。转斗油缸的动作原理与此相同。

当工作机构采用反转连杆式配置时，动臂在举升过程中转斗油缸被闭锁在一定位置。由于连接铲斗的杆件属非平行四边形连杆机构，因此，连接这些杆件的铲斗将发生前后摆动，致使斗内矿岩撒落。如果此时转斗油缸的活塞杆能自动伸缩（如外伸），并保持对铲斗的足够支承力，那么就能补偿铲斗的摆动。为此，在转斗油缸的小腔与回油管之间连结一组单向顺序阀，它的开启压力（4.9MPa）可根据支承铲斗所需最大作用力确定。举升时，加于转斗油缸的力使油缸小腔的抽压大于 4.9MPa 时，小腔的压油则经单向顺序阀排泄到油箱。同时大腔形成真空，单前阀开启，油自动补偿回大腔。此时活塞杆稍向外伸长，使铲斗保持原位不发生摆动。

多路换向阀内装有溢流阀，当系统压力超过 9.8MPa 时压力油经溢流阀返回油箱，防止系统过载。在 ZL 系列其他型号的前端装载机工作机构的液压系统中，还采用了可使动臂"浮动¨、动臂高低自动限位和铲斗自动放平等装置。在大型的前端式装载机（如 ZL-90）中还采用了压力转换阀，使装载机在重载铲装时发动机的功率得到合理的分配，从而改善了装载机整机的性能。

6.1.3　行走机构

前端式装载机大部分采用轮胎行走机构，少数采用履带式行走机构。轮胎式行走机构包括车架，发动机、液力变矩器、变速箱、驱动桥、行走轮，转向装置和制动装置等。

6.1.3.1　车架

车架是安装装载机其他零部件的基础，是装载机的主架。前端式装载机大部分采用铰接式车架（见图 6-6），少数小型前端式装载机采用整体式刚性车架。采用铰接式车架，可使前端武装载机具有较小的转弯半径和高度的机动性。

铰接式车架由两个半架组成，两个半车架之间用垂直铰链连接。通过液压油缸推动，可使一个半车架相对于另一半车架绕铰链转动一定的角度，以此实现装载机的转向。在前车架上焊有安装工作机构的耳座和安装前桥轴的底座，在后车架上焊有安装发动机和变速箱的支座。后桥轴则是通过悬架铰接在后车架上，并且后桥轴连同悬架可绕装载机纵轴线相对于后车架垂直摆动一定角度，使装载机在不平整的路面行驶时四个车轮能同时着地，改善行驶性能。

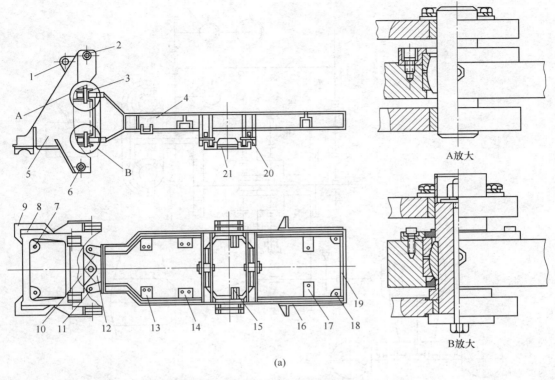

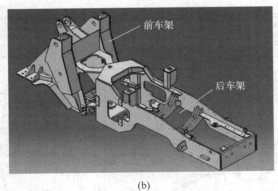

(b)

图 6-6　铰接式车架

（a）铰接式车架结构图；（b）铰接式车架模拟图

1—转斗缸耳座；2—动臂耳座；3—铰接销轴；4—后车架；5—前事架；6—举开缸耳座；
7—转向耳座；8—前板；9—底板；10—铰接座；11—铰接架；12—转向缸耳座；
13—变速箱支架；14—变矩器支架；15—发动机前支架；16—配重支架；
17—发动机后支架；18—联接板；19—后梁；20—销轴；21—悬架

6.1.3.2　传动系统

ZL 系列前端式装载机采用液力机械式传动，图 6-7 所示分别为 ZL-30、ZL-50 型装载机的传动系统图。前端式装载机液力机械式传动系统主要包括发动机、液力变矩器、变速

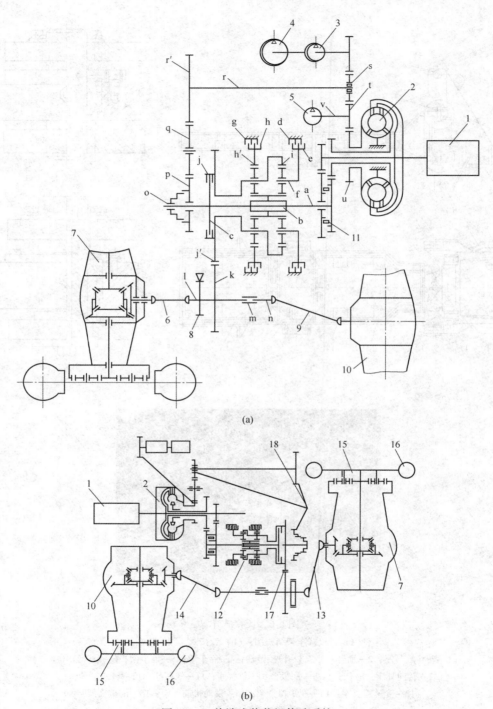

(a)

(b)

图 6-7 前端式装载机传动系统

（a）ZL-30 型装载机传动系统；（b）ZL-50 型装载机传动系统

1—柴油发动机；2—液力变矩器；3—变矩器补油油泵；4—工作油泵；5—转向油泵；6—前传动轴；7，10—驱动桥；8—手制动；9—后传动轴；11—超越离合器；12—变速箱；13，14—万向传动装置；15—最终传动；16—驱动车轮；17—分动箱；18—"三合一"机构；a—中间输入轴；b—Ⅰ挡及倒挡太阳轮；c—Ⅱ挡摩擦器主动片；d—倒挡离合器定片；e—倒挡离合器动片；f—倒挡行星架；g—Ⅰ挡离合器定片；h—Ⅰ挡离合器动片；h′—Ⅰ挡内齿圈；i—倒挡内齿圈；j—Ⅱ挡离合器从动片；j′—输出齿轮；k—输出齿轮；l—前输出轴；m—滑套；n—后输出轴；o—机械离合器滑套；p—输出轴齿轮；q—齿轮；r′—齿轮；r—轴；s—超越离合器；t—齿轮；u—泵轮齿轮；v—泵轴

箱、传动轴和驱动桥等。图6-7（a）为 ZL-30 型装载机的传动系统，动力由柴油机传递给液力变矩器，同时经齿轮 u、t、轴 v 和超越离合器 s 等将一部分动力传给变矩器补油油泵、工作油泵和转向油泵。液力变矩器输出的动力经超越离合器 Ⅱ 传给行星变速箱。变速箱输出的动力由输出齿轮（j'、k）、前后输出轴（l、n）、万向传动轴（6 和 9）传递给前、后桥，再经主传动、差速器、半轴和轮边减速器传给车轮。

也有的前端式装载机的前后车架采用双向铰链连接结构，有水平和垂直布置的两组铰链，使前后车架在水平和垂直两个方向都可以摆动。

A 发动机

前端式装载机大部分采用柴油机为动力，地下矿亦多使用电动发动机。装载机使用的柴油机大都是四冲程的，而要求地下矿用铲运机用柴油机排放的废气中的有害成分含量较少，以减少污染，同时还要增设机外净化装置。

B 液力变矩器

液力变矩器属于液力-机械式传动，其理论基础是水力学中的欧拉方程，是以液体的动能进行能量传递的一种传动方式。液力-机械式传动方式在前端武装载机中已被普遍采用，其优点主要有：（1）使装载机具有自动适应性，避免了发动机因外载增大而突然熄火，从而缩短作业循环时间，提高其装载能力；（2）有利于提高装载机使用寿命，因为作为工质的油液能吸收并减轻来自发动机和外载荷的震动和冲击，能使装载机起步平稳，从而保护了发动机和机器的其他零件；（3）有助于提高装载机的通过能力，可使装载机能在泥泞和潮湿充水的条件下顺利工作；（4）液力变矩器可以在一定范围内无极调速，从而使换挡次数减少，并且换挡不必分离动力。

液力变矩器是液力-机械传动中的关键组成部分，它由不同数目的泵轮、涡轮和导轮组成，图6-8所示为具有一个泵轮、一个涡轮和一个导轮的单级液力变矩器。涡轮和输出轴刚性连接，导轮固定在液力变矩器壳体上。变矩器壳体前后用螺钉与柴油机和功率输出箱连接。

液力变矩器的泵轮、涡轮和导轮统称为工作轮，每个工作轮上都有许多弯曲的叶片。将工作轮组装在一起形成一个封闭的循环油路，油液在工作轮叶片间的通道中循环流动。液力变矩器工作时，油液会从工作轮的间隙中泄漏，因此需要由专门的油泵供给新油予以补充，补充的新油还对变矩器起到散热冷却作用。变矩器的回油经散热器散热冷却后送往润滑变速箱的轴承，然后返回油箱。

从发动机传来的功率经弹性连接板和罩轮传递到泵轮。当泵轮在发动机带动下旋转时，油液在离心力作用下飞向泵轮外缘出口，冲击涡轮，推动涡轮旋转，并将能量传递给涡轮。同样，从涡轮叶片流出的液流冲击导轮，将能量传递给导轮，并使导轮产生转动的趋势。因导轮固定在变矩器壳体上不能转动，所以导轮通过冲击它的液流给涡轮一个反作用力，该反作用力的大小与方向是随外载荷及涡轮的工作状态变化而变化的，致使涡轮的输出扭矩也发生变化，从而使装载机具有自动适应外载荷变化的特性。

液力变矩器的"变矩"作用还可以用泵轮、涡轮和导轮之间的力矩关系进一步说明。液力变矩器在匀速运转情况下，泵轮的力矩 M_1、涡轮的力矩 M_2 和导轮的力矩 M_A 有以下关系

$$\sum M = M_1 + M_2 + M_A = 0 \tag{6-1}$$

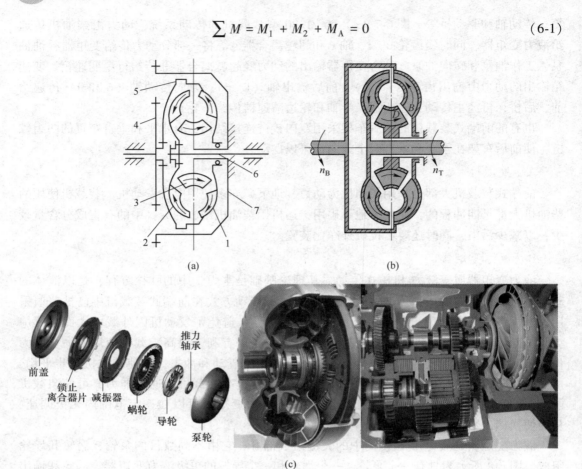

图 6-8 单级涡轮液力变矩器

（a）单级涡轮液力变矩器结构；（b）单级涡轮液力变矩器原理；（c）液力变矩器实物结构

1—泵轮（B）；2—涡轮（T）；3—导轮（D）；4—弹性连接板；5—罩轮；6—输出轴；

7—壳体；n_B—输入轴转速；n_T—输出轴转速

因此

$$- M_2 = M_1 + M_A \tag{6-2}$$

式（6-2）说明泵轮力矩和涡轮力矩方向相反。如果导轮力矩 $M_A > 0$，即导轮力矩与泵轮力矩同向，与涡轮力矩反向，则有

$$|M_2| > |M_1| \tag{6-3}$$

即导轮对涡轮反作用力方向与泵轮流出液流对涡轮的作用力方向一致，涡轮输出扭矩增大，这种情况对应于前装机的低速重载工况。

如果导轮力矩 $M_A < 0$，即导轮力矩与泵轮力矩反向，与涡轮力矩同向，则有

$$|M_2| < |M_1| \tag{6-4}$$

即导轮对涡轮的反力方向与泵轮流出液流对涡轮作用力方向相反，涡轮输出扭矩减少，这种情况对应于前装机高速轻载工况。

变矩器的"变矩"特性可用变矩系数、传动比、效率等来表示。液力变矩器涡轮力矩与泵轮力矩的比值称为变矩系数，即

$$K = \frac{-M_2}{M_1} \tag{6-5}$$

若以 K_{max} 表示某一变矩器变矩系数的最大值，对低变矩系数的变矩器 $K_{max} = 2 \sim 3$；对高变矩系数的变矩器，$K_{max} = 4 \sim 6.5$。

液力变矩器涡轮转速与泵轮转速之比称液力变矩器的传动比，即

$$i_{21} = \frac{n_2}{n_1} \tag{6-6}$$

式中　n_1——泵轮转速，r/min，如果泵轮与发动机直接连接，则等于发动机转速；

　　　　n_2——涡轮转速，r/min。

液力变矩器的效率可按式（6-7）、式（6-8）确定：

$$n_1 M_1 \eta = -n_2 M_2 \tag{6-7}$$

$$\eta = -\frac{n_2 M_2}{n_1 M_1} = K i_{21} \tag{6-8}$$

式中　η——液力变矩器效率。

液力变矩器的效率 η 是变矩系数 K 与传动比 i_{21} 的乘积。由式（6-5）、式（6-8）和图6-9可见，当泵轮的功率一定时，随着涡轮转速 n_2 的减小，涡轮转矩就会增大，因之变矩系数 K 也增大。当 n_2 减小到零时，即当 $i_{21} = 0$ 时，K 值到达 K_{max}。相反，当涡轮转速 n_2 增大时，涡轮转矩 M_2 就减小，因之变矩系数也减小。所以说，液力变矩器能够在一定范围内自动地无极地改变输出轴上的力矩，以适应外载荷的变化。图中 $^*i_{21}$ 为液力变矩器最高效率时的传动比。

在 ZL 系列前端式装载机（ZL-30、ZL-50 型）中采用了两级涡轮液力变矩器，如图 6-6、图 6-10（a）所示。采用两级涡轮液力变矩器时，在变矩器和行星变速箱之间装设了超越离合器（见图 6-10（b）），其作用是使变矩器在装载机的外载荷变化时能自动地由 I 级涡轮工作状态转换成 I 级与 II 级涡轮共同工作状态，使装载机获得更大的输出扭矩，提高装载机的牵引力，同时可使变矩器高效区更宽，改善了装载机工作运行的经济性。

超越离合器由内圈、外圈及滚子等组成，滚子嵌在内圈的槽内，内圈经齿轮和轴与 I 涡轮相连，外圈经齿轮和轴与 II 级涡轮相连。当装载机处于轻载高速

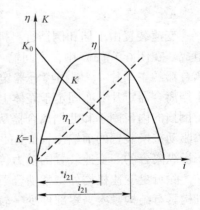

图 6-9　液力变矩器特性曲线

状态时 $n_A > n_B$，滚子落在内圈槽的大腔中，内圈与外圈脱开，这时只有 II 级涡轮工作，I 级涡轮不工作，变矩器输出扭矩较小。当装载机处于重载低速状态时 $n_A < n_B$，滚子挤入内圈槽的小腔中而被卡住，使内圈与外圈接合，这时 I 级涡轮与 II 级涡轮同时工作，变矩器输出扭矩增大。

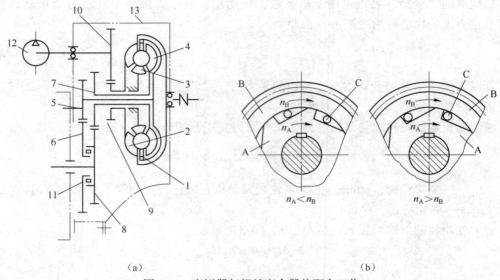

（a）　　　　　　　　　　　　　　（b）

图 6-10　变矩器与超越离合器的配合工作

（a）变矩器与超越离合器的配置；（b）超越离合器结构与工作原理

1—第 I 级涡轮；2—泵轮；3—导轮；4—第 II 级涡轮；5~10—齿轮；11—超越离合器；

12—转向油泵；13—壳体；A—超越离合器内圈；B—超越离合器外圈；C—超越离合器滚子；

n_A—超越离合器内圈转速；n_B—超越离合器外圈转速

6.1.3.3　行星变速箱

ZL 系列前端式装载机的变速箱采用行星变速箱（图 6-11），他们虽然在外形尺寸上大小不一，但在结构形式、传动方式等方面却是大同小异，都主要由变速装置、离合器、前后桥驱动接换装置及拖发动装置等组成。图 6-11 所示为 ZL 系列前装机的变速箱结构。

A　变速装置

变速装置由 I 挡和倒挡行星机构、I 挡和倒挡摩擦离合器以及 II 挡摩擦离合器等部分组成。在图 6-7（a）中，中间输入轴 a 以花键连接倒挡和 I 挡的太阳轮 b 以及 I 挡摩擦离合器的主动片 c。倒挡离合器定片 d 固定于壳体上，其动片 e 则与倒挡行星架 f 连接。I 挡离合器定片 g 亦固定于壳体上，其动片 h 则连于 I 挡内齿圈 h'。I 挡行星架同时连接于倒挡的内齿圈 I 和 II 挡离合器从动片 j。从动片 j 又与输出齿轮 j'相接。齿轮 j'则与前后桥驱动接换装置的前输出轴 l 上的齿轮 k 相啮合。I 挡、II 挡和倒挡的摩擦离合器都是液压操纵离合的。变速装置的动力传递过程如图 6-12 所示。

除行星变速机构外，常啮合平行轴式变速机构也在前端式装载机中应用，但行星变速机构具有结构紧凑、零部件少（较平行轴式动力换挡变速箱减少约 30%）、体积较小的特点，不过其加工和安装精度要求以及成本较高。

B　前后桥驱动接换装置

如图 6-7、图 6-11 所示，前后桥驱动接换装置由前、后桥连接拉杆、拨叉、后输出轴、前后桥输出连接滑套和前输出轴等组成。前输出轴 l 右端和后输出轴 n 左端均开有花键，滑套 m 可在这些花键上移动，将前后输出轴断开或接合，驱动前桥或同时驱动前后桥。

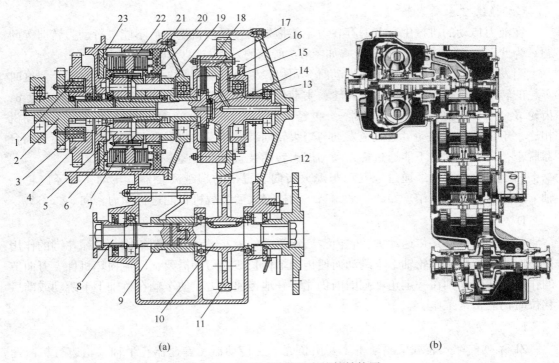

(a)　　　　　　　　　　　　　(b)

图 6-11　ZL 系列前装机变速箱结构图

（a）ZL-50 型动力换挡变速箱；（b）ZL-40/50 液力变矩器变速箱

1—大超越离合器滚子；2—变速箱输入齿轮（轴）；3—大超越离合器凸轮；4—大超越离合器外环齿轮；

5—太阳轮；6—倒挡行星轮；7—倒挡摩擦片；8—后桥输出轴；9—前后桥脱开滑套；10—前桥输出轴；

11—变速箱输出齿轮；12—输出齿轮；13—Ⅱ挡输入轴；14—三合一机构离合器滑套；15—Ⅱ挡油缸；

16—三合一机构输入齿轮；17—Ⅱ挡摩擦片；18—Ⅱ挡受压盘；19—倒挡、Ⅰ挡连接盘；20—Ⅰ挡行星架；

21—Ⅰ挡活塞；22—倒挡摩擦轮；23—倒挡活塞

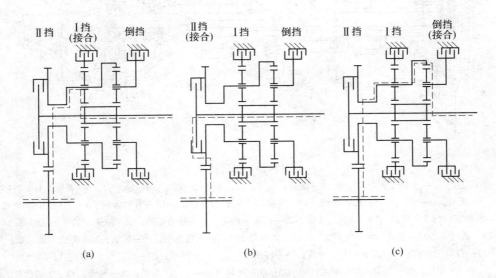

(a)　　　　　　　　　　(b)　　　　　　　　　　(c)

图 6-12　变速装置动力传递过程

（a）Ⅰ挡输出；（b）Ⅱ挡输出；（c）倒挡输出

C 拖发动与熄火转向装置

在液力传动的机械中，普遍存在着不能拖发动、柴油机熄火后不能进行动力转向等问题。为此，ZL 系列前装机中安设有如图 6-7 所示的发火与熄火转向装置。

当发动机熄火后需要进行拖发动时，司机操纵离合器滑套 o 与输出齿轮 p 接合。这时车轮的转动过程是：经轮边减速齿轮、主动传动装置传至输出齿轮 k、j′，离合器滑套 o，齿轮 p、q、r′，轴 r 及超越离合器 s，再经齿轮 t 和泵轮齿圈 u。由于泵轮齿圈 u 与发动机相连，于是车轮的转动可通过拖发动与熄火转向装置使发动机发动，转速提高，超越离合器脱空，发动机动力不能通过拖发动与熄火转向装置逆向传递。

由于车轮的转动经通过拖发动与熄火转向装置带动超越离合器 s 转动，再经齿轮 t、轴 v 使转向齿轮泵工作。如此一来，当柴油机熄火后装载机仍能进行动力转向。

D 传动轴

传动轴的作用是传递动力，它由空心钢管、伸缩花键和万向节组成。伸缩花键的作用是适应车辆行驶中因轮轴上下跳动而使传动轴伸长或缩短的需要，以免损坏机件。万向节的作用是使传动轴在一定角度范围内仍能很好地传递动力，使车辆在桥轴上下跳动或前后移位时仍能正常工作。

E 驱动桥

ZL 系列前端式装载机驱动桥主要由桥壳、主传动器、差速器、半轴、轮边行星减速机构、制动装置和轮胎等部分组成（见图 6-13）。

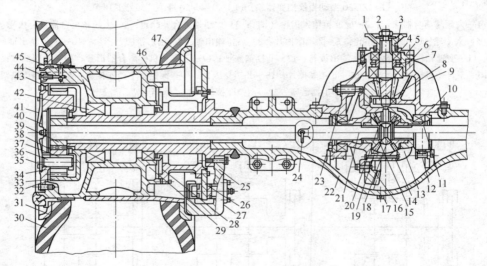

图 6-13 驱动桥

1—输入法兰；2—主动螺旋伞齿轮轴；3—油封；4，8，11，29，42—轴承；5—轴承套；6—调整垫片；7—轴套；9—托架；10—调整螺母；12—螺栓；13—差速器右壳；14—螺栓；15—半轴齿轮；16—大螺旋伞齿轮；17—放油塞；18—十字轴；19—差速器左壳；20—行星伞齿轮；21—驱动半轴；22—桥壳；23—止推螺旋；24—透气管；25—盘式制动器座；26—油封；27—制动块；28—联接套；30—轮胎；31—轮壳轮辋总成；32—行星轮架；33—内齿轮；34—垫片；35—行星轮齿轴；36—钢球；37—滚针轴承；38—行星齿轮；39—太阳轮；40—挡圈；41—端盖；43，45—O 型密封圈；44—气门总成；46—轮壳；47—制动盘

　　桥壳是空心的管形桥轴，其内部安装有主传动器、差速器和传动半轴等。桥壳用螺栓与车架或悬架联接。桥壳采用整体铸钢做成或用钢管焊接而成。主传动器由一对螺旋伞齿轮（2和19）组成，其作用是将纵向传递的动力变为横向（桥轴方向）传递，并增加整机的传动比。差速器的作用是使两侧的驱动轮无论是作等速转动还是不等速转动时（转弯或路面高低不平），均能保证其正常的驱动。差速器有两个半壳（13和19），主传动器的大螺旋齿轮用螺栓固定在一个半壳上。两半壳两边通过轴承11装在桥壳的轴承座上，其内套有两根半轴。半轴端部用花键连接着半轴伞齿轮。两个差速器半壳嵌着十字轴坞，其上装有四个行星伞齿轮。伞齿轮与半轴伞齿轮啮合。当装载机直线行驶，两边车轮转速相等时，动力经主传动大伞齿轮、差速器壳（13和19）到十字轴，十字轴经过四个行星伞齿轮同时带动半轴伞齿轮以同样的速度使车轮转动（行星伞齿轮此时无转动）。如果装载机处于转弯状态，由于两边车轮经过的路程不一样，半轴伞齿轮转速则不相等，此时行星伞齿轮除绕桥轴中线公转外，还绕十字轴自转，使两边车轮在不同转速状态下都获得动力，保证了两边的驱动轮正常驱动和在转弯时有正确的运动规律。

　　装有如上普通差速器的装载机在铲斗插入矿岩时，往往由于道路泥泞使某一车轮与地面黏着系数急剧降低而出现独轮打滑，增加了轮胎的磨损，在井下作业铲运机的打滑情况则更为严重。为此，一些前端装载机采用了防滑差速器，以防止装载机在插入矿岩时或泥泞道路上行走时出现独轮打滑。

　　轮边行星减速机构由行星轮、行星轮架（用螺钉连于轮壳上）、内齿轮（与桥壳连接）、太阳轮（与驱动桥半轴花键连接）等组成。驱动桥半轴带动太阳轮旋转，由于内齿轮不动，行星轮及行星轮架则带动轮毂旋转。行星齿轮式的轮边减速器具有结构紧凑，零件承受扭矩大等特点。

　　ZL系列装载机采用了较先进的点盘式制动装置，前后驱动桥均装有工作制动装置，它由制动盘（装于轮毂上）制动块和制动器座（用螺钉连在桥壳上）等组成。采用高压油推动油缸使制动块夹住制动盘来完成制动。

　　行走轮由轮辋和轮胎组成。轮辋由钢板冲压而成，用螺栓固定在轮毂上。轮胎由外胎、内胎、衬垫和气嘴等组成。有的轮胎为无内胎式轮胎。在轮胎式行走的装载机中，轮胎的量消耗大。轮胎的使用寿命与道路质量、作业条件、操作技术及轮胎结构等因素有关。一般轮胎寿命为400~500时，使用得好的可达1000h，不好的只有100~200h。轮胎的购置费一般为设备投资的10%~15%。

　　前端式装载机所用轮胎主要是工程轮胎，其规格以轮胎宽度、轮辋直径（英寸）以及尼龙帘布层的层数来表示，如16.00-25-24表示轮胎宽为16吋、轮辋直径25吋和24层尼龙帘布的轮胎。采用公制时，所有数字都以毫米为单位，以轮胎外径尺寸及轮胎断面高度尺寸表示，如880×135表示外径为880mm、断面高为135mm的高压胎。

　　轮胎的选择应考虑所使用机械的类型、使用的条件（如负荷、速度、场地和季节等），正确地选择轮胎的规格、胎压、承载能力、层级和胎面花纹等。国内外大量的试验研究表明，通过采用深槽花纹轮胎、光面轮胎、低压轮胎、外加保护链环及加垫式履带等措施，可以有效减少轮胎的磨损或增加轮胎的耐磨性，延长轮胎的使用寿命。图6-14所示轮胎为加垫式履带的结构图。

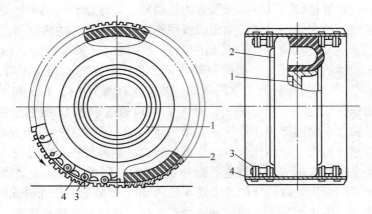

图 6-14　垫式履带

1—轮辋；2—轮胎；3—链环装置；4—履带板

6.1.3.4　转向系统

采用铰接式车身的前端装载机是用液压油缸推动其一个半架相对于另一半架转动 30°~50°来实现其转向的，如图 6-15 所示。前装机的转向系统由转向机、转向阀、转向油缸、随动杆、转向油泵和溢流阀等主要部件组成。

转向机 1 为螺杆螺母循环球式，它的下端串联着转向阀 2。转向机的转向螺杆与转向阀芯连为一体。司机操纵方向盘使转向螺杆旋转而使转向阀芯上下移动，实现对转向阀的控制。在其他型号的前端装载机中，有的将转向机与转向阀分开布置或将转向阀与转向油缸合为一体。转向油缸 3 为双作用式，其两端分别铰接在前后车架上。转向油泵 5 为 CBF40 型齿轮泵，由柴油机驱动。转向系统工作油压为 7.8MPa，ZL-30 装载机的转向系统是一液压随动系统。车体的转动随方向盘的转动而转动。车体的转动通过随动杆将信号反馈到转向阀，当方向盘停止转动时，车体的转动也随即停止，并使转向阀处于中位。

6.1.3.5　制动系统

装载机制动系统用以保证装载机的正常工作及安全运行。按制动的工作性质可分为工作制动和停车制动。工作制动是指装载机在运行中正常的制动减速直至停车，包括脚制动和装载机在长坡道下坡运行时采用的排气制动。停车制动是指装载机不工作时安全停站在一定位置所施加的制动，如在坡道上，使装载机能安全停站不至下滑而发生危险事故。停车制动一般采取手动。当脚制动失灵时，也可采用手动紧急制动。

装载机制动系统一般由制动器和控制系统组成。制动器可分为带式（已很少使用）、蹄式和盘式三种。蹄式制动器安装在制动鼓内，结构复杂，外形尺寸较大，但可较好地防止泥砂进入制动器内，其结构如图 6-16（a）所示。盘式制动器（见图 6-16（b））在装载机中得到了越来越多的应用，其优点是：制动力矩比较稳定；外界因素如雨水、炎热等对制动力矩影响不大；结构简单，重量轻，维修保养方便；制动减速度与管路压力呈线性关系。盘式制动器制动摩擦面小，单位压力高，对摩擦材料的要求高。

ZL-30 型装载机采用气液盘式工作制动系统（见图 6-17），它由空压机输出的压气经油水分离器处理后进入储气筒，气压保持在 0.69MPa。制动时脚踩刹车控制阀，压气进入加力罐（其作用是将 0.69MPa 气压转换成 14.7MPa 以上的油压），由加力罐的总泵产生

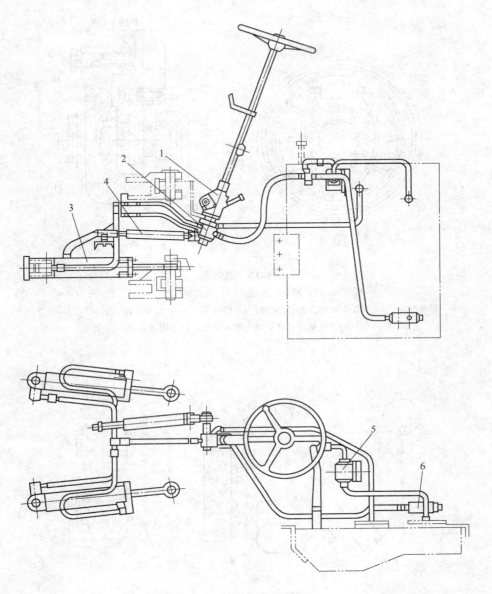

图 6-15　转向系统示意图

1—转向机；2—转向阀；3—转向油缸；4—随动杆；5—转向油泵；6—溢流阀

的高压油分别输入前后桥制动器上的油缸内，并顶出活塞，刹住制动盘。装载机作业时，手动开关处于接通位置，一路压气进入截断阀，刹车时截断变速箱换挡油路，使变速箱脱开挡位。在装载机行驶时开关处于关闭位置，压气不能进入截断阀，变速箱换挡油路畅通。

ZL-90 型装载机则采用两套制动控制阀，对作业和运行两种工况分别进行制动，称之为双管路制动系统。

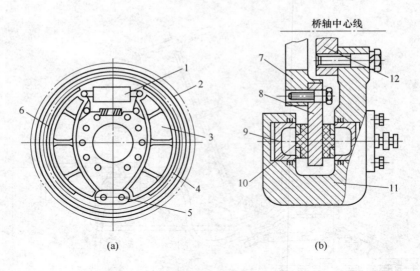

图 6-16　制动器

（a）蹄式制动器；（b）盘式制动器

1—制动分泵；2—制动器底盘；3—制动蹄；4—摩擦片；5—凸轮销；6—制动鼓；7—轮壳；

8—制动盘；9—制动活塞；10—制动衬块；11—钳体；12—桥壳

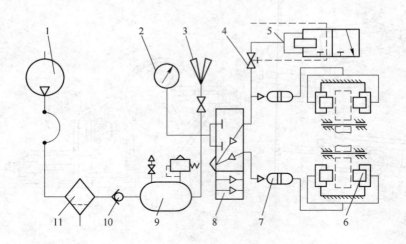

图 6-17　ZL-30 型装载机气液盘式制动系统

1—空气压缩机；2—气压表；3—气喇叭；4—手动开关；5—截断阀；6—制动器；

7—加力罐；8—刹车控制阀；9—储气筒；10—单向阀；11—油水分离器

6.1.4　柴油机的废气净化

　　柴油发动机排放出的废气中含有许多有害成分。由于井下作业空间狭小，常因通风条件差，使柴油机排出的废气不能及时逸散，以致影响井下工人的健康。因此井下使用的内燃设备必须采取净化措施，并加强工作面通风。

　　废气的有害成分主要有氮氧化合物（NO，NO_2 等）、碳氢化合物（甲醇、甲醛等）、碳氧化合物（CO、CO_2 等）以及油烟等，其中以 NO_2 毒性最大。有害气体的浓度变化范围很大，并与柴油机构造、制造水平、负荷大小、操作技术、维修好坏及燃油质量等因素有关。为了保障井下工人健康，必须将柴油机排出的有害气体浓度控制在卫生标准规定值限。我国井下柴油机排出废气有害成分平均允许浓度为：

$$NO_x（换算成 NO_2）—8mg/m^3（4×10^{-4}\%）$$

$$CO—30mg/m^3（24×10^{-4}\%）$$

废气净化措施有机内措施（如选择优质燃料、选择燃烧完全的柴油机及加强柴油机的维护检修等）、对废气机外净化处理和加强通风等。废气的氧化催化净化法是采用催化剂将废气中有害成分的 CO 氧化成 CO_2，将其余的碳氢化合物氧化为 CO_2 和 H_2O。净化器是用耐热耐腐蚀的不锈钢板焊接而成的圆形筒（见图6-18），内置催化剂（即外面用金属铂包覆的氧化铝小球，小球可以再生，重复使用），废气中的有害气体在催化剂作用下被氧化为无害气体。

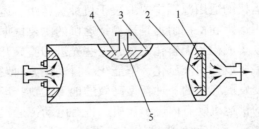

图6-18　氧化催化器示意图

1—端板；2—中心室；3—外室；4—净化室；5—催化剂贮存器

由于废气中的 NO_2、醛和碳氢化合物易溶于水，所以机外洗涤法对这些有害气体净化效果较好，但对 CO 不起净化作用。洗涤法有喷水洗涤法和水箱洗涤法（见图6-19）。

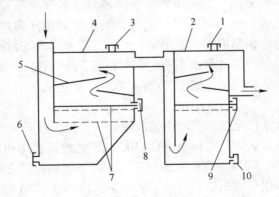

图6-19　水箱洗涤净化法

1，3—注水口；2—冷凝箱；4—洗涤箱；5—脱水板；6，10—排水口；7—栅板；8，9—检查孔塞

通风稀释法是采用加强通风的方法，以大量的风流来稀释和带走有害气体。因此使用柴油机设备的矿井除了完善通风系统外，还应加强通风管理，在矿井主风流达不到的内燃设备作业区工作面上，应配备局扇，以加强通风。我国规定，稀释净化所需补给的风量大小为 $4m^3/(min·kW)$。

6.1.5　静液压传动的前端式装载机

静液压传动是基于水力学的 Pascal 原理，以液体的静压力及容积变化的原理进行能量传递。系统的主要部件有液压泵、操纵阀和液压马达。这类传动系统有的不需驱动桥和机械变速机构，而用车轮马达驱动，如 TLF-4 型铲运机液压传动装置；有的则带有驱动桥、机械变速机构，如 Toro 100 DH 型铲运机液压传动系统。

6.2　铲 运 机

顾名思义，铲运机是集装—运—卸为一体的前端式装载设备，是以柴油机或以电动机为动力源、液压或液力-机械传动、铰接式车架、轮胎行走、前端前卸式铲斗的装载、运输和卸载的机械设备。铲运机具有操纵简单、不受空间限制、能独立工作、行驶速度快、生产效率高等优点。铲运机的适用范围主要取决于机种、运距、运行状况和运输矿岩的性质等因素，其中经济适用运距和挖掘阻力是选型铲运机的主要依据。

随着采矿作业的高度集成化和无轨化发展，一些先进的露天开采技术和设备运用到地下矿生产中，促使地下采矿设备向液压化、节能化、自动化方向发展。铲运机是在这种背景下由前端式装载机演变发展起来的一种新型高效的地下无轨装运卸设备。

地下矿山生产使用的铲运机既有内燃铲运机，也有电动铲运机，而使用电动铲运机的较多，因为地下使用内燃铲运机存在严重的环境污染问题。相比之下，电动机维修量小（其维修费是内燃铲运机的 50% 左右，而设备完好率高 20% 左右）、无额外通风要求、噪音低（噪声水平一般要低 3dB 左右）。电动铲运机也存在产生热量低（不到同级内燃铲运机的 30%）、使地下环境温度降低（平均降低 3℃）、机动性能、活动范围和运行速度受限（在运距较长，或矿点分散，必须在各采场或各分层频繁调动使用，其技术性能和经济效果还不及内燃铲运机）等不利因素。此外，电动铲运机还需增加电缆、卷缆装置及供电设施投资；电缆易磨损和损坏，需定期更换，并需加强检查和保护。总之，电动铲运机的作业和维修成本较低，设备利用率和生产率较高，综合经济性能较好，因而得到了广泛推广和应用。柴油铲运机因如上原因仍然成为电动铲运机的一种补充，主要用作出矿设备。

我国在 20 世纪 60 年代由郑州工程机械制造厂、工程机械研究所和厦门工程机械厂联合研制开发的第一代自行式铲运机样机（C-6106 型铲运机）在郑州工程机械制造厂下线。1976 年长沙矿山研究院、天津工程机械研究所、柳州工程机械厂合作在 ZL50 型露天矿装载机的基础上改型设计出了我国第一台地下矿用铲运机（DZL-50 型铲运机）。目前我国在铲运机制造方面逐步形成了可供选用的产品系列，电动铲运机斗容有 0.4m³、0.75m³、1.0m³、1.5m³、2.0m³、4.0m³ 等 5 种规格，柴油铲运机斗容有 1.0m³、1.5m³、2.0m³、3.0m³、4.0m³、6.0m³ 等 6 种规格，见表 6-3。

20 世纪 90 年代开始，国外采矿界已逐渐不再强调铲运机向大型化发展的问题，而是把更多注意力集中到设备性能的改善、提高可靠性和现代化的问题上来。进入 21 世纪，国外地下铲运机在经历了将近四十年的发展和技术进步之后已经进入成熟发展阶段，在经历了激烈竞争和兼并、联合之后，铲运机主要生产厂家有二十多家，如著名的 Atlas Copco

表 6-3 国产电动铲运机的技术特征

铲运机型号		WJD-0.75	WJD-1.5	WJD-2	WJD-3	WJD-4
斗容/m³		0.75	1.5	2	3	4
额定载重/t		1.5	3	4	6.2	8
机重/t		6.5	10		17.8	26
最大卸载高度/mm		1050	1400	1700	1325	1872
转弯半径/mm	内侧	2540	2890		3330	3400
	外侧	4260	5000		6100	6690
电动机	型号	JD₂-200M	JD₂-92-4	Y250M-4	Y280M-4	YX3-315S-4
	功率/kW	40	75	75	90	110
传动方式		静液压传动	液力-机械传动	液力-机械传动	液力-机械传动	液力-机械传动
运行速度/km·h⁻¹		8	5~10	0~10.2	3.3~0.5	4.2~14.7
外形尺寸/mm	长	5920	7150	7760	9135	9850
	宽	1215	1350	1960	2174	2600
	高	1880	1600	2250	2135	2450
生产商		南昌通用机械厂	南昌通用机械厂	恒立工程机械有限公司	恒立工程机械有限公司	铜冠机械有限公司

Wagner，Sandvik Tamrock，Cater Pillar，G.H.H 等公司，主要产品有 0.76~10.7m³ 的柴油铲运机和 0.4~10m³ 的电动铲运机。

6.2.1 铲运机的分类

6.2.1.1 按原动机形式分类

按原动机形式，铲运机可分为内燃铲运机和电动铲运机。内燃铲运机是以柴油机为原动机，采用液力或液压、机械传动。电动铲运机是以电动机为原动机，采用电动或液压、机械传动。内燃铲运机和电动铲运机均是采用铰接车架，轮胎行走，前端式装载、运输、卸载的矿山机械设备。

6.2.1.2 按额定斗容或额定载重量分类

按铲运机额定斗容 V_H 大小或额定载重量 Q_H，可将其分为微型铲运机（$V_H \leqslant 0.4m^3$ 或 $Q_H < 1t$）、小型铲运机（$V_H = 0.75 \sim 1.5m^3$ 或 $Q_H = 1 \sim 3t$）、中型铲运机（$V_H = 2 \sim 5m^3$ 或 $Q_H = 4 \sim 10t$）和大型铲运机（$V_H \geqslant 5m^3$ 或 $Q_H > 10t$）。

6.2.1.3 按传动形式分类

按传动形式可将铲运机分为液力-机械传动式铲运机、全液压传动式铲运机、电传动铲运机和液压-机械传动式铲运机。

国产铲运机型号标识方法应符合《矿山机械产品型号编制方法》（JB/T 1604）的规定。铲运机的产品型号按类、组、型分类原则编制，一般由类、组、型代号和主参数代号组成（见表 6-4），例如铲运机型号 WJD-23 的意义为：

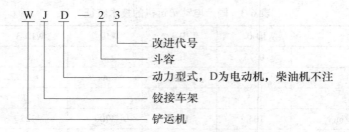

为论述简便，本教材中所使用的"铲运机"一词均指地下铲运机。

表6-4　铲运机型号组成及其意义

类	组	型		特性	代号	代号含义	主参数
铲土运输机械	铲运机 C（铲）	拖式 T（拖）		Y（液）	CTY	液压拖式铲运机	铲斗几何斗容 /m³
		自行式	履带式	Y（液）	CY	履带式液压铲运机	
			轮胎式 L（轮）		CL	轮胎式液压铲运机	

6.2.2　铲运机的特点及适用条件

铲运机的优点是：

（1）简化了井下作业，能独立完成矿岩铲、装、运、卸作业。铲运机无需轨道和架线，机动灵活，可前后双向行使，并快速进出工作面。

（2）活动范围大，适用范围广。铲运机外形尺寸小，转弯半径小，适合小断面巷道采掘作业，广泛用于掘进出渣和采场出矿作业中。

（3）生产能力大，效率高，是地下矿山强化开采的重要设备之一。

（4）结构紧凑，坚固耐用，耐冲击与振动。

（5）改善了工作条件，司机视野开阔，前后相同，驾座舒适。

铲运机的缺点有：

（1）柴油铲运机排出的废气污染井下空气，因此柴油铲运机必须配备废气净化器与消声器，同时辅以通风，加大了开采成本。

（2）轮胎消耗量大。轮胎消耗量与路面条件和操作水平有关，轮胎消耗费用占装运费的10%~30%。

（3）维修工作量大，维修费用高，且需熟练的司机和装备良好的保养车间，维修费随设备使用时间的延长而急剧增加。

（4）基建投资大，设备购置费用高，且要求巷道规格较大。

铲运机的适用条件是：

（1）开采规模大、开采强度高的矿山；

（2）矿岩稳固性较好；

（3）矿山无轨化开采，具备开凿供铲运机上下的斜坡道的矿山；

（4）对于不具备开凿斜坡道条件的矿山，但可通过地面拆解、地下组装的方式，或通过专用设备井将铲运机运达地下作业场所的矿山；

（5）备品配件来源方便，有足够的维护、维修能力的矿山。

6.2.3　铲运机工作过程及其结构

6.2.3.1　铲运机的工作过程

铲运机的工作过程由5个工况组成：

（1）插入工况。首先开动行走机构移近工作面，下放动臂将铲斗置于底板（地面），铲斗斗底与地面呈现30~50°的倾角。开动铲运机，铲斗借助铲运机前移的推力插入矿（岩）堆。

（2）铲装工况。铲斗插入矿（岩）堆后，转动铲斗使其装满，并将铲斗上口翻转至近水平位置。

（3）重载运行工况。将铲斗回转到运输位置，使斗底距底板高度不小于设备最小允许离地间隙，然后开动行走机构使铲运机运行至卸载点。

（4）卸载工况。操纵动臂使铲斗至卸载位置，铲斗向前翻转卸载至溜井内或矿车中，矿（岩）石卸完后下放铲斗到运行位置。

（5）空载运行工况。铲运机卸载后返回工作面，然后进行第二个工作过程，如此重复进行铲、装、运、卸的循环作业。

6.2.3.2　铲运机的结构

铲运机主要由工作机构、动力传动系统、转向系统、制动系统、行走系统和废气净化系统等组成，如图6-20所示。对于电动铲运机，还包括卷缆系统。

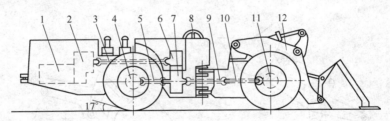

图 6-20　DZL-50 型铲运机结构示意图

1—发动机；2—减速箱；3—传动轴；4—后驱动桥；5—后驱动轴；6—变矩器；7—变速箱；
8—转向结构；9—中间传动轴；10—前驱动轴；11—前驱动桥；12—工作机构

铲运机的工作机构主要由动臂升降机构和转斗机构两大部分组成。

（1）动臂升降机构。由提升油缸及动臂组成。动臂油缸及动臂的一端都是铰接在车架上，组成四杆机构，由动臂油缸活塞杆的伸、缩动作完成工作机构的提升与下降动作。

（2）转斗机构。由转斗油缸、摇臂、拉杆、铲斗等组成，由转斗油缸控制铲斗的转斗动作。

铲运机工作机构的结构和性能直接影响整机的工作尺寸和性能参数，常用工作机构多种多样，如图6-21所示。从杆件机构的类型分为四杆、六杆或八杆机构；从油缸与各杆件之间的相互配置关系分为有平行四边形式、转斗油缸直接推拉铲斗式、反转连杆间接推拉铲斗式、正转连杆间接推拉铲斗式等几种类型，其结构特点简述如下。

（1）Z型反转六杆机构（见图6-21（a））。转斗油缸大腔进油，连杆倍力系数可设计较大，因而铲取力大。铲斗平动性能好，结构十分紧凑，前悬小，司机视野好。承载元件多，铰销多，结构复杂，布置困难，适用于坚实物料（矿石）采掘。

（2）转斗油缸正转四杆机构（见图 6-21（b））。转斗油缸小腔进油，连杆倍力系数设计较大，铲取力大。转斗油缸活塞行程大，铲斗不能实现自动放平，卸料时活塞与铲斗相碰，故铲斗做成凹型，既增加了制造困难，又减少斗容，但结构简单，在地下铲运机有一定应用。

（3）转斗油缸正转五杆机构（见图 6-21（c））。为了克服正转四杆机构活塞杆易与铲斗相碰的缺点，增加了一个小连杆，其他的特点同正转四杆机构。

（4）转斗油缸前置正转六杆机构（见图 6-21（d）），由两个平行四边形组成，因而铲斗平动性好，司机视野好。缺点是转斗油缸小腔进油，铲取力小，转斗油缸行程长。由于转斗油缸前置、工作机构前悬大，影响整机稳定性，不能实现铲斗的自动放平。

（5）转斗油缸后置正转六杆机构（见图 6-21（e）），与转斗油缸前置比较，前悬较大，传动比较大，活塞行程短，有可能将动臂、转斗油缸动臂与连杆设计在一平面内，简化了结构，改善动臂与铰销受力。但司机视野差，小腔进油，铲取力较小。

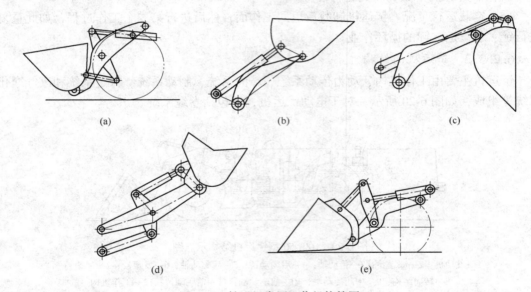

图 6-21　铲运机常用工作机构简图
（a）Z 型反转六杆机构；（b）转斗油缸正转四杆机构；（c）正转五杆机构；
（d）转斗油缸前置正转六杆机构；（e）转斗油缸后置正转六杆机构

露天矿用前端式装载机因卸载高度较高且工作机构不受空间大小的制约，其工作机构绝大多数采用六杆或八杆机构中的正转连杆间接推拉铲斗式及反转连杆间接推拉铲斗式，而铲运机的工作机构则多采用转斗油缸直接推拉铲斗式或反转连杆间接推拉铲斗式。

（1）铲斗。铲斗是铲运机铲装、运输矿岩的主要工具和容器，由斗前壁、后壁、侧壁、斗底等部分组成。铲斗前壁可根据铲装的矿岩块度不同而制成带斗齿的、不带斗齿的或其他形状，通常采用带斗齿的铲斗。由于铲斗在工作过程中直接与矿石摩擦，工作条件十分恶劣，特别是斗前壁和斗齿容易磨损和损坏，因此，铲斗采用高强度合金钢作为唇板或堆焊斗刃前沿，并经热处理以增加其耐磨性。为了增加铲斗的刚度，在铲斗的后壁与斗底等处都焊有加强板或加强筋。

绝大多数铲运机均采用整体向前倾翻式铲斗，其优点是结构简单、工作安全可靠、铲斗有效装载容积大等，缺点是需要有较大的卸载角度（一般为45°）才能保证把矿岩卸载干净。为克服该缺点，近年来研制出了带推卸板的前卸式铲斗、底卸式铲斗、侧卸式铲斗等新型铲斗。推卸式铲斗的结构如图6-2所示。

（2）动臂。动臂的主要作用是支撑铲斗，也是重要的工作机构，必须保证其有足够的强度与刚度。动臂断面形状一般有单板形、双板形、工字形及箱形四种。

动臂与举升油缸的配置方式一般有两种，如图6-22所示。动臂 DB 与举升油缸 AC 的关系为第一种配置方式，动臂 DB 与举升油缸 BC 的关系为第二种配置方式。

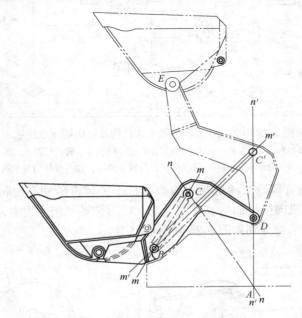

图6-22　举升油缸与动臂的布置方式

第一种配置方式是举升油缸 AC 的 A 端尽量铰接在前机架的下方后侧，而第二种配置方式则是举升油缸 BC 的 B 端尽量铰接在前机架的向前突出部分。当举升油缸的直径及油压都相同的情况下，第二种配置方式比第一种配置方式有更大的举升力矩，但应根据机械的总体布置综合考虑采用哪一种配置方式。

（3）工作机构的液压系统。传动系统的作用是将动力系统的动力传递给车轮，推动铲运机向前、向后、转向运动，主要有液力机械传动系统和静液压传动系统。前端式装载机和铲运机有多种型号，其工作机构的液压系统的液压部件、液压回路及保护方式等各不相同。图6-23所示为DZL-50型铲运机工作机构的液压系统，它由分配法阀、双联油泵、双作用安全阀和电磁开关、行程开关等组成。

铲运机工作机构液压系统大都采用先导工作液系统。先导操纵可实现单杆操纵，且手柄操作力及行程比机械式小得多，大大降低了驾驶员的劳动强度，增加了操作舒适性，从而也大大提高了作业效率。

6.2.3.3　动力传动系统

铲运机动力源有电动机与柴油机两种。电动机的电源有380V、550V及1000V三种，

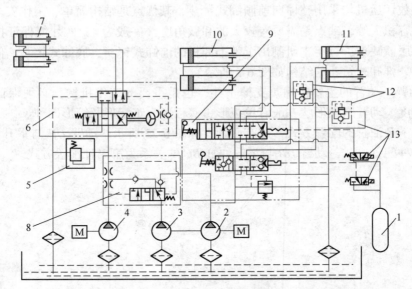

图 6-23　DZL-50 型铲运机工作机构及转向液压系统图

1—储气罐；2，3—双联油泵；4—转向油泵；5—溢流阀；6—转向控制阀；7—转向油缸；
8—流量控制阀；9—分配阀；10—动臂油缸；11—转斗油缸；12—双作用安全阀；13—电磁阀

频率为 50Hz。柴油机有风冷柴油机与水冷柴油机。铲运机传动系统将动力系统的动力传递给车轮，推动铲运机向前、向后、转向运动。动力传动系统主要有液力机械传动系统和静液压传动系统，其结构分别如图 6-24 和图 6-25 所示。

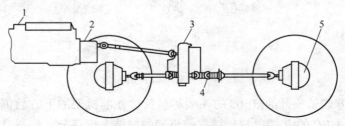

图 6-24　液力机械传动结构图

1—柴油机；2—液力变矩器；3—变速箱；4—传动轴；5—驱动桥油泵

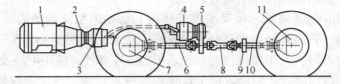

图 6-25　静液压传动结构图

1—动力机（柴油机或电动机）；2—主泵及辅助泵分动箱；3—高压变量油泵；4—变量油液压马达；
5—分动箱；6—后传动箱；7—后桥；8—中间传动；9—前传动轴支承座；10—前传动轴；11—前桥

　　静液压传动是基于水力学的 Passcal 原理，以液体的静压力及容积变化等的原理进行能量传递。系统的主要元件是液压泵、操纵阀和液压马达，如 Toro 100DH 型铲运机。这类传动系统有的不带传动轴和变速机构，用车轮马达驱动；有的则带传动轴、变速机构和驱动桥等机械传动机构。

　　静液压传动系统具有系统简单，操作方便，可无级变速等优点，但系统压力较高，液压元件的精读要求比较高，主要适用于小型的铲运机（斗容在 $1.5m^3$ 以下）。

　　目前，铲运机多采用液力机械传动，有的也采用静液传动。液力机械传动具有自动适应性，能够提高其通过性、舒适性和使用寿命，但传动效率低，运行成本高，适用于大中型铲运机。液力机械传动由液力变矩器、变速箱、传动轴、驱动桥等组成，如图6-26所示。

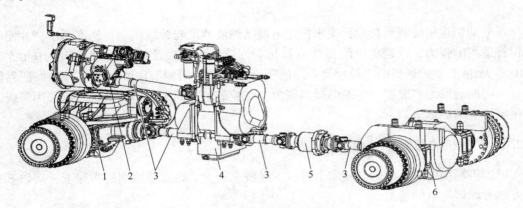

图 6-26　铲运机传动系统图

1—后驱动桥；2—液力变矩器；3—主传动轴；4—变速箱；5—过桥轴承；6—前驱动桥

6.2.3.4　电动铲运机

　　电动铲运机是以电动机代替柴油机作为动力，增加了电缆缠绕机构，因此其机动受到限制，但其技术经济指标均优于柴油铲运机。国产电动铲运机斗容为 $0.76 \sim 4m^3$，其技术特征列于表6-3中，其结构如图6-27所示。

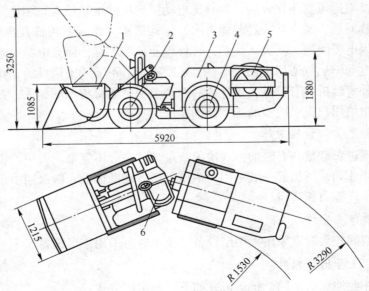

图 6-27　WJD-0.75型电动铲运机结构示意图

1—铲斗；2—前驱动轮（轴）；3—驱动装置（电动机、油泵、油马达等）；

4—后驱动轮（轴）；5—电缆卷筒；6—驾驶室

电动铲运机采用恒速交流电动机，但由于交流电动机的调速性能会影响到整机的调速性能，故还需采用特殊措施来使整机获得平稳的调速性能。一种方法是采用调速变矩器，亦即可通过改变导轮（或涡轮）叶片角度的方式使变短器获得可控的调速特性。这种调速方法使得变矩器结构变得复杂，制造成本较高。另一种方法是采用带有调速离合器的液力变矩器，调速离合器装设于电动机与变矩器之间，通过调节离合器的油压来调整离合器片间的接合压力，以改变离合器传递给变矩器泵轮的速度。该调速方法较简单，应用较多。

在电动铲运机装载运行中，要求供电电缆的缠放速度与装载机运行速度同步，并使电缆保持适当的张力，以避免电缆扭结或被拉断，造成人身、设备损伤。国产 WJD-1.5 和 WJD-0.75 型电动铲运机的电缆卷筒采用液压马达传动，用调节溢流阀的压力来保证卷筒具有一定的卷取力和放缆时电缆的适当张力。在装卸地点固定的条件下也可以采用架线方式供电的电动铲运机。

6.2.4　铲运机的选型

铲运机选型的总体原则是技术上可行、经济上合理。在此总原则的指导下，从如下七个方面考虑铲运机的选型。

A　运输距离

运距是选择铲运机的主要条件。根据矿山生产实践和经验，柴油铲运机经济合理单程运距为 150~200m，电动铲运机的运距为 100~150m。同时，还要考虑矿山及采场的生产能力。

B　铲运机原动机类型

柴油铲运机有效运距长、机动灵活、适用范围广，其缺点是废气净化措施还不够，若增大井下通风量则通风费用比较高，而且比电动铲运机的维修量大。相比之下，电动铲运机没有废气排放问题、噪声低、过载能力大，结构简单，维修费用低及操作运营成本低。但电动铲运机因电缆问题，其灵活性差，转移作业地点困难，而且电缆昂贵且易受损，存在漏电危险。电动铲运机适用于通风不良、运距不长、不需频繁调换的工作面。

总之，两种铲运机各有特点，预计今后两种类型铲运机将相辅相成，共同发展，在不同的作业环境中给用户提供更多的选型范围。

C　出矿量要求和台班效率

每次巷道掘进爆破量是有限的，一次出渣量少，一般不宜采用大中型设备。就生产矿山而言，主要作业如采场出矿一般采用大中型设备，辅助作业一般采用中小型设备。设备选型应与矿山生产能力相适应。

D　工作面作业空间

作业场地空间较大时宜采用大中型设备，狭小时可采用小型设备。

E　采矿方法与出矿结构

根据出矿作业地点的不同，铲运机有如下三种出矿方式：

（1）铲运机在采场底部结构中长时间固定在一条或几条装运巷道中铲装和运输矿石，如留矿法、阶段矿房法、有底柱分段崩落法、阶段崩落法等采矿方法的回采出矿。

（2）铲运机在采场进路中铲装和运输矿石，如无底柱分段崩落法、分层崩落法、进路式上向水平分层充填法、下向水平分层充填法等的回采出矿。

（3）铲运机在采场内多点不固定的铲装和运输矿石，如全面法、房柱法、上向水平分层充填法等的回采出矿。

根据铲运机三种出矿方式与采场出矿方式的不同，铲运机出矿结构分为以下几种情况：

（1）铲运机在有采场底部结构中的出矿结构。

1）集矿堑沟为连接装矿进路与上部采场的受矿结构，且平行于出矿巷道。

2）出矿巷道为平行于集矿堑沟与装矿进路连接的巷道。

3）装矿进路是连接出矿巷道与集矿堑沟的巷道。该巷道的布置与采场尺寸、铲运机的外形尺寸、矿岩的稳固程度和运输巷道的布置有关。

4）运输平巷为与出矿巷道连接的巷道。

5）出矿溜井可沿运输平巷或出矿巷道布置。

铲运机在有采场底部结构中的出矿结构实例见表6-5。

表6-5　铲运机在有采场底部结构中的出矿结构

矿山名称	采矿方法	出　矿　结　构				
		集矿堑沟	出矿巷道	装矿进路	运输平巷	出矿溜井
寿王坟铜矿	阶段矿房法：矿房垂直矿体走向布置，长50m，宽35m，间柱宽度15m，底柱厚度11～14m，出矿设备为LK-1和TORO-100型铲运机	单堑沟：布置于矿房中央最底部，斜面倾角50°，底部宽度10～14m	与单堑沟平行	与出矿巷道交角为50°，单堑沟双侧进路布置形式，进路长度13～17m，间距为15m	沿矿体走向布置在下盘15～17m处	沿出矿巷道布置，每个采场布置一个溜井，断面规格为2.5m×2.5m
金山店铁矿	自然崩落法：平底结构，沿矿体走向布置，长度为80m，宽度为矿体厚度，出矿设备为LK-1型铲运机	—	沿矿体布置，中、上、下盘围岩中各布置一条	与出矿巷道垂直，双侧进路布置形式，间距为10m	与出矿巷道合二为一	沿出矿巷道布置，间距为80m，平均运距40～50m
铜矿峪铜矿	有底柱分段崩落法：垂直矿体走向布置，采场长100m，宽16m，出矿设备为架线式和LK-1型铲运机	—	垂直矿体走向布置于矿体中	与出矿巷道交角为45°，单侧进路布置形式	沿矿体走向布置在矿体下盘围岩中	沿运输平巷布置
柿竹园多金属矿	阶段矿房法：盘区布置，矿房长64m，宽20m，底柱厚度14m，分段高度22m，出矿设备为ST-5型铲运机	单堑沟：倾斜面倾角50°，底宽4m，布置于矿房中央最底部	与单堑沟平行，布置于间柱中央	与出矿巷道交角为50°，单堑沟双侧进路布置形式，两侧装矿进路交错布置，长度为12m，间距15m	盘区平巷与出矿巷道垂直，布置于盘区矿柱中	矿山主溜井间距为150m，断面直径为3m

（2）铲运机在采场进路中的出矿结构。该出矿结构由回采进路、分段（分层）平巷和出矿溜井等构成，且位于分段（分层）的底部水平。

1）分段（分层）平巷是与回采进路连接的巷道，一般沿矿体走向布置于靠下盘或靠上盘的矿体中；在矿体极不稳固时，可布置在上盘或下盘的围岩中。当回采进路沿矿体走向布置时，分段（分层）平巷与回采进路合二为一。一般分段高度为 10～15m，分层高度为 2.8～3.5m。上下分段（分层）平巷应错开布置。

2）出矿溜井沿分段（分层）平巷布置，且位于下盘或上盘围岩中，一般 1～2 个采场布置一条。

采场进路中的回采出矿结构实例见表 6-6。

表 6-6　铲运机在采场进路中的出矿结构

矿山名称	采矿方法	出 矿 结 构		
		回采进路	分段平巷	出矿溜井
寿王坟铜矿	无底柱分段崩落法：垂直矿体走向布置，每个采场布置 4～5 条进路，采场宽度为 50～60.5m，分段高度为 17m，出矿设备为 LK-1 型铲运机	垂直矿体走向布置，回采进路间距为 12.5m，长度为矿体厚度	沿矿体走向布置在脉外 15～17m 处下盘围岩中	沿分段平巷布置，间距为 25～37.5m，断面规格为 2.5m×2.5m
铜坑锡矿	无底柱分段崩落法：垂直矿体走向布置，每个采场布置 5 条进路，采场宽度为 50m，分段高度为 12m，出矿设备为 LF-4.1 型铲运机	垂直矿体走向布置，回采进路间距为 10m	沿矿体走向布置在下盘围岩中，当矿体厚度较大时，在矿体上、下盘围岩中各布置一条分段平巷	沿分段平巷布置，每个采场布置一个溜井，间距为 50m，平均运距为 50～100m，断面规格为 2m×2m
丰山铜矿	无底柱分段崩落法：垂直矿体走向布置，采场宽度为 50m，分段高度为 10m，出矿设备为 WJ-2 和 LK-1 型铲运机	垂直矿体走向布置，回采进路间距为 10m，上、下分段呈棱形交错布置	沿矿体走向布置在围岩中	沿分段平巷布置，间距为 80～100m，平均运距 60～70m，断面直径为 3m
笸子沟铜矿	无底柱分段崩落法：垂直矿体走向布置，分段高度为 10m，出矿设备为 LK-1 型铲运机	垂直矿体走向布置，回采进路间距为 10m	沿矿体走向布置在靠上盘的矿体中	沿分段平巷布置，间距为 30m，平均运距为 70m 以内
符山铁矿	无底柱分段崩落法：垂直矿体走向布置，每个采场布置 5 条进路，采场宽度为 50m，分段高度为 10m，出矿设备为 LK-1 型铲运机	垂直矿体走向布置，回采进路间距为 8～10m	沿矿体走向布置在下盘围岩中，矿体厚度较大时在矿体中间再布置一条分段平巷	沿分段平巷布置，每个采场布置一个溜井，间距为 50m，平均运距为 80～120m
梅山铁矿	无底柱分段崩落法：盘区布置，每 50～60m 划分为一个盘区，分段高度为 12m，出矿设备为 LK-1 型铲运机	垂直盘区平巷布置，回采进路间距为 10m，长度为 25～30m	为盘区平巷，布置于矿体中	沿盘区平巷布置，每个采场布置一个溜井，间距为 50～60m，平均运距为 73m

矿山名称	采矿方法	出 矿 结 构		
		回采进路	分段平巷	出矿溜井
弓长岭铁矿	无底柱分段崩落法：垂直矿体走向布置，每个采场布置 5~6 条进路，采场宽度为 50~60m，出矿设备为 LK-1 型铲运机	垂直矿体走向布置，回采进路间距为 10m	沿矿体走向布置在下盘角闪岩中	沿分段平巷布置，每个采场布置一个溜井，间距为 50~60m，平均运距为 50m
程潮铁矿	无底柱分段崩落法：垂直矿体走向布置，每个采场布置 5 条进路，采场宽度为 50m，分段高度为 10~12m，出矿设备为 WJ-1.5 和 TORO400E 型铲运机	垂直矿体走向布置，回采进路间距为 10m	沿矿体走向布置在矿体上盘围岩中	沿分段平巷布置，每个采场布置一个溜井，间距为 50m，平均运距为 110m
尖林山铁矿	无底柱分段崩落法：垂直矿体走向布置，采场宽度为 50m，分段高度为 10m，出矿设备为 LK-1 和 ZLD-40 型铲运机	垂直矿体走向布置，回采进路间距为 10m	沿矿体走向布置在下盘大理岩中	沿分段平巷布置，间距为 80m，平均运距为 75m

（3）铲运机在采场内多点出矿的出矿结构。

1）全面法和房柱法的出矿结构。铲运机可自由出入采场，出矿结构由出矿斜巷或平巷、运输平巷和出矿溜井等构成。全面法和房柱法在采场内多点出矿的出矿结构实例见表 6-7。

表 6-7　铲运机在上向水平分层充填法采场内的出矿结构

矿山名称	矿块布置	出 矿 结 构		
		斜巷	运输平巷	出矿溜井
Laisvall	房柱法采后尾砂充填，矿房宽度 15m，圆形矿柱直径 10m，房柱间距 29m，采用铲运机—自卸汽车出矿	斜巷坡度为 3.0%~5.5%，用于运输矿石、人员、材料和设备	为盘区平巷，沿矿体走向布置，布置于矿体内	不设出矿溜井，矿石由自卸汽车从工作面直接运至装载矿仓，最大运距为 700m
Kramforp	沿矿体走向每 50m 划分一个盘区，沿矿体倾向划分矿块，矿房宽度 11m，矿柱宽 6m，采用装载机—自卸汽车出矿	盘区运输巷道布置于矿体内，用于运输矿石、人员、材料和设备	伪倾斜布置于矿体内，与盘区运输巷道连接	不设出矿溜井，矿石由自卸汽车从工作面直接运至装载矿仓，最大运距为 650m
Gaspe	矿房宽度 15m，矿柱断面为 1.35m×21m，采用电铲或铲运机—自卸汽车出矿	布置于矿体下盘 12m 处，斜巷坡度为 10%	每隔 12m 垂直高度从斜巷掘进分段巷道通向采场，用于运输矿石、人员、材料和设备	不设出矿溜井，矿石由自卸汽车从工作面直接运至装载矿仓，最大运距为 800m
Rammelsberg	垂直矿体走向布置，矿房倾向斜长 20~30m，采用 ST—2B 型铲运机和电耙出矿	布置于矿体走向长 400m 的中央脉内，折返式斜巷坡度 1:10	每隔 10m 垂直高度沿矿体走向在矿体内布置分段运输平巷	不设出矿溜井，矿体倾角小于 12° 时，用铲运机将矿石从采场直接出矿；矿体倾角在 12°~14° 时，用电耙将矿石集中到分段平巷，再用铲运机出矿

矿山名称	矿块布置	出　矿　结　构		
		斜巷	运输平巷	出矿溜井
Lovain	盘区布置，矿房宽度5~6m，矿柱规格18~20m²，采用蟹爪式装载机或铲运机—自卸汽车出矿	—	沿矿体走向布置两条盘区运输平巷，与副斜巷连接	不设出矿溜井，运距小于400m时用铲运机直接装运矿石，运距在400m~800m时用蟹爪式装载机或铲运机装入自卸式汽车出矿
Vishnev	矿块沿走向布置，长度180m，宽度6.5~7.5m，留规则矿柱，采用ДД—8型铲运机出矿	布置于矿体内，呈伪倾斜斜巷，为对角斜巷，坡度10°	—	每采区沿斜巷分别在采场中部和下部各布置一条矿石溜井，铲运机平均运距80~100m

　　2）上向水平分层法的出矿结构。由斜巷、分段平巷、出矿进路（采场联络道）和出矿溜井等构成。斜巷一般位于矿体下盘围岩中。当矿体下盘围岩不稳固时，也可布置在矿体上盘围岩或矿体中，作为人员、设备和材料的运输通道。

　　铲运机在上向水平分层充填法采场内的出矿结构实例见表6-8。

表6-8　铲运机在全面法和房柱法采场内的出矿结构实例

矿石名称	采矿方法	出　矿　结　构			
		斜巷	分段平巷	出矿联络道	出矿溜井
凡口铅锌矿	上向水平分层胶结充填采矿法：垂直矿体走向布置矿块，矿房宽度14m，间柱宽度8m，底柱厚度6m，出矿设备为LF-4.1和TORO100DH型铲运机	布置于矿体下盘围岩中，坡度20%~25%，弯道半径8~12m，底板铺设0.2m厚混凝土路面	沿矿体走向布置于距矿体10m的下盘围岩中，分段高度8m，分层厚度4m	从分段平巷掘进两条平面上错开的出矿联络道通向采场，坡度分别为+20%和-20%	布置于采场充填体内和下盘围岩中，每个采场布置一对
红透山铜矿	上向水平分层尾砂充填采矿法：沿矿体走向布置矿块，矿房长度100~180m，不留间柱，底柱厚度6m，出矿设备为TORO100DH、LK-1和LF-4.1型铲运机	布置于矿体下盘围岩中，呈折返式布置，坡度1：5，用于运输矿石、人员、材料和设备	未设分段平巷，分层高度为3m	从下盘斜巷每分层掘进联络道通向采场，作为人员、材料和设备的运输出入口	布置于采场充填体内，用钢筋混凝土构筑，壁厚0.5m，每个采场布置一对，间距15m，平均运距10~60m，溜井断面规格为2m×2m
铜绿山铜矿	上向水平分层点柱充填采矿法：沿矿体走向布置矿块，矿房宽度32m，间柱沿矿体走向布置1~2排，排距为12~15m，宽度为4m，每排1~2个点柱，出矿设备为WJ-76和WJ-1.5D型铲运机	布置于矿体下盘围岩中，作为运输矿石、人员、材料和设备	沿矿体走向布置于下盘围岩中，分层高度4~5m，分段高度8~10m	从分段平巷掘进两条平面上错开的联络道通向采场，一条上坡，一条下坡	布置于采场充填体内，每个采场布置一对，用混凝土构筑，壁厚0.4~0.6m，溜井断面规格为1.8m×1.5m

F 矿区气候条件（与海拔高度有关）

矿区气候条件还与海拔高度有关。铲运机用柴油机的功率一般是按基准条件设计的，即海拔 1000m 以下、环境温度为 25°C。若基准条件发生了变化，柴油发动机的额定功率将随着温度和海拔的增加而降低，从而降低生产率。为了保证地下柴油铲运机的性能，就必须选择与矿区气候条件相适应的铲运机，或采取相应的措施。

G 经济因素

机械设备的装运费用的一般规律是：大型设备比小型的更经济，运营成本低一些。选择设备型号和规格时还要通过经济因素进行经济比较分析后确定。

6.3 装 运 机

装运机是本身带有储料仓、轮胎行走、铲斗的装、运、卸联合装载设备，多用于采场工作面的矿石运搬，将矿石卸入溜井内，也可用于巷道掘进的岩渣装载作业。

装运机可采用气动或柴油机驱动，目前都采用轮胎行走。气动装运机由于其储矿仓配置在行走部分之上，与其他类型的装运机相比，其工作时所需的巷道高度较大。因以压气为动力，其运输距离和装载能力都受到限制，故气动装运机一般只生产小型的，其最大斗容量为 0.5m³，最大储矿仓容积为 2.2m³，主要用于短距离（60~120m）的装运卸作业，行走速度不大于 5km/h。柴油装运机克服了气动装运机的运距小、车速慢、生产能力有限等缺点，它具有功率较大、机动性好、行走速度高等优点，当运距一定时，其生产能力高于气动装运机，但必须采取废气净化措施。

装运机的装载工作是利用铲斗多次铲装、翻卸而装满储料仓或溜井中，卸载方式有储料仓倾翻式、底卸式和推卸式。国产气动装运机的技术特征见表 6-9。

表 6-9 国产装运机的技术特征

特 征	型 号		
	C-30	C-50	C-12G
斗容/m³	0.3	0.5	0.12
储料仓容积/m³	1.8	2.3	0.85
装载能力/m³·h⁻¹	60	90~100	12~23
运距/m	20~40	≤200	20~40
巷道最小净断面（宽×高）/mm	3500×2800	4500×3200	3000×2500
铲装矿石最大块度/mm	650	800	500
转弯半径/m	6.5	原地转向	2.35
平均行车速度/m·s⁻¹	1.0~1.2	1.0	1.3~1.5
重载最大爬坡能力	1:7	1:4	1:6
工作气压/MPa	0.49~0.69	0.6~0.8	0.65
额定功率/kW	14.7（提升），10.3（行走）	14.91×2（提升），10.44×2（行走）	14.7

特　征	型　号		
	C-30	C-50	C-12G
转向方式	气动	气动	气动
料仓卸载方式	推卸倾翻式	推卸倾翻式	推卸倾翻式
整机外形尺寸（长×宽×高）/mm	4540×1890×2640	3600×2320×2700	3310×1540×1445
机重/t	5	6.45	2.3
生产商	太远矿山机器厂	青海矿机厂	长沙矿山研究院

气动装运机是以压气为动力的翻转后卸式装运机，在我国井下回采和掘进作业中使用广泛。图 6-28 为双轮驱动的 C-30 型装运机的结构图，其基本结构主要由行走、装卸和操作三大部分组成。

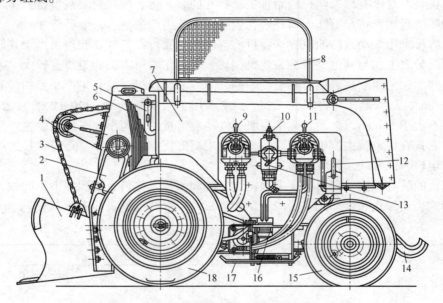

图 6-28　C-30 型装运机外形及其结构

1—铲斗；2—斗柄；3—链条；4—支承滚轮；5—挂钩；6—缓冲弹簧；7—车箱；8—安全网；
9—铲斗提升操纵阀；10—主供气阀；11—行走转向操纵阀；12—车箱卸料操纵阀；
13—总开关手柄；14—道轨；15—转向轮；16—卸料踏板；17—工作踏板；18—驱动轮

装运机的工作过程是：工作时，首先依靠机器的自重和行走机构使铲斗插入爆破后的矿（岩）堆中；当铲斗装满后，提升铲斗将矿岩卸载到后面的储矿车箱内，同时使装运机后退一定距离，下放铲斗，进行再一次的铲装；待车箱装满矿岩后，将装运机行驶到卸载地点，卸料气缸便推动车箱沿道轨向后下滑并倾翻，将矿岩卸入运输设备或溜井内，然后使车箱复位；装运机返回至装载工作面，开始下一个工作循环。

6.3.1　行走部分

装运机行走部分由机架、发动机、行走减速器、行走轮和转向机构等组成（见

图 6-28）。装运机前部为驱动轮轴和行走减速箱，后部为转向轮轴及转向机构，两者斗固定装在机架上。

6.3.1.1　机架

机架是其他部分机件的安装基础，是钢板焊接件，其前端焊有可调撞铁，用以抵抗铲斗插入岩堆和下放时的冲击力，其结构如图 6-29 所示。机架下部铰接着车箱卸料气缸，机架前部上面安装有铲斗提升机构，下面安装有行走机构。工作踏板安装在机架左侧操纵板底座上，供司机操作时站立使用，以保证操作安全和提高生产效率。

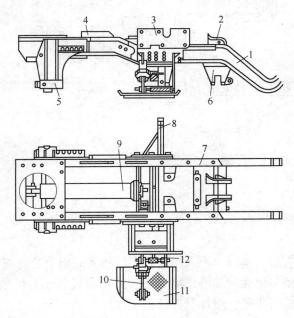

图 6-29　机架结构

1—道轨；2—限位板；3—操纵板底座；4—凸台；5—可调撞铁；6—转向轮枢轴定位器；7—道轨板；
8—卸料控制杆底座；9—卸料气缸；10—脚踏板支杆；11—工作踏板；12—卸料踏板

机架后部是供车箱卸料用的轨道，轨道后部向下弯曲呈 45°，最后一截向上翘起，挡住滚轮，使车箱停止下滑。机架上还安装有两个限位板，是卸料时车箱后移的限位装置。机架是焊有凸台，是车箱卸载后复位时的限位装置，使车箱滚轮停止滚动。

6.3.1.2　行走减速箱

气动装运机通过三级齿轮减速箱带动驱动轮转动，使装运机行走，如图 6-30 所示。行走减速箱中装有牙嵌离合器，其作用是：当装运机被拖运时打开牙嵌离合器，切断车轮与行走气动机的机械联系，借以减轻拖运时的行走阻力。驱动轮轴的两端分别安装两个行走车轮，传动系统中因无差速装置，装运机转弯时车轮将产生滑转，从而增加轮胎的磨损。牙嵌离合器结构简单，多用于小型装运机上。

6.3.1.3　行走轮

装运机的行走轮包括一对驱动轮和一对转向轮。装运机前部的一对大轮胎是驱动轮，均采用充气轮胎。转向轮是位于机器后部的一对小轮胎，它能绕联轴节上的销轴摆动一个角度，以实现机器的转向。在铲装矿岩时，作用在前轮上的黏着重量较大，因而驱动轮布

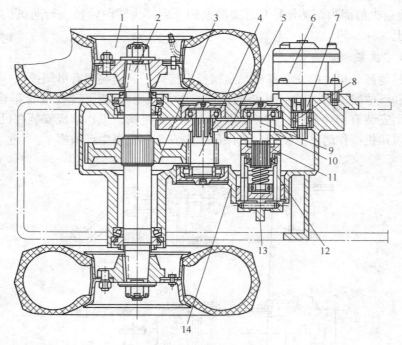

图 6-30 气动装运机行走机构

1—行走驱动轮；2—驱动轮轴；3，5，10—齿轮；4，8，9—轴齿轮；6—行走气动机；
7—联轴器；11—牙嵌离合器；12—离合器拉杆；13—离合器操作手柄；14—减速箱体

置在前面，使机器具有较大的牵引力。因前轮承压较大而用轮胎的规格也较大。前轮充气压力较低可以改善轮胎与地面的黏着性能。后转向轮直径较小，可增加转向轮的偏转角，使装运机获得较小的转弯半径，增加机器的机动性。

6.3.1.4 转向机构

C-30 型装运机的转向机构主要由转向气动机、转向节、转向轮和传动杠杆组成，如图 6-31 所示。转向气缸的缸体活动连接于机架上，活塞杆两端分别铰接于转向节臂上，控制压气的进出方向则可以使转向轮左右转动而实现转向。

图 6-31 (b) 所示为转向节结构，轮毂通过一对滚柱轴承安装在转向节上，转向轮可在转向节上自由转动。推动转向节劈使转向节在水平方向绕主销摆动一角度。转向节通过主销与横梁铰接。横梁用螺栓固定在装运机机架上。左右两个转向节臂与横拉杆铰接。由横拉杆、转向节臂及横梁构成的梯形结构称为转向梯形，其尺寸参数对装运机能否按照正确的运动规律运动有很大影响。

6.3.2 装卸部分

气动装运机的装卸部分由铲斗及斗柄、铲斗提升减速箱及箱座、储料仓及卸料装置等组成。

6.3.2.1 铲斗及斗柄

铲斗及斗柄安装于装运机的最前端，其结构如图 6-28 所示。铲斗为钢板焊接件，斗唇由锰钢铸造制成，焊接在铲斗下底前部。斗柄通过一对滚柱轴承安装在机架箱座上。铲

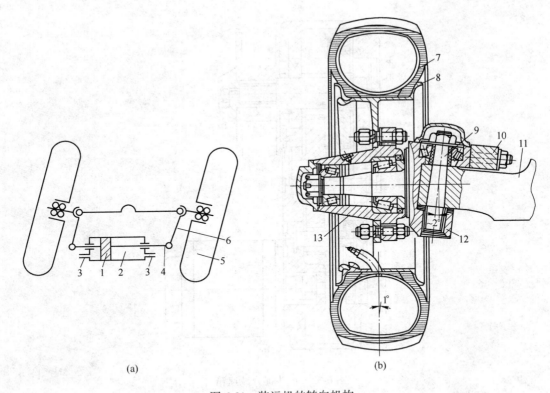

图 6-31　装运机的转向机构

（a）气动装运机转向机构传动系统简图；（b）C-30 型装运机转向节结构
1—活塞；2—气缸；3—进排气口；4—活塞杆；5—转向轮；6—转向节臂；7—轮胎；
8—轮辋；9—主销；10—转向节臂；11—横梁；12—转向节；13—轮毂

装时斗柄下部支撑在机架撞铁上，铲斗扬起卸料时铲斗及斗柄绕着斗柄与箱座的联接轴承向上翻转。左右斗柄各有一块撞铁，铲斗卸料时碰铁与弹簧缓冲器相碰。机器调运时，铲斗及斗柄可用挂钩挂在箱座上。

6.3.2.2　铲斗提升减速箱及箱座

提升气动机通过减速箱带动卷筒旋转，操纵气动机正、反转，可使铲斗提升或下放。提升减速箱结构如图 6-32 所示，减速箱用螺栓固定在机架前部的箱座上，箱座是钢板焊接件，螺栓连接在机架上。箱座内安装提升减速箱，两边安装斗柄、板弹篮缓冲器及挂钩等。

提升链条节距为 45mm，其一端用轴销装在卷筒上，卷筒卷面做成渐开线形状，另一端与铲斗铰接。链条的滚轮位于铲斗平放位置和卷筒之间。滚轮架通过螺栓连接于箱座上。

6.3.2.3　储料仓及卸料装置

储料仓由钢扳和加强筋焊接而成，其后挡板铰接在车箱后部两侧，卸料时由于卸料杆的作用而自行开启。卸料杆一端和后挡板的侧边铰接，另一端铰接在机架上的控制杆底座上（见图 6-33）。

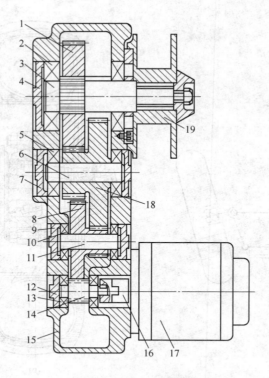

图 6-32 铲斗提升减速箱

1—齿轮；2，5，10，13—轴承；3，6，11—轴；4，7，9，12—压盖；8，18—双联齿轮；
14—齿轮轴；15—箱体；16—联轴节；17—气动机；19—链卷筒

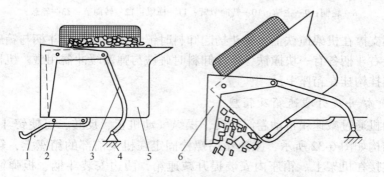

图 6-33 装运机卸载示意图

1—机架道轨；2—车箱滚轮；3—卸料控制杆；4—控制杆底座；5—车箱；6—后挡板

6.3.3 操纵部分

气动装运机的操纵部分由主供气阀、提升控制阀、卸料控制阀和行走控制阀等组成。其工作原理如图 6-34 所示。主供气阀的作用是将压缩空气过滤后，随同雾化后的润滑油供给气动机及气缸并起总开关的作用。

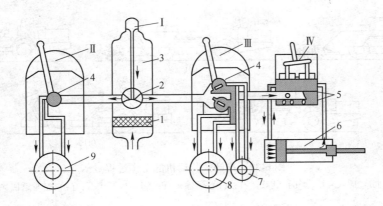

图 6-34　C-30 装运机操纵部分工作原理图

1—压气滤气网；2—油雾化喉管；3—润滑油管；4—控制滑阀；5—控制球阀；

6—车箱卸料气缸；7—转向气动机或气缸；8—行走气动机；9—铲斗提升气动机；

Ⅰ—主供气阀；Ⅱ—提升控制阀；Ⅲ—行走控制阀；Ⅳ—卸料控制阀

6.3.4　柴油装运机及其工作过程

　　柴油铲运机由工作机构和动力系统两大部分组成。工作机构包括铲斗、储料仓、闸门和卸载机构；动力系统包括柴油发动机、液力变矩器、油泵、油箱和驾驶室等。两大组成部分分别布置于装运机的前后车架上，前后车架通过铰接连接。

　　根据卸载方式，国外生产的柴油柴油机分为底卸式（如 Joy TL-45/55）、倾翻式（如 Cavo D-110）和推卸式（如 Joy EC_2）三种类型，其工作过程如图 6-35～图 6-37 所示。

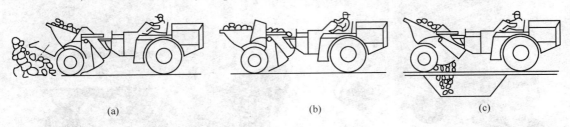

(a)　　　　　　　　(b)　　　　　　　　(c)

图 6-35　底卸式装运机的工作过程

（a）铲装矿石；（b）运送矿石；（c）向溜井卸矿

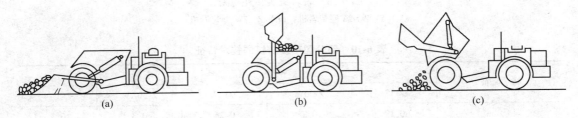

(a)　　　　　　　　(b)　　　　　　　　(c)

图 6-36　倾翻式装运机的工作过程

（a）铲装矿石；（b）运送矿石；（c）向溜井卸矿

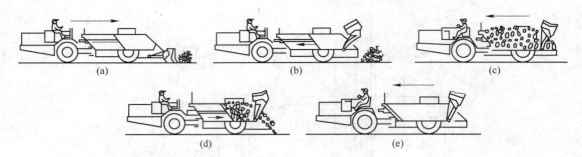

图 6-37　推卸式装运机的工作过程

（a）插入岩堆；（b）装载矿石；（c）运输矿石；（d）推卸矿石；（e）空车返回

6.4　装　岩　机

装岩机是在巷道中铲装后直接卸载矿岩物料的前端式装载机。装岩机具有结构简单、结构紧凑、适应性强、工作可靠、操作维修容易和能在弯曲道内工作等优点，装岩机在我国金属矿山中得到了广泛应用。这类装载机械有 Z-17、Z-20、ZGD-4 型电动装岩机和 ZQ-26、ZCQ-型气动装岩机，其外貌机构如图 6-38 所示。Z 系列装岩机为轨轮式井下掘进和采场的轻型装载设备，它结构紧凑，适应性强，工作可靠，操作维修简便，对各种岩性的金属或非金属矿山均能装载，适用于各种矿山的水平巷道和坡度≤8°的倾斜巷道。表 6-10 列出了部分国产装岩机的技术特征。

图 6-38　装岩机实际外貌图

（a）ZQ-26 型装岩机；（b）Z-17W 型装岩机

表 6-10　部分国产装岩机的技术特征

特　征	型　号				
	Z-17	Z-20W	ZQ-26	Z-30AW	ZCQ-4
斗容/m³	0.17	0.2	0.26	0.3	0.5
装载能力/m³·h⁻¹	25~30	30~40	50	50~60	70~90
装载宽度/m	1.7	2.0	2.7	2.2	3.5

特　　征		型　　号				
		Z-17	Z-20W	ZQ-26	Z-30AW	ZCQ-4
行走速度/m·s⁻¹		0.85	0.75	1.1~1.2	0.79	0.9~1.57
轨距/mm		600	600	600, 762	600	762, 900
发动机台数/台		2	2	2	2	2
行走发动机功率/kW		10.5	10.5	8.82	15	25
提升发动机功率/kW		10.5	13	14.7	15	25
工作风压/MPa		—	—	0.44~0.68	—	0.4~0.6
外形尺寸 /mm	长	2120	2400	2375	2620	3310
	宽	1000	1330	1380	1300	1893
	高	1200	1460	1455	1570	1850
轴距/mm		850	960	888	1000	1150
车轮直径/mm		300	—	—	—	—
重量/t		3.4	3.85	2.72	4.6	7.56
牵引力/kN		7.84~9.80	—	—	—	—
动力形式		电动	电动	气功	电动	电动

　　装岩机的结构及工作原理都基本相似，本节仅对代表性的 Z-17 型电动装岩机和ZQ-26型气动装岩机作简单介绍。Z-17 及 ZQ-26 型装岩机都是用于井下掘进或采场装载的轻型装岩机，对一般的矿岩、铁矿石及其他有色金属矿石均能装载，所装载矿石块度可达 500mm，当块度在 200~250mm 时装载效率最高。

6.4.1　装岩机的结构

　　Z-17 型装岩机是后卸式铲斗装载机，其结构如图 6-39 所示，主要由行走部分、回转部分、提升机构及工作机构组成。

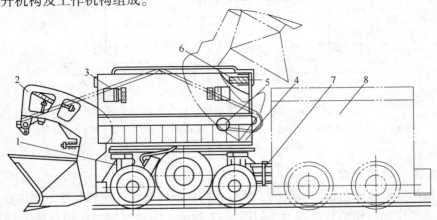

图 6-39　Z-17 型装岩机组成及其装载方式

1—行走部分；2—工作机构；3—电器及操作按钮；4—（上下）回转盘；

5—提升结构；6—缓冲弹簧；7—柱销；8—矿车

6.4.1.1　行走部分

装岩机的行走部分包括行走发动机、行走减速箱、传动机构和轮轴等。铸钢的减速箱体既是行走部分的底架，又是机器的机体。行走减速箱的前部是一个整块的半圆形缓冲器，作业时铲斗后板靠在缓冲器上，使机体承受插入阻力。减速箱后部也有一缓冲器，用以拖挂矿车和缓冲矿车与装岩机相互间的撞击。行走减速箱上部装有回转托盘，用于安装机器的回转部分。行走减速箱内装有三级圆柱齿轮减速器，它将电动机的动力分别传递到装岩机的前后车轮上，其传动系统如图 6-40 所示。

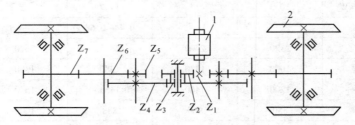

图 6-40　Z-17 型电动装岩机行走传动系统
1—电动机；2—行走轮；$Z_1 \sim Z_7$—传动齿轮

ZQ-26 型气动装岩机的传动系统采用了叶片式风马达（见图 6-41），通过传动齿轮将动力传到前轴，再通过链传动将动力由前轴传递到后轴。为能调整链条的张紧程度，后轮轴采用偏心轴承座，将轴承座在减速箱体安装孔内转动一定角度，就能在一定范围内调整机器的轴距，从而将链条调整到适当的松紧程度。

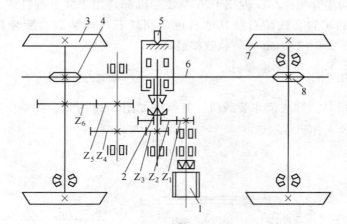

图 6-41　ZQ-26 型气动装岩机行走传动系统
1—气动马达；2—离合器；3—前车轮；4—前链轮；5—离合器手柄；6—链条；
7—后车轮；8—后链轮；$Z_1 \sim Z_6$—传动齿轮

6.4.1.2　回转部分

装岩机的回转部分包括回转机构、复位机构和稳绳装置。回转部分上部还安装着铲斗提升机构、工作机构和操纵装置等，如图 6-42 所示。回转机构的作用是使上部回转盘在水平面内左右转动一定角度，以便铲装巷道两侧的矿石。上回转盘是回转部分的底座，它通过滚珠支承在行走部分的下回转托盘上（见图 6-43），固定在下回转托盘上的中心轴穿

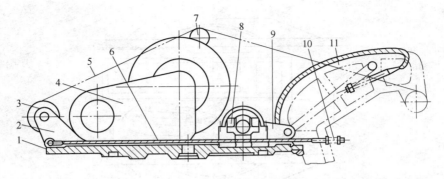

图 6-42　ZQ-26 型气动装岩机行走传动系统

1—上回转盘；2—滚轮支架；3，7—导向滚轮；4—提升减速箱；5—提升链条；
6—稳定钢丝绳；8—鼓轮座；9—摇臂；10—拉杆；11—斗柄

过上回转盘中心孔，以防止工作时上回转盘跳动和错位。

　　装岩机铲装矿石后必须回复正中位后才能进行卸载，实现装岩机回复正中位的结构被称为鼓形自动复位器（见图 6-43），靠其滚轮与鼓轮之间的相互作用来实现装岩机复位。鼓轮是一个中空的圆柱体，在柱面上有两条反向螺旋线形成的一个三角形缺口。鼓轮两端用轴承安装在上回转盘上。滚轮位于鼓轮的三角形缺口内，滚轮轴则固定在下回转盘上。鼓轮轴通过摇臂和连杆与斗柄连在一起。当提升铲斗时斗柄沿导轨滚动，连杆就带着鼓轮按图中箭头所示方向作相应的转动。这时滚轮便对鼓轮螺旋线表面产生一个推力，其对中心轴产生力矩作用。因此，随着斗柄的继续滚动，便将上回转盘按顺时针方向推转到正中位。

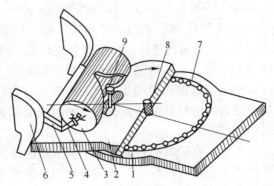

图 6-43　鼓形自动复位器

1—下回转盘；2—上回转盘；3—鼓轮；4—摇臂；5—连杆；
6—斗柄；7—滚珠；8—中心轴；9—滚轮及滚轮轴

　　ZQ-26 型装岩机的回转是通过压气（即回转气缸）来实现的，如图 6-44 所示。在行走箱体内，回转气缸外壳的一端铰接固定在箱体上的 A 点，活塞杆的端部则与回转盘上的 B 点相连接。当气缸上的气孔 a 或 b 通入压缩空气而另一气孔与大气相通时，即可推动活塞杆使回转盘绕其中心 O 作正反方向的旋转。在行走箱体后面的两侧安装有两块缓冲橡胶块，在回转过程中回转盘上两侧的凸缘与缓冲橡胶块相碰幢，橡胶块起缓冲作用，同时对回转盘起限位作用。

192

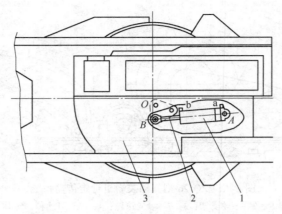

图 6-44　ZQ—26 型装岩机回转机构工作原理
1—回转气缸；2—活塞杆；3—回转盘

工作机构的滚动斗柄在上回转盘的轨道上滚动，稳定钢绳（见图 6-42）的作用是防止铲斗在装岩时由于工作面矿岩堆的反力和卸载时缓冲弹簧的反力使工作机构产生移动，并使铲斗在提升过程中滚动斗柄在导轨上只作滚动而不发生滑动。

6.4.1.3　提升机构

提升机构的作用是提升铲斗，使铲斗装满矿石并完成卸载动作。铲斗的下放则是依靠缓冲弹簧的反力和工作机构本身自重的作用实现的。提升机构由提升电机、减速箱、提升卷筒及链条等组成（见图 6-42）。

6.4.1.4　工作机构

装岩机的工作机构是直接完成装载和卸载工作的机构，由铲斗、斗柄、横梁、稳定钢丝绳等组成，如图 6-45 所示。工作机构链条的一端连接于安全销轴上，另一端连于提升减速器的卷筒上（见图 6-42）。斗柄通过连杆连接于鼓形复位器，使铲斗提升时能带动鼓形复位器转动而迫使上回转盘复位。斗柄的凹槽缠嵌着稳定钢丝绳。斗柄的滚动表面是由三段或四段不同直径的圆弧组成，以保证铲斗装满矿石后提升时有较大的铲取力矩和卸载时有足够的速度将斗内矿石抛入装岩机后面的矿车内。通过选取圆弧的曲线形状，还可以使铲斗获得较低的最大运行高度。

稳定钢丝绳的作用是防止铲斗在铲取矿石的过程中因岩堆的反力和卸载时缓冲弹簧的反力而产生纵向移动，并使铲斗在提升过程中斗柄与导轨间不发生相对滑动。装岩机左右两个斗柄上各安装有两条稳定功能的钢丝绳，其中一组钢丝绳的一端固定在斗柄中部，并带有弹簧缓冲装置，另一端则固定在回转盘的后端；而另一组钢丝绳的一端固定在斗柄的后部，也带有弹簧缓冲装置，其另一端则固定在回转盘的前端。在斗柄曲线部分的内侧设有存放钢丝绳的绳槽（见图 6-42）。铲斗提升时一条钢丝绳即缠卷在斗柄曲线部分的绳槽内；同时另一根钢丝绳则从绳槽中脱出顺放在导轨的侧边。铲斗下放时情况反之。因稳定钢丝绳都有一定的张力，共同作用在曲柄所在圆的边缘上，形成力偶。如此一来，斗柄在四根稳定钢丝绳的作用下只能沿着导轨滚动而不产生滑动。

ZQ-26 型气动装岩机的工作机构与 Z-17 型装岩机的基本相同，但 ZQ-26 型装岩机铲斗的斗柄尺寸较大，因而在提升发动机功率相同的情况下可以获得较大的铲取力矩。

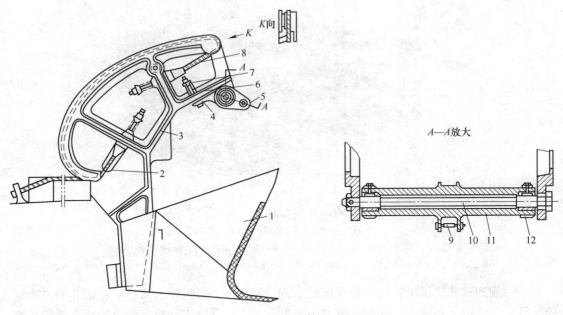

图 6-45　电动装岩机的工作机构

1—铲斗；2，8—稳定钢丝绳；3—斗柄；4—拨叉；5—横梁；6—拉杆、螺栓；7—弹簧；
9—安全销轴；10—横梁心轴；11—横梁外套；12—轴瓦

6.4.2　侧卸式装岩机

　　根据卸载方式的不同，装岩机分为后卸式和侧卸式两种，其基本构造相似。侧卸式装岩机也属于铲斗式前端装载机，铲斗铲取矿石后在其前方侧向翻转卸载，因而转载设备或矿仓布置在装岩机的一侧。侧卸式装岩机多采用履带式行走方式，如图6-46 所示。

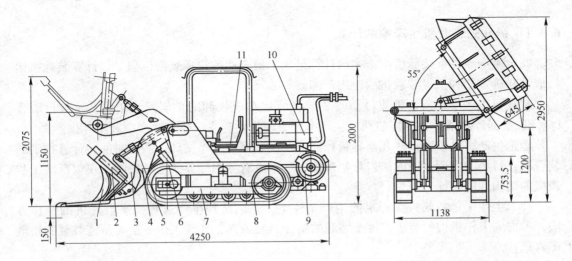

(a)

(b)

图 6-46　侧卸式装岩机

（a）ZCY-60 型侧卸式装岩机；（b）外貌图

1—铲斗；2—侧卸液压缸；3—铲斗座；4—大臂；5—拉杆；6—提升液压缸；

7—行走机构；8—主动链轮；9，10—电动机；11—司机室

　　侧卸式装岩机的特点是铲斗比机身宽，容积大，可以全断面作业；铲斗的一边侧壁很低，另一边无侧壁，因此插入阻力小，更有利于装载硬岩，容易装满铲斗；履带式行走结构使矿石装载宽度不受限制，适用于大断面岩巷的装渣。侧卸式装岩机主要用半煤岩巷、矿岩及其他物料的装载。

　　侧卸式装岩机用于平巷和倾角 18° 以下斜巷以及其他矿山工程中铲装爆落的松散矿岩，也可作为材料和设备的短途运输设备。侧卸式装载机适用的巷道断面取决于装载机自身的最大宽度（履带或铲斗宽度）、卸载时的最大高度以及配套设备。当与矿车配套使用时巷道断面不小于 10m^2。

6.5　铲斗式装载机性能参数分析与计算

6.5.1　铲斗式装载机生产率的计算

　　既定生产条件下装载机生产率的计算是为了最合理地选择装载机型号、计算装载机运行成本和确定某种型号装载机的使用范围。

　　装载机生产率是指每班或每小时装载机装运卸或装卸的矿岩量，单位为 $\text{m}^3/$ 台班或 $\text{t}/$ 台班。根据计算条件，可将装载机生产率分为理论生产率、技术生产率和实际生产率。

　　理论生产率是按照铲斗几何容量和完成一次装运卸工作循环所需的时间，计算得到的装载机在每小时内所装载的矿岩量。理论生产率没有考虑外界条件的影响，仅仅反映了装载机的结构性能特征。

　　技术生产率是装载机在一定的生产条件下，正确选择生产过程，掌握先进的操作方法，考虑到工作机构的装满程度及装载的实际难易条件，连续工作一小时所能装载的松散矿岩量。

　　实际生产率就是在具体的生产条件下，考虑装载机因调车、设备维修、转移场地等造成的时间损失后工作一小时所能装载的松散矿岩量。

6.5.1.1 铲斗式装岩机的生产率计算

（1）理论生产率。

$$Q_0 = \frac{3600q}{t_x} \qquad (6\text{-}9)$$

式中　q——铲斗斗容，m^3；

t_x——装卸一铲斗矿岩的循环时间，s：

$$t_x = K\left[(L_0 + L_e)\left(\frac{1}{v_1} + \frac{1}{v_2}\right) + l\left(\frac{1}{v_3} + \frac{1}{v_4}\right)\right] + t_p$$

K——考虑行走机构和工作机构加减速度对整个工作循环时间的影响系数，一般地 $K = 1.1 \sim 1.2$；

L_0——插入岩堆时机器本身需要移动的距离，一般地 $L_0 = 1 \sim 1.5 m$；

L_e——铲斗底板插入岩堆的深度，一般为 1/2～2/3 铲斗底板长，m；

v_1——插入岩堆时机器前进的平均速度，m/s；

v_2——机器返回时的平均移动速度，m/s；

l——提升铲斗链条的工作长度，m；

v_3，v_4——提升和下放铲斗时链条的平均速度，m/s；

t_p——机器换向停歇时间，s。

（2）技术生产率。

$$Q_j = K_s \frac{3600q}{t_x} \qquad (6\text{-}10)$$

式中　K_s——铲斗装满系数，与岩石块度的大小、容重、铲斗的形状有关，一般地 $K_s = 0.8 \sim 0.9$。

（3）实际生产率。

$$Q_s = K_c V_c \frac{3600q}{\dfrac{K_c V_c}{K_s q}t_x + t_f} \qquad (6\text{-}11)$$

式中　V_c——矿车容积，m^3；

K_c——矿车装满系数，一般地 $K_c = 0.9$；

t_f——平均每装一辆矿车所需的辅助时间，s；如向单个矿车装载，t_f 包括矿车的调车时间和列车的调车时间；如向斗式列车装载，t_f 则包括斗车的调车时间（折算到每个矿车上）及列车的调车时间。实际生产中 t_f 值比 $K_c V_c t_x / K_s q$ 值大得多。

6.3.1.2 轮胎式铲斗装载机的生产率

轮胎式铲斗装载机包括前端机、装运机，其生产率随其运输距离不同而有很大变化，一般不计算其理论生产率，而是对于某种型号的轮胎式铲斗装载机在其最优运距的情况下计算它的技术生产率。在不同的具体运输距离下，其实际生产率可按式（6-12）计算。

$$Q_s = K_x V_x \frac{3600}{t_f + t_y} \qquad (6\text{-}12)$$

式中　V_x——装运机储仓式前端执铲斗的容量，m^3；

K_x——储仓式铲斗的装满系数；

t_f——平均装卸一料仓或一铲斗的辅助时间，s；

t_y——装载机完成一个装、运、卸循环的时间，s：

$$t_y = t_1 + t_2 + t_3 + t_4$$

t_1——前端机（地面或井下）装满一铲斗的时间，$t_1 = 8 \sim 15s$；装运机装满一料仓的时间为：

$$K_c V_c t_x / K_s q$$

K_c, V_c——料仓装满系数及容量，m^3；

t_2——装载机重载运行到卸车地点所需时间，s；

t_3——料仓或铲斗卸载时间，s，前端装载机卸载时间为 $3 \sim 4s$，如将铲斗下落到运输位置的时间计入则为 $10 \sim 12s$；

t_4——装载机空载运行到铲装地点所需时间，s。

时间 t_2 和 t_4 与装载机运行的距离和速度有关，可按式（6-13）、式（6-14）计算。

$$t_2 = \frac{L_x}{v_x} \tag{6-13}$$

$$t_4 = \frac{L_k}{v_k} \tag{6-14}$$

式中　L_x, L_k——装载机重、空程距离，m；

v_x, v_k——装载机重、空程平均速度，m/s。

6.5.2　铲斗式装载机铲斗容量的计算

铲斗形状和尺寸对装载机的装载能力和受力影响很大。铲斗尺寸是以斗底为基准，其他各尺寸均以斗底长的倍数来确定。

6.5.2.1　前装后卸式装载机（如装岩机、小型装运机）铲斗容量的计算

铲斗其他尺寸与斗底长度的关系见（见图 6-47）为

$$\left.\begin{array}{l} h_c = (1.0 \sim 1.2) l_d \\ h_h = (0.4 \sim 0.6) l_d \\ B = (1.0 \sim 1.5) l_d \end{array}\right\} \tag{6-15}$$

式中　h_c——铲斗前面高度，m；

h_h——铲斗后面高度，m；

l_d——铲斗底板长度，m；

B——铲斗宽度，m。

铲斗容量 q 为

$$q = \frac{1}{2}(h_c + h_h) l_d B K_s = 0.68 l_d^3 \tag{6-16}$$

当取铲斗装满系数 $K_s = 0.85$ 时，可得

$$l_d = 1.14 \sqrt[3]{q} \tag{6-17}$$

若已知铲斗几何尺寸可按式（6-16）近似计算铲斗容量，若已知铲斗容量积则可按式

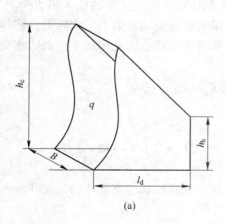 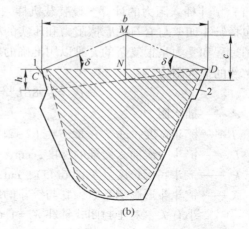

图 6-47　铲斗容量计算图

（a）装岩机斗容计算图；（b）前端式装载机斗容计算图

1—挡板；2—斗刃

（6-15）和式（6-17）确定铲斗尺寸。

6.5.2.2　前端式装载机铲斗容量的计算

前端式装载机斗容分为平装斗容（又称几何斗容）和堆装斗容（又称额定斗容），若未加特殊注明，装载机斗容一般指堆装斗容。堆装斗容是指铲斗的四周以二分之一的坡度堆积物料时，由料堆坡面线与铲斗外廓部分之间所形成的容积。

（1）对于斗背上装有挡板的铲斗的平装斗容。斗背上装有挡板的铲斗的平装斗容可根据美国汽车工程师学会（SAE）标准（见计算图 6-47）按式（6-18）进行计算

$$q_p = SB_n - \frac{2}{3}h^2 b \tag{6-18}$$

式中　S——铲斗横断面面积，m^2；

　　　B_n——铲斗内壁宽，m；

　　　h——挡板高度，m；

　　　b——斗刃刃口与挡板最上部之间的距离，m。

（2）斗背上装有挡板的铲斗堆装斗容，根据（SAE）标准按式（6-19）计算

$$q_d = q_p + \frac{b^2 B_n}{8} - \frac{b^2}{6}(h + c) \tag{6-19}$$

式中　c——物料堆积高度，m，图 6-40 中在刃口和挡板最下部之间作一连线，再由料堆尖 M 点作直线 MN 与 CD 垂直并延长与该连线相交，交点与料堆尖端 M 点之距离即为 c。

6.5.2.3　铲斗式装载机插入过程受力分析

铲斗式装载机在运动中插入岩堆，装载机受到岩石的阻力，速度减低至零。装载机的主动力是发动机通过行走机构产生的牵引力。在装载机插入岩堆的过程中，沿着插入方向在其上作用着牵引力 F、运动阻力 W、插入阻力 P_c 和惯性阻力 W_a。这些力满足如下平衡关系

$$F - W - P_c + W_a = 0 \tag{6-20}$$

（1）铲斗插入阻力的计算。设装载机插入岩堆时岩堆给予铲斗的插入阻力为 P_c，该阻力包括铲斗四壁与岩石的摩擦阻力和压实的岩堆对铲刃前端的阻力。实际上，铲斗插入岩堆的过程和受力是很复杂的，难以用准确的数学关系表达，因此用如下近似的实验公式计算铲斗的插入阻力：

$$P_c = 9.8BL_c^{1.25}K_tK_qK_yK_d \tag{6-21}$$

式中　P_c——插入阻力，N；

　　B——铲斗宽度，cm，一般 $B=$（2~2.5）最大岩石块度；

　　L_c——铲斗一次插入岩堆的深度，cm，一般取 $L_c=$（1/3~1/2）L_d。

　　L_d——铲斗底板长度（见图 6-45），cm；

　　K_t——铲斗斗形影响系数，它与铲斗的底板、侧板形状、有无斗齿以及斗齿间距大小有关，对于封闭式铲斗 $K_t=1.6~1.8$；

　　K_q——矿岩块度影响系数，参照表 6-11 取值；

　　K_y——矿岩种类影响系数，参照表 6-12 取值；

　　K_d——岩堆高度影响系数，参照表 6-13 取值。

表 6-11　矿岩块度影响系数 K_q

矿岩块度/mm	粉状	小块	300	400	500
K_q 值	0.4~0.5	0.75	1.0	1.1	1.3

表 6-12　矿岩种类影响系数 K_y

矿岩种类	相对密度/t·m⁻³	K_y 值	岩石种类	相对密度/t·m⁻³	K_y 值
磁铁矿	4.2~4.5	0.20	砂质页岩	2.65~2.75	0.12
铁矿石	3.2~3.8	0.17	石灰岩	2.65	0.10
细粒花岗岩	2.75~2.8	0.14	砂砾	2.3~2.45	0.10

表 6-13　岩堆高度影响系数 K_d

岩堆高度/m	0.4	0.6	0.8	1.2	1.4
K_d 值	0.55	0.8	1.0	1.1	1.15

（2）铲斗式装载机牵引力的计算。铲斗式装载机牵引力是前装机行进到工作面和铲斗插入岩堆的动力。图 6-48 所示为装载机驱动轮在平直的路面运行时的受力分析，驱动轮与路面的接触点为 O 点，受到力有：重力为 G'，路面反力 N，原动机传递给车轮的动力力偶 $F—F'$ 产生的力矩 $M=DF/2$，这对力偶力作用点分别为 O'、O。车轮在力矩 M 作用下向前滚动，O 点为顺时滚动中心。

力 F' 为路面阻止车轮相对于地面滑动的反作用力，称为黏着力。作用于轮轴心 O' 上的力 F 克服车轮所受阻力，使车轮绕顺时滚动中心 O 滚动，此力称为牵引力。当驱动轮做纯滚动时，牵引力与黏着力应满足如下条件：

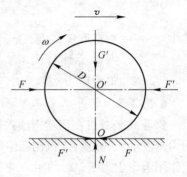

图 6-48　装载机驱动轮受力分析

$$F \leqslant F' = 1000\mu G'g \qquad (6\text{-}22)$$

若装载机为四轮驱动，则式（6-22）可改写成

$$F \leqslant F' = 1000\mu Gg \qquad (6\text{-}23)$$

式中　G——装载机的重量，t。

黏着力 F' 具有摩擦力的性质，其大小取决于黏着质量 G 和黏着系数 μ。牵引力 F 是一个变量，随着行走阻力的增加而增大。当阻力超过黏着力的极限值 $1000\mu Gg$ 之后，车轮将产生打滑现象。

黏着系数 μ 是装载机运行时驱动轮产生局部打滑情况下的摩擦系数，其与路面状况、车轮材料、轮胎花纹形式、轮胎压力及运行速度等因素有关，其取值见表6-14～表6-16。

表 6-14　轨轮式装载机行走的黏着系数

轨道状况	轨面清洁	轨面附有粉尘						
		页岩	铁矿石	花岗岩	泥土	小砂粒	泥土页岩	煤尘
干燥	0.23	0.52	0.4	0.53	0.45	0.46	—	0.31
潮湿	0.18	0.41	0.4	0.51	0.24	0.47	—	0.26
有油渍	0.16	0.23	0.24	—	—	0.28	0.21	0.16

表 6-15　轮胎式装载机行走的黏着系数

路面状况	轮胎		路面状况	轮胎	
	高压胎	低压胎		高压胎	低压胎
干的水泥或沥青路面	0.5～0.7	0.6～0.75	湿的圆石或石块路面	0.3～0.4	0.4～0.45
湿的水泥或沥青路面	0.35～0.45	0.45～0.55	干砂路	0.6～0.7	0.7～0.8
干的圆石或石块路面	0.4～0.5	0.5～0.55	干土路	0.4～0.5	0.5～0.6

表 6-16　轮胎式装载机行走的黏着系数

装载机类型	胎面花纹	底板性质	胎内气压/MPa	黏着系数 μ
自行矿车	人字形	矿石	0.49	0.75
装运机	人字形	夯实良好的致密矿石	0.49	0.75
装运机	面损达60%的人字形	松散、块状、不紧密的矿石	0.49	0.35
装运机	通用，新轮胎	松散、块状、不紧密的矿石	0.49	0.48

6.5.2.4　铲斗式装载机行走阻力的计算

行走阻力 W 包括若干项阻力。对于轮胎式装载机，行走阻力为

$$W = W_g \pm W_p \pm W_a \qquad (6\text{-}24)$$

式中　W_g——车轮滚动阻力，N；

　　　W_p——坡道阻力，N；

　　　W_a——惯性阻力，N。

对于轨轮式装载机还包括弯道阻力，即

$$W = W_g \pm W_p \pm W_a + W_w \qquad (6\text{-}25)$$

式中 W_w——弯道阻力，N。

装载机的滚动阻力可按下式计算

$$W_g = \omega_g Gg \tag{6-26}$$

式中 ω_g——滚动阻力系数，N/kN，其取值见表 6-17 和表 6-18。

式（6-28）中，G 为装载机总重，装岩机装载时应包括装岩机和矿车的总重量。

表 6-17 轨轮式装载机行走的滚动阻力系数 ω_g

路面状况	$\omega_g/N \cdot kN^{-1}$	路面状况	$\omega_g/N \cdot kN^{-1}$
清洁而干燥的轨面	13	干花岗岩（粒度 0~8mm）	27
湿花岗岩（粒度 0~3mm）	25	轨道上撒满铁矿石（粒度 50~60mm）	64
湿铁矿石（粒度 0~3mm）	30	轨道上撒满花岗岩屑（粒度 0~30mm）	65
干燥的小粒砂	25	轨道上撒满煤屑（粒度 30~40mm）	28
含有少量水的煤屑（粒度 0~7mm）	26		

表 6-18 轮胎式装载机行走的滚动阻力系数 ω_g

路面形式	轮胎		路面形式	轮胎	
	高压胎	低压胎		高压胎	低压胎
沥青路	18	14	夯实的路	60	60
石块路	17~20	15~17	非常坚实的路	45	35
圆石路	20~24	16~20	干砂路	150	250~300
土路	35~60	40~100	湿砂路	80	100
略微压实的路	70	110			

装载机的坡度阻力是由于道路或轨道坡度引起的，可按下式计算

$$W_p = \pm 1000 Gg\sin\alpha = \pm 1000 Ggi \tag{6-27}$$

式中 α——道路坡度角度，（°）；

i——坡度阻力系数，%，$i = \sin\alpha = \tan\alpha$。

$\pm$——上坡时取"+"，下坡时取"−"。

装载机在弯道上运行时，由于轮缘与轨道侧面摩擦而产生附加的弯道阻力可按下式表示

$$W_w = \omega_w Gg \tag{6-28}$$

式中 ω_w——弯道阻力系数，对轨轮式装载机 $\omega_w = (0.25~0.3)\omega_g$。

装载机的惯性阻力用下式表示

$$W_a = 1000 KGga \tag{6-29}$$

式中 K——考虑车轮既移动又滚动引起的惯性阻力增加系数，$K = 1.07$；

a——装载机运行加速度，m/s^2，一般 $a = 0.15~0.2 m/s^2$，铲斗插入一般按等减速度计算。

于是，装载机的运行总阻力为

$$W = W_g \pm W_p \pm W_a + W_w = \omega_g Gg \pm 1000Ggi \pm 1000KGga + \omega_w Gg$$
$$= \left(\omega_g \pm 1000i \pm 1000K \frac{a}{g} + \omega_w \right) Gg \tag{6-30}$$

6.5.2.5 装载机插入岩堆时黏着质量和功率的计算

根据式（6-22）则有

$$F - P_c - (W_g \pm W_p \pm W_a + W_w) = 0 \tag{6-31}$$

$$F = P_c + \left(\omega_g \pm 1000i \pm 1000K \frac{a}{g} + \omega_w \right) Gg \tag{6-32}$$

按照车轮不打滑条件式（6-23），则有

$$G \geqslant \frac{P_c}{\left[1000\mu - \left(\omega_g \pm 1000i \pm 1000K \dfrac{a}{g} + \omega_w \right) \right] g} \tag{6-33}$$

式（6-33）表明，当装载机具有该式所计算的重量时才不致产生打滑现象。但在实际运行中，由于装载机的运行条件发生了改变，并由此导致黏着系数急剧降低而出现打滑现象。因此，在实际工作过程中，应采取安装防滑链等措施，以保证装载机能够正常工作。

行走发动机功率按下式计算

$$N = \frac{Fv}{1000\eta} \tag{6-34}$$

式中　v——装载机行走速度，m/s；

　　　η——装载机行走结构传动效率。

6.5.2.6 铲取阻力及铲取功率的计算

装载机将铲斗插入岩堆后，通过工作结构提升铲斗和铲斗绕铰接点或某一移动瞬心转动两种运动将矿岩铲离岩堆。

A 铲取阻力的计算

铲取阻力受到多种因素的影响，是一个比较复杂的力，难以从理论上予以确定。通常，先依据经验公式计算出铲取静阻力矩，然后依此静阻力矩进一步计算铲取阻力。铲取静阻力矩与插入阻力及铲斗提升回转的工作尺寸参数有关（见图6-49），且假设铲取阻力 P_{ch} 作用点在斗刃运动轨迹的切线方向，最大铲取阻力矩 M_{ch} 发生在铲斗满载即将离开地面的瞬间，可按如下经验公式予以计算

$$M_{ch} = 1.1P_c \left[0.4 \left(x - \frac{1}{3}L_c \right) + y \right] \tag{6-35}$$

式中　P_c——铲斗插入阻力，N；

　　　L_c——铲斗插入岩堆的深度，m；

　　x，y——铲斗齿尖至装载机回转中心的水平和垂直距离，m。

由式（6-35）可转换为作用在斗刃上的铲取阻力为

$$P_{ch} = \frac{M_{ch}}{\sqrt{x^2 + y^2}} \tag{6-36}$$

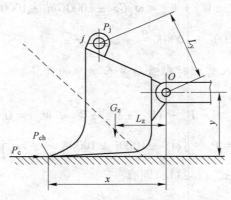

图 6-49　铲取阻力计算图

在铲斗尚未离开岩堆时铲斗还受到其自重产生的阻力矩 M_z 的作用，即

$$M_z = G_z g L_z \qquad (6-37)$$

式中　G_z——铲斗自重，kg；

　　　L_z——从铲斗重心到铲斗回转中心的水平距离，m。

因此，铲取总阻力矩为

$$M = M_{ch} + M_z = M_{ch} + G_z g L_z \qquad (6-38)$$

当铲斗回转到其斗刃离开岩堆后则有 $M_{ch} = 0$，这时铲斗受到的阻力矩仅由铲斗自重和铲斗内的矿岩重量产生的，即

$$M = G_z g L_z + G_y g L_y \qquad (6-39)$$

式中　G_y——铲斗的额定载重量，kg；

　　　L_y——铲斗内矿岩重心到铲斗回转中心的水平距离，m。

在装载机实际操作过程中，铲斗插入深度一般为斗底长度的 0.2~0.5 倍。对于同一型号的装载机，应按最不利条件确定发动机功率。

B　铲取功率的计算

（1）动臂提升铲取功率。

$$N_t = \frac{P_{ch} v_t}{1000 \eta_t} K_t \qquad (6-40)$$

式中　v_t——铲斗提升速度，一般是指铲斗斗齿齿尖的提升速度，m/s；

　　　η_t——动臂提升机构的传动效率；

　　　K_t——未考虑的阻力系数，一般地取 $K_t = 1.5$。

（2）前装机转斗铲取功率。

$$N_i = \frac{P_j v_j}{1000 \eta_j} K_j \qquad (6-41)$$

式中　P_j——转斗时作用在铲斗销轴 j 上的作用力，N，$P_j = M/L_j$；

　　　M——最大铲取阻力时的总阻力矩，N·m；

　　　L_j——P_j 力作用线至铲斗回转中心的垂直距离，m；

　　　v_j——铲斗翻转时销轴 j 的线速度，m/s；

　　　η_j——转斗机构的传动效率；

K_j——未考虑到的阻力系数，一般地取 $K_j = 1.5$。

（3）工作油泵驱动功率。根据动臂油缸与转斗油缸同时工作的最不利工况条件，工作油泵的驱动功率按下式计算

$$N_g = N_t + N_j \qquad (6\text{-}42)$$

式中　N_t——动臂提升功率，kW；

　　　N_j——转斗功率，kW。

6.5.2.7　铲斗式装载机工作及运行的稳定性分析

装载机稳定性的好坏直接关系到装载机能否正常工作，严重时可能造成设备和人员损害，是衡量装载机性能的主要参数。下面从装载机爬坡行驶、铲掘、装载几种工况分析其稳定性。

A　装载机爬坡行驶时的纵向稳定性

（1）装载机最大爬坡角。由图 6-50 可知，装载机的最大爬坡角度为

$$\tan\alpha = \frac{S_2}{H_g} \qquad (6\text{-}43)$$

式中　S_2——铲斗处于运输位置时装载机重心至后轮着地点的距离，m；

　　　H_g——装载机重心离地高度，m。

装载机上坡时黏着力为 $\mu G_M g \cos\alpha$，沿路面分解的倒行分力为 $\mu G_M g \sin\alpha$，此二力相等时的角度即为装载机在坡道上开始倒行的角度，即

$$\tan\alpha = \mu \qquad (6\text{-}44)$$

为保证装载机上坡行驶纵向稳定，最大爬坡角度必须小于式（6-43）、式（6-44）确定的 α 角。

（2）装载机最大下坡角。装载机下坡时的最大坡角为

$$\tan\beta = \frac{S_1}{H_g} \qquad (6\text{-}45)$$

式中　S_1——铲斗处于运输位置时装载机重心至前轮着地点的距离，m。

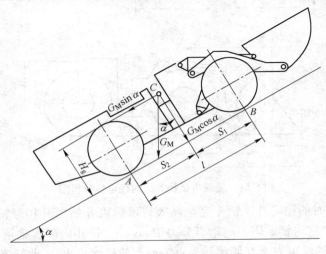

图 6-50　装载机最大爬坡角计算图

B　装载机铲掘时的纵向稳定性

（1）铲斗插入岩堆时的稳定性。装载机插入岩堆时作用于装载机上的力（图 6-51）有：插入阻力 P_c、装载机惯性力 $G_M a$、装载机自重 G_M。在这些力的作用下装载机有可能以点 B 为铰点发生向前倾覆，于是根据力矩平衡则有

倾覆力矩
$$M_f = G_M a H_g \tag{6-46}$$

稳定力矩
$$M_w = G_M g S_1 - P_c h \tag{6-47}$$

式中　a——装载机减速度，m/s：

$$a = \frac{v_c^2 - v_z^2}{2L_c}$$

v_c——铲斗开始插入时装载机的行走速度，m/s；

v_z——铲斗插入终了时装载机的行走速度，m/s，一般此时 $v_z = 0$；

h——插入阻力作用线与地面的距离，m/s，当铲斗下挖时取 $h = 0$。

为保证装载机稳定性，则必须要使

$$G_M g S_1 - P_c h = M_w \geqslant M_f = G_M a H_g$$

亦即

$$S_1 \geqslant \frac{a}{g} H_g \tag{6-48}$$

从而可知装载机保持稳定性的减速度为

$$a \leqslant \frac{S_1 g}{H_g} \tag{6-49}$$

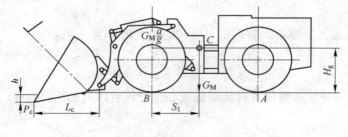

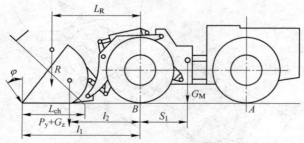

图 6-51　装载机铲掘时纵向稳定性分析图

（2）提升铲斗时的稳定性。铲斗完全插入岩堆后再开始提升和翻转（这个过程也被称为一次铲掘法），这时铲取阻力的垂直分力 $P_{ch} \cos\varphi$、铲斗内矿岩重量 P_y、铲斗自重 G_z 共同形成了装载机的倾覆力矩（倾覆转动点为前车轮接地点 B）。此倾覆力矩为

$$M_f = P_{ch}l_1\cos\varphi + (P_y + G_z)gl_2 \tag{6-50}$$

式中　φ——铲取阻力与铅垂线间的夹角，(°)；

　　l_1——铲取阻力的垂直分量至前轮轴轴心的距离，m；

　　l_2——铲斗自重与其内矿岩重量的合力至前轮轴轴心的距离，m。

装载机提升铲斗工况下的稳定条件是

$$P_{ch}l_1\cos\varphi + (P_y + G_z)gl_2 < M_w = G_M gS_1 \tag{6-51}$$

（3）装载机边插入岩堆边提升铲斗铲取矿岩时的稳定性。在实际操作过程中，装载机往往采用铲斗一边插入岩堆过程中同时进行动臂提升，或者又同时进行铲斗的翻转，这种铲取矿岩的过程被称为配合铲掘法。当采用配合铲掘法作业时，装载机受到的倾覆力有装载机的惯性力、铲取阻力的垂直分力、铲斗及其内矿岩总重量的合力，其产生的倾覆力矩（倾覆转动点为前车轮接地点 B）为

$$M_f = G_M aH_g + P_{ch}l_1\cos\varphi + (P_y + G_z)gl_2 \tag{6-52}$$

装载机在配合铲掘法工况下的稳定条件是

$$G_M aH_g + P_{ch}l_1\cos\varphi + (P_y + G_z)gl_2 \leqslant G_M gS_1 \tag{6-53}$$

C　装载机在最大卸载距离时的纵向稳定性

装载机在最大卸载距离时的倾覆力矩最大（见图6-52），由下式计算

$$M_f = (P_y + G_z)gl_z \tag{6-54}$$

此种工况下装载机的稳定条件是

$$(P_y + G_z)l_z \leqslant G_M S_1 \tag{6-55}$$

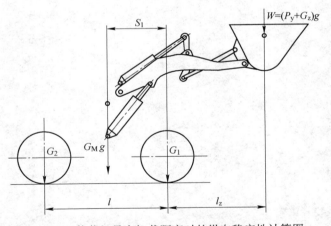

图 6-52　装载机最大卸载距离时的纵向稳定性计算图

复习思考题

6-1 前端式装载机有哪些类型，其主要应用和特点是什么？

6-2 ZL 系列前端式装载机的工作机构有哪些部分，各部分作用是什么？

6-3 简述 ZL50 型前端式装载机的基本组成和传动系统。

6-4 ZL 系列前端式装载机的工作机构有哪些，其功能是什么？

6-5 采矿工作对装载机械的基本要求是什么，井下前端机装载机的特点是什么？

6-6 什么是液力变矩器，其工作原理是什么？

6-7 按原动机型式和传动形式，铲运机分为哪些类型？

6-8 铲运机的特点和使用条件是什么？

6-9 装运机和装岩机有哪些基本结构组成？

6-10 什么是铲斗式装载机的生产率，如何计算？

6-11 如何确定铲斗式装载机的斗容？

7 单斗挖掘机

7.1 概　　述

7.1.1 挖掘机在采矿工程中的应用及其发展趋势

单斗挖掘机是露天矿山主要采装设备，主要用于表土剥离、堆弃（或转载）以及矿岩的采掘和装运等作业，也广泛地应用于建筑、铁道、公路、水利和国防工程的相关作业中。

单斗挖掘机是一种具有悠久历史的土石方挖掘和装载设备，19 世纪末期即开始用于露天矿开采工程中。经过百年来的研发和改进，特别是在近三四十年以来，无论是原动机驱动形式、机械结构形式还是操纵控制方式等方面，单斗挖掘机都有了重大改进和发展。为适应各种土石方工程的需求，生产商研发并生产了斗容量从 $0.01m^3$ 的建筑用微型挖掘机到斗容量 $55m^3$ 的电铲和 $168m^3$ 的索斗铲。至今全世界已生产有数百种不同规格、不同用途和结构形式的单斗挖掘机。

我国的挖掘机制造业是从 20 世纪 50 年代开始的，在这个时期内先后经历了从引进、仿制到自行设计制造的过程，从而为国产单斗挖掘机的发展奠定了基础。70 年代后期我国已先后设计和生产了斗容量为 $2m^3$、$4m^3$、$10m^3$ 和 $10\sim15m^3$ 等多种单斗挖掘机，为大、中型露天矿山开采提供了高效、适用的挖掘和装载设备。此后，矿用单斗挖掘机发展的一个突出特点就是增大铲斗容量，使挖掘机进一步向大型化方向发展。美国、加拿大、澳大利亚等国家首先要求供应斗容量为 $11.5\sim19.9m^3$ 的单斗挖掘机，而苏联矿山也由平均斗容量 $4m^3$ 提高到 $8m^3$，我国单斗挖掘机的斗容规格由 $4m^3$ 提升到了 $16.8m^3$。80 年代以来，各生产商对原有的挖掘机性能和结构进行了改进，并研发新型号新品种，以满足用户的需求。所以各制造商对各型挖掘机作了增大斗容量的调整，使斗容与挖掘机结构强度更合理地匹配。比如美国生产的 195-B 型挖掘机的斗容由原来的 $9m^3$ 调整到 $12.2m^3$，原斗

容范围为 $6.15 \sim 13.1 \mathrm{m}^3$ 的挖掘机将斗容调整到了 $9.94 \sim 21.4 \mathrm{m}^3$；我国也随之将斗容为 $3 \mathrm{m}^3$ 的挖掘机增加到 $4 \mathrm{m}^3$。国外矿用大型单斗挖掘机的标准斗容量大多在 $15 \sim 25 \mathrm{m}^3$ 之间，而目前我国大型矿山使用的挖掘机的斗容一般为 $16 \sim 25 \mathrm{m}^3$，最大斗容已达到了 $55 \mathrm{m}^3$ 和 $75 \mathrm{m}^3$。

虽然矿用单斗挖掘有向大斗容量发展的趋向，但采用大斗容量的挖掘机将会带来基建投资大、更新设备不容易、维修停产损失大等问题，故应慎重选用大斗容的挖掘机。

由于机械式单斗挖掘机存在设备庞大、维修与材料消耗大、能耗利用率不高等问题，目前各国都特别注重发展液压挖掘机，其中小型多用的全液压挖掘机发展速度很快，而 $10 \mathrm{m}^3$ 以下单斗挖掘机也正在向全液压方向发展。液压挖掘机不仅实现了能源的循环利用，并且满足健康和环保要求。但对于大型液压挖掘机，因其受到制造精度高、维护保养复杂、故障率高以及采矿工艺要求而有所受限，矿用大型单斗挖掘机仍将以机械式为主。

在行走方面，挖掘机的行走机构仍将继续从上部传动转向底部传动。行走机构的传动系统将向双电机驱动方向发展，这样可使两条履带实现差速运转，以利于转弯行驶时的平滑运动。

由于矿山采场的地面凹凸不平，要求挖掘机底部距离地面保留足够大的间隙以利于挖掘机的运行，故在挖掘机底盘设计时，应力求增大底部离地间隙。

7.1.2 挖掘机的分类和单斗挖掘机的用途及其配套方案

挖掘机按工作特点分为周期作业式单斗挖掘机和连续作业式多斗挖掘机两大类型。根据国家标准，挖掘机按用途与结构特征分类如下：

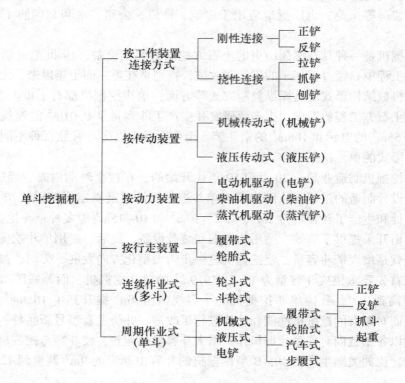

挖掘机按传动方式分为机械传动和液压传动或者混合传动。根据需要能更换工作装置的挖掘机称为万能式或通用式挖掘机，不能更换工作装置的称为专用挖掘机。单斗挖掘机工作装置的类型如图7-1所示。

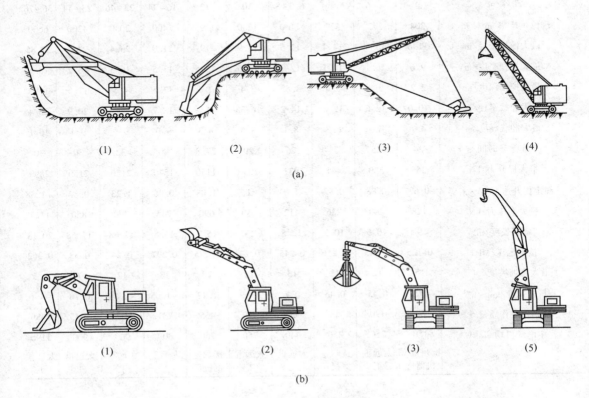

图 7-1　单斗挖掘机的类型

（a）机械式单斗挖掘机；（b）液压单斗挖掘机

（1）正铲；（2）反铲；（3）抓斗；（4）索斗铲；（5）起重

按机重可将挖掘机分为微型挖掘机（整机重量≤6t）、小型挖掘机（6t<整机重量≤13t）、中型挖掘机（13t<整机重量≤40t）、大型挖掘机（40t<整机重量≤100t）和特大型挖掘机（整机重量>100t）。

在露天采矿中主要选用单斗挖掘机，与挖掘机配套的运输设备主要有铁路运输车辆和公路运输车辆。为了提高运输效率，必须使挖掘机的斗容与运输设备的容积合理配套，目前采用的配套方案有：

1.25m³ 的挖掘机与 4~8t 的载重配套使用，装备年产量 30 万吨以下的矿山。

2.2m³ 的挖掘机与 8~12t 的载重汽车配套，装备年产量 30~100 万吨的矿山。

4~8m³ 的挖掘机与 20~60t 自卸式汽车或 60t 侧翻式矿车配套，装车年产量为 100~500 万吨的矿山。

8~16.8m³ 的挖掘机与 100~300t 自卸式汽车或 60t 侧翻式矿车配套，装备年产量 1000 万吨及以上的矿山。

国产机械式单斗挖掘机的技术特征见表7-1，常用国外单斗挖掘机的技术特征见表7-2。

表 7-1 国产机械式单斗挖掘机的技术特征

特 征	型 号									
	WK-2	WK-4	WD-400	WK-8	WK-10	WD-1200	WK-20	WK-27A	WK-35	WK-55
斗容/m³	2	4~6	4	6.3~8	10	12	16~34	23~46	23~54	36~76
理论生产率/m³·h⁻¹	304	572	572	1100	1230	1295	2400	3030	4200	6600
最大挖掘半径/m	11.6	14.4	14.4	17.5	18.9	19	21.0	23.4	24	23.85
最大挖掘高度/m	9.6	10.1	10.1	12.7	13.6	13.5	13.5	16.3	16.2	18.1
最大挖掘深度/m	2.2	3.4	3.4	3.85	3.4	2.6	17.5	4.5	17.5	1.93
最大卸载半径/m	10.0	12.6	12.6	14.2	16.35	17	18.7	21	20.9	20.4
最大卸载高度/m	4.7	6.3	6.3	8.1	8.6	8.5	9.0	9.9	9.4	10.1
工作循环时间/s	24	25	24	26	29	27.8	30	32	30	30
最大提升力/kN	265	530	441	931	1050	1150	1540	2150	2150	2890
额定提升速度/m·s⁻¹	0.62	0.88	0.87	1.0	1	1.08	0.96	1.23	0.82	~1.58
最大推压力/kN	128	240	226	412	650	690	745	790	850	1127
动臂长度/m	9	10.5	10.5	12.5	13	15.3	15.5	17.68	17.68	20.18
接地比压/MPa	0.125	0.243	0.216	0.245	0.23	0.275	0.297	0.24	0.33	0.362
最大爬坡坡度/（°）	15	12	12	13	13	20	13	12	7	8.5
行走速度/km·h⁻¹	1.22	0.45	0.45	0.7	0.69	1.22	~1.65	~1.73	0.76	~1.6
整机工作质量/t	84	190	200	356	440	465	731	915	1035	1480
主电动机功率/kW	150	250	250	440	750	760	800	960	900	1190
制造商	杭州重型机器厂	太远重工	抚顺挖掘机厂	太远重工	太远重工	抚顺挖掘机厂	太远重工	太远重工	太远重工	太远重工

7.1.3 单斗挖掘机（正铲）的工作原理

单斗挖掘机（正铲）如图 7-2 所示，它主要由工作装置、回转装置、底盘及行走装置三大部分组成。工作装置主要由动臂、斗柄、铲斗和推压提升系统组成。动臂下端铰接于平台上，上端依靠绕于滑轮组上的变幅钢丝绳保持其固定位置，调节变幅钢丝绳的长度，可调整动臂的倾角。铲斗提升靠提升钢丝绳牵引，下降则靠铲斗自重。挖掘时推压齿轮将斗柄推出，斗柄随铲斗的提升或下放可绕推压齿轮转动。单斗挖掘机的主要工作尺寸有：铲斗容量 q、最大挖掘半径 R_{max}，最大挖掘高度 $H_{w,max}$，最大卸载半径 $R_{x,max}$ 和最大卸载高度 $H_{x,max}$ 等。

单斗正铲挖掘机在露天矿采场中大多是用来铲装爆破后的松散矿岩，故其挖掘过程实质上也就是铲装的过程。当利用挖掘机铲装松散岩石时，其工作循环过程主要是：通过行走机构使挖掘机靠近作业场所及爆堆；放松提升钢丝绳使铲斗下放，在推压机构和提升机构配合运动下铲装矿岩；装满后将铲斗提升到水平位置，利用回转机构使铲斗回转到卸载地点或矿车位置，开启斗底板矿岩靠自重卸载，然后空斗回转到铲挖工作面，从而完成了一个工作循环。单斗挖掘机的移动并不是每一个工作循环都需进行的，只有在所需铲装的岩石远离工作机构作业范围时才移动一次。

表 7-2　常用国外单斗挖掘机的技术特征

制造商	型号	传动方式	斗容/m³	动臂长度/m	最大挖掘半径/m	最大挖掘高度/m	最大卸载半径/m	最大卸载高度/m	最大提升力/kN	提升速度/m·s⁻¹	行走速度/km·h⁻¹	爬坡能力/(°)	主电动机功率/kW	机器重量/t
Bucyrus-ERIE	280B	机械式	6.1~16.8	15.3	19	13.3	16.5	8.3	1130	1.14	1.72	14	522	440
	295B		10~19.1	15.3	19.4	15.1	16.8	9.6	1440	0.89	1.45	19	597	545
	395B		26	17.1	23.2	17.7	19.9	11.6	2400	0.90	2.0	19	1500	839
	495B		30.6~61.2	20.4	25	18	21.6	10.5					3507	1344
Harnisch Feger	P&H1900	机械式	7.7	12.1	17.6	13.3	15.4	8.5	942	0.72	1.38	16.7	300~450	270
	P&H2100		11.5	13.4	18.3	13.3	16	8.5	1137	0.74	1.61	16.7	450~600	476
	P&H2300		12.2~15.2	15.2	20.7	15.5	18	10.3	1583	0.97	1.45	16.7	550~700	621
	P&H2800XPB		25.2~53.5	17.67	23.9	16.15	20.85	9.45	2073	~1.6	1.08	6.9	611~1170	1033
	P&H5700		38.2	18.9	26.8	19.7	24.67	12.6	3630	—	—	—	1675~2800	1519
	P&H4100XPC		58.1	20.17	23.8	18.06	21	10.44	2890	~1.58	1.6	9.7	1725~2458	1265.6
Caterpillar	6015 FS	液压式	7		10.5	11	10.5	8.8	650	—	2.7	—	453	85.75
	6018 FS		10		12.9	—	12.9	10.1	—	—	1.7	41.3	858	155.5
	6040 FS		22		17.7	7	17.7	11.6	—	—	1.5~2.5	29.6	1516	344.5
	6060 FS		34		14.6	15.5	14.6	11.6	2240	—	1.4~2	25.7		448.5
	6090 FS		52		19	20.2	19	—	—	—	1.6~2.2	23.7	3360	837
Marion	151M	机械式	5.4~10.7	11.6	16.9	11.7	12.9	7.4	672	1.2	2	17	336	214
	181M		6.9~12.2	12.2	10.1	7.1	13.9	8.75	900	1.08	1.6	17	448	335
	191M		9.2~15.3	12.2	21.6	16.7	18.4	10.8	934	1.13	1.76	16	597	438
	192M		11.5~19.4	15.5	21.5	16	18.7	10	1050	0.92	1.3	19	597	528
	201M		13.8	15.7	20.6	6.7	17.5	10.2	1400	1.28	1.28	19	746	578
	251M		15.3~26.8	15.85	24.3	21	21.7	11	1800	0.88	1.3	17	1250	670

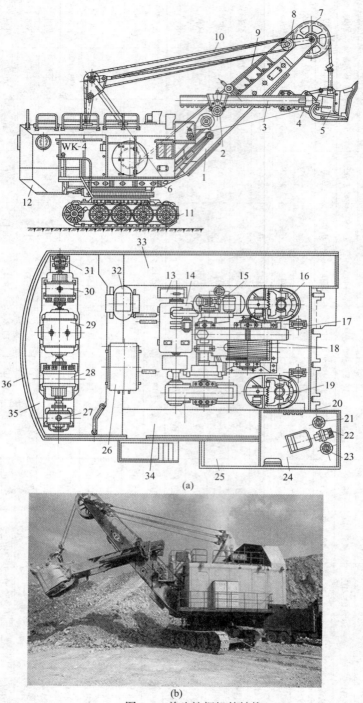

图 7-2　单斗挖掘机的结构

（a）WK-4 型单斗挖掘机；（b）WK-4D 型单斗挖掘机

1—动臂；2—推压机构与扶柄套；3—斗柄；4—开斗机构；5—铲斗；6—回转平台；7—天轮；8—动臂变幅滑轮组；
9—提升钢丝绳；10—动臂变幅钢丝绳；11—履带行走机构；12—平衡箱；13—动臂提升卷筒；14—提升电动机；
15—空气压缩机；16—回转电动机；17—双足支架；18—铲斗提升卷筒；19—回转电动机；20—开关配电盘；
21—推压控制室；22—回转、行走控制器；23—提升控制器；24—司机室；25—直流配电盘；26—高压开关柜；
27，28，30，31—直流发动机；29—主电动机；32—主变压器；33—左走台；34—右走台；35—后部平台；36—机棚

正铲挖掘机的主要特点是：

（1）正铲挖掘时，动臂倾斜角度不变，斗柄和铲斗作转动和推压运动，形成复杂的运动轨迹，满足工作要求。

（2）由于动臂和斗柄的布置和连接的结构特点，决定了这种正铲挖掘机不宜挖掘低于停机面以下的工作面，而适用于挖掘高出停机平面的工作面。

（3）因其有足够大的提升力和推压力，并且是推压强制运动，因此它可用于各级岩土挖掘工作，特别适宜铲装爆后岩堆的散料。

7.2 机械式单斗挖掘机

现以矿山常用的 WK-4 型单斗挖掘机为例介绍机械式单斗挖掘机（正铲）的构造及工作原理。

WK-4 型单斗挖掘机是用来铲装已爆破的松散岩石或直接剥离表土，并将矿岩转载到运输设备中去，是一种履带行走、全回转多电机独立驱动、辅助气压操纵的重型挖掘机，斗容为 4m³。WK-4 型挖掘机的外形及平台布置如图 7-2 所示，WK-4 型挖掘机主要由工作装置、回转装置和履带行走装置三大部分等组成。在平台上安装动力装置、传动装置、压气设备和操纵装置等，其下部的履带行走装置负责挖掘机的行走，其上的回转平台可绕回转中枢轴回转 360°。主要工作机构为挖掘机前端的动臂、斗柄以及铲斗，负责挖掘及卸载作业，其作业循环包括铲装、满斗提升回转、卸载、空斗返回等过程。

WK-4 型挖掘矿岩的作业过程是：挖掘作业开始时挖掘机靠近工作面，铲斗的挖掘始点位于推压机构正下方的工作面底部，铲斗前面与工作面的交角为 45°~50°。铲斗通过提升绳和推压机构的联合作用，使其作自下而上的弧形曲线式的强制运动，使斗齿在插入爆堆的过程中将一层矿岩挖掘下来，其铲取深度（约 1m）通过推压机构通过斗柄的伸缩和回转来调节。每完成一个挖掘作业，就挖取一层弧形矿岩堆体。挖掘机铲斗运动轨迹是一条复杂的曲线，它取决于矿岩的性质和堆散状态、铲斗的工作状态以及铲斗的提升和推压速度。在理想状态下，斗齿挖掘轨迹的开始段近乎水平面，而后要求斗柄以较大的速度外伸和以较大的速度提升。随着铲斗的升举和推压，在实际工作时斗柄并不完全伸出，一般仅伸出伸缩行程的 2/3。这样，每挖完一个工作面后挖掘机的二次位移量就等于斗柄伸缩全行程的 0.5~0.75 倍。

7.2.1 工作装置

根据动臂与斗柄的相互联接关系以及斗柄的推压方式，正铲工作装置可分为三种形式：双梁动臂内斗柄齿条推压形式、双梁动臂内斗柄钢丝绳推压形式和单梁动臂双斗柄齿条推压形式。正铲挖掘机要完成铲装、回转、卸载、空斗返回和机体的移动，必须配有相应的铲取、回转和运行等运动机构。

7.2.1.1 铲斗

铲斗是挖掘机用于直接铲挖物料的结构，工作时要承受很大的动载荷和经受剧烈的磨损，所以要求铲斗结构合理、插入挖掘阻力小、易装易卸，同时又希望它重量轻并具有足够的刚度与强度，经久耐用。

挖掘机的铲斗按使用条件可分为轻型、中型及重型三种。轻型铲斗用于挖掘松软土壤，斗体比较单薄；中型铲斗用于挖掘爆破良好的碎矿岩，斗体比较坚固；重型铲斗用于挖掘爆破后残留有大块的岩堆或原岩，斗体比前两种都要坚固。图 7-3 所示是国产斗容为 $4 \sim 10 \mathrm{m}^3$ 单斗挖掘机的铲斗结构，它主要由斗体、斗底装置、提梁和均衡轮等组成。

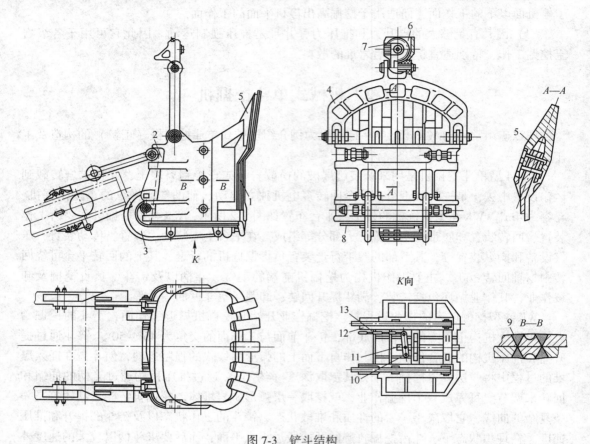

图 7-3 铲斗结构

1—斗前壁；2—斗后壁；3—斗底装置；4—提梁；5—铲斗；6—滑轮夹套；7—滑轮及均衡轮；
8—斗底；9—焊接塞；10—杠杆固定轴；11—斗栓杆；12—斗底横梁；13—链条

斗体由斗前壁和斗后壁两铸件用销轴穿联后组焊成的，这种结构使得斗前壁在磨损后可以绕开焊缝进行更换。斗前壁因要直接挖掘矿岩，是用既耐磨又耐冲击的高锰钢铸成的。在形体上，其上部略微向前、向上突出，以便于既能减少它与物料间的摩擦，降低插入挖掘阻力，又能使插入阻力集中作用于斗前壁中间，以减少偏载。斗后壁还起着支撑整个铲斗的作用，它经销轴使铲斗固定在斗杆上，受力复杂，是用 Z2G35 号钢铸造成的。为了加强刚度，其上铸有加强筋板。斗后壁在形体上比斗前壁低矮一些，以避免它的上沿在铲斗插入时因与物料相接触而增加插入挖掘阻力。斗后壁与斗底间的夹角呈锐角，使斗体在形体上上大下小，便于卸载。

均衡轮是用于与提升钢丝绳相连的。由于均衡轮两侧钢丝绳的张力作用，均衡轮的作用是避免铲斗所受的偏载荷经提升钢丝绳传送给提升绞车，改善绞车的工作状态。但铲斗会将偏载荷传给斗杆，使斗杆承受扭矩。

　　斗齿可以减少挖掘阻力，这是因为挖掘时齿尖处的比压较大，便于插入，进而为整个铲斗插入起到开路作用。在结构上斗齿分为整体斗齿和分段斗齿。由于整体斗齿与斗前壁部是铸钢件，互换性能较差，加之它是整体，比较笨重，所以更换时比较费事。因此，单斗挖掘机普遍采用双段斗齿，它是由齿座和齿尖组成。齿座用卡板门和楔子卡在斗前壁的斗唇上，齿座和齿尖之间由楔子和橡胶卡销锁紧。

　　双段斗齿装配齿座时，先放上卡板，然后从下往上打入楔子，闭紧后将楔子尾部敲弯即可。装配齿尖时先置入橡胶卡销，然后从上或从下打入楔子即可。由于拆装方便，齿尖在磨损后可翻过来再使用或进行更换，分段斗齿既便于斗齿保持良好工作状态，又能节约斗齿金属。

7.2.1.2　斗底装置与开斗机构

　　铲斗的斗底装置主要是由斗栓、斗底板和斗底横梁等组成的开斗机构（见图7-3）。斗栓的作用是关闭斗底板。当需要开斗时，启动开斗电动机，经卷筒、钢丝绳、杠杆3、小轴、杠杆、链条和杠杆7，即可将斗栓从栓孔中拔出，随即打开斗底板。关闭斗底板时，放松钢丝绳，斗柄连同铲斗下放时斗栓以其端部的斜面在前壁上滑动，并在其自重作用下插入斗前壁的栓孔内，斗底板即自动关闭（见图7-3和图7-4）。

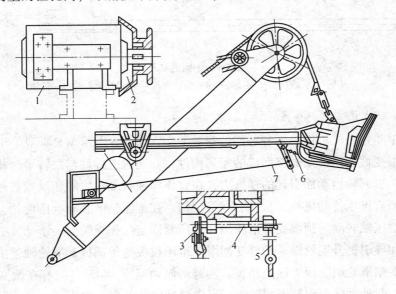

图7-4　开斗机构

1—电动机；2—卷筒；3—夹板；4—轴；5—拉杆；6—链条；7—钢丝绳

7.2.1.3　斗柄

　　斗柄和动臂是单斗挖掘机的主要工作装置，根据动臂的特点，可将动臂与斗柄的结构分为三种类型（见7.2.6节）。WK-4型挖掘机的动臂与斗柄是普遍采用的单梁动臂双梁外斗柄结构。

　　斗柄又称斗杆，它安装在动臂中部的扶柄套中（见图7-2），由两根截面为矩形的斗柄、齿条、端部横梁等组成（见图7-5）。扶柄套通过推压轴与动臂铰接在一起。在斗柄的底平面上焊有推压齿条，与推压轴上的推压齿轮相啮合。扶柄套作为斗柄伸缩运动的导向机构，斗柄既可在推压齿轮的作用下作强制的推压运动和退回运动，又可借助提升钢丝绳作回转运动。为了限制斗柄的行程，在斗柄下面焊接有前挡板、后挡板和齿条，并用螺钉固定后挡板。前挡板焊在斗柄上，后挡板是用螺栓固定于斗柄上，便于更换。端部横梁的作用一是将两根斗柄组装在一起，二是经由下部轴孔及铰接拉杆将铲斗固定在前端。整体斗柄通过销轴（6 和 7）与铲斗相连接。

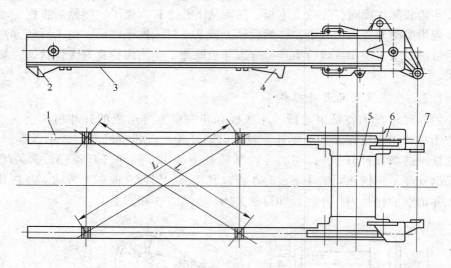

图 7-5　斗柄的结构

1—斗柄；2—后挡板；3—齿条；4—前挡板；5—端部横梁；6，7—销轴

7.2.1.4　动臂

动臂是单斗挖掘机工作装置各部件的安装基础。图 7-6 所示 WK-4 型单斗挖掘机动臂的臂体是一根变截面矩形梁焊接而成的箱形构件，它通过支撑踵与回转平台相铰接。为了平衡因工作装置回转运动而引起的惯性力，在臂体与回转平台之间还设置着两根拉杆。在动臂的上面装有推压传动机构、扶柄套和推压轴。在推压轴上装有推压齿轮，通过推压传动机构带动推压轴转动。顶部提升滑轮用瓦盖压紧固定，托绳轮则装于动臂中部，它们分别用于承托和导引提升钢丝绳。动臂变幅滑轮组用拉板与顶部提升滑轮轴连接。变幅钢丝绳绕过动臂变幅滑轮组，用于固定动臂。动臂的倾角通常为 45°，只有在改变工作参数时才改变倾角。此外动臂下面装有缓冲器，用以缓冲铲斗的偶然撞击。

7.2.1.5　推压传动机构

推压传动机构安装在动臂上，是由直流电动机驱动的三级齿轮减速机构。推压传动机构的作用是推压和返回斗柄，用以实现斗柄的前伸和后退。WK-4 型单斗挖掘机的推压机构传动系统是一种齿轮—齿条式推压结构，如图 7-7 所示。电动机输出轴的一端设有推压机构制动器，其作用是使铲斗能停留在所需的位置上。输出轴的另一端经力矩限制器（作用是缓和冲击和防止机构过负荷）和传动轮系将力矩传给推压轴，再经推压齿轮、齿条带动斗柄。

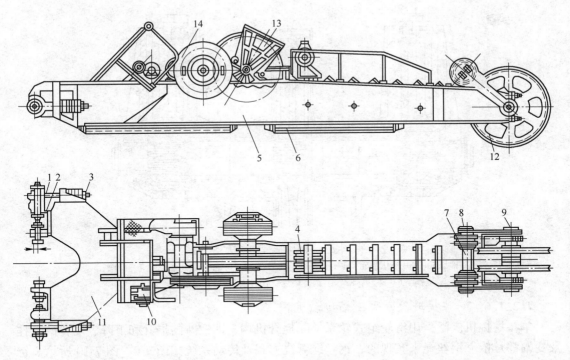

图 7-6　单斗挖掘机动臂

1—球面滚子；2—销轴；3—弹性拉手；4—托绳轮；5—动臂体；6—缓冲绳；7—动臂及变幅滑轮组；8—拉板；
9—提升滑轮轴；10—开斗机构；11—支承踵；12—提升滑轮；13—扶柄套和推压轴；14—推压传动机构

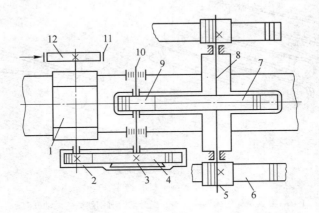

图 7-7　推压机构传动系统

1—直流电动机；2，4，7，9—齿轮；3—力矩限制器；5—推压齿轮；6—斗柄齿条；
8—推压轴；10—中间轴；11—制动器；12—制动轮

　　图 7-8 所示为推压轴的结构。推压轴承座是固定不动的，它焊接在动臂上。推压机构的中间轴和推压轴都装在它的上面。在推压轴的中部花键处装有传动齿轮，其两端装有推压齿轮。扶柄套通过滚动轴承套装在推压轴承座和推压轴的两端，可绕推压轴的中心轴线回转。扶柄套内部安装有斗柄，其内衬有滑块和垫片，以减少斗柄在扶柄套内来回移动的阻力。垫片可以调整它们与斗柄之间的间隙，使之通常保持在 4~10mm 内。

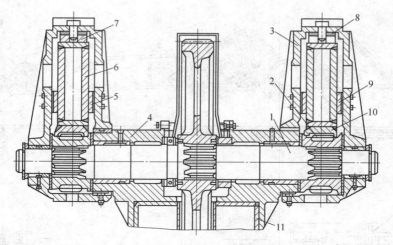

图 7-8　推压轴传动系统

1—推压轴；2—推压齿轮；3—扶柄套（鞍形座）；4—推压轴承座；5，7—滑块；

6—斗柄；8，9—调整垫片；10—齿条；11—动臂

7.2.1.6　铲斗提升及动臂变幅传动机构

单斗挖掘机广泛采用滑轮组式轮系铲斗提升机构，即铲斗的提升和下降、动臂的悬挂及变幅都是依靠钢丝绳来实现的，钢丝绳缠绕方式及传动系统如图7-9、图7-10所示。铲斗提升机构与推压机构相配合，使挖掘机完成挖掘和装载作业。这种铲斗提升机构的钢丝绳缠绕方式是基本相同的。

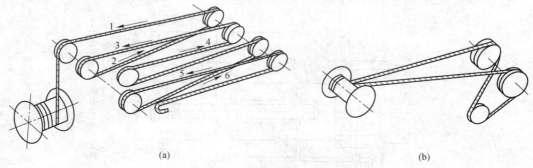

(a)　　　　　　　　　　　　　　　　　　(b)

图 7-9　钢丝绳缠绕方式

（a）动臂变幅钢丝绳；（b）铲斗提升钢丝绳

1~6—复式滑轮组成顺序；→—提升动臂时钢丝绳的运动方向

单斗挖掘机工作时摘下链条，电动机经联轴节和轮系将动力传给提升卷筒，再经提升钢丝绳牵动铲斗滑轮，提升或下放铲斗。在需要动臂变幅运动或维修时，将链条挂上，同时将联轴节脱开或将提升钢丝绳从提升卷筒上取下来。此时铲斗提升机构的制动装置处于制动状态，开动电动机便可实现动臂的变幅。

提升钢丝绳绕过铲斗提梁上的滑轮，中间经过动臂顶部提升滑轮，然后把两端都固定在提升机构的卷筒上。这就等于用两根钢丝绳提升铲斗，既满足重斗负荷的需要，又用均衡轮解决了两根钢丝绳受力不均的问题。动臂变幅钢丝绳的末端固定在双脚支架顶部，中间经过双脚支架滑轮组和动臂变幅滑轮组（变幅钢丝绳的倍率为8）。开斗钢丝绳一端固

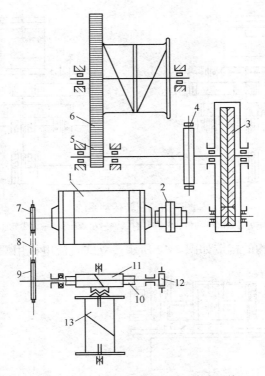

图 7-10　铲斗提升和动臂变幅传动系统

1—电动机；2—挠性联轴器；3—人字齿轮减速箱；4—制动装置；5—小正齿轮；6—带卷筒大齿轮；
7—小链轮；8—链条；9—大链轮；10，11—蜗轮减速器；12—动臂提升制动装置；13—动臂卷筒

定在卷筒上，另一端与开斗机构杠杆相连。

当机器停止作业或行走或者要求铲斗悬空而保持在一定位置时，则可利用制动装置进行制动，制动装置是利用压气控制的闸带式制动器。

7.2.2　回转平台及安装其上的传动机构

7.2.2.1　回转平台

WK-4 型单斗挖掘机采用的是多支点滚子和中央枢轴组成的支撑回转机构。回转平台为焊接箱形结构，它通过滚柱坐落于固定在底盘上的大齿轮上，其上安装铲斗提升和动臂变幅传动机构、回转机构、中央枢轴、双脚支架、机棚和司机室等（见图 7-2）。回转平台前端有耳环用于铰接和支承动臂。回转机构由两台对称布置的机组驱动。驱动电机通过减速箱带动回转平台回转，并通过电动机的正反转实现回转平台的顺时针或逆时针回转。左、右走台和配重箱用螺栓固定在回转平台的两侧和后部。配重箱内装配重物 30～33t，配重箱上面安装发电机组。

7.2.2.2　回转机构

回转机构的作用是使回转平台绕中央枢轴转动，其传动系统由两组相同的驱动装置组成，每组都有各自的电动机、减速机和制动器，如图 7-11 所示。制动器采用常闭式瓦块制动器，其工作原理与推压机构制动器相同。

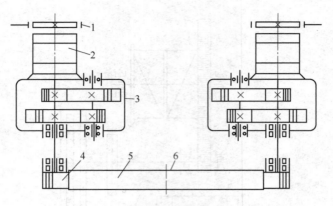

图 7-11 回转传动系统

1—制动器；2—立式直流电动机；3—减速机；4—小齿轮；5—大齿轮；6—中央枢轴

单斗挖掘机回转机构的构造如图 7-12 所示。立式直流电机用螺栓固定在减速机上，

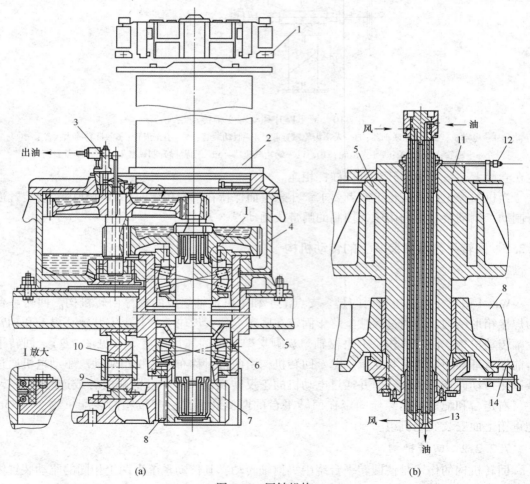

(a)   (b)

图 7-12 回转机构

（a）中央枢轴；（b）回转驱动装置

1—制动器；2—立式直流电动机；3—润滑用柱塞油泵；4—减速器；5—回转平台；6—立轴；7—小齿轮；

8—大齿轮；9—下锥面环形轨道；10—锥形滚子；11—中央枢轴；12—注油嘴；13—回转接头芯管；14—底架

减速机安装在回转平台上。减速机输出轴上的小齿轮与固定在底架上的大齿轮相啮合。回转平台与底架用中央枢轴连接在一起。中央枢轴使回转平台对底架起定心作用，保证回转传动齿轮的正常啮合。回转平台通过其上的上锥面环形轨道坐落在锥形辊子上，辊子能在下锥面环形轨道上滚动。这种结构的辊子在轨道上作纯滚动，能承受回转平台的重载荷，可提高传动效率，减轻辊子和轨道的磨损，辊道更换方便。当打开回转制动器、开动电动机时由于大齿轮被固定在底架上，小齿轮便沿大齿轮周边滚动，从而带动整个回转平台和中央枢轴一起绕中央枢轴之轴线旋转。

为了将底部润滑油和控制行走离合器及抱闸的压气输送到机器底部，在中央枢轴的中空部位安装有回转接头芯管，芯管内有输油、输气管道。

7.2.3　底盘及行走机构

底盘及行走机构的构造如图 7-13 所示，它由履带架、锥形辊盘、底架、行走机构和履带装置等组成。底盘是挖掘机上部重量的支承基础，亦是行走机构的安装基础。底架是一个箱形焊接结构，其上两侧有用螺栓和楔铁连接的履带架。每条履带传动装置都由 36 块履带板组成的履带、3 个支承轮、装在拉紧轴上的导向轮和用花键连接的履带驱动轮组成。为了防止行走减速箱体转动，用螺栓将其固定在底架上。

行走机构的传动系统如图 7-14 所示。履带驱动轮由安装在底架上的行走电动机、减速机、中间齿轮（5 和 6）、伞齿轮（9 和 10）、中部横轴、爪形离合器、齿轮（7 和 8）来驱动，使机器行走。行走制动器用以机器的行走制动。爪形离合器的动作由压气驱动的拨叉机构控制，其闭合和断开可使中部横轴与其左部或右部连接，或同时与左右部连接，从而实现机器的左右转弯或直线行走。

矿用挖掘机一般采用履带行走方式。履带行走的优点是：对地面的接地比压小，附着力大，可用于凹凸不平的场地；具有一定的机动性，能通过陡坡和急弯而不需太多时间。缺点是：运行和转弯耗功大，效率低；构造复杂，造价高；零件易磨损，常需要更换等。

7.2.4　压气操纵系统

图 7-15 所示的压气操纵系统用于操纵提升、推压、回转和行走机构的制动器及行走爪形离合器，并供给集中润滑站和气喇叭所用压气。空压机（型号为 2V-0.42/7）开关和各电磁气阀的控制按钮均装在司机室的操纵台上，操作方便。空压机的额定压力为 0.69MPa，各气缸的工作压力为 0.49~0.69MPa，此压力范围依靠压力继电器控制。当贮气罐里的压力高至 0.69MPa 时空压机自动停止工作；当其低至 0.49MPa 时空压机又自动开启工作。当单斗挖掘机作业或行走时打开电磁单阀分配器，压气由贮气罐并经分配器进入各制动器气缸（4、6、7、10）。在压气的作用下，弹簧被压缩，抱闸松开，于是回转、推压、提升或行走等机构可以工作。当关闭各分配器时，各气缸的压力消失，在弹簧作用下，闸带抱紧制动轮，使各机构处于制动状态。

7.2.5　动力装置与电力传动控制系统

单斗挖掘机是间歇-重复式工作的机械设备，其特点是：

（1）工作状态变化多，负载变化大，容易过载；

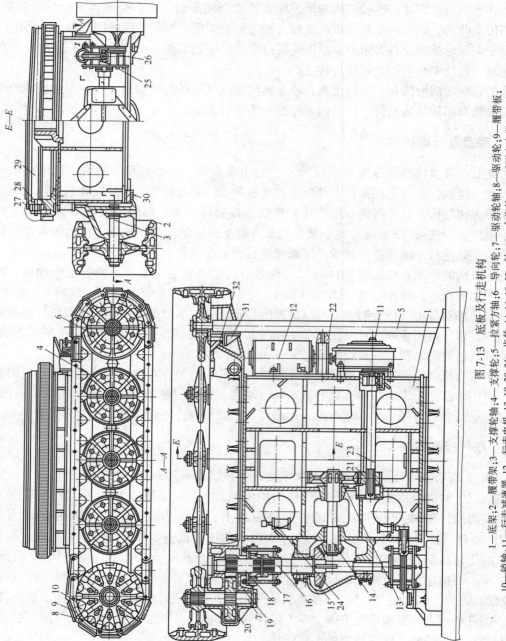

图 7-13 底板及行走机构

1—底架;2—履带架;3—支撑架;4—支撑轮轴;5—拉紧轮;6—导向轮;7—支撑轮;8—驱动轮轴;9—履带板;
10—销轴;11—行走电机;12—行走减速器;13,19,20,21—齿轮;14,16,18,23—轴;15—伞齿轮;17—爪形离合器;22—行走制动器;
24—拨叉;26—卡箍;27—固定大齿轮;28—锥面环形轨道;29—锥形辊盘;30—鞍形垫块;31—支架;32—垫片;

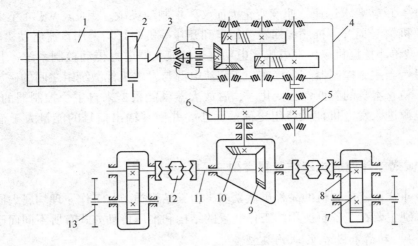

图 7-14　行走机构传动系统

1—行走电机；2—行走制动器；3—齿轮联轴器；4—减速机；5～8—齿轮；9，10—伞齿轮；

11—中部横轴；12—爪形离合器；13—履带驱动轮

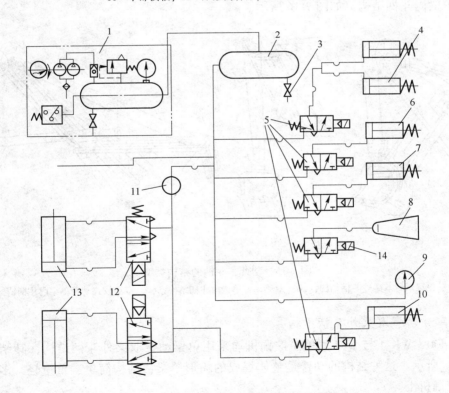

图 7-15　WK-4 型单斗挖掘机压气操作系统

1—空压机；2—储气罐；3—放水阀；4—回转制动器气缸；5—电磁单阀分配器；6—推压制动器气缸；

7—提升制动器气缸；8—气喇叭；9—压力表；10—行走制动器气缸；11—回转接头芯管；

12—电磁双阀分配器；13—行走爪形离合器拨叉气缸；14—电磁气阀

（2）各机构经常性的结合、脱开、联合或单独运动，使启动和停止动作非常频繁；

（3）正、反转要求迅速，速度变化大而又要求制动灵敏。因此，WK-4 型单斗挖掘机的五个主要机构（提升、推压、回转、行走和开斗等机构）均采用直流电动机驱动。

WK-4 型单斗挖掘机采用发电机、电动机、磁放大器电力传动控制系统，其磁放大器控制原理是：当主令控制器给连接在三相交流电源与发电机他激绕组之间的磁放大器一个微小的信号使它本身的磁性发生变化时，磁放大器就能根据来自主令控制器的信号强弱，控制交流电源进入发电机他激绕组电流的大小，并使其输出信号的能量大于输入信号的能量。

7.2.6 机械式单斗挖掘机工作装置类型

现代单斗式正铲挖掘机的品种虽然繁多，但其结构类型和工作原理均属大同小异。它们之间的区别主要在于各自所用的工作装置的结构和推压传动方式有所不同而已。

7.2.6.1 动臂和斗柄的结构类型

斗柄和动臂是单斗挖掘机的主要工作装置，根据动臂的结构和工作特点，可将动臂与斗柄的结构分为三种类型：单梁动臂双梁外斗柄结构、双梁动臂单梁内斗柄结构和双梁铰式动臂单梁内斗柄结构，如图 7-16 所示。

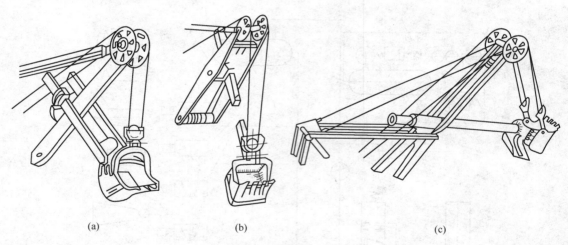

(a) (b) (c)

图 7-16　动臂和斗柄的结构类型

（a）单梁动臂双梁外斗柄结构；（b）双梁动臂单梁内斗柄结构；（c）双梁铰式动臂单梁内斗柄结构

A　单梁动臂双梁外斗柄结构

WD-400、WK-4 与 W-4 型单斗挖掘机均采用单梁动臂双梁外斗柄结构，其结构如图 7-16（a）所示。这种结构的动臂是整体焊成的箱形单梁，结构简单、重量轻，多用于大型矿用挖掘机上。

与单梁动臂相配的斗柄是由箱形结构的双梁（杆）构成的。在靠近铲斗的一端，两侧梁用中间横梁连接起来。小型挖掘机的横梁一般是用钢板作成椭圆形截面梁，在其内部放上木质梁，并用通过木质梁的长螺栓与两侧梁相连接，而钢质横梁与两侧梁之间留有空隙，这样可以改善因挖掘时铲斗受力不均而使两侧梁受力不均的状况。对于较大型的挖掘机，是用一铸钢横梁通过螺栓把两侧梁连接起来，双梁斗柄可承受较大的推压力，并能承受因挖掘阻力的偏心作用而产生的扭力，以及回转时铲斗和斗柄自重造成的惯性力矩。

B 双梁动臂单梁内斗柄结构

W-501 和 WD1200 型单斗挖掘机采用双梁动臂单梁内斗柄结构，其结构如图 7-16（b）所示。这种结构的动臂是箱形双梁结构。推压轴一般设置在动臂长度的中间部位，因此，这一部位的断面要加大，并焊有加强筋板以增加局部强度。动臂的双梁之间用钢板焊接成联结支撑。动臂的支承踵上有耳孔，用铰接的方式固定在回转平台上。

斗柄是矩形或圆形截面的单梁结构，放置在双梁动臂的中间位置。由于斗柄是沿扶柄套作往复运动，故斗柄的断面尺寸沿斗柄长度方向是完全一样的。因斗柄在进行推压时，除受轴向力外，还受有因挖掘阻力的偏心作用造成的扭矩，所以要求斗柄抗扭能力强，多采用矩形断面，如 W-501 型单斗挖掘机。当把斗柄制成圆断面时，多采用钢丝绳推压，这样便成为圆斗柄免扭结构，改善了动臂受扭力的状况，如 WD1200 型单斗挖掘机。

C 双梁铰接式动臂单梁内斗柄结构

衡阳有色冶金机械厂与 Bucyrus-ERIE 公司联合制造的 195-B1 型单斗挖掘机的工作装置采用双梁铰接式动臂单梁内斗柄结构，其结构如图 7-16（c）所示。这种结构的动臂是双梁，并由上、下两节铰接而成，铰接点布置在推压轴上。上、下节动臂做成箱形结构梁。下节动臂的底部铰接在回转平台上，上部用两根刚性拉杆与双脚支架连接。上节动臂一端支承在推压轴上，另一端则依靠钢丝绳拉住。斗柄为管状单梁式。这种动臂和斗柄结构的主要优点是：可使动臂不受因推压力而造成的弯矩，斗柄也不受因挖掘阻力的偏心作用而造成的扭矩，故可使动臂和斗柄的重量减轻；上节动臂还可以起变幅作用，或加长动臂长度，多用于剥离作业的大型挖掘机上。

7.2.6.2 推压机构传动方式类型

A 齿轮—齿条推压方式

齿轮—齿条推压传动方式如图 7-17 所示，这类传动方式广泛应用于单斗挖掘机（电铲）上，如 WD400、WK-4、W-4 及 WK-10 等型单斗挖掘机。这种推压方式的优点是：可挖掘重级土壤或岩石，铲斗工作平稳，清根性好，齿轮和齿条的寿命较长。但是，由于整个推压机构的重量和推压力都作用在动臂上，要求动臂有足够的强度，臂比较沉重，增加了回转部分的转动惯量。此外由于刚性推压型式没有多大的缓冲性，不能缓和由动载荷造成的冲击。

B 钢丝绳推压方式

WD1200 和 195-B1 型单斗挖掘机则采用钢丝绳推压推压方式，如图 7-18 所示。在卷筒上共缠有三根钢丝绳，其中有两根推压钢丝绳，一根退回钢丝绳。推压钢丝绳的一端固定在卷筒上，另一端经过固定在动臂上的导向轮、斗柄后端的导向轮、再经过另一个导向轮返回卷筒并固定在卷筒上。退回钢丝绳的一端同推压钢丝绳反向地固定在卷筒上，另一端经过动臂上的第三个导向轮固定在斗柄的前端。当推压卷筒做顺时针或逆时针转动时，则使斗柄完成推压或返回运动。由于推压力较大，一般用两根推压钢丝绳。在大中型矿用挖掘机上退回钢丝绳亦多采用两根。

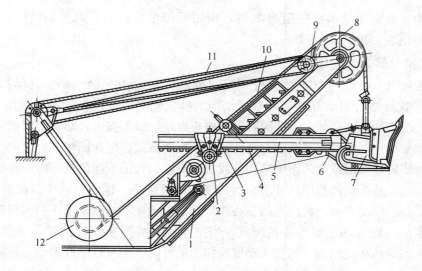

图 7-17　齿轮—齿条推压结构

1—动臂；2—推压齿轮；3—扶柄套；4—齿条；5—斗柄；6—开斗机构；7—铲斗；8—天轮；
9—动臂变幅滑轮组；10—提升钢丝绳；11—动臂变幅钢丝绳；12—铲斗提升卷筒

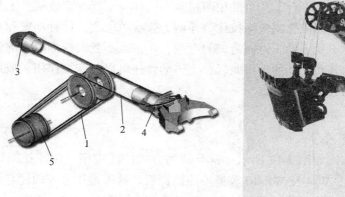

图 7-18　钢丝绳推压结构

1—推压钢丝绳；2—拉回钢丝绳；3，4—调整器；5—推压卷筒

　　钢丝绳推压方式由于钢丝绳是挠性件，可以吸收冲击负荷，起缓冲作用；并且由于推压卷筒安装在回转平台上而不是装在动臂上，减轻了动臂的重量，回转时的转动惯量减小，使稳定性得到改善，有利于提高生产率。

7.3　单斗液压挖掘机

7.3.1　液压挖掘机的基本特点

　　单斗液压挖掘机是在机械传动式单斗挖掘机的基础上发展起来的高效率装载设备。它们都由工作装置、回转装置和运行装置三大部分组成，而且工作过程也基本相同，两者的主要区别在于动力装置和工作装置上的不同。液压挖掘机是在动力装置与工作装置之间采用了容积式液压传动系统（即采用各种液压元件），直接控制各机构的运动状态，从而进行挖掘作业。

液压挖掘机分为全液压传动和非全液压传动两种。若挖掘、回转、行走等主要机构的动作均为液压传动，则称为全液压传动。一般情况下，对液压挖掘机，其工作装置及回转装置必须是液压传动，只有行走机构可以为液压传动，也可以为机械传动。

液压挖掘机工作装置的结构有铰接式和伸缩臂式的动臂结构，回转装置也有全回转和非全回转之分。行走装置根据结构的不同，又可分为履带式、轮胎式、汽车式和悬挂式、拖式等。

同机械式单斗挖掘机相比，液压挖掘机的特点是：结构紧凑、重量轻，能在较大的范围内实现无级调速，传动平稳，操作简单，易于实现标准化、系列化和通用化。液压挖掘机的性能和结构比较先进，中小型机械式挖掘机有可能被液压挖掘机所取代。随着我国液压技术的发展，大中型液压挖掘机也得以迅速发展。

7.3.2　液压挖掘机的组成和工作原理

液压挖掘机的工作原理与机械式挖掘机的基本相同。液压挖掘机有正铲、反铲、抓斗和起重等工作装置（见图 7-19）。常用液压挖掘机的技术特征见表 7-3。

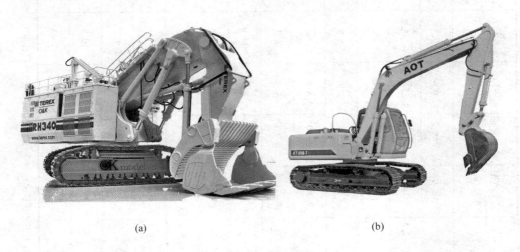

(a)　　　　　　　　　　　　　　(b)

图 7-19　液压挖掘机

（a）RH340 型液压正铲；（b）AT135B-7 型液压反铲

7.3.2.1　液压反铲挖掘机

液压反铲挖掘机结构主要由工作装置、回转装置和行走装置三大部分组成（如图7-20所示），其工作装置的结构是动臂、斗柄、铲斗及其油缸。动臂依靠动臂油缸绕其支点进行升降运动，斗柄依靠斗柄油缸绕其与动臂上的铰接点摆动，铲斗借助转斗油缸绕其与斗柄的铰点产生翻转运动。

表 7-3　常用液压挖掘机的技术特征

| 型号 | 斗容/m³ | | 最大挖掘半径/m | 最大挖掘高度/m | 最大挖掘深度/m | 最大卸载高度/m | 回转速度 /r·min⁻¹ | 行走速度 /km·h⁻¹ | 最大爬坡能力/% | 功率 /kW | 机器重量 /t | 制造商 |
	正铲	反铲										
WY-40A		1.7	10.7	—	6.6	6.8	7.6	2.5	40	149	40	柳州工程机械公司
WY-160	1.6~2.5	1.25~2.5	8/10.6	8.1	3.25/6.1	5.7/5.8	7.88	1.77	40	135	38.5	长江挖掘机有限公司
WY-902	8		11.5	—	4.5	8.5	6	1.8	40	382	90	杭州重型机械厂
WY-250	2.5	—	9	9.1	2.98	6.5	5.35	2	35	200	57.5	杭州重型机械厂
WY-500	3	2	9/12.5	9.5/10	4.5/8.5	7.7/8.1	6	0~4.5	32	223	50	贵阳矿山机器厂
R942		2.0	10~11.5	8.7	6~8	6.3	7.8	2.6	45	125	45	上海建机公司
RH340B	34	—	17.2	20.3	2.9	14.0	4.0	2.0	—	2240	568*	TEREX
RH400	43~50	—	19.0	20.0	2.3	14.5	4.0	2.2	—	3280	1008	TEREX
R982HD	4.3~5.1	1.25~5.6	15 (正铲)	10.5	10 (反铲)	9.8	7.6	1.8~2.4	90	257	84.6	LIEBHERR
R991	5.2~12.3	2.7~11.5	16	10.4	9	11	5.6	2.1	60	540	135	LIEBHERR
5130B	18.5~18.3		4.3	13.4	3.2	9.1	—	3.3	—	597	—	CATERPILLAR
385B	1.9~5.8	—	15.94	14.75	10.4	10.8		4.5	—	382	—	CATERPILLAR
385CFS	5.7	—	9.9	11.26	2.85	7.43	6.4	4.5	70	390	90.6	CATERPILLAR

注：1. 表中数字 8/10.6 是指对于正铲其最大挖掘半径为 8.0m，对于反铲其最大挖掘半径为 10.6m，其他类同。2. *为工作质量。

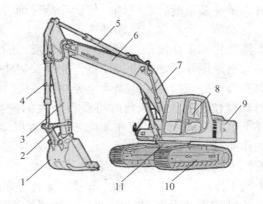

图 7-20　液压反铲挖掘机的结构

1—铲斗；2—连杆；3—斗柄；4—转斗油缸；5—斗柄油缸；6—动臂；7—动臂举升油缸；
8—司机操作室；9—动力装置；10—行走结构；11—回转机构

　　液压反铲挖掘机的工作原理如图 7-21 所示。反铲挖掘机每一作业循环包括挖掘、回转、卸载和返回等四个过程。挖掘时先将铲斗向前伸出，动臂带动铲斗落在岩堆上，然后铲斗向着挖掘机方向铲挖，铲斗在岩堆工作面上挖出一条弧形挖掘带，并装满铲斗。随后将铲斗连同动臂一起举升，使铲斗处于竖直状态，上部转台回转一个角度，带动装满矿岩的铲斗及动臂转动至卸载位置。将铲斗向前翻转，使其斗口朝下，进行卸载。然后将动臂连带铲斗回转返回至岩堆工作面上，准备下一个循环的挖掘作业。

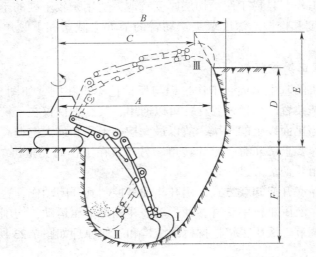

图 7-21　液压反铲挖掘机工作过程及参数示意图

A—标准挖掘高度时的挖掘半径；B—最大挖掘半径；C—最大挖掘高度时的挖掘半径；
D—标准挖掘高度；E—最大挖掘高度；F—最大挖掘深度

　　挖掘机工作开始时，工作装置转向挖掘工作面，使动臂油缸的有杆腔进油，动臂下降，铲斗落至工作面（即图 7-21 中位置Ⅲ）。然后铲斗油缸和斗柄油缸的无杆腔顺序进油，活塞杆外伸，进行挖掘和装载（即图 7-21 中从位置Ⅲ到Ⅰ）。装满铲斗后（在图 7-21 中位置Ⅱ）动臂油缸无杆腔进油，使动臂举升，随后开动回转油马达，使铲斗回转至卸载地点，再使斗柄油缸和铲斗油缸有杆腔进油，使铲斗翻转则可卸载。卸载完毕后，再使工作装置转向工作面，开始第二个挖掘工作循环。

在实际操作中，根据挖掘物和工作面条件的不同，液压反铲的三种油缸在挖掘循环中的动作配合是灵活多样的。当采用斗柄油缸进行挖掘作业时，铲斗的挖掘轨迹是以动臂与斗柄的铰接点为圆心，以斗齿至此铰接点的距离为半径的圆弧线，圆弧线的长度与包角由斗柄油缸的行程决定。当动臂位于最大下倾角时可获得最大的挖掘深度和较大的挖掘行程，在较坚硬的土质条件下也能装满铲斗，故在实际工作中常以斗柄油缸进行挖掘作业。当采用铲斗油缸进行挖掘作业时，挖掘行程较短。要使铲斗在挖掘行程终了时能保证铲斗装满，则需要有较大的挖掘力挖掘较厚的岩土。因此，铲斗油缸一般用于清除障碍及挖掘松软土壤。因此，根据不同工作环境及工况情况，各油缸配合工作的情况多种多样。

根据液压反铲挖掘机的结构形式及其结构尺寸，可利用作图法求出挖掘轨迹的包络图，从而控制和确定挖掘机在任一正常位置时的工作尺寸和范围。为防止因塌坡而使机器倾覆，在包络图上还须注明停机点及其与岩壁或坑壁的最小允许距离。另外，为满足机器工作的稳定与平衡，挖掘机不可能在任何位置都发挥最大的挖掘力。

液压反铲挖掘机的工作特点是：

（1）用于挖掘机停机面以下的土壤挖掘工作，如挖掘壕沟、基坑、装载等。反铲的各油缸可以分别操纵或联合操纵。

（2）铲斗挖掘轨迹的形成取决于对各油缸的操纵。当采用动臂油缸工作进行挖掘作业时（斗柄和铲斗油缸不工作），就可获得最大的挖掘半径和最大的挖掘行程，这有利于在较大的工作面上工作，且易于使挖切层厚度较薄，适用于较坚硬的土质条件。

（3）挖掘的高度和挖掘的深度取决于动臂的最大上倾角和下倾角，亦即取决于动臂油缸的行程。

7.3.2.2　液压正铲挖掘机

液压正铲挖掘机的基本组成、工作过程与反铲挖掘机相同，如图 7-22 所示。在中小型液压挖掘机中正铲装置与反铲装置往往可以通用，其区别仅仅在于铲斗的安装方向。正铲挖掘机用于挖掘停机面以上的土壤，故以最大挖掘半径和最大挖掘高度为主要尺寸，工作面较大，挖掘工作要求铲斗有一定的转角。另外，在工作时受整机的稳定性影响较大，所以正铲挖掘机常用斗柄油缸进行挖掘。

正铲铲斗采用斗底开启卸载方式，用开斗油缸控制其开闭动作，这样可以增加卸载高度和节省卸载时间。液压正铲中动臂参加运动，斗柄无推压运动，切削岩土层厚度主要靠转斗油缸来控制和调节。液压正铲挖掘机的结构和工作原理如图 7-23 所示。

7.3.3　液压挖掘机的结构形式

7.3.3.1　工作装置的结构形式

液压挖掘机的结构形式主要以动臂的结构形式为依据予以划分。动臂的结构形式主要有整体单节动臂、双节可调动臂、天鹅颈形动臂和伸缩式动臂等。

A　整体单节动臂

整体单节动臂结构的特点是结构简单，制造容易，重量轻，有较大的动臂转角和挖掘深度。反铲作业时不会摆动，操作准确，挖掘的壁面干净，挖掘特性好，装卸效率高。

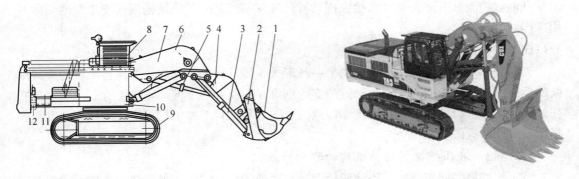

图 7-22　液压正铲挖掘机的结构

1—铲斗；2—铲斗托架；3—转斗油缸；4—斗柄；5—斗柄油缸；6—大臂；7—大臂油缸；
8—司机室；9—行走机构；10—回转平台；11—动力系统；12—配重

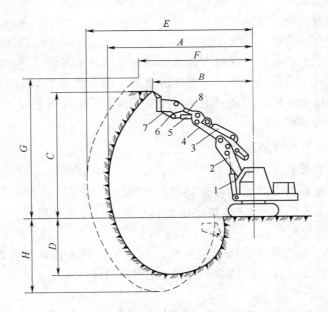

图 7-23　液压正铲挖掘机工作示意图

1—动臂油缸；2—下动臂；3—斗柄抽缸；4—上动臂；5—铲斗油缸；6—斗门；7—铲斗；8—斗柄

A—最大挖掘半径；B—最大挖掘高度时的工作半径；C—最大挖掘高度；D—在停机面以下作业时的挖掘深度；

E，F，G，H—动臂长度增大时的工作尺寸

B　双节可调动臂

这种动臂多用于负荷不大的中、小型液压挖掘机上。按工况变化常需要改变上、下动臂间的夹角和更换不同的作业机具。另外上、下动臂间可采用可变的双铰接连接，以改变动臂的长度及弯度。这样既可调节动臂的长度，又可调节上、下动臂间的夹角，从而获得不同的工作参数，适应不同的工况要求，增大作业范围，通用性好。

C　伸缩动臂式

这种动臂由两节套装，用油缸实现其伸缩运动。伸缩臂的外主臂铰接在回转平台上，

由举升油缸控制其升降。铲斗铰接在内动臂的外伸端,是一种既能挖掘又能平整地面的专用工作装置。

D　天鹅颈形动臂

天鹅颈形动臂是整体单节动臂的另一种形式,即动臂的下支点设在回转平台的旋转轴线的后面,并高出平台面。动臂油缸的支点则设在前面并往下伸。动臂上有三个油缸活塞杆的连接孔眼,以便改变挖掘深度和卸载高度。这种动臂增加了挖掘半径和挖掘深度,并降低了工作装置的重量。

7.3.3.2　液压挖掘机回转机构的驱动特点

液压挖掘机的回转机构采用液压传动,有两种传动方式:在半回转的悬挂式或伸缩臂式液压挖掘机上采用油缸或单叶片油马达驱动;在全回转液压挖掘机上采用高速小扭矩或低速大扭矩油马达驱动。由于液压挖掘机的回转部分重量轻、转动惯量小,所以启动和转动的加速度大,转速较高,回转一定角度所需时间少,有利于提高生产率。

全回转液压挖掘机的支承回转装置和齿轮、齿圈等传动部分结构与一般挖掘机相同。而小齿轮的驱动可分为高速和低速传动两种。小齿轮高速传动采用高速定量轴向柱塞式油马达或齿轮油马达作为动力机,通过齿轮减速箱驱动回转小齿轮环绕底座上的固定齿圈周边作啮合滚动,带动平台回转。小齿轮低速传动则采用内曲线多作用低速大扭矩的径向柱塞式油马达直接驱动小齿轮,或者采用星形柱塞式或静平衡式低速油马达通过正齿轮减速来驱动小齿轮,再带动平台回转。

7.3.3.3　行走装置的结构形式和特点

A　轮胎行走装置的结构特点

用于各种液压挖掘机中的轮胎行走装置有标准汽车底盘、特种汽车底盘(行走驾驶室与作业操纵室是分设的)、轮式拖拉机底盘和专用底盘等几种形式。有关轮胎式行走装置在前端式装载机中已经阐明。

(1)液压悬挂平衡装置及液压支腿机构。液压悬挂平衡装置安装在后桥上,是为了使挖掘机在运行时,能随着路面的不平而自动地维持机体的平衡,使挖掘机具有较高的越野性能,行驶平稳。

液压支腿装置能使挖掘机的工作载荷刚性地传到地面,以减轻车轮与轮轴的负荷,改善机器与岩土的附着条件,提高作业时的稳定性。液压支腿是液压折叠式机构,一般安装在行走装置的后面两侧。在小型液压挖掘机上,采用单油缸双支腿或双油缸双支腿结构,而在中型挖掘机上则普遍采用能伸缩和折叠的四个支腿,分别布置在前轮和后轮的两侧。

液压悬挂平衡装置及液压支腿联动装置的工作原理如图 7-24 所示。当挖掘作业时油泵供给的压力油经换向阀分成两路。当换向阀在右边位置时,一路油经闭锁阀进入支腿油缸的无杆腔,使支腿外伸呈支撑状态(即图示位置),另一路油则使联动换向阀右移,悬挂装置处于闭锁状态,作业时能起缓冲作用。行走时换向阀在左边位置,压力油的一路进入支腿油缸的有杆腔,使支腿缩回;另一路则使联动换向阀左移,连通左右悬挂油缸(油缸一端与车架连接,活塞杆端与后桥连接)。由于两悬挂油缸的无杆腔相连通,当挖掘机在不平的路面上行驶时机身能够自动上下摆动,从而保持着良好的地面支承。

(2)传动方式。液压挖掘机轮胎行走装置有三种基本传动方式:机械式传动、液压-

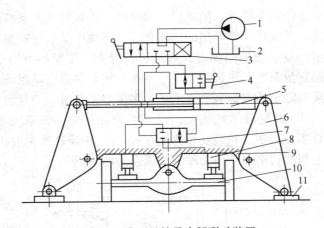

图 7-24　液压悬挂及支腿联动装置

1—油泵；2—油箱；3—换向阀；4—闭锁阀；5—支腿油缸；6—支腿；7—联动换向阀；
8—悬挂油缸；9—车架；10—后桥；11—支腿接地块

机械式传动和全液压传动。

机械式传动的动力传递路线为：发动机、变速箱、回转中心立轴（包括上、下传动箱）、伞齿轮传动、差速器、轮胎（或设有轮边减速装置）。由于它传动效率高，可采用通用零部件，使用可靠，成本低等优点，应用较广。其缺点是换挡慢，牵引特性欠佳，结构复杂，故在速度较高的挖掘机上应用较少。

液压-机械式传动的动力传递路线为：发动机、油泵、油马达、变速箱、前后桥、轮边减速装置，轮胎。这种传动方式应用较广，有越野挡、公路行驶挡和拖车挡三种速度。

全液压传动是利用两个油马达分别驱动前后桥传动，它和有差速器一样，可随油马达流量的变化起差速作用。在这种传动形式中，每个车轮可以独立地传递最大扭矩。流量的输送是靠差速运动而传到马达来驱动车轮。油马达装于车轮的侧面，这种传动系统省去了复杂的机械传动部件，使用和维修都很方便。

B　履带运行装置的传动类型和特点

液压挖掘机的履带运行装置的结构和工作原理与机械式挖掘机的基本相同，不同的只是驱动系统。它也有机械传式和液压传动式两种。全液压传动的挖掘机，履带运行装置采用液压传动，即每条履带都由各自独立的油泵、油马达系统来驱动。这样，可以很方便地通过对油路的控制，实现直线行走，转弯或就地转弯，机器灵活机动。

在液压传动的履带运行装置中，有三种传动方案。第一种是采用高速低扭矩油马达和行星齿轮减速器，其特点是尺寸小，重量轻，部件通用化程度高，制造、安装、维修简便。第二种是采用高速低扭矩柱塞油马达和行星摆线针轮减速器，其特点是传动比大，体积小，结构紧凑，机器离地间隙较大。第三种是采用低速大扭矩油马达和一级正齿轮减速器，其特点是结构简单，制造成本较低，国内外使用较多。但因油马达的径向尺寸较大，使机器的离地间隙较小。

7.3.4　液压挖掘机的液压系统原理

液压挖掘机的液压传动系统是根使用工况、动作特点、运动形式及其各部分相互间的要求、速度的要求、工作的平稳性、随动性、顺序性、连锁性以及系统的安全可靠性等因素来设计的，这就决定了液压系统类型的多样化。在习惯上是按主油泵的数量、功率的调节方式、油路的数量以及油流的循环方式等来进行分类。常见的有以下六种液压传动系统：单泵或双泵单路定量系统；双泵双路定量系统；多泵多路定量系统；双泵双路分功率调节变量系统；双泵双路全功率调节变量系统；多泵多路定量、变量混合系统。

图 7-25 为国产 WY100 型液压挖掘机的液压系统原理图，该系统为双泵双路定量系统，原动机为 6135Q 型柴油机，持续功率为 88～96kW，额定转速为 1600r/min。根据用户的需要，还可以换上相应功率的三相交流电动机作为原动机。

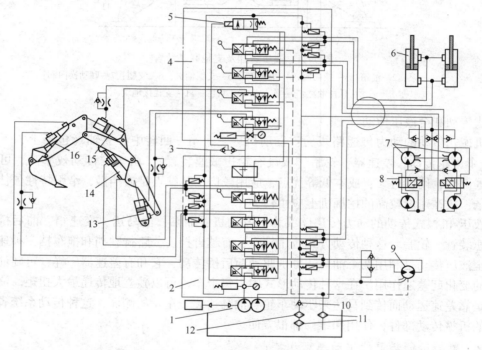

图 7-25　液压挖掘机的液压系统

1—油泵；2—油箱；3—换向阀；4—闭锁阀；5—支腿油缸；6—支腿；7—联动换向阀；
8—悬挂油缸；9—车架；10—后桥；11—支腿接地块；12—散热器；13—动臂油缸；
14—辅助油缸；15—斗柄油缸；16—铲斗油缸

由图 7-25 可见，双泵采用并联方式，各自为分配阀组串联供油。油泵为曲轴式径向柱塞泵，转速 1600r/min，最大压力 32MPa。回转油马达和行走油马达均采用内曲线多作用径向柱塞式低速大扭矩油马达，扭矩常数为 3.18。油泵 1 直接从油箱中吸油，高压油分两路进入分配阀组（2 和 4）。进入分配阀组 2 的高压油驱动回转马达，铲斗油缸，辅助油缸，同时经中央回转接头驱动后行走马达。

进入分配阀组 4 的高压油驱动动臂油缸、斗柄油缸、经中央回转接头驱动左行走马达及推压油缸。当机械在斜坡上产生超速溜坡时，两组分配阀的回油均可通过限速阀（在单向阀的作用下），自动控制行走速度。当回转马达、铲斗油缸和右行走马达不工作时，可用合流阀将高压油引入分配阀组 4，用以加快动臂或斗柄的动作速度。

从分配阀出来的回油经过压阀、散热器和滤油器流回油箱。图中虚线表示分配阀和油马达的泄漏油路,不经散热器,直接经滤油器至油箱。

补油回路:系统中的背压阀(压力为1.0MPa)将低压油通到补油回路,在油马达制动状态和超速状态时进行补油。另外,还可以将低压回油经节流减压后引入油马达壳体,使其保持一定的循环油量,又将壳体磨损污物冲洗掉,保持油马达的清洁,这是排灌回路。

通过两个行走马达7的串联和并联供油,可获得两挡行走速度。图7-25所示是双速阀向油马达并联供油,此时为低速行走;双速阀在另一位置时,即为串联供油(高压油先进入图示下排油马达,出油经双速阀再进入上排油马达),此时,挖掘机就高速行走。

该系统除油泵入各分配阀组的主油路上装置安全溢流阀外,从分配阀组到各执行元件的每一分路上的压力,还可以通过过载阀分别进行调整。这样,一方面保证机械工作时各部分压力的平衡;另一方面又可使整个系统和各个执行元件受到保护。由于每一回路为串联,既可保证同时进行多种动作及其准确性,又可将油量集中供给单一动作,提高生产效率。

7.4 正铲挖掘机主要工作参数的计算

矿岩是挖掘机的工作对象,也是机器的支承体,其物理、力学性质对于挖掘机的工作效率与使用寿命有很大影响。抗压的物理、力学性质见第1章。

顺便介绍一下标准挖掘机技术特征的比压力的概念。当挖掘机在地面上行驶或停放时将给地面以压力,其履带接地单位面积上的压力称为比压力,通常把岩土被压陷沉$100 \sim 150 mm$时所承受的比压力称为岩土最大允许比压力,用符号q_{max}表示。当挖掘机行驶或停止不动时机器自重使地面压陷沉$10 mm$时的比压力称为岩土的抗险系数,用符号q_0表示。各种土壤的最大允许比压力q_{max}和抗险系数q_0值见表7-4。

表 7-4 各种土壤的最大允许比压力 q_{max} 和抗险系数 q_0 值

岩土种类	最大允许比压力 q_{max}/Pa	抗险系数 q_0
沼泽土	$(4.0 \sim 1.0) \times 10^4$	$(0.5 \sim 1.5) \times 10^6$
湿黏土、松砂土	$(20 \sim 40) \times 10^4$	$(2.0 \sim 3.0) \times 10^6$
大粒砂、普通黏土	$(40 \sim 60) \times 10^4$	$(3.0 \sim 4.5) \times 10^6$
坚实黏土	$(60 \sim 70) \times 10^4$	$(5.0 \sim 6.0) \times 10^6$
湿黄土	$(80 \sim 100) \times 10^4$	$(7.0 \sim 10) \times 10^6$
杆黄土	$(110 \sim 150) \times 10^4$	$(11 \sim 13) \times 10^6$

7.4.1 挖掘阻力的计算

铲斗在挖掘时所受的总阻力W可分解为沿着斗齿铲挖轨迹切线方向的W_1和沿着铲斗轨迹法线方向的W_2,如图7-26所示。W_1是矿岩对挖掘机切削和移动的阻力,它由铲斗的提升钢丝绳在斗上的作用力S_1来克服;W_2是矿岩对推压的阻力,它由推压机构作用在

铲斗上的力 S_2 来克服。当阻力 W_1、W_2 与外作用力相等时，则铲斗运动稳定；当阻力 W_1 大于外作用力，则运动受阻，可以通过减小切削厚度来调整；当阻力 W_1 小于外作用力，铲斗将加速度。若阻力 W_2 大于外作用力，铲斗将被挤出矿岩堆，W_2 小于外作用力，铲斗就继续插入岩石堆内。

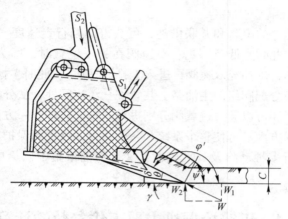

图 7-26　正铲挖掘阻力计算图

目前尚无完善的计算挖掘机阻力的理论和方法，通常是根据由实验研究和理论分析所得的经验公式来计算确定，一般地采用挖掘比阻力系数法来计算，即

$$W_1 = \sigma_\omega bC \tag{7-1}$$

$$W_2 = \psi W_1 \tag{7-2}$$

式中　W_1——土壤对挖掘的切向阻力，N；

　　　C——铲挖厚度，m；

　　　b——铲斗铲挖的宽度，m；

　　　σ_ω——由实验求得的挖掘机比阻力，N/m^2；

　　　W_2——土壤对挖掘机的法向阻力，N；

　　　ψ——由实验确定的系数。

σ_ω 的下限相当于岩土中较潮湿和较松软的情况；σ_ω 的上限相当岩土不均匀和含有夹杂物较多的情况。当斗容小于 $0.4 \sim 0.5 m^3$ 时，σ_ω 值增大 5%~15%；当斗容量大于 $3m^3$ 时，σ_ω 值将减小 5%~15%。表 7-5 列出了装有斗齿的矩形铲斗的挖掘机比阻力值。

表 7-5　挖掘机比阻力 σ_ω 值　　　　　　　　　　（N/m^2）

岩 土 种 类	岩土等级	正铲、反铲挖掘	索斗铲、刨铲
干而松的砂土	I	$(1.6 \sim 2.5) \times 10^4$	$(2.3 \sim 4.5) \times 10^4$
砂土、亚砂土、轻质亚黏土、普通亚黏土	I	$(3 \sim 7) \times 10^4$	$(6 \sim 12) \times 10^4$
亚黏土、细小砾石、轻质亚黏土、松黏土	II	$(6 \sim 13) \times 10^4$	$(10 \sim 19) \times 10^4$
普通黏土、松散的重质黏土、坚实亚黏土	III	$(11.5 \sim 19.5) \times 10^4$	$(16 \sim 26) \times 10^4$
重质黏土，重质湿黏土	IV	$(20 \sim 30) \times 10^4$	$(26 \sim 40) \times 10^4$

岩 土 种 类	岩土等级	正铲、反铲挖掘	索斗铲、刨铲
胶结的砾石	Ⅳ	$(23.5 \sim 31) \times 10^4$	$(31 \sim 41) \times 10^4$
混有小石块的重质砾石、爆破效果不好的泥灰石、轻质页岩，重质干黏土	Ⅴ	$(28 \sim 32.5) \times 10^4$	$(37 \sim 42) \times 10^4$
混有大石块的重质砾石	Ⅴ、Ⅵ	$(22.5 \sim 25) \times 10^4$	$(28 \sim 31) \times 10^4$
爆破效果不好的重质砾石	Ⅴ、Ⅵ	$(44.5 \sim 47) \times 10^4$	$(53 \sim 60) \times 10^4$
爆破效果不好的铁矿石	Ⅵ	$(38 \sim 42.5) \times 10^4$	$(47.5 \sim 53) \times 10^4$

系数 ψ 值不仅取决于岩土的级别，而且受岩土中夹杂物的影响很大。当初削边形状合理、土质均匀而不含夹杂物时，$\psi \leqslant 0.1 \sim 0.5$；当不是理想状态时，$\psi$ 值将增大 $0.5 \sim 1.0$ 倍或更多；在爆破不好的岩石中工作时，ψ 值将更大。在铲斗整个挖掘过程中系数 ψ 的平均值要小 $30\% \sim 40\%$。表 7-6 中列出了挖掘机在最高负荷情况下的 ψ 值。当切削边与运动方向之间的角度不等于 $90°$，即做倾斜切削时，切削力将减小。对于新型结构的圆弧斗，由于它能保证实行倾斜切削，并由于铲斗结构减小了挖掘阻力，因此 σ_ω 值可降低。当用于正铲或反铲时 σ_ω 值可降低 $10\% \sim 20\%$，较大的降低值适用重级岩土（Ⅳ级以上）。

表 7-6 根据实际所取的 ψ 值

岩 土 类 型	岩土等级	工作装置	$\psi = \dfrac{W_2}{W_1} \times 100\%$		
			最小	中等	最大
砂	Ⅰ	正铲	20	51	80
砂质黏土	Ⅱ	正铲	20	35	62
黏土	Ⅲ	正铲	23	42	65
稍带水泥的砾石	Ⅵ、Ⅴ	正铲	21	34	42
爆破破碎的铁矿石、岩石、结实的砾石	Ⅴ、Ⅵ	正铲	29	63	104

在计算总阻力 W 时，铲挖厚度 C 可用式（7-3）计算。

$$C_{\max} = \frac{q}{b H_t K_s} \tag{7-3}$$

式中 $C_{\max}$——最大铲挖厚度，m；

q——铲斗斗容，m^3；

H_t——正铲推压轴高度，m；

K_s——松散系数。

经验表明，当铲斗的切割边宽度 b 大于 0.5m、铲斗侧壁不参加或很少参加铲挖时，利用 σ_ω 值和计算的挖掘阻力求出 W_1 和 W_2 后，即可求出 W。

7.4.2 挖掘机的平衡与稳定性计算

7.4.2.1 挖掘机的平衡计算

挖掘机的平衡是指回转平台及其上面的一切机构和工作装置在各种位置时，其作用力

238

的合力不超出回转支承面的范围，并使支承滚子受力均匀。要使挖掘机在任何位置均能平衡，则必须给予配重。确定合理配重的依据是：在满斗或空斗、斗柄处于任意位置时，平台上的重力合力对回转中心线的位移都要相等。

根据经验，在满足较高生产率的前提下，中小型挖掘机的斗柄外伸距离以全伸程的3/4为限来计算配重较合理。图7-27所示斗柄位置为合力配重计算简图，由图可得配重力 G_{hp} 为

$$G_{hp} = \frac{1}{r_2}\left(\frac{M_1 + M_2}{2} - Gr_1\right) \tag{7-4}$$

式中　G_{hp}——挖掘机配重，t；

$\quad\quad M_1$——在动臂处于 45° 倾角、空斗置地面上时工作装置对回转中心倾覆力矩，

$\quad\quad\quad$ kN·m，$M_1 = G_d r_3 g$；

$\quad\quad M_2$——满斗斗柄外伸至全伸程的 3/4 时工作装置对回转中心的倾覆力矩，kN·m：

$$M_2 = (G_d r_3 + G_b r_4 + G_{D+t} r_5)g；$$

$\quad G_d，G_b$——分别为动臂和斗柄的自重，t；

$\quad\quad G_{D+t}$——铲斗和物料的自重之和，t；

$\quad\quad\quad G$——平台及其上面一切机构的自重，t；

$\quad r_1 \sim r_2$——分别为上述各重力与回转中心的距离，m。

由式（7-4）求得的合理配重还要根据空斗位置和满斗位置分别进行校验。

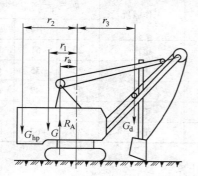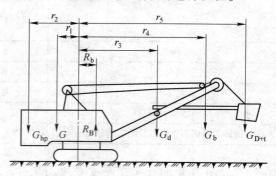

图 7-27　挖掘机合理配重计算图

7.4.2.2　单斗正铲挖掘机的稳定性计算

单斗正铲挖掘机的稳定性是指它在工作或移动的位置上时都不能对某一固定轴线发生倾覆现象，它用稳定性系数 K 表示，即挖掘机在某一位置时对于倾覆轴线的稳定力矩 M_w 与倾覆力矩 M_f 之比应大于 1，即

$$K = \frac{M_w}{M_f} > 1 \tag{7-5}$$

单斗正铲挖掘机的稳定性计算应分四种情况验算：

（1）挖掘机停在水平地段，动臂倾角为 45°，以短斗柄进行横向挖掘（提升绳处于垂直状态），空斗的斗齿上作用着最大的挖掘力，此时取 $K = 1.05 \sim 1.1$。

（2）斗柄伸出最大，挖掘结束，铲斗已装满，推压力方向朝向机体，提升和推压力

按正常的作用力工作，这是最不利的工况，取 $K=1.05\sim1.1$ 的中间值。

（3）上坡位置，坡角最大，动臂在运行的前方，处于最小倾角，斗柄全伸，铲斗靠近地面，迎风而行。

（4）下坡运行，坡角最大，动臂在运行前方，倾角最大，斗柄承垂直位置，顺风而下。

（3）（4）两种情况取风压 $p_f=250\text{Pa}$，以履带与地面接触的最低点连线作为倾覆线，这时取 $K\geqslant1.2$。这是因为考虑在松软岩土上行走时，由于比压力的不均匀性，有可能使履带一端下沉而加大挖掘机的倾覆性。

7.4.3　挖掘机主要工作参数

挖掘机的工作范围取决于其工作参数，机械式单斗挖掘机的工作参数如图 7-28 所示。

（1）挖掘半径 R_w。挖掘时从挖掘机回转中心线至斗齿切割边缘的水平距离即挖掘半径；最大挖掘半径（$R_{w,max}$）是斗柄最大水平伸出时的挖掘半径；站立水平上的挖掘半径（R_{we}）是铲斗平放在挖掘机站立水平时的最大挖掘半径。

（2）挖掘高度 H。挖掘时挖掘机站立水平到斗齿切割边缘的垂直距离即挖掘高度。最大挖掘高度（H_{max}）是斗柄最大伸出并提到最高位置时的挖掘高度。

（3）卸载半径 R_x。卸载时从挖掘机回转中心线到铲斗中心的水平距离即卸载半径；最大卸载半径（$R_{x,max}$）是斗柄最大水平伸出时的卸载半径。

（4）卸载高度 H_x。卸载时从挖掘机站立水平到铲斗打开的斗底板下缘的垂直距离即卸载高度。最大卸载高度（$H_{x,max}$）是斗柄最大伸出并提至最高位置时的卸载高度。

（5）下挖深度 H_{wx}。在向挖掘机所在水平以下挖掘时，从挖掘机站立水平到斗齿切割边缘的垂直距离即挖掘深度，也称之为下挖深度。

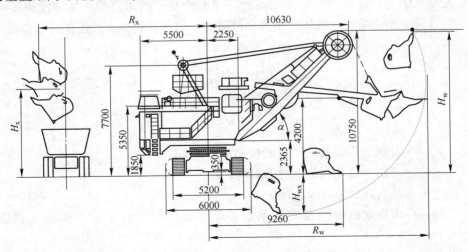

图 7-28　WK-4 型单斗挖掘机工作示意图及参数

机械式单斗挖掘机的工作参数依动臂倾角 α 而定。动臂倾角允许有一定的改变，较陡的动臂可使挖掘高度和卸载高度加大，但挖掘半径和卸载半径则相应减小。反之，动臂倾斜较缓时，则挖掘高度和卸载高度减小，而挖掘半径和卸载半径增大。

7.4.4　平台回转时间的计算

单斗挖掘机工作时，平台回转时间约占整个工作循环时间的 60%～70%，是影响挖掘机生产率的重要因素，所以以合理地选择回转角速度、减少回转运行时间非常重要。平台回转时间由平台的启动、均速回转和制动三个运行阶段构成，各阶段的运行时间按照如下过程进行计算。

7.4.4.1　起动和制动运行时间

回转平台启动时，发动机的最大输出扭矩 M_{max}。用于克服回转部分的静阻力矩 M_j、发动机和传动系统的惯性阻力矩 M_g 和回转部分启动和制动时的惯性阻力矩 M_D，即

$$M_{max} = M_j + M_g + M_D \tag{7-6}$$

一般地，$M_j + M_g$ 所占比重很小（对于小型挖掘机为（0.08～0.1）M_D，对于大型挖掘机为（0.15～0.35）M_D），为简化计算，可取其平均值 $M_j + M_g = 0.17 M_D$，于是有

$$M_{max} = 1.17 M_D \tag{7-7}$$

根据理论力学，回转部分的惯性力矩为

$$M_D = J \frac{d\omega}{dt} = J a_\omega \tag{7-8}$$

式中　ω——回转角速度，rad/s；

J——回转部分各质量对回转中心线的转动惯量，kg·m²；

a_ω——回转角加速度，rad/s²。

对于单发动机驱动的回转机构，回转靠摩擦离合器接合，这时发动机的输出扭矩是常数，即转动惯量 J 不变，启动角加速度 a_q 也是常数。对于多发动机驱动的回转机构，回转直接靠发动机驱动，而发动机输出扭矩随转速而变化，因而启动角加速度也不再是常数。为简便计算，不论单发动机还是多发动机驱动，启动和制动角加速度均看作常量并表示为

$$a_q = \frac{\omega_{max}}{t_q} \cdot e = a_{q,\,max} \tag{7-9}$$

$$a_z = \frac{\omega_{max}}{t_z} \cdot e = a_{z,\,max} \tag{7-10}$$

式中　a_q，a_z——分别为启动和制动时的角加速度，rad/s²；

t_q，t_z——分别为启动和制动时的时间，s；

ω_{max}——最大回转角速度，rad/s；

e——由发动机特性决定的系数，单发动机驱动时 $e = 1$，多发动机驱动时 $e = 0.8$。

由式（7-7）、式（7-8）和式（7-9）可得启动时发动机最大输出扭矩为

$$M_{max} = 1.17 J a_{q,\,max} = 1.17 J e \frac{\omega_{max}}{t_q} \tag{7-11}$$

此外，发动机最大功率 N_{max}、最大输出扭矩 M_{max} 和回转部分最大角速度 ω_{max} 之间的关系为

$$N_{max} = \frac{M_{max}\omega_{max}}{1000\eta_h} \tag{7-12}$$

式中 η_h——回转机构的传动效率，$\eta_h = 0.82 \sim 0.85$。

于是由式（7-11）、式（7-12）得平台回转启动运行时间为

$$t_q = \frac{1.17Je\omega_{max}^2}{1000N_{max}\eta_h} \tag{7-13}$$

制动时，静阻力矩起着制动力矩的作用，仿上述推导过程，可得平台回转制动运行时间为

$$t_z = \frac{Je\omega_{max}^2\eta_h}{1.17 \times 1000N_{max}} \tag{7-14}$$

7.4.4.2 平台匀速回转运行时间

挖掘机回转运行时间 t_h 为启动运动时间 t_q、匀速运行时间 t_y 和制动运行时间 t_z 之和，即

$$t_h = t_q + t_y + t_z \tag{7-15}$$

若以 β_q、β_y、β_z 分别表示启动、匀速运行和制动时的回转角度，则总的回转角度 β（单位为 rad）为

$$\beta = \beta_q + \beta_y + \beta_z \tag{7-16}$$

则平台匀速回转角度为

$$\beta_y = \beta - \beta_q - \beta_z \tag{7-17}$$

所以，回转机构匀速运行的时间为

$$t_y = \frac{\beta - (\beta_q - \beta_z)}{\omega_{max}} \tag{7-18}$$

式（7-18）中 $\beta_q = K\omega_{max}t_q$，$\beta_z = K\omega_{max}t_z$，$K$ 为表征加速运行情况的系数，单发动机驱动时 $K = 0.5$，多发动机驱动时 $K = 0.6$。

7.4.4.3 平台回转运行时间

由式（7-13）、式（7-14）、式（7-15）、式（7-18）可得平台回转运行时为

$$t_h = t_q + t_y + t_z = \frac{Je(1-K)(1.37+\eta_h^2)}{1170N_{max}\eta_h}\omega_{max}^2 + \frac{\beta}{\omega_{max}} \tag{7-19}$$

为提高挖掘机的生产率，应使平台回转运行时间最短，所以需要选择一个最优回转角速度 ω_0。因此求式（7-19）对 ω_{max} 的导数并令其等于零，则得

$$\omega_0 = \sqrt[3]{\frac{1170N_{max}\eta_h\beta}{2Je(1-K)(1.37+\eta_h^2)}} \tag{7-20}$$

对于但发动机驱动时，$e = 1$，$K = 0.5$，$\eta_h = 0.835$，则

$$\omega_0 = 7.79 \times \sqrt[3]{\frac{\beta N_{max}}{J}} \tag{7-21}$$

对于多发动机驱动的挖掘机，$e = 0.8$，$K = 0.6$，$\eta_h = 0.835$，则

$$\omega_0 = 9.04 \times \sqrt[3]{\frac{\beta N_{max}}{J}} \tag{7-22}$$

7.4.5　挖掘机的生产率

生产率是挖掘机的主要技术指标之一，以每班或每小时装运卸或装卸岩石的体积（m³）或质量（t）来表示，分为理论生产率、技术生产率和实际生产率三种，其具体定义见 6.6.1 节。

7.4.5.1　理论生产率

理论生产率是指一台挖掘机按照铲斗几何容量和装运卸工作循环时间连续工作一小时的装载量。理论生产率没有考虑外界条件影响，仅反映装载机结构性能特征，其计算条件是针对计算土壤或矿岩、标准工作面高度、平均挖掘半径、卸载高度和卸载半径都不大于最大值的 90%、工作速度为计算速度、回转 90°卸载，各机构协同动作。此时理论生产率为

$$Q_0 = 60qn = \frac{3600q}{t} \tag{7-23}$$

式中　Q_0——理论生产率，m³/h；

$\quad q$——铲斗的几何容量，m³；

$\quad n$——每分钟工作循环的理论值，次/min；

$\quad t$——每工作循环延续的时间，s：

$$t = t_w + t_{hm} + t_{hk} + t_s$$

$\quad t_w$——挖掘时间，取决于挖掘速度和行程，s，对于单斗正铲挖掘机：

$$t_w = (L_1 - L_2)/v_d$$

$\quad L_1 - L_2$——铲斗从下部位置至上部位置时所收起的钢丝绳滑轮组长度，m；

$\quad v_d$——提升速度，m/s；

$\quad t_{hm}$——满斗从工作面转向卸载位置的时间，s，按式（7-19）计算；

$\quad t_{hk}$——空斗从卸载位置返回工作面的时间，s，按式（7-19）计算；

$\quad t_s$——卸载时间，s，通过查表 7-7 确定。

表 7-7　单斗正铲挖掘机卸载时间 t_s

卸载条件	斗容 q/m³	卸载时间 t_s/s					
		砂	黏土	含石块黏土	爆破破碎的岩石	湿黏土	爆破效果不好的岩石
废弃岩土	3~6	—	0.25	0.25	0.25	3.5	1.5
	1.25~2	0.5	1.5	1.5	1.5	5.0	2.0
运输车辆	3~6	0.7	1.5	2.0	3.0	5.0	6.0
	1.25~2	0.5	1.2	1.8	2.5	4.5	6.0

7.4.5.2　技术生产率

技术生产率取决于挖掘机的实际挖掘进度、挖掘对象的松散情况、铲斗的装满程度等，是在一定的生产条件下（正确选择生产过程（给定挖掘高度、回转角度），操作方法得当，考虑装满程度及装载难易条件）连续工作一小时所能装载松散矿岩量，是评定司机工作的指标，但不能作为生产定额。技术生产率 Q_j 按式（7-24）计算。

$$Q_j = 60qn\frac{K_m}{K_s}K \tag{7-24}$$

式中　K_m——铲斗的满斗系数，其取值见表7-8；

　　　K_s——岩土的松散系数；

　　　K——循环时间的影响系数，其取值见表7-10。

系数 K 是指在给定条件下，每分钟最大可能循环次数 n_j 和在理想条件下的每分钟理论循环次数 n 的比值，即 $K = n_j / n$。系数 K 与岩土性质、工作面高度、回转角度及运输车辆的容积有关，其值可查表7-9确定。

表 7-8　铲斗装满系数 K_m 的最大值

岩土类型	岩土等级	装满系数
干砂、干砾石、碎石、爆破岩石	Ⅰ、Ⅱ、Ⅴ、Ⅵ	0.95~1.05
湿砂、湿砾石	Ⅰ、Ⅱ	1.15~1.25
湿砂质黏土	Ⅲ	1.2~1.42
湿中等黏土	Ⅲ	1.3~1.5
重黏土	Ⅳ	0.95~1.1
湿重黏土	Ⅳ	1.25~1.45
砂质黏土	Ⅱ	1.05~1.1
爆破效果不好的岩石	Ⅴ、Ⅵ	0.75~0.9
中等黏土	Ⅲ	1.1~1.2

表 7-9　循环时间影响系数 K 值

干砂、砾石	湿砂、砾石	干砂质黏土	湿砂质黏土	湿黏土	重级干黏土	重级湿黏土	中级干黏土	碎石或爆破岩石	爆破效果不好的岩石
Ⅰ—Ⅱ	Ⅰ—Ⅱ	Ⅰ	Ⅱ	Ⅲ	Ⅳ	Ⅳ	Ⅲ	—	—
1.29	1.22	1.21	1.14	0.93	0.98	0.84	1.09	0.98	0.73

表 7-10　K 值与回转角的关系

回转角	70°	90°	135°	180°
K 值	1.07~1.1	1.0	0.82~0.88	0.7~0.76

注：1. 回转角度为90°，工作面高度保证铲斗最大装满条件时的数值。

　　2. 若回转角度不为90°，则表内数值需要予以修正。

7.4.5.3　实际生产率

实际生产率是指在具体生产条件下，考虑装载机因调车、设备维修、转移场地以及司机操纵的熟练程度等造成时间损失后，一台挖掘机工作一小时（或一段工作时间内（班、日、月和年））所能装载的松散矿岩量，是实际平均生产率。实际生产率按（7-25）计算。

$$Q_s = K' K'' Q_j \qquad (7-25)$$

式中　K'——机械工作时间的利用系数，见表7-11；

　　　K''——司机操纵熟练程度的影响系数，对于手动操纵取 $K'' = 0.81$，对于伺服机构操纵可取 $K'' = 0.86~0.98$。

表 7-11　机械工作时间利用系数 K'

运输方式	车铲比	调车方式	K'值	
			组织工作一般	组织工作良好
汽车，架线式电机车	2~3	回返，环形	0.85	0.89
	4~6		0.87	0.94
电机车（车箱数>6）	4~6	环形	0.86	0.91
	7~8		0.87	0.94
	4~6	独头线路	0.74	0.81
	7~8		0.77	0.94
蒸汽机车（车箱数>6）	4~6	环形	0.82	0.86
	7~8		0.83	0.88
	4~6	独头线路	0.70	0.75
	7~8		0.72	0.78

复习思考题

7-1 液压挖掘机与机械式单斗挖掘机相比较有何优点？

7-2 什么是挖掘阻力，如何计算？

7-3 作为露天矿开采主要设备之一的单斗挖掘机，其主要作用是什么？

7-4 阐述 WK-4 型单斗挖掘机的基本构成及其各组成部分的功能。

7-5 分析 WD-400 型单斗挖掘机的工作特点。

7-6 简述单斗挖掘机的发展现状及其主要类型。

7-7 什么是单斗挖掘机的结构参数和工作参数？

7-8 单斗挖掘机的选型依据是什么，应遵循什么原则？

7-9 液压挖掘机由哪些基本组成部分，其基本特点是什么？

7-10 某铁矿年产量为 500 万吨，平均生产剥采比为 3，年作业时间 330 天，三班工作制，矿岩普氏硬度 $f=10\sim12$，台阶高度 15m。作业要求：

(1) 进行采装作业规划；

(2) 设备选型，并给出所选挖掘设备的技术参数表；

(3) 计算挖掘设备的台班效率；

(4) 计算挖掘设备的数量。

8 耙式装载机

教学目标

通过本章的学习，学生应获得如下知识和能力：

（1）了解耙式装载机的类型、应用和特点；

（2）了解常用耙式装载机的结构。

8.1 耙式装载机的应用和特点

8.1.1 耙式装载机的应用

耙式装载机是将矿岩耙取到其后面的输送机上（刮板运输机或链板运输机），再转运到运输车辆内，是一种连续装载机械，适用于断面较大的巷道掘进装载作业。耙式装载机按耙爪及其动作原理可分为蟹爪装载机、立爪装载机和蟹立爪装载机。我国自行研制的耙式装载机有四种形式：

（1）蟹爪式装载机，如机械式的 LB-150 型和 ZXZ-60 型装载机，全液压传动的 ZS-60 型等；

（2）立爪式装载机，如全液压传动的 ZL-100 型装载机等；

（3）顶耙式装载机，如 ZYP-60 型等；

（4）双工作机构的耙式装载机，如 Z-180 型全回转的顶耙蟹爪式装载机和 HG-120 型立爪留爪式装载机等。

耙式装载机在地下金属矿山开采的井巷掘进机械化作业线的配套使用中取得了比较好的经济效果。实践证明，耙爪式装载机在中小型地下矿山的装载作业中是一种生产率较高的装载设备。耙爪式装载机也可以用于铁路、水电等隧道工程中的出碴作业中。

8.1.2 耙爪式装载式的配套使用

耙爪式装载机属于连续作业和半连续作业装岩设备，它要求有较高运输能力的运输设备与之配套。当前在平巷掘进机械化作业线配套设备的选择中有以下几种方案：

（1）当采用有轨运输时，耙爪式装载机通过自身带有的转载运输机向编组的矿车卸料，如顶耙式或蟹爪式装载机与架线式电机车和 $6 \sim 8 m^3$ 的梭式矿车或是多台梭式矿车配套运输，蟹爪、立爪式装载机与架线式电机车和 $1.8 m^3$ 底卸式胶带转载列车配套运输等。

（2）当采用无轨运输时，耙爪式装载机可与自卸式汽车或自行矿车配套使用，如履带式蟹爪装载机与 $4 \sim 8 t$ 汽车配套运输等。

8.1.3　耙爪式装载机的特点

耙爪式装载机在金属矿山中的应用克服了铲斗式装载机存在的运输距离受限等缺点，具有独特作业特点，主要反映在工作机构的装载方式上。在用耙爪式装载机装岩时，耙取物料的工作头是从岩堆的顶部向下插入岩堆，或者是从岩堆的侧面插入岩堆，插入阻力较小。由于顶部和侧面取料工作机构的装岩动作为半连续或连续的，并自身带有转载运输机构，故它们都具有较高的生产能力。另外，耙爪式装载机在机头和机尾两端，根据作业的要求，可以实现在垂直方向上作升降运动，以及随机身作水平横向摆动，卸载范围较大，可以向大型的运输设备卸载，更能发挥设备的综合生产能力。耙爪式装载机的技术特征见表8-1。

表8-1　耙爪式装载机的技术特征

特　征		型　号				
		LB-150 蟹爪式装载机	ZMZ$_{2A}$-17 蟹立爪式装载机	ZYP-60 顶耙式装载机	ZL-100 蟹立爪式装载机	HG-120 组合式装载机
生产能力/m³·h⁻¹		150	40	60	100	120
顶耙容积/m³		—		0.15		—
装载频率/次·min⁻¹		35	45		34	40（蟹爪），13（立爪）
适应块度/mm		500	100~300	550	650	400
适用巷道断面（宽×高）/m		2.2×2.2	2.2×2.4	2.2×2.2	2.2×2.4	(2.2~3.1)×2.2
耙装宽度/mm		—	1590	2660	2680	1700（蟹爪），2700（立爪）
耙装高度/mm			890	1250	1390	1365
运输机	牵引速度/mm·s⁻¹	0.87（链）	0.91（链）	0.691（链）	0.6（链）	0.84（链），1.6（皮带）
	运输机宽度/mm	750（刮板槽）	—	660（刮板槽）	650（刮板槽）	460（刮板槽），650（皮带）
	倾角/(°)	25	18			25（刮板槽），5~13（皮带）
	左右摆动角/(°)	±30	±45	±10		±12（皮带）
	卸载高度/mm	2200	2200	1600	1400	1960（链），1960（皮带）
行走装置	行走方式	履带	履带	轨轮	轨轮	履带
	运行速度/m·min⁻¹	35.7	17.5	48.6	48	12
	工作行走速度/m·min⁻¹	9.8	22.2	—	—	—
	接地比压力/MPa	0.163	0.095			
	最小转弯半径/m	—	—	8		
工作油压/MPa		9.80	3.92~4.41	5.88~6.86	7.84	7.84

特　征		型　号				
		LB-150 蟹爪式装载机	ZMZ$_{2A}$-17 蟹立爪式装载机	ZYP-60 顶耙式装载机	ZL-100 蟹立爪式装载机	HG-120 组合式装载机
电动机总功率/kW		88.5	17	42.5	40	41
机器总重/t		22.54	4.1	6.1	7.35	9.8
外形尺寸/mm	长	3770	6400	5495	5600	8470
	宽	2150	1460	1720	1200	3100
	高	1770	2200	2150	1900	1960
研制单位		承德矿机厂	黄石矿机厂	红透山铜矿	南昌通用机械厂	长沙矿山研究院

8.1.4　耙斗式装载机

　　耙斗式装载机是利用电耙将岩石耙运至转载槽的卸料口向矿车卸载。它主要用于平巷及斜巷（倾角<30°）的掘进装岩，适用于巷道断面在 5m^2 以上，岩石块度为 30~400mm 的工作条件。这种设备结构简单、操作容易，适应面广。缺点是间歇作用，生产率较低，无自行装置，缺乏机动灵活性等。耙斗式装载机在斜巷掘进中使用效果较明显。

8.2　蟹爪式装载机

8.2.1　蟹爪式装载机主要组成及工作原理

　　蟹爪式装载机又名双臂式装载机，是一种岩巷掘进装载机械，其主要优点是作业连续，插入力大，生产率高，操作安全可靠。在无轨运输作业系统中，蟹爪式装载机可以与运输能力较高的自行运输车辆配套使用，多用于岩石硬度较低的矿山或隧道工程中。

　　我国生产的蟹爪式装载机种类较多，而 ZMZ$_{2A}$-17 型蟹爪式装载机则是在生产中应用较多。ZMZ$_{2A}$-17 型蟹爪式装载机是由 C-153、ZMZ-17 和 ZMZ$_z$-17 等型装载机改进而成，只要用于断面大于 5m^2、高度大于 1.4m、倾角不大于 10°的巷道掘进工程中。ZMZ$_{2A}$-17 型蟹爪式装载机主要由蟹爪工作机构、转载输运机、履带行走机构、电动机及传动装置、液压系统等几部分组成，如图 8-1 所示。

　　承载板与机头架为整体焊接结构，其后部与转裁输送机的固定支承架用销轴联接，机头可绕销轴上、下摆动。机头部的重量通过其两侧对称布置的升降油缸传给行走机架（见图 8-1），并由此油缸实现机头部的升降运动。

　　蟹爪装载机在工作时向岩堆缓速推进，承裁板的前缘徐徐插入岩堆，此时蟹爪工作机构按预定的耙运轨迹运动并摄取矿岩。落在承裁板上的矿岩被蟹爪送到运输机的受料口，并经由转载输送机卸载到停放在机器后部的运输车辆中。两个蟹爪交替摄取和运送矿岩（每分钟运动 35 次），就使矿岩不断地送入运输机，连续地进行转载作业。机头部在铲板升降液压缸的作用下，可统销轴作上下摆动，以根据需要随时调节装料高度，或用其松散装载机前面的岩堆。当需要装载岩堆两侧的矿岩时，可用转载机摆动液压缸来调节装载面

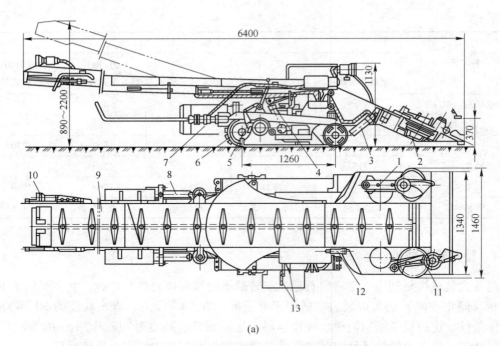

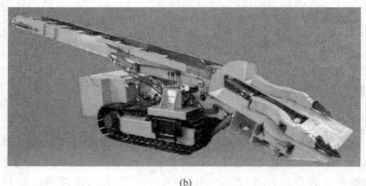

(b)

图 8-1　ZMZ$_{2A}$-17 型蟹爪式装载机

（a）结构示意图外形图；（b）实物图外形图

1—蟹爪；2—蟹爪减速器；3—铲板升降液压缸；4—转载升降液压缸；5—紧链装置；6—履带行走装置；
7—电动机；8—转载机摆动液压缸；9—转载输送机；10，12—照明灯；11—铲板；13—操纵手把

和卸载宽度，摇动角为±45°。运输机局部卸载高度的调节是由转载升降液压缸来完成的。机器的前进和后退可由行走电动机的正、反转来控制。当机器作快速运行时需将机头部抬离地面一定高度，避开障碍物。

8.2.2　蟹爪式装载机的构造

8.2.2.1　工作机构

ZMZ$_{2A}$-17 型蟹爪式装载机的工作机构主要由装载耙、铲板、主动圆盘、偏心盘和刮板转载机等组成，如图 8-2 所示。两套装载耙对称布置在铲板两侧，在铲板下部空间安装

着装载耙驱动系统，分别驱动两个装载耙，使之运动位置相位差180°，使两个蟹爪耙装矿岩的动作交替进行。两套装载耙可更换，其运动机构为偏心盘机构。

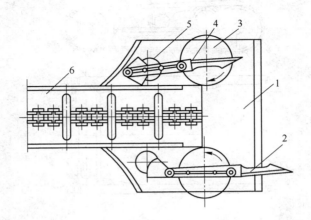

图 8-2 蟹爪式装载机机头部结构

1—铲台（承载板）；2—右装载耙；3—主动圆盘；4—左装载耙；5—偏心盘；6—刮板转载机

8.2.2.2 刮板转载构造

ZMZ_{2A}-17 型蟹爪式装载机的转载机为一台单链的可弯曲刮板输送机，其主动链位于铲板中部，在传动装置带动下刮板转载机与蟹爪工作机构同时工作，同时停止。当刮板输送机在后升降油缸作用下改变装载高度时，其刮板链允许在垂直面内弯曲。当刮板输送机的机尾水平摆动时，刮板链允许在水平面内弯曲。转载机机尾的水平摆动靠两个回转油缸完成，其工作原理如图 8-3 所示。

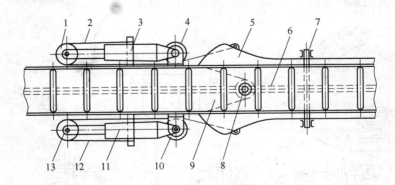

图 8-3 刮板运输机

1，13—滑动轮；2，12—钢丝绳；3—左回转油缸；4，10—定滑轮；5—回转座；6—刮板链；7—水平轴；
8—立轴；9—回转台；11—右回转油缸

8.2.2.3 履带行走构造

ZMZ_{2A}-17 型蟹爪式装载机的履带行走机构由左右履带架、主机架、左右驱动链轮、左右导向链轮及左右履带链等组成，如图 8-4 所示。

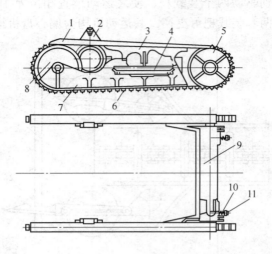

图 8-4 履带行走机构

1—防尘罩；2—轴承盖支架；3—履带上机架；4—脚踏板；5—导向轮；6—履带链；

7—下履带架；8—驱动轮；9—主机架；10—弹簧；11—张紧螺杆

8.3 立爪式装载机

8.3.1 立爪式装载机的结构

立爪式装载机与顶耙式装载机都是上取料式半连续作业的装载设备，它们的工作原理、机器的组成也基本类同，图 8-5 所示为 ZL-100 型立爪式装载机的结构图。

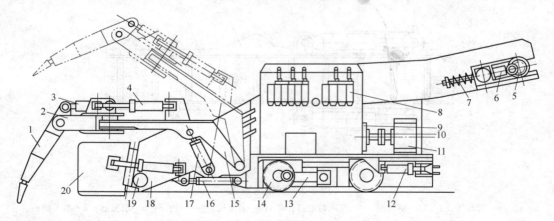

图 8-5 ZL-100 型立爪式装载机

1—立爪；2—回转小臂；3—立爪油缸；4—回转小臂油缸；5—驱动轮；6—摆动油缸；7—弹簧张紧装置；

8—液压操纵装置；9—电动机；10—联轴节；11—油泵；12—运输机回转油缸；13—摆动油缸；14—驱动轨轮；

15—大臂；16—机头升降油缸；17—大臂油缸；18—刮板运输机；19—收集板油缸；20—收集板

立爪式装载机工作机构的工作装置有两个立爪，它们分别由两个立爪油缸操纵，使之在垂直面内作圆弧运动。通过左右对称分布的两个回转小臂、回转小臂油缸，还可使两个立爪在水平面内分别向外侧作不超过 90°的转动，这增加了装载机的工作宽度和范围，有利于收集矿岩物料。另外，操作大臂油缸，还可使立爪在垂直方向作升降运动，保证立爪从矿岩堆的最上部开始耙装作业。立爪油缸和大臂油缸的顺序动作可使立爪的运动按预定的轨迹进行，扩大了耙取范围。此外，操作收集板油缸，可用收集板收集机头两侧零星的矿岩，保证底板和巷道两侧清理干净。机头的升降油缸的动作可使收集板从不同的高度进行装载。

立爪式装载机在机构上的一个明显特点就是应用曲柄滑块机构的原理，利用摆动油缸作为驱动轨轮滚动的动力。摆动油缸的活塞杆的外端与轨轮上的偏心销轴铰接，由于活塞杆的往复运动，带动偏心销轴连同轨轮一起旋转，实现车轮的驱动。曲柄滑块机构同样用于刮板运输机上，在其卸载端的驱动轴上装有驱动轮，油缸的活塞杆驱动偏心销轴，带动驱动轮，使运输机连续运转。由于曲柄滑块机构是低速运转的，所以仅适合于在低速运行的行走机构和链板运输机上使用。

8.3.2　立爪式装载机的主要优点

立爪式装载机的主要优点是：

（1）这种设备插入料堆和耙取物料的阻力较小；功率消耗少；生产率高。

（2）装载和耙取范围大，作业灵活，操作方便。

（3）两个立爪分别驱动，即可交错运动，又可同步运动，有利于清理和耙装较大的岩块。

（4）各驱动机构均采用液压系统，即使出现过负荷的情况，也可保护各部分机构不受损坏。

（5）可以清理工作面和挖沟，减少工人的辅助劳动。

（6）取消了机械传动系统，机构简化、紧凑，机重减轻。

还有一种称为蟹爪立爪式装载机的装载机械，它具有蟹爪和立爪两套工作机构，蟹爪在铲板平面、立爪在竖直面交替耙取矿岩，并通过刮板输送机将矿岩卸载到运输车辆中，其结构如图 8-6 所示。蟹爪立爪式装载机综合了蟹爪装载机和立爪装载机的特点，是以蟹爪为主、立爪为辅的高效连续作业的新型装载机，生产能力高，但结构也相应地较复杂。

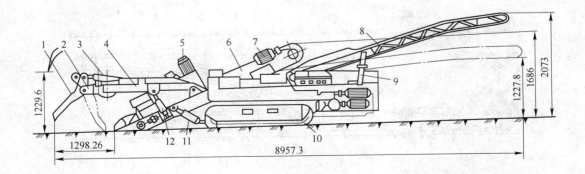

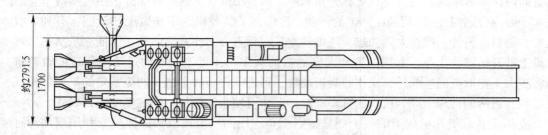

图 8-6 蟹爪立爪式装载机

1—立爪；2—小臂；3—立爪液压缸；4—大臂；5—蟹爪电动机；6—双链刮板输送机；7—刮板输送机电动机；
8—胶带输送机；9—升降液压缸；10—履带装置；11—机头升降液压缸；12—大臂升降液压缸

8.4　耙斗式装载机

耙斗式装载机主要用于平巷及斜井（倾角小于30°）掘进作业中。目前国内生产的耙斗式装载机，常用于净高大于 2m、净断面在 5m² 以上（尤以 7～9m² 为宜）的巷道掘进。在倾斜巷道中进行装载时应采用防滑装置和支撑，以保证作业安全。一般块度在 300mm 以下时耙斗式装载机装载效率最高，当装载的矿岩块度大于 700mm 时需进行二次破碎。

耙斗式装载机主要由耙矿绞车、钢绳、耙斗、滑轮、台车、集料板、转载中间槽及操纵装置等组成，如图 8-7 所示。耙矿绞车及中间槽安装在可移动的台车上，缠绕在耙矿绞

(a)

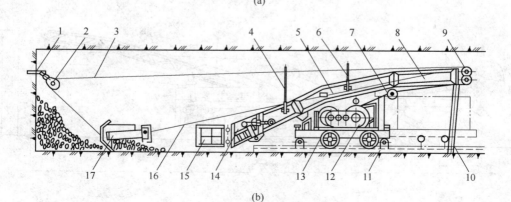

(b)

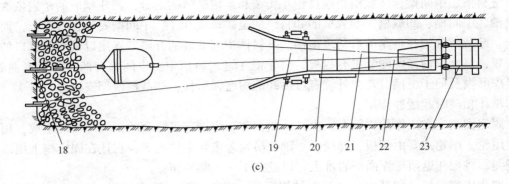

(c)

图 8-7 耙斗式装载机结构与工作示意图

（a）实物外形图；（b）装载机结构与工作示意图；（c）平面工作布置图

1，18—固定楔；2—尾轮；3—尾绳；4，6—钎子；5—中间槽；7—托轮；8，22—卸料槽；
9—导向轮；10—撑脚；11—台车；12—绞车；13—簸箕挡板；14—护板；15—集料板；
16—主绳；17—耙斗；19—簸箕口；20—连接槽；21—中间槽；23—轨道

车两个滚筒上的钢绳绕经滑轮可牵引耙斗往返运动，耙斗的尾绳用另一滑轮悬挂在工作面的岩壁上。工作时台车在距工作面一定距离用卡轨器固定在轨道上。耙斗将矿岩耙运至中间槽后部卸入矿车内。表 8-2 列出了常用耙斗式装载机的技术特征。

表 8-2　耙斗式装载机的技术特征

特　　征		型　号			
		PB-30B	PB-90B	PB-120B	DYPD-3/30
技术生产率/m³·h⁻¹		30~50	95~140	120~180	70~100
耙斗斗容/m³		0.3	0.9	1.2	0.8
轨距/mm		600/900	600/900	600/900	900
重量/kg		4750	9800		7500
耙矿绞车	电动机功率/kW	17	45	55	30
	牵引力/kN	12.3~18.5	31~50	37~55	21.85~32.05
	容绳量/m	75~85	70~80	70~80	70
	主绳速/m·s⁻¹	0.85~1.7	1.2~2.2	0.99~1.4	1.1
	尾绳速/m·s⁻¹	1.18~1.9	1.35~1.85	1.44~1.9	1.57
	钢丝绳直径/mm	12.5~15.5	17	18.5	16.5
适用条件		平斜两用	净断面>9m²	净断面>16m²	大断面掘进
外形尺寸/mm	长	6110	8610	10550	8540
	宽	1305	2050	2250	3310
	高	2000	2745	2780	2470

台车由车架、轮对、碰头等组成，它是耙斗装岩机的机架及行车部，承载装岩机的全部重量。在台车上安装绞车、操纵机构、风动系统，并装有支撑中间槽的支架和支柱，台车前后部装有四套卡轨器，作为平装岩时固定机器之用。

　　进料槽、中间槽、卸载槽是通过耙斗爬装和运输矿岩的部分，耙斗爬取的矿岩依次沿进料槽、中间槽、卸载槽、卸载槽的卸料口卸至矿车或箕斗，中间槽安装在台车上，而进料槽、卸载槽分别在台车前后与之衔接。进料槽中部安装的升降装置用以调节簸箕口的高低位置，簸箕口前面两侧装设有挡板，引导耙斗进入料槽中。中间槽有两个弧形弯曲处，为考虑磨损及便于更换，弯曲处装有可拆卸的耐磨弧形板，卸载槽端部安有弹簧碰头，矿车与耙斗相碰时起缓冲作用。

　　固定楔固定在工作面岩壁上，由一个紧楔和一个楔部带锥套的钢丝绳套环组成，用以悬挂尾轮。尾轮主要由侧板、绳轮、心轴、吊勾等主要零件组成，它挂在固定楔上用以引导尾绳，将耙斗返回工作面矿岩堆上，以进行下一个爬装作业。

　　耙斗式装载机（包括电耙）具有结构简单、操作容易、维修方便、工作可靠等优点，但由于是间断作业方式，使生产能力的提高受到一定限制，而且尺寸较大，无自行机构，机动灵活性较差。

复习思考题

8-1 耙式装载机有哪些应用，其特点是什么？

8-2 蟹爪式、立爪式、耙斗式装载机各有哪些构成部分？

9 抓 岩 机

教学目标

通过本章的学习，学生应获得如下知识和能力：

(1) 了解抓岩机的基本结构和工作特点；

(2) 熟悉抓岩机的类型及其选用条件；

(3) 熟悉抓岩机生产率的计算。

装岩作业占竖井掘进循环时间的 50% ~ 60%，是劳动强度最大、占用时间最长的工序。因此不断改进装岩设备，研制和使用新型装岩设备，提高装岩机械化水平和效率，对提高竖井掘进速度、加快矿山基建意义重大。

竖井装岩机械按其工作机构和攫取岩石的方式，可大体分为两大类。一类是铲斗式装岩机，一类是抓岩机。竖井用铲斗式装岩机适用于 5.8~6.7m 直径的井筒施工，但在深井涌水量大、岩石松软的断层中不再适用，这种装载机械已很少使用；而抓岩机是目前国内外普遍使用的竖井施工装载设备。

抓岩机种类较多，我国中小矿山使用较多的是斗容为 0.11m³ 的人工操作的小型抓岩机，目前已研制出斗容为 0.4~0.6m³ 的机械式和液压式多抓片抓岩机，动力则以压气为主。抓岩机根据结构形式和安装方式可分为靠壁式（HK 型）、中心回转式（HZ 型）、环形轨道式（HH 或 2HH 型）、长绳悬吊式（HS 型）等四种类型。按照动力源可将抓岩机分为气动式、电动式和电动液压式。抓岩机按抓斗容积大小分为小型（抓斗容积在 0.2m³ 以内）、中型（抓斗容积在 0.4m³ 以内）、大型（抓斗容积不小于 0.6m³ 以上）。表 9-1 给出了抓岩机产品型号的含义。

中心回转式抓岩机的工作原理是抓斗围绕井筒中心作回转运动和沿井筒直径方向作往复运动，从而使抓斗能抓取井筒任意地点的岩块。

靠壁式抓岩机由气动抓斗、提升机构、变幅机构和旋转机构等部分组成。抓岩机用钢绳吊于井口的稳车上，其机架挂在井壁的锚杆上，以液压支撑装置紧紧撑持在井壁上。工作时以压气为动力开闭抓斗，以液压实现抓斗的升降、动臂的变幅和回转动作，保证抓取井筒内任意位置的岩块。

几种抓岩机的技术特征见表 9-2。

表 9-1 抓岩机的产品型号编制规定

类 别	组	型	产品名称与型号	主参数
抓岩机 H（抓）		手动 S（手）	手动竖井抓岩机 HS	抓斗容积（m^3）
	气动式	靠壁 K（靠）	靠壁式立井气动抓岩机 HK	
		中心回转 Z（中）	中心回转式立井气动抓岩机 HZ	
		环形轨道 H（环）	环形轨道式立井气动抓岩机 HH	
	电动式	靠壁 K（靠）	靠壁式立井气动抓岩机 HDK	
		中心回转 Z（中）	中心回转式立井气动抓岩机 HDZ	
		环形轨道 H（环）	环形轨道式立井气动抓岩机 HDH	

注：1. 为避免与装岩机的类别代号 "Z" 重复，抓岩机的类别代号取其汉语拼音的第二个字母 "H"。

2. 凡电动抓岩机需防爆者在斗容后加 "B" 表示。

3. 产品设计定型序号：首次定型不标，第二次定型在斗容后加 "A" 表示，第三次定型则加 "C"，以此类推，但 "B" "O" "H" "I" 四个字母不采用。

4. 液压式抓岩机加 "Y" 表示。

5. 型号示例：

HK-4 型抓岩机，即表示抓斗容积为 $0.4m^3$、首次定型的靠壁式气动立井抓岩机。

HDK-6B 型抓岩机，即表示抓斗容积为 $0.6m^3$、首次定型的靠壁式防爆电动立井抓岩机。

HH-6 型抓岩机，即表示抓斗容积为 $0.6m^3$、首次定型的环形轨道式气动立井抓岩机。

表 9-2 常用抓岩机的技术特征

特 征		NZQ_2-0.11 人工操作	HK-4 靠壁式	HK-6B 靠壁式	NZQD-0.6 靠壁式	HH-6 环形轨道式	HZY-6 液压中心回转	HZY-10 液压中心回转
适用井筒净直径/m		中、小型井筒	4~6	>4	5~7	5~8	>4	>6
装载能力/$m^3 \cdot h^{-1}$		12	30~40	50~60	30~60	50	50	60
斗容/m^3		0.11	0.4	0.6	0.6	0.6	0.6	1.0
爪片数		4	6	6	8	8		
抓斗重量/kg			1500			2333	2300	3300
抓斗张开时半径/m		1305	1950			2130		
抓斗闭合时半径/m		1000	1400			1600		
功率/kW	气动机	3.68			6	35		
	电动机		25~30	30	18.4		55	75
工作气压/MPa		0.49~0.59	0.5~0.7	0.5~0.7	0.5~0.7	0.49~0.59	16	16
耗风量/$m^3 \cdot min^{-1}$		0.24	20	22	22	15		
提升速度/$m \cdot s^{-1}$		0.1~0.12	0.35~0.5		0.2~0.4	0.45	0.4~0.5	0.4~0.5
容绳量/m			22	50	70	60		
变幅平均速度/$m \cdot s^{-1}$			0.4	0.45	0.2~0.4	2	0.4	0.4
回转速度/$r \cdot min^{-1}$			3~4	1.5~2	3~4	0.04(ϕ5m)	3~4	3~4
回转角度/(°)			360	≥360	≥360	360	≥360	≥360
总重量/kg			5500	10236		7710(ϕ5m)	7300	9800

9.1 靠壁式抓岩机

9.1.1 靠壁式抓岩机的组成

靠壁式抓岩机是一种新式的装载能力较高的竖井装载设备。它采用了气力液压或电动液压的驱动方式。整个抓岩机以钢绳悬吊于井口的稳车上。工作时将机架挂连于埋在井壁的锚杆上，以液压支撑装置撑于井壁，使抓岩机紧紧靠连在井壁上。这时抓岩机位置距工作面 4~6m。抓斗的开闭以压气为动力。抓斗的提升和下放、动臂的变幅和回转动作则通过液压油缸实现，油泵由风马达（或电动机）驱动，因此可以保证抓取井筒内任意地点的岩石。工人坐在司机室内进行操纵，既安全又减轻了劳动强度。抓岩机还具有结构紧凑、体积小、重量轻、机械化程度高、生产能力大和效率高等优点。我国目前生产的靠壁式抓岩机抓斗容积有 0.4m³和 0.6m³两种规格。

靠壁式抓岩机的组成如图 9-1 所示。

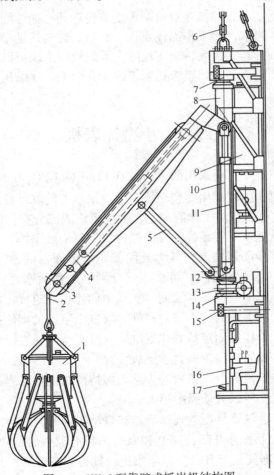

图 9-1　HK-6 型靠壁式抓岩机结构图

1—抓斗；2—提升钢丝绳；3—大臂；4—提升油缸；5—撑杆；6—悬挂链；7—上轴承座；8—转架；9—油箱；
10—变幅油缸；11—油泵；12—旋转油缸；13—转架齿轮；14—下轴承座；15—支撑装置；16—操纵室；17—机架

9.1.2　靠壁式抓岩机的主要结构及工作原理

9.1.2.1　气动抓斗

抓斗是直接抓取岩石的工作机构，以钢绳悬吊于大臂上，它由气缸、抓片、吊杆等组成，其工作原理见 9.2 节中 NZQ$_2$-0.11 型抓岩机的工作原理，两者类似。

9.1.2.2　提升机构

提升机构的作用是提升和下放抓斗，在提升大臂内装置着提升油缸、动滑轮、定滑轮等，提升油缸活塞伸缩使缠绕于各滑轮的钢绳放长或收缩，带动抓斗下降或提升。

9.1.2.3　变幅机构

变幅机构的作用是使提升大臂伸张或收拢，从而使抓斗作径向变幅移动。转架两端用轴承安装于机架上，转架下部装有齿轮，转架内设有导轨，滑轮可沿导轨上下运动，滑轮装于变幅油缸与提升大臂的上部铰接点上，大臂又以撑杆支于转架上。变幅油缸伸缩使滑轮沿导轨上下运动，从而使提升大臂伸张和收拢，完成变幅动作。

9.1.2.4　旋转机构

旋转机构的作用是使大臂和抓斗对机架产生旋转运动。如斗绕机架的旋转运动和变幅运动相配合，可使抓斗抓取井筒工作面任意点的岩石。旋转运动是由设于机架上带齿条的油缸 12 推动转架下部的齿轮 13 旋转来实现的。操纵液压系统可以完成提升、变幅，旋转三个动作，并通过液压支撑装置使整个抓岩机撑于井壁上。操纵压气系统可以实现抓斗的开闭，抓取和卸出岩石。

9.2　小型抓岩机

目前，我国竖井掘进中广泛采用的斗容为 0.11m^3 的 NZQ$_2$-0.11 型抓岩机是一种小型人工操纵的气动抓岩机。抓岩机用安装于地表上或吊盘上的气动绞车悬吊于井筒中。

图 9-2 所示为这类抓岩机的工作原理。它的主要组成部分有：带有四个抓片的抓岩机构、气力提升器、操纵把及压气系统和提吊抓岩机的气动绞车等。

抓岩机构由抓斗和开闭器组成。气力开闭器是一个固定活塞、双面作用的往复式气缸。活塞杆具有双重中心压气通路，可将压气分别输送到活塞每一侧，使气缸上升或下降，压气的进出由操纵把上的操纵阀控制。抓斗由四片抓片组成，抓片中部用铰链连于开闭器外壳底部上，抓片的上端铰连于气缸底部，气缸上下运动则使抓片收拢或张开。

气力提升器是一个单作用固定活塞式气缸。气缸下端与抓岩机构铰接。通入压气，气缸则将抓岩机构提升。抓岩机构依靠自重下放。

操纵把以铰链连接于机体上。抓岩时，靠人握持操纵把将抓岩机移至抓岩地点。工人一刻也不能离开抓岩机，所以劳动强度很大。

操纵时，压气沿着进气管路经空气滤清器和自动注油器，然后沿着操纵把的钢管进入配气阀 A 和 B。阀 A 控制抓斗开闭，阀 B 控制气力提升器气缸的提升和下降。当阀 A 和 B 处在位置 Ⅰ 时，开闭器气缸上升，使抓斗收拢；气力提升器缸上升，提升抓岩机构。当阀 A 和 B 处在位置 Ⅱ 时，开闭器气缸下落，使抓斗张开；气力提升器缸下落，下放抓岩机构。当阀 A 和 B 处在位置 Ⅲ 时，封闭气路，整个抓岩机构和抓片停在任意操作位置上。

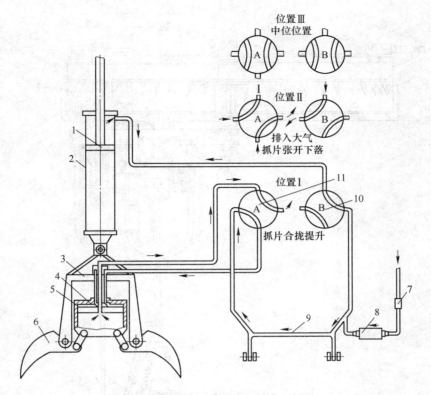

图 9-2　小型抓岩机结构及其操纵系统

1—提升活塞；2—提升气缸；3—开闭器外壳；4—开闭气缸；5—开闭活塞；6—抓片；
7—压气过滤器；8—自动注油器；9—操纵把与气管；10—提升操纵阀；11—开闭操纵阀

9.3　中心回转式抓岩机

　　中心回转式抓岩机的工作方式是：抓斗可以围绕井筒中心作回转运动和沿井筒直径方向作往复运动，从而使抓斗可能抓取井筒任意地点的岩石。依据回转方式，中心回转式抓岩机又可以分为环形回转和悬臂式回转两种，图 9-3 所示为环形轨道中心回转式抓岩机的结构及操纵系统。

　　环形轨道中心回转式抓岩机带有一个工作盘，或者以吊盘的底层盘为工作盘。在工作盘中间有一个可回转的中心立柱，工作盘下面有环形轨道。横梁的一端套在立柱上，另一端则通过环行小车支于环形轨道。环行小车由 1 台 JFH1/24 型气动马达驱动，沿环形轨道行驶，从而带动横梁绕立柱作回转运动。横梁上装有往复行走小车，它由 1 台约 5kW（6.6HP）的 JFH1/24 型气动绞车带动，通过固定于横梁两端的滑轮，用钢绳牵引在横梁上作往复运动。往复行走小车上固定着提升机构，提升机架上安装着两台由 9kW（12HP）的 JFH2/24 型气动马达驱动的提升绞车，绞车通过缠绕和放出钢绳使铲斗提升和下放。

　　抓岩机连同吊盘由地面上 2~3 台 10t 稳车悬吊。机组的固定是借助于吊盘的下层盘上

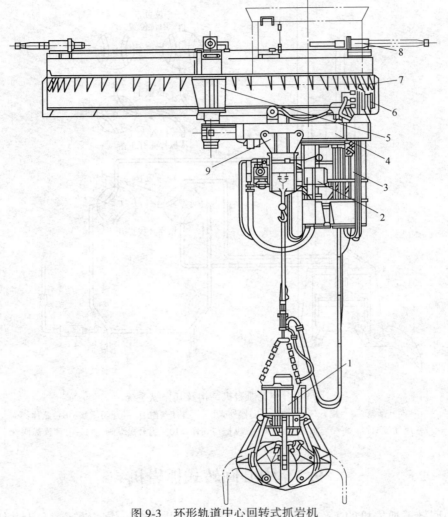

图 9-3　环形轨道中心回转式抓岩机
1—抓斗；2—提升机构；3—操纵室；4—横梁；5—回转中心立柱；
6—环行小车；7—环形轨道；8—固定装置；9—往复行走小车

两个螺旋千斤顶和两个液压千斤顶撑于井壁上来实现的。液压千斤顶的液压泵是手动的。整套固定设备简单、可靠。

　　国产斗容 $0.6m^3$ 环形轨道中心回转式抓岩机的主要技术特征列于表 9-2 中。

　　悬臂中心回转式抓岩机的特点是没有环形轨道，而是安装了提升绞车设备的横梁呈悬臂装在中心立柱上，中心立柱则安装在吊盘底层盘的转盘上，随转盘旋转而旋转。悬臂中心回转式抓岩机生产能力大，动力消耗少，结构简单，操纵灵活，适合于大断面井筒使用。它们的缺点是依附于吊盘，抓岩时必须起落吊盘，增加了辅助时间。

9.4　抓岩机生产率的计算

　　抓岩机生产率的影响因素很多，除其本身结构外，还与作业方式、劳动组织、吊桶容积、提升速度、岩石块度、司机技术熟练程度等有关。抓岩机的生产率分为技术生产率和实际生产率。

9.4.1 抓岩机的技术生产率

抓岩机的技术生产率是指纯抓岩时间内单位时间的抓岩量，它仅考虑了抓斗的装满系数。计算技术生产率时分两阶段进行，一是浮矸抓岩的阶段，其抓岩量约占每一循环全部需抓岩石量的75%；二是清底阶段，其抓岩量占每一循环需抓岩石量的25%。

（1）浮矸抓岩阶段的技术生产率。

$$Q_1 = \frac{60q}{t_1}\varphi_1 \tag{9-1}$$

式中　Q_1——抓岩机的技术生产率，m^3/h；

　　　q——抓斗容量，m^3；

　　　φ_1——抓岩阶段抓斗装满系数，$\varphi_1 = 0.9 \sim 0.95$；

　　　t_1——浮矸抓岩阶段第一次抓岩到第二次抓岩的时间，包括提升、变幅、回转、卸载、下放等时间，不同类型的抓岩机 t_1 也不同，对靠壁液压抓岩机，$t_1 = 30 \sim 40s$。

（2）清底阶段的技术生产率。

$$Q_2 = \frac{60q}{t_2}\varphi_2 \tag{9-2}$$

式中　φ_2——抓岩阶段抓斗装满系数，$\varphi_2 = 0.5 \sim 0.6$；

　　　t_2——清底阶段第一次抓岩到下一次抓岩循环时间，按 $t_2 = (1.2 \sim 1.5)t_1$ 计算。

（3）浮矸抓岩阶段和清底阶段的平均技术生产率。

$$Q_p = \frac{Q_1 Q_2}{\alpha Q_2 + \beta Q_1} \tag{9-3}$$

式中　α——浮矸抓岩阶段抓岩量占总抓岩量的百分比，一般取75%；

　　　β——清底阶段抓岩量占总抓岩量的百分比，取25%。

9.4.2 抓岩机实际生产率

抓岩机的实际生产率与整个竖井的掘进劳动组织有关。装岩作业的顺序是：将抓岩机从井筒的安全地区下放到工作面；进行机械安装固定，开始抓岩；抓岩工作全部完成之后拆卸管线，将抓岩机提到安全地点，以防爆破时损坏机械，在某些井筒中还要进行临时支护。

因此，抓岩机总的装载岩石的时间 T 是完成各项单独工序所消耗时间的总和，即

$$T = T_1 + T_2 + T_3 + T_4 \tag{9-4}$$

式中　T_1——下放及安装抓岩机械的时间，其值随不同类型的抓岩机而不同，如 NZQ_2-0.11 型抓岩机 $T_1 = 8 \sim 10min$，NK-4 型或 NK-6 型等液压靠壁式抓岩机 $T_1 = 40 \sim 60min$；

　　　T_2——抓岩时间，min：

$$T_2 = t_1 + t_2 + t_3$$

t_1，t_2——分别为浮矸抓岩时间和清底抓岩时间，min；

　　t_3——抓岩时摘挂钩或生产调动停歇时间，min：

$$t_3 = \frac{Vt'_3}{q_t \varphi_t}$$

　　V——一次爆破岩石量（松散体积），m^3；

　　t'_3——一次摘挂钩时间，min，$t'_3 = 0.3 \sim 0.5min$；

　　q_t——吊桶容量，m^3；

　　φ_t——吊桶装满系数，取 $\varphi_t = 0.9 \sim 0.95$；

　　T_3——悬挂临时支架的时间，min：

$$T_3 = \frac{\eta L t'_4}{L_1 n}$$

　　t'_4——悬挂一圈支架的工作量，人·min；

　　L——钻孔长度，m；

　　η——钻孔利用率；

　　L_1——支架间距，m；

　　n——支护工人人数；

　　T_4——抓岩工作完毕，将抓岩机提升到安全地点的时间，min。

在金属矿山一般无需临时支护，故 $T_3 = 0$。

抓岩机的实际生产率为

$$Q_s = \frac{V}{\psi T} = \frac{60V}{\psi \left(T_1 + \frac{60V}{Q_p} + \frac{Vt'_3}{q_t \varphi_t} + T_3 + T_4 \right)} \tag{9-5}$$

式中　ψ——时间损失系数，$\psi = 1.15 \sim 1.25$；

　　V——一次爆破岩石量，m^3：

$$V = SL\mu K_s \tag{9-6}$$

　　S——井筒断面积，m^2；

　　L——钻孔深度，m；

　　μ——钻孔利用系数；

　　K_s——岩石松散系数。

在纯抓岩时间内，抓岩机的生产率为

$$Q'_s = \frac{60}{\psi \left(\frac{60V}{Q_p} + \frac{t'_3}{q_t \varphi_t} \right)} \tag{9-7}$$

复习思考题

9-1　电耙设备主要用于哪些环境下，可以分为哪些类型？

9-2　电耙设备有哪些优缺点，其适用范围如何？

9-3　电耙设备选型主要考虑哪些技术参数？

10 电 耙

教学目标

通过本章的学习，学生应获得如下知识和能力：

（1）了解电耙的主要类型、适用场合及其优缺点；

（2）熟悉电耙设备的基本结构与工作布置；

（3）掌握电耙设备的选型计算。

10.1 电耙应用范围及特点

电耙广泛应用于国内外地下开采矿山中，其任务是将采场经漏斗流入电耙巷道的矿石耙运到溜井，或直接在采场工作面出矿，或在巷道、硐室掘进作业中出渣。

采用电耙出矿虽然没有铲运机等无轨自行设备生产能力高、灵活性强，但由于电耙结构简单，使用可靠，耐用，故障少，维护容易，维修费用低，设备造价低，基建投资少，而且出矿成本低，对于设备检修技术力量不强的地下开采小矿山，在条件适合时，电耙仍是主要的出矿方式之一。

10.2 电 耙 结 构

电耙设备由绞车、耙斗、钢绳和滑轮组成。

10.2.1 绞车

绞车是电耙的动力传递装置，耙斗的往复运动是通过绞车来实现的。JP 系列电耙绞车的结构如图 10-1 所示。电动机用螺栓固定在绞车的底座上，电动机轴穿入减速箱用键与齿轮连接，齿轮（3 和 4）用键固定在同轴上，齿轮、太阳齿轮用花键与绞车主轴连接，两个太阳齿轮的外面各有 3 个与它们啮合的行星齿轮（10 和 19），行星齿轮（10 和 19）的外侧分别与内齿圈（13 和 20）啮合，内齿轮圈的轮壳通过球轴承支承在机架上。行星齿轮（10 和 19）通过球轴承分别安装在小轴（9 和 17）上，小轴（9 和 17）分别与行星轮架（14 和 21）固定，行星轮架（14 和 21）的一端通过球轴承支承在机架上，另一端用平键分别与主卷筒和副卷筒固定，而主卷筒、副卷筒和主轴分别通过球轴承支承在机架上。在内齿圈（13 和 20）的外侧圆周上分别装有闸带（11 和 18），闸带抱紧，内齿圈被固定，闸带放松，内齿圈可自由转动。绞车底座做成撬板形，使之便于移动。

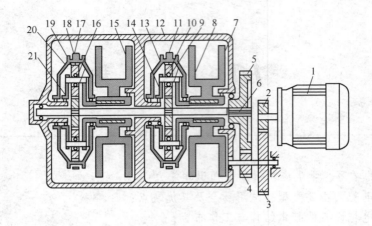

图 10-1　JP 型电耙绞车的结构

1—电动机；2~5—减速齿轮；6—主轴；7—主卷筒；8，16—太阳齿轮；9，17—小轴；

10，19—行星齿轮；11，18—闸带；12—机架；13，20—内齿圈；14，21—行星轮架；15—副卷筒

由图 10-1、图 10-2 可见，电动机经齿轮（2~5）二级减速后带动主轴转动，在闸带抱紧和放松内齿圈时行星轮机构的运动状态是：当闸带口抱紧内齿圈时，太阳齿轮在主轴带动下顺时针旋转，三个行星齿轮在太阳齿轮带动下逆时针旋转，因内齿圈被闸带抱紧不能转动，迫使三个行星齿轮沿内齿圈的齿面滚动，带动三根小轴绕主轴顺时针旋转。小轴通过行星轮架与主卷筒连接，主卷筒就在小轴带动下绕主轴顺时针转动，从而缠绕首绳，牵引耙斗耙矿。

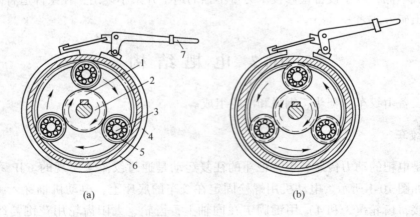

图 10-2　JP 型电耙绞车工作原理图

1—太阳齿轮；2—主轴；3—小轴；4—内齿圈；5—行星齿轮；6—闸带；7—闸把

当闸带从内齿圈上松开时，太阳齿轮在主轴带动下顺时针旋转，三个行星齿轮在太阳齿轮带动下逆时针旋转，内齿圈在三个行星齿轮带动下也逆时针转动。此时小轴和主卷筒的运动有如下两种状态：

（1）当闸带 11 和 18 都松开时，主卷筒在耙斗和钢丝绳的阻力用下停止不动，小轴

也停止不动。

（2）当闸带 18 抱紧内齿圈时，因副卷筒转动，缠绕尾绳拉动首绳，在首绳牵引下，主卷筒逆时针转动，放出首绳，此时通过行星轮架小轴也绕主轴逆时针旋转，带动三个行星齿轮在内齿圈的齿面上滚动。

副卷筒在闸带抱紧和放松时，行星轮机构中各齿轮和小轴的运动状态，与主卷筒完全相同。

JP 型电耙绞车的主要技术性能列于表 10-1 中。

表 10-1　JP 系列电耙绞车的主要技术性能

技术性能	型号	2JP-7.5 3JP-7.5	2JP-13	2JP-28	2JP-30 3JP-30	2JP-55 3JP-55
平均牵引力/kN	主卷筒	8.3	14.0	24.0	28.0	49.0
	副卷筒	8.3	11.0	17.0	20.0	33.0
平均速度/m·s^{-1}	主卷筒	1.0	1.5	—	1.2	1.2
	副卷筒	1.0	1.5		1.6	1.6
钢丝绳直径/mm	主卷筒	9.3	12.5	14	16	18
	副卷筒	9.3	11.0	12.5	24	16
卷筒/mm	主卷筒	205	225	280	280	350
	副卷筒	80	125	160	160	180
容绳量/m	主卷筒	45	80	100	85	85
	副卷筒	45	100	120	110	55
电动机	功率/kW	7.5	13	30	30	55
	转速/r·min^{-1}	1450	1460	1470	1470	1470
	质量/kg	90	164	272	272	548
外形尺寸/mm	长	1140① 1330②	1409	1650	1650① 2000②	1975① 2520②
	宽	538.5	641	975	820	1010
	高	474	580	695	695	845
总质量/kg		400① 520②	660	1250	1153① 1545②	2233① 2874②

①双卷筒绞车。

②三卷筒绞车。

绞车的电动机及控制设备都采用非防爆式，电压为 380V，满压直接启动，失压保护线圈，其电控原理如图 10-3 所示。接通三开关 Q，按下启动按钮 SB₁，电流通过磁力启动器线圈 S，磁力启动器触头 KA 闭合，电动机启动。按下停机按钮 SB₂，磁力启动器线圈断电，触头跳开，电动机停机。三相铁壳开关内的熔断器起过载保护作用。

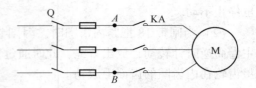

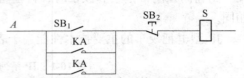

10.2.2 耙斗

耙斗是电耙设备中直接和矿岩发生作用的部分，矿岩的耙运是通过它来实现的。金属矿主要用耙式耙斗。耙斗可为铸造件，也可为焊接件，如图 10-4 所示。

图 10-3 绞车电控原理图

Q—三相铁壳开关；SB₁—启动按钮；
SB₂—停机按钮；S—磁力启动器线圈；
KA—磁力启动器触头；M—电动机

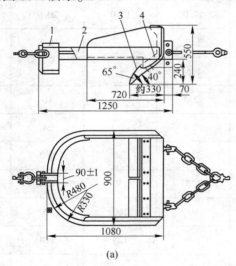

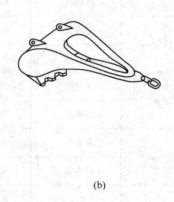

(a)　　　　　　　　(b)

图 10-4 耙斗的结构

(a) 焊接耙斗；(b) 铸造耙斗

1—碰头；2—斗柄；3—耙齿；4—尾帮

在耙运过程中，耙齿和耙斗直接与耙运矿岩面接触，并沿耙运面移动，为了增加耐磨性，耙齿通常用高锰钢制造，焊接在耙斗尾帮上。为了改善耙运条件，耙齿与耙运面的交角，对于水平耙矿为 55°，倾斜耙矿用 65°。

JP 系列绞车配备的耙斗和滑轮规格见表 10-2。

表 10-2 JP 系列绞车配备的耙斗和滑轮规格

绞车型号	耙 斗		滑 轮	
	代号	容积/m³	代号	滑轮
2JP-7.5 3JP-7.5	102A	0.1	Q311	150

续表 10-2

绞车型号	耙 斗		滑 轮	
	代号	容积/m³	代号	滑轮
2JP-13	Q803	0.25	Q311	150
2JP-30 3JP-30	Q305	0.4	Q312	200
2JP-55 3JP-55	Q284	0.6	Q312	250

10.2.3 滑轮

滑轮的作用是实现尾绳的转向。常用电耙滑轮的结构如图 10-5 所示。滑轮套装在夹板内，滑轮轴用螺帽固定在夹板上，取下螺帽，抽出滑轮轴和夹板下端的两个销轴，滑轮可以从夹板内取出。

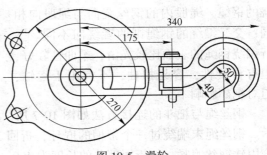

图 10-5　滑轮

电耙滑轮在岩壁上的安装方法如图 10-6（a）所示，先将钢丝绳带楔头的一端放入眼内，插入紧楔，使其前端压住楔头并用力打紧，滑轮的挂钩在钢丝绳套内。拆卸时，用锤子从侧面敲打紧楔，将其震松，楔子即可取出。若工作面较宽，可在两侧的

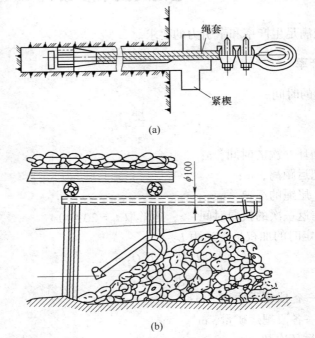

（a）

（b）

图 10-6　工作面上滑轮的悬挂

（a）在岩壁上的安装方法；（b）在崩落区滑轮的悬挂方法

岩壁中打入固定楔，在两个固定楔之间装一根链条，滑轮可挂在链条的不同地点，以改变耙运方向。若工作面有支架，可用链条或钢丝绳将滑轮挂在支架上，此时要用撑木撑紧支架，以防倒塌。若在崩落区耙矿，不允许人员进入危险地带悬挂滑轮，其悬挂方法如图 10-6（b）所示，用悬杆送入滑轮，悬杆用链条固定在支架上。

10. 2. 4　钢丝绳

钢丝绳是电耙设备的一个重要组成部分，它直接关系到电耙的正常生产。钢丝绳是由一定数量的细钢丝捻成股，再由若干个股围绕绳芯捻成绳。钢丝的编绕方法通常有平行编绕和交叉编绕两种。平行编绕的钢绳，绳股内的钢丝绕向与绳股向相同；交叉编绕的钢绳则两者绕向不同。平行编绕钢绳的表面比较光滑，柔曲性较好，但有自旋性，容易扭曲，不宜用于运输，但对耙矿影响不大。

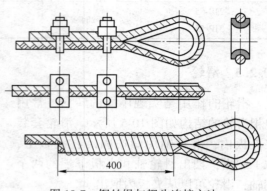

图 10-7　钢丝绳与耙斗连接方法

钢丝绳与耙斗的连接方法如图 10-7 所示。钢丝绳末端绕过一个带槽的嵌环，折回 $200\sim250\mathrm{mm}$，用绳卡夹紧；也可以将打回部分用软钢丝缠紧，但折回部分的长度为 400mm 左右。

10. 3　电耙的技术参数

选取的电耙应满足生产率和牵引力的要求。

10. 3. 1　电耙生产率

耙斗循环一次的时间 t：

$$t = \frac{L}{v_1} + \frac{L}{v_2} + t_0 \tag{10-1}$$

式中　t——耙斗循环一次的时间，s；

　　　L——平均耙运距离，m；

　v_1，v_2——首绳、尾绳的绳速，m/s；

　　　t_0——耙斗往返一次的换向时间，s，通常取 $t_0 = 20\sim40\mathrm{s}$。

耙运距离不固定时的加权平均运距 L：

$$L = \frac{L_1 Q_1 + L_2 Q_2 + \ldots}{Q_1 + Q_2 + \ldots} \tag{10-2}$$

式中　L_1，L_2……——各段耙运距离，m；

　　　Q_1，Q_2……——各段耙运矿量，m^3。

耙斗每小时的循环次数 n：

$$n = \frac{3600}{t} \qquad (10\text{-}3)$$

电耙的小时生产率 P：

$$P = nVK_qK_\beta \qquad (10\text{-}4)$$

式中　V——耙斗容积，m^3；

　　K_q——耙斗装满系数，一般地 $K_q = 0.6 \sim 0.9$；

　　K_β——电耙时间利用系数，一般地 $K_\beta = 0.7 \sim 0.8$。

电耙出矿时间 t_p：

$$t_p = \frac{QE}{A} \qquad (10\text{-}5)$$

式中　Q——爆落的原矿体积，m^3；

　　A——电耙生产率，m^3/h；

　　E——矿石松散系数，耙运时一般取 1.5。

10.3.2　绞车牵引力

耙矿绞车的牵引力必须大于耙矿总阻力。

耙矿总阻力包括耙斗及耙斗内矿石的移动阻力；为了控制放绳速度，对放绳卷筒作轻微制动产生的阻力；耙斗插入矿堆进行装矿时的阻力；钢绳沿耙运面的移动阻力和绕滑轮的转向阻力；某些额外阻力，如耙斗拐弯阻力、耙运面不平产生的阻力等。一般情况下以前两种阻力为主，其他阻力较小，可用一个附加系数来折算。

当耙斗沿倾角为 β 平面耙运时，耙斗及耙斗内矿石的移动阻力 F_1：

$$F_1 = G_0 g (f_1 \cos\beta \pm \sin\beta) + Gg(f_2 \cos\beta \pm \sin\beta) \qquad (10\text{-}6)$$

式中　G_0——耙斗质量，kg；

　　G——耙斗内矿石质量，kg，$G = VK_q\gamma$；

　　f_1——耙斗与耙运面的摩擦系数，通常取 $0.5 \sim 0.55$；

　　f_2——矿石与耙运面的摩擦系数，通常取 $0.7 \sim 0.75$；

　　K_q——耙斗装满系数，为从最困难情况考虑，一般将耙斗作为装满处理，即取 1；

　　γ——松散矿石的密度，kg/m^3。

式中向上耙运时取"+"号，向下耙运时取"－"号。

为避免放绳过快，造成钢绳弯垂过度或打结，可对放绳卷筒轻微制动，由此产生的阻力 F_2 在计算时可取 $600 \sim 1000N$。

其他阻力用附加系数 α 表示，通常取 $\alpha = 1.3 \sim 1.4$。

绞车主卷筒的牵引力

$$F = \alpha(F_1 + F_2) \qquad (10\text{-}7)$$

绞车电动机所需功率

$$P = \frac{Fv_1}{1000\eta} \qquad (10\text{-}8)$$

式中　v_1——首绳速度，m/s；

　　η——绞车机械效率，一般取 $0.8 \sim 0.9$。

当沿倾斜底板向下耙运时，因所需牵引力较小，绞车不一定能拖动空耙斗向上运行，因此需要校核耙斗向上空行程时电动机的功率是否满足要求。此时绞车电动机所需功率为：

$$P' = \frac{F'v_2}{1000\eta} \tag{10-9}$$

式中　F'——耙斗向上空行程时，绞车副卷筒的牵引力，N；

　　　v_2——尾绳速度，m/s。

在 P 和 P' 中取较大值选取电动机。F' 的计算方法与 F 相似，但不包括耙斗内矿石的移动阻力。考虑到耙斗向上运行时会刮动矿石，使阻力增加，应取附加系数 $\alpha = 2$。

在电耙计算时，需要知道主绳和尾绳速度。绞车不同，绳速也不相同，因此计算前需要根据工作条件初选一种绞车，然后通过计算检验。若检验不符合要求，应重选重算，直至符合要求为止。

复习思考题

10-1　电耙设备主要用于哪些环境下，可以分为哪些类型？

10-2　电耙设备有哪些优缺点，其适用范围如何？

10-3　电耙设备选型主要考虑哪些技术参数？

第3篇

矿山运输与提升机械

  矿山运输与提升是矿山生产过程中的重要环节，担负着将采场工作面上开采出来的矿石运至井底车场和地面、选矿厂、破碎站或贮矿场，将废石运至排土场，将材料、人员、设备运送至工作面的任务。根据矿山开采技术条件和工艺特点，矿山运输分为露天矿山运输和地下矿山运输与提升。

  矿山轨道运输是我国矿山运输的主要方式之一，特别是地下矿山，露天矿山也有的采用铁路运输，而电机车和矿车是轨道运输的主要设备。当今露天矿山则大都采用公路开拓、汽车运输方式，电动轮汽车成为露天矿山运输的首选设备。

  矿井提升机械是井下与地面联系的设备，具有特殊作用，其作用是沿井筒提升矿石和废石，升降人员，下放材料、工具和设备。"运输是矿井的动脉，提升是矿井的咽喉"，形象地说明了矿井提升运输系统的重要性。为保证矿井生产和人员的安全，要求矿山提升设备运行平稳，安全可靠，必须配备性能良好的控制设备和保护装置。矿井提升机械的耗电量一般占矿井总耗电量的 $1/3 \sim 1/2$，所以矿井提升设备的选型应遵守技术先进和经济合理的原则，以期降低采矿总成本。矿井提升机械主要有提升容器（罐笼、箕斗等）、提升机及天轮、提升钢丝绳以及装卸载装置。

  胶带输送机运输可以实现矿山开采的连续半连续工艺，具有生产率高、节约能耗、噪声小、结构简单的特点，可连续运输矿石、粉末状物料以及包装件物品，成为当今矿山连续开采工艺中必不可少的设备，在冶金、建材、电力和化工等行业中得到了广泛应用。

11 矿山轨道运输机械

教学目标

通过本章的学习，学生应获得如下知识和能力：

(1) 了解矿山铲斗式装载机的主要类型和选用条件；

(2) 掌握矿山常见铲斗式装载机的基本结构及其功能；

(3) 掌握铲斗式装载机的设备选型与计算。

11.1 矿　　车

11.1.1 概述

轨道运输是地下矿山运输的主要方式之一，露天矿山有的也采用铁路运输，而矿车是轨道运输的主要设备。由于矿山生产条件、矿车用途、装卸方式、运输量等的不同，矿车的类型繁多，生产过程中矿车损耗量和维修工作量比较大。

根据矿车容积的不同，将矿车分为小型矿车（容积小于 $1.25m^3$）、中型矿车（容积 $1.25 \sim 2.5m^3$）和大型矿车（容积大于 $2.5m^3$）。露天矿山多采用 $30 \sim 40m^3$ 的大型矿车。

根据矿车用途的不同，可将其分为运矿车辆、运人车辆和辅助车辆。

(1) 运矿车辆。按车厢形式和卸载方式的不同，运矿车辆又有固定车厢式、翻转车厢式、侧卸式（单侧或双侧）和底卸式矿车等类型。固定车厢式矿车需用专用翻车器（机）卸载。为提高运输能力，往往将若干个矿车组成列车使用，如槽式列车和梭式矿车则属于这类矿车，它具备自身卸载的能力，其中梭式矿车既可单车使用，也可组成列车使用。此外还有一种具有自卸和自行功能的矿车，称为自行矿车，这种矿车可以节省调车的辅助时间，具有较好的机动性。

(2) 运人车辆。运人车辆分为平巷运人车辆和斜井运人车辆。由于运送的是人员，所以车辆结构上要考虑人员乘坐的舒适性和装设安全装置。

矿山安全规程人车运行规定：

1) 每班运送人员的时间不能超过 30min；

2) 人车的行车速度不得超过 3m/s；

3) 在人员上下车地点那部分架线电源应切断；

4）应保证人车的连接器不能自行脱钩；

5）在附挂车辆上禁止装爆炸物、易燃物和腐蚀性物品。

（3）辅助车辆。辅助车辆有平板车、材料车、炸药车、水车、消防车、卫生车、食品车和测力试验车等。

运矿车辆及辅助车辆型号及规格参见表 11-1、表 11-2。

11.1.2　矿车的基本性能参数

11.1.2.1　矿车容量

矿车的容量包含车厢的容积与矿车的最大载重量。由于各种矿石的松散系数和松散容重不同，在选用矿车时既要考虑矿车的容积，也要考虑矿车允许的最大载重量。

11.1.2.2　车皮系数

矿车自重与其载重之比称为车皮系数（见表 11-1），用符号 K_C 表示，即

$$K_C = \frac{G_0}{G} < 1 \qquad (11\text{-}1)$$

式中　G_0——矿车自重，t；

　　　G——矿车载重量，t。

在保证矿车强度的条件下，车皮系数越小矿车的经济性越好，矿车车皮系数的大小与选用的材料及结构形式有关。

11.1.2.3　矿车容积系数

矿车容积系数为矿车车厢容积与矿车外形体积之比，用符号 K_v 表示，即

$$K_v = \frac{V}{L \times B \times H} < 1 \qquad (11\text{-}2)$$

式中　V——矿车车厢容积，m^3；

L，B，H——矿车外形尺寸之长、宽、高，mm。

矿车容积系数越大，说明矿车外形紧凑，车厢容积利用程度好。常用矿车容积系数见表 11-1。

11.1.2.4　矿车的基本阻力系数

矿车沿水平直线轨道运行时的阻力称为基本运行阻力。矿车基本运行阻力与矿车全重（重车或空车）之比称为基本运行阻力系数。表 11-3 给出了各种容积的矿车基本运行阻力系数值。

11.1.3　矿车的选择

矿车的选择应根据矿山生产的工艺流程及运输系统、矿车的用途及岩石的性质、装卸条件等具体条件，进行综合的技术经济比较，才能最终确定。

表11-1　矿车（冶金）主要规格参数表

矿车类型	矿车型号	容积/m³	最大载重量/t	轨距/mm	外形尺寸/mm 长度	外形尺寸/mm 宽度	外形尺寸/mm 高度	轴距/mm	车轮直径/mm	卸载角/(°)	车厢长度/mm	挂钩 形式	挂钩 牵引高度/mm	挂钩 牵引力/kN	碰头缓冲方式	轴架缓冲方式	滚动轴承型号	自重/t	车皮系数	容积系数
固定车厢式	YGC0.5 (6)	0.5	1.25	600	1200	850	1000	400	300	—	910	单环、三环	320	58.8	橡胶	刚性	7512	0.45	0.36	0.45
	YGC0.7 (6) / YGC0.7 (7)	0.7	1.75	600 / 762	1500	850	1050	500	300	—	1210	单环 / 万能环	320	58.8	橡胶	刚性	7512	0.5	0.29	0.52
	YGC01.2 (6) / YGC1.2 (7)	1.2	3	600 / 762	1900	1050	1200	600	300	—	1500	万能环 / 三环链	320	58.8	橡胶	橡胶	7512	0.72 / 0.73	0.24	0.50
	YGC2 (6) / YGC2 (7)	2	5	600 / 762	3000	1200	1200	1000	400	—	2650	万能链	320	58.8	橡胶	橡胶	7516	1.36 / 1.25	0.27 / 0.28	0.46
	YGC4 (6) / YGC4 (7)	4	10	600 / 762	3700	1330	1550	1300	450	—	3300	万能链	320	58.8	橡胶	橡胶	7519	2.52 / 2.90	0.26 / 0.29	0.52
	YGC10 (7) / YGC10 (9)	10	25	600 / 762	7200	1500	1550	4500 (650)	450	—	3680	万能链	430	58.8	弹簧	弹簧	7519	7.00 / 7.08	0.28	0.30
翻转车厢式	YFC0.5 (6)	0.5	1.25	600	1500	850	1050	500	300	40	1110	单环、三环	320	58.8	橡胶	刚性	7512	0.59	0.47	0.37
	YFC0.7 (6) / YFC0.7 (7)	0.7	1.75	600 / 762	1650	980	1200	600	300	40	1160	单环 / 三环	320	58.8	橡胶	橡胶	7512	0.71 / 0.72	0.40 / 0.41	0.36
	YFC1.0 (7)	1.0	2.5	762	2500	2040	1410	900	300	40	—	三环	320	58.8	橡胶	橡胶	7512	—	—	—
	V型1.2 (7)	1.2	3	762	2470	1374	1360	900	300	40	—	万能环	320	58.8	橡胶	橡胶	7512	1.419	0.47	—
单侧曲轨侧卸式	YCC0.7 (6)	0.7	1.75		1650	980	1050	600	300	40	1300	单环	320	58.8	橡胶	橡胶	7512	0.75	0.43	0.41
	YCC1.2 (6)	1.2	3	600	1900	1050	1200	600	300	40	1600	单环	320	58.5	橡胶	橡胶	7512	1.00	0.33	0.51
	YCC2 (6)	2	5		3000	1250	1300	1000	400	42	2500	单环	320		弹簧	橡胶	7516	1.85	0.37	—

续表 11-1

矿车类型	矿车型号	容积/m³	最大载重量/t	轨距/mm	外形尺寸/mm 长度	外形尺寸/mm 宽度	外形尺寸/mm 高度	轴距/mm	车轮直径/mm	卸载角/(°)	车厢长度/mm	挂钩 形式	挂钩 牵引高度/mm	挂钩 牵引力/kN	碰头缓冲方式	轴架缓冲方式	滚动轴承型号	自重/t	车皮系数	容积系数
单侧曲轨侧卸式	YCC2 (7)	2	5	700	3000	1250	1300	1000	400	42	2500		320					1.88	0.38	
	YCC4 (7)	4	10		3900	1400	1650	1300	450	42	3200	单环	430	58.8	弹簧	橡胶		3.23	0.32	0.41
	YCC6 (7)	6	15		5000	1600	1800	2500	450	42	—		430	60.0			7519	6.40	0.33	
	YCC4 (9)	4	10	900	3900	1400	1650	1300	450	42	3200	单环	430	58.8	弹簧	橡胶		3.30	0.33	0.44
	YCC6 (9)	6	15		5000	1600	1800	2500	450	42	—		430	60.0			7519	6.60	0.33	0.44
底卸式	YDC4 (7)	4	10	762	3900	1600	1600	1300	450	50	3415	单环	600	58.8	弹簧	橡胶	7519	4.32	0.43	0.40
	YDC6 (7)	6	15		5400	1750	1650	2520	400	50	4540	单环	730		弹簧	橡胶	7516	6.32	0.42	0.58
	YDC6 (9)	6	15	900	5400	1750	1650	(800)	400	50	4540	单环	730	58.8	弹簧	橡胶	7516	6.83	0.43	0.58
	YDC10 (9)	10	25	900	5400	1750	1650	800	400	50	4540	单环	730	58.8	弹簧	橡胶	7516	6.83	0.43	0.58

注：YCC0.5 (6)：Y—冶金矿山，G—固定式，C—矿车，0.5—容积(m³)，（6）—轨距 600(mm)；YFC0.7(7)：Y—冶金矿山，F—翻转车厢式，C—矿车，0.7—容积(m³)，（7）—轨距 762(mm)；YCC4 (9)：YCC4 (9)：Y—冶金矿山，C—侧卸式，C—矿车，4—容积(m³)，（9）—轨距 900(mm)；YDC6 (9)：Y—冶金矿山，D—底卸式，C—矿车，6—容积(m³)，（9）—轨距 900(mm)。

表 11-2　辅助车辆主要规格参数表

矿车类型	矿车型号	名义载重量/t	最大载重量/t	规矩/mm	外形尺寸/mm 长度	宽度	高度	轴距/mm	车轮直径/mm	车框板长度/mm	挂钩 形式	挂钩 牵引高度/mm	挂钩 牵引力/kN	碰头 缓冲方式	轴架 缓冲方式	滚动轴承型号	自重/t	电机车/t	现有罐笼最小截面尺寸	通用罐笼最小截面尺寸
平板车	YPC1 (6)	1	—	600	1400	850	400	300	500	1100	单环	320	58.8	橡胶	刚性	7512	0.48	1.5	1800×1080	1800×1150
	YPC3 (6)	3	—	600	1900	1050	425	800	300	1500	单环	320	58.8	橡胶	橡胶	7512	0.53	3.7	2000×1180	2200×1250
	YPC3 (7)			762													0.54		2000×1476	
	YPC5 (6)	5	—	600	3000	1200	510	1000	400	2300	单环	320	58.8	弹簧	橡胶	7516	—	7.1	3200×1440	3300×1450
	YPC5 (7)			762																
	YPC5 (9)			900																
	YLC1 (6)	1	33.3	600	1900	1050	1200	600	300	1500	单环	320	58.8	橡胶	橡胶	7512	—	3.7	2000×1180	2200×1350
	YLC1 (7)			762															4000×1476	
材料车	YLC3 (6)	3	56.8	600	3000	1200	1200	1000	400	2300	单环	320	58.8	橡胶	橡胶	7516	—	7.1	3200×1400	3300×1450
	YLC3 (7)			762																
	YLC3 (9)			900																

注: 1. 材料车的名义载重量按运输材料计算，最大载重量按矿车强度允许的载重量计算。

2. YPC3 (4): P—平板车，其他符号同表 11-1; YLC3 (7): L—材料车，其他符号同表 11-1。

表 11-3　矿车的基本阻力系数

矿车容积/m³	单个矿车的阻力系数/N·kN⁻¹		矿车列车组的阻力系数/N·kN⁻¹	
	重车	空车	重车	空车
0.5	7	9	9	11
0.7~1.0	6	8	8	10
1.2~1.5	5	7	7	9
2	4.5	6	6	7
4	4	5	5	6
10	3.5	4	4	5

注：1. 表中所列数值适用于采用滚动轴承的矿车。

　　2. 矿车在启动状态时其阻力系数较上表所列数值增加 30%~50%。

对一般中小型地下矿山，矿石运输宜采用固定式或侧卸式矿车，大型矿山宜采用固定式或底卸式矿车。废石运输则普遍采用翻转车厢式矿车，较少采用固定式矿车。

当运输距离较短时，侧卸式矿车比固定式矿车卸载方便，运输效率较高。但对于矿石贵重、粉矿多和涌水量大的矿山不宜采用侧卸式矿车。

选定矿车形式之后，根据运输量的大小确定矿车容积。根据矿山生产条件，优先选择较大容积的矿车。一般地，大容积矿车的技术经济指标较好。

矿车容积可依据运输量、机车质量、矿车容积等之间的关系参考表 11-4 确定。

表 11-4　矿车容积与运输量的关系

中段运输量/万吨·年⁻¹	机车质量/t	矿车容积/m³	轨距/mm
<8	人工推车	0.5~0.6	600
8~15	1.5, 3	0.6~1.2	600
15~30	3, 7	0.7~1.2	600
30~60	7, 10	1.2~2.0	600
60~100	10, 14	2.0~4.0	600, 762
100~200	10, 14 双车牵引	4.0~6.0	762, 900
>200	10, 14 双车牵引	>6.0	762, 900

选择矿车时，应注意矿车与牵引电机车配套，经计算确定列车数和一列车中矿车的数量，同时还应注意矿车的容积和尺寸与装载设备的装载能力、卸载高度和卸载距离等相适应。辅助车辆应根据用途进行选择。

11.1.4　矿车的结构

11.1.4.1　固定车厢式矿车

固定车厢式矿车由车厢、车架、轮轴、连接器和缓冲器等组成（见图 11-1）。矿车一般采用型钢和钢板焊接而成。车厢底部大都做成半圆形，以便于清理底部结构。车轴和车轮间装有滚动轴承。矿车的连接器应保证连接可靠，摘挂方便。当矿车组成列车并以翻车机卸载时，连接器可以旋转而不影响卸载。矿车两端装设有缓冲器，以吸收和减缓矿车之间的冲击。缓冲器型式有木材、橡胶、铸铁或弹簧等。

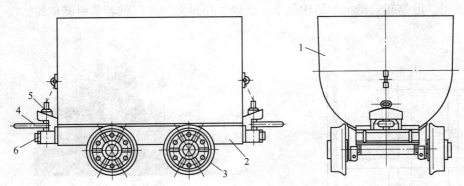

图 11-1　固定车厢式矿车

1—车厢；2—车架；3—轮及轮轴；4—连接器；5—插销；6—缓冲器

11.1.4.2　翻转车厢式矿车

翻转车厢式矿车的车厢在卸载时可以用人力向两侧翻转，行驶时可自行回复中位，并以挡板或栓钉将其锁住。翻转车厢式矿车的结构如图 11-2 所示。翻转车厢式矿车容积一般不大，靠人力进行翻转卸载时工人劳动强度大，一般适用于卸载位置经常变动的场合，多用于废石运输或小型矿山的矿石运输。

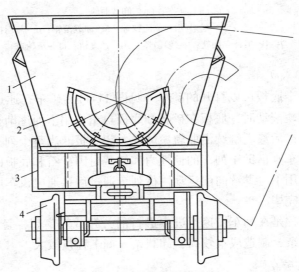

图 11-2　翻转车厢式矿车

1—车厢；2—钢环；3—车架；4—轮轴

11.1.4.3　侧卸式矿车

图 11-3 所示为一种单侧卸载的侧卸式矿车，其车厢的一侧铰接着可侧向开启的车门。车厢以铰链与车架连接。车厢另一侧设有一个卸载滚轮，卸载时卸载点侧面的曲轨将卸载滚轮抬起，将车厢倾斜一定的角度（40°～42°），侧门开启，车厢中的矿石即倾卸入溜井

或矿仓中。卸载后，滚轮沿曲轨下降（有的不再经过曲轨），车厢复位，车门关闭，并由挂钩锁紧。

侧卸式矿车具有卸载效率高、卸载地点无需人员操作、设备简单、移设方便等优点，故颇多使用。但侧卸式矿车的结构复杂，维修工作量大，车门处容易泄漏矿粉。

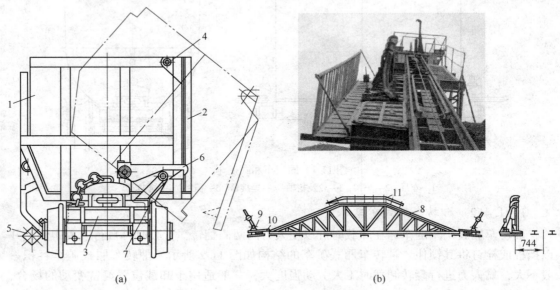

图 11-3　侧卸式矿车与曲轨

（a）矿车；（b）卸载曲轨

1—车厢；2—侧门；3—车架；4—侧门铰轴；5—卸载滚轮；6—侧门挂钩；
7—铰轴；8—曲轨；9—转辙器；10—过渡轨；11—滚轮罩

11.1.4.4　底卸式矿车

底卸式矿车是一个底板可以打开的矿车（见图 11-4），矿车在通过卸载站时底板后端部的滚轮沿着卸载曲轨滚动时，底板在矿石和底板自重作用下而逐渐打开，遂即将矿石卸入漏斗或矿仓内。卸矿后滚轮继续沿曲轨滚动并关闭底板。当整个列车通过卸载站时电机车停止运转，整列列车则借助于列车的惯性力和卸载时因矿石和底板的自重力引起的曲轨对矿车的反作用力作用下，继续向前运动。待列车通过后接通电机车电源，由电机车牵引列车运行，卸载过程完毕。

由于整个卸载过程是在列车慢速行进中进行的，卸载效率高，且不易造成矿车结底。但底卸式矿车结构复杂，制造成本较高，卸载站开掘工程量较大。

11.1.4.5　梭式矿车

梭式矿车由车厢、行走架、刮板运输机、运输机电机、运输机传动装置和连接杆等部分组成，如图 11-5（a）所示。梭式矿车的车厢与车架成为一体，由钢板和型钢焊接而成。车厢分前后两部分，中间用钢板螺栓连接，具有足够的刚性。安装于车厢装载端的两侧板较车身处侧板稍宽、稍高，装载端还有一较矮的端板，它与侧板构成一受载仓。车厢上有一块活动挡板，在装载过程中活动挡板沿导轨逐渐由装载端移至卸载端，以使岩石能更好地装满整个车厢。卸载端还有一对向外开的活动门，在梭式矿车互相搭接时，它伸入

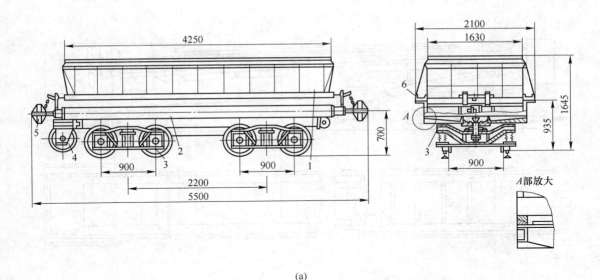

(a)

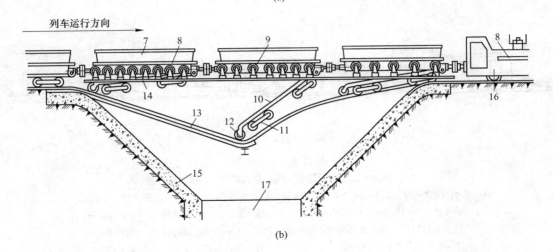

(b)

图 11-4　底卸式矿车及其卸载

（a）底卸式矿车结构；（b）卸载曲轨及卸载示意图

1，7—车厢；2，10—车架；3，11—转向架；4—滚轮；5—连接器；6，8—翼板；9—托轮；
12—卸载滚轮；13—卸载曲轨；14—托轮座；15—卸矿漏斗；16—电机车；17—矿石溜井

另一梭式矿车受载仓（搭接时受载仓端板须取下），以防矿岩撒落。车厢呈倾斜布置，装载端较低，卸载端较高，以便于两台梭式矿车互相搭接（见图 11-5（b））。

梭式矿车刮板运输机的作用是将承载仓内的矿石移运，直至装满整个车厢，或是将矿石转载至另一辆搭接的梭式矿车上，卸载时也依靠刮板运输机从车厢中卸载。刮板运输机由电动机经传动装置驱动。

车厢全部重量支承在两个行走架上。行走架可以相对于车厢绕与行走架垂直的轴做一定范围的水平摆动，以减少通过弯道时的行驶阻力，避免发生卡楔现象。行走架与两副轮对间设有弹性悬挂装置，以保证梭式矿车行驶时每个车轮与轨面保持良好接触，避免车轮脱轨。

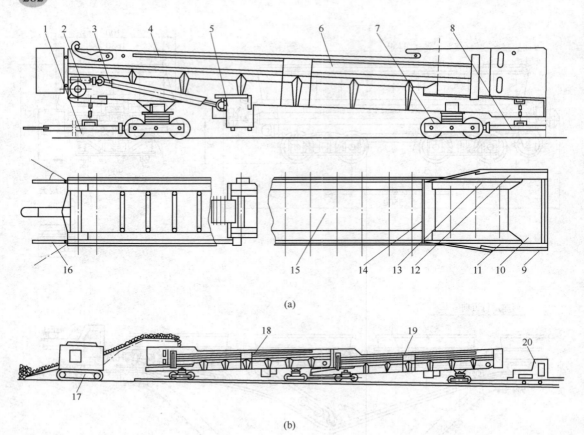

图 11-5　梭式矿车

（a）梭式矿车结构示意图；（b）梭式矿车的搭接工作状态

1—牵引杆；2—圆柱蜗轮减速器；3—万向传动轴；4—前车体；5—电动机托架及链传动；

6—后车体；7—转向架；8—搭接牵引杆；9—左外侧板；10—后挡板；11—左后侧板；

12—右后侧板；13—右外侧板；14—活动挡板；15—刮板运输机；16—箭挡板；

17—蟹爪式装载机；18—第一节梭式矿车；19—第二节梭式矿车；20—牵引机车

梭式矿车既可以单车使用，也可以相互搭接组成列车使用（见图 11-5（b））。有的梭车在装载时可以穿搭在一起，一次将整列车装满，但在运行时须将梭车脱开（仍组成为列车）。在这种情况下，梭车的连接杆可伸缩改变其长度。有的梭式矿车在装载、卸载、运行状态均可搭接，无须脱开。这种梭车具有更高的运输能力。可搭接运行的梭式矿车只能由端面卸载。不能搭接运行的梭式矿车可端面卸载，也可以侧面卸载。在侧面卸载时，须铺设辅助卸载轨道。

梭式矿车属于连续作业的设备，它与生产率高的连续作业设备（如蟹爪式、立爪式装载机）配套使用更能发挥设备的能力。由于梭式矿车的容量大，若组成列车时往往一次装载就能将掘进面一次爆破的岩石装完，大大地缩短掘进循环中的运渣时间，从而提高了掘进速度。

梭式矿车不仅应用于采矿工业中，而且也广泛运用于铁道、水电部门的隧道、涵洞工程中。国产梭式矿车系列产品的技术特征参见表 11-5。

表 11-5 梭式矿车的技术特征

特 征		型 号			
		ST-4 STB-4	ST-6 STB-6	ST-8 STB-8	SD-8 SDB-8
容积/m³		4	6	8	8
自重/t		6	8	10	10
载重/t		10	15	20	20
外形尺寸/mm	长	6250	7014	9540	9600
	宽	1280	1450	1570	1560
	高	1620	1640	1640	1780
转向架中心距/mm		3000	3600	5400	5950
轨距/mm		600	600	600, 762, 900	600, 762, 900
轴距/mm		800	800	800	800
最小转弯半径/m	单车	8	12	15	12
	搭接	—	—	—	30
搭接高度/m		1.2	1.2	1.2	1.2
卸载时间/min		1.0	1.2	1.5	1.5
电机功率/kW		2×7.5	2×10.5	2×13	18.5
最大运行速度/km·h⁻¹		20	20	20	15
使用巷道断面/m		2.2×2.2	2.4×2.4	2.5×2.5	3×3

注：1. ST 型为非搭接型，SD 型为搭接型。

2. STB，SDB 中的 B 表示爆型。

3. SD 型可选配橡胶弹簧减震或钢板弹簧减震。

11.1.5 矿车数量的计算

在选定矿车的形式、车厢容积之后，应进行矿车数量的计算。全矿或者某一运输中段所需矿车数与所需要的运输量、运输系统的布置、装卸条件、劳动组织等因素有关。一般按矿车周转率和定点分布法两种方法计算。

11.1.5.1 按矿车周转率计算

矿车的一次周转包括矿车从装载站出发到卸载站卸载，然后空车从卸载站又回到装载站两个过程。矿车的周转率就是矿车在一定时间（比如班时间）内在整个运输线路能运行的循环次数。所需矿车数量可按式（11-3）计算。

$$Z_0 = \frac{A_b}{G \cdot X} \cdot K_1 \cdot K_2 \cdot K_3 \qquad (11\text{-}3)$$

式中 Z_0 ——所需矿车数，辆；

A_b ——班运输量，t/班；

G ——矿车有效载重量，t；

K_1——杂用系数，一般取 $K_1 = 1.10$；

K_2——检修系数，一般取 $K_2 = 1.15$；

K_3——备用系数，一般取 $K_3 = 1.10$；

X——矿车班周转次数，次/班。

矿车周转次数与装载时间、卸载时间、空车运行时间及辅助作业时间等有关。按矿车周转率计算方法中周转率的数值不容易精确确定。

11.1.5.2　按定点分布法计算

用定点分布法计算全矿所需矿车数量是比较准确的，它是按全矿在生产中矿车实际分布和运行情况统计得出的。具体的做法是在需要同时工作的各中段平面图上，标出矿车分布情况：运行中的列车车辆、装载站、井底车场、材料库、井筒内及地表车场等处的矿车数量，同时再考虑检修和备用的矿车数量，然后用式（11-4）计算确定。

$$Z_0 = \sum_{i=1}^{i=n} Z_i \cdot K_2 \cdot K_3 \tag{11-4}$$

式中　Z_0——全矿所需矿车数量，辆；

Z_i——某个地点占用的矿车数，辆；

K_2——检修系数，一般取 $K_2 = 1.15$；

K_3——备用系数，一般取 $K_3 = 1.1$；

n——全矿占用矿车地点数目。

11.2　轨　　道

11.2.1　矿用轨道的结构

矿用轨道由下部结构和上部结构组成，如图 11-6 所示。

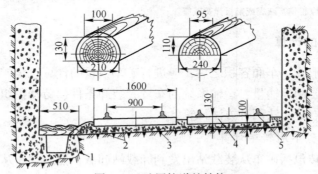

图 11-6　矿用轨道的结构

1—水沟；2—巷道底板；3—道渣；4—轨枕；5—钢轨

下部结构是巷道底板或基岩，由线路的空间位置确定。线路空间位置用平面图（包括直线段曲线段的位置及其平面连接方式）和剖面图（包括线路坡度及变坡处的连接竖曲线）。轨道线路应力求铺成直线或具有较大的曲线半径，纵向力求平坦，沿平巷重车运行方向有 3‰的下向坡度，在横向上向排水沟方向稍有倾斜。

对于倾斜巷道，线路坡度用角度表示，线路的纵断面由平道和坡道组成。坡度是一个坡道两端点的标高差与其水平距离之比,用千分数表示。设线路的起点、终点标高分别为 H_1、H_2,两点水平距离为 L,则线路坡度为

倾斜巷道平均坡度

$$i_平 = \arctan\left(\frac{H_2 - H_1}{L}\right)$$

线路纵向坡度

$$i_平 = 1000 \times \left(\frac{H_2 - H_1}{L}\right) = \frac{1000 \times (i_1 l_1 + i_2 l_2 + \cdots + i_n l_n)}{l_1 + l_2 + \cdots + l_n} \tag{11-5}$$

式中　$i_1, i_2, \cdots, i_n$——各段线路的纵向线路坡度,‰;

　　　$l_1, l_2, \cdots, l_n$——各段线路的长度,m。

上部结构包括道渣、轨枕、钢轨和接轨零件。

道渣层由直径 20~40mm 的坚硬碎石构成,其作用是将轨枕传来的压力均匀传递到下部结构上,并防止轨枕纵横向移动、缓和车轮对钢轨的冲击作用,还可用以调节轨面高度。当线路倾角小于 10° 时,道渣层厚度不小于 150mm,轨枕的 2/3 应埋在道渣中,轨枕底面至巷道底板的道渣厚度不小于 100mm。当线路倾角大于 10° 时,轨枕通常铺设于开凿于底板的沟槽内,其深度约为轨枕厚度的 2/3,沟内道渣层厚度不小于 50mm,若采用钢钎固定轨枕,道渣层厚度与平巷相同。道渣层宽度因轨距而不同,对于 600mm 的轨距,道渣上宽为 1400mm,下宽为 1600mm;对于 900mm 的轨距,道渣上宽为 1700mm,下宽为 2000m。

轨枕的作用是固定钢轨,使之保持规定的轨距,并将钢轨受到的压力均匀地传递给道渣层。矿用轨枕通常用木材和钢筋混凝土制作。木轨枕具有良好弹性,质量轻,铺设方便,但寿命短,维修工作最大。木轨枕的尺寸见图 11-6 及表 11-6。

表 11-6　木轨枕尺寸

钢轨型号/kg·m⁻¹	轨枕厚/mm	顶面宽/mm	底面宽/mm	轨枕长度/mm	
				轨距 600	轨距 762
8	~100	100	100	1100	1250
1, 15, 18	120	100	188	1200	1350
24	130	100	210	1200	1350
33	140	130	225	1200	1350

钢筋混凝土轨枕的安装方法如图 11-7 所示。制造时在穿过螺栓处留有椭圆孔,安装

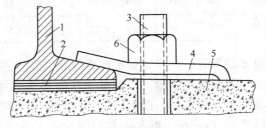

图 11-7　钢筋混凝土轨枕

1—钢轨;2—胶垫;3—螺栓;4—弹性压板;5—混凝土轨枕;6—螺帽

时钢轨用螺栓通过压板压紧在轨枕上，为了使之具有一定的弹性，可在钢轨与轨枕间垫入一胶垫。

钢筋混凝土轨枕的形状和尺寸见图 11-8 及表 11-7。

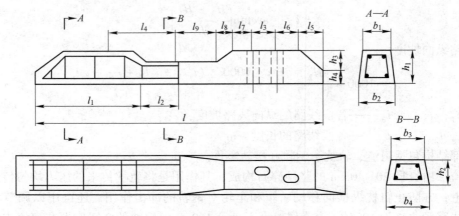

图 11-8　钢筋混凝土轨枕的形状和尺寸

表 11-7　钢筋混凝土轨枕尺寸

轨距/mm	机车质量/t	钢轨型号/kg·m⁻¹	枕距/mm	尺　寸								
				l	l_1	l_2	l_3	l_4	l_5	l_6	l_7	l_8
600	3	11~15	700	1200	400	150	91	275	100	84	71	54
600	10	18	700	1200	400	150	94	275	100	81	75	50
762	10	18	700	1350	400	190	104	349	130	92	109	50
900	20	24	700	1700								
900	20	38	700	1700								

尺　寸									钢材		混凝土	
l_9	b_1	b_2	b_3	b_4	h_1	h_2	h_3	h_4	钢号	kg	m³	标号
150	120	140	126	140	130	91	80	50	A5	1.57	0.015	300
150	160	180	126	188	130	91	80	50	A5	2.25	0.021	300
190	180	200	186	200	150	105	100	50	A5	3.88	0.032	300
330	200	140	160	145	110	95	50	A5	12.85	68kg	300
330	200	200	140	180	145	110	95	50	A5	13.39	68kg	300

钢轨是上部结构最重要的部分，其作用是形成引导车辆运行的轨道，并把车辆给予的载荷均匀传递给轨枕。钢轨断面呈工字形，以保证在断面不大的情况下具有足够的强度。钢轨的轨头粗大，坚固耐用；轨腰较高，便于接轨；轨底较宽，利于固定在轨枕上。钢轨的型号用每米长度钢轨的质量（kg/m）表示，表 11-8 给出了其技术性能。

表 11-8　钢轨的技术性能

钢轨型号		高度/mm	轨头宽度/mm	轨底宽度/mm	轨腰厚度/mm	截面积/mm²	理论质量/kg·m⁻³	长度/m
轻型	8	65	25	54	7	1076	8.42	5~10
	11	80.5	32	66	7	1431	11.2	6~10
	15	91	37	76	7	1880	14.7	6~12
	18	98	40	80	10	2307	18.06	7~12
	24	107	51	92	10.9	3124	24.46	7~12
	33	120	60	110	12.5	4250	33.286	12.5
重型	38	134	68	114	13	4950	38.733	12.5

钢轨型号的选择主要取决于运输量、机车质量和矿车容积，一般可参照表 11-9 选取。

表 11-9　中段生产能力与电机车质量、矿车容积、轨距、轨型的一般关系

矿岩运输量/万吨·年⁻¹	机车质量/t	矿车容积/m³	轨距/mm	钢轨型号
<8	人工推车	0.5~0.6	600	8
8~15	1.5~3.0	0.6~1.2	600	8~11
15~30	3~7	0.7~1.2	600	11~15
30~60	7~10	1.2~2.0	600	15~18
60~100	10~14	2.0~4.0	600, 762	18~24
100~200	10, 14（双机）	4.0~6.0	762, 900	24~33
>200	10, 14, 20（双机）	>6.0	762, 900	33~38

将钢轨固定在轨枕上的扣件和钢轨之间的连接件，统称接轨零件。钢轨与木轨枕用道钉连接，而与钢筋混凝土轨枕用螺栓和压板连接，如图 11-9 所示。安装重型钢轨时，为了增加轨枕的承压面积，可在钢轨与轨枕之间垫入垫板。钢轨之间通常用鱼尾板通过四个椭圆形孔及螺栓连接。接轨时先用两块鱼尾板夹住两根钢轨的轨腰，再穿入螺栓将其紧固在一起。采用架线式电机车运输时钢轨还是直流电回路。为了减少接轨处的电阻，通常在鱼尾板内嵌入铜片或铜线，或在接轨处焊接导线。轨枕间距一般为 0.7~0.9m。两根钢轨接头处应悬空，并缩短轨枕间距。

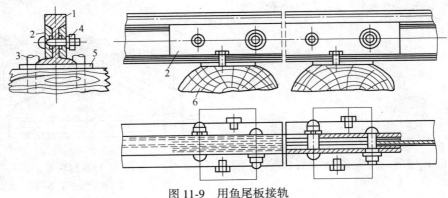

图 11-9　用鱼尾板接轨

1—钢轨；2—鱼尾板；3—道钉；4—螺栓；5—垫板；6—轨枕

在大中型矿山的箕斗斜井、主溜井放矿硐室等部位，采用硫黄水泥将钢轨锚固在混凝土整体道床上（见图 11-10）。此时不用轨枕和道渣，在巷道底板沿线路浇灌混凝土，并留下预留孔。安装时，先在孔中填入 10mm 厚的砂子，再把加热混合的硫黄和水泥混合液（重量比 1：1～1.5：1）灌入孔内，将加热的螺栓立即准确插入混合液，硫黄水泥快速凝固后，用螺帽和压板将钢轨固定在整体道床上。这种整体道床坚固耐用，但不宜用于地震区。

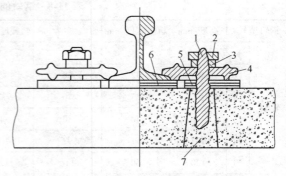

图 11-10　硫黄水泥锚固整体道床
1—螺栓；2—螺帽；3—弹簧垫圈；
4—压板；5，6—胶垫；7—硫黄水泥

11.2.2　弯曲轨道

11.2.2.1　最小曲线半径

弯曲轨道的最小曲线半径由车辆运行速度和轴距来确定。车辆在曲线段运行时会产生离心力，而且因车辆前后两轴和曲线半径方向不一致，车轮将和钢轨强烈摩擦，增大了运行阻力（见图 11-11）。为了减少磨损和阻力，弯道曲线半径不宜过小。通常在运行速度小于 1.5m/s 时，其最小曲线半径应大于车辆轴距的 7 倍；速度大于 1.5m/s 时，最小曲线半径应大于轴距的 10 倍；速度大于 3.5m/s 时，最小曲线半径应大于轴距的 15 倍。当通过弯道的车辆种类不同时，应以车辆的最大轴距计算弯轨的最小曲线半径，并取以米为单位的较大整数。

曲线半径确定后，可在安装现场用弯轨器弯曲钢轨（见图 11-12）。设弯轨曲线半径为 R，轨距为 S，则外轨曲线半径为 $R_外 = R + 0.5S$，内轨曲线半径为 $R_内 = R - 0.5S$。

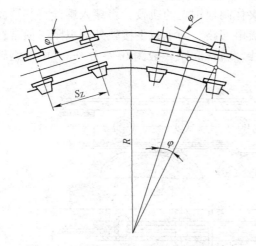

图 11-11　矿车通过弯道时的运行状态

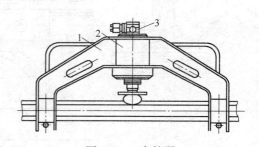

图 11-12　弯轨器
1—铁弓；2—螺旋顶杆；3—调节头

11.2.2.2　外轨抬高

为了消除矿车在弯曲轨道段运行时离心力对车辆运行阻力的影响，可将曲线段的外轨抬高（见图 11-13（a）），使离心力和车辆重力的合力与轨面垂直，使车辆正常运行。当重量为 G 的车辆在弯道上以速度 v 运行时其受到的离心力为 Gv^2/gR。根据三角形相似关系，则有 $Gv^2/gR : G = \Delta h : S\cos\beta$，所以

$$\Delta h = \frac{v^2 S\cos\beta}{gR} \tag{11-6}$$

式（11-6）以 m 为单位。由于外轨抬高后路面的横向倾角 β 很小，则有 $\dfrac{\cos\beta}{g} = 0.1$，因此

$$\Delta h = \frac{100v^2 S}{R} \tag{11-7}$$

式（11-7）以 mm 为单位。外轨抬高施工时，内轨不动，加厚外轨下面的道渣层厚度，在整个曲线段，外轨都需要抬高 Δh。为了使外轨与直线段轨道连接，轨道在进入曲线段之前要逐渐抬高，这段抬高段称缓和线。缓和线段坡度为 3‰~10‰，缓和线段长度为

$$d = \left(\frac{1}{10} \sim \frac{1}{3}\right)\Delta h \times 10^{-3} \tag{11-8}$$

式中　d——缓和线段长度，m；

　　　Δh——外轨抬高值，mm。

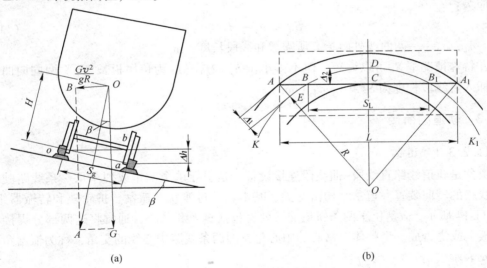

(a)　　　　　　　　　　　　　　　(b)

图 11-13　外轨抬高计算图

（a）外轨抬高计算图；（b）车辆在轨道上的运行轨迹

11.2.2.3　轨距加宽

为了减小车辆在弯曲轨道内的运行阻力，曲线段轨距还应适当加宽（见图 11-13（b））。轨距加宽值可根据经验公式（11-9）计算：

$$\Delta S = 0.18 \times \frac{S_Z^2}{R} \tag{11-9}$$

式中　S_Z——车辆轴距，mm；

R——曲线半径，mm。

轨距加宽时外轨不动，只将内轨向内移动，在整个曲线段轨距都需要加宽 ΔS。为了使内轨与直线段轨道连接，轨道在进入曲线段之前要逐渐加宽轨距，这段长度通常与抬高段的缓和线长度相同。

11.2.2.4　轨道间距及巷道加宽

为克服车辆在弯道上离心力作用，双轨弯道的外轨需要抬高，同时其外侧、中间和内侧需要加宽，加宽值由计算确定。线路中心线与巷道壁间距的加宽值按式（11-10）计算。

$$\Delta_1 = \frac{L^2 - S_Z^2}{8R} \tag{11-10}$$

式中　L——车厢长度，mm。

对于双轨巷道，两线路中心线间距的加宽值按式（11-11）可算确定。

$$\Delta_2 = \frac{L^2}{8R} \tag{11-11}$$

对于双轨巷道，采用电机车运输时，通常巷道外侧、两线路中心线和巷道内侧分别加宽 300mm、300mm 和 100mm。

11.2.2.5　两曲线连接

为了便于车辆运行，两曲线连接处必须插入一段直线。两反向曲线连接时插入直线段长度应为：

$$S_R \geqslant d_1 + d_2 + S_Z \tag{11-12}$$

式中　d_1，d_2——两曲线外轨抬高所需缓和线段长度，m。

在特殊情况下 S_R 可以缩短，但不得小于 $S_Z + 2L_F$（L_F 为鱼尾板长度）。两同向曲线连接时插入直线段长度为 $S_S \geqslant d_1 - d_2$（mm）。

11.2.3　轨道的衔接

11.2.3.1　道岔

道岔是轨道线路直线段-曲线段连接设备，是引导单个矿车或列车从一条线路驶向另一条线路的转向装置。道岔结构由岔尖、基本轨、过渡轨、辙岔、护轮轨和转辙器组成，如图 11-14 所示。辙岔位于两条轨道交叉处，包括翼轨和岔心，通常将这两部分焊接在一块铁板上或浇铸成一个整体。岔心的中心角，即两条线路中心线的交角，称为辙岔角，用符号 α 表示。

过渡轨是两根短轨，它的前后两端分别用鱼尾板与辙岔和岔尖连接。岔尖是两根端部削尖的短轨，在拉杆的带动下可左右摆动，分别与两侧的基本轨靠紧。控制岔尖位置，可按规定使车辆从一条线路转移到另一条线路。护轮轨的作用是控制车轮凸缘的运动方向，使车轮凸缘从翼轨和岔心之间的沟槽中通过。转辙器的作用是带动拉杆移动岔尖，控制车辆的运行方向。

岔尖的摆动可以使用手动控制、机械操纵、弹簧道岔、压气或电磁自动控制、远距离操纵等。手动控制转辙器可转动手柄，通过曲杠杆可带动拉杆，使岔尖左右摆动（图 11-14）。重锤的作用是使岔尖紧靠在基本轨上，并使之定位。

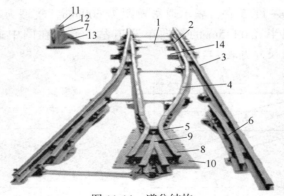

图 11-14　道岔结构

1—拉杆；2—岔尖；3—基本轨；4—过渡轨；5—辙岔；6—护轮轨；7—转辙器；
8—翼轨；9—翼心；10—铁板；11—手柄；12—重锤；13—曲杠杆；14—底座

道岔按线路间相对位置可分为单开道岔、对称道岔、渡线道岔和菱形道岔等，单开道岔又分为左开道岔和右开道岔（见图 11-15）。

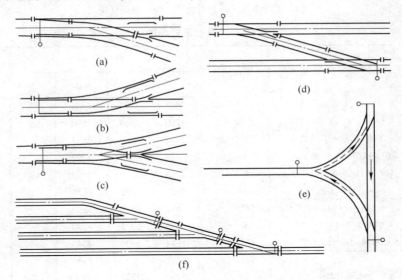

图 11-15　道岔基本类型

(a)，(b) 单开道岔；(c) 对称道岔；(d) 渡线道岔；(e) 菱形道岔；(f) 梯形道岔

轨道运输系统中，警冲标标识了车辆停车时相邻两条线路最小安全距离，以防止停留在该线路上车辆与邻线路上车辆发生侧面冲撞。超过警冲标以后，相邻两车彼此都在对方的安全限界之外，不会发生刮蹭现象。

道岔型号：用辙岔岔心角的半角正切值的两倍表示，道岔型号用符号 M 表示，即

$$M = 2\tan\frac{\alpha}{2} \tag{11-13}$$

式中，α 为道岔辙岔岔心角，常用辙岔型号有 1/2、1/3、1/4、1/5 和 1/6，其中 1/3、1/4、1/5 三种型号道岔最常用。

道岔标识由轨距、轨型、辙岔标号、弯曲过渡轨曲线半径、转向（左向或右向）等

组成，如道岔 618-1/4-11.5 右，表示道岔轨距为 600mm、轨型为 18kg/m、道岔型号为 1/4、弯曲过渡轨曲线半径 11.5m 的右向单开道岔。道岔在图中通常用单线表示（见图 11-16），道岔型号及尺寸见表 11-10。

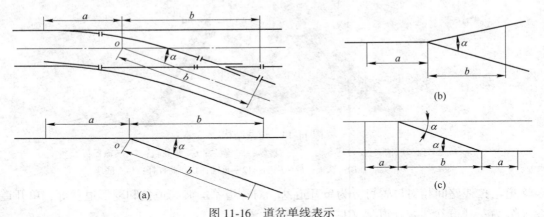

图 11-16　道岔单线表示

（a）单开道岔；（b）对称岔；（c）单侧渡线

表 11-10　道岔形式与型号

道岔类型	道岔标识	辙岔角 α	主要尺寸/mm				O 点至警冲标距离 c/mm
			a	b	a+b	S	
单开道岔	615-1/3-6 右（左）	18°55′30″	3063	2597	5660		7200
	615-1/4-12 右（左）	14°5′	3200	3390	6590		7200
	618-1/3-6 右（左）	18°55′30″	2302	2655	4957		7200
	618-1/4-11.5 右（左）	14°15′	2724	3005	5729		7200
	624-1/3-6 右（左）	18°55′30″	2293	2657	4950		7200
	624-1/4-12 右（左）	14°15′	3352	3298	6650		7200
对称道岔	615-1/3-12 对称	18°55′30″	1882	2618	4500		5400
	618-1/3-11.65 对称	18°55′	3195	2935	6130		5400
	624-1/3-12 对称	18°55′30″	1944	2496	4440		5400
渡线道岔					2a+b		
	615-1/4-12 右（左）	14°15′	3200	4725	11125	1200	
	615-1/4-12 右（左）	14°15′	3200	4922	11322	1250	
	615-1/4-12 右（左）	14°15′	3200	5483	11883	1400	
	615-1/4-12（双侧）	14°15′	3200	5906	12306	—	
	618-1/3-6 右（左）	18°55′30″	2302	3500	8104	1200	
	618-1/4-12 右（左）	14°15′	2722	5514	10958	1400	
	624-1/4-12 右（左）	14°15′	3352	5709	12413	1450	

11.2.3.2　轨道分岔连接点的平面布置与计算

A　单向分岔点连接

单向分岔点连接是曲线与单开道岔的连接。为了保证曲线段外轨抬高和轨距加宽，应在道岔与曲线段之间插入一直线段，其长度一般取外轨抬高递减距离，这样将增加巷道长度和掘进工程量。因此，在线路设计中应尽量缩短插入直线段长度，可以在曲线本身的范围内逐渐抬高外轨和加宽轨距，但在道岔和曲线段之间也必须加入一最小的插入段 d（$d=$ 200～300mm）。

若已知曲线半径 R、转角 β、道岔尺寸 a、b 及辙岔角 α（见图 11-17），则单开道岔连接尺寸为

$$\alpha_1 = \beta - \alpha \tag{11-14}$$

$$T = R\tan\frac{\alpha_1}{2} \tag{11-15}$$

$$m = a + \frac{(b + d + T)\sin\alpha_1}{\sin\beta} \tag{11-16}$$

$$n = T + \frac{(b + a + T)\sin\alpha}{\sin\beta} \tag{11-17}$$

B　双线单开道岔连接

双线单开道岔连接可使双轨平行线路过渡到单轨线路，如图 11-18 所示。已知平行线路中心线之间的距离 S，则其各连接尺寸为

$$\alpha_1 = \alpha \tag{11-18}$$

$$T = R\tan\frac{\alpha}{2} \tag{11-19}$$

$$d = \frac{S}{\sin\alpha} - (b + T) \tag{11-20}$$

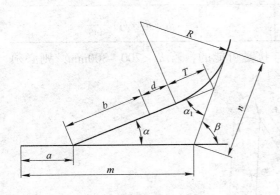

图 11-17　单开道岔连接

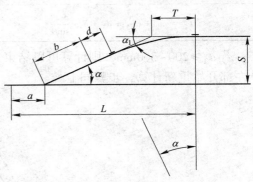

图 11-18　平行线路渡线道岔连接

C　双线对称连接

对称线路布置如图 11-19 所示。已知条件及要求与平行线路连接相同，则其连接尺寸为

$$T = R\tan\frac{\alpha}{4} \tag{11-21}$$

$$d = \frac{S}{2\sin\frac{\alpha}{2}} - (b + T) \tag{11-22}$$

若 $d \geqslant 200$～300mm，则连接是可能的，其连接尺寸为

$$L = a + \frac{S}{2\tan\dfrac{\alpha}{2}} + T \qquad (11\text{-}23)$$

D　三角岔道连接

三角岔道的上部是对称道岔，且 β 为任意数。若 $\beta = 90°$，则构成了对称的三角岔道，如图 11-20 所示。三角道岔连接参数见表 11-11。

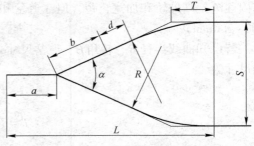

图 11-19　对称线路渡线道岔连接

表 11-11　三角道岔连接参数

$\beta_1 = 180° - (\beta + \alpha_3)$	$\beta_2 = \beta - \alpha_1$
$\alpha_5 = \beta_1 - \alpha_1$	$\alpha_6 = \beta_2 - \alpha_2$
$T_1 = R\tan\dfrac{\alpha_5}{2}$	$T_2 = R\tan\dfrac{\alpha_6}{2}$
$m_1 = \alpha_1 + (b_1 + d_1 + T_1)\dfrac{\sin(\beta_1 - \alpha_1)}{\sin\beta_1}$	$n_1 = T_1 + (b_1 + d_1 + T_1)\dfrac{\sin\alpha_1}{\sin\beta_1}$
$L_1 = m_1 + (n_1 + d_2 + b_3)\dfrac{\sin\alpha_3}{\sin\beta_1}$	$m_2 = a_2 + (b_2 + d_4 + T_2)\dfrac{\sin(\beta_2 - \alpha_2)}{\sin\beta_2}$
$n_2 = T_2 + (b_2 + d_4 + T_2)\dfrac{\sin\alpha_2}{\sin\beta_2}$	$d_3 = (n_1 + d_2 + b_3)\dfrac{\sin\beta_1}{\sin\beta_2} - (n_2 + b_3)$
$L_2 = m_2 + (n_2 + d_3 + b_3)\dfrac{\alpha_4}{\sin\beta}$	$L = (n_1 + d_2 + b_3)\dfrac{\sin\beta_1}{\sin\beta}$

若 $d_3 \geqslant 200 \sim 300\text{mm}$，则计算可以结束，连接是可能的；若 $d_3 < 200 \sim 300\text{mm}$，则必须从左部开始重新计算，步骤同上。

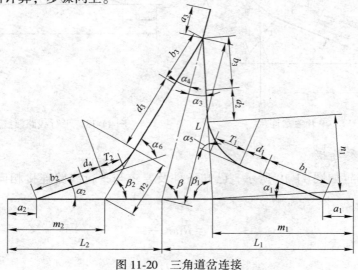

图 11-20　三角道岔连接

E　线路平移的连接

线路平移连接亦称反向曲线的连接，如图 11-21 所示。在反向曲线之间必须插入的直线段应为车辆最大轴距 S_Z 加上两倍鱼尾板长度，以保证车辆平稳地通过反向曲线。线路平移连接需要解决的问题是：已知线路平移距离 S，曲线半径 R，求连接尺寸。

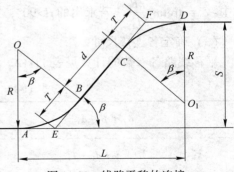

图 11-21　线路平移的连接

（1）取 $d \geqslant S_Z + 2L_1$，式中 L_1 为鱼尾板长。

（2）确定 β。将线段 AO、OB、BC、CO_1、O_1D 向垂线上投影，并令向上为正，则有

$$R - R\cos\beta + d\sin\beta - R\cos\beta + R = S$$

$$(11\text{-}24)$$

化简得

$$2R\cos\beta - d\sin\beta = P \qquad\qquad (11\text{-}25)$$

式中，$P = 2R - S$。

将式（11-25）两端都除以 d 得

$$\frac{2R}{d}\cos\beta - \sin\beta = \frac{P}{d} \qquad\qquad (11\text{-}26)$$

导入辅助角 $\delta = \arctan\dfrac{2R}{d}$，用 $\tan\delta$ 代入式（11-26），并将各项乘以 $\cos\delta$，则得：

$$\sin(\delta - \beta) = \frac{P}{d}\cos\delta \qquad\qquad (11\text{-}27)$$

故有

$$\beta = \delta - \arcsin\left(\frac{P}{d}\cos\delta\right) \qquad\qquad (11\text{-}28)$$

注意 β 角不得大于 90°，若 $\beta > 90°$ 则取 $\beta = 90°$。

（3）确定连接长度。

$$L = 2R\sin\beta + d\cos\beta \qquad\qquad (11\text{-}29)$$

$$T = R\tan\frac{\beta}{2} \qquad\qquad (11\text{-}30)$$

求出 T 即可确定 E、F 点，连接 E、F 两点，截取 $EB = CF = T$ 便可确定 B、C 点，这样即可绘出线路平移的连接图。

F　分岔平移连接

如图 11-22 所示，已知平行线路中心距 S，曲线半径 R，道岔尺寸 a、b 及辙岔角 α，求其连接尺寸。

（1）取 $d_2 \geqslant S_Z + 2L_1$，并取 $d_1 = 200 \sim 300\text{mm}$。

（2）确定 β。

$$\beta = \delta - \arcsin\left(\frac{P}{d_2}\cos\delta\right) \quad (11\text{-}31)$$

$$P = (b + d_1)\sin\alpha + R(1 + \cos\alpha) - S$$

$$(11\text{-}32)$$

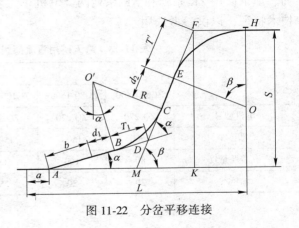

图 11-22　分岔平移连接

式中，$\delta = \arctan \dfrac{2R}{d_2}$。若求出的 $\beta > 90°$，则取 $\beta = 90°$。

（3）确定各连接尺寸。

平移线路各参数的计算见表 11-12。

表 11-12　线路平移连接参数

$\alpha_1 = \beta - \alpha$	$T_1 = R\tan \dfrac{\alpha_1}{2}$
$AD = b + d_1 + T_1$	$T' = R\tan \dfrac{\beta}{2}$
$DM = AD \dfrac{\sin\alpha}{\sin\beta} = (b + d_1 + T_1) \dfrac{\sin\alpha}{\sin\beta}$	$L = a + AM + MK + T'$
$MK = \dfrac{S}{\tan\beta}$	$AM = AD \dfrac{\sin\alpha_1}{\sin\beta} = (b + d_1 + T_1) \dfrac{\sin\alpha_1}{\sin\beta}$

（4）作图。

自 H 点截取 $HF = T'$，从 F 点作垂线得 K 点。按 KM 长度确定 M 点，连接 F 和 M 两点。按 MD 长度确定 D 点，按 MA 长度确定 A 点。自 D 点及 F 点截取对应曲线的切点得 B、C 及 E 点，并作出曲线（图 11-22）。

11.3　矿用电机车

11.3.1　电机车概述

电机车是地下矿山轨道运输的主要牵引设备，由它牵引着矿车组在轨道上运行，完成运载矿石的工作。由于电机车是靠装于车内的串激式电动机驱动，故具有能耗小、牵引能力大、爬坡性能和运载性能好、运行速度高以及辅助人员少、易于维护等特点。电机车运输可用于大运量和长距离输送矿石。因此，电机车在露天采场运输和地下采掘运输中得到了广泛应用。

我国从 20 世纪 50 年代初期即开始研制工矿用电机车，至今已拥有露天矿用 ZG 系列、地下矿用 ZK 系列和 XK 系列两类电机车。表 11-13~表 11-15 列出了这两类电机车的技术特征，以供参考选用。

表 11-13　露天矿用直流架线式电机车的技术特征

特　征	型　　号					
	ZG80-1500	ZG80-1500S	ZG100-1500	ZG150-1500	ZG200-1500	ZG224-1500
电机型号	ZQ 220	ZQ 220	ZQ 350	ZQ 350	ZQ 350	ZQ 400
电压/V	1500	1500	1500	1500	1500	1500
黏着质量/t	80	160	100	150	200	224
轴重/t	20	20	25	25	25	28

特征		ZG80-1500	ZG80-1500S	ZG100-1500	ZG150-1500	ZG200-1500	ZG224-1500
功率 /kW	长时制		1520	1240	1860		
	小时制	880	1760	1400	2100	2800	3200
车速 /km·h⁻¹	长时制		31	31	31		
	小时制	22.4	29.3	29.3	29.3		
	允许最大	75	65	65	65	65	65
牵引力 /kN	长时制			143	214		
	小时制		280	172	256	344	393
轮距/mm		1435	1435	1435	1435		
最小转弯半径/m		60	60	60	80	80	80

表 11-14 井下矿用架线式电机车技术特征

特征		ZK1.5-6.7.9/100	ZK3-6.7.9/250	ZK7-6.7.9/250 ZK10-6.7.9/250	ZK7-6.7.9/550 ZK10-6.7.9/550	ZK14-7.9/550	ZK20-7.9/550
电机车黏着质量/t		1.5	3	7，10	7，10	14	20
轨距/mm		600，762，900	600，762，900	600，762，900	600，762，900	762，900	762，900
固定轴距/mm		650	816	1100	1100	1700	2500
车轮滚动圆直径/mm		460	650	680	680	760	840
机械传动装置传动比		18.4	6.43	6.92	6.92	14.4	14.4
连接器距轨面高度/mm		270，320	270，320	270，320，430	270，320，430	320，430	500
受电器工作高度/mm		1600/2000	1700/2100	1800/2200	1800/2200	1800/2200	2100/2600
制动方式		机械	机械	机械，电气	机械，电气	机械，电气，压气	机械，电气，压气
弯道最小曲率半径/m		5	5，7	7	7	10	22
小时速度/km·h⁻¹		4.54	6.6	11	11		13.2
最大速度/km·h⁻¹				20	20		20
轮缘牵引力/kN	小时制	2.84/2.11	4.7	13.05	15.11	26.68	41.20
	长时制	0.736/0.392	1.5	3.24	4.33	9.61	12.75
牵引电动机	型号	ZQ-4-2	ZQ-12	ZQ-21	ZQ-24	ZQ-52	ZQ-88
	额定电压/V	100	250	250	550	550	550
	电流/A 小时制	45	58	95	50.5	105	162
	电流/A 长时制	18	25	34	19.6	50	75
	功率/kW 小时制	3.5	12.2	21	24	52	82
	功率/kW 长时制	1.35		7.4	9.6	25.2	38
	台数	1	1	2	2	2	2

特　征		型　号					
		ZK1.5-6.7.9/100	ZK3-6.7.9/250	ZK7-6.7.9/250 ZK10-6.7.9/250	ZK7-6.7.9/550 ZK10-6.7.9/550	ZK14-7.9/550	ZK20-7.9/550
外形尺寸/mm	长	2100	2700	4500	4500	4900	7400
	宽	750, 1050	950, 1250	1060, 1360	1060, 1360	1355	1600
	高	1450, 1550	1550	1550	1550	1550	1900
制造商		②⑤	③⑥	①②③④⑦	①②③	②⑤⑦	②

①湘潭牵引机车厂有限公司；②江苏今创车辆有限公司（原常州内燃机车厂）；③大连电车工厂；④六盘山水煤矿机械厂；⑤重庆动力机械厂；⑥吉林市通用机械厂；⑦山西平遥同妙机车有限公司（原平遥工矿电机车厂）。

表 11-15　井下矿用蓄电池式电机车技术特征

特　征			型　号				
			XK2.5-6.7.9/ 48A-TH XK2.5-6.7.9/ 48-2A	XK5-6.7.9/ 88-KBT	XK8-6/ 110-1A XK8-6/ 110-1KBA	XK8-6.7.9/ 132-1A XK8-6.7.9/ 144-KBT	XK12-6.7.9/ 192-1KBT	XK16-6.7.9/ 140-KBT
黏着质量/t			2.5	5	8	8	12	16
轨距/mm			600, 762, 900	600, 762, 900	600	600, 762, 900	600, 762, 900	600, 762, 900
固定轴距/mm			650	850	1100	1100	1220	1150
车辆滚动圆直径/mm			460	520	680	680	680	680
机械传动装置传动比			19.5		6.92		17.5	
连接器距轨面高度/mm			270, 320	210, 320	320, 430	210, 320	320, 430	320, 430
制动方式			机械	机械	机械	机械， 电阻/机械	电阻， 机械，液压	机械，液压
弯道最小曲率半径/m			5	6	7	7	10	7
牵引力/kN	小时制		2.55	7.06	11.18	11.18, 12.83	16.48	25.60
	长时制				2.84			
速度/km·h⁻¹	小时制		4.54	7	6.2	7.5, 7.8	8.7	7.8
	长时制		6.1		10.5			
	最大		10		25		17.5	
牵引电动机	型号		ZQ-4B	ZQ-8B-1	ZQ-11B	ZQ-11B, 19B-1	ZQ-22B	ZQ-15B
	额定电压/V		42		110			
	功率/kW	小时制	3.5	7.5	11	11, 15	22	15
		长时制	1.37		4.3			
	电流/A	小时制	105		112			
		长时制	42		44			
	台数		1	2	2	2	2	

续表 11-15

特　征		XK2.5-6.7.9/48A-TH XK2.5-6.7.9/48-2A	XK5-6.7.9/88-KBT	XK8-6/110-1A XK8-6/110-1KBA	XK8-6.7.9/132-1A XK8-6.7.9/144-KBT	XK12-6.7.9/192-1KBT	XK16-6.7.9/140-KBT
				型　号			
外形尺寸/mm	长	2100	2970	4500	4416，4470	4885	9549
	宽	920	1000	1060	1356，1050/1212/1350	1121/1212/1350	1040/1202/1340
	高	1550	1550	1550	1600，1600	1600	1550
蓄电池组	型号	6DC-308		DC-400			
	额定电压/V	48	88	110	132，144	192	2×140
	容量（5 小时制）/A·h	308	385	400	440，440	560	
	电池个数	24		55			
制造商		湘潭电机厂，徐州煤矿机械厂	湘潭电机厂	湘潭电机厂	湘潭电机厂	湘潭电机厂	湘潭电机厂

地下矿用直流架线式电机车和蓄电池式电机车的外形如图 11-23 所示。

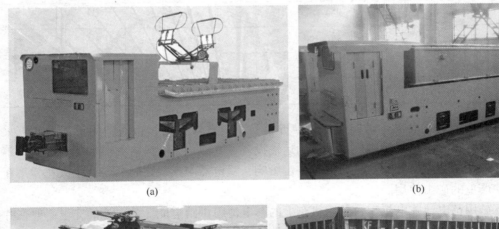

图 11-23　矿用电机车

（a）地下矿用架线式电机车；（b）地下矿用蓄电池式电机车；（c）露天矿用电机车及其矿车

地下矿用架线式电机车的供电运输系统如图 11-24 所示。外部交流电引入牵引变流所，经变流装置变为直流电。直流电流由馈电线路和架设在运输轨道上方的架空线送至电机车内的控制装置和牵引电动机，经轨道和回电线回到变流所，构成电流回路。电动机经齿轮传动装置驱动车轮，使电机车在运输轨道上行驶。

11.3.2　牵引电机车

11.3.2.1　电机车的分类

在我国，电机车是金属地下矿山的主要运输设备，通常牵引矿车组在水平或坡度小于30‰～50‰的线路上作长距离运输，有时也用于短距离运输或作调车用。

矿用电机车的类型，按作业环境不同有露天矿用电机车（ZG 系列）和井下矿用电机车（ZK 系列和 XK 系列）；按电源种类不同，有直流和交流电机车；按供电方式不同分为架线式电机车和蓄电池式电机车两类。见表 11-13～表 11-15 及图 11-23。

架线式电机车有 1.5t、3t、7t、10t、14t、20t 等几种；蓄电池式有 2t、2.5t、8t、12t 等几种。按电机车轨距将其分为 600mm、762mm、900mm 三种类型。按电压等级，架线式电机车有 100（97）V、250V、550V 三种；蓄电池式电机车有 40/48V 与 110/132V 两个等级。电机车黏着重量及其配用矿车与矿山年产量的选用关系见表 11-16，以供参考。

表 11-16　电机车类型及黏着重力

地下矿年产量/万吨	电机车黏着重力/t		配用矿车/t
	架线式	蓄电池式	
15～30	30～70	<80	≤1
30～60	70～100	<80	1～3
90～180	80～140	80	3～5
>180	140～200	80～120	≥5

地下矿用架线式电机车结构简单，维护容易，用电效率高，运输费用低，是井下采矿，特别是井下金属矿采矿中应用最广的运输设备。其缺点是：需有整流和架线设施，不够灵活；架线对巷道尺寸及人员通行有一定影响；受电器与架线之间容易产生火花，不允许在瓦斯严重的矿山使用。

地下矿用蓄电池式电机车，是用机车上的蓄电池组供给电能。蓄电池的充电一般在井下电机车库进行。需把用到一定程度的蓄电池组取下换上充好电的蓄电池组。因此，每台电机车须配备 2～3 套蓄电池组。矿用蓄电池式电机车的优点是：无火花引爆危险，适合在有瓦斯的矿山使用；不需架线，使用灵活，对于产量较小、巷道不太规则的运输系统和巷道掘进运输很适用。其缺点是：需设充电设备；初期投资大；用电效率低，运输费用也较高。

我国推广使用交流架线式电机车，并制定了产品系列型谱。使用这类电机车时架空电网供给电机车交流电，通过电机车上的整流设备向牵引电动机供直流电，其优势是省去了建设牵引变流所的投资，更能发挥电机车运输的优越性。架线式结构简单、操纵方便、效率高、生产费用低，在金属矿获得广泛应用。蓄电池式通常只在有瓦斯或矿尘爆炸危险的矿井中使用。

11.3.2.2 矿用电机车的电气设备

A 电机车的供电系统

直流架线式电机车的供电系统如图11-24所示。从中央变电所经高压电缆输来的交流电，在牵引变电所内，由变压器降压至250V或550V，经整流器将交流变为直流，用供电电缆输送至架空线。电机车通过本身装置的集电弓，从架空线获得电能，供给牵引电动机，驱动车轮运转。最后电流以轨道和回电电缆作为回路，返回变压器。

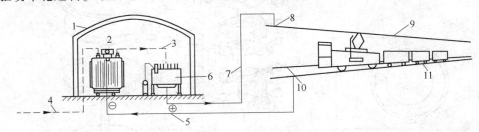

图11-24 直流架线式电机车的供电系统

1—牵引变电所；2—变压器；3—阳极电缆；4—从中央变电所来的高压电缆；5—回电电缆；
6—整流器；7—供电电缆；8—供电点；9—架空线；10—回电点；11—轨道

B 电机车的电气设备

矿用电机车的电气设备主要包括牵引电动机、控制器、电阻器和集电器。

a 引电动机

目前矿用电机车的牵引电动机绝大多数采用直流串激电动机。

b 控制器

电机车通常使用凸轮控制器。控制器安装在电机车驾驶室内（见图11-23），控制器顶部有主轴手柄和换向轴手柄。旋转主轴手柄可以实现：接通电源、起动电机车使之达到额定速度；对电机车调速；切断电源、对电机车进行能耗制动。旋转换向轴手柄可以实现接通或切断电源、改变电机车的运行方向的功能。

单电机凸轮控制器的工作原理如图11-25所示，控制器主轴上装有若干个用坚固绝缘材料制成的凸轮盘，凸轮盘侧面装有接触元件，接触元件由活动触点和固定触点构成。活动触点在凸轮盘凸缘推动下，能与固定触点紧密接触，凸缘离开后，活动触点在弹簧作用下复位，两个触点分离。旋转主轴手柄能使各个凸轮盘按顺序闭合或断开各个接触元件，将电阻串入电路或从电路内切除。在图中，手柄顺时针从"0"位向"8"位转动，电动机起动并不断提高速度；反之，逆时针从"8"位向"0"位转动，电动机不断减速，手柄转到"0"位，电源切断。若将手柄继续逆时针从"0"位转向Ⅵ位，电机车受能耗制动减速停车。

控制器换向轴上装有鼓轮，鼓轮上装有若干个活动触点，旋转换向轴手柄，可使这些触点与它们对应的固定触点闭合或断开。在图示位置，电枢绕组被正接入电路，电动机正转，电机车前进；将手柄转到停车位置，电源切断，电动机停机；将手柄转到后退位置，电枢绕组被反接入电路，电动机反转，电机车后退。

c 电阻器

电阻器是牵引电动机起动、调速和电气制动的重要元件，放在电机车的电阻室内。目

302

前主要使用带状电阻，它是一种用不同断面的高电阻康铜或铁铬镍合金金属带做成的螺旋状电阻。

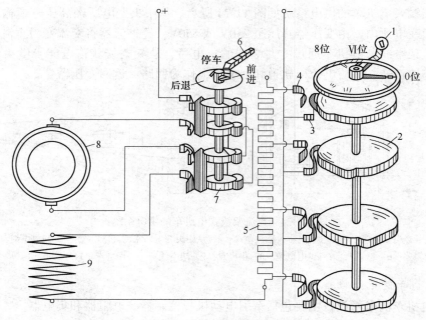

图 11-25　单电机凸轮控制器工作原理图

1—主轴手柄；2—凸轮盘；3—活动触点；4—固定触点；5—电阻；
6—换向轴手柄；7—鼓轮；8—电枢；9—激磁绕组

　　d　集电器

　　架线式电机车利用集电器从架空线取得电能，图 11-26 所示为电机车常用的双弓集电器。集电器底座用螺栓固定在电机车的车架上，下支杆与底座铰接，用弹簧拉紧，上支杆用绝缘材料制成，铰接在下支杆上，用弹簧拉紧，上支杆上装有弓子，在弹簧作用下，弓子紧靠在架空线上，并随架空线的高低而改变其升起高度。弓子用铝合金或紫铜制成，其

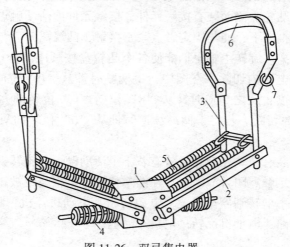

图 11-26　双弓集电器

1—底座；2—下支杆；3—上支杆；4，5—弹簧；6—弓子；7—绝缘环

顶部有一纵向槽，槽内充填润滑脂，随着电机车的运行，润滑脂涂在弓子和架空线表面，起润滑作用，并能减少弓子与架线之间产生火花。使用双弓可增大接触面积，减少接触电阻，并在一个弓子脱离架线时另一弓子可继续受电。弓子从架空线接受的电流，由电缆输送到控制器。弓子上装有绝缘环，上面系有绳子，在驾驶室内拉动绳子，可使弓子脱离架空线。

11.3.2.3 矿用电机车的机械结构

矿用电机车的机械部分包括车架、轮轴及传动装置、轴箱、弹簧托架、制动装置和撒砂装置，如图 11-27 所示。

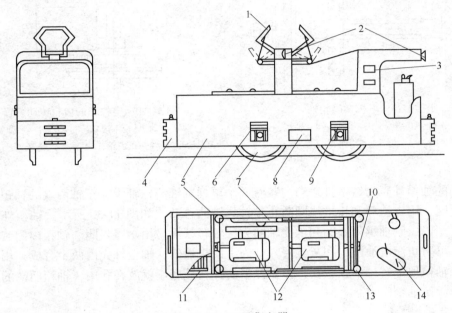

图 11-27 双弓集电器

1—集电器；2—照明灯；3—过流自动开关；4—联接缓冲装置；5—车架；6—轴箱；7—轨轮；8—测孔；
9—弹簧托架；10—制动系统；11—启动电阻；12—牵引电动机；13—撒砂装置；14—控制器

A 车架

电机车的车架由钢板（纵向和横向）、弹簧托架、联接缓冲装置等组成，功能上分为驾驶室、行走机构室和电阻室三部分。车架中部侧孔为检查检修轴箱和弹簧托架的孔，还可调整刹车闸瓦与车轮的间距。联接缓冲装置用于矿车与电机车的连接。

B 轮轴及转动装置

电机车的轮轴由车轴、用压力嵌在轴上的两个铸铁轮心和与轮心热压配合的钢轮圈组成，如图 11-28 所示。轮圈用合金钢制成，耐磨性好，磨损后可单独更换，不需换整个车轮。车轴两端有凸出的轴颈，可插入轴箱的滚柱轴承内，使车轴能顺利旋转。车轴上装有轴瓦和齿轮，电动机的一端通过轴瓦套装在车轴上（见图 11-29），经齿轮驱动车轴上的齿轮旋转，使车轮沿轨道运行。电动机的另一端有挂耳，通过弹簧悬吊在车厢纵板上。这种安装方法结构紧凑，并保证在机车运行震动时，传动齿轮仍能正确啮合。

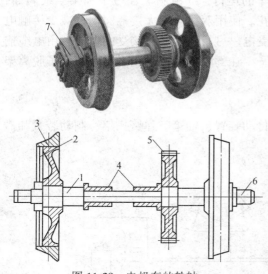

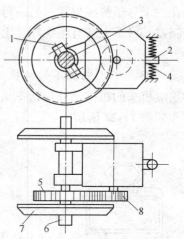

图 11-28　电机车的轮轴

1—车轴；2—轮心；3—轮圈；4—轴瓦；

5—齿轮；6—轴颈

图 11-29　电机车的齿轮传动装置

1—电动机；2—挂耳；3—车轴；4—弹簧

5，8—正齿轮；6—轴颈；7—车轮

C　轴箱

轮轴的轴箱外壳为铸钢件，箱内装有两个单列圆锥滚柱轴承，车轴两端的轴颈插入轴承的内座圈，用支持环和止推垫圈防止车轴作轴向移动，如图 11-30 所示。轴箱外侧装有支持盖，用以压紧轴承外座圆和承受轴向力，轴箱端面另用端盖封闭。轴箱内侧装有毡垫密封圈，可防止润滑油漏出和灰尘侵入。为了便于检修，轴箱外壳由两半合成，用四个螺栓连接。轴箱顶部有一个柱状孔，弹簧托架的弹簧箍底座就放在孔内，轴箱两端的凹槽卡在车架上，使轴箱固定。

D　弹簧托架

图 11-31 所示为电机车的弹簧托架结构，叠板弹簧的中部用卡箍箍紧，卡箍的底座插入轴箱的顶部柱片孔内，电机车的车架用托架悬吊在叠板弹簧的两端。

为了使车轮受力均衡，弹簧托架上装有横向均衡梁（见图 11-31（a））或纵向均衡梁（见图 11-31（b））。横向均衡梁车架的一端悬吊在弹簧托架 C、D 上，另一端通过横梁支撑在弹簧托架 A、B 的外端，利用三点平衡原理自动调整车轴的负荷。纵向均衡梁托架的前后两个弹簧托架的中间用纵梁连接，纵梁的中点是车架的中部支点，通过纵梁使车轴负荷得到自动调整。

E　制动装置

制动系统的作用是使运行中的电机车能够随时减速或停车。为了实现迅速停车，矿用电机车上都安装有机械制动系统，如图 11-32 所示。操纵手轮装在制动螺杆上，螺杆的无螺纹部分穿过车架横板上的套管，只能旋转不能移动，而螺杆的螺纹拧入均衡杆的螺母内。正向转动手轮，螺杆拖动均衡杆向左移动，经调节拉杆拖动前后制动杠杆，使前后闸瓦同时刹住车轮。反向转动手轮，闸瓦松开。调节螺杆的两端有正反扣螺纹，可调整闸瓦与车轮的间隙。

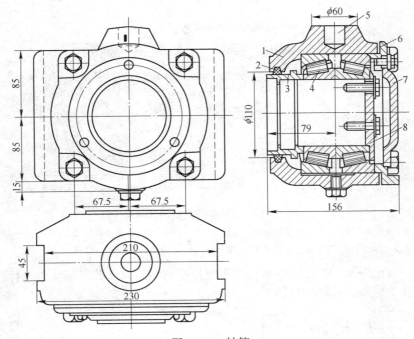

图 11-30 轴箱

1—铸钢外壳；2—密封圈；3—支持环；4—滚柱轴承；
5—柱状孔；6—支持盖；7—端盖；8—止推垫圈

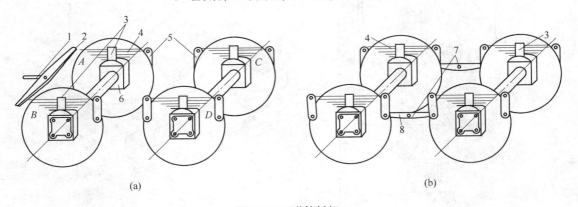

(a)   (b)

图 11-31 弹簧托架

（a）横向均衡梁托架；（b）纵向均衡梁托架

1—横向均衡梁在车架上的支点；2—横梁；3—卡箍；4—叠板弹簧；
5—托架；6—轴箱；7—纵向均衡梁在车架上的支点；8—纵梁

  电机车制动闸瓦的操作方法有手动、气动和液动三种，但在气动与液压操作系统中均应附加手动制动以提高制动系统的可靠性。

  F 撒砂装置

  撒砂装置的作用是增大车轮与钢轨的黏着系数，提高机车的牵引力和防止车轮打滑，其基本结构如图11-33所示。在车架行走机构的四个角上各装一个装有干燥细砂的砂箱，当司机扳动架驶室内的撒砂手柄，通过杠杆系统打开砂箱，砂经撒砂导管便流到车轮前端

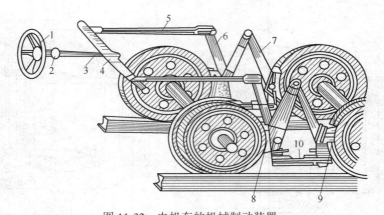

图 11-32　电机车的机械制动装置

1—操作手轮；2—套管与制动螺旋螺母；3—螺杆；4—均衡梁；5—调节拉杆；

6，7—前、后制动杠杆；8，9—前、后闸瓦；10—调节螺杆

的钢轨面上。放松手柄，挡板在弹簧作用下复位，切断砂流。若机车反向运行，则反向扳动手柄，使处于后端的砂箱撒砂。

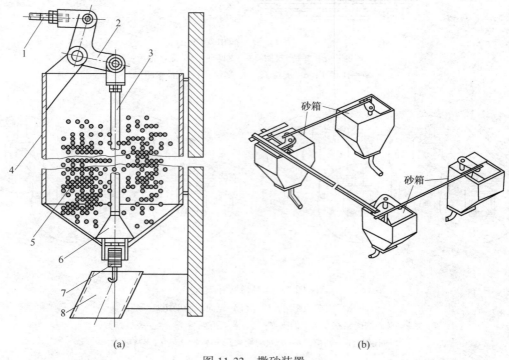

（a）　　　　　　　　　　　　　　　　　（b）

图 11-33　撒砂装置

（a）撒砂装置结构；（b）砂箱在电机车上的布局

1，3—摇杆；2—摇臂；4—砂箱；5—砂；6—锥体；7—弹簧；8—出砂导管

11.4　电机车运输计算

电机车运输计算的主要内容包括确定电机车牵引的矿车数和计算需要的电机车台数。

11.4.1　电机车运输计算所需的原始资料

电机车运输计算所需的原始资料是：班设计生产率、运输距离、线路平面图和纵断面图。当井下线路平面及纵断面较简单时，只需知道装车站位置、线路平均坡度及最大坡度；选用的电机车及矿车的规格、性能；每班需运人员、材料、设备等的列车数。电机车选型时应考虑运输量、采矿方法、装矿点的集中与分散情况、运输距离和车型的特殊要求等因素。若装矿点较分散和溜井贮矿量小时，应选用多台小吨位电机车，反之应选较大吨位电机车；当采用双机牵引时，应为两台同型号电机车；专为掘进中段用的应选小吨位电机车。在运距长、运量大的平硐，选用大吨位机车的同时，还应考虑为运输人员、材料和线路维修等配备小吨位电机车。

11.4.2　列车运行阻力

11.4.2.1　基本阻力

列车沿水平的直线轨道匀速运行时所受到的阻力称为基本阻力。它主要由轴承摩擦阻力、车轮沿轨道的滚动摩擦阻力、轮缘与轨道间的沿动摩擦阻力等构成。基本阻力按下式计算：

$$W_1 = (P + Q)g\omega \tag{11-33}$$

式中　W_1——基本阻力，N；

　　P——电机车自重，kg；

　　Q——矿车组自重，kg；

　　ω——列车基本阻力系数。

基本阻力系数是由试验测定的，它是一个与轴承类型、矿车容积以及轨面状态等因素有关的无因次参数。采用滚动轴承的矿车，在清洁轨道上运行时的基本阻力系数见表11-17。

表 11-17　列车基本阻力系数和起动阻力系数

矿车容积/m³	列车基本阻力系数		列车启动阻力系数	
	重车 ω_{zh}	空车 ω_k	重车 ω'_{zh}	空车 ω'_k
0.5	0.009	0.011	0.0135	0.0165
0.7~1.0	0.008	0.01	0.012	0.015
1.2~1.5	0.007	0.009	0.0105	0.0135
2	0.006	0.007	0.009	0.0105
4	0.005	0.006	0.0075	0.009
10	0.004	0.005	0.006	0.0075

采用滑动轴承的矿车，其 ω 值应按表中数值增加1/3。表中启动阻力系数为基本阻力系数的1.5倍。

11.4.2.2　坡道阻力

矿车在坡道上运行时，由于列车重量沿倾斜方向的分力所引起的运行阻力，称为坡道

阻力。坡道阻力按下式计算

$$W_2 = \pm(P + Q)g\sin\beta \qquad (11\text{-}34)$$

式中 W_2——坡道阻力，N；

β ——坡道与水平面的夹角，(°)。

当 β 很小时有 $\sin\beta \approx \tan\beta = i$，所以上式改写为

$$W_2 = \pm(P + Q)gi \qquad (11\text{-}35)$$

式中，正号表示上坡，负号表示下坡；i 为坡道阻力系数，为无因次数，表示轨道的倾斜度。

11.4.2.3 弯道阻力

列车在弯道上运行时需克服的弯道阻力 W_3 为

$$W_3 = (P + Q)g\omega_W \qquad (11\text{-}36)$$

式中 ω_W ——弯道阻力系数，按经验公式，$\omega_W = \dfrac{35k}{1000\sqrt{R}}$，为无因次数；

k——系数，外轨抬高时 $k = 1$，不抬高时 $k = 1.5$；

R——弯道半径，m。

11.4.2.4 惯性阻力

列车以加速度或减速度运行时，惯性阻力 W_4 为

$$W_4 = \pm K\frac{(P + Q)g}{g}a = 1.075 \times (P + Q)a \qquad (11\text{-}37)$$

式中 a——列车的加速度或减速度，m²/s；

K——考虑车轮转动惯性的系数，取平均值 $K = 1.075$。

列车加速时 $a > 0$，惯性力方向与列车运行方向相反，式（11-37）取正号；列车减速时则相反，式（11-37）取负号。

综上所述，列车运行的总阻力 W 为

$$W = (P + Q)g\left(\omega \pm i \pm \omega_W \pm 1.075\frac{a}{g}\right) \qquad (11\text{-}38)$$

11.4.3 电机车牵引矿车数的计算

选定电机车及矿车的型号以后，便可确定电机车牵引的矿车数。计算方法是：先按电机车的启动条件和制动条件分别计算它的牵引重量，取其中的较小值来计算它牵引的矿车数，然后按牵引电动机的温升条件对上述结果进行校验。

11.4.3.1 按电机车的启动条件计算牵引重量

按井下运输中最困难的情况，即按重车沿弯道上坡启动的条件计算牵引重量。电机车发出的牵引力 F 应等于式（13-39）表达的阻力，即

$$F = g(P + Q_{zh})\left(\omega_{zh} + i_p + \omega_W + 1.075\frac{a}{g}\right) \qquad (11\text{-}39)$$

式中 F——电机车的牵引力，N；

Q_{zh}——矿车组重车重量，即牵引重量，kg；

ω_{zh}——重列车启动阻力系数，其取值见表 11-17；

i_p——线路的平均坡度，‰；

$$i_p = \frac{1000(i_1 l_1 + i_2 l_2 + \cdots + i_n l_n)}{l_1 + l_2 + \cdots + l_n} ‰$$

式中 i_1，i_2，…，i_n——各段线的坡度，‰；

l_1，l_2，…，l_n——各段线的长度，m。

为了保证车轮不在钢轨上滑动，应使牵引力小于或等于最大的黏着力，即

$$F \le P_n g \mu \tag{11-40}$$

式中 F——车轮牵引力，N；

P_n——电机车主动轮轴压在钢轨上的总压力，或称为电机车的黏着重量，kg，当为双轴驱动时 $P_n = P$；

μ——电机车的黏着系数，其值见表 11-18。

表 11-18 电机车的黏着系数

工作状况	启动时	撒砂启动时	运行时	制动时
μ	0.20	0.25	0.15	0.17~0.20

将式（11-39）代入式（11-40），则可得电机车的牵引重量为

$$Q_{zh} = \frac{P_n \mu}{\left(\omega_{zh} + i_p + \omega_W + 1.075 \dfrac{a}{g}\right)} - P \tag{11-41}$$

11.4.3.2 按制动条件计算牵引重量

计算条件是在最不利的情况下制动，即重车沿直线轨道下坡制动，并使制动距离符合安全规定。制动时列车的基本阻力有助于制动，而坡道阻力和惯性阻力则成为制动阻力；因此根据式（11-38），重车下坡时所必须的制动力 B 为

$$B = g(P + Q_{zh})\left(1.075 \frac{a_z}{g} + i_p - \omega_{zh}\right) \tag{11-42}$$

式中 ω_{zh}——重列车基本阻力系数，其取值见表 13-17；

a_z——制动时的减速度，$a_z = \dfrac{v_{ch}^2}{2l_z}$，m/s²；

v_{ch}——电机车的长时速度，m/s；

l_z——制动距离，m。

根据电机车照明灯的有效射程和《窄轨架线式工矿电机车技术条件》（部颁标准），将制动距离定为 60m。

另一方面，为了使电机车车轮在制动时不被闸瓦抱死，以免轮面产生不均匀磨损，电机车的最大制动力应小于或等于它的黏着力，即

$$B \le P_z \mu g \tag{11-43}$$

式中 B——电机车的最大制动力，N；

P_z——电机车的制动重量，kg，当各车轮部有制动闸瓦时，则电机车的制动重力等

于其全部自重力。

将式（11-42）代入式（11-43），可得按制动条件计算的牵引重量为

$$Q_{zh} \leqslant \frac{P_z \mu}{1.075 \dfrac{a_z}{g} + i_p - \omega_{zh}} - P \tag{11-44}$$

故电机车牵引的矿车数 z 为

$$z = \frac{Q_{zh}}{G + G_0} \tag{11-45}$$

式中　Q_{zh}——按上述两个条件计算的牵引重量中之较小值，kg；

　　　G——矿车的有效载重量，kg；

　　　Z——电机车牵引的矿车数，辆；

　　　G_0——矿车的自重，kg。

11.4.3.3　按牵引电动机的温升条件对上述结果进行校验

温升条件是牵引电动机的温升不超过允许温升，亦即电动机的等值电流 I_d 不应超过它的长时电流 I_{ch}。电动机的长时电流可由电机车的技术特征表查出，其等值电流用均方根法计算。

首先计算电机车牵引重车和空车运行时，每台牵引电动机的重车牵引力 F_{zh} 和空车牵引力 F_k

$$F_{zh} = \frac{1}{n} [P + Z(G + G_0)](\omega_{zh} + i_p) g \tag{11-46}$$

$$F_k = \frac{1}{n} (P + ZG_0)(\omega_k + i_p) g \tag{11-47}$$

式中　F_{zh}——每台牵引电动机的重车牵引力，N；

　　　F_k——空车牵引力，N；

　　　n——电机车上的牵引电动机数；

　ω_{zh}，ω_k——分别为重列车和空列车的基本阻力系数，其值见表 11-17。

然后在牵引电动机的特性曲线上（见图 11-34），根据所计算的 F_{zh}、F_k 查出重列车和空列车运行时牵引电动机的电流 I_{zh}、I_k 以及速度 V_{zh}、V_k（注意：查出的速度单位 km/s 应该转化为 m/s）。电机车每往返一次牵引电动机的等值电流 I_d 为

$$I_d = \alpha \sqrt{\frac{I_{zh}^2 \cdot t_{zh} + l_k^2 \cdot t_k}{T_1 + \theta}} \tag{11-48}$$

式中　I_d——牵引电动机的等值电流，A；

　　　α——调车系数（即考虑调车时牵引电动机工作的系数），其大小与运输距离有关：运距小于 1000m 时 $\alpha = 1.4$，运距为 1000~2000m 时 $\alpha = 1.25$，运距大于 2000m 时 $\alpha = 1.15$；

　　　θ——在井底车场和采区车场调车的时间，包括调车、装卸车作业、让车和意外耽误的时间等，一般取 $\theta = 20$~25min；在计算时，亦可按各具体数字之和代入；

t_{zh}——重车运行时间，$t_{zh} = \dfrac{L_m}{60 \times 0.75 v_{zh}}$，min；其中 $0.75 v_{zh}$ 为重列车的平均速度，m/s；

t_k——空车运行时间，$t_k = \dfrac{L_m}{60 \times 0.75 v_k}$，min；其中 $0.75 v_k$ 为空列车的平均速度，m/s；

L_m——电机车到最远一个装车站的距离，m；

T_1——总的运行时间，即 $T_1 = t_{zh} + t_k$，min。

若计算结果 $I_d \leqslant I_{ch}$，则牵引电动机发热良好，其温升不会超过允许值，电机车牵引的矿车数是恰当的；若 $I_d > I_{ck}$ 则须减少矿车数。

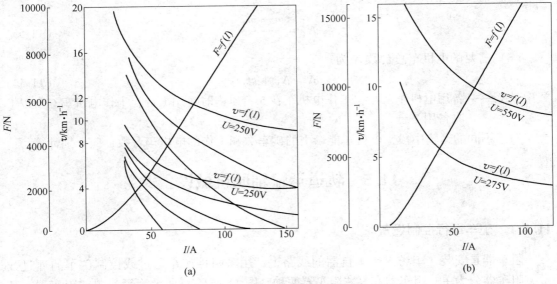

图 11-34　牵引电动机特性曲线
(a)ZQ-21；(b)ZQ-24

11.4.4　电机车台数的计算

（1）电机车往返一次的时间。

$$T = T_1 + \theta \qquad (11\text{-}49)$$

式中，总的运行时间 T_1 可按 $T_1 = t_{zh} + t_k$ 计算，也可用式（11-50）近似计算

$$T_1 = \frac{2L}{60 \times 0.75 v_{ch}} \qquad (11\text{-}50)$$

式中　T_1——电机车总的运行时间，min；

L——加权平均运输距离，m；

v_{ch}——电机车的长时速度，可由电机车技术特征表查得确定，m/s。

（2）一台电机车每班可完成的往返次数 n_1。

$$n_1 = \frac{60 t_b}{T} \qquad (11\text{-}51)$$

式中 n_1——台电机车每班可完成的往返次数，次；

t_b——电机车每班工作小时数，取 6~6.5h。

（3）完成每班出矿量需要的往返次数 m。

$$m = \frac{CA_b}{ZG} \qquad (11\text{-}52)$$

式中 m——完成每班出矿量需要的往返次数，次；

A_b——某中段的班平均生产率，kg；

C——运输的不均衡系数。

（4）每班运输废石、人员、材料、设备等所需的往返次数 m_1，可按各个矿山具体情况决定。

（5）需要的工作电机车台数 N_1。

$$N_1 = \frac{m + m_1}{n_1} \qquad (11\text{-}53)$$

（6）需要的电机车总台数 N 为

$$N = N_1 + N_2 \qquad (11\text{-}54)$$

式中 N_2——备用电机车台数，工作电机车在 5 台以内时备用 1 台；工作电机车 6 台以上时备用 2 台。

对于不同的运输中段，电机车能牵引的矿车数和工作的电机车台数，应分别计算。

11.5　轨道运输辅助机械设备

11.5.1　矿车运行控制设备

阻车器是安装在车场或矿车自溜的线路上，用来阻挡矿车通过或控制矿车的通过数量。阻车器分为单式阻车器和复式阻车器两种。图 11-35（a）所示为简易单式阻车器，其转轴装在轨道外侧，挡爪可用人工扳动，图示实线位置为挡住车轮的情况，虚线位置为让矿车通行的情况。图 11-35（b）所示为常用普通单式阻车器，挡爪用转辙器手柄通过拉杆系统联动。当挡爪位于阻车位置，由于重锤及转辙器上弹簧的作用，挡爪不会自行打开，提高了阻挡车辆通过的可靠性。

复式阻车器由两个单式阻车器组成，用一个转辙器联动，当其中一个阻车器的挡爪打开时另一个阻车器的挡爪关闭。复式阻车器可用来控制矿车通过的数量，其工作原理如图 11-36所示。工作过程中重复（a）、（b）、（c）过程，矿车就可以一辆一辆自溜前进。因此，只要反复扳动转辙器手柄，就能使矿车定量通过。每次通过的矿车数量，由前后挡爪的间距确定。

11.5.2　矿车卸载设备

固定车厢式矿车需要使用翻车机才能卸载，翻车机通常分为侧翻式和前翻式两种。常用的侧翻式圆筒翻车机如图 11-37 所示。用型钢焊成的圆形翻笼支撑在两侧的主动滚轮和支撑滚轮上，主动滚轮和支撑滚轮用轴承支撑在支架上。电动机通过齿轮减速器带动主动

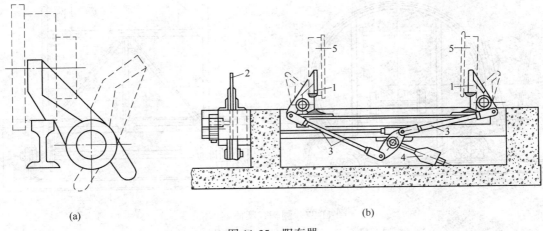

(a)　　　　　　　　　　　　　　　(b)

图 11-35　阻车器

（a）简易单式阻车器；（b）普通单式阻车器

1—挡爪；2—转辙器手柄；3—拉杆；4—重锤；5—车轮

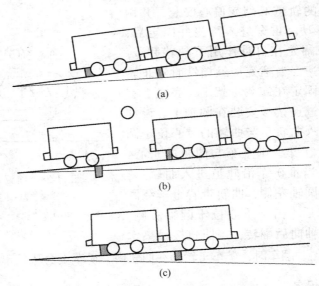

图 11-36　复式阻车器工作原理示意图

（a）前挡爪关闭，后挡爪打开，车组被前挡爪阻挡；（b）前挡爪打开，后挡爪关闭，

第一辆矿车自溜前进，后端车组被后挡爪阻挡；（c）前挡爪关闭，

后挡爪打开，车组自溜一段距离后，被前挡爪阻挡

滚轮旋转时，翻笼借助摩擦力也随之转动。将重矿车推至翻笼内的轨道上，车轮被阻车器、车厢角铁挡板固定，扳动手柄，拉杆使制动挡铁离开翻笼上的挡块，同时起动电动机使翻笼旋转，矿石从矿车中卸出，沿溜板溜放入矿仓中。矿车卸载后，将手柄扳回原位，使电动机断电，翻笼靠惯性继续旋转，当挡块被挡铁挡住时翻笼即停止转动。此时翻笼内的轨道正好与外面的轨道对正，打开阻车器即可推入重车，顶出空车，进行下一次翻车、卸载作业。为了提高卸载效率，可用电机车顶推矿车进出翻笼，卸载时列车不脱钩，列车卸完后，立即用电机车拉走。

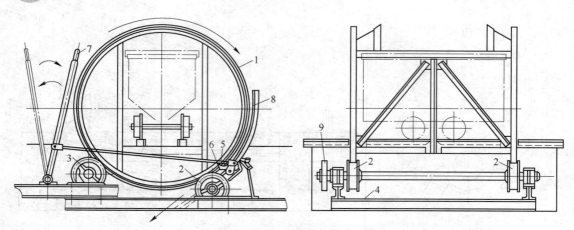

图 11-37　侧翻式圆筒翻车机

1—翻笼；2—主动滚轮；3—支撑滚轮；4—支架；

5—制动挡铁；6—挡块；7—手柄；8—溜板；9—齿轮

简易的侧翻式翻车机如图 11-38 所示。可以不用动力，将翻笼内的轨道对翻笼偏心安装，并用闸带控制翻笼的运动。重车进入翻笼并固定后，松开闸带和挡铁，翻笼在自重作用下翻转卸载。卸载后，用闸带减速，当翻笼接触挡铁时停止转动。翻车机的底座固定在卸载木架上，底座上有圆轴，活动曲轨通过连接板安装在圆轴上。设计时，应使重矿车进入曲轨后与曲轨的重心位于圆轴的左侧；若为空矿车，则空车与曲轨的重心，位于圆轴的右侧。当重矿车沿轨道进入曲轨后，由于联合重心位于圆轴左侧，曲轨带着重车绕圆轴向前翻转。卸载后，由于重心位于圆轴右侧，曲轨带着空车绕圆轴向后翻转，当曲轨接触垫木

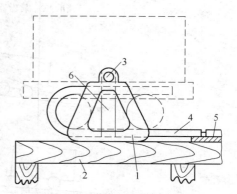

图 11-38　前翻式简易翻车机

1—底座；2—木架；3—圆轴；

4—活动曲轨；5—垫木；6—连接板

时，翻车机恢复原位。翻车时，矿车车轮套在曲轨内，矿车不会从翻车机内掉出。

11.5.3　矿车调动设备

11.5.3.1　调度绞车

常用的 JD 型调度绞车如图 11-39 所示，电动机悬装在绞车卷筒外侧，传动机构装在卷筒内部，结构紧凑，外型尺寸小。电动机通过齿轮 2、3 和齿轮 5、6 减速后带动行星轮机构的太阳齿轮旋转，再通过行星齿轮带动内齿圈转动。若用闸带刹住内齿圈，则行星齿轮在内齿圈的齿面上滚动，其小轴通过连接板，带动卷筒转动。卷筒左侧的凸缘上装有闸带，可以控制卷筒的放绳速度。调度绞车用钢绳牵引车组，可使车组在调车区域移动。

11.5.3.2　推车机

推车机用于短距离推送矿车，可把矿车推入罐笼或翻车机，也可使矿车在车场中移动。它分为上推式和下推式两类。

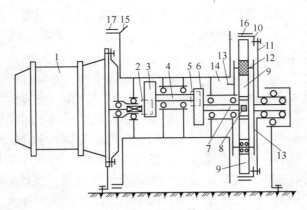

图 11-39　JD 型调度绞车示意图

1—电动机；2，3，5，6—减速齿轮；4，7—轴；8—太阳齿轮；9—行星齿轮；

10—内齿圈；11—板面；12—小轴；13—连接板；14—卷筒；15—卷筒凸缘；16，17—闸带

A　上推式推车机

上推式推车机是一个带推臂的自行小车，可在槽钢制成的纵向架内移动，如图 11-40 所示。小车由电动机、减速器、行走轮和重锤等组成。起动电动机通过联轴器和蜗杆蜗轮减速器，带动主动轮转动，小车用推臂顶推矿车前进。为了增加小车的黏着重量，在小车上装有重锤。

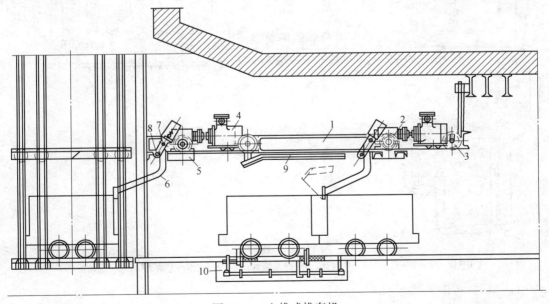

图 11-40　上推式推车机

1—纵向架；2—主动轮；3—从动轮；4—电动机；5—重锤；

6—推臂；7—小轴；8—滚轮；9—副导轨；10—复式阻车器

当推车机将矿车推入罐笼，小车即扳动返程开关，电动机反转，小车后退，推臂上的滚轮沿副导轨上升，使推臂抬高，从待推的矿车上面经过，并在矿车后面落下。此时，小车返回原位，电动机自动断电。图中钢轨的下面是复式阻车器，它每次让一辆矿车通过。

当扳动转辙器手柄，使阻车器前面的挡爪打开，后面的挡爪关闭时，电动机随之起动，推车机开始工作。

B　下推式链式推车机

推车机装在轨道下面的地沟内，板式链位于轨道中间，它绕过前后链轮闭合，前链轮为主动链轮，由电动机通过减速器驱动；后链轮为从动链轮，安装在链条拉紧装置上，如图 11-41 所示。链条上每隔一辆矿车的长度安装一对推爪，前推爪只能绕小轴向后偏转，后推爪只能绕小轴向前偏转。因此，矿车可顺利从前后两端进入前后推爪之间，该矿车在链条顺时针转动时，被后推爪推着前进；链条停止运转时，前推爪起阻车器的作用。在链条上每隔一定距离装有滚轮，链条移动时，滚轮沿导轨滚动，托住链条，防止链条下垂。当矿车车轴较低时，推爪可直接推动车轴；若车轴较高，必须用角钢在车底焊成底板挡。

用链式推本机向翻车机推车时，推车机和翻车机的开停要交替进行，可用闭锁机构自动控制。当推车机将辆矿车推入翻车机时，推车机自动断电，电磁制动器抱闸停车，同时翻车机开动卸载。卸载完毕，翻车机自动停车，推车机又自动开车。

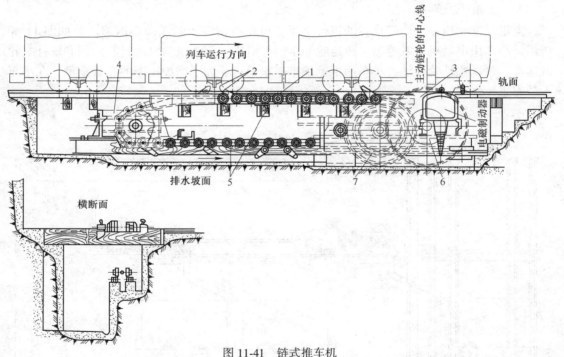

图 11-41　链式推车机
1—板式链；2—推爪；3—传动部；4—拉紧装置；5—架子；6—主动链轮；7—制动器

C　下推式钢绳推车机

如图 11-42 所示，电动机经减速器驱动摩擦轮转动，拖动钢绳牵引小车沿导轨前进或后退。小车上的推爪因重心偏后头部抬起，小车前进可推动矿车的车轴，使之沿钢轨前进。小车后退，推爪遇到车轴可绕小轴顺时针转动，从矿车下通过，为推动第二辆矿车作好准备。

钢绳推车机结构简易，推车行程较长，被中小型矿山广泛使用，但推力较小，且易损坏。

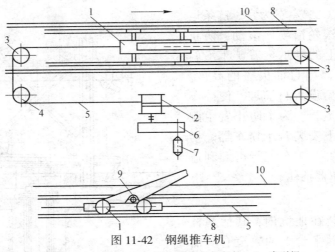

图 11-42 钢绳推车机

1—小车；2—摩擦轮；3—导向轮；4—拉紧轮；5—牵引绳；
6—减速器；7—电动机；8—导轨；9—小轴；10—钢轨

11.5.3.3 高度补偿装置

在矿车自溜运输线路上，为了使矿车恢复因自溜失去的高度，应设置高度补偿装置。常用的高度补偿装置有爬车机及顶车器。当补偿高度很大时，可用绞车沿斜坡牵引矿车上升。

A 链式爬车机

板式链绕过主动链轮和从动链轮闭合，主动链轮装在斜坡上端，用电动机经减速器驱动；从动链轮装在斜坡下端，其上装有链条拉紧装置，如图 11-43 所示。链条按缓和曲线

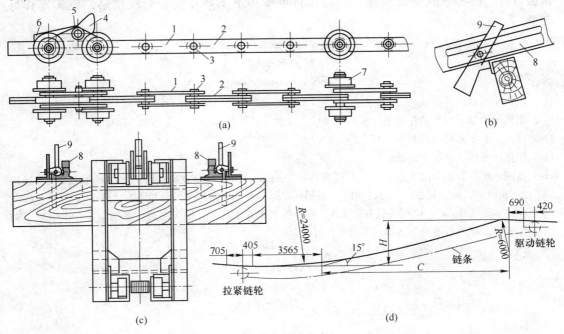

图 11-43 链式爬车机

(a)链条；(b)捞车器；(c)导向机架及钢轨的固定法；(d)总系统图

1，2—平板链带；3—小轴；4—推爪；5—轴；6—配重；7—滚轮；8—钢轨；9—捞车器

倾斜安装，倾角以 15°左右为宜。链条运转时，链条上的滚轮沿导轨滚动，防止链条下垂；链条上的推爪推着矿车沿斜坡向上运行，补修因自溜失去的高度。通常在爬车机前后设置自溜坡，使矿车进出爬车机自溜运行。为了防止发生跑车事故，在斜坡上安装若干捞车器。捞车器是一个摆动杆，矿车上行可顺利通过，下行则被捞车器挡住。

B　风动顶车器

气缸直立安装在地坑内，其活塞杆上装有升降平台，平台上的轨道有自溜坡度，在下部与进车轨道衔接，在上部与出车轨道衔接，如图 11-44 所示。

从下部轨道自溜驶来的矿车，车轴压下平台上的后挡爪，进入平台后被平台上的前挡爪阻挡，此时后挡爪复位，前后挡爪夹住矿车，使之固定在平台上。向气缸通入压气，活塞杆伸出，平台沿

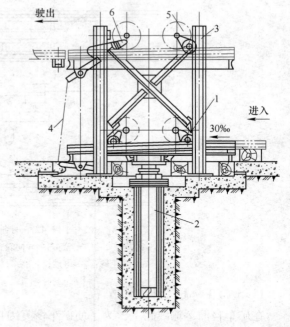

图 11-44　风动顶车器
1—平台；2—气缸；3—导轨；
4—钢绳；5—车轮；6—阻车器

导轨平稳上升至上部轨道，此时钢绳通过杠杆打开前挡爪，矿车从平台自溜驶出，沿上部轨道运行。放出气缸中的压气，平台在自重作用下下降复位，为顶推第二辆矿车作好准备。

复习思考题

11-1　电机车是如何分类的？

11-2　电机车的撒砂装置的作用是什么？

11-3　电机车有哪三种运行状态？写出动力方程式。

11-4　根据什么确定电机车台数？

11-5　在同一水平有东西两个运输区，东区平均运距 3km，运输量 400t/班，西区平均运距 2.7km，运输量 350t/班，废石量占矿石量的 10%。采用环形运输系统，路线平均坡度 3‰，最小弯道半径 15m。原矿体重 3.5t/m³，矿石松散系数 1.5。矿山年工作日 330 天，每天三班，采用电机车牵引矿车列车运输。试进行电机车运输设备选型与计算。

12 矿用重型载重汽车

教学目标

通过本章的学习，学生应获得如下知识和能力：

（1）了解矿山铲斗式装载机的主要类型和选用条件；

（2）掌握矿山常见铲斗式装载机的基本结构及其功能；

（3）掌握铲斗式装载机的设备选型与计算。

12.1 概　述

公路开拓、汽车运输是当今露天开采的主要运输方式，因而重型载重自卸汽车（电动轮汽车）成为露天矿山运输的首选。矿用载重汽车运输是国外露天矿山最主要的运输方式，国内大中型矿山的发展趋势也是以矿用汽车运输为主，如鞍钢下属矿山、安太宝露天煤矿、德兴铜矿等大型国有矿山。汽车运输在露天矿山日益得到广泛的应用。载重自卸汽车运输与装载如图 12-1 所示。

图 12-1　载重自卸汽车运输与装载

自 20 世纪 70 年代以来，世界各国露天矿运输首选矿用重型载重汽车，因为矿用汽车运输具有如下突出的优点：

（1）与铁路运输相比，矿用载重汽车的转弯半径小、爬坡能力强；机动灵活，不受轨道的限制；矿山建设速度快，基建投资少。

（2）可缩短挖掘机作业循环时间，工作线布置灵活；与较铁路运输相比，其工作线长度短，能充分发挥挖掘机的生产效率。

（3）排岩工艺简单；采与铁路运输相比，用汽车运输-推土机排岩工艺时其排岩成本能降低 20%~25%。

（4）便于采用移动坑线开拓，从而减少基建投资和缩短基建时间，可以合理安排采剥进度计划，提前投产。

（5）缩短了上下台阶间的坡道长度，缩短了新水平的准备时间，加快了矿山开采下降速度。

（6）能适当提高采场的最终边坡角或实现陡帮开采，可大大减少剥离量，提高矿山开采强度和降低开采成本。

露天矿用重型载重汽车运输存在的主要缺点是：

（1）矿山汽车运输受气候条件影响大，汽车使用寿命短，出车率较低。

（2）汽车运行中排出大量的废气污染环境，有害健康，增加了采场通风设备和成本。

（3）经济上合理的运输距离较短，一般在 3~5km 以内，并且随着矿山开采深度的增加，线路越来越长，降低了汽车的运输效率，并且燃油和轮胎消耗量大，轮胎费用约占运营费的 1/5~1/4。

（4）所需辅助设备和辅助工作比较多，矿用汽车的保养和修理费用较高；大中型露天矿山公路道路养护工作量大。

据资料报导，国外露天铜矿、铁矿开采中汽车运输量达到总运量的 70%~80%（如苏联、美国和加拿大等），由此可见汽车在矿山运输中的重要作用。矿用载重汽车的广泛应用趋成了露天矿山开采工艺的大型化和集成化，载重量从几十吨到几百吨（源于巨型电铲的需要），为降低矿山成本，各国正也在设计和制造更大载重量的矿用自卸汽车，如 Catpillar 797F（载重量 363t）。

自 1963 年由美国 Unit-Rig 公司和 G.E 公司合作研制出世界上第一台载重量为 77t 的矿用电动轮自卸车以来，经过三十多年的不断完善和大量新技术、新材料、新工艺的采用，重型矿用电动轮自卸车已发展成熟，逐渐形成了六家垄断性企业，分别是美国的 Caterpillar 和 TEREX-UNITRIG、日本的 HITACHI-EUCLID、KOMATSU、德国的 Liebherr 和白俄罗斯的 Belaz，占据了国际市场 90% 的份额。

我国重型矿用载重汽车的生产经历了独立开发、合作生产、国产化三个阶段，主要品牌有湘潭电机、首钢重汽、本溪重汽、常州冶金机械、北方重汽、航天重工等。湘潭电机厂于 1977 年 5 月研制出国产第一台 SF3100 型电动轮自卸车样车，其后经过 20 余年的不断改进和完善，该类车已形成了 SF3102、SF3103、SF3102C、SF3102D 型四个系列。2011 年 5 月我国首台 300 吨的 SF35100 型电动轮汽车在湘潭下线。我国重型自卸汽车也在矿山企业得到了广泛的应用，如鞍钢、攀钢、德兴、攀钢等地的铁矿和铜矿都选用重型自卸汽车作为运输设备。

当前重型矿用电动轮自卸车的发展趋势主要体现在三个方面：一是大型化；二是计算机控制和大量新的电控元器件的使用；三是整车性能和工作可靠性的提高。其传动方式也由交-直流传动逐步向交-交流直接传动方式过渡。促使矿用电动轮自卸车朝大型化方向发展的原因主要有两个：一是大型露天矿山开采的需要；二是大型机械传动自卸车的发展。随着大型矿山的发展和开采运输量的增大，为了提高运输效率、降低成本，许多大型矿山都倾向于采用大吨位矿用自卸车，这促使许多制造厂家相继研制开发出大吨位矿用电动轮自卸车以满足矿山用户的需要。

在国外地下矿山也采用了铰接式车身的地下矿用载重汽车，我国也已研制了这一类型的汽车。重型载重自卸车技术特征见表 12-1。常见矿用重型载重汽车见图 12-2。

表 12-1　矿用重型载重汽车的技术性能参数

| 车型 | 载重量 /t | 自重 /t | 最高车速 /km·h^{-1} | 最小转弯半径 /m | 外形尺寸/mm | | | 轴距 /mm | 轮距/mm | | 最小离地间隙/mm |
					长	宽	高		前	后	
BJ370	20	15.9	33	9	7890	2960	3100	3600	2350	2068	390
KrAZ540A	27	21	55	8.3	7200	3480	3580	3550	2800	2400	475
豪拜 35C	31.7	25.8	66.8	15	7720	3730	3780	3300	3020	3510	480
豪拜 75B	68	41.5	70.3	21	9600	4850	4190	4060	3660	3300	530
SF3102C	108	85	45	24	10882	6276	5505	5100	4680	4030	—
HD1200	120	84.5	57.5	20.6	10890	6300	4890	5400	4970	3950	—
SF3150	154	105	54.7	25	11890	7010	6380	5440	5380	4420	—
SF33900	220	166	64.5	32	13645	8364	7100	6100	6200	5340	665
BELAZ75302	220	156	43	15	13390	7820	6650	6100	5340	6100	700
CAT795AC	313	256	64	34	15100	9400	7800	6725	6235	5675	750
HT3363	363	237	64	34	15770	9500	6621	6800	7750	—	848

(a)　　　　　　　　　　　　　　　　　(b)

图 12-2　常见矿用重型载重汽车

(a) SF3102C 型电动轮汽车；(b) BELAZ75131 型载重汽车

12.2　矿用重型载重汽车的类型和结构特点

12.2.1　露天矿用重型载重汽车的分类

12.2.1.1　按卸载方式分类

露天矿用自卸汽车可分为后卸式、底卸式和自卸式汽车。后卸式汽车是矿山普遍采用的汽车类型，有双轴式和三轴式两种结构形式。双轴汽车虽可以四轮驱动，但通常为后桥驱动，前桥转向。三轴式汽车由两个后桥驱动，用于特重型汽车或比较小的铰接式汽车。底卸式汽车又可分为双轴式和三轴式两种结构形式，可采用整体车架或铰接车架。底卸式汽车使用很少。自卸式汽车要由鞍式牵引车和单轴挂车组成。由于它的装卸部分可以分离，所以无需整套的备用设备。

12.2.1.2　按载重量分类

矿用载重汽车一般是按载重量分类的。载重量在 8t 以上的属于重型载重汽车，而载重量在 15t 以上的重型载重汽车一般多是自卸式汽车。矿用重型载重汽车外貌特征及其外形尺寸见图 12-3。

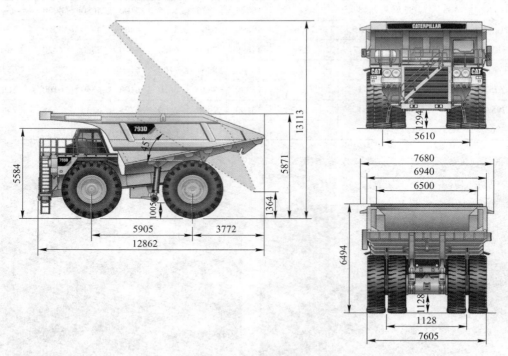

图 12-3　CATERPILLAR 793D 型矿用重型载重汽车外形尺寸

12.2.1.3　按传动系统分类

重型载重汽车传动系统的选择主要取决于它的载重量和用途。载重汽车的传动系统有机械传动、液力-机械传动及柴油-电力传动。

A 机械传动式载重汽车

载重量在 8~20t 范围的重型载重汽车多采用机械传动，如国产交通 SH361 型、黄河 JNl61 型、北京 BJ370 型、苏联的 KrAZ-256B 型和捷克的太脱拉 138 型等载重自卸车。机械传动式载重汽车采用常规齿轮变速箱，通常在离合器上装有气压助推器，加工制造工艺成熟，传动效率达 90%，性能良好。

B 液力-机械传动式载重汽车

载重量大于 20t 至 80t 的重型载重汽车，一般多采用液力-机械式传动，如苏联产的 Belaz540 型、上海产的 35D 型、首钢重汽产的 SGE190 型等载重自卸式汽车。液力-机械传动式载重汽车在传动系统中增加了液力变矩器，减少了变速箱当数，省去主离合器，操纵容易，维修工作量小，消除了柴油机波及传动系统的扭振，可延长零件寿命；操纵容易，维修工作量小；不足之处是液力传动效率低。国外 30~100t 的矿用自卸汽车大多数采用液力机械传动形式。随着液力变矩器传递效率和自适应性的提高，液力-机械传动可以完全用于 30~300t 范围内矿用载重汽车的传动系统。

C 静液压传动式汽车

由发动机带动的液压泵使高压油驱动装于主动车轮的液压马达，省去了复杂的机械传动件，自重系数小，操纵比较轻便；但液压元件要求制造精度高，易损件的修复比较困难，主要用于中小型汽车上。

D 柴油-电力传动式载重汽车

柴油-电力传动式载重汽车俗称电动轮汽车，它以柴油机为动力，带动主发电产生电能，通过电缆将电能送到与汽车驱动轮轮边减速器结合在一起的驱动电动机，驱动车轮传动，调节发电机和电动机的励磁电路和改变电路的连接方式来实现汽车的前进、后退及变速、制动等多种工况。载重量在 80 t 以上的重型载重汽车一般均采用柴油-电力传动，如 SF3102C 型电动轮汽车、豪拜 120C 型和 TEREX33-15B 型载重汽车。电动轮汽车具有维修量少、操纵方便的优点，但其制造成本、运营成本高。当柴油-电力传动式载重汽车用于深凹露天矿时，可分别采用柴油机、架空输电作为动力，爬坡能力可达 18%。在大坡度的固定段上采用架空电源驱动时汽车牵引电动机的功率可达柴油机额定功率的 2 倍以上，在临时路段上，则由本身的柴油机驱动。这种双能源汽车兼有汽车和无轨电车的优点，牵引功率大，可提高运输车辆的平均行驶速度。

12.2.1.4 按驱动桥形式和车身结构分类

矿用载重汽车按驱动桥（轴）形式可分为后轴驱动、中后轴驱动（三轴车）和全轴驱动等形式。

12.2.2 重型载重汽车的结构特点

由于矿用载重汽车是在道路条件不好，装载时承受岩石强烈冲击，冬夏温差大等恶劣条件下工作，因此矿用载重汽车在结构上应满足如下基本要求：

（1）车体和底盘结构应异常坚固、耐磨，并应具有良好的动力性能。

（2）具有良好的机动性和操作轻便性，并有减振性能良好的悬挂装置，以适应弯道半径小的矿山道路。

（3）司机室顶上应有防护结构，并密闭，以保证司机的操作安全和身体健康。

（4）因矿用载重汽车多形式在坡道上，其制动装置要可靠，起步加速性能和通过性能应该良好。

（5）驾驶操纵轻便，视野开阔。

根据矿用载重自卸式汽车基本结构形式，其一般有两种形式：双轴式和三轴式结构，常用车型多采用双轴式后轴驱动、前轴转向结构。矿用重型载重汽车主要由发动机、液力机械变速器、前后桥及悬挂装置、转向系统制动系统、司机室、车厢和车架等部分组成，如图 12-4 所示。

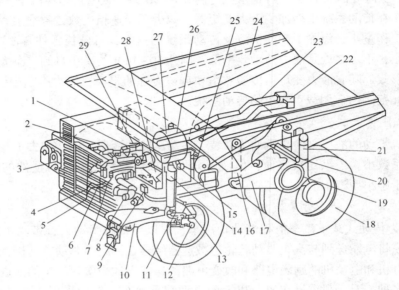

图 12-4　矿用重型载重汽车的结构

1—发动机；2—回水箱；3—空气滤清器；4—水泵进水管；5—水箱；6，7—滤清器；8—进气管总成；9—预热器；
10—牵引臂；11—主销；12—羊角；13—横拉杆；14—前悬挂油缸；15—燃油泵；16—倾斜油缸；17—后桥壳；
18—行走车轮；19—车架；20—系杆；21—后悬挂油缸；22—进气室转邮箱；23—排气管；24—车厢；
25—燃油粗滤器；26—单向阀；27—燃油箱；28—减速器踏板阀；29—加速踏板阀

12.2.2.1　发动机

发动机是重型汽车的动力。矿用重型汽车多数采用活塞式 V 型柴油发动机。采用柴油机，其燃油经济性比汽油机好。柴油机热效率较高，输出扭矩大，更能适应在沉重的负荷条件下工作。大吨位的矿用重型汽车采用增压柴油机。采用废气增压器，再加上中间冷却器，可使柴油机功率达到未增压前功率的 3~5 倍。大多数矿用重型汽车的柴油机采用水冷却。在寒冷地区，当汽车停止工作时，为了防止水结冰冻裂水箱，在冷却水中添加防冻剂。国外曾试验在矿用重型汽车上采用燃气轮机作动力设备，由于燃油耗量高而未获得推广。

目前绝大多数矿用载重汽车采用 Cummisns 或 DDC 柴油发动机（见图 12-5），少数采用 NTU 和 CATERPILLAR 柴油发动机。为了增加柴油发动机的输出功率，许多制造厂采用了废气涡轮增压和中冷技术。

(a)　　　　　　　　　　　　　　　(b)

图 12-5　矿用载重汽车发动机

（a）Cummins QSM11 发动机；（b）潍柴 WP12.400E50 发动机

12.2.2.2　液力机械变速器

矿山重型载重汽车采用液力变矩器与机械变速器组成液力机械变速器共同工作。采用液力变矩器使汽车具有一定程度的自动适应性，使传动装置输出的特性更符合汽车的工作要求，并且可以减少操作挡位数，简化机械变速器结构，减轻司机的劳动强度。液力变矩器还可以吸收振动、冲击，延长机件寿命。图 12-6 所示为 SH380 型矿用重型汽车液力机

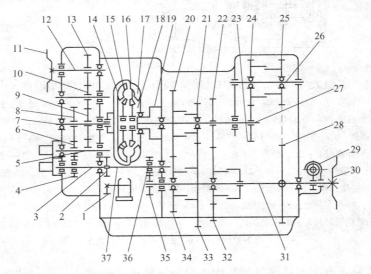

图 12-6　SH380A 型载重汽车液力机械变速器简图

1—低压油泵传动齿轮；2—低压油泵传动主动齿轮；3—转向泵传动轴；4—转向泵传动齿轮；5—举升泵传动轴；
6—举升泵传动齿轮；7—增速器输出轴；8—油泵传动主动齿轮；9—增速器被动齿轮；10—增速器中间齿轮；
11—增速器输入法兰；12—增速器输入轴；13—增速器主动齿轮；14—涡轮；15—第一导论；16—第二导论；
17—泵轮；18—超越离合器；19—变扭座；20—三挡主动齿轮；21—一挡主动齿轮；22—二挡主动齿轮；
23—倒挡传动主动齿轮；24—倒挡传动被动齿轮；25—倒挡主动齿轮；26—倒挡轴；27—第一轴；28—倒挡被动齿轮；
29—里程表传动齿轮副；30—动力输出法兰；31—第二轴；32—二挡被动齿轮；33—一挡被动齿轮；
34—三挡被动齿轮；35—超速传动主动齿轮；36—超速传动齿轮；37—超速传动轴

械变速器结构图，图 12-7 所示为 Belaz7523 型液力机械传动机构图。该液力机械变速器主要由液力变矩器、液压离合器、变速齿轮及轴、液力减速器、超越离合器、增速箱和供油泵等组成。增速箱的作用是使柴油机与变矩器获得良好的匹配，并驱动转向油泵、举升油泵和供油泵。变矩器为四元件单级双导轮液力变矩器。两个导轮通过单向离合器连接在变矩器壳体上，并可相对于变矩器壳作单向旋转。变矩器可在变矩工况和偶合工况工作，使汽车在低速重载工况和高速轻载工况状态都能获得较高的效率。液压离合器用液压进行操作，使换挡接合平稳、轻便。

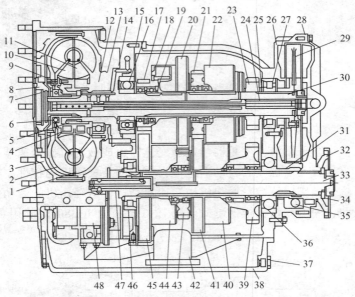

图 12-7　Belaz7523 型载重汽车液力机械传动机构总成图

1—泵轮；2—涡轮；3—导轮壳；4—超越离合器；5—超越离合器毂；6—（46115）轴承；7—密封圈；
8—泵轮驱动凸缘；9—涡轮毂；10—导轮；11—二导轮；12—（116126）滚球轴承；13—泵轮毂；
14—变矩器毂；15—变速器壳；16—（50416）滚球轴承；17—Ⅰ挡主动齿轮；18—Ⅰ挡离合器；
19—（1mm）单油孔花键套；20—Ⅲ挡主动齿轮；21—Ⅱ挡主动齿轮；22—Ⅱ挡离合器；23—倒挡主动齿轮；
24—分配器；25—调整垫；26—缓行器；27—（12316）滚柱轴承；28—缓行器壳盖；29—转子；30—主动轴；
31—套；32—输出凸缘；33—被动轴；34—密封垫；35—里程表涡轮机构；36—（50416）滚珠轴承；
37—放油堵；38—集油池；39—倒挡被动齿轮；40—倒挡离合器；41—Ⅱ挡被动齿轮；42—集滤器；
43—Ⅲ挡被动齿轮；44—Ⅲ挡离合器；45—Ⅰ挡被动齿轮；46—（12316）滚柱轴承；
47—被动轴分配器；48—液力机械传动机构泵

液力减速器是当汽车下长坡时吸收由车轮逆向传递来的动力，起制动减速作用。另一作用是当汽车在寒冷地区起动时，使油液较快地达到所要求的温度。当汽车下坡，柴油机突然熄火或转速过低时，为了保证汽车正常转向，这时可利用车轮的动力逆向传递驱动转向油泵，使转向油泵转速达到正常转向所要求的转速，而超越离合器则可以保证动力逆向传递的顺利进行。当柴油机转速较高，达到了转速油泵的转速要求时，车轮的动力不能进行逆向传递。

12.2.2.3　驱动桥、转向桥及悬挂装置

驱动桥的功用是将变速器传来的扭矩传递给驱动轮。驱动桥主要由主传动、主减速

器、差速器、传动半轴、轮边减速器等组成（见图12-8、图12-9），其结构与前端式装载机相似。驱动桥通过悬挂装置与车架连接。由于矿用载重汽车最高车速较低，轮胎直径较大，因此驱动桥约传动比很大。为减小主减速器承担的传动比，保证汽车有较大的离地间隙，除单级或两级主减速器外，矿用汽车常配以轮边最终减速器。

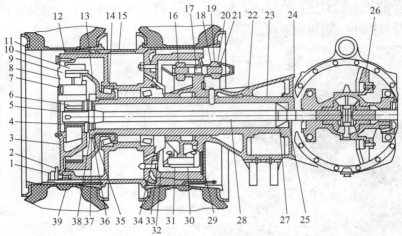

图12-8　Belaz7523型载重汽车驱动桥总成

1—车轮压板；2—导向盘；3—导架；4—太阳轮；5—半轴限位盖；6—行星齿轮；7—轴；8—行星齿轮轴承；
9—油堵；10—齿圈；11—车轮压圈；12—轮毂；13—齿圈支撑毂；14—圆锥滚柱轴承；15—隔离垫圈；
16—制动凸轮；17—凸轮轴；18—制动调整齿；19—制动杆；20—保险垫；21—螺帽；22—桥壳；23—半轴套；
24—呼吸器；25—主减速器与差速度器；26—油封；27—导向锥套；28—半轴；29—护板；30—制动蹄；31—制动蹄轴；
32—制动鼓；33—轮毂油封；34—隔离垫；35—螺帽；36—锁紧圈；37—保险垫；38—防松螺母；39—轮楔

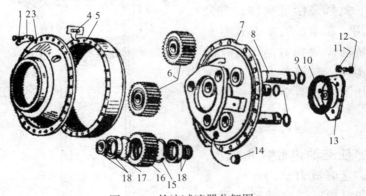

图12-9　轮边减速器分解图

1—螺栓；2—保险垫；3—齿圈毂；4—稳钉销；5—齿圈；6—行星齿轮；7—轮盘；8—行星齿轮轴；
9—密封圈；10—垫；11—弹簧垫；12—螺栓；13—盖；14—堵；15, 17—卡环；16—行星轮；18—（42412）轴承

　　悬挂装置是汽车的一个重要部件，悬挂的作用是将车架与车桥弹性连接起来，以减轻和消除由于道路不平给车身带来的动载荷，保证汽车必要的行驶平稳性。悬挂装置主要由弹性元件、减振器和导向装置三部分组成（见图12-10），分别起缓冲、减振和导向作用。汽车悬挂装置的结构形式很多，按导向装置的形式可分为独立悬挂和非独立悬挂两种，载重汽车的驱动桥和转向桥大都采用非独立悬挂。按采用的弹性元件的种类，悬挂装置可分为板簧悬挂、叶片弹簧悬挂、螺旋弹簧悬挂、扭杆弹簧悬挂和油气悬挂等型式。目前，矿

用载重汽车多采用叶片弹簧悬挂和油气悬挂（见图 12-10 和图 12-11）。

板簧悬挂装置一般用滑板结构来代替活动吊耳的连接（见图 12-10（a））。板簧悬挂装置的主要优点是结构简单、重量轻、制造工艺简单、拆卸方便，减少了润滑点，减小了主片附加应力，延长了弹簧寿命。滑板结构是近年来的一种发展趋势，钢板弹簧用两个 U 形螺栓固定在前桥上。为加速振动的衰减，在载重汽车的前悬挂中一般都装有减振器，而载重汽车后悬挂则不一定装减振器。

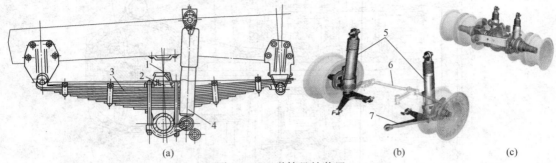

图 12-10　弹簧悬挂装置

（a）板簧悬挂装置；（b）SRT95 型矿用汽车前悬挂系统；（c）SRT95 型矿用汽车后悬挂系统
1—缓冲块；2—衬铁；3—板簧；4，5—减振器；6—横向推力杆；7—纵向拉力杆

SH380A 型矿用汽车则采用油气悬挂结构（见图 12-11）。球形气室固定在液力缸上，其内部用油气隔膜隔开，一侧充工业氮气，另一侧充满油液并与液力缸内油液相通。氮气是惰性气体，对金属没有腐蚀作用，在球形气室上装有充气阀接头。当桥与车架相对运动时，活塞与缸筒上下滑动。缸筒盖上装有一个减振阀、两个加油阀、两个压缩阀和两个复原阀。

当载荷增加时，车架与车桥间距缩短，活塞上移，使充油内腔容积缩小，迫使油压升高。这时液力缸内的油经减振阀、压缩阀和复原阀进入球形气室内压迫油气隔膜，使氮气室内压力升高，直至与活塞压力相等时，活塞才停止移动。这时，车架与车桥的相对位置就不再变化。当载荷减小时，高压氮气推动油气隔膜把油液压回液力缸内，使活塞向下移动，车架与车桥间距变长。到活塞上压力与气室内压力相等时，活塞即停止移动，从而达到新的平衡。就这样，

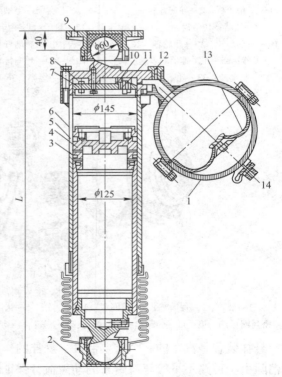

图 12-11　油气悬挂结构

1—球形气室；2—下端球铰链接盘；3—液力缸筒；4—活塞；
5—密封圈；6—密封圈调整螺母；7—减振阀；8—复原阀；
9—上端球铰链接盘；10—压缩阀；11—加油阀；
12—加油塞；13—油气隔膜；14—充气阀

随着外载荷的增加与减少车架与车桥自动适应。

减振阀、压缩阀和复原阀都在缸筒上开一些小孔起阻尼作用，当压力差为 0.5MPa 时压缩阀开启，当压力差为 1MPa 时复原阀开启，这样振动衰减效果较好。

12.2.2.4 制动装置

制动系的功用是迫使汽车减速或停车，控制下坡时的车速，并保持汽车能停放在斜坡上。汽车具有良好的制动性能对保证安全行车和提高运输生产率起着极其重要的作用。重型汽车，尤其是超重型矿用自卸汽车，由于吨位大，行驶时车辆的惯性也大，需要的制动力也就大；同时由于其特殊的使用条件，对汽车制动性能的要求与一般载重汽车有所不同。重型汽车除装设有行车制动、停车制动装置外，一般还装设有紧急制动和安全制动装置。紧急制动是在行车制动失效时，作为紧急制动之用。安全制动是在制动系气压不足时起制动作用。

为确保汽车行驶安全并且操纵轻便省力，重型汽车一般均采用气压式制动驱动机构；超重型矿用自卸汽车一般采用气液综合式（即气推油式）制动驱动机构。矿山使用的重型汽车，经常行驶在弯曲且坡度很大的路面上，长期而又频繁地使用行车制动器，势必造成制动鼓内的温度急剧上升，使摩擦片迅速磨损，引起"衰退现象"和"气封现象"，从而影响行车安全。为此，重型汽车的制动系还增设有各种形式的辅助制动装置，如排气制动、液力减速、电力减速等，以减轻常用的行车制动装置的负担。

汽车在制动过程中，作用于车轮上有效制动力的最大值受轮胎与路面间附着力的限制。如有效制动力等于附着力，车轮将停止转动而产生滑移（即车轮"抱死"或拖印子）。此时，汽车行驶操纵稳定性将受到破坏。如前轮抱死，则前轮对侧向力失去抵抗能力，汽车转向将失去操纵；如后轮抱死，由于后轮丧失承受侧向力的能力，后轮则侧滑而发生甩尾现象。为避免制动时前轮或后轮抱死，有的重型汽车装有前后轮制动力分配的调节装置。

如果制动器的旋转元件是固定在车轮上的，其制动力矩直接作用于车轮，称为车轮制动器。旋转元件装在传动系的传动轴上或主减速器的主动齿轮轴上，则称为中央制动器。车轮制动器一般是由脚操纵作行车制动用，但也有的兼起停车制动的作用；而中央制动器一般用手操纵作停车制动用。车轮制动器和中央制动器的结构原理基本相同，只是车轮制动器的结构更为紧凑。

制动器的工作原理如图 12-12 所示。一个以内圆面为工作面的金属制动鼓固定在车轮轮毂上，随车轮一起旋转。制动底板用螺钉固定在后桥凸缘上，它是固定不动的。在制动底板

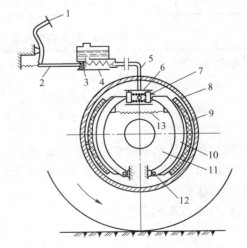

图 12-12 制动器工作原理

1—制动踏板；2—推杆；3—主缸活塞；4—制动主缸；
5—油管；6—制动轮缸；7—轮缸活塞；8—制动鼓；9—摩擦片；
10—制动蹄；11—制动底板；12—支撑销；13—制动蹄回位弹簧

下端有两个销轴孔，其上装有制动蹄，在制动蹄外圆表面上固定有摩擦片。当制动器不工作时，制动鼓与制动蹄上的摩擦片有一定的间隙，这时汽车可以自由旋转。当汽车需要减速时，驾驶员应踩下制动踏板，通过推杆和主缸活塞，使主缸内的油液在一定压力下流入制动轮缸，并通过两个轮缸活塞使制动蹄绕支撑销向外摆动，使摩擦片与制动鼓压紧而产生摩擦制动。当要消除制动时，驾驶员不踩制动踏板，制动油缸中的液压油自动卸荷。制动蹄在制动蹄回位弹簧的作用下，恢复到非制动状态。

12.3　露天矿自卸汽车的选型计算

露天矿自卸汽车的选型取决于矿山开拓方式，而影响露天矿自卸汽车选型的因素很多，主要的有矿山自然地质条件、开采技术条件、年运量及运距、采装工艺及装载设备规格、矿山运输道路技术条件等，因此矿用自卸汽车的选择必须通过技术经济比较综合确定。

矿用汽车选用的一般原则是：矿石年产量百万吨级的中小型矿山，多采用 25~70t 级车型；年产 500~1000 万吨的中型矿山，多采用 100~220t 级车型；年产 1000 万吨以上的大型矿山，多采用 150~360t 级车型。相应地还要按照车铲比 1：(4~6) 的标准选择符合电铲铲容要求的电铲型号。

按卸载方式，露天矿使用的载重汽车有三种类型，即后卸式、底卸式和自卸式汽车。矿用自卸式汽车的选型应考虑矿山年运量、装载设备斗容、运距、道路等级等因素，见表 12-2、表 12-3。

表 12-2　矿用自卸汽车等级与矿山年运量的关系

自卸汽车载重量/t	7	15	20	32	45	60	100	150
矿山年运量/万吨·年$^{-1}$	<150	70~400	120~600	250~1200	350~1800	550~2500	900~4500	>3500

表 12-3　矿用自卸汽车等级与挖掘机斗容的匹配

自卸汽车载重量/t	7	15	20	32	45	60	100	150
挖掘机斗容/m^3	1	2.5	2.5	4	6	6	10	16
车铲比	4~5	3~4	4~5	4~5	4~5	5~6	5~6	5~6

矿用重型载重汽车的选型还应考虑到：(1) 其车厢强度应适应大块矿岩的冲砸；(2) 一般应优选国产汽车，必要时才选用进口汽车；(3) 同一个矿山应选用同类型汽车，以便于生产管理和维修。

(1) 自卸汽车的有效载重。

$$G_x = \frac{N E \gamma K_H}{K_s} \qquad (12\text{-}1)$$

式中　G_x——自卸汽车的有效载重量，t；

　　　N——装载斗数，一般为 4~6 斗；

　　　E——铲斗额定斗容，m^3；

γ——矿岩体重，t/m³；

K_H——铲斗装满系数；

K_s——矿岩松散系数。

按松散矿岩堆容积验算汽车有效载重量，汽车车厢容积按下式计算：

$$V = \frac{G_x K_s}{\gamma} \leqslant V_x \qquad (12\text{-}2)$$

式中　V——自卸汽车有效载重量为 G_x 时装载松散矿岩的容积，m³；

V_x——自卸汽车车厢的有效容积，m³。

（2）自卸汽车的台班运输能力。自卸汽车运输能力取决于汽车的载重量、运输周期和矿山工作制度，自卸汽车的台班运输能力可按式（12-3）计算。

$$A = K_1 K_2 \frac{480G}{T} \qquad (12\text{-}3)$$

式中　A——自卸汽车的台班运输能力，t/（台·班）；

G——自卸汽车额定载重，t；

T——自卸汽车运行周期，min，汽车运行周期包括装载时间、卸载时间、运行时间、调车时间；

K_1——时间利用系数；

K_2——载重利用系数。

（3）自卸汽车的台数。矿山自卸汽车台数按式（12-4）计算。

$$N = \frac{K_3 Q}{CHAK_4} \qquad (12\text{-}4)$$

式中　N——自卸汽车数量，台；

Q——露天矿年运输总量，t/a；

A——自卸汽车台班运输能力，t/（台·班）；

K_3——运输不均衡系数，一般地取 $K_3 = 1.05 \sim 1.15$；

K_4——出车率，$K_4 = 0.5 \sim 0.8$；

H——年工作天数，天；

C——每日工作班数，班。

自卸汽车工作台数 N_G 与在册台数 N_Z 按下式计算：

$$N_G = \frac{K_3 Q_B}{A} \qquad (12\text{-}5)$$

$$N_Z = \frac{N_G}{K_4} \qquad (12\text{-}6)$$

式中　Q_B——露天矿每班运输量，t/班。

复习思考题

12-1　矿山汽车运输的优缺点是什么？

12-2　矿用重型载重汽车有哪些类型？

12-3　矿用重型载重汽车在结构上应满足哪些基本要求？

12-4　重型载重汽车的的基本结构包括哪些部分？

12-5　某露天铜矿设计生产能力为 200 万吨，设计剥采比为 5.5，矿岩平均密度为 $3.42t/m^3$，岩石普氏硬度为 8~12。矿岩松散系数为 1.75，平均运距为 2.5km，矿山公路为 Ⅱ 级。矿山采用两班制，每班 8h，年工作天数为 320 天，运输不均衡系数为 1.1。要求针对该矿山进行运输汽车的选型与计算。

13 矿井提升设备

教学目标

通过本章的学习，学生应获得如下知识和能力：

(1) 了解矿井提升的任务及其主要系统；

(2) 常用提升容器的类型、基本结构及其规格，矿井提升设备的拖动系统；

(3) 理解矿井提升设备运动学；

(4) 掌握提升容器、提升钢丝绳、矿井提升机及天轮的选型与计算；

(5) 学会设计矿井提升机与井筒相对位置。

13.1 矿 井 提 升

矿井提升是利用容器沿井筒提升矿石、升降人员和设备、下放材料的生产活动，是矿山井下生产系统和地面工业厂区相互连接的纽带，是矿井运输的咽喉。随着矿井生产的机械化和集成化，目前世界上比较发达国家的矿井提升运行速度已达 $20 \sim 25 \mathrm{m/s}$，一次提升量达 50t，电动机容量超过 10000kW。

矿井提升设备是完成矿井提升任务的大型机械设备，主要由提升容器、提升机（包括拖动控制系统）、井架、天轮及装卸载设备等组成。提升容器按其类型分为罐笼、箕斗和吊桶，罐笼和箕斗是常用提升容器，其作用是提升矿石、升降人员、下放材料和设备。竖井提升常用罐笼和箕斗，斜井提升常用矿车串车，吊桶仅用于竖井掘进和井筒延伸。

矿井提升设备一般按如下方式进行分类：

(1) 按矿井用途，矿井提升设备分为主井提升设备（专门用于提升矿石）和副井提升设备（用于提升废石、升降人员、运送材料和设备）。

(2) 按提升机的类型，矿井提升设备分为单绳提升设备和多绳提升设备。

(3) 按井筒倾角，矿井提升设备分为竖井提升设备和斜井提升设备。

(4) 矿井提升设备按提升容器分为罐笼提升设备和箕斗提升设备。

(5) 按拖动装置，提升设备分为交流提升设备和直流提升设备。

(6) 按提升系统平衡性，矿井提升设备分为平衡提升设备和不平衡提升设备。

根据井筒条件（竖井或斜井）及选用的提升容器和提升机类型的不同，上述六类矿井提升设备可组成各有特点的矿井提升系统。常见的提升系统有：

(1) 竖井单绳缠绕式箕斗提升系统；

(2) 竖井单绳缠绕式罐笼提升系统；

(3) 竖井多绳摩擦式箕斗提升系统；

(4) 竖井多绳摩擦式罐笼提升系统；

(5) 斜井箕斗提升系统；

（6）斜井串车提升系统。

一般地，主井多采用底卸式箕斗提升，副井普遍采用罐笼提升，斜井提升则采用后壁卸载式箕斗、矿车和人车。

图 13-1（a）所示为竖井单绳罐笼提升示意图。井底车场或中段车场中的重矿车被推入罐笼的同时，正好位于井口车场的空矿车被推入处于井口水平的罐笼内。提升钢丝绳（两根）的一端分别与处于井口和井底车场水平的罐笼相连，另一端分别绕过天轮引至提升机房以相反方向固定缠绕在提升机的卷筒上。启动提升机可将装有重矿车的罐笼提至井口水平，同时将装有空矿车的罐笼下放至井底车场或中段。两个罐笼就这样沿井筒作上下运动以完成提升重矿车和下放空矿车的任务。

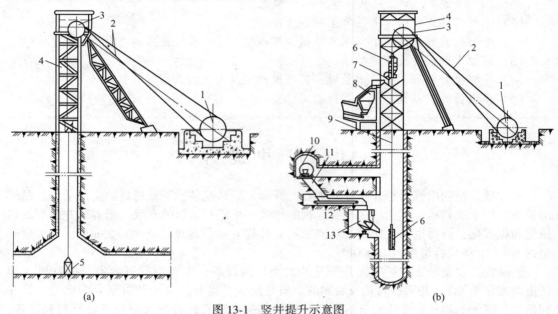

图 13-1　竖井提升示意图

（a）单绳缠绕式罐笼提升；（b）单绳缠绕式箕斗提升

1—提升机；2，9—提升钢丝绳；3—天轮；4—井架；5—罐笼；6—箕斗；7—卸载曲轨；
8，11—矿仓；10—翻车器；12—胶带输送机（可计量）；13—箕斗装载设备

当采用箕斗作为提升容器时，在井下和地面需要设置矿仓，利用卸载设备将重矿车的矿石卸入井下矿仓后再经装载设备将矿石装入箕斗中，与此同时，另一箕斗则在卸载曲轨处将矿石卸入井口的矿仓中，如图 13-1（b）所示。

13.2　矿井提升容器

13.2.1　罐笼

罐笼的作用是提升矿石、废石、人员、材料和设备，既可用于主井提升，也可用于副井提升。罐笼有单层和双层之分，我国金属矿山多采用单层罐笼，有的也采用双层罐笼。

13.2.1.1　罐笼结构

金属矿山广泛使用的单层普通罐笼结构如图 13-2 所示，它主要由罐体、悬挂装置、导向装置和安全装置等部分组成。罐笼的规格参数见表 13-1～表 13-3。

表 13-1　立井单绳普通罐笼标准参数规格表

单绳罐笼型号	罐道	进出方式	罐笼断面尺寸/mm	罐笼总高/mm	配套矿车 型号	配套矿车 名义载重量/t	配套矿车 矿车数/辆	准乘人数/人	罐笼总载重量/kg	罐笼自重/kg
GLS-1×1/1	钢丝绳罐道	同侧进出车	2550×1020	4290	MG1.1-6A	1	1	12	2396	2218
GLS-1×Y1/1		异侧进出车								2088
GLG-1×1/1	刚性罐道	同侧进出车								2878
GLGY-1×1/1		异侧进出车								2748
GLS-1×2/2	钢丝绳罐道	同侧进出车		6680			2	24	3235	3247
GLGY-1×2/2		异侧进出车								3000
GLS-1×2/2	刚性罐道	同侧进出车								3907
GLGY-1×2/2		异侧进出车								3657
GLS-1.5×1/1	钢丝绳罐道	同侧进出车	3000×1200	4850	MG1.7-6A	1.5	1	17	3420	2790
GLS-1.5×Y1/1		异侧进出车								2650
GLG-1.5×1/1	刚性罐道	同侧进出车								3450
GLGY-1.5×1/1		异侧进出车								3310
GLS-1×2/2	钢丝绳罐道	同侧进出车		7250			2	34	4610	4070
GLGY-1×2/2		异侧进出车								3790
GLS-1×2/2	刚性罐道	同侧进出车								4670
GLGY-1×2/2		异侧进出车								4390
GLS-3×1/1	钢丝绳罐道	同侧进出车	4000×1470	4820	MG3.3-9B	3	1	29	6720	4670
GLS-3×Y1/1		异侧进出车								4500
GLG-3×1/1	刚性罐道	同侧进出车								5050
GLGY-3×1/2		异侧进出车								4880
GLS-3×1/2	钢丝绳罐道	同侧进出车		7170				58		6480
GLGY-3×1/2		异侧进出车								6310
GLGS-3×1/2	刚性罐道	同侧进出车								6950
GLGY-3×1/2		异侧进出车								6780

注：型号标记说明：

G L S Y — 1×2/2

- 罐笼层数为双层矿车数为两辆
- 矿车载重量为1t
- 阻车器形式(异侧进出车)
- 钢丝绳罐道
- 立井单绳
- 罐笼

表 13-2　立井单绳普通罐笼井筒布置主要尺寸表

井筒直径 /mm	1t 普通罐笼			井筒直径 /mm	1.5t 普通罐笼			井筒直径 /mm	3t 普通罐笼		
	罐笼规格	两罐笼中心距 /mm	容器与井壁梯子间隙 /mm		罐笼规格	两罐笼中心距 /mm	容器与井壁梯子间隙 /mm		罐笼规格	两罐笼中心距 /mm	容器与井壁梯子间隙 /mm
4800	单层单车	1490	150	5400	单层单车	1600	150	6400	单层单车	1878	150
4900	单层单车	1620	270	5600	单层单车	1800	320	6800	单层单车	2157	390
4900	双层单车	1670	310	5800	双层单车	1920	410	6900	双层罐笼	2208	420
4900	单层单车	1490	150	5250	单层单车	1600	150	6050	单层单车	1878	150
5200	单层单车	1620	270	5650	单层单车	1800	320	6700	单层单车	2157	390
5200	双层单车	1670	310	6000	双层单车	1920	410	6800	双层罐笼	2208	420
3760	单层单车	1490	150	4500	单层单车	1800	150	5450	单层单车	1878	150
4100	单层单车	1620	270	4800	单层单车	1800	320	6000	单层单车	2157	390
4250	双层单车	1670	300	5050	双层单车	1920	410	6100	双层罐笼	2208	420

表13-3　立井多绳罐笼参数规格表

多绳罐笼型号				配套矿车			准乘人数/人	罐笼自重/kg
同侧进车	异侧进车	同侧进车	异侧进车	型号	名义载重量/t	矿车数/辆		
GDS-1×1/55×4	GSDY-1×1/55×4	GDG-1×1/55×4	GDGY-1×1/55×4	$MG1.6-6\dfrac{A}{B}$	1	1	24	5000
GDS-1×2/75×4	GSDY-1×2/75×4	GDG-1×2/75×4	GDGY-1×2/75×4			2	32	7000
GDS-1.5×1/75×4	GSDY-1.5×1/75×4	GDG-1.5×1/75×4	GDGY-1.5×1/75×4			1		6000
GDS-1.5×2/110×4	GSDY-1.5×2/110×4	GDG-1.5×2/110×4	GDGY-1.5×2/110×4	MG1.7-9A	1.5	2	34	7500
GDS-1.5×4/90×6	GSDY-1.5×4/90×6	GDG-1.5×4/90×6	GDGY-1.5×4/90×6			4	62	17000
GDS-1.5×4/195×4	GSDY-1.5×4/195×4	GDG-1.5×4/195×4	GDGY-1.5×4/195×4					
GDS-1.5K×4/90×6	GSDY-1.5K×4/90×6	GDG-1.5K×4/90×6	GDGY-1.5K×4/90×6	MG1.7-9B			70	17000
GDS-1.5K×4/195×4	GSDY-1.5K×4/195×4	GDG-1.5K×4/195×4	GDGY-1.5K×4/195×4					
GDS-3×14/110×4	GSDY-3×14/110×4	GDG-3×14/110×4	GDGY-3×14/110×4	MG3.3-9B	3	1		8000
GDS-3×14/150×4	GSDY-3×14/150×4	GDG-3×14/150×4	GDGY-3×14/150×4			2	60	11000
GDS-5×1 (1.5K×4) /195×4	GSDY-5×1 (1.5K×4) /195×4	GDG-5×1 (1.5K×4) /195×4	GDGY-5×1 (1.5K×4) /195×4	—	1	1	—	17000

注:1. 型号中主要参数1.5K是表示罐笼内装载1.5t底卸式矿车,其轨距为900mm。

2. 因1.5t底卸式矿车结构形式、基本参数及部分参数不定。

3. GD系列中5×1 (1.5K×4) /195×4型罐笼为5t矿车用双层罐笼,并适用罐笼内装载1.5t矿车(轨距为900mm)4辆。

4. 型号标记说明:

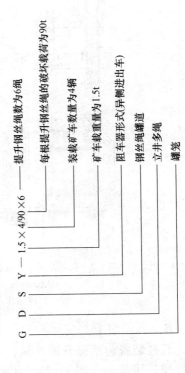

G D S Y — 1.5 × 4/90×6

- 罐笼
- 立井多绳
- 钢丝多绳
- 阻车器形式(异侧进出车)
- 矿车载重量为1.5t
- 装载矿车数量为4辆
- 每根提升钢丝绳数为6绳
- 提升钢丝绳的破坏载荷为90t

A　罐体

罐体是用槽钢或角钢焊接或铆接的金属框架，其两侧焊有带孔钢板，两端装有罐门，以保证提升人员的安全，如图 13-2 所示。罐底焊有花纹钢板并铺设钢轨，供进出矿车之用。为避免矿车在罐内移动，在罐底还设有阻车器。罐笼顶部设有可打开的顶盖门，以便装入刚性罐道等较长的物料。

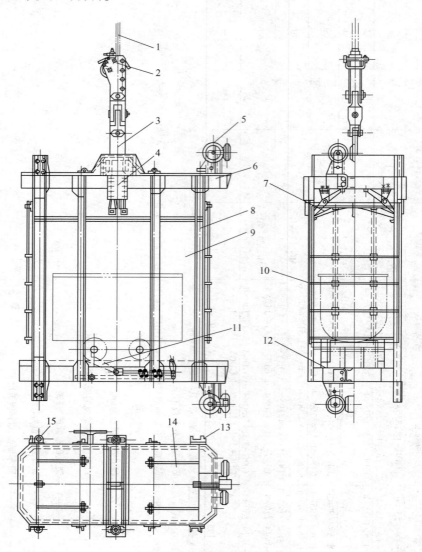

图 13-2　普通罐笼结构图

1—提升钢丝绳；2—双面夹紧楔形绳卡；3—主拉杆；4—防坠器；5—橡胶滚轮罐耳（用于组合刚性罐道）；
6—横梁；7—淋水棚；8—立柱；9—罐体；10—罐门；11—罐内阻车器；12—轨道；
13—稳罐罐耳；14—罐盖；15—套管罐耳（用于钢丝绳罐道）

B　悬挂装置

悬挂装置包括提升钢丝绳、双面夹紧楔形绳卡、主拉杆和防坠器，其用途是将罐笼与钢丝绳连接起来（图 13-2）。用绳卡固定在钢丝绳工作端。非对称的桃形环使所有负荷均由钢丝绳的工作端承受。

提升容器与钢丝绳采用楔形绳卡连接，其连接方式如图 13-3 所示，两块侧板用螺栓连接在一起，钢丝绳缠绕在楔块上。当钢丝绳拉紧时，楔块挤压进由梯形铁（4 和 5）与侧板构成的楔壳内，将钢丝绳两边卡紧。楔形绳卡悬挂装置安全可靠，对钢丝绳也无损害。吊环和调整孔（6 和 7）用于调整钢丝绳长度。限位板在拉紧钢丝绳后用螺栓拧紧，以防止楔块松脱。

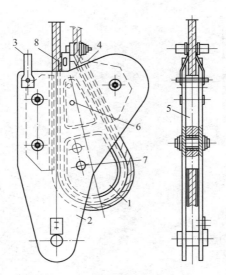

图 13-3　双面夹紧楔形绳卡

1—楔块；2—侧板；3—吊环；4，5—梯形铁；6，7—调整孔；8—限位板

C　导向装置

罐笼的导向装置亦称为罐耳，罐笼借罐耳沿罐道运行。按材质类型，罐道可分为木罐道、钢罐道和钢丝绳罐道三种。升降人员的罐笼一般用木罐道，箕斗提升时多用钢罐道。钢丝绳罐道具有结构简单、节省钢材、通风阻力小、便于安装、磨损轻和寿命长等优点，因而获得广泛使用，但钢丝绳罐道的拉紧装置会增加井架负荷和井筒断面。罐耳有滑动罐耳和滚动罐耳。罐笼在运行时滑动罐耳与罐道间存在运行冲击现象，且二者磨损较大，因此滑动罐耳与罐道间应留有规定的间隙。滚轮罐耳一般用橡胶或铸铁制成，其运行平稳性好，阻力小，罐道磨损亦小。采用绳罐道时提升容器既设有沿绳罐道滑动的导向套（每根绳罐道设两个）外，还设有滑动罐耳，以适应井口换车时稳罐的需要，或过卷时进入楔形罐道起安全作用。

D　安全装置

安全规程规定，提升人员或提升人员和物料的罐笼必须安设动作可靠的断绳保险器（称为防坠器）。防坠器是罐笼上的一个主要组成部分，其作用是当钢丝绳或连接装置发生断裂时防坠器便将罐笼平稳地支撑在罐道上，以保证乘罐人员的安全。安全装置因罐笼而异，木罐道采用 YM 型防坠器，钢丝绳罐道采用 FS 型、GS 型、BF 型防坠器。

各种型号的防坠器系统都是由开动机构、传动结构、抓捕器、缓冲器、连接器和拉紧装置等组成（图 13-4）。开动机构与传动机构一般是相互连接在一起，由断绳时能自动开启的弹簧和杠杆系统组成的。抓捕器安装在罐笼上，一般与缓冲器联合动作，有的也安装有单独的缓冲装置。连接器连接制动绳和缓冲绳，而拉紧装置则布置于井底水窝内。

图 13-5 所示为采用木罐道时设在罐笼上的齿爪式防坠器。正常工作时，弹簧被压缩，主吊杆经支承翼板、弹簧套筒及螺栓与罐笼主梁连接。当钢丝绳断裂或主吊杆破断时，弹簧伸张，使其横担、连杆掉落下移，杠杆通过键使轴旋转，于是齿爪转动并抓捕罐道木，使罐笼停在木罐道上。

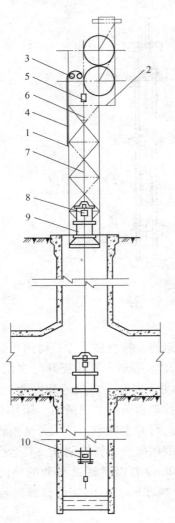

图 13-4　防坠器系统布置图

1—锥形环；2—天轮平台；3—圆木；4—缓冲绳；
5—缓冲器；6—连接器；7—制动绳；8—抓捕器；
9—罐笼；10—拉紧装置

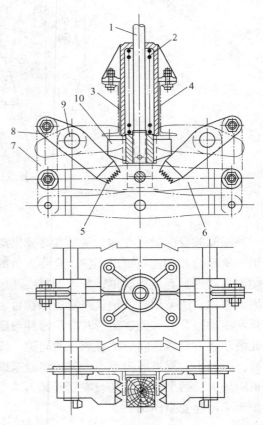

图 13-5　齿爪式防坠器

1—主吊杆；2—弹簧；3—弹簧套筒；
4—罐笼主梁；5—齿爪；6—横担；7—连杆；
8—杠杆；9—轴；10—支承翼板

BF 型制动绳防坠器是我国设计的标准防坠器，可以配合 1t、15t 和 3t 矿车用于双层双车或单层单车罐笼中。图 13-6 所示为 BF 型防坠器示意图，该抓捕器的开动机构为弹簧。正常提升时提升钢丝绳拉起主拉杆，通过传动横梁和连板使两个拨杆的外伸端处于最低位置，滑楔则在最下端位置。当发生断绳时主拉杆下降，在弹簧的作用下拨杆的外伸端抬起，使滑楔与制动绳接触，并挤压制动绳实现定点抓捕，将下坠的罐笼支承在制动绳上。

图13-7所示为 GS 型断绳防坠器。罐笼可沿任一种罐道运行，而防坠器则利用导向套沿着两根制动钢丝绳滑动。制动钢丝绳沿整个井筒深度安设，其上端通过连接器与固定在井架上的缓冲钢丝绳连接，下端在井底水窝用拉紧装置拉紧并固定。正常提升时，提升钢丝绳经罐笼顶部的连接装置将主拉杆上提，弹簧被压缩。主拉杆的下端经销轴与平衡板相连，平衡板又通过连杆和杠杆相连。杠杆可绕支承座的轴旋转。当弹簧受压缩时杠杆的前端处于最低位置。当钢丝绳断裂时弹簧伸张，通过传动杠杆抬起抓捕器的执行机构，偏心杠杆转动，使两个闸瓦互相接近直至卡住制动钢丝绳，使罐笼停止。

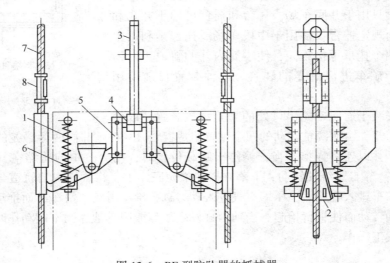

图 13-6　BF 型防坠器的抓捕器

1—弹簧；2—滑楔；3—主拉杆；4—横梁；5—连扳；6—拨杆；7—制动绳；8—导向套

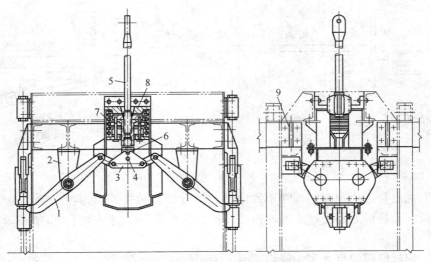

图 13-7　GS 型防坠器的抓捕器

1—杠杆；2—支承座；3—平衡板；4—销轴；5—主拉杆；6—定位销；7—弹簧；8—盘座；9—支承架

发生断绳事故时制动绳在罐笼动能作用下拉动缓冲绳，靠缓冲绳在缓冲器中的弯曲变形和摩擦阻力产生制动力，吸收罐笼下坠的能量，保证罐笼制动时减速度不能过大。每个罐笼有两根制动绳，视制动力大小，每根制动绳可以与一根或两根缓冲绳相连接，通过调节缓冲绳在缓冲器中的弯曲程度来改变制动力的大小。如图 13-8 所示为缓冲器结构示意图。

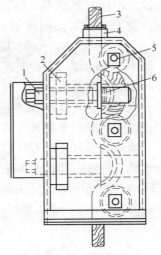

图 13-8　缓冲器结构
1—螺杆；2—螺母；3—缓冲钢丝绳；
4—密封盖；5—小轴；6—滑块

13.2.1.2　罐笼的承接装置

在井底、中段及井口车场，为了便于矿车进出罐笼，需设置罐笼的承接装置。承接装置有承接梁、托台及摇台三种。承接梁只用于井底车场，托台和摇台可用于井底和井口车场，而规定摇台仅使用于中段车场。托台是利用由机械联动的四个托爪承接罐笼，使罐笼内外的轨道正好衔接起来，便于矿车进出罐笼的装置。这种装置目前使用较少。

摇台是安装于通向罐笼出口处的罐笼承接装置，以便于矿车出入罐笼，由能绕轴转动的两个钢臂组成（图 13-9）。井筒两旁罐笼的进出口处各设一个摇台，并以连杆连接。当罐笼停于卸载位置时，动力缸中的压缩空气排出，钢臂（安装有轨道）靠自重绕轴转动，下落并搭在罐笼底座上，将罐笼内的轨道与车场的轨道连接起来。矿车进入罐笼后，压缩空气进入动力缸，推动滑车，滑车继而推动摆杆套前的滚子，致使轴转动而使钢臂抬起。当动力缸发生故障或因其他原因不能动作时，也可以通过手把进行人工操作。

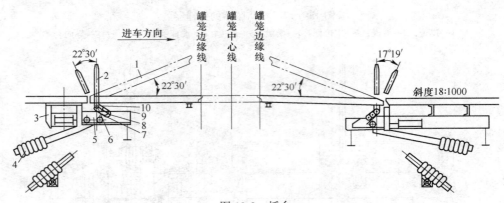

图 13-9　摇台
1—钢臂；2—手把；3—动力缸；4—配重；5—滑车；6—轴；7—摆杆套；8—滚子；9—销子；10—摆杆

摇台的优点是进出车时钢丝绳不致松弛，提升开始时受冲击力小。缺点是停罐不准，对罐时间长；为使罐笼不受过大的冲击力，矿车容积受到限制（大于 $2m^3$ 的矿车一般不选用摇台）。

当采用钢丝绳罐道且是多中段提升时，为了保证罐笼在进出矿车时的稳定，各中段车场还要设置稳罐装置，金属矿山使用较多的稳罐装置是摇台式稳罐钩。摇台式稳罐钩是在摇台两个摇臂的两侧加设两个稳罐钩，当摇臂与罐笼接轨时两稳罐钩便钩住罐笼底板上的相应横轴而稳住罐笼。

13.2.2　箕斗

箕斗只用于提升矿石和废石。当一个矿山须装设两套提升设备时，主井一般采用箕斗提升，副井则用罐笼提升。箕斗按其结构不同分为翻转式、侧卸式和底卸式三种，底卸式箕斗又以扇形闸门和平板闸门两种应用比较广泛。金属矿山单绳提升一般采用翻转式箕斗，多绳提升一般采用底卸式箕斗。

箕斗是由斗箱、框架、闸门和连接装置等结构组成。框架是由两根直立的槽钢和上、下横向槽钢所组成。斗箱由锅炉钢板焊制，其外面用钢筋加固。箕斗的斗箱、连接装置及罐耳均紧闭于框架上。为预防淋水及便于检查井筒作业，在框架上都配有钢板制的平台。

图 13-10（a）所示为扇形闸门底卸式箕斗的结构。其工作过程是：扇形闸门上的卸载滚轮沿卸载曲轨滚动，打开卸矿口，同时活动溜槽在滚轮上向前滑动，并向下倾斜处于下工作位置，斗箱中的矿石便由卸矿口经过活动溜槽卸入矿仓中。

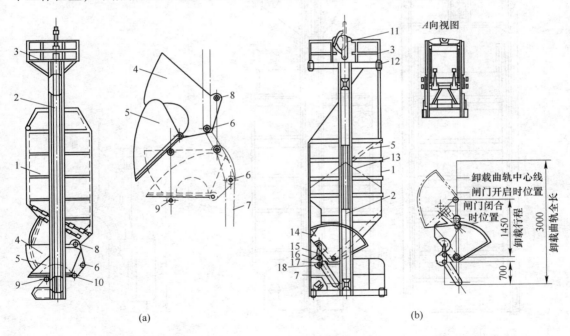

图 13-10　底卸式箕斗

（a）扇形闸门底卸式箕斗；（b）平板闸门底卸式箕斗

1—斗箱；2—框架；3—平台；4—扇形闸门；5—活动溜槽；6—卸载滚轮；7—卸载曲轨；8—轴；9，16，17—滚轮；10—销轴；11—连接装置；12—罐耳；13—矿石装载线；14—平板闸门；15—连杆；18—机械闭锁装置

图 13-10（b）所示为平板闸门底卸式箕斗的结构，当箕斗提至地面矿仓时，井架上的卸载曲轨使连杆转动轴上的滚轮沿箕斗框架上的曲轨运动、滚轮通过连杆的锁角等于零的位置后，闸门就借助矿石的压力被打开，开始卸载矿石。在箕斗下放时，以相反的顺序关闭闸门。平板闸门底卸式箕斗卸载时卸载曲轨短，井架受力小，动作可靠，装载时矿石撒落较少。箕斗的导向装置可以用钢轨轨道，也可以用钢丝绳轨道。

翻转式箕斗主要由框架和斗箱构成（图 13-11），箕斗的导向装置和悬挂装置均固定在用槽钢焊成的框架上，框架下部的底座固定有转轴。斗箱上部安有卸载滚轮和角板。箕斗卸载前位置如图 13-11（b）中实线箕斗位置所示，卸载时框架仍沿罐道直线上升，而滚轮进入卸载曲轨，使斗箱绕转轴向矿仓方向翻转，转到 135°时（位置Ⅱ）框架停止上升，矿石靠自重卸入矿仓。从滚轮进入曲轨起至容器卸载最终位置止，框架所经过的垂直距离 h_0 称为卸载高度。卸载高度一般取为斗箱高度的 2.5 倍。

当箕斗过卷时，角板就被支承在卸载曲轨下面的两个支撑轮上，滚轮失去支持便离开卸载曲轨转到过卷曲轨上并沿其向上运行，但斗箱转角不再增加（位置Ⅲ），以免造成事故。下放箕斗时，斗箱便恢复原来的垂直位置。

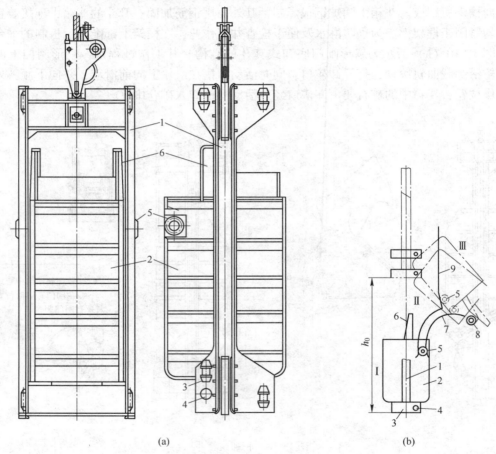

(a)　　　　　　　　　　(b)

图 13-11　翻转式箕斗

（a）翻转式箕斗的结构；（b）翻转式箕斗的卸载示意图

Ⅰ—卸载前的位置；Ⅱ—卸载位置；Ⅲ—过卷位置

1—框架；2—斗箱；3—底座；4—旋转轴；5—卸载滚轮；6—角板；7—卸载曲轨；8—支撑轮；9—过卷曲轨

翻转式箕斗在卸载过程中，其斗箱部分重量是由卸载曲轨支持的，故由此产生两箕斗自重不平衡现象。为避免这种现象发生，多绳摩擦提升设备就多采用底卸式箕斗。图13-12所示为活动直轨底卸式箕斗，需用装载装置向箕斗内进行装载。箕斗装载装置包括矿仓溜矿口闸门、计量漏斗及其闸门、操纵闸门的气缸等。计量漏斗的容积与箕斗容积相等。打开计量漏斗闸门，矿石便从计量漏斗装入箕斗中。关闭计量漏斗闸门，打开矿仓溜矿口闸门，矿石便从矿仓进入计量漏斗内。

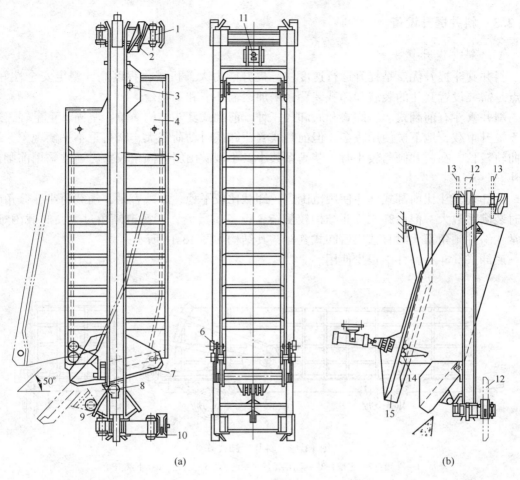

图 13-12　活动直轨底卸式箕斗

（a）箕斗的结构；（b）卸载示意图

1—罐耳；2—行程开关曲轨；3—斗箱旋转轴；4—斗箱；5—框架；6，14—导轮挂钩；7—箕斗底；
8—托轮；9—托轮曲轨；10—导轨槽；11—悬吊轴；12—楔形罐道及导轨；13—钢丝绳罐道；15—卸载直轨

　　活动直轨底卸式箕斗在装载和提升过程中，依靠装在斗箱下部两侧的导轮挂钩钩住焊在框架下部两内侧的掣子，以保持箕斗定位。当箕斗进入卸载点时，框架立柱顶端进入楔形罐道，下部卸载导轨槽嵌入卸载导轨，使框架保持横向稳定。与此同时，装在斗箱上的导轮挂钩的导轮垂直进入安装在井塔上的活动卸载直轨（图 13-12（b））。卸载直轨通过导轮使钩子绕自身的支点转动，钩子与框架上的掣子脱开。当箕斗继续上升，框架上部的行程开关曲轨作用于固定在井塔上的开关，使箕斗停止运行。这时，通过电磁气控阀控制，活动卸载直轨上的气缸动作，气缸通过卸载直轨将拉力作用在钩子的支承轴上，拉动斗箱往外倾斜。箕斗底的托轮则沿着框架底部的托轮曲轨移动，箕斗底打开，开始卸载。随着气缸的拉动，斗箱摆动至最外边时，箕斗底的倾角为 50°。卸载后，电磁气控阀反向动作，气缸推动活动直轨复位，使斗箱和箕斗底也恢复到关闭位置，此时箕斗可以低速下放。在导轮挂钩的导轮离开卸载直轨后，钩子在自重的作用下回转，钩住框架上的掣子，使斗箱与框架保持相对固定。

13.2.3　斜井提升设备

A　斜井提升箕斗

斜井箕斗提升优点是提升运行速度快，提升能力大，机械化程度高，稳定安全性好；缺点是需要设置箕斗的装载和卸载装置，增加运输环节和工程量。

斜井箕斗有前翻式、后卸式和底卸式三种。前翻式箕斗结构简单、坚固，重量轻，适用于提升重载，地下矿使用较多。但前翻式箕斗卸载时动荷载大，有自重不平衡现象，卸载曲轨较长，在斜井倾角较小时，装满系数小。小型矿山斜井倾角较大时通常采用前翻式箕斗。

后卸式箕斗比前翻式箕斗使用范围广，卸载比较平稳，卸载容易，动载荷小，倾角较小时装满系数大。但后卸式箕斗结构较复杂，设备质量大，卷扬道倾角过大，卸载困难。通常在斜井倾角不大时宜选用后卸式箕斗，其结构如图13-13所示。

底卸式箕斗在斜井中很少使用。

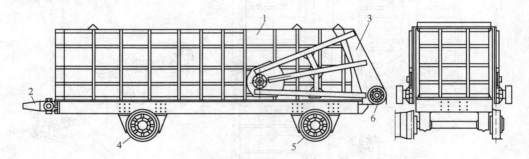

图13-13　斜井后卸式箕斗

1—斗箱；2—主框；3—扇形闸门；4—前轮；5—后轮；6—下载滚轮

B　串车

串车提升是将矿山运输的矿车（固定式和翻转式矿车）编组成列车进行提升，其优点是提升系统运行环节少，基建工程量小，投资少，可减少粉尘和粉矿的产生；缺点是提升能力小，矿车运行速度慢，易发生跑车或掉道事故，需用连接装置以确保串车运行安全。串车提升适用于提升量小、斜井倾角不超过25°的矿山。考虑到空矿车组顺利下放，斜井倾角一般不小于8°为宜，矿车容积一般为 $0.5 \sim 1.2 m^3$，规模较大的矿山也使用 $2m^3$ 的矿车组成串车，以减少编组矿车的数量。

斜井串车提升有单钩串车提升和双钩串车提升，单钩串车提升斜井断面小，初期投资省，但提升能力小。要求提升能力大时，宜采用双钩串车提升。

当斜井（坡）倾角较大，采用矿车组提升方式时，应当考虑矿车在运行中的稳定性，此时以选用固定式矿车为宜。为了在上、下部车场内调车方便以及运行安全，一组矿车的车数应尽可能与电机车牵引的车数成倍数关系。考虑到车场布置尺寸不宜过大和矿车运行的稳定性，一组矿车的车数不宜过多，一般为 2~5 辆。斜井（坡）提升的车辆，还必须根据矿车联接器和车底架的强度校核矿车组车数。必要时须安设安全绳。

C 台车

斜井台车提升是利用台车来提升矿石，其优点是斜井倾角可以较大，阶段运输水平与斜井台车连接简单；缺点是提升能力小，一般是人工将矿车推入台车。台车提升适用于斜井倾角在 30°～40°，提升量在 200t/d 以下的矿井。台车一般作为矿井、采区、材料的辅助提升设备。斜井台车有单层单车式、单层双车式、双层单车式三种形式，其中以单层单车式提升应用最为广泛，后两种形式的台车应用较少。

D 人车

在水平和倾斜巷道中，采用人车运送人员对于减少非生产时间、改善矿工劳动条件以及提高所有行经巷道人员的安全性具有重大意义。

在平巷采用机车运输的情况下，工人要到一公里以外的工作面工作，则应采用平巷人车（图 13-14（a））运送人员。当倾斜巷道的倾角小于 30°但垂直高度超过 100m，或倾角大于 30°但垂直高度超过 50m 时，亦应采用斜井人车（图 13-14（b））升降人员。为了保证升降人员的安全，每辆斜井人车必须具有可靠的断绳保险装置，提升机应有两套制动闸。

安全规程规定：（1）每班运送人员的时间不超过 30min；（2）人车的行车速度不得超过 3m/s；（3）在人员上下车的地点应设置切断架线电源的区分开关及电铃，在人员上下车时，应切断上下车地点那部分的架线电源；（4）为保证车内人员在架线断裂时的安全，车顶与钢轨间应经过车身车架构成可靠的电流通路；（5）应保证人车的连接器不自行脱钩；（6）在车组中不准挂两辆以上的材料车，在附挂车辆上禁止装爆炸物、易燃物和腐蚀性物品。

 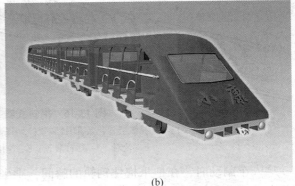

(a) (b)

图 13-14 矿用人车

(a) PRC 系列平巷人车；(b) XRB 系列斜井人车

斜井人车节数一般为 3～4 节（即首车、挂车 1～2 节和尾车），用提升机直接牵引完成斜井中运送人员的任务。人车上的安全装置（包括开动机构、制动机构和缓冲器等）均安设在首车上，当断绳跑车或遇有紧急情况需手动刹车时，可通过开动机构中各部件的动作，打开制动器进行制动。斜井人车的安全制动装置抓捕方式有两种：一种是插爪式制动（插爪式斜井人车，如图 13-15 所示）；另一种是抱轨式制动（抱轨式斜井人车，如图 13-16 所示）。根据斜井倾角和提升能力大小的不同，抱轨式斜井人车列车的组列节数一般是 3~5 节，乘坐人员 45~75 人。抱轨式斜井人车适用于轨距 600mm，轨型 18kg/m、22kg/m、24kg/m 的斜井人员运输，道床可以是木枕、水泥枕及水泥整体道床。

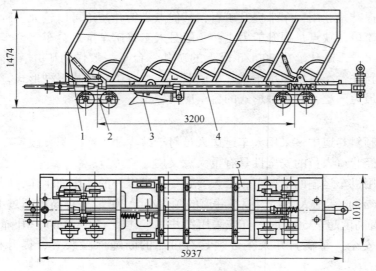

图 13-15　插爪式斜井人车的结构

1—车体；2—双轴转向架；3—制动插爪；4—联动机构；5—缓冲木

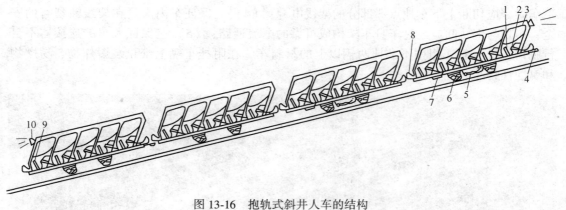

图 13-16　抱轨式斜井人车的结构

1，9—操纵装置；2—闭锁装置；3—车体；4—主拉杆；5—制动装置；
6—轮对；7—缓冲装置；8—连接器链及碰头；10—车灯

人车制动时，在抱爪抱住钢轨的瞬间，乘坐人员的滑架和挂车仍具有很大的动能，因此在首车上安装了两台钢丝绳螺旋缓冲器，其作用是使人车制动时所产生的最大减速度限制在乘坐人员能够承受的安全限度内，以防止发生停车碰伤事故。人车的规格见表 13-4。

表 13-4　人车的规格

类型	型号	轨距 /mm	最大速度/m·s⁻¹	轨道倾角/(°)	外形尺寸/mm			乘坐人数	自重/kg
					长	宽	高		
平巷人车	12 型	600	3		4300	1020	1450	12	1450
	JJ-436 型	62	7		4300	1330	1500	18	1800

类型	型号	轨距/mm	最大速度/m·s⁻¹	轨道倾角/(°)	外形尺寸/mm			乘坐人数	自重/kg
					长	宽	高		
斜井人车	CRX-10	600	3.5	6~30	4500	1035	1450	10	1850
	CRX-15	900	3.5	6~30	4450	1335	1450	15	1950
	红旗一号	600	3.77	25	15700	1200	1565	46	5860.2
		762	3.75	25~30	4620	1300	1450	15	4357.1
		762	3.75	32~37	4933	1300	1450	15	4602

13.2.4 提升容器规格的选择

提升容器的容量是按提升任务大小来确定的。若选择大容量的提升容器，则提升设备将随之增大，初期投入越大，为降低初期投资量，选择提升容器容量越小越好。反之，提升容器选择越小，对于既定规模的矿井，将增加提升次数，或加快提升速度，由此导致电动机容量和电能消耗增大，运转费用相应地增加；而为了节省运转费用，又要增大提升容量。一般地，在不加大提升机及竖井断面直径的前提下，应选用较大容量的提升容器，以采用较低的提升速度，节省电耗，比较经济合理。若同时有几种容器均可满足提升要求，则需要进行技术经济比较后确定。

一般地，罐笼用于有色金属矿山日产量 1000t、井深 300m 左右的矿井，原因是同时提升两种以上矿物时便于分别储存和运输；箕斗用于金属矿山日产量超过 1000t、井深大于 300m 的矿井。此外，对于怕碎矿物应选择罐笼提升；若矿石破碎站靠近井口，选择箕斗提升为宜，以减少地面运输环节；箕斗基建时间比罐笼井要长。

合理选择提升容器规格的原则是：一次合理提升量应使得初期投资和运行费用的加权平均总和最小。为确定一次合理提升量，需选择标准的提升容器，并按如下步骤进行计算。

（1）确定合理的经济提升速度。合理的经济提升速度对应于一次合理的提升量，可按经验公式（13-1）确定。

$$v_j = (0.3 \sim 0.5)\sqrt{H} \tag{13-1}$$

式中　v_j——合理的经济提升速度，m/s；

　　H——提升高度，m，$H = H_z + H_s + H_x$；

　　H_z——装载高度，m，$H_z = 18 \sim 25$m；

　　H_s——矿井深度，m；

　　H_x——卸载高度，m，$H_x = 15 \sim 25$m。

（2）估算一次提升循环时间。

$$T'_x = \frac{H}{v_j} + \frac{v_j}{a} + u + \theta \tag{13-2}$$

式中　T'_x——一次提升循环时间，s；

　　a——提升加速度，m/s²，一般地取 $a = 0.8$m/s²；

u——箕斗低速爬行时间，s，一般地取 $u=10$s；

θ——箕斗装卸载停歇时间，s，其值见表 13-5、表 13-6，一般地取 $\theta=10$s。

表 13-5　箕斗装载停歇时间

箕斗容积/m³	<3.1		3.1~5	≤8
储斗类型	计量	不计量	计量	计量
停歇时间/s	8	18	10	14

表 13-6　罐笼装卸矿车停歇时间

罐笼层数及矿车数量	进出车方式				
	人工推车	机械推卸			
	矿车容积/m³				
	≤0.7	≤0.7	≤0.7	1.2~2	2~2.5
	停歇时间/s				
	单面	双面	双面	双面	双面
单层，每层一车	30	15	15	18	20
双层，每层一车	65	35	35	35	45
双层，每层二车	—	20	20	25	—

（3）小时提升量。

$$A_s = \frac{Ca_f A_n}{b_r t_s} \tag{13-3}$$

式中　A_s——小时提升量，t/h；

C——提升不均衡系数，箕斗提升 $C=1.15$，罐笼提升 $C=1.2$，混合提升 $C=1.25$；

a_f——提升富余系数，主井提升设备对第一水平留有 1.2 的富余系数；

A_n——矿井设计生产能力，t/a；

b_r——提升设备年工作天数，天，一般地 $b_r=300\sim330$ 天；

t_s——提升设备每天工作小时数，h，一般地 $t_s=14$h。

（4）计算小时提升次数

$$n_s = \frac{3600}{T'_x} \tag{13-4}$$

（5）计算一次合理提升量（t/次）

$$Q' = \frac{A_s}{n_s} \tag{13-5}$$

（6）根据选定的箕斗规格计算一次实际提升量

$$Q = \gamma V \tag{13-6}$$

式中　γ——矿石松散容重，kg/m³；

V——所选标准容器的有效容积，m³。

13.3 矿井提升机及天轮

13.3.1 矿井提升机

13.3.1.1 矿井提升机的类型

矿井提升机是矿井提升系统中最主要的组成部分之一，矿井提升机按其滚筒的构造特点可分为单绳缠绕式、多绳摩擦式及内装式提升机三大类，多绳摩擦式提升机又分为落地式和塔式两种。

单绳缠绕式提升机（图 13-17（a））是较早出现的一种提升机，工作原理比较简单，它将钢丝绳的一端固定并缠绕在提升机的滚筒上，另一端绕过井架上的天轮悬挂提升容器，利用滚筒转动方向的不同将钢丝绳缠绕或放开，完成提升或下放物料、人员的任务。目前单绳缠绕式提升机在矿井提升中占有较大比重，比较适用于竖井、斜井、中小型矿井及凿井等环境中。多绳摩擦式提升机（图 13-17（b））是多根钢丝绳挂在卷筒上，当卷筒（摩擦轮）转动时依靠钢丝绳与摩擦轮上衬块之间的摩擦力带动钢丝绳运行。这种提升机由于具有安全可靠、体积小、质量小，更适用于深井提升等优点，在我国矿井提升中已得到广泛应用。

 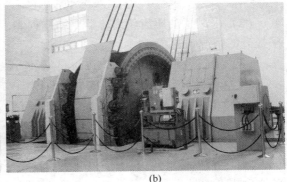

(a)   (b)

图 13-17 矿井提升机
(a) 单绳缠绕式提升机；(b) 多绳摩擦式提升机

内装式提升机是将拖动电机直接装在摩擦轮内部，使电机转子与摩擦轮成为一体，是一种全新的新型提升机。它的摩擦轮相当于电动机的转子，主轴相当于电动机的定子。同时，主轴可做成空心轴作为冷却风道，这样既达到了使内部电动机冷却的目的，减少了设备结构重量，又减少了提升系统的转动惯量。图 13-18 所示为内装式提升机的结构示意图。

13.3.1.2 单绳缠绕式提升机的结构

国产单绳提升机都是等直径的，是我国在 20 世纪 70 年代开始生产和使用的系列产品——JK 系列提升机，其直径为 2~5m，这类提升机具有以下特点：

（1）采用盘式闸及液压站，这不仅缩小了提升机的体积和质量，而且使制动工作更安全可靠；

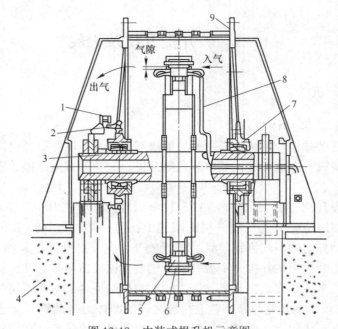

图 13-18　内装式提升机示意图

1—电刷；2—滑环；3—定子（固定不分）；4—基础；5—定子铁芯和绕组；
6—转子刀；7—滚珠轴承；8—定子接线处；9—摩擦轮部分（转动部分）

（2）采用了油压齿轮离合器，结构简单，使用可靠，调绳速度快，尤其适用于多水平提升的情况；

（3）通过合理的设计和改进，重量轻，提升能力大。

JK 系列提升机的总体结构如图 13-19 所示，其基本参数规格见表 13-7、表 13-8。

图 13-19 所示为 JK 型双筒提升机的结构示意图。双筒提升机的主轴上装有两个卷筒：一个用键固定在主轴上，称为固定卷筒；另一个通过调绳装置与主轴套装连接，称为活动卷筒。双筒提升机用作双钩提升，每个卷筒上固定一根钢丝绳，两根钢丝绳的缠绕方向相反，因此当卷筒旋转时其中一根缠绕到卷筒，另一根则从卷筒上释放，使悬吊在钢丝绳上的一个提升容器上升，而另一个容器则下降，从而完成提升重容器和下放空容器的任务。双筒提升机在更换水平、调节绳长和更换钢丝绳方面都比较方便。单筒提升机可用作单钩提升，也可用作双钩提升，双钩提升时，卷筒表面为两根钢丝绳所共用，卷筒表面在每次提升中都得到了充分的利用。单筒提升机具有结构简单、紧凑、重量轻等优点，缺点是当双钩提升时不能用于多水平提升，且调节绳长、换绳都不方便。

JK 系列双筒提升机主要由主轴装置、制动装置、减速器和联轴器、深度指示器等部分组成。

A　主轴装置

主轴装置包括主轴、卷筒、主轴承和调绳离合器。图 13-20 所示为 JK 型双卷筒提升机主轴装置，主轴的右端为固定卷筒，固定滚筒的右轮毂用切向键固定在主轴上，左轮毂装在主轴上，其上装有润滑油杯，定期向油杯内注入润滑油，以避免轮毂与主轴表面过度磨损。活滚筒的右轮毂经铜套或尼龙套滑装在主轴上，也装有专用润滑油杯，以保证润滑；左轮毂用切向键固定在主轴上并经调绳离合器与卷筒连接。

表13-7　JK系列矿井提升机的型号及基本参数

型号	卷筒 数量/个	卷筒 直径/mm	卷筒 宽度/mm	钢丝绳最大静张力/kN	钢丝绳最大静张力差/kN	钢丝绳最大直径/mm	钢丝绳内钢丝破断力总和/kN	最大提升高度/m 一层	二层	三层	四层	最大提升速度/(m·s⁻¹)	减速器及传动比	传动比	电动机 最大功率/kW	电动机 转速/(r·min⁻¹)	总质量/t	提升机旋转部分变位质量/t	两卷筒中心距/mm	卷筒中心高度/mm
2JK-2/11.5	2	2000	1000	60	40	26	439.5	159	346	565	790	6.55	ZHKR-115	11.5	300	720	27.3	7	1132	650
2JK-2/20												5 3.7		20	230 170	960 720		7.2		
2JK-2/30												3.3 2.5		30	153 115	960 720		8.2		
JK-2/11.5	1	2000	1500	60	60 40	26	439.5	278	597	989		6.55	ZHKR-115	11.5	453	720	23.1	5.52		650
JK-2/20												5 3.7		20	348 256	960 720		6.08		
JK-2/30												3.3 2.5		30	207 174	960 720		6.85		
2JK-2.5/11.5	2	2500	1200	90	90 55	31	608.5	213	456	939		8.2 6.6	ZHKR-130	11.5	520 420 350	720 580 480	37	11	1350	650
2JK-2.5/20												4.7 3.8		20	300 240	720 580		11.5		
2JK-2.5/30												3.14 2.5		30	197 160	720 580		12		

续表13-7

型号	卷筒数量/个	卷筒直径/mm	卷筒宽度/mm	钢丝绳最大静张力/kN	钢丝绳最大静张差/kN	钢丝绳最大直径/mm	钢丝绳内钢丝破断力总和/kN	最大提升高度/m 一层	二层	三层	四层	最大提升速度/m·s⁻¹	减速器及传动比	电动机最大功率/kW	电动机转速/r·min⁻¹	总质量/t	提升机旋转部分变位质量/t	两卷筒中心距/mm	卷筒中心高度/mm
2JK-3.5/11.5	2	3500	1700	170	115	43	1185		330	670		11.4 9.25 7.05	ZHKR-170Ⅲ 11.5	1510 1225 1015	720 580 480	74	23.5	1840	700
2JK-3.5/15.5												8.5 6.85	ZHD2R-180 15.5	1125 910	720 580	98	28.6		
2JK-3.5/20												6.6 5.3 4.4	ZHKR-170Ⅲ 20	875 705 585	720 580 480	74	23.6		
2JK-4/10.5	2	4000	1800	180	125	47.5	1430		351	753		11.95 9.6	ZHKR-170Ⅲ 10.5	1675 1385	580 480	102	24.5	1964	700
2JK-4/11.5												10.5 3.7	ZHD2R-180 11.5（双机拖动）	1515 1255	580 480		30		
2JK-4/20												6.1 5.1	20（双机拖动）	880 735	580 480	95	30.8		
2JK-5/10.5	2	5000	2300	230	160	52	1705			565		11.95	ZD-2×200 10.5（双机拖动）	2200	480	175	31.8	2464	900
2JK-5/11.5												10.95	11.5（双机拖动）	2000	480		—		

表 13-8　JK-A 型矿井提升机技术性能

型号	卷筒			钢丝绳最大静张力/kN	钢丝绳最大静张力差/kN	钢丝绳最大直径/mm	钢丝绳内钢丝破断力总和/kN	最大提升高度/m			最大提升速度/m·s⁻¹	减速器及传动比	电动机		总质量/t
	数量/个	直径/mm	宽度/mm					一层	二层	三层			最大功率/kW	转速/r·min⁻¹	
JK-2/20A	1	2000	1500	60	60	24.5	389	275/306	613/669	996/	5.11 / 3.82	PTH800 (2)　20	326 / 244	975 / 733	20.41
JK-2/30A										1044	3.40 / 2.55		218 / 163	975 / 733	
JK-2.5/20A	1	2500	2000	90	90	31	608.5	386/403	803/843	1253/	4.78 / 3.80	PTH1000 (2)　20	458 / 364	730 / 580	30.12
JK-2.5/30A										1324	3.19 / 2.53	PTH1000 (2)　30	306 / 243	730 / 580	
JK-3/20A	1	3000	2200	130	130	37	876	431/460	894/930	1395/ 1640	5.57 / 4.56 / 3.81	PTH1250 (2)　20	794 / 631 / 528	730 / 580 / 480	28.75
2JK-2/11.5A	2	2000	1000	60	40	24.5	3890	164/177	357/387	573/628	6.65	PTH710 (2)　11.5	283	780	37.71/ 36.46
2JK-2/20A											5.11 / 3.82	PTH710 (2)　20	218 / 164	975 / 730	
2JK-2/30A											3.40 / 2.55	PTH710 (2)　30	145 / 109	975 / 730	
2JK-2.5/11.5A	2	2500	1200	90	55	31	680.5	205/215	435/460	700/745	8.31 / 6.6 / 5.52	PTH900 (2)　11.5	487 / 387 / 324	730 / 580 / 485	54.98/ 53.20
2JK-2.5/20A											4.78 / 3.8	PTH900 (2)　20	280 / 223	730 / 510	
2JK-2.5/30A											3.19 / 2.53	PTH900 (2)　30	187 / 148	730 / 580	

续表 13-8

型号	卷筒 数量/个	卷筒 直径/mm	卷筒 宽度/mm	钢丝绳最大静张力/kN	钢丝绳最大静张力差/kN	钢丝绳最大直径/mm	钢丝绳内钢丝破断力总和/kN	最大提升高度/m 一层	最大提升高度/m 二层	最大提升高度/m 三层	最大提升速度/m·s⁻¹	减速器及传动比	电动机 最大功率/kW	电动机 转速/r·min⁻¹	总质量/t
2JK-3/11.5A	2	3000	1500	130	80	37	8760	290	596	955	9.97 7.92 6.62	PTH1000 (2)　11.5	850 675 565	730 580 485	74.11
2JK-3/20A											5.73 4.56	20	489 388	730 580	10.89
2JK-3/30A											3.82 3.04	30	326 259	730 580	
2JK-3.5/11.5B	2	3500	1700	170	115	43	1190	329	690		11.63 6.24 7.73	PTH1250 (2)　11.5 116	1426 1133 947	730 580 485	99.43
2JK-3.5/20B											6.69 5.31 4.44	PTH1250 (2)　20 12	820 651 545	730 580 485	98.51

注: 表内最大功率为计算值, 其传动效率 $\eta = 0.92$。

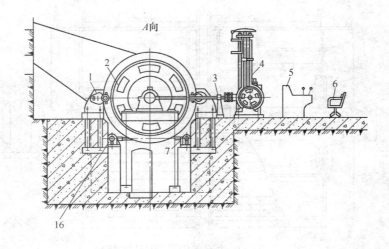

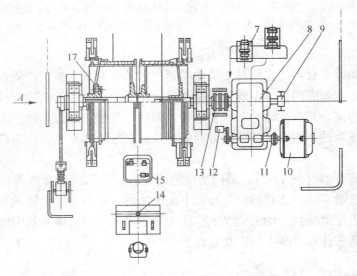

图 13-19　JK 系列矿井提升机示意图

1—盘式制动器；2—主轴装置；3—牌坊式深度指示器传动装置；4—牌坊式深度指示器；5—操纵台；6—司机座椅；
7—润滑油站；8—减速器；9—圆盘式深度指示器传动装置；10—电动机；11—蛇形弹簧联轴器；12—测速发动机装置；
13—齿轮联轴器；14—圆盘式深度指示器；15—液压站；16—锁紧器；17—齿轮离合器

　　卷筒除其轮毂是铸钢件以外，其他均为 16Mn 钢板焊接结构；轮辐由圆盘钢板制成，
且开有若干个孔，并用螺栓固定在轮毂上。筒壳是用两块 10～20mm 厚钢板焊接而成，在
筒壳表面敷以木衬。木衬采用强度高而韧性大的柞木、水曲柳或榆木等制成宽度为 150～
200mm、厚度不小于钢丝绳直径 2 倍的木条，两端用螺钉与筒壳固定，螺钉应埋入木衬
1/3 厚度处。木衬上按钢丝绳的缠绕方向刻有螺旋槽，以引导钢丝绳依次均匀地按顺序缠
绕在筒壳表面。钢丝绳的固定端伸入筒壳下面，用绳卡固定在轮辐上。

　　提升机主轴承承受所有外部载荷，并将此载荷经主轴传给地基的主要部件。主轴用极
限强度为 500～600MPa 的优质钢材锻造，将其表面加工光滑，并对其摩擦表面进行研磨。
主轴承采用的是滑动轴承，用以支承主轴，并承受机器旋转部分的轴向及径向负荷。

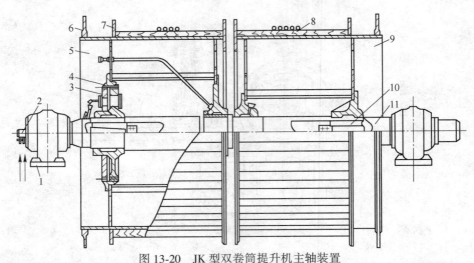

图 13-20　JK 型双卷筒提升机主轴装置

1—主轴承；2—密封头；3—调绳离合器；4—尼龙套；5—活动卷筒；6—制动盘；

7—挡绳板；8—衬木；9—固定卷筒；10—节向键；11—主轴

B　调绳离合器

双筒提升机调绳离合器的作用是使活动卷筒与主轴脱开或联接，以便在调节绳长、更换提升水平或更换钢丝绳时使两个卷筒产生相对运动。

提升机用调绳离合器有齿轮式和蜗轮蜗杆式两种。按使用动力不同，齿轮式调绳离合器分为气动和液压两种。齿轮式调绳离合器的特点是能远距离操纵，而蜗轮蜗杆式的调绳速度比较快。

齿轮式调绳离合器（图 13-21）的活动卷筒筒壳的左轮辐固定有内齿轮，主轴通过切向键与轮毂连接。沿左轮毂四周均匀分布三个调绳油缸，相当于三个销子将轮鼓与外齿轮连接在一起。外齿轮滑装在左轮毂调绳油缸的左端盖连同油缸缸体一起用螺钉闸定在外齿轮上。活塞通过活塞杆和右端盖固定在轮毂上。

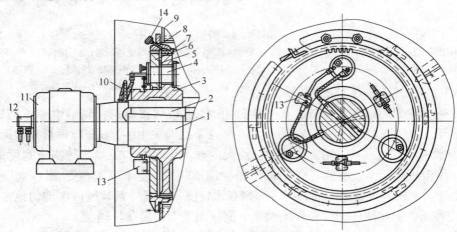

图 13-21　齿轮式调绳离合器

1—主轴；2，3—轮毂；4—油缸；5—橡胶缓冲垫；6—齿轮；7—尼龙瓦；8—内齿轮；

9—卷筒轮辐；10—油管；11—轴承盖；12—密封头；13—连锁阀；14—油杯

当压力油进入油缸左腔中而又从右腔流回油池时，活塞不动，缸体在压力油的作用下沿缸套带动外齿轮一同向左移动，使内、外齿轮脱离，使活滚筒与主轴脱开，从而实现固定卷筒与活卷筒有相对运动，完成调绳或更换水平的工作。反之活卷筒与主轴连接。调绳离合器在提升机正常运转时，左、右腔均无压力油，离合器处于合上状态，两个卷筒将同步运转。

JK-A 型矿井提升机则采用径向齿块式调绳离合器，其结构如图 13-22 所示。

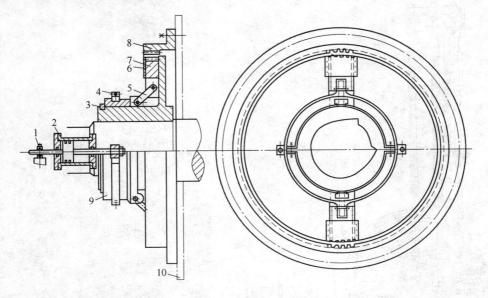

图 13-22 径向齿块式调绳离合器

1—连锁阀；2—油缸；3—卡箍；4—拨动环；5—连扳；6—盖板；7—齿块；8—内齿圈；9—移动毂；10—制动盘

C 减速器

根据提升速度要求，矿井提升机主轴的转速一般在 $20 \sim 60 r/min$，而拖动提升机的电动机转速通常为 $290 \sim 980 r/min$。因此，矿井提升机除采用低速直流电动机拖动外，还必须使用减速器减速。JK 型系列提升机采用双级圆弧齿轮减速器，速比为 10.5、11.5、15.5、20.3。一般地，传动比小于 11.5 时采用一级减速器，大于 11.5 时采用二级减速器。减速器的高速轴用弹性联轴器与电动机轴相连，低速轴用齿轮联轴器与主轴相连。减速器中的各轴承和啮合齿面由单独的润滑油站供油润滑。

D 深度指示器

深度指示器的作用是：（1）为提升机司机指示提升容器在井筒中的位置，指示提升机正确运行；（2）当容器接近井口车场时发出减速信号；（3）当容器过卷时，打开装在深度指示器上的终点开关，切断保护回路，进行安全制动；（4）在减速阶段通过限速装置，进行过速保护。

JK 型提升机深度指示器有牌坊式和圆盘式两种，前者适用于凿井提升和多水平提升的矿井，后者适用于单水平提升的矿井。牌坊式深度指示器的特点是其指针上下移动形象直观，指示清楚，工作可靠，但不够精确，且结构较复杂，体积大。圆盘式深度指示器结构简单，使用可靠，指示精度较高（误差在 200mm 以内），但直观感较差。

牌坊式深度指示器由四根支柱、两根垂直丝杆、两个限速圆盘及数对齿轮、蜗轮副组成（图 13-23）。提升机主轴的旋转运动经传动系统传给两根垂直丝杆，使两丝杆以相反方向旋转，带动套在丝杆上装有指针的螺母上下移动，指针旁边装有标尺，以指示提升容器在井筒中的位置。

图 13-23　牌坊式深度指示器
(a) 指示器结构图；(b) 实际外形图

1—底座；2，3—螺母（上下两个）；4—垂直丝杠（两根）；5—标尺；6—撞块；7—减速开关；8—过卷开关；
9—铃锤；10—铃；11—蜗杆；12—涡轮；13—限速凸轮盘；14—限速器；15，16—齿轮副；
17—伞齿轮副；18—离合器；19—导向轴；20—压板；21—销子孔

当接近井口卸载位置时，螺母的移动通过销子孔中的销子将压板拾起，锤头就打铃，提示司机减速。过卷时，螺母的碰铁通过传动装置将过卷开关碰撞打开，进行安全制动。由于限速凸轮盘由涡轮带动，通过限速电阻控制电气限速器，使提升机在减速阶段不致过快，同时也通过限速自整角机进行减速限速保护。

图 13-24 所示为圆盘式深度指示器，它由传动装置和深度指示盘组成。圆盘的传动轴与减速器的输出轴相连，经齿轮对一方面带动发送自整角机转动；另一方面经涡轮副带动前后限速圆盘。每块圆盘上装有几块碰板和一块限速凸板（图 13-25），用于碰压减速开关、过卷开关及限速自整角机，使之发出信号、进行减速和安全制动。

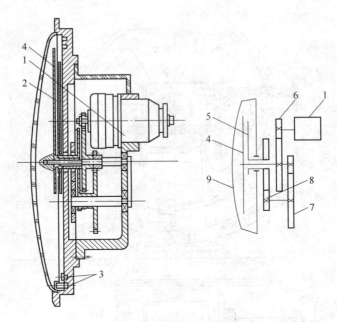

图 13-24　圆盘式深度指示器

1—接收自整角机；2—指示针；3—停车标记；4—精指示盘；5—粗指示盘；
6—齿轮副；7, 8—减速齿轮组；9—有机玻璃罩

深度指示盘（图 13-25）装在操纵台正面上，当发送自整角机转动时发出信号使接收自整角机相应转动，经过三对减速齿轮带动粗指针进行粗略指示；经过一对减速齿轮带动精指针进行精确指示，以便在提升终了时比较精确地指示提升容器的停止位置。

E　制动装置

制动装置是矿井提升机的重要组成部件之一，按其结构分为盘式制动系统和块式制动系统，它由制动闸和传动机构组成。制动闸是直接作用于制动轮盘上产生制动力矩的部分；传动机构是控制调节制动力矩的部分。

制动装置的作用是：（1）正常停车，即提升机停止工作时可靠地闸住提升机；（2）工作制动，即在减速阶段及下放重物时，对提升机加以制动，使提升机减速或限制下放速度；（3）安全制动，当发生紧急事故时迅速闸住提升机；（4）更换提升水平时，闸住提升机的活卷筒，松开固定井筒。

JK 型提升机和多绳提升机采用油压传动的盘式制动器，其结构及配置示意图如图 13-26所示。由图 13-26（b）可见，盘式制动器由支架及两个分别置于制动盘外侧的制动闸组成。支架固定于基础上，制动闸装在支架上。制动盘固定在两卷筒的外侧。每个制动盘配以两个、四个甚至六个盘式制动器。

盘式制动器是靠盘形弹簧产生制动力、靠油压而松闸的。松闸时，由高压油管来的油经制动器的油管进入油缸，压活塞向外移，盘形弹簧被压缩，于是闸瓦随着闸衬因螺旋弹簧的伸张而外移，闸瓦离开制动盘。制动时，可使油管中的油压减小，直至没有压力，此时由于盘形弹簧的伸张，活塞内移，活塞杆的内端将闸衬连同闸瓦顶着向内移动（此时螺旋弹簧被压缩），于是闸瓦压紧制动盘，靠闸瓦与制动盘之间的摩擦力实现制动停车。

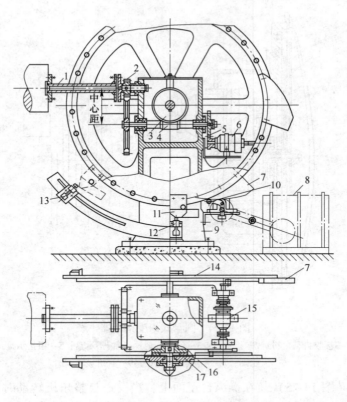

图13-25　深度指示盘

1—转动轴；2—更换齿轮副；3—涡轮；4—蜗杆；5—增速齿轮对；6—发送自整角机；7—限速凸轮板；
8—限速变阻器；9—机座；10—滚轮；11—撞块；12—减速开关；13—过卷开关；14—后限速圆盘；
15—限速用自整角机；16—前限速圆盘；17—摩擦离合器

活塞内移时缸内的油经油管排出。螺旋弹簧的力量较之盘形弹簧是非常小的。

　　闸瓦压向制动盘的正压力大小取决于油压的大小，当油压达最小值时弹簧力几乎全作用在活塞上，制动盘受的正压力最大，呈全制动状态。反之，当油压最大时机器则全松闸。制动力的调节是通过液压站的有关设备改变油压来实现的。液压站的作用是：调节油压，使提升机获得不同的制动力矩；当发生事故时能迅速回油，产生安全制动；控制双筒提升机的调绳装置。

13.3.1.3　多绳摩擦式提升机

　　多绳摩擦式提升机是以几根钢丝绳来代替一根钢丝绳，利用提升钢丝绳与摩擦轮之摩擦衬垫间的摩擦力来传递动力。摩擦式提升机在运转时，摩擦轮靠摩擦力来带动提升钢丝绳，使重载侧钢丝绳上升，空载侧钢丝绳下放。多绳摩擦式提升机具有安全性高、钢丝绳直径细、主导轮直径小、设备重量轻、耗电少、价格便宜等优点，发展很快。除用于深立井提升外，还可用于浅立井和斜井提升。

　　钢丝绳搭放在提升机的主导轮（摩擦轮）上，两端悬挂提升容器或一端挂平衡锤。运转时，借主导轮的摩擦衬垫与钢丝绳间的摩擦力，带动钢丝绳完成容器的升降。钢丝绳一般为2~10根。

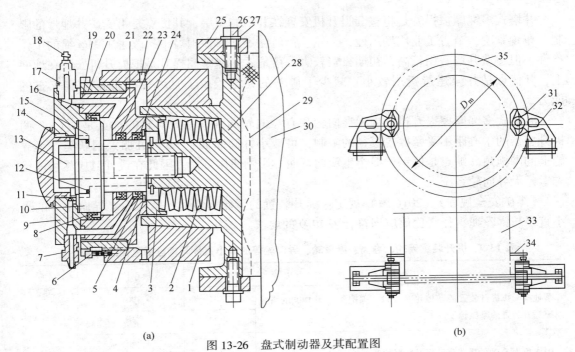

(a)

(b)

图 13-26　盘式制动器及其配置图

1—制动器体；2—盘形弹簧；3—弹簧垫；4—卡圈；5—挡圈；6—锁紧螺母；7—泄油管；8，12，13，23，24—密封圈；
9—油缸盖；10—活塞；11—后盖；14—连接螺栓；15—活塞内套；16，17，19—进油接头；18—放气螺栓；
20—调节螺母；21—油缸；22—螺孔；25—挡板；26—压板螺栓；27—垫圈；28—带衬板的筒体；29—闸瓦；
30，35—制动盘；31—盘式制动器；32—支座；33—卷筒；34—挡板绳

摩擦提升可分为单绳摩擦提升和多绳摩擦提升，多绳摩擦式提升设备根据布置方式不
同可分为井塔式和落地式两种，如图 13-27 所示。

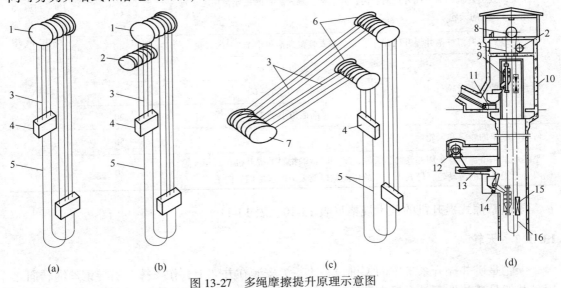

(a)　　　　　　　　(b)　　　　　　　　(c)　　　　　　　　(d)

图 13-27　多绳摩擦提升原理示意图

（a）无导向轮提升系统；（b）有导向轮提升系统（井塔式）；（c）落地式提升系统；（d）提升系统装备图（井塔式）

1—摩擦轮；2—导向轮；3—提升钢丝绳；4—提升容器或平衡锤；5，16—尾绳；6—天轮；7—主导轮；8—提升机；
9—箕斗；10—封闭式井塔；11—卸矿装置；12—翻车机；13—胶带（可计量）；14—装矿装置；15—平衡锤

井塔式多绳摩擦提升是将整套提升机安置在井塔的顶层，其优点是不受矿井地形的限制，布置紧凑，节省工业广场用地，天轮、钢丝绳不暴露在雨雪中，改善了钢丝绳的工作条件，但建造井塔费用较高，初期投资较大。落地式多绳摩擦提升是把提升机安装在地面上，其优点是井架建造费用较小，减少了矿井的初期投资，且可提高抵抗地震灾害的能力。

井塔式多绳摩擦提升机分为无导向轮和有导向轮两种，有导向轮的优点是：（1）两提升容器的中心距不受摩擦轮直径的限制，可减小井筒断面；（2）可加大钢丝绳在上导轮上的围抱角。缺点是使钢丝绳产生反向弯曲，影响使用寿命。因此在设计时应尽可能优先考虑无导向轮系统。

《煤矿安全规程》（2016 版）规定：提升装置的天轮、卷筒、摩擦轮、导向轮等的最小直径与钢丝绳直径之比值应当符合表 13-9 的要求。

表 13-9　提升装置天轮、卷筒、摩擦轮、导向轮等的最小直径与钢丝绳直径的比值表

用　途		最小比值	说明
落地式摩擦提升装置的摩擦轮及天轮、围抱角大于 180°的塔式摩擦提升装置的摩擦轮	井上	90	在这些提升装置中，如使用密封式提升钢丝绳，应当将各相应的比值增加 20%
	井下	80	
围抱角为 180°的塔式摩擦提升装置的摩擦轮	井上	80	
	井下	70	
摩擦提升装置的导向轮		80	
地面缠绕式提升装置的卷筒和围抱角大于 90°的天轮		80	
地面缠绕式提升装置围抱角小于 90°的天轮		60	
井下缠绕式提升机和凿井提升机的卷筒，井下架空乘人装置的主导轮和尾导轮、围抱角大于 90°的天轮		60	
井下缠绕式提升机、凿井提升机和井下架空乘人装置围抱角小于 90°的天轮		40	
斜井提升的游动天轮	围抱角大于 60°	60	
	围抱角在 35°~60°	40	
	围抱角小于 35°	20	
矸石山绞车的卷筒和天轮		50	
悬挂水泵、吊盘、管子用的卷筒和天轮，凿井时运输物料的提升机卷筒和天轮，倾斜井巷提升机的游动轮，矸石山绞车的压绳轮以及无极绳运输的导向滚等		20	

多绳摩擦式提升机的技术规格见表 13-10、表 13-11。

13.3.2　天轮

天轮是矿井提升系统中的关键设备之一，安装在井架上，作支撑、引导钢丝绳转向之用。井架是矿井地面具有标志性的建筑物，用于支持天轮和承载井上下提升重物、固定罐道和卸载曲轨、罐座或摇台等。井架依据使用的材料不同可分为金属井架、混凝土井架、木井架、装配式井架几种类型。

表 13-10　JKD 型多绳摩擦轮提升机技术规格

型号	摩擦轮直径/mm	钢丝绳最大静张力/kN	钢丝绳最大静张力差/kN	钢丝绳最大直径/mm		钢丝绳根数/根	最大提升速度/m·s^{-1}	减速器		总质量/t	变位质量/t	适用年产量/万吨
				有导向轮	无导向轮			型号	额定最大扭矩/kN·m			
JKD1850×4	1850	220	65		23	4	9.7	ZGH70	116/78	15.7	5.7	60
JKD2100×4	2100	280	90		25.5	4	10.5	ZGH70		17.7		60
JKD2100×6	2100	420	100		25.5	6	11.75	ZGH80		24.7		80~100
JKD2250×6	2250	495	130		28	6	11.75	ZGH80		27.5	9.372	90~120
JKD2800×6	2800	495	150	28		6	11.75	ZGH90	330/220	48.9	2.16(导轮)	150~180
JKD3250×6	3250	700	170	32.5		6	11.75	ZGH100		59.1	16.51	180~210
JKD4000×6	4000	950	200	39.5		6	11.75	ZGH120	780/440	90	5.72(导轮)	300~350

表 13-11　JMK 型多绳摩擦轮提升机技术规格

型号	主导轮直径/mm	导向轮直径/mm	钢丝绳最大静张力/kN	钢丝绳最大直径/mm		最大提升速度/m·s^{-1}	减速器			电动机功率/kW						最大不可拆件质量/t	总质量/t	变位质量/t	导向轮变位质量/t
							速比	扭矩/kN·m		最大允许计算值 转数/r·min^{-1}				最大转数/r·min^{-1}	传达方式				
				有导轮	无导轮			最大	额定	365	490	590	750						
JKM-1.85/4 (Ⅰ)	1.85	204	60		23	9.7	7.35 10.5 11.5	115	75		525 400 350	630 460 430	800 470 550	750	单电机	6.17		5.37 7.00 7.47	
JKM-1.85/4 (Ⅱ)	1.85	204	60		23	9.7	7.35 10.5 11.5	118	78.5		525 400 350	630 460 430	800 470 550	750	单电机	6.96		7.78 8.58 8.91	
JKM-2/4 (Ⅰ)	2	244	60		25	10.5	7.35 10.5 11.5	115	75		600 425 400	700 500 460	900 630 510	750	单电机	6.37		5.58 6.66 7.08	

续表 13-11

型号	主导轮直径/mm	导向轮直径/mm	钢丝绳最大静张力/kN	钢丝绳最大直径/mm 有导轮	钢丝绳最大直径/mm 无导轮	最大提升速度/m·s^{-1}	速比	减速器扭矩/kN·m 最大	减速器扭矩/kN·m 额定	电动机功率/kW 最大允许计算值 转数/r·min^{-1} 365	490	590	750	最大转数/r·min^{-1}	传达方式	最大不可拆件质量/t	总质量/t	变位质量/t	导向轮变位质量/t
JKM-2/4（Ⅱ）	2	244	60		25	10.5	7.35	118	78.5		600	700	900	750	单电机	7.16		7.33	
							10.5				425	500	630					8.01	
							11.5				400	460	570					8.30	
JKM-2.25/4（Ⅰ）	2.25	201/ 244	60		28	11.8	7.35	115	75		630	800	1000	750	单电机	7.14		5.40	1.36
							10.5				425	520	700					6.25	
							11.5				400	480	600					6.58	
JKM-2.25/4（Ⅱ）	2.25	201/ 244	60		28	11.8	7.35	118	78.5		630	800	1000	750	单电机	7.39		6.78	1.36
							10.5				425	520	700					7.31	
							11.5				390	480	600					7.55	
JKM-2.8/4（Ⅰ）	2.8	300	90		28	11.8	7.35	190	113	800	1000	1250	1500	750	单电机	13.1		9.31	2.38
							10.5			600	720	900	1000					10.98	
							11.5			500	630	800						11.53	
JKM-2.8/4（Ⅱ）	2.8	300	95		28	11.8	7.35	230/420	140/250	800	1150	1300	1200	750	单电机	13.6	54.9	11.32	2.38
							10.5			580	800	1000	1150				54.6	15.01	
							11.5			500	720	800					54.7	15.49	
JKM-3.25/4（Ⅰ）	3.25	450	140	32.3		12	7.35	390	225		2050	1800	2150	750	单电机	18.3	64.4	12.06	3.06
							10.5				1450	1600	2000				64.9	13.60	
							11.5				1300						65	14.80	
JKM-3.25/4（Ⅱ）	3.25	450	140	32.3		12	7.35	420	250		2000	1700	2300	750	双电机	18.6	64.4	15.26	3.06
							10.5				1460	1600	2000				64.1	17.05	
							11.5				1400						64.2	17.65	

续表 13-11

型号	主导轮直径/mm	导向轮直径/mm	钢丝绳最大静张力/kN	钢丝绳最大直径/mm（有导轮/无导轮）	最大提升速度/m·s⁻¹	速比	减速器扭矩/kN·m 最大	减速器扭矩/kN·m 额定	365	490	590	750	最大转数/r·min⁻¹	传达方式	最大不可拆件质量/t	总质量/t	变位质量/t	导向轮变位质量/t
JKM-2.8/6（Ⅰ）	2.8	529	150	28	14.75	7.35	390	225		2000	2300	3000	750	单电机	19.8	66.7	17.19	3.40
						10.5				1300	1600	2150				67.1	13.36	
						11.5				1260	1500	1900				67.3	16.18	
JKM-2.8/6（Ⅱ）	2.8	529	150	28	14.75	7.35	420	250		1000	2400	3000	750	双电机	22.6	71.7	17.33	3.40
						10.5				1400	1700	2300				71.1	19.71	
						11.5				2260	1600	2000				71.5	20.67	
JKM-2.8/6（Ⅲ）	2.8	529	150	28	14.75	7.35	420	250	2800	2800	2800	2800	750	单机直联	22.6	66.7	8.66	3.40
						10.5										67.1		
						11.5										67.3		
JKM-4/4（Ⅰ）	4	600	180	39.5	14	7.35	570	380		3000	2500	2900	750	单电机	26.2	46.3	16.55	2.01
						10.5				2050	2300						17.58	
						11.5				1900							18.05	
JKM-4/4（Ⅱ）	4	600	180	39.5	14	10.5	680	402.5		2300	2850	3200	750	双电机	29.3	82.3	21.87	2.01
						11.5				2000	2500					85.5	22.19	
																85.5		
JKM-3.5/6（Ⅱ）	3.5	800	230	35	13	11.5	680	402.5		3500	3500	3500	750	双电机		94.7		2.52
						10.88										95.3		
JKM-3.5/6（Ⅲ）	3.5	800	230	35	14									单机直联	28.6	55.6	11.40	2.52

根据煤炭行业标准（MT/T 327—2011），天轮按提升方式和用途分为三种类型：

（1）立井天轮：井上固定天轮，用于缠绕式提升机和落地式多绳摩擦提升机。

（2）凿井天轮：凿井或井下固定天轮，亦用于暗立井提升及斜井提升。

（3）游动天轮：主要用于斜井串车提升和多绳提升机。

固定天轮轮体只作旋转运动，主要用于竖井提升及斜井箕斗提升，而游动天轮轮体则除作旋转运动外，还可沿轴向移动。天轮的结构形式也因其直径的不同而分为三种类型：直径 $D_t = 3500\text{mm}$ 时采用模压焊接结构，直径 $D_t \leqslant 3000\text{mm}$ 时采用整体铸钢结构，直径 $D_t \geqslant 4000\text{mm}$ 时采用模压铆接结构。图 13-28 所示为整体铸钢固定天轮和游动天轮。立井天轮及游动天轮的基本参数见表 13-12、表 13-13。

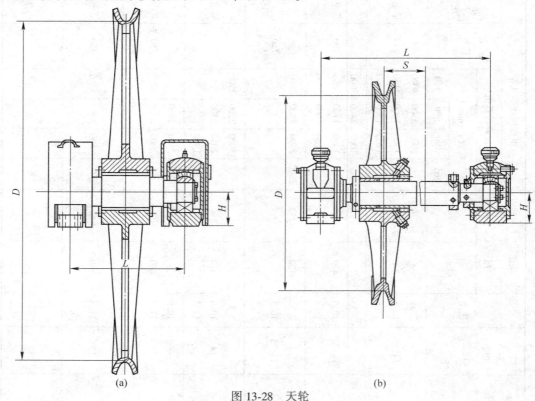

图 13-28　天轮

（a）整体铸钢固定天轮；（b）游动天轮

表 13-12　立井天轮基本参数与尺寸

序号	型号	绳槽底圆直径 D	绳槽半径 R	适用钢丝绳直径	允许钢丝绳破断拉力总和	主要尺寸 L	H	D_1	A	B	d	转动惯量	质量
		mm			kN	mm						kg·m²	kg
1	TLG（H）1600/10	1600	10	>16~18	285	600	140	1750	340	60	22	141	600
2	TLG（H）1600/11		11	>18~20									
3	TLG（H）2000/12.5	2000	12.5	>20~22	413	700	180	2160	460	80	32	310	845
4	TLG（H）2000/13.5		13.5	>22~24									

续表 13-12

序号	型号	绳槽底圆直径 D	绳槽半径 R	适用钢丝绳直径	允许钢丝绳破断拉力总和	主要尺寸						转动惯量	质量
						L	H	D_1	A	B	d		
		mm			kN	mm						kg·m²	kg
5	TLG（H）2500/15	2500	15	>24~26	649	800	200	2690	485	80	32	860	1510
6	TLG（H）2500/16		16	>26~28									
7	TLG（H）2500/17		17	>28~30									
8	TLG（H）3000/18	3000	18	>30~32	990	950	240	3210	600	92	40	1755	2490
9	TLG（H）3000/19		19	>32~34									
10	TLG（H）3000/20		20	>34~36									
11	TLH 3500/21.5	3500	21.5	>36~39	1392	1000	275	3730	680	108	46	3410	3350
12	TLH 3500/23		23	>39~42									
13	TLH 4000/24	4000	24	>42~45	1720	1030	300	4260	740	150	46	5843	4850
14	TLH 4000/26		26	>45~48									
15	TLH 5000/29	5000	29	>48~52	2025	1030	320	5280	780	150	54	15031	6550
16	TLM 3500/23.5	3500	23.5	>37~43	1392	1000	275	3760	680	108	46	3460	3730
17	TLM 4000/25	4000	25	>43~47.5	1476	1030	280	4305	680	130	46	8240	5320
18	TLM 5000/29	5000	29	>47.5~52	1780	1030	300	5290	740	150	46	17063	7280

注：1. 对于直径 D≤3000mm 的天轮为铸钢结构天轮的转动惯量和质量。

2. 天轮型号：T—天轮；L—立井天轮；G—铸钢结构；H—焊接结构；Z—凿井天轮。

表 13-13　游动天轮的基本参数与尺寸

序号	型号	绳槽底圆直径 D	绳槽半径 R	最大游动距离 S	适用钢丝绳直径	允许钢丝绳破断拉力总和	主要尺寸						地脚螺栓个数 n	转动惯量	质量
							L	H	D_1	A	B	d			
		mm				kN	mm						个	kg·m²	kg
1	TDG 600/9/300	600	9	300	14~16	160	670	95	690	260	—	18	4	4	130
2	TDG 800/11/700	800	11	700	>16~20	252	1100	95	920	260	—	18	4	13	220
3	TDG 1000/13.5/800	1000	13.5	800	>20~24.5	382	1250	130	1140	350	—	26	4	31	425
4	TDG 1400/16/740	1400	16	740	>24.5~30	597	1300	140	1580	340	60	22	8	105	675
5	TDG 1400/16/1350			1350			1900								850

注：1. 表中转动惯量和质量为铸钢结构天轮。

2. 天轮型号：T—天轮；D—游动天轮；G—铸钢结构。

13.3.3　提升钢丝绳

13.3.3.1　钢丝绳的构造、分类及选用

提升钢丝绳是矿井提升系统中的重要织成部分，提升机通过钢丝绳传递动力、悬挂提升容器并作上下运动，它直接影响着矿井的生产能力，对提升系统的安全运行起着极为重要的作用。

矿井提升所用的钢丝绳是由相同数量的细钢丝捻成绳股，再用若干绳股沿着浸过防腐防锈油的绳芯捻制成绳，如图 13-29 所示。绳芯多为纤维材料制作的，也有金属芯的，其作用一是起衬垫作用，减少绳股股间钢丝的接触，缓和弯曲应力，二是储存润滑油，防止绳内的钢丝锈损。

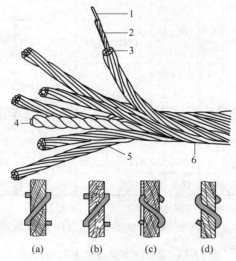

图 13-29　钢丝绳结构及其钢丝的捻向
（a）交互右捻；（b）同向右捻；（c）交互左捻；（d）同向左捻
1—绳股芯；2—内层钢丝；3—外层钢丝；4—绳芯；5—绳股；6—钢丝绳

钢丝绳的材质为优质碳素结构钢，钢丝的直径为 0.4~4mm，钢丝的抗拉强度一般为 1400~2000MPa。优质钢丝绳钢丝的公称抗拉强度分为三个等级，即 1570MPa、1670 MPa 和 1770 MPa。抗拉强度大的钢丝绳的可弯曲性差。设计选用时，一般竖井提升时应选 1665MPa 左右、大于 1520 MPa 的公称强度为宜；斜井提升则应选用靠近 1520 MPa 为宜。

钢丝按耐受反复弯曲和扭转次数的不同分特号、Ⅰ号、Ⅲ号三种，用于升降人员或人和物料混合提升的钢丝绳应选用特号钢丝制成的钢丝绳；仅作提升物料用时可选用 1 号钢丝制成的钢丝绳。

钢丝绳中丝和股的捻向用两位字符字母 Z 和 S 表示，"Z"表右捻向，"S"表示左向捻，第一位字符表示钢丝绳中股的捻向，第二位字母表示股中丝的捻向。这样钢丝绳可以分为右交互捻（ZS）、左交互捻（SZ）、右同向捻（ZZ）、左同向捻（SS）四种（图 13-29）。股的捻向应与钢丝绳在卷筒上缠绕的螺旋方向一致，以防在缠绕时钢丝绳松劲，从而影响钢丝绳的使用寿命。国产提升机的绳槽均为右车槽，因此应选右捻向绳股的钢丝绳。

同向捻钢丝绳柔软，表面光滑，接触面积大，耐弯曲，使用寿命长，断丝后丝头即翘起，易于发现，所以在竖井缠绕式提升和多绳摩擦式提升中经常采用。由于同向捻钢丝绳易松捻（扭转）和反驳打卷，甚至因打结而不能使用，所以在斜井串车提升中需要经常摘挂钩，钢丝绳一端便成为自由端。为防止这种现象的发生，多采用结构较稳定的交互捻钢丝绳。

在钢丝绳中各层钢丝之间都有点、线、面三种接触形式（图13-30），据此将钢丝绳分为点、线、面接触钢丝绳。按股的断面形状，股的断面形状除了有圆形股外，还有三角股（代号为"V"）和椭圆股（代号为"Q"）等（图13-30）。圆形股易于制造，价格低，所以被普遍使用。三角股钢丝绳比圆形股表面圆整平滑，与天轮及卷筒的接触面积大，耐磨损。椭圆股钢丝绳也具备三角股钢丝绳的特点，但比三角股钢丝绳的稳定性稍差。

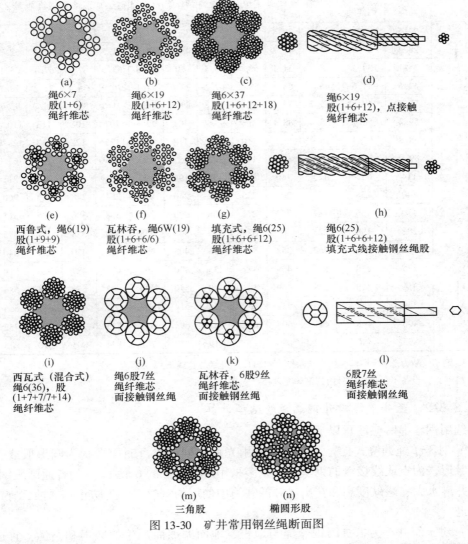

图 13-30　矿井常用钢丝绳断面图

按钢丝的表面状态，钢丝绳有光面和镀锌两种，镀锌钢丝绳又分为 A 级镀锌（代号为 ZAA)，AB 级镀锌（代号为 ZAB)，B 级镀锌（代号为 ZBB)。镀锌的优点是可以防止生锈和腐蚀，但镀锌以后钢丝绳强度有所下降，它常被用于摩擦提升机（因摩擦提升在钢丝绳上涂一般的油会降低摩擦系数)。缠绕式提升机多选用光面钢丝绳，但使用时要定期涂油以防腐蚀。

矿井用优质钢丝绳 6×7 类、6×19 类（GB 8918-2006）技术规格见表 13-14。

表 13-14　优质钢丝绳 6×7 类技术性能

钢丝绳公称直径		钢丝绳参考质量 /kg·(100m)⁻¹			钢丝绳公称抗拉强度/MPa									
					1570		1670		1770		1870		1960	
					钢丝绳最小破断拉力/kN									
D/mm	允许偏差/%	天然纤维芯钢丝绳	合成纤维芯钢丝绳	钢芯钢丝绳	纤维芯钢丝绳	钢芯钢丝绳	纤维芯钢丝绳	钢芯钢丝绳	纤维芯钢丝绳	钢芯钢丝绳	纤维芯钢丝绳	钢芯钢丝绳	纤维芯钢丝绳	钢芯钢丝绳
8		22.5	22	24.8	33.4	36.1	35.5	38.4	37.6	40.7	39.7	43	41.6	45.0
9		28.4	27.8	31.3	42.2	45.7	44.9	48.6	47.6	51.5	50.3	54.4	52.7	57.0
10		35.1	34.4	38.7	51.1	56.4	55.4	60	58.8	63.5	62.1	67.1	65.1	70.4
11		42.5	41.6	46.8	63.1	68.2	67.1	72.5	71.1	76.9	75.1	81.2	78.7	85.1
12		50.5	49.5	55.7	75.1	81.1	79.8	86.3	84.6	91.5	89.4	96.7	93.7	101.0
13		59.3	58.1	65.4	88.1	95.3	93.7	101	99.3	107	105	113	110.0	119.1
14		68.8	67.4	75.9	102	110	109	118	115	125	122	132	128.0	138.0
16		89.9	88.1	99.1	133	144	142	153	150	163	159	172	167.0	180.0
18	+5	114	111	125	169	183	180	194	190	206	201	218	211	228
20		140	138	155	208	225	222	240	235	254	248	269	260	281
22		170	166	187	252	273	268	290	284	308	300	325	315	341
24		202	198	223	300	325	319	345	338	366	358	387	375	405
26		237	233	262	352	381	375	405	397	430	420	454	440	476
28		275	270	303	409	442	435	470	461	498	487	526	510	552
30		316	310	348	469	507	499	540	529	572	559	604	586	633
32		359	352	396	534	577	568	614	602	651	636	687	666	721
34		406	398	447	603	652	641	693	679	735	718	776	752	813
36		455	446	502	676	730	719	777	762	824	805	870	843	912

注：1. 钢丝破断力总和 = 钢丝绳最小破断拉力×1.112（纤维芯）或 1.91（钢丝）。
　　2. 新设计设备不得选用括号内的钢丝绳直径。

13.3.3.2　竖井单绳提升钢丝绳的选型计算

在选用钢丝绳时应注意以下三点：

（1）对于单绳缠绕式提升，一般宜选用光面右同向捻、断面形状为圆形股或三角形股、接触形式为点或线接触的钢丝绳，且多采用价格较低的 6 股 19 丝的普通圆股钢丝绳；对于矿井淋水大、酸碱度高和在出风井的井筒中使用的钢丝绳，为防止其锈蚀，宜选用镀锌钢丝绳。

（2）对于斜井，为抵抗因钢丝绳与地辊、地面摩擦而产生的磨损和腐蚀，宜选用绳股表层的钢丝较粗、有纤维芯的钢丝绳，一般多采用 6 股 7 丝的普通型圆股钢丝绳，或线接触式的西鲁式 6 股 9 丝钢丝绳，选用时以股的外层钢丝直径比内层粗为好。

（3）对于多绳摩擦式提升，一般宜选用镀锌同向捻（左右捻各半）的钢丝绳，断面形状最好是用三角股。

提升钢丝绳在工作中将受到多种动、静应力的作用，有弯曲应力、扭转应力、接触应力及挤压应力等，另一方面是钢丝绳在运行中因磨损及锈蚀而使其破断。由于钢丝绳的结构复杂，影响因素较多，其强度计算尚无完善的理论可用，一些计算公式还不能确切地反映出真实的应力情况。目前，我国矿用钢丝绳的强度计算仍按最大静载荷并考虑一定安全系数的方法进行。安全规程规定：专门提升人员时钢丝绳的安全系数（即钢丝绳内所有钢丝破断力之和与钢丝绳最大静载荷之比）不应小于 9，提升人员和提升物料的时不应小于 7.5，专门提升物料时不应小于 6.5，摩擦轮提升用钢丝绳不应小于 8。多绳摩擦轮提升设计时，一般地升降人员、升降人员和物料的安全系数不低于 8，专为提升物料的不应低于 7。

图 13-31（a）所示为竖井单绳提升，钢丝绳的最大静载荷部位在 A 点，其值为：

$$Q_{max} = Q + Q_r + p'H_0 \tag{13-7}$$

式中　Q_{max}——钢丝绳所承受的最大静载荷，N；

　　　Q——一次提升重量，N；

　　　Q_r——容器自重，N，对于罐笼提升容器自重包括罐笼自重加上矿车自重；

　　　p'——每米钢丝绳的重量，N/m；

　　　H_0——钢丝绳的最大悬垂长度，m，对于罐笼提升 $H_0 = H_j + H_{ja}$，对于箕斗提升 $H_0 = = H_j + H_z + H_{ja}$；

　　　H_j——矿井深度，m；

　　　H_z——箕斗装载高度，m，罐笼提升 $H_z = 0$，箕斗提升 $H_z = 18 \sim 25m$；

　　　H_{ja}——井架高度，m，罐笼提升 $H_{ja} = 15 \sim 25m$，箕斗提升 $H_{ja} = 30 \sim 35m$。

设 σ_b 为钢丝绳钢丝的抗拉强度（N/cm²，竖井提升一般选取 $\sigma_b = 151.9 \sim 166.6N/cm^2$），

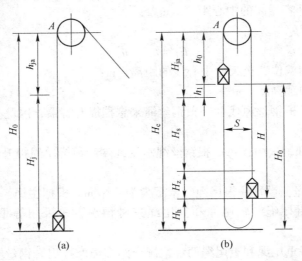

图 13-31　钢丝绳选型计算简图

（a）竖井单绳提升；（b）竖井多绳提升

S 为钢丝绳中所有钢丝的断面积之和（cm^2），m 为提升钢丝绳规定的安全系数，则钢丝绳所承受的最大静载荷满足如下关系式：

$$Q + Q_r + p'H_0 = \frac{\sigma_b S}{m} \tag{13-8}$$

钢丝绳的每米重量为：

$$p' = 100S\gamma\beta \tag{13-9}$$

式中　γ——钢的容重，N/cm^3；

　　　β——考虑捻绕关系对钢丝绳重量的影响系数，β 是大于 1 的系数。

设钢丝绳的假想容重为 γ_0，并令 $\gamma_0 = \gamma\beta$，γ_0 的平均值为 0.0882N/cm^3。于是得到

$$S = \frac{p'}{100\gamma_0} \tag{13-10}$$

联立式（13-8）、式（13-10）可解出：

$$p' = \frac{Q + Q_r}{\dfrac{\sigma_b}{100\gamma_0 m} - H_0} = \frac{Q + Q_r}{0.11\dfrac{\sigma_b}{m} - H_0} \tag{13-11}$$

然后根据计算出的 p' 值，从钢丝绳技术规格表中选取与 p' 值最接近的标准钢丝绳，最后根据标准钢丝绳的每米重量验算安全系数：

$$m' = \frac{Q_d}{Q + Q_r + pH_0} \geqslant m \tag{13-12}$$

式中　Q_d——所选钢丝绳钢丝的破断力之和，N。

13.3.3.3　竖井多绳提升钢丝绳的选型计算

图 13-31（b）所示为竖井多绳提升计算简图，尾绳的环绕高度按下式计算：

$$H_h = H_g + 1.5S \tag{13-13}$$

式中　H_g——尾绳环高度，m；

　　　S——两提升容器间的中心距离，m。

井架（井塔）高度为：

$$H_j = h_0 + h_1 \tag{13-14}$$

式中　h_0——容器卸载位置至天轮中心线的距离，m；

　　　h_1——容器卸载高度，m。

多绳提升是用几根钢丝绳代替一根钢丝绳来悬挂提升容器，因此多绳摩擦提升钢丝绳计算的特点是：

（1）有 n 根提升钢丝绳，每一根钢丝绳承受终端载荷为单绳提升时的 $1/n$，即 $Q_{max} = (Q+Q_z)g/n$；

（2）有 n_1 根尾绳，设每一根尾绳每米重力为 q N/m。根据主绳、尾绳每米重力不同，多绳提升可分为等重尾绳、轻尾绳和重尾绳三种情况，多采用等重尾绳，有时采用重尾绳。

因此，本节分等重尾绳和重尾绳两种情况介绍多绳摩擦提升钢丝绳的计算。

A　等重尾绳情况

等重尾绳情况的计算方法与单绳提升（无尾绳）的情况相同，要注意的是有 n 根主

绳，并在主绳最大悬垂长度 H_c 中包括尾绳的环绕高度 H_h，即

$$H_c = H_{ja} + H_s + H_z + H_h \tag{13-15}$$

根据式（13-11）并将式（13-15）代入，则每米钢丝绳的重量应满足关系式（13-16）：

$$p' = \frac{\frac{1}{n}(Q + Q_r)}{0.11 \frac{\sigma_b}{m} - H_c} \tag{13-16}$$

然后根据计算出的 p' 值选选择标准钢丝绳，最后根据标准钢丝绳的每米重量 p 验算安全系数：

$$m' = \frac{Q_q}{\frac{1}{n}(Q + Q_r) + pH_c} \geqslant m \tag{13-17}$$

式中　Q_q——选用钢丝绳钢丝的破断力之和，N。

　　B　重尾绳情况

　　设置主绳、尾绳每米重力差一般为 $\Delta = 1.5 \sim 2\text{N/m}$，即有关系式：

$$n_1 q = np + \Delta \tag{13-18}$$

当容器位于卸载位置时，主绳在 A 点所承受的最大静载荷（静拉力）最大（图13-31（b）），其值为

$$Q_{max} = \frac{1}{n}(Q + Q_r) + \frac{\Delta \cdot H_0}{n} + pH_c \tag{13-19}$$

由此可见，重尾绳情况下将 ΔH_0 视作主绳终端载荷的一部分，这样多绳提升钢丝绳的计算就与等重尾绳情况一样，于是其计算公式为

$$p \geqslant \frac{\frac{1}{n}(Q + Q_r + \Delta \cdot H_0)}{0.11 \frac{\sigma_b}{m} - H_c} \tag{13-20}$$

同理，根据标准钢丝绳的每米重量 p 验算安全系数：

$$m' = \frac{Q_q}{\frac{1}{n}(Q + Q_r + \Delta \cdot H_0) + pH_c} \geqslant m \tag{13-21}$$

13.3.4　提升机主要尺寸的计算及选择

　　矿井提升机是矿井大型关键设备之一，它在矿井生产中具有极其重要的地位，因此正确合理地选择提升机、确定其主要特征参数对矿井生产具有重大经济意义。本节讨论单绳缠绕式提升机的主要尺寸的计算和选型，其特征参数主要有提升机卷筒直径、卷筒宽度、最大静张力及最大静张力差。本节从卷筒直径开始计算，然后再验算其他参数。

　　13.3.4.1　卷筒直径

　　提升机卷筒直径是计算提升机的主要技术数据，选取的原则是钢丝绳在卷筒上缠绕时不产生过大的弯曲应力，以保证钢丝绳的使用寿命。卷筒直径的确定是以保证钢丝绳在卷

筒上缠绕时产生的弯曲应力较小为原则。根据理论和试验研究，当卷筒直径 D 与钢丝绳直径 d 之比值（D/d）减小到 60 以下时则引起 σ_w 的急剧增加；当 D/d 值大于 80 以上时 σ_w 下降不显著。因此安全规程（2016 版）规定 D/d 之值应保持下述关系：

地面提升设备：$\qquad\qquad\qquad\qquad D \geqslant 80d$ $\qquad\qquad\qquad\qquad$ (13-22)

$\qquad\qquad\qquad\qquad\qquad\qquad\quad D \geqslant 1200\delta$ $\qquad\qquad\qquad\qquad$ (13-23)

井下提升设备：$\qquad\qquad\qquad\qquad D \geqslant 60d$ $\qquad\qquad\qquad\qquad$ (13-24)

$\qquad\qquad\qquad\qquad\qquad\qquad\quad D \geqslant 900\delta$ $\qquad\qquad\qquad\qquad$ (13-25)

式中　D——提升机卷筒直径，mm；

$\qquad d$——提升机钢丝绳直径，mm；

$\qquad \delta$——提升钢丝绳中最粗钢丝的直径，mm。

按照上式计算的 D 值选择提升机的标准卷筒直径。

13.3.4.2　卷筒宽度

卷筒宽度应根据需要容纳的钢丝绳总长度来确定，钢丝绳总长度包括最深中段的提升高度 H、供试验用的钢丝绳长度 L_s（一般地 $L_s = 20 \sim 30\text{m}$）、为减少绳头在卷筒上固定处的张力而在卷筒上保留的三圈摩擦圈、缠绕在卷筒圆周面上相邻两钢丝绳圈间隙宽度 ε（$\varepsilon = 2 \sim 3\text{mm}$）。当钢丝绳在卷筒上作多层缠绕时，上层到下层段钢丝绳每隔两个月应错动 1/4 圈，因此还包括需要预留的四圈钢丝绳长度。

（1）双卷筒提升机每个卷筒的宽度。

单层缠绕时：$\qquad\qquad\qquad B = \left(\dfrac{H + L_s}{\pi D} + 3 \right)(d + e)$ $\qquad\qquad$ (13-26)

单层缠绕时：$\qquad\qquad\qquad B = \dfrac{H + L_s + (3 + 4)\pi D}{n\pi D_p}(d + \varepsilon)$ $\qquad\qquad$ (13-27)

式中　B——卷筒宽度，mm；

$\quad H$——最深中段的提升高度，m，对于罐笼提升 $H = H_j$，对于箕斗提升 $H = H_j + H_z + H_x$；

$\quad H_z$——箕斗装载高度，m；

$\quad H_x$——箕斗卸载高度，即井口水平至卸载箕斗底座间的距离，一般地 $H_x = 15 \sim 25\text{m}$；

$\quad L_s$——钢丝绳试验长度，m；

$\quad \varepsilon$——缠绕在卷筒圆周面上相邻两钢丝绳圈间隙宽度，mm；

$\quad n$——缠绕层数，层；

$\quad D_p$——多层缠绕时平均缠绕直径，m，$D_p = D + (n-1)d$。

根据计算的 D 及 B 值选择标准提升机。安全规程规定：竖井提升人员的卷筒只准单层缠绕，专提升物料的卷筒允许两层缠绕。斜井中升降人员时准许缠绕两层，提升物料时准许缠绕三层。

（2）单卷筒作双钩提升时的卷筒宽度。

$$B = \left(\frac{H + 2L_s}{\pi D} + 2 \times 3 + 2 \right)(d + \varepsilon) \qquad\qquad (13\text{-}28)$$

式中，2 是指两根钢丝绳间的间隔圈数。

13.3.4.3 提升机最大静拉力及最大静拉力差的验算

为了保证提升机有足够的强度，还应验算提升机的最大静拉力及最大静拉力差。计算的最大静拉力（$T_{j\,max}$）及最大静拉力差（ΔT_j）都不应超过提升机规格表中规定的数值。

$$T_{jmax} = Q + Q_r + pH \qquad (13\text{-}29)$$

$$\Delta T_j = Q + pH \qquad (13\text{-}30)$$

若验算通不过，则应选择具有较大静拉力和静拉力差的提升机。

13.3.4.4 天轮

天轮安装在井架上，其作用是为钢丝绳导向。根据安全规程规定选择天轮的直径。

（1）对于地面提升设备。

若钢丝绳与天轮的围包角大于 90°，则

$$D_t \geqslant 80d \qquad (13\text{-}31)$$

$$D_t \geqslant 1200\delta \qquad (13\text{-}32)$$

若钢丝绳与天轮的围包角小于 90°，则

$$D_t \geqslant 60d \qquad (13\text{-}33)$$

$$D_t \geqslant 900\delta \qquad (13\text{-}34)$$

（2）对于井下提升设备

若钢丝绳与天轮的围包角大于 90°，则

$$D_t \geqslant 60d \qquad (13\text{-}35)$$

$$D_t \geqslant 900\delta \qquad (13\text{-}36)$$

若钢丝绳与天轮的围包角小于 90°，则

$$D_t \geqslant 40d \qquad (13\text{-}37)$$

$$D_t \geqslant 900\delta \qquad (13\text{-}38)$$

式中，D_t 为天轮直径，mm，根据计数值选择标准的天轮直径。

天轮直径应遵守安全规程规定（见表 13-19 提升装置天轮、卷筒、摩擦轮、导向轮等的最小直径与钢丝绳直径的比值表）。

13.3.5 提升机与井筒的相对位置

提升机与井筒的相对位置是根据卸载作业方便、简化地面运输以及设备安全运行而定的，一般当用箕斗提升时，提升机房位于卸载方向的对侧；当用普通罐笼提升时，提升机房位于重车运行方向的对侧。天轮是根据提升机的类型和用途以及提升容器在井筒中的布置、提升机房所处位置，安装在同一水平轴线上或同一垂直向上。

当井筒装备有两套提升设备时，两套提升机与井筒的相对位置有如图 13-32 所示的几种方式，其中对侧式的优点是井架受力易平衡，同侧式和斜角式的优点是提升机房占地面积较小。

当提升机安装位置选好之后，如图 13-33 所示，就可以计算影响提升机与井筒相对位置的五个因素：井架高度、提升机卷筒轴线至提升中心线的水平距离、钢丝绳的弦长及其偏角和仰角。

13.3.5.1 井架高度

井架高度是指从井口水平到最上面大轮轴心线之间的垂直距离（图 13-33）。若两个

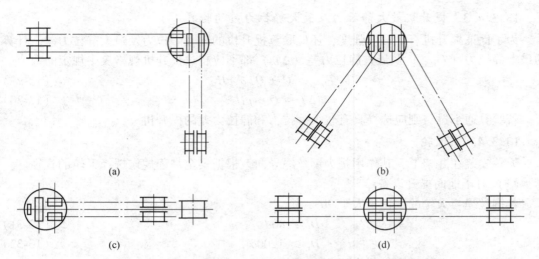

图 13-32　提升机与井筒的相对位置（井筒中布置两套提升设备）

（a）垂直式；（b）斜角式；（c）同侧式；（d）对侧式

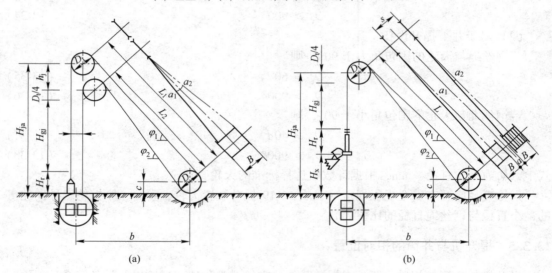

图 13-33　提升机与井筒相对位置

（a）单卷筒提升机；（b）双卷筒提升机

天轮位于同一水平轴线上时（图 13-33（b）），井架高度为：

对于罐笼提升

$$H_{ja} = H_r + H_{gj} + \frac{1}{4}D_t \qquad (13\text{-}39)$$

对于箕斗提升

$$H_{ja} = H_r + H_{gj} + H_x + \frac{1}{4}D_t \qquad (13\text{-}40)$$

式中　H_r——容器全高，m；

　　　H_{gj}——过卷高度，m，当提升速度不超过 3m/s 时 $H_{gj} \geqslant 4m$，当提升速度超过 3m/s 时 $H_{gj} \geqslant 6m$；

　　　H_x——箕斗卸载高度，m；

　　　D_t——天轮直径，m。

过卷高度是指容器从卸载时正常位置，自由地提升到容器连接装置上绳卡同天轮轮缘接触点的高度。安全规程规定，竖井提升过卷高度可按表 13-15 的规定取值。

表 13-15　竖井提升过卷高度取值表

提升速度/m·s⁻¹	≤3	4	6	8	≥10
过卷高度和过放高度/m	4.00	4.75	6.50	8.25	10.00

注：提升速度为表中所列速度的中值，过卷高度用插值法计算。

若两个天轮不处于同一水平轴线上时（图 13-33（a）），井架高度为：

对于罐笼提升

$$H_{ja} = H_r + H_{gj} + \frac{1}{4}D_t + h_j \qquad (13-41)$$

对于箕斗提升

$$H_{ja} = H_r + H_{gj} + H_x + \frac{1}{4}D_t + h_j \qquad (13-42)$$

式中　h_j——两天轮之间的垂直距离，m，$h_j = D_t + (1 \sim 1.5)$ m。

13.3.5.2　卷筒中心至提升中心线间的水平距离

卷筒中心与提升中心线间的水平距离应使提升机房的基础不与井架斜撑的基础接触，否则，提升机房及提升机的基础将会因井架斜撑的振动而损坏。一般斜撑基础与井筒中心的水平距离约为 $0.6H_{ja}$。因此卷筒中心与提升中心线间最小水平距离的经验计算公式为：

$$b_{min} \geq 0.6H_{ja} + 3.5 + D \qquad (13-43)$$

设计时 $b \geq b_{min}$，一般地取 $b = 20 \sim 30$m。

13.3.5.3　钢丝绳的弦长

钢丝绳的弦长是指钢丝绳离开天轮接触点到钢丝绳与卷筒的接触点之间的长度。弦长不宜过大，否则钢丝绳将会跳出天轮轮缘，绳的振动幅度也增大，故将弦长限制在 60m 以内。由图 13-33 中可知，上下两条弦长是不相等的，在实际计算中近似认为卷筒中心至天轮中心的距离为弦长，即取天轮轴线与卷筒轴线间的距离 L 作为钢丝绳的弦长。对于双卷筒提升（图 13-33（b））则有

$$L = \sqrt{\left(b - \frac{D_t}{2}\right)^2 + (H_{ja} - c)} \qquad (13-44)$$

对于单卷筒提升（图 13-33（a））则有：

$$L_1 = \sqrt{\left(b + \frac{s}{2} - \frac{D_t}{2}\right)^2 + (H_{ja} - c)} \qquad (13-45)$$

$$L_2 = \sqrt{\left(b - \frac{s}{2} - \frac{D_t}{2}\right)^2 + (H_{ja} - h_j - c)} \qquad (13-46)$$

式中　c——卷筒中心线高出井口水平的距离，m，一般地 $c = 1 \sim 2$m；

　　　s——两容器提升轴线之间的距离，m。

13.3.5.4　钢丝绳的偏角

钢丝绳的偏角是指钢丝绳的弦与天轮平面所成的角度，偏角有内偏角和外偏角之分，其值不应大于 1°30′，对于多层缠绕提升，绳偏角宜取 1°10′左右。若偏角过大，除增加钢丝绳与天轮轮缘的彼此磨损外，还可能产生乱绳现象（特别是多层缠绕提升时）。

对于双卷筒提升机作单层缠绕时（图13-33（b））：

$$\tan\alpha_1 = \dfrac{B - \dfrac{s-a}{2} - 3(d+e)}{L} \qquad (13\text{-}47)$$

$$\tan\alpha_2 = \dfrac{\dfrac{s-a}{2} - \left[B - \left(\dfrac{H+L_s}{\pi D} + 3\right)(d+e)\right]}{L} \qquad (13\text{-}48)$$

式中　B——卷筒宽度，m；

　　　a——两卷筒内缘之间的距离，m。

对于双卷筒提升机作多层缠绕时，可能的最大偏角可按下述公式计算：

$$\tan\alpha_1 = \dfrac{B - \dfrac{s-a}{2}}{L} \qquad (13\text{-}49)$$

$$\tan\alpha_2 = \dfrac{s-a}{2L} \qquad (13\text{-}50)$$

单卷筒提升机作双钩提升，当两天轮位于同一垂直平面时，则只需检查最大外偏角，此时两天轮的垂直平面通过卷筒中心线。

$$\tan\alpha_1 = \dfrac{\dfrac{B}{2} - 3(d+e)}{L_2} \qquad (13\text{-}51)$$

式中　L_2——单卷筒提升机作双钩提升时最短的一根钢丝绳的弦长。

13.3.5.5　钢丝绳的仰角

钢丝绳弦长与水平线所成的夹角称为仰角，此角不应小于提升机规格表中的规定值，一般不应小于30°，以适应井架或斜撑建筑的要求。钢丝绳的仰角有两个（图13-33），即上出绳仰角 α_1 和下出绳仰角 α_2。可按下式近似计算钢丝绳的仰角：

$$\tan\varphi = \dfrac{h_{ja} - c}{b - \dfrac{D_t}{2}} \qquad (13\text{-}52)$$

13.4　提升设备运动学

提升设备属周期动作式的设备，提升设备运动学是研究提升容器运动速度随时间的变化规律，以求得合理的运行力式。提升设备运动学的基本任务是确定合理的加速度与减速度、各运动阶段的延续时间以及与之相对应的容器行程，并绘制出速度图和加速度图。

提升速度图是指提升容器运行速度随时间变化的曲线，它以横坐标表示容器运行的延续时间，纵坐标表示相应的运行速度，提升速度图上速度曲线所包含的面积即提升容器在一次提升时间内所运行的路程，即提升高度。

13.4.1　提升速度的确定

依据提升容器运动速度随时间的变化，提升速度图分为三角形速度图、三阶段速度图、五阶段和六阶段速度图等各种类型。如图 13-34 所示为三角形和梯形提升速度图，提升容器在一次提升过程中的运动一般包括加速、等速和减速三个阶段，有时没有等速阶段。

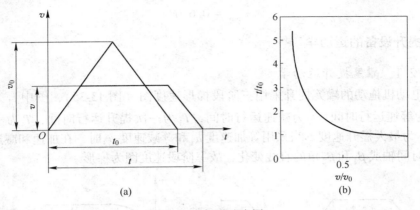

图 13-34 提升速度图

（a）三角形与梯形速度图；（b）提升时间与提升速度关系图

设提升高度为 H，加速度为任意值 a 且等于减速度，于是按三角形速度图（图 13-34（a）），其最大提升速度为：

$$v_0 = \sqrt{aH} \qquad (13-53)$$

与之相应的最短一次提升时间为：

$$t_0 = 2\sqrt{\frac{H}{a}} \qquad (13-54)$$

对于梯形速度图（图 13-34（a）），一次提升时间为：

$$t = \frac{v}{a} + \frac{H}{v} \qquad (13-55)$$

式中，v 为最大提升速度，$H = v_0 t_0 / 2$，$2v_0 = at_0$，代入式（13-55）中整理得：

$$\frac{t}{t_0} = \frac{1}{2}\frac{1 + \left(\dfrac{v}{v_0}\right)^2}{\dfrac{v}{v_0}} \qquad (13-56)$$

函数关系式（13-55）所表达的是提升时间与提升速度间的关系，如图 13-34（b）所示。由图可见，随着提升速度的增加，提升时间急剧缩短，但当提升速度超过 $0.5v_0$ 时，提升时间缩短的程度就不显著了。经分析研究，得出最经济合理的提升速度为：

$$v = (0.4 \sim 0.5)v_0 = (0.4 \sim 0.5)\sqrt{aH} \qquad (13-57)$$

一般地，提升加速度和提升减速度 $a = 0.6 \sim 1.0\text{m/s}^2$，于是

$$v = (0.3 \sim 0.5)\sqrt{H} \qquad (13-58)$$

式（13-58）中，当 $H < 200\text{m}$ 时取下限，当 $H > 600\text{m}$ 时取上限。

根据计算的 v 值选择与其接近的提升机标准速度，作为速度图中最大提升速度 $v_{\max}$，同时必须符合安全规程规定：竖井罐笼提升人员的减速度不得超过 0.75m/s^2，其最大速度不得超过式（13-60）的计算值，且不能大于 12m/s。

$$v_{max} = 0.5\sqrt{H} \qquad (13-59)$$

竖井提升物料时，其最大提升速度不得超过式（13-57）的计算值。

$$v_{max} = 0.6\sqrt{H} \qquad (13-60)$$

13.4.2 提升设备的运动学

13.4.2.1 罐笼提升运动学

交流电动机拖动的罐笼提升采用三阶段梯形速度图（图 13-35），图中 t_1 为加速运行时间，t_2 为等速运行时间，t_3 为减速运行时间，T_1 为一次提升运行时间，T 为一次提升全时间，v_{max} 为最大提升速度。当采用等加速度 a_1 和等减速度 a_3 时，在加速和减速阶段，速度是按与时间轴成 β_1 和 β_2 角的直线变化，故三阶段速度图为梯形。

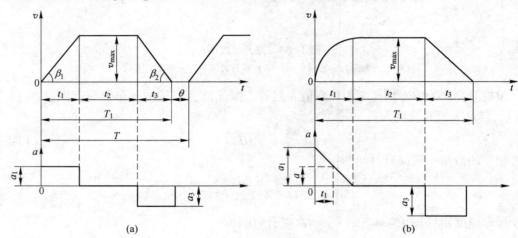

图 13-35 罐笼提升速度图
（a）三阶段梯形速度图；（b）加速度阶段速度按抛物线变化的三阶段速度图

为了验算提升设备的提升能力，应对速度图各参数进行计算。等加速度提升条件下，梯形速度图各参数的计算如下：

（1）加速运行时间及距离

$$t_1 = \frac{v_{max}}{a_1} \qquad (13-61)$$

$$h_1 = \frac{v_{max}t_1}{2} \qquad (13-62)$$

（2）减速运行时间及距离

$$t_3 = \frac{v_{max}}{a_1} \qquad (13-63)$$

$$h_3 = \frac{v_{max}t_1}{2} \qquad (13-64)$$

（3）等速运行时间与距离

$$t_2 = \frac{h_2}{v_{max}} \qquad (13-65)$$

$$h_2 = H - h_1 - h_2 \tag{13-66}$$

（4）一次提升运行时间与全时间

$$T_1 = t_1 + t_2 + t_3 \tag{13-67}$$

一次提升全时间

$$T = T_1 + \theta \tag{13-68}$$

式中　θ——停歇时间。

（5）小时提升次数与年生产能力

小时提升次数为：

$$n = \frac{3600}{T} \tag{13-69}$$

于是年生产能力为：

$$A'_n = \frac{t_r t_s n Q}{C} \tag{13-70}$$

式中　Q——一次实际提升量，t；

t_s——每日提升小时数，h；

t_r——年工作天数，天；

C——提升不均衡系数；

由上式计算出的年生产能力应等于或大于设计的矿井生产能力 A_n。

在非等加速度提升条件下，实际生产中初始加速度往往按线性递减的速度图，而在减速阶段仍采用等减速度，如图 13-35（b）所示。加速阶段加速度方程式为：

$$a = a_1 - \frac{a_1 t}{t_1} \tag{13-71}$$

故加速阶段速度变化规律为：

$$v = \int a dt = a_1 t - \frac{a_1 t^2}{2t_1} \tag{13-72}$$

由上式可见，加速阶段的速度是按抛物线规律变化（图 13-35（b）），称为加速度阶段速度按抛物线变化的三阶段速度图。

当 $t = t_1$ 时，速度达到最大值：

$$v_{max} = \frac{a_1 t_1}{2} \tag{13-73}$$

因此

$$t_1 = \frac{2v_{max}}{a_1} \tag{13-74}$$

加速阶段提升容器的行程变化规律为：

$$h = \int v dt = \frac{a_1 t^2}{2} - \frac{a_1 t^3}{6t_1} \tag{13-75}$$

当 $t = t_1$ 时，提升容器运行距离为：

$$h_1 = \frac{1}{3} a_1 t_1^2 = \frac{4v_{max}^2}{3a_1} \tag{13-76}$$

13.4.2.2　箕斗提升运动学

在箕斗提升的开始阶段，下放空箕斗在卸载曲轨内运行，为了减小曲轨和井架所受的动负荷冲击，其运行速度及加速度应受到限制。提升将近终了时上升重箕斗进入卸载曲轨，其速度及减速度也应受到限制。但在曲轨之外箕斗则可以用较大的速度和加减速度运行，故单绳提升非翻转箕斗通常采用对称五阶段速度图（13-36（a））。如用气缸带动的活动直轨卸载时可采用非对称（具有爬行阶段）的五阶段速度图（图 13-36（b））。

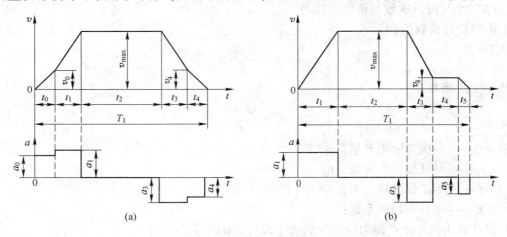

图 13-36　五阶段速度图

（a）对称型；（b）非对称型

翻转式箕斗因其卸载距离较大，为了加快箕斗卸载而增加一个等速（爬行）阶段，这样翻转式箕斗提升速度图便采用六阶段速度图，如图 13-37 所示。对于底卸式箕斗，为保证箕斗离开卸载曲轨时速度不能过高，需要有初加速阶段；为使重箕斗上升到井口而进入卸载曲轨内运行时减少对井架、曲轨的冲击，提高停车的准确性，应有一个低速爬行阶段（爬行速度一般不大于 0.5m/s），应采用六阶段速度图。对于多绳提升底卸式箕斗，若用固定曲轨卸载时则采用六阶段速度图。

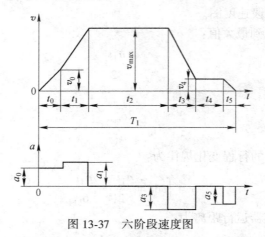

图 13-37　六阶段速度图

下面以六阶段速度图为例进行运动速度图的参数计算。已知提升高度 H，最大提升速

度为 v_{max} 和箕斗的卸载距离 h_0；箕斗进出卸载曲轨的速度分别为 v_0、v_4，爬行距离 $h_4 = h_0+(0.5\sim2)\mathrm{m}$，加速度为 a_5。

（1）空箕斗在卸载曲轨内的加速运行时间和加速度

$$t_0 = \frac{2h_0}{v_0} \tag{13-77}$$

$$a_0 = \frac{v_0}{t_0} \tag{13-78}$$

（2）箕斗在卸载曲轨外的加速运行时间和距离

$$t_1 = \frac{v_{max} - v_0}{a_1} \tag{13-79}$$

$$h_1 = \frac{1}{2}(v_{max} + v_0)t_1 \tag{13-80}$$

（3）重箕斗在卸载曲轨内的减速运行时间和距离

$$t_5 = \frac{v_4}{a_5} \tag{13-81}$$

$$h_5 = \frac{1}{2}v_4 t_5 \tag{13-82}$$

（4）重箕斗在卸载曲轨内等速运行时间

$$t_4 = \frac{h_4}{v_4} \tag{13-83}$$

（5）箕斗在卸载曲轨外的减速运行时间和距离

$$t_3 = \frac{v_{max} - v_4}{a_3} \tag{13-84}$$

$$h_1 = \frac{1}{2}(v_{max} + v_4)t_3 \tag{13-85}$$

（6）箕斗在卸载曲轨外的等速运行时间和距离

$$t_2 = \frac{h_2}{v_{max}} \tag{13-86}$$

$$h_2 = H - h_0 - h_1 - h_3 - h_4 - h_5 \tag{13-87}$$

一次提升时间、小时提升次数、年生产能力按式（13-69）～式（13-71）计算。

复习思考题

13-1　矿井提升设备主要有哪些类型，据此矿井提升又分为哪些类型？

13-2　罐笼和箕斗的功能是什么，主要用于哪些提升系统？

13-3　提升容器的基本结构包括哪些部分？

13-4　安全装置的功能是什么，安全规程对其基本要求是什么？

13-5　罐笼承接装置是什么，其作用是什么？

13-6　斜井提升的主要设备有哪些？

13-7　水平和倾斜巷道中采用人车运送人员应遵守哪些安全规定?

13-8　合理选择提升容器规格的原则是什么?

13-9　矿井提升机和天轮有哪些类型?

13-10　矿井提升机的基本结构是什么?

13-11　调绳离合器的作用是什么?

13-12　深度指示器有哪些类型,其功能是什么?

13-13　某罐笼井,矿井高度 $H = 250m$,井架高度 $H_j = 18m$(包括过卷高度取 6m),钢丝绳直径 $d = 34mm$。采用 2JK-2.0/20 型缠绕式提升机,钢丝绳实验长度取 30m,卷筒上钢丝绳间隙取 3mm,提升机主轴高出井口水平高度 $C = 1.0m$,选择天轮型号为 TSG1600/16,两天轮中心距 $S = 2.0m$,两卷筒内缘距离为 0.1m。试确定提升机与井筒的位置。

13-14　已知某铜矿生产能力为 65 万吨,井架高度为 15m,矿井深度为 300m。运输设备选用 YFC0.7(6)型矿车,自重 500kg,矿石载重量为 1330kg,废石载重量为 1260kg,材料车 YLC-1-(6),自重 580kg,载重量 1000kg;炸药车自重 720kg,载重量 500kg。井底车场形式为双侧。作业要求:

(1) 选择罐笼型号;

(2) 选择钢丝绳;

(3) 选择提升机;

(4) 确定提升机与井筒的相对位置。

14　胶带输送机

教学目标

通过本章的学习，学生应获得如下知识和能力：

(1) 了解胶带输送机的类型及其适用条件；

(2) 掌握胶带输送机的工作原理与基本结构；

(3) 掌握胶带输送机的选型与计算。

14.1　胶带输送机的传动原理及其应用

胶带输送机又称带式输送机，是一种是以胶带兼作牵引机构和承载机构的连续输送物料的机械，它生产率较高，可运输矿石、粉末状物料和包装成件物品，工作过程中噪声较小，结构简单。胶带输送机在冶金、建材、电力和化工等工业中得到了广泛应用。

胶带输送机的传动原理是通过驱动装置的驱动滚筒与胶带间的摩擦阻力来传动，同时随着胶带的移动不断地向胶带上增添物料并把物料从装料端输送到御料端，然后将其卸入运输容器内或矿堆上 (图 14-1)。胶带输送机适用于输送容重为 $0.5 \sim 2.5t/m^3$ 的块状物料，水平输送或者倾斜输送均可，倾斜输送时其倾斜角度将受到一定的限制 (通常为 $15° \sim 18°$)。当倾斜向上输送物料时胶带最大倾角一般为 $17° \sim 18°$，当向下输送时其倾角一般为 $15° \sim 16°$。当采用花纹输送胶带加之其他措施时，向上运送时的倾角可达 $28° \sim 30°$，向下运送的倾角为 $25° \sim 28°$。

矿用胶带输送机按主要结构分为普通胶带输送机、钢绳芯胶带输送机和钢绳牵引胶带输送机。

(1) 普通胶带输送机。普通胶带输送机是矿山最常用的输运设备，其胶带内的帆布层既作为承载构件，同时又以胶带作为持送构件。由于帆布层强度较小，普通胶带输送机的单机输送距离受到一定限制。

(2) 钢绳芯胶带输送机。这种输送机的胶带是以钢丝绳代替帆布层作为承载构件。由于钢丝绳强度较大，其单机输送距离长、输送能力大。钢绳芯胶带输送机还具有拉紧装置行程短、驱动机构简单、外形尺寸小、胶带使用寿命长和经济效果好等优点。其缺点是钢绳芯胶带的接头工艺和设备复杂，工艺技术要求较高，若接头质量差则易发生跑偏事故；胶带横向强度差，胶带易沿纵向发生撕裂；功率消耗稍大于钢绳牵引胶带输送机；由于中间支架和托辊数量较多，需要钢材亦多。

钢绳芯胶带输送机主要用于平硐、斜井和地面长距离输送物料，特别适于输送运量大、运距长的散状物料。若增加适当的装置和保护措施，亦可用于输送人员。

（3）钢绳牵引胶带输送机。钢绳芯胶带输送机和钢绳牵引胶带输送机都适于大运量和长距离输送物料的要求，多用于大型矿山的运输大巷和倾斜巷道中。现在胶带运输已成为国内外矿山广泛使用的开拓和运输系统之一。

钢绳牵引胶带输送机是以两根钢丝绳作为牵引构件，而胶带仅用作持送构件，其优点是输送距离长，胶带寿命长，功率消耗小，运行平稳；中间支架少，结构简单，节约钢材，便于安装、使用和维修，经济效果较好。其缺点是驱动机构和拉紧装置较为复杂、外形尺寸大，驱动站和拉紧站尺寸大；对局部过载敏感，易发生脱槽事故；牵引钢绳使用寿命较短，输运能力略小于钢绳芯胶带输送机；中间卸载困难。

14.2 胶带输送机的结构和工作原理

普通胶带输送机的工作原理如图 14-1 所示，其基本组成包括输送带、托辊、驱动装置（包括传动滚筒）、机架、拉紧装置、清扫装置和制动装置。

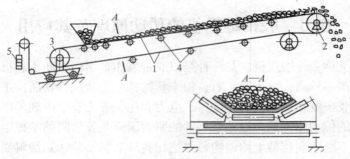

图 14-1 胶带输送机的工作原理
1—胶带；2—驱动滚筒；3—换向滚筒；4—托辊；5—拉紧装置

胶带绕经驱动滚筒和换向滚筒构成一个无极环形带，上下两段胶带分别支承在各自的托辊上。张紧装置用于调节胶带松紧程度。工作时，驱动滚筒通过它与胶带间的摩擦阻力带动胶带运行。由装料漏斗（其上部一般安装有破碎机）连续装卸在上段胶带上的物料随着胶带的运行，将其输送到前端部卸载。上段胶带借助一组槽形托辊支承，以增加物料断面积。下段胶带由平直形托辊支承，所有托辊均安装在机架上。

14.2.1 胶带

胶带是输送机的重要组成部分，其用量大且价格较高，约占输送机成本的 50% 左右。胶带既是牵引机构又是承载机构，因此它不仅要有足够的强度，还应有适当的挠性。胶带大都由带芯和覆盖胶两部分构成。带芯是胶带的骨架，能提供必要的强度和刚度，承受全部使用负荷。普通胶带输送机的带芯由多层挂胶帆布构成，钢绳芯胶带输送帆的带芯为纵排钢丝绳与胶粘合而成，其中没有帆布层。钢绳牵引胶带输送机的带芯则是横排钢条，并贴有挂胶帆布，以便固定钢条间距。覆盖胶为带芯的保护层，保护带芯不受被运物料的直接冲击、磨损和腐蚀，以延长胶带的使用寿命。胶带分普通胶带、钢绳芯胶带和钢绳牵引胶带三种。

14.2.1.1　普通胶带

普通胶带主要用于通用固定式（图 14-2）、绳架吊挂式（图 14-3）以及多点驱动的长距离（图 14-4）胶带输送机。用若干层帆布作带芯，层与层之间用橡胶粘接在一起，帆布可用棉、维尼纶、尼龙等纤维混纺。普通胶带标准规格见表 14-1。

图 14-2　通用固定式胶带输送机

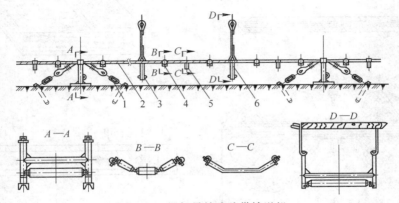

图 14-3　绳架吊挂式胶带输送机

1—紧绳装置；2—钢丝绳；3—下托辊；4—铰接槽型托辊；5—分绳架；6—中间吊架

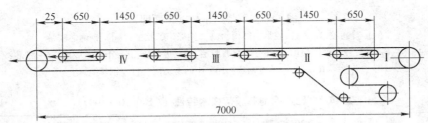

图 14-4　线摩擦四台多点驱动式胶带输送机

表 14-1　普通胶带标准规格表

带宽	300	400	500	650	800	1000	1200	1400
$P=550$（N/cm）	2~5	3~5	3~8	3~9	3~10	3~11	3~12	3~12
$P=940$（N/cm）				3~5	3~6	3~7	3~10	3~10

橡胶保护层起着保护帆布层的作用，防止外力对帆布层的损伤及潮湿的侵蚀。保护层厚度视所运物料而异。一般上保护层厚度为 4.5~6.0mm，下保护层厚度为 1.5mm 左右。

胶带标准长度一般制成 100m，使用时可将若干段连接成所需的长度。胶带接头有机械法和硫化胶合法。常用的机械接头法有铰接活页式、铆钉固定夹板式和勾状卡子接头等。这些接头方法都存在着接头处强度弱、操作麻烦、寿命短和易于拉豁胶带等缺点。硫化胶合法牢固耐用，但操作工艺比较复杂。

14.2.1.2　钢绳芯胶带

钢绳芯胶带（图 14-5（d））是一种高强度的输送带，其主要特点是用钢绳代替了帆布。钢绳芯胶带有无布层和有布层两种。目前国内生产的钢绳芯胶带均为无布层胶带，其横断面结构如图 14-5 所示，表 14-2 给出了国产钢绳芯胶带的主要技术特征。

钢绳芯胶带的接头有机械接头和硫化接头两种。目前国内广泛应用硫化接头。硫化接头时，将胶带中纵向排列的两根不相连的钢丝绳，以两者间所夹的橡胶作媒介，进行加热、加压硫化，使它们连接成为一个整体。

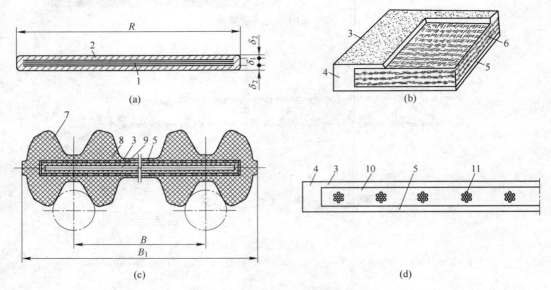

图 14-5　胶带的结构（横断面）

（a）普通胶带；（b）胶带层结构；（c）钢绳牵引胶带；（d）钢绳芯胶带

1，8—帆布层；2—橡胶保护层；3—上覆盖胶层；4—边条胶；5—下覆盖胶层；6—带芯；
7—耳槽；9—弹簧钢条；10—中间覆盖层；11—钢丝绳

表 14-2　国产钢绳芯胶带技术特性（GB 9770—1997）

型　　号	ST630	ST800	ST1000	ST1250	ST1600	ST2000	ST2500	ST3150	ST4000
纵向拉伸强度/N·cm^{-1}	630	800	1000	1250	1600	2000	2500	3150	4000
钢丝绳最大公称直径/mm	3.0	3.5	4.0	4.5	5.0	6.0	7.5	8.1	9.1
钢丝绳中心距/mm	10			12			15		17
上覆盖层厚度/mm	5		6			8			
下覆盖层厚度/mm	5		6					8	
宽度规格/mm	钢丝绳根数								
800	75	75	63	63	63	63	50	50	
1000	95	95	79	79	79	79	64	64	56

型　　号	ST630	ST800	ST1000	ST1250	ST1600	ST2000	ST2500	ST3150	ST4000
1200	113	113	94	94	94	94	76	76	68
1400	133	133	111	111	111	111	89	89	79
1600	151	151	126	126	126	126	101	101	91
1800		171	143	143	143	143	114	114	103
2000			159	159	159	159	128	128	114
2200						176	141	141	125

注：型号说明 ST/S2500—1000：ST—钢绳芯带；S—阻燃性、抗静电性代号；1000—胶带宽度。

14.2.1.3　钢绳牵引胶带

钢绳牵引胶带在输送物料过程中，起着承载物料或人员的作用，它由耳槽、帆布层、上覆盖胶层、弹簧钢条和下覆盖胶层等构成，其结构如图 14-5（c）所示。弹簧钢条沿胶带纵向以相同的间距横向排列。钢条材质为 60Si2MD，经热处理后许用弯曲应力为 44.1kN/cm^2，硬度为 50HRC。耳槽是用来卡夹牵引钢绳，防止胶带从钢丝绳上脱落。一般上、下耳槽间距相同，便于胶带两面都能使用。耳槽用具有耐磨性和韧性的天然橡胶制成。上、下覆盖胶层均采用天然橡胶。帆布层一般为两层，分布在钢条上下，主要用来增加胶带的抗拉强度，同时也是胶带之间连接的基础。充填层是采用具有弹性的人造橡胶，充填在钢条之间的空隙内，既能使胶带有一定的弹性，又可使胶带中的钢条保持稳定的位置。

胶带的接头一般采用钢条穿接和压接法两种，也有采用普通胶带的连接方法的。钢绳牵引胶带的主要技术规格见表 14-3。

表 14-3　钢绳牵引胶带的主要技术规格

胶带宽度/mm		胶带厚度 /mm	覆盖胶层厚度/mm		弹簧钢条/mm		钢绳直径 /mm	胶带质量 /kg·m^{-1}
耳槽距	全宽		上覆盖层	下覆盖层	宽×高×长	间距		
800	854	13.5	3	2	5×5×826	85	24.5	18
800	864	13.5	3	2	5×5×826	85	28，30.5	18.4
800	864	13.5	3	2	5×5×826	85	34.5，37	18.6
800	870	13.5	3	2	5×5×826	85	40	19
1000	1064	13.5	3	2	5×5×1034	40	28，30.5	24.8
1000	1064	13.5	3	2	5×5×1034	40	34.5，37	25.3
1000	1070	13.5	3	2	5×5×1034	40	40	25.6
1200	1270	14.5	3	2	5×5×1240	40	30.5	33.1
1200	1270	14.5	3	2	5×5×1240	40	34.5，37	33.4
1200	1270	14.5	3	2	5×5×1240	40	40	33.6

14.2.2　托辊和支架

托辊和支架的作用是支承胶带和胶带上所承载的物料，减少胶带运行阻力，使胶带的垂度不超过一定限度，以保持胶带运转平稳。托辊由中心轴、轴承和套筒三个部分组成，如图 14-6 所示。

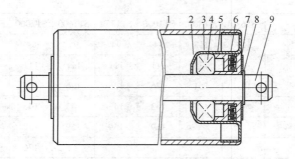

图 14-6　托辊的结构

1—套筒；2，7—垫圈；3—轴承座；4—轴承；5，6—密封圈；8—挡圈；9—中心轴

托辊的布置形式有槽型托辊、平型托辊、V 型托辊和缓冲托辊等几种（图 14-7）。

缓冲托辊安装在输送机的装料处，用以保护胶带。缓冲托辊一般采用胶圈结构，借以减轻装料时的冲击负荷。两侧辊支架采用弹簧钢制成，从而能更好地保护胶带（图 14-7（a））。

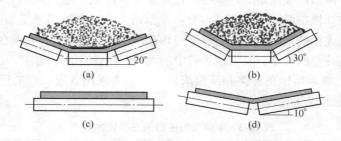

图 14-7　托辊布置示意图

（a）缓冲托辊；（b）槽型托辊；（c）平型托辊；（d）V 型托辊

槽型托辊用于支承承载段胶带，其槽角一般为 30°。将槽型托辊的两侧托辊沿运动方向向前偏移 3°布置，可以防止胶带运行时跑偏（图 14-7（b））。

平型托辊用于支承空段胶带（图 14-7（c）），或者为了更好地约束胶带，采用两托辊槽型托辊，槽角为 10°（图 14-7（d））。

调心托辊用于控制胶带运行时跑偏。在输送机承载段每隔 10 组托辊即设置一组回转式槽型调心托辊（图 14-8）。当胶带跑偏时会碰撞立辊，由立辊带动回转架迫使胶带向中心移动。空载段每隔 6~10 组设置一组平型调心托辊。

托辊是输送机上的一个重要组件，输送机能否正常运转，常取决于托辊质量的优劣。在一台输送机上托辊数量较多，故要求托辊耐用，阻力小，重量轻和易于维修。

胶带输送机的支架是按不同工作条件拼装的型钢构架。各种托辊均借助托辊架安装在支架上。托辊的间距应保证胶带在托辊间的下垂度尽可能地小。胶带在托辊间的下垂度一般不超过托辊间距的 1%。上托辊的间距见表 14-4，受料处上托辊间距为 300~600mm。机尾滚筒中心到第一个槽形上托辊的间距为 800~1000mm（一般不大于 1000mm）。下托辊间距可取 2.5~3m，或取上托辊标准间距的两倍。

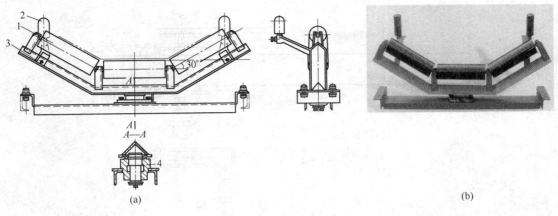

图 14-8 回转式槽型调心托辊

（a）调心托辊结构；（b）调心托辊实物图

1—调心托辊；2—立辊；3—回转架；4—托辊架

表 14-4 上托辊间距　　　　　　　　　　　　　　（mm）

带宽 B/mm		300~400	500~650	800~1000	1200~1400
物料松散体重/kN·m⁻³	≤9.8	1500	1400	1300	1200
	9.8~19.6	1400	1300	1200	1100
	>19.6	1300	1200	1100	1000

　　槽型托辊和槽型调心托辊固定在支架上，而槽型和平型调心托辊则利用设置在其下部托架中心的丝扣机构形成一个可旋转底盘。胶带输送机的支架由机头传动架、中部架、中间驱动架、受料架和机尾架等组成。支架可用钢板冲压而成，重型的要用槽钢制成，两侧支腿要有足够的刚度。为了减轻冲击载荷，托辊的支架可用弹簧钢制成，以达到保护胶带的目的。

14.2.3 驱动装置

　　驱动装置是将电动机的转矩传给胶带，是胶带输送机的动力源，并借助滚筒与胶带间的摩擦力使胶带运动。它由电动机、联轴器、减速器和传动滚筒等组成，如图 14-9、图 14-10 所示。根据所处工作条件要求和电动机数目不同，驱动装置有单电机驱动和多电机驱动、单滚筒和双滚筒、多滚筒驱动等不同布置形式。

　　地面使用的固定式胶带输送机多采用单电机单滚筒驱动，一般驱动装置布置在机头卸载端（图 14-9），井下使用的胶带输送机多采用双滚筒驱动，根据不同条件可配套一台或两台电动机。

　　采用双滚筒及多电机驱动（图 14-10）可以减小传动装置的高度和宽度，从而便于运搬、安装和维护，适合于井下经常移动的胶带输送机。按使用传动电机数的不同，驱动装置在高速轴上多选用尼龙销联轴器和液压联轴器。多电机驱动胶带输送机因其尺寸较小而可减少硐室开拓工程量。

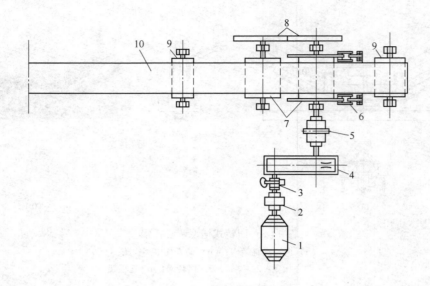

图 14-9 单电动机传动示意图

1—电动机；2—弹性联轴器；3—液压推杆制动器；4—减速器；5—齿轮联轴器；

6—盘式制动器；7—传动滚筒；8—齿轮对；9—换向滚筒；10—胶带

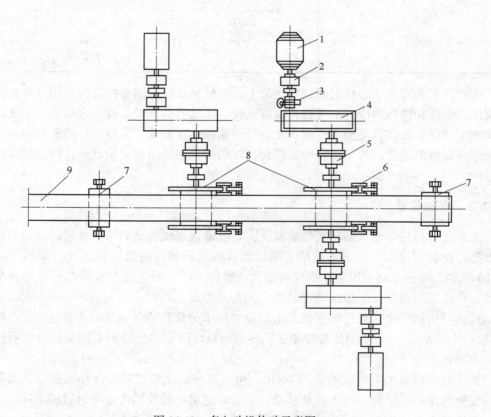

图 14-10 多电动机传动示意图

1—电动机；2—液力联轴器；3—液压推杆制动器；4—减速器；5—齿轮联轴器；

6—盘式制动器；7—换向滚筒；8—传动滚筒；9—胶带

长距离输送物料时，除采用多滚筒多电机驱动的胶带输送机外，还可采用中间驱动或多点驱动形式。多点驱动的主要优点是降低胶带张力，可以使用普通胶带，驱动装置各部件尺寸亦可相应地减小。

传动滚筒是传递动力的主要部件，可由钢板焊接而成，亦可由铸铁或铸钢铸造而成。滚筒表面有光面和胶面两种形式，一般情况下多采用光面滚筒，在环境潮湿、功率较大和易于打滑的情况下应采用包胶或铸胶的胶面滚筒。近来，为有利于改善胶带跑偏现象，人们采用了冷粘人字形胶面传动滚筒。

普通胶带输送机传动滚筒直径 D 与胶带帆布层数 i 的关系是：当胶带采用硫化接头时 $D/i \geq 125$；当采用机械接头时 $D/i \geq 100$；当胶带用于井下时 $D/i \geq 80$。帆布胶带宽度与传动滚筒直径间的关系见表14-5。

表 14-5　帆布胶带宽度与传动滚筒直径的关系

胶带宽度/mm	500	650	800	1000	1200	1400
滚筒直径/mm	500	500 630	500 630 800	630 800 1000	630 800 1000 1250	800 1000 1250 1400

钢绳芯胶带输送机传动滚筒直径与胶带强度及钢绳芯直径见表14-6。一般传动滚筒直径 D 与钢绳芯直径 d 之比值均大于 150。

表 14-6　钢绳芯胶带输送机传动滚筒直径

胶带强度/kN·cm^{-1}	6.5~12.25	15.0~20.0	24.5	29.4~34.3	39.6
滚筒直径/mm	800	1000	1250	1400	1600
钢绳芯直径/mm	4.5	6.75	8.1	9.18	10.3

传动滚筒长度 B_1 应比胶带宽度 B 大 100~200mm。

14.2.4　拉紧装置

拉紧装置的作用是使胶带具有足够的张力，借以保证滚筒与胶带间产生必要的摩擦力，以防止打滑；保证输送带各点的张力不低于某一给定值，限制胶带在各支承托辊间的垂度，以防止输送带在托辊之间过分松弛而引起撒料和增加运行阻力；补偿输送带的弹性及塑性变形；为输送带重新接头提供必要的行程。

常见的拉紧装置有机械拉紧式和重锤拉紧式两种。机械拉紧装置有螺杆式和钢绳绞筒式两种。常见的拉紧装置有螺旋式拉紧装置、重力拉紧装置、固定绞车拉紧装置和自动拉紧装置等。

（1）螺旋式拉紧装置。螺旋式拉紧装置是利用与滚筒相连接的滑块在螺杆上的来回移动，来拉紧或放松胶带的。这种拉紧装置适用于长度较短（小于80m）、功率较小的输送机，可按机长的1%选取拉紧行程，其拉紧行程有500mm和800mm两种，如图14-11（a）所示，拉紧滚筒的轴座安在活动架4上，活动架可在导轨3上滑动。当旋转螺丝杆1时，使活动架随着装于其上的螺母2移动而达到放松与拉紧胶带的目的。其特点是结构简单，但拉紧行程较小，不能自动保持胶带的预拉力，故只能适用于长度小于 80m 的短输送机上。

（2）重力拉紧装置。重力拉紧装置如图 14-11（d）、（e）所示。重载小车式拉紧装置的拉紧滚筒和重锤箱均安装在拉紧车架上，它利用重块、本体和滚筒的重量在倾斜方向上的分力作为拉紧力。重载小车式拉紧装置工作可靠，结构简单和便于布置。但重锤利用率低，拉紧力小，应用范围受到限制，多用于钢绳芯胶带输送机上。垂直式拉紧装置适用于固定式胶带输送机。

（3）固定绞车拉紧装置。固定绞车式拉紧装置利用钢绳缠绕在绞车卷筒上并将绞车拉紧。通常绞车卷筒都是经过蜗轮减速器来带动，广泛用于井下。

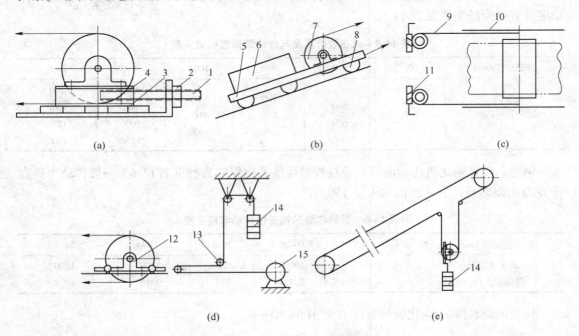

图 14-11　胶带输送机拉紧装置

（a）螺旋式拉紧装置；（b）重锤小车式拉紧装置；（c）钢绳绞车式拉紧装置；
（d）固定绞车重锤小车式拉紧装置；（e）垂直重锤式拉紧装置

1—丝杠；2—螺母；3，10—导轨；4—活动架；5—拉紧车架；6—重锤箱；7—拉紧滚筒；8—车轮；9—钢绳；11—蜗轮蜗杆拉紧小车；12—拉紧滚筒小车；13—滑轮；14—重锤；15—绞车

（4）自动拉紧装置。自动拉紧装置是在工作过程中拉紧力大小可调，即输送机在不同的工况下（启动、稳定运行、制动）工作时，拉紧装置能够提供合理的拉紧力，适应于大型带式输送机。

自动电动绞车拉紧装置使用的是电动绞车。工作时，通过压磁式传感器检测并发出信号，控制电动稳车拉紧和放松，控制绞车的正转、反转和停止，实现自动调整拉紧力，自动保持恒定的拉紧力。在启动和制动过程中还可以自动调节拉紧力，这种拉紧装置的拉紧行程大，结构紧凑，便于布置。

自动拉紧装置还可以使用液压绞车控制（图 14-12），称为自动液压绞车拉紧装置。液压绞车拉紧装置将液压绞车、拉紧力传感器及电气控制装置（采用 PLC 控制）相互配

合来调整启动、运行、制动及打滑时所需的牵引力，其主要优点是动态响应快，拉紧行程大，是一种具有发展前途的拉紧装置。

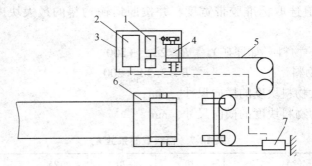

图 14-12　YZL 型自动液压绞车拉紧装置
1—液压油泵；2—控制柜；3—拉紧站；4—液压绞车；5—钢丝绳；6—输送带拉紧小车；7—拉紧力传感器

14.3　胶带输送机的选型计算

选用胶带输送机时应综合考虑使用条件确定机型。对于服务年限较长的地点，可选用固定式胶带输送机，如 DTE 型胶带输送机。对于长距离大运量的矿山，可选用强度高的胶带输送机，如 GX 型钢绳芯胶带输送机或 GD 型钢绳牵引胶带输送机。对地下采区巷道需要经常伸缩和搬移的情况，可选用落地可拆式、吊挂可拆式或可伸缩式胶带输送机。

对于成套定型胶带输送机产品，选型时如果给定的使用条件与产品特征参数基本符合，只是在输送能力、铺设倾角和输送距离等方面略有不同，即可按选型设计步骤逐一校核，满足条件后即可进行选用。对于非成套定型产品或通用胶带，如 DTE 型、GX 型或 GD 型胶带输送机，可先根据具体使用条件进行设计计算，然后对相适应的各种标准件进行选择，最后组装成整机使用。

14.3.1　胶带宽度的计算

胶带宽度是胶带输送机的一个重要参数，表征了胶带的型号。胶带宽度的大小必须同时满足输送能力和货载块度两个条件的要求，取决于总运输量、运输速度、物料性质以及物料断面形状。在胶带选型中，若给定了胶带输送机的运输能力和运行速度，则可按式（14-1）确定胶带宽度。

$$B = \sqrt{\frac{Q}{K_d K_q v \gamma}} \qquad (14-1)$$

式中　B——胶带宽度，mm；

Q——胶带输送机的运输能力，t/h；

K_d——物料截面系数，平胶带 $K_d = 576 \tan\varphi'$，槽形胶带 $K_d = 1443\tan\alpha - 4\tan\varphi'$，弓形胶带 $K_d = 594\tan\varphi'$，也可查表 14-7 确定；

α——槽形胶带侧托辊的倾角，一般地 $\theta = 20° \sim 30°$；

K_q——胶带输送机的倾角系数，其值查表 14-8；

v——胶带输送机的运行速度，m/s；

γ——物料堆积密度，t/m³。

最后根据计算值选取标准胶带宽度，并按照运输物料的最大块度以式（14-2）、式（14-3）进行验算。

对于未经筛分的物料（如原矿）　　　$B \geqslant 2a_{max} + 200$　　　　　　　　　　　　（14-2）

对于筛分后的物料　　　　　　　　　$B \geqslant 3.3a_p + 200$　　　　　　　　　　　　（14-3）

式中　a_{max}——最大物料块度的横向尺寸，mm；

　　　a_p——平均物料块度的横向尺寸，mm。

表 14-7　物料截面系数 K_d

	物料堆积角 α/(°)	10	20	25	30	35
K_d	槽形	316	385	422	458	496
	平形	67	135	172	209	247

表 14-8　倾角影响系数 K_q

倾角 θ/(°)	0~10	10~15	15~20
K_q	1	0.95	0.90

14.3.2　牵引钢绳单位长度质量

钢绳胶带输送机需要初选牵引钢绳，牵引钢绳的规格按其单位长度质量选取。钢绳的单位长度质量可按式（14-4）计算。

$$P_g = \frac{L[(P_h + P_d)(\sin\alpha \pm \omega\cos\alpha) \pm P_t\omega\cos\alpha] + F_{min}}{\dfrac{n_g}{c_g}\left[\dfrac{10^{-5}\sigma_g}{m\gamma_g} - (\sin\alpha \pm \omega\cos\alpha)\right]} \tag{14-4}$$

式中　P_g——钢绳单位长度质量，kg/m；

　　　L——胶带输送机工作长度，m；

　　　P_h——货载单位长度质量，kg/m，$P_h = 165B_d^2\gamma\tan\varphi'$；

　　　P_d——胶带的单位长度质量，kg/m；

　　　α——胶带输送机倾角，(°)；

　　　ω——钢绳运行阻力系数，一般地 $\omega = 0.015 \sim 0.02$；

　　　P_t——每米重段托绳轮旋转部分的质量，kg/m；$P_t = G_t/L_t$，G_t、L_t 分别为重段绳轮旋转部分的质量和间距；

　　　F_{min}——钢绳最小张力，与胶带输送机布置形式有关，一般地在水平及倾斜方向上运输时取 $F_{min} = 1000 \sim 1500$kg；

　　　n_g——牵引钢绳数，根；

　　　c_g——钢绳载荷分布不均匀系数，取 $c_g = 1.15 \sim 1.2$；

　　　σ_g——钢绳抗拉强度，$\sigma_g = 1400 \sim 1850$MPa；

　　　m——安全系数，$m = 4 \sim 5$；

　　　γ_g——钢绳计算容重，$\gamma_g = 9000$kg/m³；

±——向上运输取"+"，向下运输取"-"。

根据式（14-4）计算的 P_g 值，在钢绳产品目录中选取与 P_g 值相近的标准钢绳。

14.3.3 牵引电动机的功率

胶带输送机电动机所需功率根据胶带运行速度和牵引力按式（14-5）计算。

$$N = \frac{K_e Fv}{1000\eta} \qquad (14-5)$$

式中　N——胶带输送机的功率，kW；

K_e——功率备用系数，取 $K_e = 1.15 \sim 1.2$；

v——胶带工作速度，m/s；

η——机械传动效率，取 $\eta = 0.85 \sim 0.95$；

F——驱动轮牵引力，N。

14.3.4 胶带输送机技术生产能力计算

胶带输送机的技术生产能力取决于胶带宽度、运输物料的断面形状、胶带运行速度、物料运输难易程度和装载均匀程度等，可按式（14-6）计算。

$$Q_j = 3600 Sv K_r \eta_1 \qquad (14-6)$$

式中　Q_j——胶带输送机的技术生产能力，m^3/h；

S——物料在胶带上的横断面面积，m^2；

K_r——物料运输难度系数；

η_1——胶带装载系数。

物料在胶带上横断面的形状与面积 S 取决于托辊数目及其倾角（图 14-13）。对于水平胶带，物料的横断面面积 S 与等腰三角形底宽 b 的平方成正比，其中 $b = 0.9B - 0.05$。故此有

$$Q_j = 3600 K (0.9B - 0.05)^2 v K_r \eta_1 \qquad (14-7)$$

式中，K 取决于胶带形状、侧托辊倾角及物料堆积角系数。工作面胶带输送机的生产能力应高于装载设备的生产能力，单斗挖掘机采装能力应比工作面胶带输送机的生产能力高 $10\% \sim 15\%$。

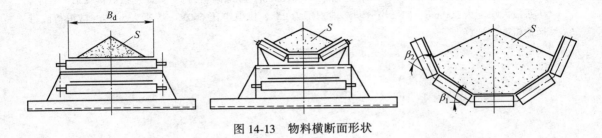

图 14-13　物料横断面形状

14.3.5 胶带运行速度的选取

胶带运行速度作为胶带输送机的重要运行指标，直接影响着输送机的生产率。从胶带

输送机装备重量和经济性角度考虑，输送机应尽量采用最大允许带速，以尽量减小胶带宽度，从而缩小机器的外形尺寸，降低机重和缩小机器的安装作业场地。但增加带速会引起冲击载荷增加，从而对胶带损害较大，缩短胶带使用寿命，还将增大电动机功率。

　　然而，采用较高带速除了要制造高质量的动平衡托辊和滚筒外，还要有寿命长的轴承和结构性能完善的密封装置等，还需要视输送物料的性质、输送量和采用输送带的抗拉强度而定。

　　我国胶带带速已标准化，具体选用时可参考表 14-9 所列推荐值。

表 14-9　不同性质物料的带速选用推荐值　　　　　　　　　（m/s）

序号	物料特性描述	物料种类	带宽 B/mm			
			500，650	800，1000	1200~1600	1800
1	磨损性较小或不会因粉化而引起物料品质下降	沙、盐、原煤	≤2.5	≤3.15	2.5~5.0	3.15~6.3
2	磨损性较大，中小粒度（160mm 以下）	剥离岩、矿石、碎石	≤2.0	≤3.15	2.0~4.0	2.5~5.0
3	磨损性较大，粒度在 160mm 以上	剥离岩、矿石、碎石	≤1.6	≤2.5	2.0~4.0	2.0~4.0
4	物料品质因粉化而降低	—	≤1.6	≤2.5	2.0~3.15	—
5	筛分后的物料	—	≤1.6	≤2.5	2.0~4.0	
6	粉状、容易起尘的物料	水泥等	≤1.0	≤1.25	1.0~1.6	

复习思考题

14-1　按结构分类矿山常用胶带运输机有哪些类型？

14-2　胶带输送机的基本机构是什么，其工作原理是什么？

14-3　胶带输送机有哪些驱动方式和系统？

14-4　张紧装置的作用是什么，胶带运输机主要有哪些张紧方式？

14-5　某矿山要求物料运输能力为 800t/h，运输距离为 1000m，输送倾角为 14°，原矿松散密度 1.75t/m³，矿石最大块度为 300mm，矿石松散动态堆积角为 25°，供电电压 660V，带速 2.5m/s。试进行胶带运输机选型计算。

第 4 篇

矿山流体机械

矿山在生产过程中，凿岩穿孔、采装运输等工艺环节中所采用的许多机械设备和工具都是以压气为动力源的，空气压缩机及其辅助设备是矿山用于压缩和输送压气的机械设备。

地下矿山开采时，岩层和生产爆破都会产生大量的有毒气体或易燃易爆气体，如 CH_4、CO、H_2S、CO_2 等。此外，井下空气温度和湿度也会随着地热和井下机电设备散发的热量而增高。有毒气体和井下气候条件都会对工作人员的身体健康和矿井安全生产带来严重影响和威胁。解决这个问题的方法就是加强矿井通风，向井下输送新鲜空气供人呼吸，稀释井下有毒气体至规定的极限值以下，同时调节矿井空气温度和湿度，改善井下气候条件，保证矿井安全生产。

矿山基建和生产过程中，将会有地下水、地表水、大气降水等涌入采场和矿井，影响矿山安全生产。矿山排水设备的任务就是将采场积水、矿井涌水排至地表或开采境界外。矿山排水分为露天矿排水、矿井排水。

15 矿山排水设备

教学目标

通过本章的学习，学生应获得如下知识和能力：

(1) 了解矿山排水系统及其分类；

(2) 掌握离心式水泵的主要结构及其工作原理；

(3) 掌握离心式水泵的工作理论及其工作性能的调节方法；

(4) 了解离心式水泵工作性能的测定原理。

15.1 概　　述

在矿井建设和生产过程中，由于地层含水不断的涌出、雨雪和江河水的渗透、水砂充填和水力采煤的井下供水，往往使大量的水汇集于井下。这些矿井水若不及时排出，不仅影响工人的身体健康，还会对工作面生产安全构成极大的威胁。因此，在采矿活动中，必须及时探察矿井水源，并运用相应的排水设备将矿井水排出地表。图 15-1 为矿井排水过程示意图，涌入矿井的水顺着巷道一侧的水沟自流集中到水仓 1，而后经分水沟流入泵房 5 内一侧的吸水井 3 中，水泵运转后经管路 6 排到地面。

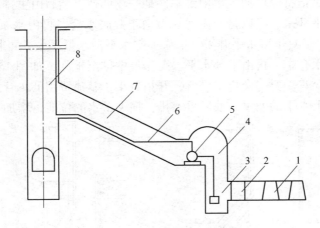

图 15-1　矿井排水过程示意图

1—水仓；2—分水沟；3—吸水井；4—泵房；5—水泵；6—管路；7—管子沟；8—井筒

矿井涌水量与矿区的位置、地形、水文地质及矿区气候等条件有关。在同一矿井中，一年四季涌水量是不同的，如在雨季和融雪季节，涌水量就大些，其他季节则大致是一定的。矿井涌水的大小可以用绝对涌水量和相对涌水量两个指标表示。绝对涌水量是指单位时间内涌入矿井的水量，单位是 m^3/h。矿井在某一季节里涌水高峰期的涌水量称为最大涌水量，而其他季节的涌水量称为正常涌水量。相对涌水量是指矿井每采一吨矿石的涌水量，单位是 m^3/t。相对涌水量也被称为含水系数，常用于比较同时期内各矿井涌水量的大小，可用式（15-1）进行计算。

$$K_S = \frac{24q}{A_d} \tag{15-1}$$

式中　K_S——相对涌水量，m^3/t；

　　　q——绝对涌水量，m^3/h；

　　　A_d——同时期内矿石日产量，t。

在选择矿井排水设备时，不仅需要考虑涌水量的大小，还需要考虑矿井水的物理、化学性质，如容重（或重度）大小、水的酸碱性等因素。通常，矿井水中含有各种矿物质以及泥沙等杂质，因此矿井涌水的密度比清水的大，如15℃时矿井涌水密度一般为 $1.015 \sim 1.020 g/cm^3$。由于排放这种矿井水会加速水泵零件的磨损，因此需要设置水仓或沉淀池，使水中泥砂沉淀后，再经水泵排至地面。此外，有的矿井涌水呈酸性，因其对水泵、水管等设备的腐蚀作用，致使排水设备使用年限缩短。因此，对于酸性矿井涌水（特别是 pH<3 的强酸性矿井水），应加入石灰进行中和处理，或选用耐酸排水设备。

15.1.1　矿井排水系统

矿井排水系统是矿山排水设备与排水管路的总称，其任务是将矿井水排至地表，为井下创造良好的工作环境。在选择矿井排水系统时应根据矿井深度、开拓系统以及各水平涌水量的大小等因素综合确定。常见的矿井排水系统有集中排水系统和分段排水系统两种。

15.1.1.1　集中排水系统

集中排水系统是指将全矿涌水集中到矿井某一较低处，然后由主排水设备一次排至地面。对于竖井单水平开采，可以将全矿涌水集中于井底水仓，再由水泵房集中排至地面，如图 15-2（a）所示。对于多水平开采，如果上部水平涌水量不大，可将上部水平的涌水排放到下部水平的水仓中，再由下部水平水泵房集中排至地面，如图 15-2（b）所示。集中排水系统较简单，只需要一套排水设备，开拓量小，基建费用低，管道敷设简单，管理费用低。其缺点是上水平的涌水下放后再上排，损失了水的位能，增加了电耗。

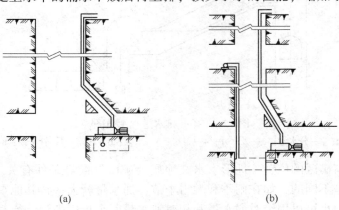

（a）　　　　　　　　　　（b）

图 15-2　集中排水系统

斜井采用集中排水时，除沿副井井筒敷设排水管道外，还可以通过钻孔下排水管排水，以减少管材投资和水管沿程损失，如图15-3所示。

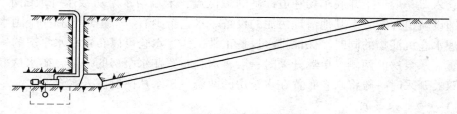

图15-3　钻孔下排水管排水系统

15.1.1.2　分段排水系统

对于深井单水平开采，若水泵的扬程不足以直接将水排至地面，则可在井筒中部开凿水泵房和水仓，先将水排至中部水仓，再由中部水仓排至地面，如图15-4（a）所示。对于多水平开采的矿井，若各水平涌水量较大，则可分别设置水泵房和水仓，将各水平涌水分别排至地面，如图15-4（b）所示。如果下部水平的涌水量较小，则可将下部水平的涌水用辅助水泵排至上部水仓中，然后由上部水平主水泵房将水一起排至地面，如图15-4（c）所示。分段排水系统的优点是上、下水平排水设备之间互不影响，缺点是开拓工程量大，并且当上水平的排水设备发生故障时，两水平都有被淹没的危险。

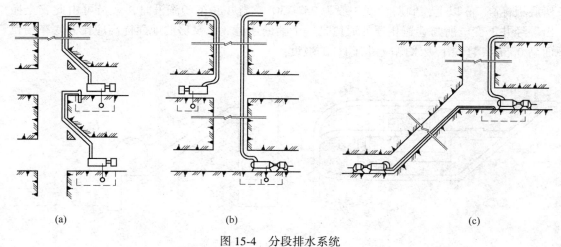

(a)　　　　　　　　　　(b)　　　　　　　　　　(c)

图15-4　分段排水系统

15.1.2　水仓及水泵房

15.1.2.1　水仓

水仓是指位于井底车场水平以下的贮水巷道（硐室），它一般由两条相互独立、断面相同的一组巷道组成。水仓有以下两个主要作用：

（1）储存集中矿水。为了防止断电或排水设备发生故障使排水系统被迫停止运行进而淹没巷道，主泵房的水仓应有足够大的容积，其容量必须能容纳8h正常的涌水量。

（2）沉淀矿水。由于矿水中一般都夹带有大量矿物质和泥沙，为防止这些固体颗粒堵塞排水系统和减轻其对排水设备的磨损，必须让矿水在水仓中进行沉淀。

根据颗粒沉降理论，水仓中矿水的流动速度必须小于 0.005m/s，流动时间要大于 6h，因此水仓巷道长不得小于 100m。

水仓入口一般位于井底车场巷道标高的最低点，末端与水泵房吸水井或配水井相连。水仓内铺设轨道并安装有其他清理污泥的设备。水仓至少有一个主水仓和一个副水仓，以便在清理水仓沉淀物的同时，保证排水设备正常工作。水仓可以布置在水泵房的一侧，也可以布置在水泵房的两侧。单翼开采时一般将水仓布置在水泵房的一侧，矿水从一侧流入水仓。双翼开采时一般将水仓布置在水泵房的两侧，矿水从两侧流入水仓。

15.1.2.2　水泵房

水泵房是专为安装水泵、电机等设备而设置的硐室。主排水泵室一般被称为中央水泵房，它通常与中央变电所（井下主变电硐室）联合布置于副井井底远离主井的一侧，通过管子道（敷设主排水管道的倾斜巷道）和副井井筒相连，并通过通道与井底车场水平巷道相通，其内安设水泵和配电设备，负责全矿井下排水，该硐室与中央变电所之间设有防火铁门。

根据矿井条件的不同，水泵房在井底车场的位置有多种形式，图 15-5 所示是其中的一种。根据水泵房在井底车场的位置可以清楚地看出，它有三条通道与相邻巷道相通，人行运输巷与井底车场相通，人员和设备均由此进入，倾斜的管子道与井筒相连，如图 15-5 所示。排水管可由此敷入井筒，同时又是人员和设备的安全出口，它的出口平台应高出泵房底板标高 7m 以上，倾斜坡度一般为 25°~30°。当井底车场淹没时，人员可由此安全撤出。经井下变电所与巷道相通的通道是一个辅助通道。水泵房的地面标高应比井底车场轨面高 0.5m，且向下吸水侧应留有 1% 的坡度。

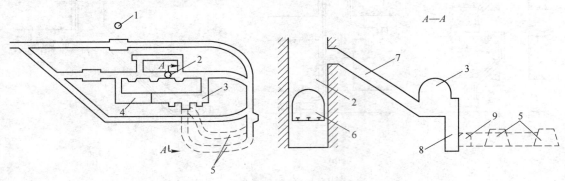

图 15-5　水泵房位置

1—主井；2—副井；3—水泵房；4—中央变电室；5—内外水仓；6—井底车场（阶段运输大巷）；
7—管子道；8—吸水井；9—配水巷

15.1.3　矿井排水设备

15.1.3.1　矿井排水设备的组成

矿井排水设备一般由矿用水泵、电机、电控设备、排水管路及附件和监测仪表等组成，如图 15-6 所示。矿用水泵是将电动机的能量传递给水，使水增加能量的一种机械。电动机是驱动设备，它通过联轴器和泵轴联接，带动装在泵轴上的叶轮转动。带底阀 6 的滤水器 5 安装在吸水管的最下端，其作用是过滤矿井水中的杂物，防止其进入水泵。底阀用于防止水泵启动前充灌的引水及停泵后的存水漏入吸水井。底阀阻力较大，并常出现故障，所以，带底阀的滤水器一般用于中、小型水泵中。大型水泵通常不设底阀，采用射流泵或水环式真空泵进行抽气灌水。调节闸阀 8 安装在靠近水泵的出水管段上，用来调节水泵的扬程和流量。逆止阀 9 安装在调节闸阀 8 的上方，其作用是在水泵突然停止运转（如突然停电）时，或者在未关闭调节闸阀 8 的情况下停泵时使调节闸阀自动关闭从而切断水源，防止水泵受到水力冲击而遭受损坏。旁通管 10（对有底阀的水泵）跨接在逆止阀和调节闸阀两端。水泵启动前，可通过旁通管用排水管中的存水向水泵充灌引水。压力表 15 用来检测水泵出口的压力。真空表 14 用来检测水泵入口处的真空度。灌水漏斗 11 的作用是在水泵启动前向泵内灌水，此时，水泵内的空气经放气栓放出。水泵再次启动时，可通过旁通管向水泵内灌引水。放水管 12 是在检修水泵和管路时把排水管中的存水放入吸水井。

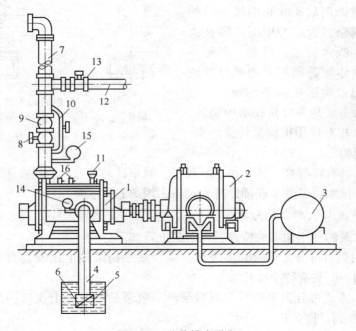

图 15-6 矿井排水设备

1—水泵；2—电动机；3—启动设备；4—吸水管；5—滤水器；6—底阀；7—排水管；
8—调节闸阀；9—逆止阀；10—旁通管；11—灌水漏斗；12—放水管；
13—放水闸阀；14—真空表；15—压力表；16—放气栓

水泵的种类很多，一般有如下分类：

（1）按排水介质可分为清水泵、渣浆泵和泥浆泵；

（2）按水在叶轮内部的流动方向可分为离心式水泵、轴流式水泵和混流式水泵；

（3）按水轮的进水方式可分为单侧进水式水泵和双侧进水式水泵；

（4）按产生压力的大小可分为低压泵（扬程小于 100m 的水泵）、中压泵（扬程为 100~650m 的水泵）和高压泵（扬程大于 650m 的水泵）。

矿用水泵多为离心式水泵，只有在极个别情况下才会采用轴流式水泵，因此，本章将重点介绍离心式水泵。

15. 1. 3. 2　离心式水泵的工作原理

图 15-7 为单级离心式水泵的简图，其主要工作部件有叶轮 1、叶片 2、轴 3 和螺旋形泵壳 4 等。

水泵启动前，先由注水漏斗 8 向泵内注水，然后启动水泵。外部动力驱动转轴旋转，叶轮 1 随之旋转，此时叶片 2 间原来充满着的液体也被叶片带动旋转并获得离心力，水在离心力的作用下以很高的速度和压力从叶轮边缘向四周甩出去，并由泵壳导流流向压水口并流出。在该过程中，水的动能和压力能均得到提高。与此同时，叶片间的液体被抛出后，叶轮内缘入口处会形成一定的真空，吸水井中的水则在大气压力作用下经吸水管进入叶轮。叶轮不断旋转，外部液体便源源不断地经过叶轮从机壳出口排出或被送往需要的地方。由此可见，离心泵主要是靠叶轮在水中旋转、叶轮中叶片与水相互作用把能量传递给水，并使其增加能量的。

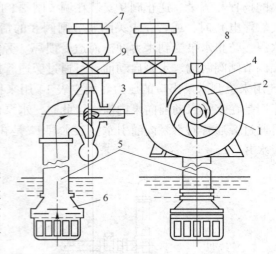

图 15-7　单级离心式水泵简图

1—叶轮；2—叶片；3—轴；4—外壳；5—吸水管；
6—滤水器底阀；7—排水管；8—漏斗；9—闸阀

离心式水泵具有转数高、体积小、质量小、效率高的特点，所以在工业中得到了广泛应用。煤矿主要排水设备及一些辅助排水设备多用离心式水泵。

15. 1. 3. 3　离心式水泵的分类

按离心式水泵的使用和结构特点，可对其进行如下分类：

（1）按叶轮数目可分为单级和多级泵。单级泵是指泵轴上仅安装有一个叶轮，而多级泵则是指泵轴上安装有数个叶轮。

（2）按吸入方式可分为单吸泵和双吸泵。单吸泵是指叶轮上仅有一个进水口，双吸泵是指叶轮两侧均有进水口。

（3）按泵轴位置可分为立式泵和卧式泵。立式泵是指泵轴位于垂直位置，卧式泵是指泵轴位于水平位置。

（4）按泵体的拆装方式可分为分段式和水平中开式。分段式是指垂直泵轴心线的平面上有泵壳接缝，中开式水泵是指在通过泵轴心线的水平面上有泵壳接缝。

（5）按叶轮结构可分为闭式泵和开式泵。闭式泵是指采用闭式叶轮结构，开式泵是指采用开式叶轮结构。

15. 2　离心式水泵的主要结构

15. 2. 1　离心式水泵的主要部件

离心式水泵种类繁多，型号各异，其主要结构也因型号不同而有所区别，但总体而言均大同小异。下面以一种典型的多级式离心式水泵为例介绍其主要结构。如图 15-8 所示，这种结构的泵分为若干级，每一级均由一个叶轮及一个径向导叶组成，其主要部件可分为固定部分、转动部分、密封部分和轴承支承等几大部分。

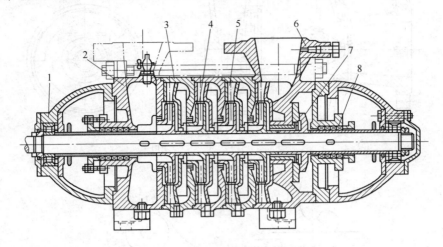

图 15-8　分段式多级离心式泵

1—轴承部件；2—进水段；3—中段；4—叶轮轴；5—导叶；6—出水段；7—平衡盘；8—密封部件

15.2.1.1　固定部分

离心式水泵的固定部分主要包括进水段（前段）、中段、出水段（末段）和填料装置等部件，各部件之间用拉紧螺栓连接。吸水口处于水平方向并位于进水段，出水口处于垂直方向并位于出水段。

A　吸入段（进水段）

吸入室位于第一级叶轮前边，其作用是以最小的阻力损失将吸水管中的水均匀地引向叶轮。吸入段中的阻力损失要比压出段小得多，但是吸入段形状设计的优劣对进入叶轮的液体流动情况影响很大，对泵的汽蚀性能有直接影响。吸入段一般有锥形管吸入段、圆环形吸入段和半螺旋形吸入段三种形式。

（1）锥形管吸入段。图 15-9（a）为锥形管吸入段结构示意图。这种吸入段流动阻力损失较小，液体能在锥形管吸入段中加速，速度分布较均匀。锥形管吸入段结构简单，制造方便，是一种很好的吸入段，适宜用在单级悬臂式泵中。

（2）圆环形吸入段。图 15-9（b）为圆环形吸入段结构示意图。在吸入段的起始段中，轴向尺寸逐渐缩小，宽度逐渐增大，整个面积缩小，使液流得到加速。由于泵轴穿过环形吸入段，所以液流绕流泵轴时会在轴的背面产生旋涡，从而使进口流速分布变得不均匀，同时叶轮左、右两侧的绝对速度的圆周分速度 n_{1u} 也不一致，所以流动阻力损失较大。由于圆环形吸入段的轴向尺寸较短，因而被广泛用于多级泵上。

（3）半螺旋形吸入段。如图 15-9（c）所示，半螺旋形吸入段能保证叶轮进口液流有均匀的速度场，泵轴后面没有旋涡。但液流进入叶轮前已有预旋，扬程会略有下降。半螺旋形吸入段大多被应用在双吸式泵和多级泵中开式泵上。

B　中段

在多级分段式水泵中，液流是由前一级叶轮流入次一级叶轮内，因此在液流流经的路

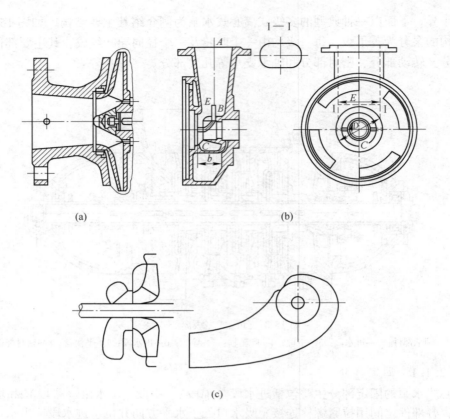

图 15-9　锥形管吸入段、圆环形吸入段和半螺旋形吸入段
(a) 锥形管吸入段；(b) 圆环形吸入段；(c) 半螺旋形吸入段

径中必须装置中段。中段一般由导水圈和返水圈组成。导水圈是与泵壳固定在一起且带有叶片的静止圆环，如图 15-10 所示。它的入口一面有与叶轮叶片数目不等的导叶片，其作用是使流道断面逐渐扩大，而另一面有对应数量的反导叶片。导叶的作用是把由叶轮流出的高速水流收集起来，并将一部分动能转化为压力能，再通过反导叶片把水均匀地引向下一级叶轮。导水圈的叶片数与叶轮的叶片数应互为质数，否则会出现叶轮叶片和导水圈叶片重叠的现象，造成流速脉动，产生冲击和振动。导水圈和返水圈主要有径向式和流道式两种。

(1) 径向式。图 15-10 所示为径向式，它由螺旋线、扩散管、过渡区和反导叶组成。图 15-10 中 AB 部分为螺旋线，它的作用是收集液体。扩散管 BC 部分的作用是将部分速度能转换成压力能。螺旋线与扩散管又称正导叶，它起着压出室的作用。CD 为过渡区，它的作用是转变液体流向。液体在过渡区里沿轴向转了 180°的弯，然后沿着反导叶 BE 进入次级叶轮的入口。

(2) 流道式。图 15-11 所示为流道式。在流道式中，正反导叶是连续的整体，亦即反导叶是正导叶的继续，所以从正导叶进口到反导叶出口形成单独的小流道，各个小流道内的液流互不相混。流道式流动阻力比径向式小，但结构复杂，铸造加工较麻烦。目前分段式多级泵趋向于采用流道式导叶。

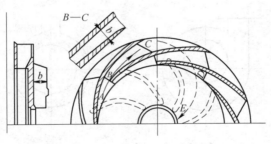

图 15-10 径向式导叶

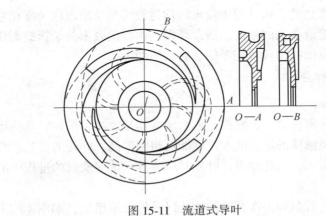

图 15-11 流道式导叶

C 压出段（压出室）

压出段位于最后一级叶轮的后面，其作用是将最后一级叶轮流出的高速水流收集起来并引向压出口，同时将液体中的部分动能转变成压力能。由于压出段中液体的流速较大，所以液体在流动的过程中会产生较大的阻力损失。因此，有了性能良好的叶轮，还必须有良好的压出段与之相配合，这样才能提高整个泵的效率。

压出段结构形式很多，常见的有螺旋形压出段和环形压出段。

（1）螺旋形。螺旋形压出段又称蜗壳体，如图 15-12（a）所示。液体从叶轮流出进入蜗壳体内，沿着蜗壳体在流体流动方向上其数量是逐渐增多的，且壳体的截面积也是不断增大的，因此，当液体在蜗壳中运动时，其在各个截面上的平均流速均相等。蜗壳体只收集从叶轮中流出的液体，扩散管使液体中的部分动能转变成压力能。为减少扩散管的损失，它的扩散角 θ 一般取 $8° \sim 12°$。

泵舌与叶轮外径的间隙不能过小，否则在大流量工况下泵舌处容易产生汽蚀。并且，间隙太小也容易引起液流阻塞而产生噪声与振动。然而，间隙亦不能太大，在太大的间隙处会引起旋转的液体环流，消耗能量，降低泵的容积效率。因此，泵舌与叶轮外径的间隙应保持在一个合理的范围内。

螺旋形压出段制造方便，泵的高效率区域较宽，一般用于单级泵、单级双吸泵及多级泵压出室中。

（2）环形。环形压出段的流道截面积处处相等，如图 15-12（b）所示，所以液流在

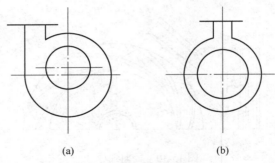

(a)　　　　　　　　　　(b)

图 15-12　螺旋形及环形压出室

流动中的流速是不断增加的，从叶轮中流出的均匀液流与压出段内速度比它高的液流相遇时彼此发生碰撞，会造成很大的损失。所以环形压出段的效率低于螺旋形压出段但它加工方便，主要用于多级泵的排出段或用于输送有杂质的液体。

15.2.1.2　转动部分

A　叶轮

叶轮是水泵的主要部件之一，它也是使水增加能量的唯一部件，其作用是将原动机的机械能传递给液体，使液体的压力能和速度能均得到提高。叶轮的形状、尺寸和制造精度对水泵性能的影响非常大，因此在设计叶轮时应将其在传递能量的过程中的流动损失降至最低。

叶轮一般由前盘、后盘和夹在其间的叶片以及轮毂所组成，如图 15-13 所示。叶轮按其结构可分为封闭式叶轮、开式叶轮和半开式叶轮三种。封闭式叶轮的结构如图 15-13（a）所示，叶片将两盖板的空间分成许多弯曲的流道，前盖板在轴的周围开有环形吸水口，叶轮边缘为带形出水口。封闭式叶轮效率较高，但要求输送的介质较清洁。半开式叶轮与封闭式叶轮相比仅仅是少了前盖板，其余部分均与之相同，如图 15-13（b）所示。半开式叶轮适宜输送含有杂质的液体。开式叶轮没有前后盖板，仅仅由叶片和轮毂组成，如图 15-13（c）所示。开式叶轮适宜输送所含杂质颗粒较大、较多的液体。开式叶轮的效率较低，一般情况下不采用。

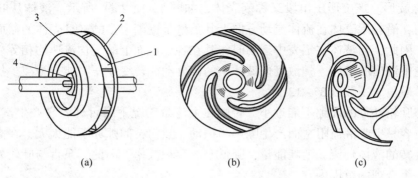

(a)　　　　　　　　　(b)　　　　　　　　　(c)

图 15-13　叶轮的结构形式

（a）封闭式叶轮；（b）半开式叶轮；（c）开式叶轮

1—叶片；2—后端盖；3—前端盖；4—轮毂

除此之外，叶轮还有单吸和双吸之分，在相同条件下，双吸式叶轮的流量是单吸式叶轮的流量的两倍，而且它基本上不产生轴向推力。双吸式叶轮适用于大流量或需要提高泵抗汽蚀性能的场合。

叶轮一般由灰口铸铁或铸钢经机加工而成，除极特殊的情况（如排放腐蚀性很强的液体）外，很少用有色金属来制造水泵的叶轮。

B　泵轴

泵轴常用 45 号钢锻造加工而成。泵轴的作用是把原动机的扭矩传递给叶轮，并支承装在它上面的转动部件。为了防止泵轴锈蚀，泵轴与水接触部分装有轴套，轴套锈蚀和磨损后可以更换，以延长泵轴的使用寿命。

C　轴承

D 型泵的轴承采用单列向心滚珠轴承，用润滑脂润滑。这种轴承允许有少量的轴向位移，以利于平衡盘平衡轴向推力。轴承两侧采用 "O" 形耐油橡胶密封圈和挡水圈防水。

D　平衡盘

多级分段式离心式水泵往往在水泵的压出段外侧安装平衡盘，其作用是消除水泵运行时产生的轴向推力。平衡盘常用灰铸铁制造，其结构和工作原理详见 15.2.2 节。

15.2.1.3　密封部分

水泵运行时，液体会在水泵内相应的固定部件与转动部件内流动。由于水泵各固定部件是相互独立的，因此，为了防止高压水漏出泵外，必须首先保证水泵各固定段之间结合面的密封效果。其次，水泵运行时其转动部分与泵壳之间必须留有一定的间隙，为了减少高压水经过这些间隙时产生循环流或防止水漏出泵外，还必须做好叶轮和固定部分间以及轴端与固定部件间的密封工作。

A　固定段间的密封

离心式水泵各固定段之间的静止结合面通常采用纸垫密封。

B　叶轮与固定部件之间的密封

水泵正常运行时，叶轮的吸水口、后盖板轮毂与固定段之间必然存在环形缝隙，为了减少水流经过这些缝隙时的泄漏量，在保证叶轮正常转动的基础上，应尽可能减小缝隙。为此，在每个叶轮前后的环形缝隙处安装有磨损后便于更换的密封环（又称大口环和小口环），如图 15-14 所示。装在叶轮入口处的密封环为大口环，其作用是保持叶轮与泵壳之间有一极小的间隙，以减少水从叶轮反流至入口。在多级泵的级间泵壳上还有级间密封环，它一般安装在叶轮后盖板轮毂处，又称为小口环，其作用是防止级间漏损。

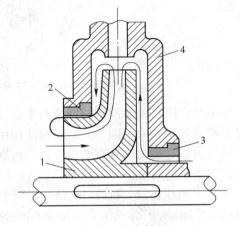

图 15-14　密封环
1—叶轮；2—大口环；3—小口环；4—泵壳

水泵的密封环往往是圆柱形的，用螺栓固定在泵壳上，它承受着与转子之间的摩擦，是水泵的易损件之一。当密封环磨损到一定程度后，将产生大量循环流，使水泵的排水量及效率显著下降，并引起不平衡轴向力。因此，设计密封环时应保证其容易更换。

　　C　轴端与固定部件间的密封

　　泵轴穿过泵壳，因此泵轴与固定部分之间必然存在间隙。水泵正常运行时，泵内液体会从间隙中泄漏至泵外。如果泄漏出的液体是有毒、有腐蚀性的液体，将会对环境造成污染。其次，倘若泵吸入端是真空，那么外界空气则会在大气压的作用下进入泵内而影响泵的安全工作。因此，为了减少泄漏，在这些间隙处通常都安装有轴端密封装置，简称轴封。目前常采用的轴封有填料密封和机械密封等。

　　(1) 填料密封。填料密封在泵中的应用十分广泛，如图 15-15 所示，它主要由填料套 1、水封环 2、填料 3、填料压盖 4、压盖螺栓 5 和螺母 6 组成。正常工作时，填料由填料压盖压紧后充满填料腔室，从而减少泄漏。由于填料与轴套表面直接接触，因此填料压盖的压紧程度应该合理。如压得过紧，填料在腔室中将被过分挤紧，此时虽然可以减少泄漏，但会增加填料与轴套表面之间的摩擦，严重时会发热、冒烟，甚至将填料、轴套烧坏。如压得过松，则泄漏增加，泵的效率也随之下降。填料压盖的压紧程度应该以水泵正常运行时填料函中能流出少量滴状液体为宜（一般为每秒 1 滴水）。此外，为保证吸入端填料函的密封性能，一般需要对填料函进行水封，水封环由泵排出口用导管引进高压水，以防止空气吸入，同时对填料起润滑和冷却作用。

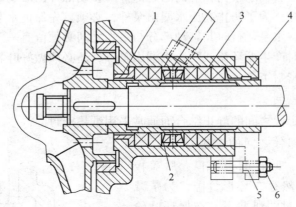

图 15-15　填料密封

1—填料套；2—水封环；3—填料；4—填料压盖；5—压盖螺栓；6—螺母

　　填料常用石墨油浸石棉绳或石墨油浸含有铜丝的石棉绳，但它们在泵高温、高速的情况下密封效果较差。国外某些厂家使用由合成纤维、陶瓷及聚四氟乙烯等材料制成的压缩填料密封。这类材料具有摩擦性低，耐磨、耐高温性能好和使用寿命长等优点，且其价格与石棉绳填料的价格大致相当。

　　(2) 机械密封。机械密封最早出现于 19 世纪末，目前在国内外已被广泛应用。机械密封是靠静环与动环端面的直接接触而形成密封，如图 15-16 所示。动环 5 安装在转轴上，通过传动销 3 与泵轴同时转动。静环 6 安装在泵体上，为静止部件，并通过防转销 8 使其固定。静环与动环端面形成的密封面上所需的压力由弹簧 2 提供。动环密封圈 4 的作用是防止液体的轴向泄漏，静环密封圈 7 的作用是封堵静环与泵壳间的泄漏。密封圈除了起密封作用之外，还能吸收振动，缓和冲击。动、静环间的密封实际上是通过在两环间维持一层极薄的流体膜来实现的，同时，这层流体膜还起着平衡压力及润滑和冷却端面的作用。机械密封的端面需要通有密封液体，密封液体要经外部冷却器冷却，在泵启动前先通入，泵轴停转后才能切断。若要使机械密封取得良好的密封效果，应该使动、静环端面光洁、平整。

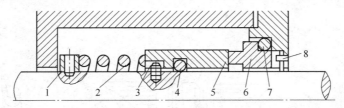

图 15-16　机械密封

1—弹簧座；2—弹簧；3—传动销；4—动环密封圈；5—动环；
6—静环；7—静环密封圈；8—防转销

与填料密封相比，机械密封具有使用寿命长、密封性能好、泄漏量小、轴或轴套不易受损伤及摩擦功小（约为填料密封的 10%～15%）等优点。但机械密封较填料密封更复杂且价格较高，需要一定的加工精度与安装技术。此外，由于液体中所含杂质会损坏动环与静环的密封端面，因此机械密封对水质的要求也较高。

15.2.2　离心式水泵的轴向推力及其平衡

15.2.2.1　轴向推力产生的原因及其危害

多级离心式水泵往往都是单侧进水，如图 15-17 所示，假设水在叶轮入口处的压力为 p_1，出口处的压力为 p_2。因为叶轮在外壳内转动，故与外壳之间有间隔形成空腔，在空腔内部充满压力为 p_2 的高压水，并作用在叶轮两侧的外壁上。由图可以看出，叶轮前、后两侧的作用力是不平衡的，这两个作用力的结果是对叶轮产生了一个向前的推力，这个力称为轴向推力，其值可用式（15-2）进行计算。

$$T = \frac{\pi}{4}(D^2 - d_{\mathrm{B}}^2)(p_2 - p_1)i \qquad (15\text{-}2)$$

式中　i——离心泵的级数。

对于大型多级离心泵而言，这一轴向推力往往很大，有时可达几万牛顿。这个力将使整个转子向吸水侧窜动，

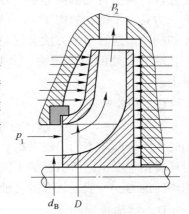

图 15-17　轴向推力的产生

如不加以平衡，将使高速旋转的叶轮与固定的泵壳接触，造成破坏性的磨损。此外，过量的轴向窜动，会使轴承发热，电动机的负载增加，同时，使互相对正的叶轮出水口与导水圈的进口发生偏移，引起冲击和涡流，严重时将使水泵无法工作。

15.2.2.2　轴向推力的平衡方法

A　平衡孔

对小型的单级泵，多采用在后盘上开平衡孔的方法平衡轴向推力。如图 15-18（a）

416

所示，利用后盘外侧的密封环 K 造成空间 E，在后盘上开平衡孔 A，使空间 E 和吸水侧相通，此时空间 E 的压力也等于吸水侧的压力 p_1，最终达到平衡。这种方法比较简单并可减少轴封压力，但它增加了泄漏，干扰了叶轮入口液体流动的均匀性，泵的效率也会随之降低。

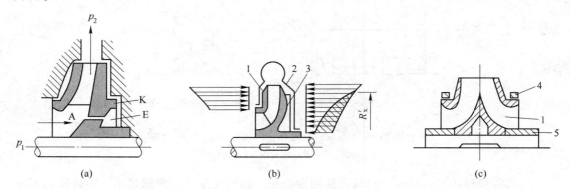

图 15-18　轴向推力的平衡方法

（a）用平衡孔平衡轴向推力；（b）用平衡叶片平衡轴向推力；（c）用双吸叶轮平衡轴向推力
1—叶轮；2—螺壳；3—平衡叶片；4—密封环；5—轴套
A—平衡孔；K—密封环；E—平衡室

B　平衡叶片

该方法是指在叶轮后盖板的背面对称安置几条径向加强筋片（即平衡叶片），如同叶轮叶片一样使背面的液体加快旋转，离心力增大，背面的压力显著下降，从而使叶轮两侧的压力趋于平衡，如图 15-18 （b）所示。其平衡程度取决于平衡叶片的尺寸和叶轮与泵体的间隙。这种平衡方法会使泵的效率有所降低，但该方法不仅能平衡轴向推力，还能减小轴端密封处的液体压力，并且可防止杂质进入轴端密封，因此常被用在输送杂质的泵上。

C　双吸叶轮

如图 15-18 （c）所示，由于叶轮结构尺寸对称，因此叶轮两边压力作用面积相等，同时作用于叶轮上的力也对称，从而使轴向推力达到平衡。但由于制造上的误差或两侧密封环磨损程度不同所引起的不同程度的泄漏，往往会产生残余轴向推力。为平衡这一残余的轴向推力，一般还装有推力轴承。

D　对称布置叶轮

该方法是指将叶轮成对对称地安装在同一根轴上，如图 15-19 所示，各级叶轮产生的轴向力相互平衡。采用这种方法时，如果叶轮数为偶数，则叶轮正好对半布置。若叶轮数为奇数，则首级叶轮可以采用双吸式，其余叶轮仍对半反向布置。采用叶轮对称布置平衡轴向推力的方法简单，但增加了外回流管道，使泵壳变得更加笨重，同时也增加了级间泄漏。

E　平衡鼓

如图 15-20 （a）所示，它是装在末级叶轮后面与叶轮同轴的圆柱体，其外壳表面与泵体上的平衡鼓套之间有一很小的径向间隙。平衡鼓右侧用连通管与泵吸入口连通，此

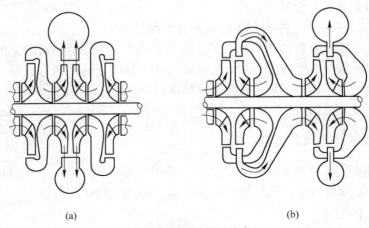

图 15-19　多级叶轮对称布置

时，平衡鼓右侧 C 的压力接近泵吸入口压力，左侧 A 的压力接近最后一级叶轮后腔的压力，从而在平衡鼓两侧形成一个从左向右的轴向力，从而平衡轴向推力。采用这种方法不能完全平衡轴向推力，因此要采用止推轴承来承受剩余的轴向推力。

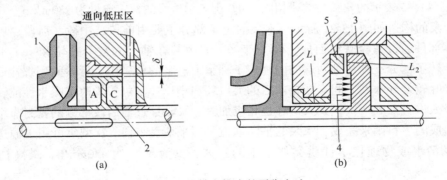

图 15-20　轴向推力的平衡方法

（a）用平衡鼓平衡轴向推力；（b）平衡轴向推力的平衡盘结构图
1—叶轮；2—平衡鼓；3—平衡盘；4—平衡盘室；5—平衡盘衬环

F　平衡盘

平衡盘是多级离心泵采用最普遍的一种轴向推力平衡方法，如图 15-20（b）所示。平衡盘固定在泵轴上，与叶轮、泵轴三者成为一体，平衡盘 A 与装在泵壳上的平衡衬环 C 一起形成盘室 B。最后一级叶轮排水侧的高压水经过径向间隙 L_1 流进盘室 B，然后又经过轴向间隙 L_2 流入平衡盘背面空腔，此空腔或者与吸水管连通，或者直接与大气相通，故此空腔内的压力为低压 p_0。由于平衡盘室 B 内的压力 p_B 高于盘室背面空腔内的压力 p_0，因此，对平衡盘来说，相当于产生了向后的轴向平衡力，从而平衡对叶轮向前的轴向推力。平衡盘的主要优点是可以随轴向推力的变化而自动调节平衡力的大小。如轴向推力 T 增大，则叶轮、泵轴、平衡盘三者一起同时向前侧移动，使轴向间隙 L_2 变小，于是流经 L_2 的流量 ΔQ 减少，同时流经径向间隙 L_1 的流量也减少，导致通过 L_1 的流速减小，L_1 两侧的压力差 $\Delta p = p_2 - p_B$ 下降，因 p_2 近似不变，则 p_B 将上升，即平衡盘室 B 内的压力增大，向右侧的平衡力也增大，直到平衡为止。反之，当轴向推力 T 减小时，叶轮、泵轴、平衡盘三者一起向后移动，使轴向间隙 L_2 增大，泄漏量 ΔQ 变大，流经 L_1 的流速加大，压力差 p 变大，故平衡室 B 内的压力 p_B 下降，于是平衡力减少，达到新的平衡。

平衡盘可以平衡全部轴向力，并可避免泵的动、静部分的碰撞与磨损。但是泵在启、停时，由于平衡盘的平衡力不足，往往会使泵轴向吸水口方向窜动，此时平衡盘与平衡座间会发生摩擦，造成磨损。

15. 2. 3　离心式水泵的常见类型

矿井主要排水设备均为多级离心式水泵，其中常用的有 D 型、DA 型和 TSW 型多级离心式水泵。井底水窝和采区局部排水常用 B 型、BA 型和 BZ 型单级离心式水泵。

15. 2. 3. 1　D 型泵

D 型泵是单吸、多级、分段式离心泵。它是国家标准系列产品，不同的型号参数代表不同的含义，现以 200D-43×3 型泵为例来对其进行说明。200 表示吸水口直径为 200mm；D 表示单吸、多级、分段式；43 表示单级额定扬程为 43m；3 表示 3 级。目前对 D 型泵按新系列编制，其意义与旧系列有所不同，如 200D-43×3 型号，按新系列的表示方法为 D280-43×3。其中，D、43、3 表示的意义与前述相同，280 则表示该泵的额定流量为 280m³/h。

D 型泵的构造如图 15-21 所示。水泵的定子部分主要由前段、中段、后段、尾盖及轴承架等零部件通过螺栓联结而成。转子部分主要由装在轴上的数个叶轮和一个平衡盘组成。整个转子部分支承在轴两端的圆柱滚子轴承上。泵的前、中、后段间用螺栓固定在一起，各级叶轮及导水圈之间靠叶轮前后的大口环和小口环密封。为改善吸水性能，第一级叶轮的吸入口直径大一些，其大口环也相应加大。泵轴穿过前后段部分的密封靠填料、填料压盖组成的填料函来完成。水泵的轴向推力采用平衡盘平衡。D 型泵可用于输送水温低于 40℃ 的清水或物理化学性质类似于水的液体，其流量可达 450m³/h，最高扬程可达近 1000m。

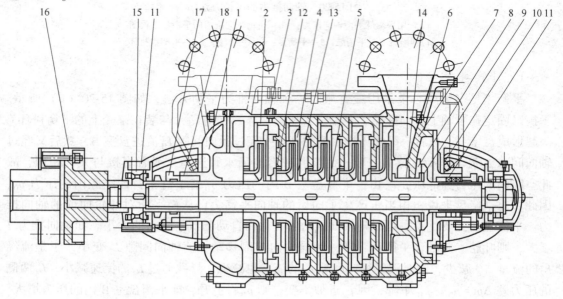

(a)

(b)

图 15-21　D 型泵

（a）结构图；（b）实物图

1—前段；2—中段；3—叶轮；4—导水圈；5—轴；6—螺栓；7—后段；8—平衡板；9—平衡盘；

10—尾盖；11—轴承架；12—大口环；13—小口环；14—轴套；15—轴承；

16—弹簧联轴节；17—填料压盖；18—填料

15.2.3.2　B 型泵

B 型泵是单吸、单级、悬臂式离心泵。它同样是国家标准系列产品，不同的型号参数代表不同的含义，现以 6B33A 为例进行说明。6 表示吸入口直径为 6 英寸；B 表示单吸、单级、悬臂式；33 表示扬程 33m；A 表示换了直径较小的叶轮。

B 型泵的构造如图 15-22 所示。泵轴的一端在拖架内用轴承支承，另一端悬出称为悬

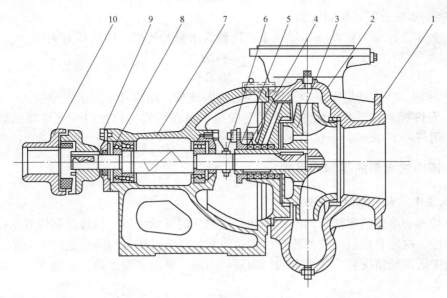

图 15-22　B 型泵构造简图

1—泵盖；2—泵体；3—叶片；4—轴套；5—填料压盖；6—挡水圈；7—托架；

8—滚珠轴承；9—轴承端盖；10—弹性联轴器

臂端，在悬臂端装有叶轮。轴承可以用机油或黄油润滑。B 型泵体积小，重量轻，结构简单，零部件少，工作可靠，便于搬运和维护检修，可用于输送清水或物理化学性质类似于水的液体，液温不得超过 80℃。其流量范围为 4.5~360m³/h，扬程为 8~98m，可供小型矿井或采区及井底水窝排水等使用。

15.3　离心式水泵的工作理论

15.3.1　离心式水泵的工作参数

表征水泵工作状况的参数称为水泵的工作参数，它主要包括流量、扬程、功率、效率、转速和允许吸上真空度等。

（1）流量。水泵在单位时间内所排出液体的体积称为水泵的流量，又称排量，用符号 Q 表示，单位为 m³/s 或 m³/h。

（2）扬程。单位重量液体自水泵获得的能量称为水泵的扬程，又称为压头，用符号 H 表示，单位为 m。

（3）功率。水泵在单位时间内做功的大小称为水泵的功率。水泵的功率可分为轴功率和有效功率。轴功率是指原动机传给泵轴上的功率，亦即输入功率，用 N 表示，单位为 kW。有效功率是指单位时间内流过水泵的液体所获得的功率，亦即输出功率，用符号 N_c 表示，单位为 kW，可用式（15-3）进行计算。

$$N_c = \frac{\gamma QH}{1000} \tag{15-3}$$

式中　γ——水的重度，N/m³。

（4）效率。水泵有效功率与轴功率之比称为水泵的效率，用符号 η 表示。

$$\eta = \frac{\gamma QH}{1000N} \tag{15-4}$$

（5）转速。转速是指水泵转子每分钟旋转的转数，用符号 n 表示，单位为 r/min。

（6）允许吸上真空度。允许吸上真空度指水泵在不发生汽蚀时，允许吸水高度的最大限值，用符号 H_s 表示，单位为 m。

15.3.2　离心式水泵的基本方程式

15.3.2.1　基本假设条件

叶轮是离心泵内传递能量的唯一部件，它的几何形状、尺寸和转速制约着水在叶轮中流动的特性，决定着通过叶轮的流量，传递给水的压头及流量与压头之间的关系。水在离心泵叶轮中的流动情况是非常复杂的，为简化问题，突出主要矛盾，需建立一个理想叶轮模型，其假设条件是：

（1）叶轮叶片数目无限多，厚度无限薄，因此，水在叶轮流道内的流线和叶片形状完全一致；

（2）工作介质为理想流体，在叶轮内流动时无任何损失，即叶轮传递的能量全部由工作介质吸收；

（3）叶轮内工作介质的流动是稳定的、均匀的；

（4）工作介质是不可压缩的。

15.3.2.2 流体在叶轮内的运动分析

水在叶轮中的运动可以用表示运动速度大小和方向的速度三角形表示。如图 15-23 所示，水在进入叶轮时有一个与叶轮共同旋转的圆周速度 u_1，同时还有一个沿叶轮流道前进的相对速度 w_1，此时，相对于不动的泵壳，水的绝对速度 c_1 就是上述两种运动速度的向量和，即：

$$c_1 = u_1 + w_1 \tag{15-5}$$

由速度向量 c_1、u_1 和 w_1 组成的向量图，称为叶轮入口处的速度三角形。同理，在叶轮出口处有：

$$c_2 = u_2 + w_2 \tag{15-6}$$

在速度三角形中，绝对速度 c 与圆周速度 u 的夹角为 α，相对速度 w 与反向圆周速度的夹角为 β（或称流动角）。叶片的切线和所在圆周的切线间的夹角称为叶片安装角（当叶片数目无限多时，流动角即为安装角）。另一方面，绝对速度 c 可分解为切向分速度 c_u 和径向分速度 c_r，即：

$$c = c_u + c_r \tag{15-7}$$

并且 $$c_r = c\sin\alpha，\quad c_u = c\cos\alpha$$

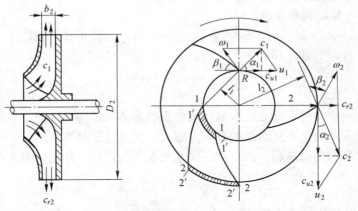

图 15-23　离心式水泵叶片入口、出口速度图

15.3.2.3 基本方程式

水流经叶轮后流速会发生变化，其原因是叶轮对水做功，这可用动量矩定理来分析。该定理为：在稳定流中，单位时间内水由叶轮入口流向出口时动量矩的增量，等于作用在进、出口间原有的水上的外力矩。如图 15-23 所示，1—1 为叶轮入口断面，2—2 为出口断面。当 $t=0$ 时，叶轮内的水在 1—2 位置，经过 dt 时间后，移至 1′—2′位置，则 dt 时间内其动量矩的变化应为 1′—2′的动量矩与 1—2 的动量矩之差。因水在叶轮内的流动是稳定流，故 1′—2′间的水在 dt 时间前后的动量矩不变。因此，在 dt 时间内动量矩的变化只是 2—2′与 1—1′的动量矩之差。1—1′和 2—2′为在 dt 时间内流入 1—1 断面和流出 2—2 断面的极薄层的水，它们的质量相等，设为 dm。如果流过叶轮的理论流量为 Q_T，则 d$m = \gamma Q_T dt / g$，因此，流出叶轮的水对转轴的动量矩为

$$\frac{\gamma Q_\mathrm{T}}{g} c_2 l_2 \mathrm{d}t = \frac{\gamma Q_\mathrm{T}}{g} c_2 R_2 \cos\alpha_2 \mathrm{d}t \qquad (15\text{-}8)$$

流入叶轮的水对转轴的动量矩为

$$\frac{\gamma Q_\mathrm{T}}{g} c_1 l_1 \mathrm{d}t = \frac{\gamma Q_\mathrm{T}}{g} c_1 R_1 \cos\alpha_1 \mathrm{d}t \qquad (15\text{-}9)$$

单位时间内动量矩的变化为

$$\frac{\gamma Q_\mathrm{T}}{g} (c_2 R_2 \cos\alpha_2 - c_1 R_1 \cos\alpha_1) \qquad (15\text{-}10)$$

根据动量矩定理，上式应等于作用在叶轮进出口间的水上的外力矩，即叶轮旋转时给予水的转矩，即

$$M = \frac{\gamma Q_\mathrm{T}}{g} (c_2 R_2 \cos\alpha_2 - c_1 R_1 \cos\alpha_1) \qquad (15\text{-}11)$$

而转矩 $M = \dfrac{N}{\omega} = \dfrac{\gamma Q_\mathrm{T} H_{\mathrm{T}\infty}}{\omega}$，所以

$$H_{\mathrm{T}\infty} = \frac{\omega}{g} (c_2 R_2 \cos\alpha_2 - c_1 R_1 \cos\alpha_1) \qquad (15\text{-}12)$$

式中　$H_{\mathrm{T}\infty}$——叶片数目无限多时水泵的理论扬程，m；

　　　　N——叶轮旋转时传递给水的功率，kW；

　　　　ω——叶轮旋转角速度，1/s。

又因为 $\omega R_2 = u_2$，$\omega R_1 = u_1$，$c_2 \cos\alpha_2 = c_{2u}$，$c_1 \cos\alpha_1 = c_{1u}$，则单位质量的水从叶轮获得的能量，即无限多叶片时的理论扬程为

$$H_{\mathrm{T}\infty} = \frac{u_2 c_{2u} - u_1 c1u_1}{g} \qquad (15\text{-}13)$$

上式表示的是在理想条件下离心式水泵对单位重量液体所传递的能量，也称为离心式水泵的理论扬程，此式即为离心式水泵的基本方程式，又称为欧拉方程式。

为了提高水泵的理论扬程，许多离心式水泵在结构设计上均使水进入叶轮的方向为径向，即 $\alpha_1 = 90°$，则 $c_{1u} = 0$，于是

$$H_{\mathrm{T}\infty} = \frac{u_2 c_{2u}}{g} \qquad (15\text{-}14)$$

15.3.3　离心式水泵的理论特性

15.3.3.1　理论流量

如果叶片厚度忽略不计，也不考虑漏损，则离心式水泵的理论流量 Q_T 应等于叶轮出口面积与垂直于该面积的平均流速的乘积，即：

$$Q_\mathrm{T} = F_2 c_{2r} = \pi D_2 b_2 c_{2r} \qquad (15\text{-}15)$$

式中　D_2——叶轮外径，m；

　　　　b_2——叶轮出口宽度，m。

15.3.3.2　理论特性

理论特性是指理论扬程与理论流量之间的关系，即 $H_{\mathrm{T}\infty} = f(Q_\mathrm{T})$，由图 15-23 可以

看出

$$c_{2u} = u_2 - c_{2r}\cot\beta_2 \tag{15-16}$$

将上式代入式（15-14）可得

$$H_{T\infty} = \frac{u_2^2 - u_2 c_{2r}\cot\beta_2}{g} \tag{15-17}$$

从式（15-15）得 $c_{2r} = \dfrac{Q_T}{\pi D_2 b_2}$，代入上式则得

$$H_{T\infty} = \frac{1}{g}\left(u_2^2 - \frac{u_2\cot\beta_2}{\pi D_2 b_2}Q_T\right) \tag{15-18}$$

式（15-18）即为离心式水泵理论扬程与理论流量的关系式。对于给定的泵，在一定转数下，u_2、D_2、b_2 及 β_2 均为常数，则理论扬程与理论流量的变化呈线性关系，因此，上式可写成

$$H_{T\infty} = A - BQ_T \tag{15-19}$$

直线的斜率 B 与 β_2 有关。当 $\beta_2<90°$ 时，称为后弯叶片，此时，$\cot\beta_2>0$，$H_{T\infty}$ 随 Q_T 增加而下降。当 $\beta_2 = 90°$，称为径向叶片，$\cot\beta_2 = 0$，$H_{T\infty}$ 是一常数。当 $\beta_2 >90°$ 时，称为前弯叶片，此时 $\cot\beta_2<0$，$H_{T\infty}$ 随 Q_T 增加而增加，如图 15-24 所示。

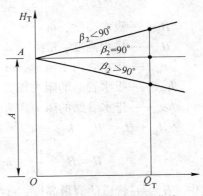

图 15-24　理论扬程性能曲线

15.3.4　离心式水泵的实际特性

前面的推导过程是有前提条件的。然而，实际上水泵运行时存在着各种各样的损失，很难从理论上精确计算它的实际扬程、流量和功率的确切数据，只能用实验方法得到。这是因为叶轮内部的流动情况十分复杂，存在各种损失。其次，水泵内部还存在流量的泄漏，包括通过叶轮轮盘与外壳间隙，由叶轮出口流回叶轮入口的级间泄漏，由高压级通过级间密封泄漏回到低压级的级间泄漏，通过平衡盘回水管和填料密封处漏出的外部泄漏等。

图 15-25 所示为典型的离心式水泵的实际特性。其中，$H = f(Q)$ 为扬程特性曲线，当 $\beta_2<90°$ 时，其扬程特性呈单斜下降形状。$N = f(Q)$ 为功率特性曲线，其特点是流量等于零时的功率最小，并且随流量的增加而不断增加。$H_S = f(Q)$ 为水泵允许吸上真空度特性曲线，其特点是随着流量的增加，允许吸上真空度减少。$\eta = f(Q)$ 为效率特性曲线，从图中可以看出，效率是有最大值的，效率最大时的参数称为额定参数，分别用 Q_e、H_e、N_e、η_e 和 H_{se} 表示。

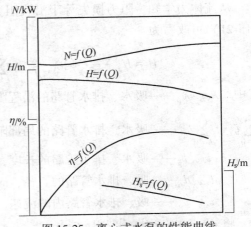

图 15-25　离心式水泵的性能曲线

15.4　离心式水泵在管路上的工作

15.4.1　管道特性方程

管路性能曲线是指水泵在一定的管路上工作时，流过该管路的流量与排水所需的实际扬程之间的关系曲线，描述这一曲线的方程就称为管道特性方程。

当一台水泵在一趟管路上工作时，水泵排出的水全部经过管道输送出去，水泵所产生的扬程 H 无疑就该等于管道输送这些水所需要的扬程，由图 15-26 所示，此时可列出吸水井水面 0—0 和排水管出口断面 3-3 的伯努利方程

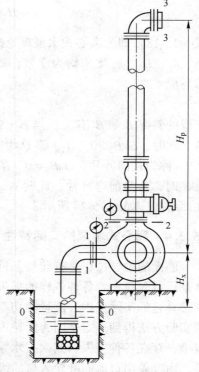

$$H = (H_x + H_p) + \frac{v_p^2}{2g} + h_{wx} + h_{wp} \qquad (15\text{-}20)$$

式中　H_x——吸水高度，m；

$\quad\quad H_p$——排水高度，m；

$\quad\quad v_p$——排水管内水流速，m/s；

$\quad\quad h_{wx}$——吸水管路的阻力损失，m；

$\quad\quad h_{wp}$——排水管路的阻力损失，m。

令 $H_p + H_x = H_g$，$h_{wx} + h_{wp} = h_w$，则

$$H = H_g + \frac{v_p^2}{2g} + h_w \qquad (15\text{-}21)$$

式中　H_g——管道的测量高度，m；

$\quad\quad h_w$——管道的总阻力损失，m。

图 15-26　排水设备布置示意图

由式（15-21）可见，管道输送水所需要的扬程消耗在提高水的位置高度 H_g，产生一定的速度（动能）$v_p^2/2g$，以及克服管道阻力损失 h_w。

从流体力学知，阻力损失等于沿程阻力损失 h_{wf} 和局部阻力损失 h_{wj} 之和，因此，式（15-21）可改写为

$$H = H_g + \frac{v_p^2}{2g} + \left(\lambda_x \frac{l_x}{d_x} + \sum_{k=0}^{n} \zeta_x\right)\frac{v_x^2}{2g} + \left(\lambda_p \frac{l_p}{d_p} + \sum_{k=0}^{n} \zeta_p\right)\frac{v_p^2}{2g} \qquad (15\text{-}22)$$

式中　λ_x，λ_p——吸水、排水管路的沿程阻力系数；

$\displaystyle\sum_{k=0}^{n} \zeta_x$，$\displaystyle\sum_{k=0}^{n} \zeta_p$——吸水、排水管路的局部阻力系数之和；

$\quad\quad l_x$，l_p——吸水、排水管路的长度，m，

$\quad\quad d_x$，d_p——吸、排水管路的直径，m；

$\quad\quad v_x$，v_p——吸、排水管路内的流速，m/s。

将 $v = 4Q/(\pi d^2)$ 代入上式得

$$H = H_{\mathrm{g}} + \frac{8}{\pi^2 g}\left(\lambda_{\mathrm{x}}\frac{l_{\mathrm{x}}}{d_{\mathrm{x}}^5} + \frac{\sum \zeta_{\mathrm{x}}}{d_{\mathrm{x}}^4} + \lambda_{\mathrm{p}}\frac{l_{\mathrm{p}}}{d_{\mathrm{p}}^5} + \frac{\sum \zeta_{\mathrm{p}}}{d_{\mathrm{p}}^4} + \frac{1}{d_{\mathrm{p}}^4}\right)Q^2 \qquad (15\text{-}23)$$

或者写成

$$H = H_{\mathrm{g}} + RQ^2 \qquad (15\text{-}24)$$

式（15-24）即为排水管道特性方程，式中

$$R = \frac{8}{\pi^2 g}\left(\lambda_{\mathrm{x}}\frac{l_{\mathrm{x}}}{d_{\mathrm{x}}^5} + \frac{\sum \zeta_{\mathrm{x}}}{d_{\mathrm{x}}^4} + \lambda_{\mathrm{p}}\frac{l_{\mathrm{p}}}{d_{\mathrm{p}}^5} + \frac{\sum \zeta_{\mathrm{p}}}{d_{\mathrm{p}}^4} + \frac{1}{d_{\mathrm{p}}^4}\right) \qquad (15\text{-}25)$$

R 称为管道阻力系数，单位是 $\mathrm{s}^2/\mathrm{m}^5$。对于一定的排水管道，因管道直径、长度、粗糙度以及管道附件等都是不变的，所以 R 为一常数。排水管道特性方程描述了沿着一定管道输送单位质量的水所需要的能量 H 与管道里流过的流量 Q 之间的关系。对于一定的排水系统，H_{g} 与 R 都是定值，所以在 $H\text{-}Q$ 坐标上，可画出管道特性曲线，该曲线为不通过原点的二次抛物线，如图 15-27 所示。

15.4.2　水泵运转工况点

水泵在管路上工作时，其工作情况不仅取决于水泵本身的特性，而且也与排水管路的特性有关。将水泵的性能曲线和管路的性能曲线用同样的比例绘制在一个曲线网上，则此时水泵的流量-扬程曲线和管路的性能曲线的交点 M 即为离心式水泵的工况点，即图 15-28 中的 M 点。M 点的横坐标值和纵坐标值即为此时水泵的工程流量 Q_{M} 和工程扬程 H_{M}。通过 M 点作一垂线与水泵功率特性曲线、效率特性曲线和允许吸上真空度特性曲线分别相交，这三个交点的纵坐标值即为水泵的工况功率 N_{M}、工况效率 η_{M} 和工况允许吸上真空度 H_{SM}。

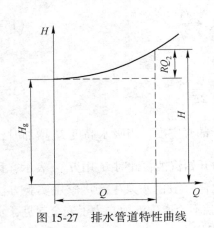

图 15-27　排水管道特性曲线

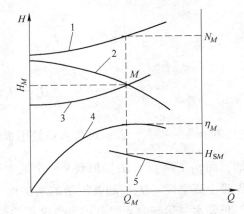

图 15-28　离心式水泵的工况点

1—功率特性曲线；2—扬程特性曲线；3—管路特性曲线；

4—效率特性曲线；5—允许吸上真空度特性曲线

15.4.3　水泵汽蚀与吸水高度

15.4.3.1　水泵汽蚀

图 15-29 所示为吸水系统示意图，取吸水池水面为 0—0 截面，水泵入口处为 1—1 截

面，列两截面的伯努利方程

$$Z_0 + \frac{p_0}{\gamma} + \frac{v_0^2}{2g} = Z_1 + \frac{p_1}{\gamma} + \frac{v_1^2}{2g} + \Delta H_x \qquad (15\text{-}26)$$

其中 $Z_0 = 0$，$Z_1 = H_x$，$v_1 \approx v_x$，整理可得泵入口处的压力为：

$$\frac{p_1}{\gamma} = \frac{p_0}{\gamma} - (H_x + \Delta H_x) - \frac{v_x^2}{2g} \qquad (15\text{-}27)$$

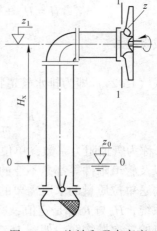

式中　p_0——液面大气压，$p_0/\gamma \approx 10 \mathrm{mH_2O}$。

若水泵的吸水高度过高，$(H_x + \Delta H_x)$ 增大，p_1 则随之减小。由于水泵叶轮入口处流速不均匀，所以压力分布也不均匀，故入口处就有最低压力点，该点压力可能低于该温度下水的饱和蒸汽压，此时水汽化而产生汽泡，同时溶解在水中的各种气体也会析出，并在低压区形成汽泡。汽泡随水流到高压区时将突然破裂，其周围的水质点则以极高的速度冲过

图 15-29　汽蚀和吸水高度

来，从而产生很强的水力冲击。由于这种汽泡的形成和破裂以很高的频率进行，金属表面不断形成真空并受到水力冲击，所以，金属表面将会因疲劳而很快损坏，这种现象称为汽蚀现象。发生汽蚀时，水泵产生振动和噪声，并由于汽泡堵塞流道，水泵性能下降，严重时会因吸不上水而导致不能排水，因此，不允许水泵在汽蚀状态下工作。

15.4.3.2　允许吸上真空度

为防止水泵汽蚀，对吸水高度就必须有所限制，但从水泵的工作角度考虑，又希望有较高的吸水高度，因此必须对其进行计算，由式（15-27）可知

$$\frac{p_0}{\gamma} - \frac{p_1}{\gamma} = H_x + \Delta H_x + \frac{v_x^2}{2g} \qquad (15\text{-}28)$$

或

$$H_s = H_x + \Delta H_x + \frac{v_x^2}{2g} \qquad (15\text{-}29)$$

式中，$H_s = \dfrac{p_0}{\gamma} - \dfrac{p_1}{\gamma}$，表示水泵入口处用水柱高表示的真空度。当吸水高度 H_x 增加时，H_s 增加，而 p_1 下降。当 H_s 增加到某一个最大值时，即开始汽蚀，此时 H_s 用 $H_{s\max}$ 表示，称为临界吸上真空度。$H_{s\max}$ 随着流量的增加而下降，比值一般由水泵生产厂家用实验方法得到，只要水泵运转时入口处的真空度不超过此值，就不会产生汽蚀。为了安全起见，水泵工作时尚有 0.3m 的富余量，因此计算时，实际许用值为

$$[H_s] = H_{s\max} - 0.3 \qquad (15\text{-}30)$$

15.4.3.3　水泵吸水几何安装高度

水泵吸水几何安装高度 $[H_x]$ 是指从吸水井液面到水泵轴线的高度，其值可用下式计算：

$$[H_x] = [H_s] - \Delta H - \frac{v_x^2}{2g} \qquad (15\text{-}31)$$

15.4.4　水泵正常工作条件

水泵正常工作条件有三个，即稳定工作条件、经济工作条件和不发生汽蚀工作条件。

15.4.4.1　稳定工作条件

在图 15-30 中，泵以正常转速 n 工作时，其扬程特性曲线为 $H_0 - n$，它对管道特性曲线为 $H_c = f(Q)$ 的管路工作时，工况点为 1 点，且只有唯一的一点，此时工作稳定。但由于矿井供电电压的变化，带来电动机和泵转速的改变，泵的特性曲线也随之变化，此时就会出现两种情况。

（1）同时出现两个工况点。如扬程特性曲线 $H_0' - n'$ 与管道特性曲线有两个交点，即工况点 2 和 3。此时，由于供电电压不稳定，扬程曲线上下波动，水量忽大忽小，呈现不稳定工作情况。

（2）无工况点。如扬程特性曲线 $H_0'' - n''$ 不再与管道特性曲线有交点，即无工况点。从有工况点到无工况点的过程中，管中水的位能高于泵扬程，水倒灌入水泵，待管中水位降到其势能低于泵扬程时，泵又将水排入管路，周而复始地产生震荡，直到能量平衡为止，此时水泵犹如在死水中工作。并且，往往由于各种条件的变化，很难维持平衡，泵将处于不稳定状态下工作，不能排水。

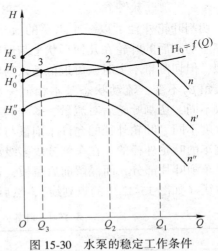

图 15-30　水泵的稳定工作条件

上述两种情况都是发生在泵零流量时的扬程小于管路测量高度的情况下，因此，为了保证水泵稳定工作，必须保持 $H_0 > H_c$。考虑到泵转速可能下降 2%~5%，致使扬程下降 5%~10% 的情况，规定泵的稳定工作条件是

$$(0.9 \sim 0.95)H_0 \geqslant H_c \tag{15-32}$$

式中　H_0——泵正常工作时的关死点扬程，m；

H_c——管路测量高度，m。

15.4.4.2　经济工作条件

一般情况下排水所用电耗占全矿相当大的比例，因此，保证泵高效工作是完全必要的。通常规定正常运行效率不得低于最高效率（额定效率）的 85%~90%，即

$$\eta \geqslant (0.85 \sim 0.90)\eta_{max} \tag{15-33}$$

并依此划定一个区域，称为工业利用区（见图 15-31）。

15.4.4.3　不发生汽蚀工作条件

为防止泵工作时发生汽蚀，水泵实际安装吸水高度 H_x 不得大于水泵允许安装几何高度 $[H_x]$，即

$$H_x \leqslant [H_x] = H_s - \Delta H - \frac{v_x^2}{2g} \tag{15-34}$$

15.4.5　离心式水泵运行工况的调节

当水泵在运行中由于某种原因使工况点离开了工业利用区或流量、扬程不能满足要求时，需要对水泵的运行工况进行调节。由于工况点是两条曲线的交点，故调节方法也有两种：一是改变水泵的特性曲线；二是改变管道特性曲线。

15.4.5.1　改变水泵的特性曲线

A　切割叶轮外径

切割叶轮外径可以减小水泵的流量、扬程、功率。切割后的叶轮在几何形状上与原叶轮并不相似，但切割量不大时，可近似地认为叶片出口安装角 β_2 不变，流动状态基本相似。水泵的比转数不同，切割叶轮后对流量、扬程和功率的影

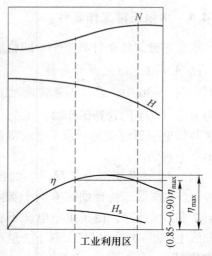

图 15-31　水泵经济工作条件及工业利用区

响程度不同。叶轮外径的允许车削量与比转数有关，如表 15-1 所示。对于 $n_s > 350$ 的泵是不宜车削叶轮外径的。在车削分段多级离心泵时，为保证叶轮与导水圈之间间隙不变，一般只车削叶片部分，而保留前后盖板，否则将降低水泵效率。切割时，一般先绘出切割定律曲线（如图 15-32 中的点划线），然后可根据需要的流量和扬程，计算出需要的切割量。

表 15-1　叶轮外径允许车削量与比转数关系

水泵比转数	60	120	200	300	350
允许最大车削量 $(D_2 - D_2')/D_2$ /%	20	15	11	9	7
效率下降值	每车小 10%，下降 1%		每车小 4%，下降 1%		

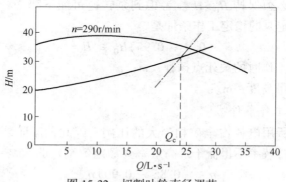

图 15-32　切割叶轮直径调节

B　减少叶轮数目

多级泵的扬程 $H = iH_k$。其中 i 为泵的级数，H_k 为单级额定扬程。当水泵所需扬程减小为约 H' 时，可求得所需级 $i' = H'/H_k$。调整后拆掉多余的级数，即可使扬程、功率减小。一般从排水侧拆掉多余的级数对水泵性能影响较小。若从吸水侧拆，将增加吸水阻力，使水泵过早发生汽蚀。对于分段式多级泵，为了不更换轴和拉紧螺栓，可以只拆掉叶

轮，而保留中段，但这种方法会使流动阻力损失有所增加。

C 改变转速

泵的主轴转速变化时，泵的工作参数 Q、H、N 按下式变化：

$$\left.\begin{array}{c} \dfrac{Q_1}{Q_2} = \dfrac{n_1}{n_2} \\[2mm] \dfrac{H_1}{H_2} = \left(\dfrac{n_1}{n_2}\right)^2 \\[2mm] \dfrac{N_1}{N_2} = \left(\dfrac{n_1}{n_2}\right)^2 \end{array}\right\} \tag{15-35}$$

式中 Q_1，H_1，N_1——分别为泵的转速为 n_1 时的流量、扬程和功率；

Q_2，H_2，N_2——分别为泵的转速为 n_2 时的流量、扬程和功率。

式（15-35）称为比例定律。对该式整理有

$$H_2 = H_1 \left(\frac{Q_1}{Q_2}\right)^2 = \frac{H_1}{Q_1^2}Q_2^2 \tag{15-36}$$

式（15-36）称为比例定律曲线表达式。

15.4.5.2 改变管道特性曲线

A 节流调节

通过改变水泵出口处的闸阀开启程度来改变排水管路的阻力，从而改变管道特性曲线，达到调节工况点的目的。如图 15-33 中的 P 点为闸阀全开时的工况点，关小闸阀时，阻力增加，使管道阻力系数 R 增大，从而使管道特性曲线变陡，工况点向左移动到 M 点，流量随之减小，扬程随之增大。这种调节方法简单，但由于人为增加阻力，增加了附加节流损失 $\Delta H = H_M - H_P$，从而增加了功率消耗（单位为 kW），其值可按式（15-37）进行计算

$$\Delta N = \frac{\gamma Q_M \Delta H}{1000} \tag{15-37}$$

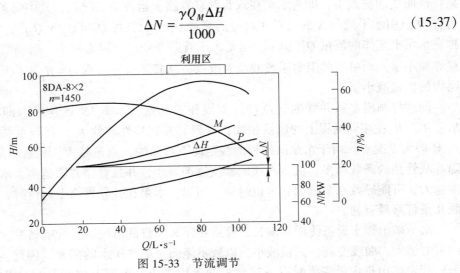

图 15-33 节流调节

虽然从水泵的功率曲线上看 $N_M < N_P$，但排出单位体积液体所消耗的功率却增加了，

即 $\frac{N_M}{Q_M} > \frac{N_P}{Q_P}$，所以这种调节方法是不经济的，不能长期使用。当流量过大、电机超负荷时，可暂时关小闸阀。

B　并联管路

其是指一台水泵同时经两条或多条管路排水。如图 15-34 所示，当两条阻力系数为 R 的管路并联排水时，根据流体力学并联管路特性可知并联管路的阻力系数 R' 为

$$\frac{1}{\sqrt{R'}} = \frac{1}{\sqrt{R}} + \frac{1}{\sqrt{R}} \text{ 或 } R' = \frac{R}{4} \tag{15-38}$$

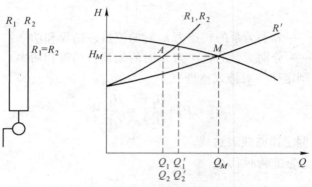

图 15-34　双管并联排水

从式（15-38）可以看出，两条相同管路并联工作后的阻力显然减小了。单管时的管道特性为 $H = H_g + RQ^2$，当测量高度不变时，双管并联后的管道特性方程为 $H' = H_g + RQ'^2/4$。因并联管路的扬程与单管的扬程相等，则 $RQ^2 = RQ'^2/4$，即 $Q' = 2Q$，也就是说双管并联后的流量是单管流量的 2 倍。所以，两条相同管路并联的特性曲线是在单管特性曲线 R 的基础上，在相同的扬程下流量增大 1 倍得到的，如图 15-34 中的 R' 曲线。它与水泵特性曲线的交点 M，即为水泵在双管并联管路上运行的工况点。其中每条管路内的流量为自 M 点引水平线与 R 的交点 A 对应的流量 $Q_1(Q_2)$，即 $Q_1 = Q_2 \approx Q_M/2$，它小于单管单独在水泵上工作的流量 $Q_1'(Q_2')$。这是由于管路并联后，阻力减小，每条管路所需要的扬程亦减小了，而单管的阻力系数并没有改变，从管道特性方程 $H = H_g + RQ^2$ 可知，每条管路内的流量减小了。

同理可画出多管并联的管道特性曲线和工况点。如图 15-35 所示，即将各管道曲线 R_1、R_2、R_3 在相同扬程上的流量相加，得到其并联特性曲线 R'，其与水泵性能曲线的交点 M 即为工况点。由于水泵的扬程曲线是向下弯曲的，流量越大，扬程下降越快。因此，随并联管路的条数增多，流量增加的幅度逐渐减小，并且管路并联越多，水泵的流量、功率越大，可能导致水泵汽蚀和电机过载，所以，水泵在并联管路上运行时，要具体分析并联几条管路最有利。

由于矿山排水设备使用年限长，管道在年久失修的情况下，管壁结垢、管径变小，致使阻力增大、曲线变陡、流量减小，以致不能满足矿井排水的需要。因此，《煤矿安全规程》规定矿山排水设备要配有一定数量的备用管道，出现上述情况时，可将备用管路投入运行，实行并联管路排水，从而大大增加排水量。该方法既不增加投资，又能降低排水

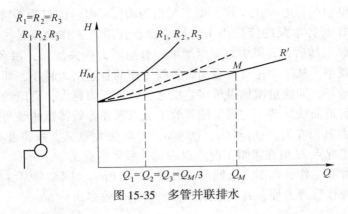

图 15-35　多管并联排水

费用，是当前水泵节能的主要措施之一。

15.4.6　离心泵的联合作业

当一台水泵独立作业不能满足排水要求时，就可以采用多台水泵联合工作。最常用的联合工作方式有串联和并联两种。

15.4.6.1　并联工作

并联工作就是两台或多台泵通过一条或多条管道排水，其主要目的是增加管道中的排水量。图 15-36 为两台不同型号的水泵在一条管道上并联工作的情况。水泵的特性曲线分别为 Ⅰ 和 Ⅱ，管道特性曲线为 R，水泵 Ⅰ、Ⅱ 各自的吸水管很短，可以忽略不计。并联工作时，管道中的流量为水泵 Ⅰ 和 Ⅱ 的流量之和。两台泵所产生的扬程都消耗在同一管道中，故两台泵产生的扬程相等。因此，两台泵并联后的等效特性曲线，就是把它们的单独特性曲线在相同扬程下流量相加而得，如图 15-36 中的 Ⅰ+Ⅱ。它与管道特性曲线 R 的交点 M 即是并联工作的等效工况点，其流量为 Q_M，扬程为 H_M。此时每台水泵的工况点为自 M 点作等扬程线与 Ⅰ、Ⅱ 曲线的交点 M_1、M_2，其流量分别为 Q_1 和 Q_2，扬程分别为 H_1 和 H_2，由此可知并联工作的特点是

$$\left.\begin{aligned} Q_M &= Q_1 + Q_2 \\ H_M &= H_1 = H_2 \end{aligned}\right\} \tag{15-39}$$

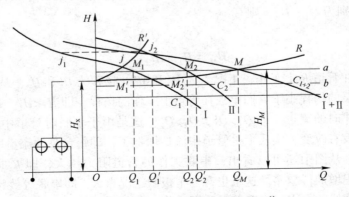

图 15-36　两台不同型号水泵并联工作

如果每台泵单独在管道 R 上工作，则工况点为 M_1' 和 M_2'，流量为 Q_1' 和 Q_2'，从图中可以看出，并联工作时各水泵的流量小于它们单独在管道上工作的流量，即 $Q_1 < Q_1'$，$Q_2 < Q_2'$。这是由于并联工作后，管道中总流量增加，管道阻力损失加大，每台泵的扬程增加，故每台泵的流量减小。从图中还可以看出，并联工作的管道阻力越小，即管道特性曲线越平缓，并联效果越好，即流量增加得越多，反之，管道阻力越大，管道特性曲线越陡，并联效果越差，当管道曲线陡到一定程度使等效工况点落在等效特性曲线与扬程较高的 II 泵曲线的交点 K 上及其以左时，$Q_M \leqslant Q_2$，$Q_1 \leqslant 0$，并联失去意义，故将此点称为极限工况点。所以，等效工况点 M 落在极限工况点以右，并联才有意义。

同型号泵的并联工作，作图方法同前，如图 15-37 所示。同型号泵并联工作，没有极限工况点问题，操作管理方便，并联效果好，故使用比较多。

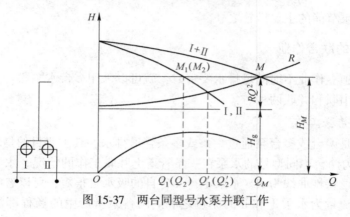

图 15-37　两台同型号水泵并联工作

15.4.6.2　串联工作

串联工作就是一台泵的出口向另一台泵的入口排水的工作方式，其主要目的是为了增加扬程。图 15-38 所示为两台泵 I、II 直接串联的情况。串联工作时，两台泵的流量相等，并等于管道中的流量，两台泵的扬程之和为管道所需要的扬程。因此，串联等效特性曲线就是将它们的单独特性曲线在相同流量下扬程相加而得，如图 15-38 中的 I + II 曲线。它与管道特性曲线 R 的交点 M 即是串联工作的等效工况点，其流量为 Q_M，扬程为 H_M，此时每台水泵的工况点为自 M 点作等流量线与 I、II 曲线的交点 M_1、M_2，其扬程分别为 H_1、H_2，流量分别为 Q_1、Q_2，则有

$$\left.\begin{aligned} Q_M &= Q_1 = Q_2 \\ H_M &= H_1 + H_2 \end{aligned}\right\} \tag{15-40}$$

如果每台泵单独在管道 R 上工作，工况点为 M_1' 和 M_2'，扬程为 H_1' 和 H_2'，从图中可以看出，串联工作时各水泵的扬程小于它们单独在管道上工作的扬程，即 $H_1 < H_1'$，$H_2 < H_2'$，而流量大于它们单独工作时的流量，即 $Q_1 > Q_1'$，$Q_2 > Q_2'$。这是由于串联时管道中的扬程增大了，而管道阻力系数没有改变，实质上是管道中流量增加了，即每台泵的流量增大，所以每台泵的扬程减小了。从图中还可以看出，串联工作的管道阻力越大，即 R 曲线越陡，串联效果越好，即扬程增加得越多。这里也有一个极限工况点 K，即串联等效特性曲线和扬程较高的 II 泵特性曲线的交点，串联等效工况点在极限工况点以右时，I 泵相当于节流器，仅仅增加损失，扬程反而小于只有 II 泵工作时的扬程，串联没有意义，所以串联等效工况

点只有在 K 点以左才有意义。图 15-39 为两台同型号泵串联时的特性曲线，作图方法同前。两台泵直接串联后，后一台泵承受压力较高，必要时需进行泵强度检验。

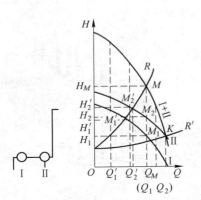

图 15-38　两台不同型号水泵串联工作

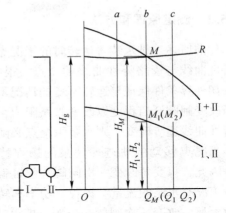

图 15-39　两台同型号水泵串联工作

15.4.7　水泵的启动和停止

（1）水泵的启动。泵的启动过程如下：

1）检查水泵等设备是否有机械故障；

2）向泵腔及吸水管内注水，并把腔内气体全部排出；

3）关闭水泵出口闸阀；

4）送电，使泵运转；

5）达到额定转速后，逐渐将水泵出口闸阀开启到适当的程度。

向泵腔内注水的目的是为了避免在泵腔内无水的情况下启动。这是由于空气密度比水小得多，即使泵可以达到满转速运行，也不能形成把水吸入泵内的吸上真空度。其次，在无水情况下，由于填料函中的密封填料与泵轴的干摩擦，有可能发生定子与转子之间的热胶合，因此必须在保持泵腔和吸水管中充满水的情况下启动水泵。

关闭出口闸阀启动水泵的目的是为了保证启动功率和启动电流最小，即空载启动。因为离心式水泵的轴功率在流量为零时有最小值。

（2）水泵的停止。若要使泵停止工作，应先关闭闸阀而后停机，以防止发生水击。如果突然停止，逆止阀突然关闭，则会因水流速度发生突然变化而造成水击，严重时会击毁管路，甚至损坏水泵。

15.5　离心式水泵性能的测定

离心式水泵产品样本给出的特性曲线，是产品鉴定时所测得的，而当设备成批投产后一般只做抽样测定，此外，每台水泵的实际运行条件与产品样品的实际运行条件也不一样，所以，每台水泵的实际特性与产品样本给出的特性曲线未必完全相符。因此，当新水泵安装好后，应测定该水泵的特性曲线，即扬程特性曲线、功率特性曲线和效率特性曲线，以便将全面的水泵性能资料提供给用户，并作为以后对照检查的依据。当设备投入使用后，每年应测定一次，以检验水泵的运行状况，保证水泵经济、合理地运行。水泵性能测定装置如图 15-40 所示。

15.5.1 测定原理和方法

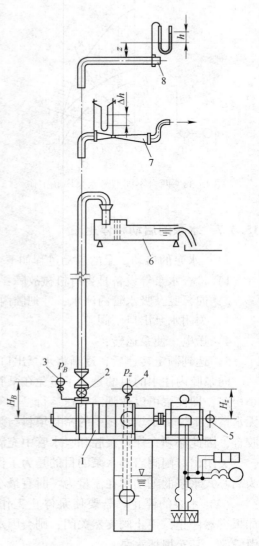

如前所述，排水装置运转时的工况点是扬程特性曲线与管路特性曲线的交点。很明显，在一切外界条件保证泵运转不变的情况下，若逐渐改变闸阀开启程度以改变管路阻力，使管道特性曲线逐步改变，则水泵工况点必随之改变，工况点移动的轨迹即为泵的扬程特性曲线。因此，只要每改变一次闸阀的位置就测定出该工况时水泵的流量、扬程、功率和转速等参数，那么改变 n 次闸阀的位置，即可测出 n 组数据（Q_1、H_1、N_1、n_1），（Q_2、H_2、N_2、n_2），（Q_3、H_3、N_3、n_3），…，（Q_n、H_n、N_n、n_n），最后将这些数据用光滑的曲线连接起来即为水泵的特性曲线。

应该注意的是，当各测点的转速不一致时，应该根据比例定律将各测点的参数换算为水泵在同一转速（一般为额定转速 n_e）下的参数，即：

$$\left.\begin{array}{l} H_{ei} = H_i \left(\dfrac{n_e}{n_i}\right)^2 \\[2mm] Q_{ei} = Q_i \left(\dfrac{n_e}{n_i}\right) \\[2mm] N_{ei} = N_i \left(\dfrac{n_e}{n_i}\right)^3 \end{array}\right\} \qquad (15\text{-}41)$$

由于换算前后各相似点的效率不变，因此可按下式直接求出

$$\eta_{ei} = \frac{\rho g Q_{ei} H_{ei}}{1000 N_{ei}} \qquad (15\text{-}42)$$

这样，根据换算前后的各组参数（H_{e1}、Q_{e1}、N_{e1}、η_{e1}），…，（H_{ei}、Q_{ei}、N_{ei}、η_{ei}），…，（H_{en}、Q_{en}、N_{en}、η_{en}）即可绘制出额定转速时的特定曲线。

如同时记录该工况时的转速及轴功率，即可得到一组工况参数。同理可求闸阀不同开启量的工况参数（H_i、Q_i、N_i、η_i）。若测定时的外加电压恒定，则可根据上述各组参数绘制出泵机组的运转特性。对于各工况时的效率可以从下式求出：

图 15-40　水泵性能测定装置

1—水泵；2—闸阀；3—压力表；4—真空计；
5—转速表；6—水堰；7—文德里流量计；8—喷嘴

$$\eta_i = \frac{\rho g Q_i H_i}{1000 N_i} \tag{15-43}$$

若拟求恒为额定转速 n_e 时的特性，则可按比例定律进行换算得到。

15.5.2 性能参数的测试及计算

15.5.2.1 流量的测量

水泵的流量一般通过文德里流量计、孔板或喷嘴等，也可通过量水堰的方式进行测量。

当水流过节流件时，在节流件前面产生压差，这一压差通过取压装置可用液柱压差计测出。在其他条件一定时，节流件前后产生的差压值随着流量的变化而变化，两者之间有确定的关系。根据伯努利方程可得其计算公式为：

$$Q = \mu K \sqrt{\Delta p} \tag{15-44}$$

式中　μ——流量修正系数，通常 $\mu = 0.95 \sim 0.98$；

K——节流件尺寸常数，$K = \sqrt{\dfrac{2}{\rho}} \dfrac{\pi D^2}{4} \dfrac{1}{\sqrt{\left(\dfrac{D}{d}\right)^4 - 1}}$；

D——管径，m；

d——节流件孔径，m；

Δp——节流件前后压力差，$\Delta p = (\gamma_g - \gamma)\Delta h$。

采用孔板或喷嘴测量装置测定流量是一种比较简单、可靠的方法，仪表的价格也比较低。一般流量较小时用孔板，流量较大时用喷嘴。孔板和喷嘴的尺寸、形状及加工已经标准化，并且同时规定了它们的取压方式和前后直管段的要求，其流量和压差之间的关系及测量误差可按国家标准直接计算确定。

15.5.2.2 扬程的测量

水泵的扬程是指单位重量的水经过水泵后所获得的能量。对于图 15-40 所示的排水系统而言，水泵的扬程即为泵出口和入口的全压头之差，即

$$H = H_2 - H_1 = \left(\frac{p_2}{\rho g} + z_2 + \frac{v_2^2}{2g}\right) - \left(\frac{p_1}{\rho g} + z_1 + \frac{v_1^2}{2g}\right) \tag{15-45}$$

其中，$v_2 = 4Q/\pi d_p^2$，$v_1 = 4Q/\pi d_x^2$，代入上式得

$$H = \frac{p_2 - p_1}{\rho g} + (z_2 - z_1) + \frac{8}{\pi^2 g}\left(\frac{1}{d_p^4} - \frac{1}{d_{px}^4}\right)Q^2 \tag{15-46}$$

式中　H——水泵的扬程，m；

p_1，p_2——泵入口和出口处的压力，可分别用真空表和压力表测出，Pa；

z_1，z_2——泵入口和出口处的位置水头，m，通常取 $z_1 = 0$；

v_1，v_2——泵入口和出口处的平均流速，m/s。

测定装置如图 15-40 所示，若压力表读数为 p_B，真空表的读数为 p_z，换算后有如下关系

$$\frac{p_2}{\rho g} = \frac{p_B}{\rho g} + h_B - z_2 \tag{15-47}$$

$$\frac{p_1}{\rho g} = h_z - \frac{p_z}{\rho g} \tag{15-48}$$

将以上两式代入式（15-46），得到按压力表和真空表读数计算扬程的表达式

$$H = \frac{p_B + p_z}{\rho g} + \Delta z + \frac{8}{\pi^2 g}\left(\frac{1}{d_p^4} - \frac{1}{d_{px}^4}\right)Q^2 \tag{15-49}$$

式中　Δz——两表盘中心高差，$\Delta z = h_B - h_x$，m。

当测出泵流量后，则可由式（15-49）算出该工况时的扬程。

15.5.2.3　轴功率的测量

轴功率一般可以用功率表测出电动机输入功率 N_d 后按式（15-50）进行计算。

$$N = N_d \eta_d \eta_e \tag{15-50}$$

式中　η_d——电动机功率，可以从电机效率曲线查出；

η_e——传动效率，直接传动时 $\eta_0 = 1$。

其中，电动机输入功率 N_d 可用电压表、电流表和功率因数表的读数来计算

$$N_d = \sqrt{3}UI\cos\varphi \tag{15-51}$$

式中　U——电源电压（电压表读数），V；

I——输入电机的电流（电流表读数），A；

$\cos\varphi$——电机的功率因数，由功率因数表测得或根据有关资料估算。

电动机输入功率 N_d 还可用三相或两个单相功率表测得。

15.5.2.4　转速的测量

泵轴的转速可用机械式转速表或感应式光电转速仪直接测量得出，也可用闪光测速法（又叫日光灯测速法）进行测定。闪光测速法是利用日光灯闪光频率和泵轴转速频率（转速）间的关系进行测速的。测量时首先在轴头上画好黑白相间的扇形图形，白（或黑）扇形的块数要与电动机的极数相对应，可用式（15-52）求得。

$$m = \frac{60f}{n_0} \times 2 \tag{15-52}$$

式中　f——日光灯源（电动机电源）的频率，Hz；

n_0——电动机同步转速，r/min。

用与日光灯同电源的日光灯照射电动机轴头，当电动机旋转时，轴头扇形块的闪动频率与日光灯的闪光频率相近，由于电动机的实际转速总是低于其同步速度，扇形块向与电动机实际旋转方向相反的方向徐徐转动，以秒表记下一分钟内扇形块转动的转数 n'，则电动机实际转速 n 为：

$$n = n_0 - n' \tag{15-53}$$

15.5.3　测定过程中的注意事项

在对离心式水泵进行测试时，应注意以下事项：

（1）测定前应根据水泵及管路系统的具体条件拟订测定方案，选择测定装置和仪表，

并对仪表进行必要的检查和校准，参加测定的人员要有明确的分工和统一的指挥；

（2）测定时闸阀至少要改变 5 次，即至少应有 5 个测点，条件允许时设 8~10 个测点，特别是在水泵工作区域和最高效率点附近多设几个测点；

（3）在操作上，闸阀可以由大到小（闸阀可由全开而逐渐关闭），也可以由小到大，这两种方法可以交替进行，以便相对校对，修正其特性曲线；

（4）在记录读数时，每改变一次工况，应停留 2~3min，待各表上的读数稳定后，同时记录各参数值，并及时整理，发现问题应及时补测。

复习思考题

15-1 矿井排水设备的主要组成及其各组成部分的作用是什么？

15-2 简述离心式水泵的工作原理。

15-3 多级分段式离心式水泵的主要组成部件及其作用是什么？

15-4 离心式水泵轴向推力的产生原因是什么，可以采用什么方法进行调节？

15-5 离心式水泵正常工作的条件是什么，其工业利用区如何确定？

15-6 水泵产生汽蚀现象的原因是什么，它对泵的工作会产生哪些危害？

15-7 离心式水泵工况点的调节方法有哪些？试比较各种调节方法的特点。

15-8 为什么水泵的性能曲线较平缓、管路特性曲线较陡时，串联运转增加扬程的效果越显著？而当水泵的性能特性曲线较陡、管路特性曲线较平缓时，其并联运转增加流量的效果越显著？

16 矿井通风设备

教学目标

通过本章的学习，学生应获得如下知识和能力：

（1）了解矿井通风的目的及矿井通风系统；

（2）掌握矿井通风机的主要结构及其工作原理；

（3）掌握矿井通风机的工作性能参数；

（4）掌握矿井通风机的运转工况及其调节方法的类型；

（5）了解矿井通风机性能参数的测定方法。

16.1 概　述

在矿山地下进行采矿活动时，为了满足井下作业人员的基本生存要求，需要连续不断地向井下输送新鲜空气。其次，随着井下开采活动的进行，矿层中不仅会涌出大量的有毒有害气体（如 CH_4、CO、CO_2 和 H_2S 等），而且还会产生大量易燃、易爆的矿尘（粉尘或煤尘）。此外，由于地热和机电设备工作时所散发的热量，也使得井下空气温度随之增高。这些有毒有害气体、容易引起爆炸的煤尘和瓦斯以及过高的温度环境，不但会严重影响井下工作人员的身体健康，而且对矿井安全也会产生很大的威胁。因此，矿井通风的目的就是向井下连续不断地输送新鲜空气，以供给人员呼吸，并使有害气体的浓度降低到对人体健康和安全无害的程度，同时调节温度和湿度、改善井下工作环境，保证矿井安全生产。

16.1.1 矿井通风方法

按照矿井风流运动时其动力来源的不同，矿井通风方法可以分为自然通风与机械通风两种。对于一个矿井而言，一年四季当中其自然风压的大小和方向均不稳定，因此，我国《煤矿安全规程》和《金属非金属矿山安全规程》均明确规定所有生产矿井必须采用机械通风。

机械通风的通风方式分为抽出式、压入式和压抽混合式三种。其中，抽出式通风是指通风设备位于系统的出口端，借助通风机产生的负压，使新鲜空气从进风井流入井内，经出风井排出，如图 16-1（a）所示，装在地面的通风机运行时会在其入口处产生一定的负压，由于外部大气压的作用，迫使新鲜空气进入风井，流经井底车场、石门、运输平巷，到达回采工作面，与工作面的有害气体及矿尘混合变成污浊气体，沿回风巷、出风井、风硐，最后由通风机排出地面。随着通风机连续不断地运转，新鲜空气不断地流入矿井，污浊空气不断地排出，在井巷中形成连续的风流，从而达到通风目的。矿山通常采用抽出式通风方式。

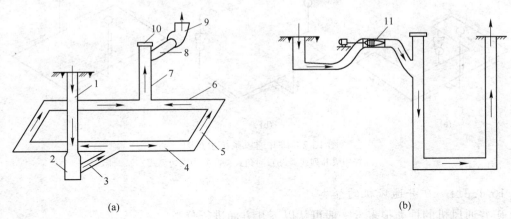

图 16-1　矿井通风方式示意图

1—风井；2—井底车场；3—石门；4—运输平巷；5—回采工作面；6—回风巷道；
7—回风井；8—风硐；9—抽出式通风机；10—风门；11—压入式通风机

与抽出式通风相反，压入式通风则是借助通风机不断地将新鲜空气压入井下巷道和生产工作面，新鲜空气清洗完工作面之后变成的污浊空气由回风井排出，如图 16-1（b）所示。

压抽混合式通风是指在进风井安装压入式的主扇，在回风井安装抽出式的主扇，两个主扇联合对矿井通风。这种通风方式排烟快，漏风减少，也不易受自然风流干扰而造成风流反向，可产生较大的通风压力，能够提高矿井通风效果。但所需通风设备多，且不能控制需风段的风流，管理复杂，故采用极少。

16.1.2　矿井通风系统

矿井通风系统是由向井下各作业地点供给新鲜空气、排出污浊气体的通风网路和通风动力以及通风控制设施等构成的工程体系。矿井通风系统一般由进风井、回风井、主要通风机、通风网路和风流控制设施等组成。矿井通风系统有很多种分类方法，其中，按照通风机和巷道布置方式的不同，矿井通风系统可以分为三大类，即中央并列式通风系统、对角式通风系统和中央边界式通风系统。

图 16-2（a）所示为中央并列式通风系统，其特点是进风井和出风井均在通风系统中部，一般布置在同一工业广场内。图 16-2（b）所示为对角式通风系统，它是利用中央主要井筒作为进风井，在井田两翼各开一个出风井进行抽出式通风的通风系统。图 16-2（c）所示为中央边界式通风系统，它是利用中央主要井筒作为进风井，在井田边界开一个出风井进行抽出式通风的通风系统。

16.1.3　矿井通风设备

矿井通风设备主要包括通风机（又称为扇风机）、电气设备、扩散器、防爆门和反风装置等。通风用的机械称为通风机。矿井采用的通风机，其风压大多在 10kPa 以下。

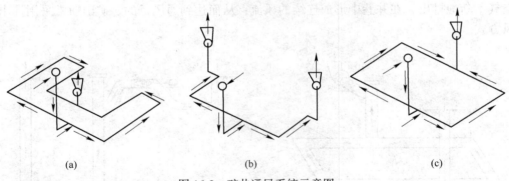

图 16-2　矿井通风系统示意图
（a）中央并列式；（b）对角式；（c）中央边界式

16.1.3.1　矿井通风机的分类

矿井通风机的种类很多，一般可从以下几方面进行分类。

（1）根据通风机的用途不同，可分为主要通风机（负责全矿井或某一区域的通风任务）、局部通风机（负责掘进工作面或采掘工作面通风）和辅助通风机（负责通风网路内的某些分支网路中风量的调节）。

（2）根据风流在风机叶轮内部的流动方向不同，可分为离心式（风沿轴向流入叶轮，在叶轮内转为径向流出，如图 16-3 所示）和轴流式（风沿轴向进入叶轮，经叶轮后仍沿轴向流出，如图 16-4 所示）两种。

（3）根据通风机叶轮数目不同，分为单级风机（只有一个叶轮）和两级风机（同一轴上装有两个叶轮）。

（4）根据通风机叶轮进风口数目的不同，分为单侧进风（只有一个进风口）和双侧进风（叶轮有两个进风口）。

（5）根据通风机产生风压大小分为低压风机（全压小于 1000Pa）、中压风机（全压为 1000~3000Pa）和高压风机（全压为 3000~15000Pa）三种。

在以上分类当中，矿井通风机最大的两个分类是离心式通风机和轴流式通风机，因此，本章主要介绍离心式通风机和轴流式通风机。

16.1.3.2　通风机的工作原理

A　离心式通风机的工作原理

离心式通风机的主要部件有叶轮 1（又被称为动轮或工作轮）、机壳 2（又被称为蜗壳体）、集流器 3 和前导器 4 等。其中叶轮是传送能量的关键部件，它由前、后盘和均布在其间的弯曲叶片组成，如图 16-3 所示。通风机工作时，电动机带动叶轮旋转，叶片流道间的空气受叶片的推动而随之旋转并获得离心力，经叶端被抛出叶轮，流到螺旋状机壳内，在机壳内空气流速逐渐减小，压力逐渐增大，然后经扩散器排出。与此同时，由于叶轮中气体外流，叶轮中心部位的压力会下降至大气压之下，因此外界空气就会在大气压的作用下经通风机入口进入叶轮。叶轮连续不断地旋转，形成连续的风流。

B　轴流式通风机的工作原理

轴流式通风机的主要部件有叶轮 3、5，导叶 2、4、6，机壳 10，主轴 8 等。叶轮由叶

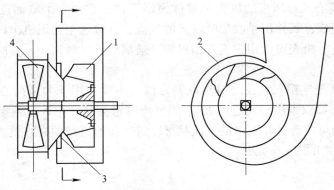

图 16-3 离心式通风机示意图

1—叶轮；2—机壳；3—集流器；4—前导器

片和轮毂组成，叶片断面呈机翼型，并以一定的安装角装在轮毂上。通风机工作时，叶轮由主轴拖动旋转，叶片在空气中快速扫过，由于翼面（叶片的凹面）与空气冲击，给空气以能量，产生了正压力，经固定的各导叶校正流动方向后，以接近轴向的方向通过扩散器 7 排出。与此同时，翼背牵动背面的空气运动而产生负压力，并将空气吸入叶道，如此一吸一推造成空气流动。

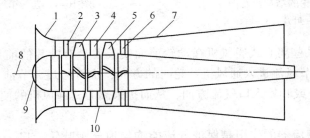

图 16-4 轴流式通风机示意图

1—集流器；2—前导叶；3—第一级叶轮；4—中导叶；5—第二级叶轮；

6—后导叶；7—扩散器；8—主轴；9—疏流器；10—外壳

16.2 矿井通风机的构造

16.2.1 离心式通风机的构造

16.2.1.1 离心式通风机的主要部件及其作用

离心式通风机主要由叶轮、集流器、锥形扩散器、传动部分和外壳组成。

（1）叶轮。叶轮是离心式通风机的关键部件，它由前盘、后盘、叶片和轮毂等零件焊接或铆接而成，如图 16-5 所示，其作用是将原动机的能量传送给气体。叶轮按其入风口的不同可分为单侧吸风和双侧吸风两种。叶片按其在动轮出口处安装角的不同分为前弯、径向和后弯三种，矿用风机大多采用后弯叶片，安装角一般在 18°~75°之间。叶片的形状一般可分为平板、圆弧和机翼型，目前多采用机翼型叶片来提高通风机的效率。

（2）机壳。离心式通风机的机壳也被称为蜗壳体，它由一个截面逐渐扩大的螺旋流道和一个扩压器组成，其作用是收集叶轮来的气流，并输送至通风机出口，同时将气流部分动压转变为静压。机壳可以用钢板、塑料板、玻璃钢等材料制成，其断面可以有方形和圆形两种。

（3）进气箱。进气箱安装在进口集流器之前，主要应用于大型离心式通风机入口前需接弯管的场合（如双吸离心式通风机）。因气流转弯会使叶轮入口截面上的气流变得不均匀，安装进气箱可改善叶轮入口的气流状况。进气箱通道截面最好做成收敛状，并在转弯处设过渡倒角，如图16-6所示。

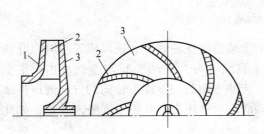

图16-5　叶轮的结构示意图

1—前盘；2—叶片；3—后盘

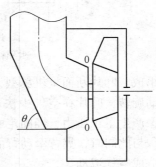

图16-6　进气箱形状示意图

（4）前导器。某些离心式通风机在动轮前面安装着带有叶片的前导器（又称为固定叶轮），其作用是调节风流进入通风机叶轮时的方向，也可通过调节前导器中叶片的开启度来控制进气量大小或叶轮入口气流方向，从而扩大离心式通风机的使用范围或改善调节性能。

（5）集流器。集流器的作用是保证气流能均匀地充满叶轮入口，达到进口所要求的速度值，并减少流动损失和降低入口涡流噪声。集流器一般安装在叶轮入口和前导器之间。

16.2.1.2　离心式通风机的结构形式

（1）不同旋转方式的结构形式。离心式风机根据叶轮旋转方向的不同可以做成右旋、左旋两种形式。从原动机看风机，叶轮按顺时针方向旋转称为右旋，按逆时针方向旋转称为左旋（应注意叶轮只能顺着蜗壳螺旋线的展开方向旋转）。

（2）不同进气方式的结构形式。根据离心式通风机进气方式的不同有单侧进风（单吸）和双侧进风（双吸）两种形式。在同等条件下，双吸风机产生的流量约为单吸风机的两倍，因此大流量风机宜采用双吸式。

（3）不同出口位置的结构形式。根据不同使用要求，规定了离心式风机出风口方向的八个基本位置，如图16-7所示。若基本角度位置不够，可采用下列补充角度：15°、30°、60°、75°、105°、120°、150°、165°、195°、210°。

（4）不同传动方式的结构形式。根据风机的转速、进气方式、尺寸大小等因素，离心式风机的传动方式有多种。目前，我国主要通风机生产厂家把离心式风机的传动方式规定为如图16-8所示的几种形式。

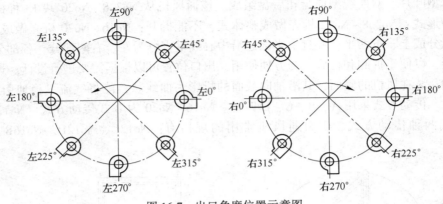

图 16-7　出口角度位置示意图

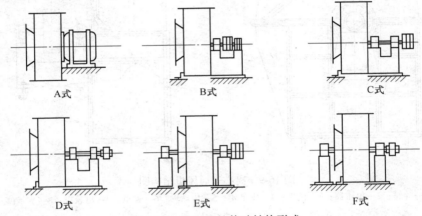

图 16-8　通风机的传动结构形式

　　如果离心式风机的转速与电动机的转速相同，对于大功率风机而言可采用联轴器与电动机轴直接联接，而小功率风机则可以将叶轮直接安装在电动机轴上，从而使其结构简单紧凑。如果通风机的转速和电动机转速不同，则可以采用皮带轮变速传动。

　　将叶轮安装在主轴的一端为悬臂式结构，其特点是拆卸方便。将叶轮安装在两个轴承之间称为双支承结构，其特点是运转较平稳，适用于双吸或大型单吸离心式风机。

16.2.1.3　典型离心式通风机的结构

　　我国生产的离心式扇风机较多，如 4-72-11 型、G4-73-11 型、K4-73-01 型等。不同的型号参数代表着不同的含义，下面以 K4-73-01No32 型为例对其进行说明：K 表示矿用；4 表示效率最高点压力系数的 10 倍，取整数；0 表示进风口为双面吸入；1 表示第一次设计；No32 表示扇风机机号，为叶轮直径，单位为 dm。

A　4-72-11 型离心式通风机

　　4-72-11 型离心式通风机是单侧进风的中、低压通风机。它的风量范围为 1610 ~ 204000m³/h，风压范围为 290~2550Pa，其主要特点是效率高（最高效率高达 91% 以上）、运转平稳、噪声较低，适用于小型矿井通风。

　　图 16-9 所示为 4-72-11 型离心式通风机的结构，其叶轮采用焊接结构，由 10 个后弯

式的机翼型叶片、双曲线型前盘和后盘组成。该通风机从 No2.8~No20 共 13 种机号。机壳有两种形式：No2.8~No12 机壳做成整体式，不能拆开；No16~No20 机壳做成三部分，沿水平能分成上、下两半，并且上半部还沿中心线垂直分为左、右两部分，各部分之间用螺栓连接，以便于拆卸和检修。为方便使用，出口位置可以根据需要进行设计。进风口为整体结构，装在风机的侧面，其沿轴向截面的投影为曲线状，能将气流平稳地引入叶轮，减少损失。传动方式采用 A、B、C、D 四种。No16~No20 为 B 式传动方式。No12 采用 C 式和 D 式两种传动方式。矿山通风机常用的规格有：No12C、No12D、No16B、No20B 四种。

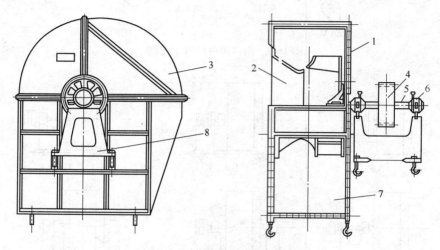

图 16-9　离心式通风机结构图

1—叶轮；2—集流器；3—机壳；4—皮带轮；5—传动轴；6—轴承；7—出风口；8—支承座

B　G4-73-11 型离心式通风机

G4-73-11 型离心式风机是单侧进风的中、低压通风机。它的风量范围及风压范围较 4-72-11 大，效率高达 93%，适用于中型矿井通风。

G4-73-11 型离心式通风机结构如图 16-10 所示。该通风机从 No0.8~No28 共 12 种机号，传动方式均为 D 式悬臂支承。该机与 4-72-11 的最大区别是装有前导器，其导流叶片的角度可在 0°~60°范围内调节，从而调节通风机的特性。

C　K4-73-01 型离心式通风机

K4-73-01 型离心式通风机是国内生产容量比较大的矿用离心式通风机，流量可达 20000m³/min，全压可达 5000Pa，适用于大、中型矿井通风。

K4-73-01 型离心式通风机结构如图 16-11 所示。该通风机从 No25~No38 共四种机号，采用双侧进风方式，叶轮叶片为机翼型。为方便使用，驱动电动机可以安装在风机的任意一侧。

16.2.2　轴流式通风机的构造

16.2.2.1　轴流式通风机的主要部件及其作用

轴流式通风机主要由叶轮、导叶、集风器、整流器、扩散器和圆筒型外壳组成。

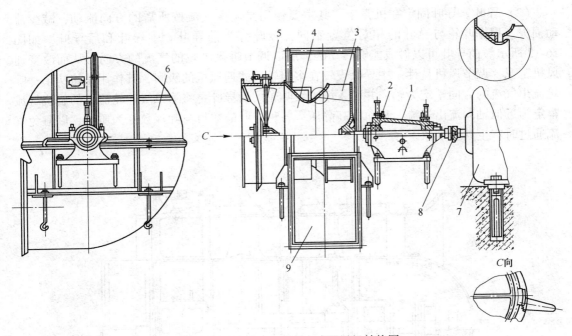

图 16-10　G4-73-11 型离心式通风机结构图

1—轴承箱；2—轴承；3—叶轮；4—集流器；5—前导器；6—外壳；

7—电动机；8—联轴器；9—出风口

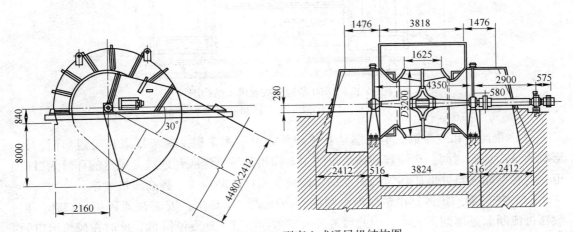

图 16-11　K4-73-01 型离心式通风机结构图

（1）叶轮。叶轮是轴流式风机的重要部件，其作用是增加空气的全压。叶轮由固定在轴上的轮毂和以一定角度安装在轮毂上面的叶片所组成，叶片的横断面为机翼形，沿其高度方向可做成扭曲形，以消除和减小径向流动从而减小损失。叶片安装角一般可以在 $10°\sim55°$ 范围内每间隔 $5°$ 进行调整。叶轮的轮毂比（轮毂直径与叶轮外径之比，多取 0.6）、叶轮直径、叶轮结构、叶片数和叶片的叶型对风机的特性有较大影响，其值需要通过试验确定。通常而言，叶片安装角越大，风机所产生的风量和风压越大，叶片越多，所产生的风压也越大。

（2）导叶。导叶固定在机壳上，其主要作用是确保气流按所需的方向流动，减少流动损失。根据叶轮与导叶的相对位置不同，导叶分为前导叶、中导叶和后导叶，如图16-12所示。前导叶可以做成能够转动的，用以调节进入叶轮的气流的方向，从而改变通风机工况，调节风机特性。中导叶设置在多级轴流式通风机的级间，其作用是将从第一叶轮流出气流的方向整定为轴向并引入第二级叶轮。后导叶是将第二级叶轮流出的旋绕气流整定为近似轴向流出气流，从而提高静压。各种导叶的数目与叶片数互为质数，以避免气流通过时产生共振现象。

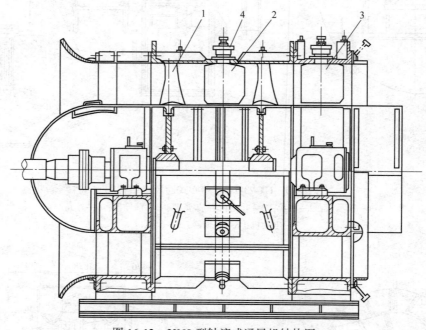

图 16-12　2K60 型轴流式通风机结构图
1—叶轮；2—中导叶；3—后导叶；4—绳轮

（3）集流器和疏流罩。集流器是叶轮前外壳上的圆弧段。疏流罩罩在轮毂前面，其形状为球面或椭球面。集流器和疏流罩的主要作用是使气流顺利地进入风机的环形入口流道，并在叶轮入口处形成均匀的速度场，以减少入口流动损失，提高风机效率。

（4）扩散器。扩散器由锥形筒心和筒壳所组成，呈环形，安装在通风机出口侧。扩散器过流断面是逐渐扩大的，因此风流经过扩散器时其流速逐渐降低，此时在风机出口的一部分动压会转换成风机静压，从而使风机的静压效率得到提高。

（5）外壳。风机外壳呈圆筒形。为了提高风机的性能，应尽可能减小叶轮外缘与外壳内表面的径向间隙，其值通常在 0.01~0.06 之间。

16.2.2.2　典型轴流式通风机的结构

目前矿山常用的轴流式通风机有 2K60、GAF 型等。通风机的不同型号参数代表着不同的含义，下面以 2K60-4 No.28 为例对其进行说明：2 表示两级叶轮；K 表示矿用通风机；60 表示通风机轮毂直径与叶轮直径比的 60 倍；4 表示设计序号；No. 为机号前冠用符号；28 表示通风机叶轮直径，dm。

A 2K60 型矿井轴流式通风机

2K60 型矿井轴流式通风机结构如图 16-12 所示。该风机有 No18、No24、No28 三种机号，最高静压可达 4905Pa，风量范围为 $20\sim25\mathrm{m^3/s}$，最大轴功率为 $430\sim960\mathrm{kW}$。风机主轴转速有 1000r/min、750r/min、650r/min 三种。

2K60 型矿井轴流式风机为双级叶轮，轮毂比为 0.6，叶轮叶片为扭曲机翼型叶片，其安装角可在 $15°\sim45°$ 范围内做 $5°$ 的调节，每个叶轮上可安装 14 个叶片，装有中、后导叶，后导叶亦采用机翼型扭曲叶片，因此，在结构上保证了风机有较高的效率。

根据使用需要，该机可以用调节叶片安装角或改变叶片数的方法来调节风机性能，以求在高效率区内有较大的调节幅度（考虑到动反力原因，共有三种叶片组合：两组叶片均为 14 片，第一级为 14 片、第二级为 7 片，两级均为 7 片）。

为满足反风的需要，该机设置了手动制动闸及导叶调节装置。当需要反风时，用手动制动闸加速停车制动后，既可用电动执行机构遥控调节装置，也可利用手动调节装置调节中后导叶的安装角，实现倒转反风，其反风量不小于正常风量的 60%。

B GAP 轴流式通风机

GAP 轴流式通风机是引进联邦德国 TLT 公司技术的产品。该机规格品种繁多（基本型号分四个系列 896 种规格），它的最大静压为 18600Pa，风量为 $50\sim1800\mathrm{m^3/s}$，最大全压效率 $0.83\sim0.88$。该机除具有较大的调节范围外，最突出的特点是配有液压动叶可调装置，能够实现在不停机的情况下调整叶片安装角度，以适应工况变化的要求。图 16-13 为某种型号的 GAF 轴流式通风机结构示意图。

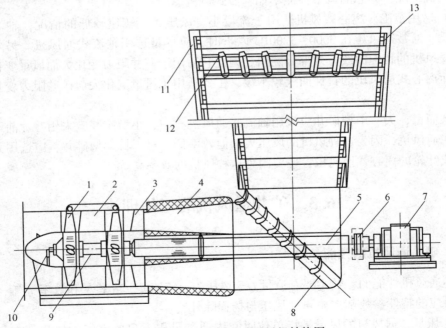

图 16-13 GAF 型轴流式通风机结构图

1—叶轮；2—中导叶；3—后导叶；4—扩散器；5—传动轴；6—刹车机构；7—电动机；
8—整流叶栅；9—轴承箱；10—动叶调节控制头；11—立式扩散器；12—消声器；13—消声板

16. 2. 3　离心式与轴流式通风机的比较

离心式通风机与轴流式通风机在矿井通风中均广泛使用，它们各有不同的特点，现从以下几方面作一简单比较。

（1）结构。轴流式通风机结构紧凑，体积较小，重量较轻，传动方式简单，可采用高转速电动机直接拖动，但结构复杂，维修困难。离心式通风机结构简单，维修方便，但结构尺寸较大，安装占地面积大，转速低，传动方式较轴流式通风机更复杂。目前新型的离心式通风机采用机翼形叶片，提高了转速，其体积与轴流式通风机接近。

（2）工作性能。一般来讲，轴流式风机的风压低，流量大，反风方法多。离心式风机则相反。在联合运行时，由于轴流式风机的特性曲线呈马鞍形，因此可能会出现不稳定的工况点，联合工作稳定性较差。而离心式风机联合运行则比较可靠。轴流式风机的噪声较离心式风机大，所以应采取消声措施。离心式风机的最高效率比轴流式风机要高一些，但离心式风机的平均效率不如轴流式高。

（3）启动、运转。离心式风机启动时，闸门必须关闭，以减小启动负荷；轴流式通风机启动时，闸门可半开或全开。在运转过程中，当风量突然增大时，轴流式风机的功率增加不大，不易过载，而离心式风机则相反。

（4）工况调节。轴流式风机可通过改变叶轮叶片或静导叶片的安装角度、改变叶轮的级数、叶片片数、前导器等多种方法调节风机工况，特别是叶轮叶片安装角的调节，既经济又方便可靠。离心式风机一般采用闸门调节、尾翼调节、前导器调节或改变风机转速等调节风机工况，其总的调节性能不如轴流式风机。

（5）适用范围。离心式风机适用于流量小、风压大、转速较低的情况，轴流式通风机则相反。通常当风压在 3000 ~ 3200Pa 以下时，应尽量选用轴流式通风机。另外，由于轴流式通风机的特性曲线有效部分陡斜，因此它适用于矿井阻力变化大而风量变化不大的矿井。而离心式通风机的特性曲线较平缓，主要适用于风量变化大而矿井阻力变化不大的矿井。

通常而言，大、中型矿井应采用轴流式通风机。中、小型矿井应采用叶片前弯式叶轮的离心式通风机，因为这种风机的风压大，但效率低。对于特大型矿井，应选用大型的叶片后弯式叶轮的离心式通风机，主要因为这种风机的效率高。

16.3　矿井通风机的工作理论

16.3.1　矿井通风机的性能参数

描述通风机性能的参数主要有流量 Q、风压 H、转速 n、功率 N 和效率 η 等，其含义与水泵对应的特性参数基本相同（风压与扬程除外）。

（1）风量。通风机的风量是指单位时间内通过风机入口的空气的体积，亦称体积流量，单位为 m^3/h。

（2）风压。水泵用扬程、风机用风压来表征介质通过其所获得的能量大小，单位为 Pa。风机风压又可分为全压 H、静压 H_{st} 和动压 H_d，分别指单位体积气体从风机获得的全部能量、势能和动能。三者的关系为：

$$H = H_{st} + H_d \tag{16-1}$$

（3）功率。同水泵一样，风机的功率也分为轴功率 n 和有效功率 $N_e(kW)$。有效功率的表达式为：

$$N_e = \frac{QH}{1000} \tag{16-2}$$

（4）效率。通风机的效率是指通风机的输出功率与输入功率之比，风机效率分全压效率 η 和静压效率 η_{st}，表达式分别为：

$$\eta = \frac{QH}{1000N} \tag{16-3}$$

$$\eta_{st} = \frac{QH_{st}}{1000N} \tag{16-4}$$

（5）转速。转速是指通风机轴与叶轮每分钟旋转的次数，用 n 表示，单位为 r/min。

16.3.2　离心式风机的工作理论

离心式通风机与离心式水泵的工作原理相似，它们工作理论的分析方法及结论也基本相同。因此，下面直接将离心式水泵工作理论的有关公式作相应变动（即将扬程改为风压）后运用在离心式通风机工作理论的讨论中。

16.3.2.1　基本假设条件

空气在离心式通风机中运动是非常复杂的，为了简化问题，突出主要矛盾，现给定以下假定条件：

（1）通风机内没有能量损失；

（2）流过通风机的风流是稳定流；

（3）通风机叶轮上的叶片无限多且其厚度可以忽略不计。

16.3.2.2　理论参数

A　理论流量

理论流量是指不计容积损失时叶轮出口处流量，其值应等于叶轮出口面积与垂直该面积的平均流速的乘积，即：

$$Q_T = \psi \pi D_2 d_2 c_{2r} \tag{16-5}$$

式中　Q_T——通风机理论流量，m^3/s；

　　ψ——排挤系数，表示叶轮实际出口截面积与不记叶片厚度的出口截面积之比；

　　D_2——叶轮外径，m；

　　d_2——叶轮出口宽度，m；

　　c_{2r}——叶片出口气流径向速度，m/s；$c_{2r} = Q_T/(\psi \pi D_2 d_2)$。

B　叶片无限多时的理论全压

叶片无限多时的理论全压即单位质量的风流从叶轮处获得的能量，可按式（16-6）计算

$$H_{T\infty} = \rho(u_2 c_{2u} - u_1 c_{1u}) \tag{16-6}$$

式（16-6）称为叶片无限多时的理论全压方程。由方程可以看出，离心式通风机叶轮产生的理论全压与圆周速度 u_1、u_2 及叶轮进、出口的切向分速度 c_{1u}、c_{2u} 有关，而与流体在流动中的流动过程无关。在其他条件相同的情况下，叶轮外径 D_2 越大，转速越高，理论全压也越大。叶片出口切向分速度 c_{2u} 取决于叶片出口的安装角 β_2，即 $c_{2u} = u_2 - c_{2r}\cot\beta_2$。由于叶轮设计时通常使 $\alpha_1 = 90°$，则叶片入口切向分速度 $c_{1u} = 0$。因此

$$H_{T\infty} = \rho u_2 c_{2u} = \rho u_2^2 - \rho u_2 c_{2r}\cot\beta_2 \tag{16-7}$$

为了能够通过调节气流在叶片入口的切向分速度 c_{1u} 来调节风机特性，可在叶轮入口前装前导器，用以调节切向分速度 c_{1u}。

根据叶片出口安装角 β_2 的不同，叶轮可分为径向叶片叶轮（$\beta_2 = 90°$）、后弯叶片叶轮（$\beta_2 < 90°$）和前弯叶片叶轮（$\beta_2 > 90°$），如图 16-14 所示。

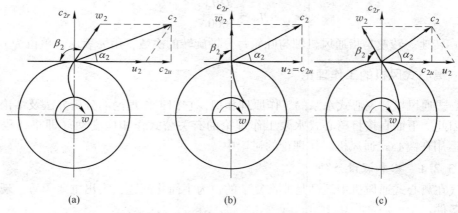

图 16-14　三种不同出口安装角的叶轮示意图

（a）$\beta > 90°$；（b）$\beta = 90°$；（c）$\beta < 90°$

通过对上述三种不同出口安装角的叶轮的进一步分析推导可以得出以下两点结论：

（1）在相同转速、相同叶轮外径的情况下，前弯叶片叶轮产生的理论全压最大，径向叶片叶轮其次，后弯叶片叶轮产生的理论全压最小。反之，在同一转速下产生同样的理论全压，前弯叶片叶轮直径最小。

（2）叶片出口安装角 β_2 影响着理论全压的分配（静压或动压在全压中所占的比例）。三种叶轮动压在理论全压里所占比例由大到小的排列顺序是：前弯叶片叶轮、径向叶片叶轮、后弯叶片叶轮。

虽然在相同转速和相同叶轮外径的情况下，前弯叶片叶轮产生的理论全压比后弯叶片叶轮的大，但是大、中型离心式通风机几乎都采用后弯叶片叶轮。这是因为前弯叶片叶轮产生的理论全压中动压所占比例较后弯叶片叶轮大，动压大意味着流速大，从而流动损失大。虽然可以将动压转变为静压（如利用扩散器），但也会带来一定的压力损失，因此前弯叶片叶轮的效率低。对于有些效率不是主要考虑因素的中、小型风机也有采用前弯叶片叶轮的，这是因为在产生相同全压的前提下，采用前弯叶片叶轮，其轮径和外形可以做得较小。

16.3.2.3　理论全压特性

理论全压特性是指风机的理论全压 $H_{T\infty}$ 与理论流量 Q_T 之间的关系，即 $H_{T\infty} = f(Q_T)$，

由式（16-7）可得

$$H_{T\infty} = \rho u_2^2 - \rho u_2 \frac{\cot\beta_2}{\psi\pi D_2 d_2} Q_T \qquad (16-8)$$

对某具体风机，当风机转速一定时，上式可改写成如下简单表达式

$$H_{T\infty} = A - BQ_T \qquad (16-9)$$

式中，$A = \rho u_2^2 = \text{constant}$，$B = \dfrac{\rho u_2 \cot\beta_2}{\psi\pi D_2 d_2} = \text{constant}$。

式（16-9）即为离心式通风机理论全压特性方程，与其相对应的曲线（或直线）称为理论全压特性曲线，如图 16-15 所示。该直线交纵轴于 A 点，直线斜率取决于 β_2，当 $\beta_2 < 90°$ 时，$\cot\beta_2 > 0$，$H_{T\infty}$ 随 Q_T 增大而减小。当 $\beta_2 = 90°$ 时 $\cot\beta_2 = 0$，$H_{T\infty}$ 与 Q_T 无关并保持不变。当 $\beta_2 > 90°$ 时，$\cot\beta_2 < 0$，$H_{T\infty}$ 随 Q_T 的增大而增大。

16.3.2.4 理论功率特性

在不计能量损失的情况下，理论功率（有效功率）与理论流量之间的关系式称为理论功率特性方程。因为 $N_{T\infty} = Q_T H_{T\infty}$，所以得

$$N_{T\infty} = AQ_T - BQ_T^2 \qquad (16-10)$$

式（16-10）即为叶片无限多时的理论功率特性方程，其相应曲线称为理论功率特性曲线，如图 16-16 所示。从图中可以看出 β_2 值对曲线形状是有影响的，当 $\beta_2 = 90°$，$\cot\beta_2 = 0$，$B = 0$，功率曲线为一条直线。当 $\beta_2 > 90°$ 时，$\cot\beta_2 < 0$，$B < 0$，功率曲线为一条向上凹的曲线，当 Q_T 增加时，最初 $N_{T\infty}$ 增加的速度较慢，但随后急剧增加，这种特性易使原动机过载。当 $\beta_2 < 90°$ 时，$\cot\beta_2 > 0$，$B > 0$，功率曲线为一条向下凹的曲线，当 Q_T 增加时，$N_{T\infty}$ 增加的速度较慢，因而不易发生过载。$Q_T = 0$ 时，三种叶轮的理论功率都为零，因此三条曲线交于原点。

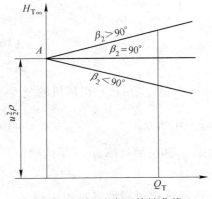

图 16-15　理论全压特性曲线

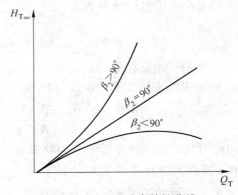

图 16-16　理论功率特性曲线

16.3.2.5 离心式通风机的损失和实际特性曲线

通风机工作时存在着各种损失，并且叶轮叶片数是有限的，因此实际特性及相应曲线与上述理论特性及曲线是有差别的。下面讨论离心式通风机的各种损失及实际特性。

A　离心式通风机的损失和效率

按损失产生的原因不同，离心式风机的损失分为叶轮有限叶片产生的环流损失、水力

损失、容积损失和机械损失。

（1）环流损失。实际通风机叶轮的叶片数是有限的，因而在叶轮的流道中产生了环流，导致流道中气流相对运动速度的分布不均匀，降低了叶片出口气流的切向分速度，使有限叶片数叶轮的理论全压比无限叶片数叶轮的理论全压低。环流损失的大小用环流系数表示。设 H_T 为有限叶片数的理论全压，则

$$H_T = KH_{T\infty} \tag{16-11}$$

式中　K——环流系数，$K<1$，通常 $K=0.6\sim0.9$。

将式（16-9）代入式（16-11）得

$$H_T = KA - KBQ_T \tag{16-12}$$

式（16-12）即为有限叶片数叶轮的理论全压特性方程。

（2）水力损失。气流在通过风机的流动过程中，会在流道中产生摩擦和冲击损失，这些损失的总和称为水力损失。水力损失的大小用水力效率表示，它等于实际全压 H 与理论全压 H_T 的比值，即

$$\eta_h = \frac{H}{H_T} \tag{16-13}$$

（3）容积损失。风机工作时，其内部总存在着压力较高和压力较低的区域，而且相互运动的部件之间留有一定的间隙，因此，部分气体就会从高压区通过间隙泄漏到低压区或大气，使风机出口的流量小于入口吸入的流量，形成了漏损 q，即为容积损失。容积损失用容积效率（实际流量与理论流量的比值）来表示，即

$$\eta_V = \frac{Q}{Q_T} = \frac{Q_T - q}{Q_T} \tag{16-14}$$

（4）机械损失。通风机的轴与轴承、轴与轴封及叶轮前后盖板与流体间的圆盘磨擦损失总和称为机械损失 ΔN_m。机械损失使原动机传给的轴功率 N 不能全部传给流体。机械损失的大小可用机械效率表示，即

$$\eta_m = \frac{N_T}{N} = 1 - \frac{\Delta N_m}{N} \tag{16-15}$$

式中　N_T——传给流体的理论功率，$N_T = Q_T H_T$。

（5）风机的全压效率。由式（16-3）、式（16-13）~式（16-15）得风机的全压效率

$$\eta = \frac{N_e}{N} = \frac{N_e}{N_T} \frac{N_T}{N} = \frac{Q_H}{Q_T H_T} \eta_m = \eta_V \eta_h \eta_m \tag{16-16}$$

由此可见，全压效率等于水力效率 η_h、容积效率 η_V 和机械效率 η_m 三项的乘积。

B　离心式通风机的实际特性曲线

由于影响流动的因素是极为复杂的，用解析法精确确定风机的各种损失也是极困难的，所以在实际应用中，风机在某一转速下的实际流量、实际压力、实际功率只能通过实验方法求出，而效率可通过式（16-16）求得。根据实验数据，我们可以绘制风机的实际特性曲线 $H = H(Q)$、$N = N(Q)$ 和 $\eta = \eta(Q)$，如图 16-17 所示。

我们把特性曲线上的每一点叫做风机的工况点，而把每一工况点对应着的风机在某一转速下的各特性参数（流量、压力、功率和效率）称为工况参数。在图 16-17 中，全压效率曲线上 $\eta = \eta_{max}$ 点表明在这个工况点的工作效率最高，此点称为额定工况点，对应的参

数称为额定参数（N_e、H_e、Q_e、η_e）。对应着风机的每个转速可得出一组特性曲线，有时把这一组曲线绘在一张图上，并且把效率相同的点组成等效率曲线，如图 16-18 所示。

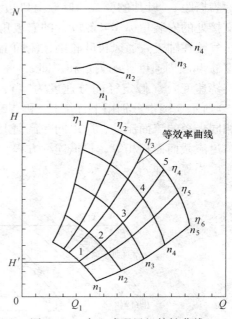

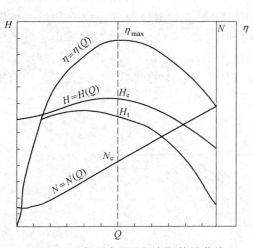

图 16-17　离心式通风机实际特性曲线

图 16-18　离心式通风机特性曲线

16.3.3　轴流式风机的工作理论

16.3.3.1　轴流式通风机的基本理论方程

讨论轴流式通风机的基本理论方程之前首先需要分析轴流式风机叶轮中气流的运动情况。

图 16-19 为轴流式通风机叶轮示意图。气流在叶轮中的运动是一个复杂的空间运动。为分析简便，采用圆柱层无关性假设，即当叶轮在机壳内以一定的角速度旋转时，气流沿叶轮轴线为中心的圆柱面作轴向流动，且各相邻圆柱面上流体质点的运动互不相关。也就是说，在叶轮的流动区域内，流体质点无径向分速度。根据圆柱层无关性假设，研究叶轮中气流的复杂运动就可简化为研究圆柱面上的柱面流动，该柱面称为流面。

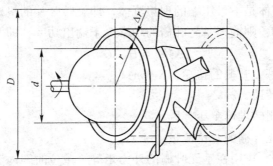

图 16-19　轴流式通风机的叶轮

如图 16-19 所示，在半径 r 处用两个无限接近的圆柱面截取一个厚度为 Δr 的基元环，并将圆环展开为平面。各叶片被圆柱面截割，其截面在平面上组成了一系列相同叶型并且等距排列的叶栅系列，称之为平面直列叶栅或基元叶栅，如图 16-20 所示。相邻叶栅的间距称为栅距 t，叶片的弦线与叶栅出口边缘线的交角称为叶片安装角 θ（通常以叶片与轮毂交接处的安装角标志叶轮叶片的安装角）。

气流在轴流式通风机叶轮圆柱流面上的流动是一个复合运动。其绝对速度 c 等于相对速度 w 和圆周速度 u 的矢量和，即 $c = w + u$。另外，绝对速度也可以分解为轴向速度 c_a 和旋绕速度 c_u（假定径向分速度为零），由此作出叶轮进、出口处的速度三角形，如图 16-20 所示。图中分别用下标"1"和"2"来区分叶轮进、出处的运动参数。由于气流沿着相同半径的流面流动，所以同一流面上的圆周速度相等，即 $u_1 = u_2 = u$。另外，叶轮进、出口过流截面面积相等，根据连续方程，在假设流体不可压缩的前提下，流面进、出口轴向速度相等，即 $c_{1a} = c_{2a} = c_a$。

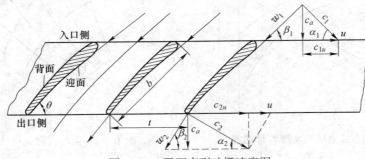

图 16-20 平面直列叶栅速度图

A　理论流量

理论流量按下式计算：

$$Q_T = \frac{\pi}{4}(D^2 - d^2)c_{aV} = F_0 c_{aV} \tag{16-17}$$

式中　F_0——叶轮过流截面积，m^2；$F_0 = \pi(D^2 - d^2)/4$；

$\quad\quad D, d$——分别为叶轮和轮毂的直径，m；

$\quad\quad c_{aV}$——平均轴向速度，m/s。

B　理论全压

假设流过叶轮的流体是不可压缩的理想流体，即旋转叶片的机械能毫无损失地传给流体，且流体为定常流动，则输入基元叶栅的功率等于输出功率，即

$$\Delta M \omega = H_T \Delta Q_T \tag{16-18}$$

式中　ΔM——施加在基元叶栅的扭矩，$N \cdot m$；

$\quad\quad \omega$——叶轮的转速，rad/s；

$\quad\quad H_T$——基元叶栅的理论全压，Pa；

$\quad\quad \Delta Q_T$——通过基元叶栅的理论流量，m^3/s。

由动量矩定理可知，作用在基元叶栅的外力矩等于单位时间内流经此基元叶栅出、入口间气流动量矩的增量，即 $\Delta M = \rho \Delta Q_T (c_{2ur} - c_{1ur})r$（式中 c_{1ur}、c_{2ur} 为半径为 r 的基元叶栅进出口处的绕流速度），于是得到

$$H_T = \rho u_r(c_{2ur} - c_{1ur}) \qquad (16\text{-}19)$$

式中 u_r——半径为 r 的基元叶栅上的圆周速度，m/s，$u_r = r\omega$。

式（16-19）即为轴流式风机某一基元叶栅理论全压方程。若风机前面未加前导器，气流在叶轮入口的绝对速度 c_{1ur} 是轴向的，即 $c_{1ur} = 0$ 则 $H_T = \rho u_r c_{2ur}$。

在设计时，通常使各流面上的 $u_r c_{2ur} = u_R c_{2uR} = \mathrm{constant}$（$R$ 表示叶轮半径），因此应使 $rc_{2ur} = \mathrm{constant}$，为此可将叶片做成扭曲状，即叶片的安装角随半径的增大而减少，这样可以满足不产生径向流动的要求。此时，任一基元叶栅的理论全压即为通风机叶轮的理论全压，并可表示为

$$H_T = \rho u_R c_{2uR} \qquad (16\text{-}20)$$

式中 u_R——叶轮外缘的圆周速度，m/s；

  c_{2uR}——叶轮外缘出口气流的旋绕速度，m/s。

16.3.3.2 轴流式通风机的理论全压特性

根据速度三角形可得 $c_{2uR} = u_R - c_{aR}\cot\beta_{2R}$，代入式（16-20）可得

$$H_T = \rho u_R(u_R - c_{aR}\cot\beta_{2R}) \qquad (16\text{-}21)$$

式中 c_{aR}——叶轮外缘流面上的轴向速度，m/s；

  β_{2R}——叶轮外缘处出口角，受叶片安装角 θ 约束。

如果假设叶轮整个过流断面轴向速度相等，再由式（16-16）得

$$H_T = \rho u_R\left(u_R - \frac{\cot\beta_{2R}}{F_0}Q_T\right) \qquad (16\text{-}22)$$

式（16-22）即为轴流式通风机理论全压特性方程。当风机尺寸、转速一定时，其理论全压特性曲线为一条直线，如图 16-21 中 $H_T\text{-}Q_T$ 所示。

16.3.3.3 轴流式通风机的实际特性曲线

与离心式风机一样，轴流式风机实际特性曲线也是通过实验测得的。在图 16-21 中，除全压曲线和全压效率曲线外，还有静压曲线 $H_{st}\text{-}Q$ 和静压效率曲线 $\eta_{st}\text{-}Q$（轴流式风机通常提供静压和静压效率曲线）。另外，在特性曲线上有一段风机压力和功率跌落的鞍形凹谷段。在这一区段内，风机压力及功率变化剧烈，当风机工况落在该区段内，将可能产生不稳定的情况，机体振动，噪声增大，即产生喘振现象，甚至损毁通风机，这是轴流式风机的典型特点。因此，轴流式风机的有效工作范围是在额定工作点（最高效率点）的右侧。为了扩大轴流式风机的工作范围，可以通过调整叶轮叶片的安装角来实现。图 16-22 为典型轴流式风机在不同叶片安装角下的实际特性曲线。

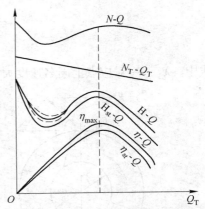

图 16-21 轴流式通风机实际特性曲线

16.3.4 通风机的相似理论

在满足一定的条件下（相似条件），同种结构不同尺寸的风机之间或同一风机在不同工作状态下，其工作参数之间存在着某种量的关系，这种关系称为相似关系，揭示这种关

系的理论我们称之为相似理论。利用相似理论，借助于实验，可以解决风机设计、运行中的许多具体问题，例如：（1）根据模型实验的结果或已有风机的参数，进行新型风机的设计；（2）根据已有风机的工作参数，推算与之相似风机的工作参数；（3）根据风机在某一状态下的工作参数，推导出其他工作状态的工作参数（如改变风机转速）。

16.3.4.1　相似条件

根据流体力学的相似原理，风机中的流动相似，应满足几何相似、运动相似和动力相似三个相似条件。

（1）几何相似。几何相似是指两风机主要对应的几何尺寸成比例，对应的角度相等，如图 16-23 所示。

$$\frac{D_1}{D_1'} = \frac{D_2}{D_2'} = \frac{b_1}{b_1'} = \frac{b_2}{b_2'} = \cdots = \lambda_l \quad (16\text{-}23)$$

$$\beta_1 = \beta_1', \quad \beta_2 = \beta_2' \quad (16\text{-}24)$$

式中　λ_l——任何同名线性尺寸的比值。

图 16-22　轴流式通风机特性曲线

（2）运动相似。运动相似是指两风机各对应点上流体同名速度的大小比值为常数，方向相同。也就是说，两风机对应点处的速度三角形应相似，如图 16-23 所示，即

$$\frac{c_1}{c_1'} = \frac{c_2}{c_2'} = \frac{u_1}{u_1'} = \frac{w_2}{w_2'} = \cdots = \lambda_V \quad (16\text{-}25)$$

$$\alpha_1 = \alpha_1', \quad \alpha_2 = \alpha_2' \quad (16\text{-}26)$$

式中　λ_V——对应点上同名速度大小的比值。

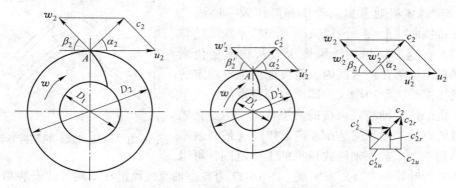

图 16-23　两个几何相似和运动相似的叶轮

（3）动力相似。动力相似指的是两风机对应点上流体的同名力（加重力、黏性力、压力、惯性力等）大小比值为一常数，方向相同。实验和理论可以证明，如果两风机内流体运动的雷诺数 Re 相等，则满足动力相似的要求。但是，在工程中做到雷诺数 Re 绝对

相等是很困难的。通过实验可以验证，当 $Re>10^5$ 时，显著地改变 Re 对流体运动形式和阻力系数的影响很小，因此，在工程实际应用中，只要 $Re>10^5$ 就可以认为满足动力相似的要求。

满足上述三个相似条件的通风机称为彼此相似的通风机。这里应该指出的是，相似应该理解为风机在对应工况点的相似，而对应工况点称为相似工况点。因为每一个工况点对应着风机的一组工况参数（流量、压力、功率等），如果工况点改变，则会因流量的变化导致速度三角形也发生变化，可能会不满足运动相似的条件。所以，讨论通风机的相似问题均应在相似工况点上进行。

16.3.4.2 相似定律

彼此相似的风机在其相似工况点的工况参数之间存在着某种关系，这种关系称为相似定律。由相似条件可得相似定律如下：

$$\frac{H}{H_i}=\left(\frac{n}{n_i}\right)^2\left(\frac{D}{D_i}\right)^2\left(\frac{\rho}{\rho_i}\right)^2 \tag{16-27}$$

$$\frac{Q}{Q_i}=\left(\frac{n}{n_i}\right)\left(\frac{D}{D_i}\right)^3 \tag{16-28}$$

$$\frac{N}{N_i}=\left(\frac{n}{n_i}\right)^3\left(\frac{D}{D_i}\right)^5\left(\frac{\rho}{\rho_i}\right) \tag{16-29}$$

$$\eta=\eta_i \tag{16-30}$$

式中，Q、H、N、η、n、D、ρ 分别为某一风机在某工况的流量、压力、功率、效率、转速及该风机叶轮直径和介质密度，而 Q_i、H_i、N_i、η_i、n_i、D_i、ρ_i 分别为与之相似的通风机中任意一台在相似工况点的流量、压力、功率、效率、转速及该风机叶轮直径和介质密度。

由相似定律及模型实验结果，可推算风机实际工况的特性。对工作介质不变的同一风机（$\rho=\rho_i$，$D=D_i$），相似定律可改写为

$$\frac{H}{H_i}=\left(\frac{n}{n_i}\right)^2 \tag{16-31}$$

$$\frac{Q}{Q_i}=\left(\frac{n}{n_i}\right) \tag{16-32}$$

$$\frac{N}{N_i}=\left(\frac{n}{n_i}\right)^3 \tag{16-33}$$

$$\eta=\eta_i \tag{16-34}$$

以上四式称为比例定律公式，说明风机转速变化时，风压流量、功率分别按转速比的二次方、一次方和三次方变化。由式（16-31）和式（16-32）可得

$$H_i=KQ_i^2 \tag{16-35}$$

式中，$K=\dfrac{H}{Q^2}=\dfrac{H_i}{Q_i^2}=\text{constant}$。式（16-35）说明，若改变转速后风机的各工况点相似，则 H_i 与 Q_i 的关系曲线是一条抛物线，如图 16-24 所示，此抛物线称为比例曲线。改变转速后，若工况点相似则风机效率基本不变，比例曲线也是等效率曲线。风机不同，相似的工况点可以有无数组，所以比例曲线可以有无数条，图 16-24 中所示 1-2-3-4 即为其中一条。

如果把不同转速下的全压特性曲线与比例曲线绘制在同一图上，如图 16-24 所示，则比例曲线与不同转速下的全压特性曲线的交点为相应的一组工况点（如图 16-24 中 1、2、3、4 点），并且风机在这一组相应的工况点运行是相似的，各工况的效率也相同。

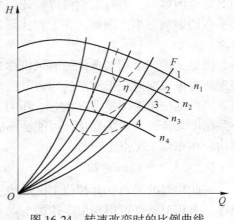

图 16-24　转速改变时的比例曲线

16.3.4.3　比转数

相似定律只能用来说明风机在相似工况点工作参数间的关系，而不同类型风机的叶轮形状各异，其各自的性能特征也各不相同，为了能对不同类型的风机进行分类和比较，需要提出一个综合性参数。此外，在用模型换算法设计风机时，也需要提出一个相似判别数，由此引出了比转数的概念。

由式（16-27）、式（16-28）消去直径，并认为密度相同，可得比转数

$$n_s = n_i \frac{\sqrt{Q_i}}{\sqrt[4]{H_i^3}} = n \frac{\sqrt{Q_i}}{\sqrt[4]{H^3}} \tag{16-36}$$

由式（16-36）可以看出，比转数 n_s 表示在相似条件下，产生单位流量和单位全压时，模型风机的转速。由于所取工况点和采用的工作参数单位不同，按上式计算的比转数值会不同。因此，我国规定风机比转数的计算是在风机的额定工况点、流量单位为 m^3/s、压力单位为 mmH_2O、转速单位为 r/min 的条件下，按式（16-36）进行计算的。

应该指出，比转数实际上为叶轮的比转数，而非整机的。因此，计算比转数时，是以单个叶轮的工作参数为依据。对双吸式叶轮，其流量应除以 2。对多级风机，其全压应除以级数。

比转数实质上是一个比例常数，其大小由风机叶轮的形状或者说是特性参数所决定的。因此，比转数的大小反映了叶轮的形状和特性曲线的变化趋势。该值大，风机的流量大而风压小，叶轮的入口直径和出口宽度较大而出口直径则较小，因此，叶轮厚而小。反之，叶轮相对扁而大。

16.3.4.4　通风机的类型特性曲线

通风机的类型特性曲线是一组无因次量之间相互关系的曲线，用于表示彼此相似的同一系列或同一类所有风机的特性。它与具体每个风机的尺寸和转速无关，所以又称之为无因次特性曲线。用它来代替同一系列风机中单台风机的特性曲线，可以大大简化特性曲线和图表。

由式（16-27）并且考虑到叶轮外径的圆周速度 $u = nD$、$u_i = n_i D_i$ 可得

$$\frac{H}{\rho u^2} = \frac{H_i}{\rho_i u_i^2} = \overline{H} \tag{16-37}$$

式中　$\overline{H}$——无因次量，称为全压系数。

由式（16-28）可得

$$\frac{Q}{\frac{1}{4}D^2u} = \frac{Q_i}{\frac{1}{4}D_i^2u_i} = \overline{Q} \qquad (16-38)$$

式中　$\overline{Q}$——无因次量，称为流量系数。

由式（16-29）可得

$$\frac{N}{\frac{1}{4}\pi\rho D^2u^3} = \frac{N_i}{\frac{1}{4}\pi\rho_iD_i^2u_i^3} = \overline{N} \qquad (16-39)$$

式中　$\overline{N}$——无因次量，称为功率系数。

由上面的推导过程可知，对同一类彼此相似的风机来讲，上述三个无因次系数是不依赖于具体每个风机尺寸和转速的常数，它代表的是此类风机的共同特性。因此由无因次的全压系数、流量系数、功率系数而绘制的类型特性曲线（$\overline{H}$-$\overline{Q}$、$\overline{N}$-$\overline{Q}$、η-$\overline{Q}$）代表着同一类风机的特性参数之间关系的共同规律。

利用式（16-37）~式（16-39）把单台风机的特性曲线换算为同类风机的类型特性曲线，如图 16-25 所示。从理论上讲，同类相似的风机，它的类型特性曲线是相同的，但是由于加工上的困难，同类型风机的几何相似只是近似相似，因此它们的类型特性曲线也只是相似而不能相同。

如果将式（16-37）中的全压换成静压，可得风机的静压系数

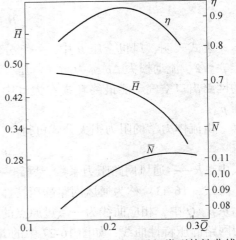

图 16-25　4-73 型离心式通风机类型特性曲线

$$\overline{H}_{st} = \frac{H_{st}}{\rho u^2} \qquad (16-40)$$

16.4　矿井通风机的经济合理运行

气流在矿井中所流经的通道（井巷）称为通风网路。在矿井通风系统中，通风机被安置在网路上，与网路共同工作。因此，要求通风机与网路之间应合理匹配，不仅要满足矿井通风的要求，还要使通风机的运转既经济又可靠。

16.4.1　通风网路特性

由于网路阻力的存在，气流在流过网路时会产生各种损失，这就需要通风机提供能量（风压）来弥补损失，从而维持气流在网路中的流动。气流在流过网路时，网路流量与所需风压的关系即为通风网路阻力特性，简称网路特性。

通风机在通风系统中有抽出式和压入式两种工作方式，图 16-26 所示为通风机在网路

工作的一般情况，0—1 段为抽出式工作方式，2—3段为压入式工作方式。

设风机全压为 H，列截面 0—0 和 3—3 间有能量输入的伯努利方程式（不计空气重度）

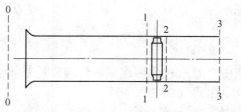

图 16-26　通风机在网路中的工作示意图

$$p_0 + \frac{1}{2}\rho v_0^2 + H = p_3 + \frac{1}{2}\rho v_3^2 + \Delta p$$

$$(16-41)$$

式中　Δp——整个网路的流动损失，Pa；

p_0，p_3——分别为 0—0 和 3—3 截面处气流静压，Pa；

v_0，v_3——分别为 0—0 和 3—3 截面处的气流速度，m/s。

因为 $p_0 = p_3 = p_a$（大气压），$v_0 \approx 0$，所以上式可写为

$$H = \frac{1}{2}\rho v_3^2 + \Delta p \qquad (16-42)$$

上式表明，风机全压 H 中，一部分用来克服流动损失 Δp，另一部分用来增加空气动能 $\rho v_3^2/2$。流动损失 Δp 称为网路负压，用 p_{st} 表示。对通风系统来讲，气流从通风机获得的网路出口空气动能最终耗损在大气中，所以风机提供给网路有效能量的大小为网路负压 p_{st}。

由流体力学的阻力损失公式可得

$$\Delta p = p_{st} = RQ^2 \qquad (16-43)$$

式中　R——通风网路阻力系数，网路一定时，R 为常数，单位为 $N \cdot s^2/m^3$。

式（16-43）称为通风网路静压特性方程。在坐标系 p_{st}-Q 中，相应曲线为一条过原点的抛物线，称为网路静压特性曲线，如图 16-27 中的 R。

设网路的出口截面积为 F，将式（16-43）代入式（16-42）并整理可得

$$H = bQ^2 \qquad (16-44)$$

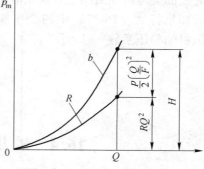

图 16-27　通风网路特性曲线

式中　b——比例系数，$b = R + \rho/(2F^2)$，网路一定时，b 为常数，单位为 $N \cdot s^2/m^3$。

式（16-44）称为通风网路全压特性方程。在坐标系 H-Q 中也为一条抛物线，称为通风网路全压特性曲线，如图 16-27 中的 b。

由于抽出式通风系统的网路出口就是通风机的出口，所以网路负压在数值上等于通风机的静压，因此有时二者在符号上也不加以区别。但应该注意的是，网路负压与通风机的静压在概念上有本质的区别，只是在抽出式通风系统这一具体条件下，两者在数值上相等，而在其他情况下，两者在数值上不一定相等。

16.4.2　通风机的工况和工业利用区

由于通风机的每一组工况参数（风压、流量、功率、效率等）对应着风机的一个工况点，而通风机总是与通风网路连在一起工作的，通风机产生的流量就是网路的流量，通

风机产生的风压就为网路所需的风压，所以风机的工况点应由风机特性与网路特性共同决定，即风机的风压特性曲线与网路特性曲线的交点就是风机的工况点，如图 16-28 中的 G 点。

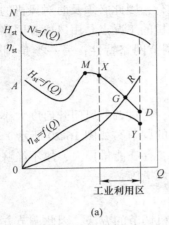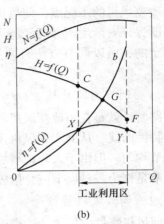

(a)   (b)

图 16-28   通风机工况点及工业利用区
(a) 轴流式通风机；(b) 离心式通风机

通风机的工况点并不是固定不变的，例如当网路阻力变化或风机转速变化都可使风机的工况发生改变。风机在各工况点的工作状况及效率是不一样的，因此为保证风机运行可靠、稳定及高效，就必须对风机的工况点范围加以限制，这一限制范围就是通风机的工业利用区，如图 16-28 所示。风机工业利用区的划定是由风机工作的稳定性和经济性决定的。

所谓稳定性是指当风机工况点变化时，风机与网路的能量供求关系的平衡状况。如果工况发生变化后，仍能建立能量供求关系的新平衡，则风机的工作是稳定的。反之，风机的工作是不稳定的。风机流量和风压剧烈波动，即发生喘振。

发生喘振现象是有条件的，其条件为：

（1）工况点处于风机风压特性曲线上 $dH/dQ > 0$ 的区段上，如图 16-28（a）的 M 点左面；

（2）通风网路具有足够的容积，与通风机耦合为一个弹性的空气动力系统；

（3）整个系统的振动频率与通风机风量振荡频率合拍。

如果风机的风压特性曲线呈驼峰或马鞍状，如图 16-28（a）所示，那么风机运行时就有可能发生喘振。因此，为使风机稳定工作，就必须使工况点始终位于压力最高点 M 的右侧。另外，从风机工作的经济性考虑，对工况点的效率也应有一定要求，所以划定工业利用区的条件是

稳定性 $\qquad\qquad\qquad H_{st} \leqslant (0.9 \sim 0.95)H_M, \ Q > Q_M$

经济性 $\qquad\qquad\qquad \eta \geqslant \eta_{min}$ 或 $\eta \geqslant 0.8\eta_{max}$

式中，η_{max} 是风机的最高效率；η_{min} 是人为规定的最低效率。

对于风机压力特性曲线上没有不稳定段的通风机（如有些离心式风机），其工业利用区的划定则是以经济性为条件来确定的。

16.4.3　通风机的经济运行和调节

矿井通风机在使用过程中，由于种种原因会使风机的风量发生变化。不论是风量过大或过小都会改变风机的工况点，使风机不能高效运行，因此必须及时对风机的工况点进行调节，使之既保证安全生产又能经济运行。由于风机的工况点是由风机和网路二者的特性曲线共同确定的，所以调节方法有两类：一类是调节网路特性；另一类是调节通风机的特性。

16.4.3.1　调节网路特性

调节网路特性就是在不改变风机特性的情况下，通过调节风门开启度大小来改变网路阻力和网路特性曲线，从而实现风机风量及工况点的调节，如图 16-29 所示。这种方法操作简便，调节均匀。但由于人为地增加了风门阻力，存在能量损失，故不经济。一般情况下，风门调节是作为一种调节应急措施或补偿性微调措施。

16.4.3.2　调节风机特性

任何能使风机特性发生改变的措施都可作为风机调节的方法，因此调节方法很多。下面介绍一些常用方法。

A　改变风机转速

如前所述，当风机转速改变时，其特性曲线上任一点的工况参数是按比例定律变化的，如图 16-30 所示。

若风机以转速 n_1 在网路特性为 $H = bQ^2$ 的网路中工作时，工况点为 1，此时风量为 Q_1，风压为 H_1，功率为 N_1，效率为 η_1。若把风机的转速由 n_1 减少到 n_2，即风机的工况点由 1 移到 2，此时风机的风量为 Q_2，风压为 H_2，功率为 N_2，效率 $\eta_2 \approx \eta_1$。可见风机减速后，除效率基本不变外，风机的风量、风压和功率分别随转速的降低而相应地减少。此种工况调节方法可以保证风机高效运转，是所有调节方法中经济性最好的一种，因此被广泛运用，特别适用于离心式风机的工况调节。

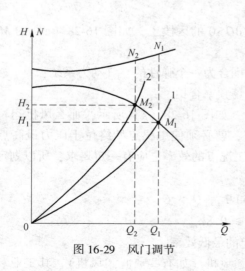

图 16-29　风门调节

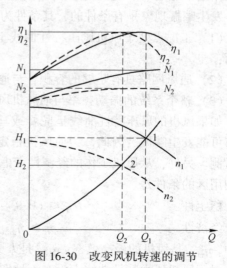

图 16-30　改变风机转速的调节

改变风机转速的具体措施很多，例如对于用皮带传动的风机，可用更换皮带轮的方法调速。对于用联轴器与电机轴直接连接传动的风机，可通过换电动机或采用多级电动机实现有级调速，但当负荷变化较大时，会使电动机本身的运转效率下降。目前较先进的调速方法是异步电动机可控硅串级调速和变频调速。

B 改变叶片安装角

此种方法用于某些叶片安装角可以调节的轴流式风机。通过改变叶片安装角，使风机的流量、风压发生变化，以改变风机的工作特性。

某轴流式风机的特性曲线如图 16-31 所示。设风机叶片的安装角为 45°，网络特性为 R，则风机工作在工况点 1，风机流量为 Q_1。若要将流量减至 Q_2，则只需将叶片的安装角由 45° 调到 35°，工况点便由 1 变到 2，流量则由 Q_1 降到 Q_2。

改变叶片安装角度的具体方法很多，原始的方法是停机人工调节，这种方法不但工作量大，调节时间长，而且也难以保证各叶片调节在相同的安装角度上。目前较先进的调节方法是采用液压或机械传动的动叶调节机构，它可以在不停机的情况下调节安装角度，并且调节均匀。GAF 轴流式通风机就是采用液压传动的动叶调节机构。

改变叶片安装角的工况调节方法，可以在较广的流量范围内对风机特性进行调节。叶片安装角的变化范围一般在 15°~45°。应该指出的是，叶片处在设计安装角时，风机的效率最高，上调或下调安装角，风机效率均要随之下降。

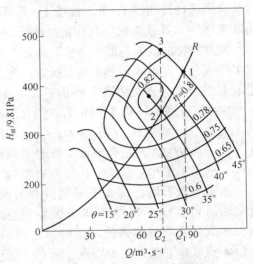

图 16-31 改变叶片安装角的调节

C 改变前导器叶片安装角

由通风机的理论全压方程可知，通风机的理论全压与风机入口切向分速度 c_{1u} 的大小有关。因此，可以通过改变前导器叶片的安装角度来改变风机入口的切向分速度 c_{1u}，以改变风机的特性，从而达到调节风机工况的目的。在叶轮设计时，通常使 $\alpha_1 = 90°$，即 $c_{1u} = 0$，若切向分速度 c_{1u} 不为零，则会使气流在叶轮入口处产生冲击，使风机的效率降低。

如前所述，G4-73-11 离心式通风机的前导器叶片角度可以在 0°~60° 范围内调节，用以改变调节风机特性。随着前导器叶片安装角度的增加，流量、压力变小，效率也有所下降。

前导器结构简单，叶片安装角度调节方便，并可在不停机的情况下调节。虽然经济性较转速调节法差，但比风门调节法优越，因此在大、中型风机工况的调节中广泛使用。

除上述风机工况调节方法外，轴流式风机还可以通过改变级数或叶片数，离心式风机通过改变叶片宽度进行调节。

16.4.4 通风机的联合工作

在矿井建设和生产期间，通风系统的阻力是经常变化的。当矿井通风系统的阻力变化到使一台扇风机不能保证按需供风时，就有必要利用两台或两台以上通风机进行联合作业，从而达到增加风量的目的。这种两台或两台以上通风机同时对一个矿井通风系统或一个风网进行工作的方式称为通风机的联合工作。通风机的联合工作可分为串联工作和并联工作两种。

16.4.4.1　串联工作

通风机串联工作的目的是增加通风系统克服网路阻力所需的风压。其特点是各通风机的流量相等，且均为网路的风量，而各通风机的风压之和等于通风网路压力。

图 16-32 为风机串联工作的情况，风机各自的风压特性曲线分别为 Ⅰ、Ⅱ。根据串联工作特点，将两曲线在相同风量下的风压相加，即得串联工作的联合风压特性曲线 Ⅰ+Ⅱ。曲线 Ⅰ+Ⅱ 可以理解为串联工作的"等效单机"风压特性曲线。

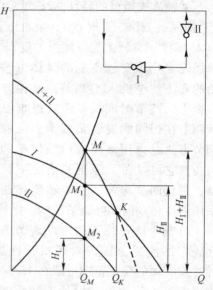

图 16-32　通风机串联工作工况点

网路特性曲线 b 与曲线 Ⅰ+Ⅱ 的交点 M 即为串联工作联合工况点或等效单机工况点。过点 M 作流量 Q 轴的垂线分别交曲线 Ⅰ 和 Ⅱ 于点 M_1 和 M_2，则 M_1 和 M_2 就分别是风机 Ⅰ 和 Ⅱ 串联联合工作时各自的工况点。合成风压 $H_{Ⅰ+Ⅱ} = H_Ⅰ + H_Ⅱ$，合成流量 $Q_{Ⅰ+Ⅱ} = Q_Ⅰ + Q_Ⅱ$，并且合成流量较每台通风机单独在同一网路上工作时的流量有所增加。

由图可以看出，在 K 点通风机 Ⅱ 的风压为零，此时通风机 Ⅱ 已不再给气体提供能量。当 $Q > Q_K$ 时，风机 Ⅱ 要靠气体来推动运转，这是不允许的。所以 K 点是串联工作的极限点，联合工况点只允许在 K 点的左侧。

串联联合工作一般只用在井下掘进通风中，主通风系统很少使用。网路特性曲线较陡的通风系统，采用串联运行效果较好。

16.4.4.2　并联工作

通风机并联工作的目的是增加通风网路的风量。其特点是：各通风机的流量之和等于通风网路的风量。各通风机的风压相等，并且等于网路压力。根据通风系统的不同，通风机有以下两种并联工作。

A　中央通风系统中的风机并联工作

图 16-33 为中央通风系统中的风机并联工作情况，风机各自的风压特性曲线分别为 Ⅰ、Ⅱ。根据并联工作的特点，将两曲线在相同风压下的风量相加，即得并联工作的联合风压特性曲线 Ⅰ+Ⅱ。曲线 Ⅰ+Ⅱ 可以理解为并联工作的"等效单机"风压特性曲线。

网路特性曲线 b 与曲线 Ⅰ+Ⅱ 的交点 M 即为并联工作联合工况点或等效单机工况点。过点 M 作流量 Q 轴的垂线分别交曲线 Ⅰ 和 Ⅱ 于点 M_1 和 M_2，则 M_1 和 M_2 就分别是风机 Ⅰ 和 Ⅱ 并联联合工作时各自的工况点。合成风压 $H_{Ⅰ+Ⅱ} = H_Ⅰ + H_Ⅱ$，合成流量 $Q_{Ⅰ+Ⅱ} = Q_Ⅰ + Q_Ⅱ$，并且合成流量较每台通风机单独在同一网路上工作时的流量有所增加。

并联联合工作适用于网路特性曲线较平缓的通风系统，即阻力较小的通风网路，如果阻力很大，就有可能使并联联合工作的工况点落在不稳定的工作区。

B　对角通风系统中的风机并联工作

图 16-34 为对角通风系统中的风机并联工作（两翼并联工作）情况。风机各自的风压特性曲线分别为Ⅰ、Ⅱ。风机Ⅰ和Ⅱ除分别有各自的网路 OA 和 OB 外，还共有一条网路 OC。其特点是通过共同段网路的风量等于两风机的风量之和，通过各分支网路的风量分别等于各自风机的风量。风机的风压等于各自分支网路压力与共同段网路压力之和。

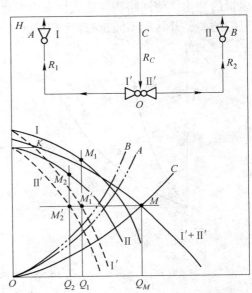

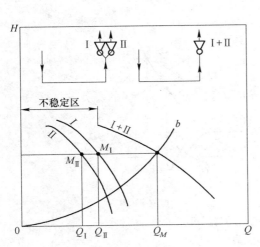

图 16-33　中央通风系统风机并联工作工况点　　　图 16-34　对角通风系统风机并联工作工况点

求各自风机的工况点的方法是，设想将风机Ⅰ和Ⅱ变位到 O 点得变位风机Ⅰ′和Ⅱ′，按并联工作求出变位风机Ⅰ′和Ⅱ′的工况点后，再反求原风机Ⅰ和Ⅱ的工况点。具体步骤是：

（1）求变位风机的风压特性曲线Ⅰ′和Ⅱ′。将风机Ⅰ′变位到 O 点后，变位风机Ⅰ′的压力应为 $H_1 - R_1 Q_1^2$（H_1 为风机Ⅰ的风压，$R_1 Q_1^2$ 为网路 OA 段的负压）。所以先作出网路 OA 段的网路特性曲线 OA，再按"流量相等，压力相减"的办法作出变位风机Ⅰ′的压力特性曲线Ⅰ′。

同理可以作出变位风机Ⅱ′的风压特性曲线Ⅱ′。

（2）求出变位风机并联工作的联合工作点。按"风压相等，流量相加"的方法，作出变位风机Ⅰ′和Ⅱ′的并联"等效单机"风压特性曲线Ⅰ′+Ⅱ′。再作公共网路 OC 段的网路特性曲线 OC 与曲线Ⅰ′+Ⅱ′相交即可得等效单机工况点 M。

（3）求出原风机的工况点。过点 M 作 Q 轴的平行线分别交曲线Ⅰ′和Ⅱ′于 M_1' 和 M_2' 点，再过这两点作 Q 轴的垂线，分别与曲线Ⅰ和Ⅱ相交，交点 M_1 和 M_2 即是原风机在并联联合工作时的各自工况点。

由上述求解工况点的过程可知，并联等效单机风压特性曲线Ⅰ′+Ⅱ′，与风压较高的等效风压特性曲线Ⅰ′的交点 K 为极限点，即等效工况点 M 的流量大于 K 点的流量时，并联联合工作有效，否则并联工作失败。

16.4.5　通风机的启动和停机

通风机在启动和停机过程中，由于叶轮转速的急剧变化，风机的工况会发生剧烈的变化，因此，在风机启动和停机过程中要考虑如何避免出现不稳定的工况点，并且使风机启动功率尽可能小。下面首先来分析启动和停机过程中风机工况点的变化规律。

风机在启动或停机的过程中，其特性曲线按比例定律逐渐地放大或缩小，同时由于网路风量的变化，使网路特性曲线也发生变化，如图 16-35 所示。根据启动和停机过程中网路风门的关、开状况不同，有两种工况点的变化过程。

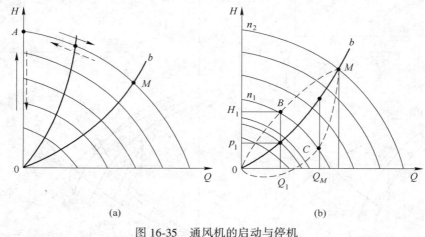

图 16-35　通风机的启动与停机
(a) 关闭风门；(b) 启动风门

（1）关闭风门的启动和停机。如图 16-35（a）所示，启动时风门关闭，风机流量为零，风机的风压随转速的增大而逐渐增大。达到额定转速 n_c 时风机工况点为 A。然后逐渐打开风门，网路阻力逐渐减小，工况点沿转速 n_c 的压力特性曲线向流量增大方向移动，直到达到所要求的工况点 M，风门不再开大。停机时，先关闭风门，工况点由 M 移到 A，然后切断风机电源，风机转速逐渐下降，工况点由 A 下移到 O 点。

（2）开启风门的启动和停机。如图 16-35（b）所示，启动时，风门开启，因此风机一转动就产生流量。但风机的风压要大于网路所需的压力，以加速空气的流动，使网路的风量不断增加。例如，当转速为 n_i 时，风机流量为 Q_i，风压为 H_i，网路压力为 p_i。达到额定转速时，工况点便稳定在 M 点。在这过程中，风机的工况点沿 OBM 虚线移动。停机时，风机转速下降，风机的风压小于网路的压力，使空气的流速下降，流量减少。最终风机的转速、流量、风压为零，到达 O 点。在此过程中，风机的工况点沿虚线 MCO 移动。

通过上述风机启动和停机工况点变化过程的分析可知，对于风压特性曲线单调下降的离心式风机，由于不存在不稳定的工作点，并且零流量时功率最小，启动和停机时应关闭风门，以保证启动时风机功率最小；对于风压特性曲线呈驼峰或马鞍形的轴流式风机，由于存在不稳定的工况点，所以风机启动和停机时应使风门全开或半开，以保证风机的工况点始终处于稳定的区域。

16.5 矿井通风机的性能测试

通风机制造厂家提供的风机特性曲线一般是在实验室条件下对模型风机进行试验而得到的。风机在实际运行中，要配置一些辅助装置（如扩散器、消声器等），另外，由于安装质量及运转磨损等的影响，使风机实际特性与厂家提供的不再相符。因此，要在风机安装或大修后，以及在服务期内定期地对通风机性能进行测定，从而获得风机的实际运转特性，以便及时调整风机的工况点，确保风机的经济运行。

性能测试就是通过测量或计算有关通风机特性参数（风压、流量、转速、功率和效率），最终绘出通风机的个体特性曲线。下面分别介绍风机主要特性参数测量或计算的方法及风机性能的现场测试方案。

16.5.1 风机参数测量

16.5.1.1 风机全压和静压的测量

风机的全压（H）或静压（H_{st}）不能直接测量，要在测量其他有关参数后，通过计算得到。在不计空气重度的情况下，由风机全压的定义可得

$$H = \left(p_2 + \frac{1}{2}\rho v_2^2\right) - \left(p_1 + \frac{1}{2}\rho v_1^2\right) = (p_2 - p_1) + \frac{1}{2}\rho\left(\frac{1}{F_2^2} - \frac{1}{F_1^2}\right)Q^2 \tag{16-45}$$

式中　p_1，p_2——风机进、出口处气流的静压，Pa；

　　v_1，v_2——风机进、出口处气流平均流速，m/s；

　　F_1，F_2——风机进、出口断面的面积，m^2；

　　ρ——干空气密度，kg/m^3：

$$\rho = \frac{1.293}{1 + 0.00367t} \cdot \frac{h}{101300}$$

　　t——空气的温度，℃；

　　h——0℃时空气的压力，Pa。

又因通风机的静压为 $H_{st} = H - \rho v_2^2/2$，所以

$$H = (p_2 - p_1) + \frac{\rho Q^2}{2F_1^2} \tag{16-46}$$

因此，只要分别测量出风机进、出口处气流静压和风机流量，然后利用式（16-45）、式（16-46）就可计算出风机的全压和静压。

风机进、出口处气流静压可用安装在静压测量处的静压测孔或安置在静压测量处的皮托管通过压力计测定。常用的压力计有 U 形管、倾斜式微压计和补偿式微压计。

16.5.1.2 流量测量

现场风机流量的测量常采用风速表测量或皮托管测量两种方法。

（1）风速表测量。在进风道中选择一风流平稳的断面，按有关规定将整个断面分割成 n 个面积相等的小断面。在小断面的中心用风速表测量出该点的风速，则风机的风量为：

$$Q = \frac{F}{n} \sum_{i=1}^{n} v_i \qquad (16\text{-}47)$$

式中　F——测量处断面的断面积，m^2；

v_i——所测得的第 i 个小断面中心的风速，m/s。

（2）用皮托管测量。在进风道中选择一风流平稳的断面，将整个断面分割成 n 个面积相等的小断面，在小断面的中心用皮托管测量某一点的动压 p_{di}，则风机的风量为

$$Q = \frac{F}{n} \sum_{i=1}^{n} \sqrt{\frac{2p_{di}}{\rho}} \qquad (16\text{-}48)$$

用风速表测量时，人在风道内不仅影响测量准确性，并且劳动条件差，很难得到精确的结果，因此在现场实际应用中，皮托管测量较常用。但当风道断面较大及流量较小时，动压值过小，气流略有不稳，将使读数误差较大，因此，可以在皮托管测量点的附近同时安放风速表，作为小风量时的辅助测量。上面所述两种方法的测量工作量都较大，因此如果有条件，可以采用集流器测量或远距离监测的风速表定点测量。

16.5.1.3　功率测量

现场风机轴功率 N 的测量一般是通过测量电动机输入功率 N_d（可以用功率表或电压电流表来测量），再考虑电动机的效率和传动效率来确定。

16.5.1.4　转速测量

目前转速测量的常用方法有光电法、机械表法和闪光测速法。

光电法是一种精度较高（误差约±0.5%）的非接触式测量，它是把机械转速信号利用光电传感器变成电脉冲信号，并由数字仪表显示出来。

机械转速表是一种齿轮式转速表。测量时，需将其与转轴直接接触，而且它的精度较低（误差约±1%），将逐渐被其他方法所替代。

闪光测速法是利用交流电压在每一周期内有两个最大值和两个零值的特点来测量转速的。对不同级数的电动机，在电机轴上对称地涂上与级数相同的白条纹，并用接在 50Hz 同一交流电源的日光灯照射，就会发现白条纹反转。在测出反转转速后，利用下式就可以确定电动机的实际转速：

$$n = n_0 \frac{60Z}{tm} \qquad (16\text{-}49)$$

式中　n_0——异步电动机的同步转速，r/min；

m——所涂的白条纹数，等于电动机的级数；

t——测量计数时间，s；

Z——在 t 秒内通过某一固定位置的白条纹数。

应该注意的是，每调节一个工况，应在统一指挥下，同时测取各特性参数。另外，测试工况点不能少于 5 个，一般为 8~10 个，而且工况点之间的间隔应尽可能均匀，以保证绘制的特性曲线不失真。

上述各测试结果应按比例定律换算为标准状态（标准密度 ρ_0）和标准转速（额定转速 n_c）下的特性参数值，以保证测试结果的可比性。利用换算后的风机特性参数值就可绘出标准状况、额定转速下风机的个体特性曲线。

16.5.2 现场测试方案

通风机现场性能测试方案有完备方案和简易方案两种。一般在新风机安装完或大修后应采用完备方案，以获得较精确的数据和特性曲线，而定期性能测试可采用简易方案。

（1）简易方案。简易方案的通风机性能测试是在通风机工作时进行的，而不必将风机与网路隔开，如图 16-36 所示。

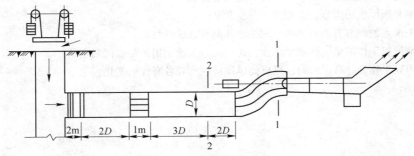

图 16-36　风机性能测试简易方案

在测试时，为获得大风量的工况，可以逐渐打开防爆门。为得到小风量的工况，可以利用风量调节装置来增加网路阻力以减少风量。风量的测量断面取在"S"形弯头前 $2D$ 处 2—2 断面。

（2）完备方案。采用简易方案测试通风机性能时，由于测试系统与矿井通风网路没有隔断，井下风门的关闭与开启、运输设备和提升容器的运动等，使网路阻力不断波动，影响测试精度。为获得较高的测试精度，可以采用如图 16-37 所示的通风机性能测试的完备方案。

利用完备方案测试风机性能时，将测试系统与矿井通风网路断开，风流由大气经百叶窗 1、上风门 2、下风门 3、风硐 4、通风机 5 后返回大气。利用改变上风门 2 的张开度即可调节通风阻力。风压和风量的测点，应尽可能选择在风流平稳、靠近通风机的进口处，这样不仅读数准确，而且减少阻力损失，提高测量精度，其测点布置如图 16-37 所示。

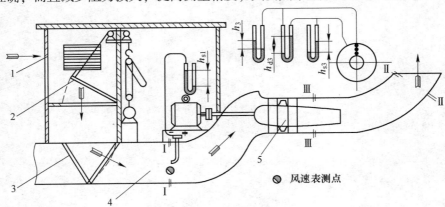

图 16-37　风机性能测试完备方案

1—百叶窗；2—上风门；3—下风门；4—风硐；5—通风机

复习思考题

16-1 简述离心式通风机和轴流式通风机的工作原理。

16-2 简述离心式通风机和轴流式通风机的构造及各部分的作用。

16-3 试比较离心式通风机和轴流式通风机的特点和性能。

16-4 描述矿井通风机性能的参数有哪些，其定义是什么？

16-5 什么是矿井通风机的类型特性曲线，其意义是什么？

16-6 通风机工况点的调节方法有哪些？试比较各调节方法的特点。

16-7 如何保证风机工作的稳定性和经济性，通风机的工业利用区是如何划定的？

16-8 通风机串联工作和并联工作时，风机的风压特性曲线各有什么变化？

17 矿山压气设备

教学目标

通过本章的学习，学生应获得如下知识和能力：

(1) 了解矿山压气设备及其分类；

(2) 掌握矿山压气设备的结构及其工作原理；

(3) 掌握空气压缩机的工作理论。

17.1 概　　述

压缩空气一直是矿山采用的原动力之一，常用于带动各种风动机械及风动工具工作，如采掘工作面的风镐、凿岩机、凿岩台车、风动装岩机、混凝土喷射机，凿井使用的气动抓岩机、环形及伞形吊架，地面使用的锻钎机、空气锤以及在煤矿安全工作中发挥巨大作用的压风自救系统等。在井下使用这些风动机械和风动工具的主要原因有四个：一是可以充分利用取之不尽、用之不竭的自由空气；二是由于它比较安全，尤其是在存在瓦斯爆炸危险的矿井当中，可以避免产生电火花引起的爆炸，并且比电力有更大的过负荷能力；三是压缩空气容易满足风镐、凿岩机等冲击机械高速、往复和冲击强的要求；四是工作面上的风动机械排出的废气可帮助通风和降温，在某种程度上有助于改善井下的工作环境。因此，虽然整个气力系统（包括压缩空气的生产和输送，以及在风动机具中的使用）的效率很低，成本较高，但由于它的优点是其他动力不能代替的，因此无论目前和将来，压缩空气仍是矿山不可缺少的动力。

17.1.1 矿山压气设备

矿山压气设备主要由空气压缩机（以下简称空压机）、电动机及电控设备、辅助设备（包括空气过滤器、风包、冷却水循环系统等）和输气管道等组成，如图 17-1 所示。

矿山压力设备运行时，电动机带动空压机主轴旋转，空气经过滤器进入吸气管、卸荷器，然后进入低压气缸。经过第一级压缩后的空气进入中间冷却器进行冷却，冷却后的气体进入第二级压缩气缸（高压缸）再次被压缩，被压缩后的高温、高压气体从排气管排出，然后经过后冷却器、止回阀进入风包，最后经输气管道将压缩空气运送到井上或井下用风地点。

17.1.2 矿用活塞式空压机

空气压缩机是一种能够压缩气体体积，提高气体的能量并输送高压气体的容器。它主

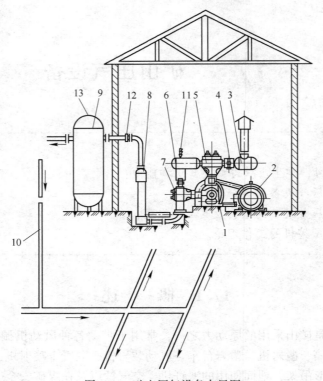

图 17-1　矿山压气设备布局图

1—压气机；2—电动机；3—过滤器；4—卸荷器；5—低压缸；6—中间冷却器；7—高压缸；
8—后冷却器；9—风包；10—输气管道；11，13—安全阀；12—止回阀

要是借助机械作用增加单位容积内的气体分子数，从而使气体分子互相接近并最终提高气体的压力。目前，工业上应用最广泛的空压机按其作用原理可分为容积式和速度式两大类。容积型空压机是利用减少空气体积，提高单位体积内空气的质量来提高气体的压力的。容积型空压机又可分为活塞式空压机（又称为往复式空压机）、螺杆式空压机和滑片式空压机三种。速度型空压机是利用增加空气质点的速度来提高气体的压力的。速度型又可分为离心式和轴流式两种。由于活塞式空压机无论流量大小都能达到所需要的压力，而且在气量调节时排气压力几乎不变，效率比较高，因此，活塞式空压机在矿山中得到了广泛的应用。

17.1.2.1　活塞式空压机的工作原理

活塞式空压机的工作原理如图 17-2 所示。曲轴由电动机带动，曲轴的旋转运动由连杆和十字头变为带动活塞的往复运动，电动机旋转一周，活塞往返一次。其过程是活塞从左极端位置向右移动，气缸中容积增大，压力降低，当气缸中压力低于缸外大气压力时，缸外气体顶开吸气阀进入气缸，直至活塞到达右极端位置为止，这是吸气过程。曲轴继续旋转，活塞开始反向移动，气体被活塞压缩，吸气阀关闭，气缸压力逐渐升高，这是压缩过程。当压力上升到排气压力时，排气阀被推开，活塞继续左行，气体被推出气缸，这是排气过程。活塞到达左端，排气过程终了，完成一个工作循环，此时曲轴恰好旋转一周。曲轴继续旋转，重复上述过程。

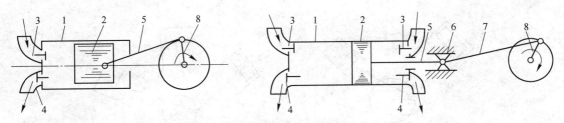

图 17-2 活塞式空压机工作原理图

1—气缸；2—活塞；3—吸气阀；4—排气阀；5—活塞杆；6—十字头；7—连杆；8—曲轴

17.1.2.2 活塞式空压机的分类

（1）按气缸位置分类。

卧式：气缸水平放置，有单缸、双缸及对称平衡式几种类型，如图 17-3（a）、（b）、（c）所示。

立式：气缸垂直放置，如图 17-3（d）所示。

角度式：气缸中心线之间成一定角度，又可分为 L 式、V 式、W 式，如图 17-3（c）、（f）、（g）所示。

（2）按压缩级数分类。

单级压缩：如图 17-3（a）所示。

两级压缩：如图 17-3（b）、（c）、（d）、（e）、（f）所示。

多级压缩：如图 17-3（g）所示。

（3）接活塞在气缸中的作用分类。

单作用式：活塞往复一次工作一次，如图 17-3（f）、（g）所示。

双作用式：活塞往复一次工作两次，如图 17-3（a）、（b）、（c）、（d）、（e）所示。矿用空压机多数为双作用式。

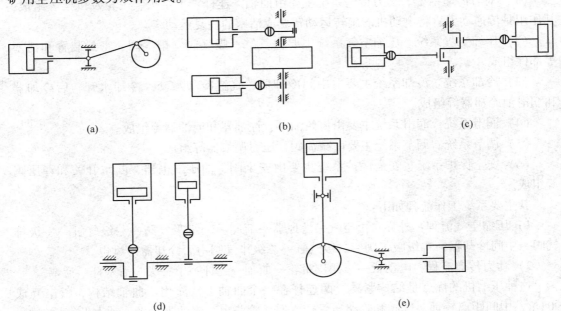

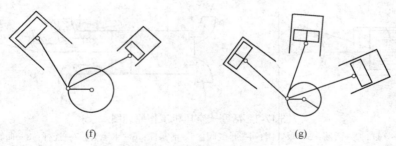

(f)　　　　　　　　　　　　　　　　　　　(g)

图 17-3　活塞式空压机的类型

（4）按冷却方式分类。

水冷：排气量为 $18 \sim 100 \mathrm{m}^3/\mathrm{min}$ 的压缩机都采用这种冷却方式。

风冷：排气量小于 $10 \mathrm{m}^3/\mathrm{min}$ 的压缩机，一般都采用空气冷却，称为风冷。

17.2　活塞式空压机的结构

矿山使用的活塞式空压机多数为大型固定式空气压缩机，其中以 L 型空压机最为常见，它是两级、双缸、双作用、水冷、固定式空压机，常用型号有 4L-20/8 和 5L-40/8 等。不同的空压机型号参数代表着不同的含义，下面以 4L-20/8 为例进行说明。4 表示 L 型系列产品序号；L 表示高、低压气缸为直角型布置（低压缸立置、高压缸卧置）；20 表示额定排气量为 $20 \mathrm{m}^3/\mathrm{min}$；8 表示额定排气压力（表压力）为 $8 \mathrm{kg}/\mathrm{cm}^2$，约为 0.8MPa。

不同型号的 L 型空压机其结构有一定的差别，但总的来说大同小异。下面以 4L-20/8 为例对其结构进行讲解。4L-20/8 型空压机主要由动力传动系统、压缩空气系统、冷却系统、润滑系统、调节系统和安全保护系统 6 大部分组成。

（1）动力传递系统。动力传递系统主要由曲轴、连杆、十字头、飞轮及机架等组成，其作用是传递动力，将电动机的旋转运动转变成活塞的往复运动。

（2）压缩空气系统。压缩空气系统主要由气缸、吸气阀、排气阀、密封装置和活塞等部件组成。

（3）冷却系统。冷却系统主要由中间冷却器、气缸冷却水套、冷却水管、后冷却器和润滑油冷却器等组成。

（4）润滑系统。润滑系统主要由齿轮油泵、注油器和滤油器等组成。

（5）调节系统。调节系统主要由减荷阀、压力调节器等组成。

（6）安全保护系统。安全保护系统主要由安全阀、油压继电器、断水开关和释压阀等组成。

其主要系统工作流程如下：

1）压缩空气流程：外界自由空气→滤风器→荷阀→一级吸气阀→一级气缸→一级排气阀→中间冷却器→二级吸气阀→二级气缸→二级排气阀→后冷却器→风包。

2）动力传递流程：电动机→三角皮带轮→曲轴→连杆→十字头→活塞杆→活塞。

这种压缩机的优点是结构紧凑，两连杆在一个曲轴上，简化了曲轴结构，气缸互成 90°角，中间距离较远，气阀和管路布置较方便，管路短，流动阻力小，动力平衡性能好，机器运转平稳等。

L 型压缩机的构造如图 17-4 所示。

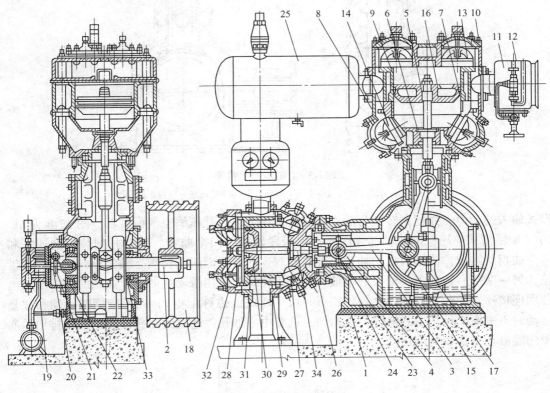

图 17-4　L 型压缩机的构造

1—机身；2—曲轴；3—连杆；4—十字头；5—活塞杆；6——级填料函；7——级活塞环；
8——级气缸座；9——级气缸；10——级气缸盖；11—减荷阀组件；12—负荷调节器；13——级吸气阀；
14——级排气阀；15—连杆轴瓦；16——级活塞；17—螺钉；18—三角皮带轮；19—齿轮泵组件；20—注油器；
21，22—蜗轮及电螺杆；23—十字头销铜套；24—十字头销；25—中间冷却器；26—二级气缸座；
27—二级吸气阀组；28—二级排气阀组；29—二级气缸；30—二级活塞；31—二级活塞环；
32—二级气缸盖；33—滚动轴承组；34—二级填料函

17.2.1　L 型空压机的主要部件

17.2.1.1　机架

机架为灰铸铁制成的一个整体，外形呈直角"L"形，结构如图 17-5 所示。两端面（1 和 2）组装高、低压缸，其水平和垂直的颈部（3 和 4）是机架的滑道部分，十字头就在其中作往复运动。中部的圆孔装曲柄、连杆，两侧壁上安装有曲轴轴承，下部放置润滑油箱，底部通过地脚螺栓与地基固结。通常情况下，为了观察和控制油池的油面，在机身侧壁上还装有安放测油尺的短管。总体而言，机架主要起连接、承载、定向、导向和贮油等作用。

17.2.1.2　曲轴

曲轴是活塞式空压机的重要运动部件，其材料主要为球墨铸铁，它接收电动机以扭矩

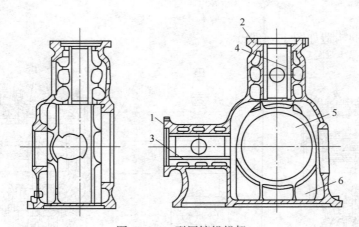

图 17-5 L 型压缩机机架

1, 2—端面粘合面；3, 4—十字头导轨；5—曲轴箱；6—机身底部油池

形式输入的动力，并把它转变为活塞的往复作用力，以此压缩空气而做功。图 17-6 为 4L-10/8 型活塞式空压机的曲轴部件图，它由两段轴颈、两个曲臂、两个并列装置的连杆和一个曲拐所组成。曲轴两端的轴颈上各装有双列向心球面滚珠轴承。轴的外伸端装有皮带轮，另一端插有传动齿轮油泵的小轴，并经蜗轮蜗杆机构带动注油器。曲轴的两个曲臂上分别连接一端的曲拐和轴颈，并各装有一块平衡铁（也称配重），以平衡旋转运动和往复运动时不平衡质量产生的惯性力。曲轴上钻有中心油孔，通过此油孔使齿轮沿泵排出的润滑油能流动到各润滑部位。

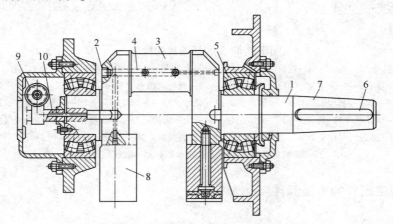

图 17-6 4L-20/8 型活塞式空压机的曲轴部件图

1—主轴颈；2—曲臂；3—曲拐；4—曲轴中心油孔；5—双列向心球面滚珠轴承；
6—键槽；7—曲轴外伸端；8—平衡铁；9—蜗轮；10—传动小轴

17. 2. 1. 3 连杆

连杆是将作用在活塞上的推力传递给曲轴，并且将曲轴的旋转运动转换为活塞的往复运动的部件。连杆一般由优质碳素钢或球墨铸铁制成，它的主要部件有杆体、大头、大头盖和小头等，如图 17-7 所示。连杆杆体呈圆锥形，内有贯穿大小头的油孔，从曲轴流来的润滑油由大头通过油孔到小头润滑十字头销。连杆大头采用剖分结构，大头盖与大头由螺栓连接并安装于曲拐上，螺栓上有防松装置。连杆小头孔内衬一铜套以减少摩擦，磨损后可以进行更换。小头通过销轴与十字头连接，可从机架侧面圆形窗口进行拆卸。

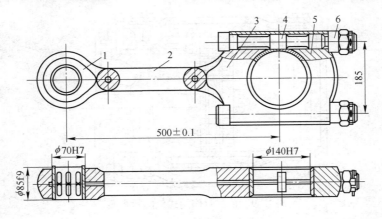

图 17-7　连杆

1—小头；2—杆体；3—大头；4—连杆螺栓；5—大头盖；6—连杆螺母

17.2.1.4　十字头

十字头是连接活塞杆与连杆的运动机件，它主要在十字头滑道上做往复运动，具有导向作用，如图 17-8 所示。十字头主要包括十字头体和十字头销两部分，其材质一般为灰铸铁。十字头体的一端有内螺纹孔与活塞杆连接，借助于调节螺纹的拧入深度可以对气缸的余隙容积大小进行调节。两侧装有十字头销的锥形孔，十字头销用螺钉键固定在十字头上，并与连杆小头相配合。十字头销和十字头摩擦面上分别有油孔和油槽，由连杆流来的润滑油经由油孔和油槽润滑连杆小头瓦与十字头的摩擦面。

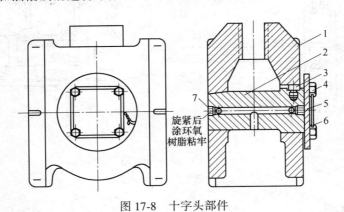

图 17-8　十字头部件

1—十字头体；2—十字头销；3—螺钉键；4—螺钉；5—盖；6—止动垫片；7—螺塞

17.2.1.5　气缸

气缸是组成活塞式空压机压缩容积的主要部分。活塞在缸内往复运动，使空气经过一系列热力变化成为压缩空气。气缸由缸体、缸盖、缸座等部件由螺栓联接组成，接缝处由石棉垫进行密封，整个气缸连接在机架上。一般中、低压气缸都由灰铸铁制成。缸体的壁通过铸成的隔板分为进气通路、排气通路和水套几部分，缸壁上还有小孔用以连接润滑油管，缸盖、缸座上也有水套和气路，与缸体的相应部分连通。图 17-9 为单缸双作用压缩机气缸的示意图，其两侧为气缸盖，只通冷却水，气路只布置在缸体上。

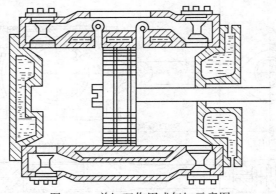

图 17-9　单缸双作用式气缸示意图

17.2.1.6　活塞组件

活塞组件包括活塞、活塞环和活塞杆，如图 17-10 所示。整个活塞组件的作用是传递作用力，造成压缩空间。活塞是活塞式空压机中空气压缩系统的主要部件，曲轴的旋转运动经连杆、十字头和活塞杆变成活塞在气缸中的往复运动，从而对空气进行压缩做功。活塞环的作用是利用本身张紧力使环的外表面紧贴在气缸镜面上，以防止气体泄漏。活塞环由铸铁制成，它有弹性，以便紧贴在气缸的内壁上。活塞杆一端利用螺母固定在活塞上，另一端则借助螺纹与十字头相连，靠机架滑道对十字头的导向作用保证活塞杆运动时不偏离其轴线位置。

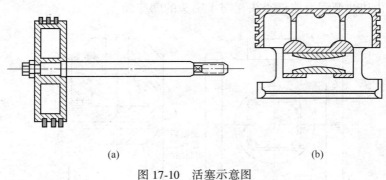

(a)　　　　　　　　　　　　　　　　　　　　(b)

图 17-10　活塞示意图

(a) 盘状活塞；(b) 杯状活塞

17.2.1.7　气阀

气阀包括吸气阀和排气阀，它是压缩机内最关键也是最容易发生故障的部件，其工作条件具有如下特点：

（1）动作频繁。活塞每往复一次，阀片启、闭一次，即每分钟启闭数百、上千次，受到很大冲击；并且为了减小其惯性和冲击力，要求阀片轻而薄，只有 1~2mm 厚，强度不是很高。

（2）温度高。阀片是常温下制造、研磨的，在高温下极易发生内应力重新分布而翘曲，造成漏气。

（3）阀片靠弹簧力加速闭合，而几条弹簧的作用力很难均匀（高温更如此），使阀片关闭不平稳，易发生阀片跳动，加重冲击和漏气。

（4）气缸内润滑油受热分解而产生炭粒，它与进气中的灰尘和润滑油混合成油垢结在阀片上，使阀片关闭不严而产生漏气。

进气阀漏气会降低效率，排气阀漏气不仅降低效率，而且由于高温压气漏回气缸，提高了气缸进气的温度，使压气温度相应提高，这将进一步恶化阀片的工作条件，造成恶性循环。

为了使空气压缩机正常工作，对气阀有下列要求：

（1）阀片与阀座接触面积应极平滑，闭合时严密不漏气。

（2）阀片启闭应轻巧迅速，应减轻阀片重力，并选用合适的弹簧。因为弹力过大使开启阻力大，效率下降，过小又不能及时闭合，发生漏气，影响效率。

（3）气阀工作时应平静无声，阀片升程为 2~4mm，过高时冲击力大，过低则送气面积小，阻力大。

（4）保证气阀有足够的气流通道面积。

（5）进、排气阀分开，使发热影响小。

（6）结构应便于更换、拆卸及修理。

图 17-11 所示为具有环形阀片的气阀，从中可以看出进气阀和排气阀在结构上完全相同，只是螺栓的安装方向相反。同时，气阀本身对气缸的相对位置也是相反的，进气阀把升程限制器靠近气缸，排气阀把阀座靠近气缸。

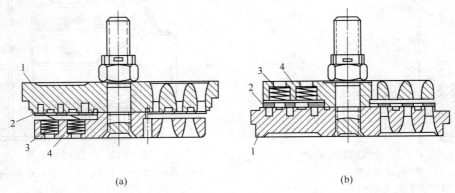

(a)　　　　　　　　　　　　　(b)

图 17-11　气阀结构图

(a) 进气阀；(b) 排气阀

1—阀座；2—阀片；3—弹簧；4—升程限制器

17.2.1.8　填料箱

目前压缩机多使用金属密封，以代替软填料密封。图 17-12 是金属密封的结构图，垫圈和隔环组成小室，小室内放置密封圈（靠近气缸侧）或挡油圈（靠近机架侧），密封圈采用三瓣等边三角形结构，外缘沟槽内放有拉力弹簧，扣紧该弹簧可使它们的内固面紧贴在活塞杆上。当内圈磨损后，通过弹簧使密封圈自动收紧，从而保证其密封作用。每个小室内可放两个密封圈，其切口方向相反，且放置时切口互相错开。两级压缩机的高压缸用两个小室、低压缸用一个小室密封。

挡油圈的结构形式和密封圈相似，只是内圆处有斜槽，用以刮掉活塞杆上的油，防止油液进入气缸。由于这种填料是自紧式的，因此允许活塞杆产生一定的挠度，而不致影响密封性能。

17.2.2　L 型空压机的附属设备

17.2.2.1　滤风器

滤风器的作用是过滤空气、阻止空气中的灰尘和杂质进入气缸。滤风器安装在空压机的吸气管道上，空压机的吸气管道长度不超过 10m，吸气口往往向下布置，以防掉进杂物，并应安设防雨设施，从而保证工作地点清洁、干燥及通风顺畅。

滤风器的主要结构由外壳（包括筒体及封头）、圆筒形滤芯组成，如图 17-13 所示。L型空压机多采用金属网滤风器。其滤网由多层波纹状的金属丝编成，滤网表面涂一层黏性油（一般由 60% 的气缸油和 40% 的柴油混合而成），空气经过时，灰尘和杂质黏附在金属网上，使空气得以过滤。

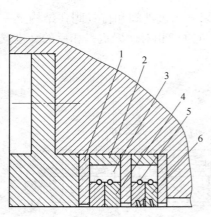

图 17-12　金属密封结构图

1—垫圈；2—隔环；3—小室；
4—密封圈；5—弹簧；6—挡油圈

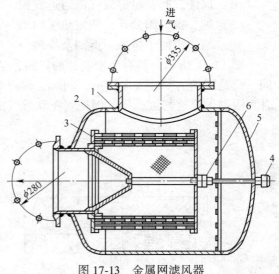

图 17-13　金属网滤风器

1—筒体；2，5—封头；3—滤芯；4，6—螺母

17.2.2.2　储气罐

储气罐又名风包，其主要作用是缓和由于空压机排气不均匀和不连续引起的压力脉动，储备一定量的压缩空气以维持供需之间的平衡，分离出压缩空气中的油和水。储气罐是用锅炉钢板焊接而成的密封容器，其上安装有安全阀、检查孔、压力表、放油水的连接管等。

储气罐应安装在室外阴凉处，并安装在空压机和压气管之间，其与空压机的距离应不大于 12~15cm。空压机与储气罐之间不能装闸板阀，往往只装一个逆止阀，避免在闸阀关闭时启动空气机而引起事故。

17.2.2.3 冷却系统

冷却系统的主要作用是降低压气的温度，从而提高空压机的安全性和效率。

冷却分为气缸冷却和冷却器冷却两部分。气缸通常用水套进行冷却，以限制气缸和压气的温度不要太高，使气缸内压缩机油维持一定黏度，保证润滑效果，减小润滑油的分解，延缓结垢，提高生产量。但由于散热面积小，其冷却效果不显著。矿用 L 型两级压缩机常采用串联冷却系统，如图 17-14 所示。

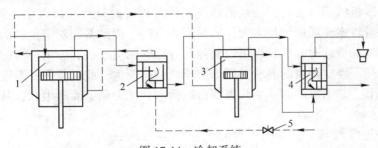

图 17-14 冷却系统

1——级缸；2—中间冷却器；3—二级缸；4—后冷却器；5—闸阀

"→" 气流流向；"---→" 冷却水流向

17.2.2.4 润滑系统

图 17-15 所示为 L 型空压机润滑系统，这类压缩机有两套润滑系统：一套靠齿轮油泵

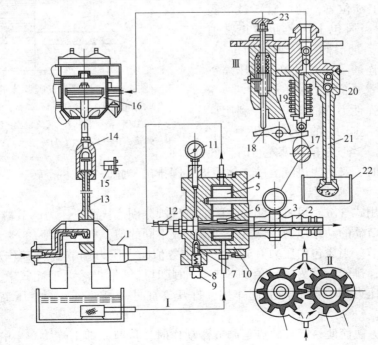

图 17-15 L 型空压机润滑系统原理图

1—曲轴；2—传动空心轴；3—蜗轮蜗杆；4—外壳；5—从动轮；6—主动轮；7—油压调节阀；8—螺帽；
9—调节螺钉；10—回油管；11—压力表；12—滤油器；13—连杆；14—十字头；15—十字头销；
16—气缸；17—凸轮；18—杠杆；19—柱塞阀；20—球阀；21—吸油管；22—油槽；23—顶杆

输送机油润滑曲轴、连杆、十字头等传动系统，润滑油池位于机架内底部，通过粗滤器、油冷却器后，吸进齿轮泵，增压后通过精滤器进入压缩机内润滑部位，最后又流回油池；另一套靠注油器将压缩机油压入气缸进行润滑，油进入气缸后即随压气排走。

17.2.2.5　调节系统

空压机站生产的压气，主要供井下风动工具使用，由于井下风动工具开动的台数经常变化，因此耗气量也经常变化。当耗气量大于空压机的排气量时，可启动备用压缩机。当耗气量小于空压机的排气量时，多余的压气虽然可以暂时储存在风包中，但如时间较长、风包内压气数量较多，风压增加太大，容易产生危险，因此必须对空压机的排气量进行调节。如果这种情况持续时间较长，可以暂停部分运转的空压机，如果持续时间较短时，则不能通过经常开、停空压机的办法来调节空压机的排气量，此时就需要借助空气机的调节系统来进行调节。空压机的调节系统主要由减荷阀和压力调节器所组成，其常用的调节方法有如下几种：

（1）打开进气阀调节。如图 17-16 所示，图中左侧为压力调节器，由缸体 1、滑阀 2（带有阀杆 3）和弹簧 4 等组成，经管 5 与风包或压气管相连，用管 6 通往减荷装置。

当风包中风压正常时，弹簧 4 把滑阀 2 推到缸内最上端位置，此时管 5 被滑阀上端面堵死。当风包中风压超过正常值时，高压空气会把滑阀 2 压到下侧位置，使管 5 和管 6 连通。此时风包中的压缩空气进入减荷装置 7 的缸体内，推动活塞 8 克服弹簧 9 的弹性力而向下移动，利用杆 10 的叉头将进气阀 11 的阀片压开，气缸 12 与大气相通。当气缸的活塞左行时，气

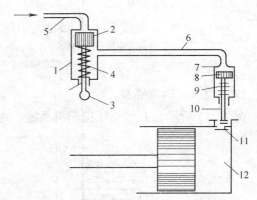

图 17-16　打开进气阀调节示意图
1—缸体；2—滑阀；3—阀杆；4—弹簧；5—通风包风管；
6—通减荷器风管；7—减荷装置；8—活塞；
9—弹簧；10—叉头杆；11—进气阀；12—气缸

缸进气；右行时，又将吸进气缸的气体由进气阀排出，此时空压机空转，不向压气管网供应压气。

对于双作用式气缸，可将两侧工作腔的进气阀分别连接两个压力调节器 A 和 B，同时将两个压力调节器的动作压力、恢复压力整定成不同的值，则可实现 100%、50%、0% 排气量的三级调节。当风包中压力升到某一额定数值时，压力调节器 A 起作用，打开气缸一侧的进气阀，排气量减为额定值的 50%。如此时排气量仍然大于耗气量，则风包中压力继续上升，压力调节器 B 随后起作用，打开气缸另一侧的进气阀，压缩机进入空转。恢复情况类似。

这种调节方法简便易行，缺点是调节器动作时，负荷立即下降，产生的惯性力较大。为了减小这一惯性力，往往需要加大飞轮质量以产生较大的惯性。

（2）关闭进气管调节。目前矿山使用的 L 型压缩机也有采用关闭进气管的调节方式，其结构简图如图 17-17 所示。与打开进气阀调节方法一样，关闭进气管的调节方式也是靠压力调节器来控制调节的。当风包中风压超过整定值时，压力调节器起作用，风包中的高

压风通过管路进入减荷缸，推动活塞带动盘形阀克服弹簧的压力而向上移动，把进气管路堵死，从而使压缩机不能进气，因而也不能排气，压缩机空转。风包中风压降低时，其作用与打开进气阀调节时类似。

为了空载启动压缩机，启动前把活塞托起，封闭进气管，于是压缩机在空载下启动。在压缩机转数达到额定值时，再转动手轮利用弹簧使活塞连同盘形阀一起下降，恢复原位，进气管打开，压缩机开始正常工作。

（3）改变余隙容积调节。如图17-18所示，气缸壁上带有附加的余隙容积，此附加余隙容积靠阀的作用可以和气缸连通或隔断。当风包中压力增大超过规定值时，压力调节器起作用，压气通过压力调节器后沿风管进入减荷气缸内，克服弹簧的作用，推动活塞，将阀打开而使余隙容积增大，压缩机的排气量减小。

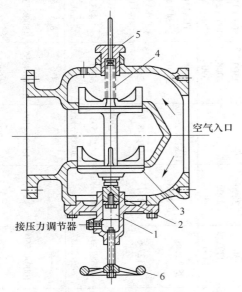

图 17-17 关闭进气管调节减荷装置
1—减荷缸；2—活塞；3—盘形阀；4—弹簧；
5—调节螺母；6—手轮

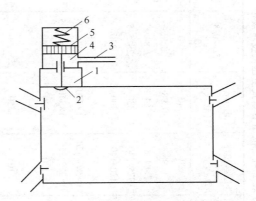

图 17-18 改变余隙容积调节示意图
1—附加余隙容积；2—阀；3—风管；4—减荷气缸；
5—活塞；6—弹簧

用改变余隙容积调节时，往往在气缸上带有四个附加的由不同压力调节的余隙容积，分别由四个压力调节器控制。当各个余隙容积依次和气缸连通时，压缩机的排气量将逐步减少25%左右，于是能进行五级调节，分别给出100%、75%、50%、25%和0%的排气量。矿山常用L型空压机的技术特征见表17-1。

17.2.2.6 安全保护系统

为防止空压机在运转中发生事故，一般都设有两级安全阀：一级安全阀安装在中间冷却器上；二级安全阀安装在风包上。当各级空气压力超过整定压力时，安全阀自动开启，使一部分压缩空气泄漏到大气中。在大、中型空压机上必须设置下列安全保护装置。

（1）安全阀。安全阀是压气设备的保护装置。当系统压力超过某一整定值时，安全阀动作，使压缩气体泄于大气，系统压力随之下降，从而保证压气设备运行中某系统压力在整定值以下。

表 17-1　低压活塞式空压机技术规格

技术规格＼型号	3L-10/8	L_2-10/8-1	41-20/8	$L_{3.5}$-20/8 / $2L_{3.5}$-20/8	KC10M（立式）	5L-40/8	$L_{5.5}$-40/8	L_8-60/7（L_8-60/8）	7L-100/8	L_{12}-100/8	$2D_{12}$-100/8
压缩机 排气量/(m³·min⁻¹)	10	10	21.5	20	40	40	40	60	100	100	100
进气压力/0.1MPa	0.98	0.98	0.98	0.98	0.98	0.98	0.98	0.98	0.98	0.98	0.98
排气压力/0.1MPa	7.84/8	7.84/8	7.84/8	7.84/8	7.84/8	7.84/8	7.84/8	6.86/7(7.84/8)	7.84/8	7.84/8	7.84/8
转速/(r·min⁻¹)	480	980	400	975/730	330	428/585	600	428	375	428	500
行程/mm	200	120	240	120/140	300	240	180	240(220)	320	280	240
气缸数×气缸直径/mm 一级	1×300	1×275	1×420	1×380/420	1×570	1×580/505	1×560	1×690(710)	1×840	1×820	1×820
二级	1×180	1×170	1×250	1×220/250	1×340	1×240/295	1×340	1×400(420)	1×500	1×480	1×480
轴功率/kW	<60	<55	≤118	120	230	240	210	302/≤320	530	≤520	540
排气温度/℃	<160	<160	≤160	105		150	≤160	160	<160	≤160	<160
润滑油消耗量/(g·h⁻¹)		<70	<105	105	350		<150	195	255	≤255	<255
冷却水消耗量/(L·h⁻¹)	<160	<2.4	4	4.8	13	<9.6	9.6	Δ43.1/14.4	25	≤25	<24
外形尺寸 长/mm	1898	1550	2260	1840	5200		2378	2485(2500)	2950	2860	4480
宽/mm	875	924	1550	850	3200		1500	1800(1830)	1850	2070	2050
高/mm	1813	1275	1935	1420	2500		2008	2400(2490)	2890	2660	3090
净重/kg	1700	1300	2800	1800	8900		390	750/6000	120000	10000	10000
电动机 型号	JR-115-6/JR-115-6	JQ₂-91-6	JR127-8	JS-125-6/JR127-6	TZK-140-20/8 / JQR148-10	TDK118/26-10	TDK-99/27-10	TDK116/34-14 (TDK118/30-14)	TDK173/2-16	TDK143/29-14	TDK143/25-12
额定功率/kW	75	55	130	13	250	250/230	250	350	550	560	550
额定转数/(r·min⁻¹)	972	980	730	975/730	333 1/3	428/595	600	428	375	428	500
额定电压/V	220/380	380	220/380	380/220	3000/6000	3000/6000	6000	6000	6000	6000	6000
储气罐 容积/m³		1.5	2.5	2.5	4.6		4.5	8.5(6)	12.7	10	10
直径×长度/mm		1000×2260	1100×3500	1000×3560	1300×4100		1216×4355	1500×5340	1800×620	1600×5485	1600×5500
重力/N		4200	8700	6300	11200		15000			20500	21000

安全阀的种类很多，图 17-19 所示为弹簧式安全阀。当系统压力大于弹簧 3 的预压力时，阀芯 2 向上运动，压缩气体经阀座 1 与阀芯 2 的环形间隙排向大气。当系统压力下降，对阀芯 2 的总压力小于弹簧力时，阀芯 2 向下落在阀座 1 上，停止排气。调整螺钉 4 可调整弹簧 3 的预压力，从而可调节安全阀的开启压力。通过手把 6 可进行人工放气。

（2）压力继电器。压力继电器的作用是保障空压机有充足的冷却水和润滑油，当冷却水压或润滑油油压不足时，继电器动作，断开控制线路的接点，发出声、光信号或自动停机。图 17-20 所示为压力继电器的动作原理图，当油或水管接头 1 中的压力低于某一值时，薄膜 2 上部的弹簧 4 使推杆 5 下降，电开关在本身弹簧力作用下，电接点 6 断开。

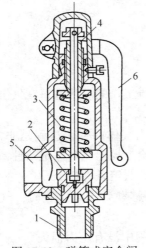

图 17-19　弹簧式安全阀
1—阀座；2—阀芯；3—弹簧；4—调整螺钉；
5—排气口；6—手把

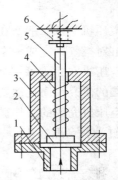

图 17-20　压力继电器的动作原理
1—管接头；2—薄膜；3—继电器外壳；4—弹簧；
5—推杆；6—电接点

（3）释压阀。释压阀的作用是防止压气设备爆炸而装设的保护装置。当压缩空气温度或压力突然升高时，安全阀因流通面积小，不能迅速将压缩空气释放。而释压阀的流通面积很大，可以迅速释压，对人员和设备起到保护作用。

释压阀的种类很多，图 17-21 是常用的活塞式释压阀，主要由气缸、活塞、保险螺杆

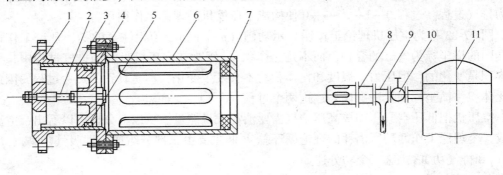

(a)　　　　　　　　　　　　　　　(b)

图 17-21　释压阀的构造和安装位置
1—卡盘；2—保险螺杆；3—气缸；4—活塞；5—密封圈；6—保护罩；
7—缓冲垫；8—释压阀；9—排气管；10—闸阀；11—风包

和保护罩等部件组成。释压阀一般安装在风包排气管正对气流方向上，当压气设备由于某种原因，压缩空气压力上升到（1.05±0.05）MPa 时，保险螺杆立即被拉断，活塞冲向右端，使管路内的高压气体迅速释放。

（4）温度保护装置。温度保护装置的作用是保障空压机的排气温度及润滑油的温度不致超过设定值。此类装置有带电接点的水银温度计，当温度超限时，电接点接通，发出报警信号或切断电源。

17.3　活塞式空压机的工作理论

17.3.1　活塞式空压机的理论工作循环

17.3.1.1　假定条件

活塞式空压机是依靠活塞在气缸中的往复运动来进行工作的。活塞每在气缸中往复运动一次，气缸对空气即完成一个工作循环。

活塞式空压机在完成每一个工作循环过程中，气缸内气体的变化过程是非常复杂的。为了便于问题的研究，简化次要因素的影响，需要从理论上提出几个假定条件。在假定条件下活塞式空压机完成的工作循环称为理论工作循环，其假定条件如下：

（1）气缸没有余隙容积。气缸在排气终了，即活塞移动到端点位置时，气缸内没有残留的空气。

（2）吸、排气管道及气阀没有阻力。吸气和排气过程中没有压力损失。

（3）气缸与各壁面间不存在温差。进入气缸的空气与各壁面之间没有热量交换，压缩过程中的压缩指数保持不变。

（4）气缸压缩容积绝对密封，没有气体泄漏。

17.3.1.2　理论工作循环

在以上假定条件下，空压机工作时，气缸内压力及容积变化情况如图 17-22 所示。当活塞自 0 点向右移动至 1 点时，气缸在压力 p_1 下等压吸进气体，0~1 称为吸气过程。然后活塞向左移动，自 1 压缩至 2，1~2 称为压缩过程。最后将压力为 p_2 的气体排出气缸，2~3 称为排气过程。过程 0—1—2—3—0 便构成了压缩机的理论工作循环。

图 17-23 称为空压机理论工作循环示功图（p–V 图）。值得注意的是，理论工作循环示功图的横坐标为气缸的容积，而不是比体积 v。因为在空压机吸气和排气过程中，气体的容积是变化的，但压力、温度和比体积均不会发生变化，不是真正的热力过程，因此如用比体积作横坐标则无法准确表述这两个过程。

空压机把低压空气压缩成高压空气需要消耗大量能量。从以上分析可以看出，空压机完成一个理论工作循环所消耗的理论循环总功 W 主要由三部分组成，即吸气功 W_1、压缩功 W_2 和排气功 W_3，这三个功分述如下：

（1）吸气功。吸气功即吸气过程中，气缸中的压力为 p_1 的气体推动活塞所做的功。若活塞面积为 S，活塞从外止点到内止点所走过的距离称为行程 L，则吸气功可按式（17-1）计算：

$$W_1 = p_1 SL = p_1 V_1 \tag{17-1}$$

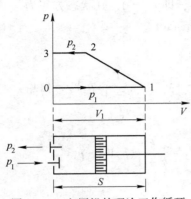

图 17-22 空压机的理论工作循环

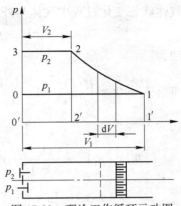

图 17-23 理论工作循环示功图

其值相当于图 17-23 中 0—0′—1′—1 所包围的面积，其中 V_1 为吸气终了时气缸内空气的体积。

（2）压缩功。压缩功即活塞压缩气体所做的功，按式（17-2）计算：

$$W_2 = \int_{V_2}^{V_1} p \mathrm{d}V \tag{17-2}$$

其值相当于图 17-23 中 1′—1—2—2′所包围的面积。

（3）排气功。排气功即活塞将压力为 p_2 气体推出气缸所做的功，按式（17-3）计算：

$$W_2 = p_2 SL_2 = p_2 V_2 \tag{17-3}$$

其值相当于图 17-23 中 2′—2—3—0 所包围的面积，其中 L_2 为排气开始到排气终了的活塞行程，V_2 为排气开始时气缸内空气的体积。

（4）理论循环总功。在研究空压机工作循环时，通常规定：活塞对空气做功为正值，空气对活塞做功为负值，则压缩过程和排气过程的功为正，吸气过程的功为负。因此，一个理论循环的总功为：

$$W = -p_1 V_1 + \int_{V_2}^{V_1} p \mathrm{d}V + p_2 V_2 \tag{17-4}$$

它表示一个理论循环的循环功，即 p—V 中 0-1-2-3 所包围的面积，如图 17-22 所示。

17.3.1.3 不同压缩过程的空压机理论工作循环功

在空压机理论工作循环中，只有压缩过程是真正的热力过程。气体在压缩时，可按等温、绝热和多变过程进行。

A 等温压缩过程

在等温情况下气体状态方程式为

$$p_1 V_1 = p_2 V_2 = pV = \text{constant} \tag{17-5}$$

则总循环功为

$$W = -p_1 V_1 + \int_{V_2}^{V_1} p \mathrm{d}V + p_2 V_2 = \int_{V_2}^{V_1} p \mathrm{d}V \tag{17-6}$$

又因 $p = \dfrac{p_1 V_1}{V}$，代入上式得

$$W = \int_{V_2}^{V_1} p_1 V_1 \frac{\mathrm{d}V}{V} = p_1 V_1 \ln \frac{V_1}{V_2} = p_1 V_1 \ln \frac{p_2}{p_1} \tag{17-7}$$

B　绝热压缩过程

在气体状态变化过程中气体与外界没有热量交换，即 $dQ=0$，其状态方程为

$$pV^k = p_1V_1^k = p_2V_2^k = \text{constant} \tag{17-8}$$

则压缩功为

$$W = \int_{V_2}^{V_1} pdV = \int_{V_2}^{V_1} \frac{p_1V_1^k}{V^k}dV = \frac{1}{1-k} \quad p_1V_1^k(V_1^{1-k} - V_2^{1-k}) = \frac{1}{k-1}(p_2V_2 - p_1V_1) \tag{17-9}$$

总循环功为

$$W = -p_1V_1 + \frac{1}{k-1}(p_2V_2 - p_1V_1) + p_2V_2 = \frac{k}{k-1}(p_2V_2 - p_1V_1)$$

$$= \frac{k}{k-1}p_1V_1\left[\left(\frac{p_2}{p_1}\right)^{\frac{k-1}{k}} - 1\right] \tag{17-10}$$

由式（17-8）及气体状态方程 $\frac{p_1V_1}{T_1} = \frac{p_2V_2}{T_2}$ 可知，绝热压缩终了时的空气温度为

$$T_2 = T_1\left(\frac{p_2}{p_1}\right)^{\frac{k-1}{k}} \tag{17-11}$$

C　多变压缩过程

该过程的状态方程为

$$pV^n = p_1V_1^n = p_2V_2^n = \text{constant} \tag{17-12}$$

总循环功为

$$W = \frac{n}{n-1}p_1V_1\left[\left(\frac{p_2}{p_1}\right)^{\frac{n-1}{n}} - 1\right] \tag{17-13}$$

压缩终了时空气的温度为

$$T_2 = T_1\left(\frac{p_2}{p_1}\right)^{\frac{n-1}{n}} \tag{17-14}$$

压缩机工作时，都是在散热条件下进行的，所以 $n<k$，但压缩后的温度比起点温度要高，所以 $n>1$，因此压缩机的多变指数 n 实际上是在 1 和 k 之间，即 $1<n<k$。

在相同吸气终了状态（p_1，V_1）下，按照不同的压缩过程（等温、绝热、多变）压缩空气至同一终了压力（p_2），将它们的理论示功图画在同一坐标上，如图 17-24 所示，1—2，1—2′，1—2″分别为等温压缩、$1<n<k$ 的多变压缩及绝热压缩线。由图可见，绝热压缩的循环功最大（面积 1-2″-b-a），等温压缩的循环功最小（面积 1-2-b-a）。为此应加强对压缩机气缸的冷却，保证压缩过程释放出来的热量尽快被冷却水带走，从而降低温升，尽量接近等温过程，使消耗的功最小。

17.3.2　活塞式空压机的实际工作循环

活塞式空压机的实际工作循环比理论工作循环复杂，图 17-25 为实际工作循环的示功图，它与理论工作循环示功图的差别在于：

（1）气缸内有余隙容积存在。在止点位置，活塞与气缸盖之间应留有一定间隙，以防止活塞撞击气缸，另外，在气缸至气阀的通道等处，这些空间在排气行程终了均残留有高压气体。当活塞返回运行时，吸气阀不能立即打开，因为余隙中的高压气体的压力高于外界大气压力。活塞继续移动，气缸容积不断增大，压缩空气不断膨胀，压力逐渐降低，直到气缸内气体压力低于外界大气压力时，吸气阀才打开，吸气过程才开始。故从图17-25可以看出，吸气开始前，有一个余隙容积的膨胀过程3—4，它使压缩机吸气量减小，亦即排气量减小。

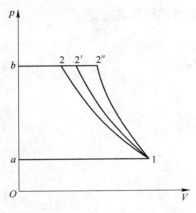

图 17-24　不同压缩过程的循环功

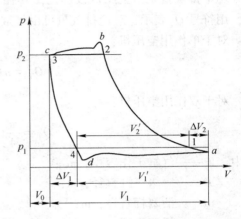

图 17-25　实际压缩循环功

（2）当气体流经吸、排气通道及气阀时有阻力损失。由于打开吸、排气阀需要克服弹簧力，故吸气过程中，实际进气压力要比缸外大气压低，实际排气压力要比缸外气体压力高（见图17-25的吸、排气过程线），因此使循环功加大。

（3）泄漏。因在阀片、活塞环、填料等处不可能做到完全密封，因此空压机正常运行时必然有气体由高压区向低压区泄漏。

压缩机实际循环的示功图可以用弹簧式示功器或电测法，即用压电式示功器和电阻应变式示功器进行测试，如图17-26所示。

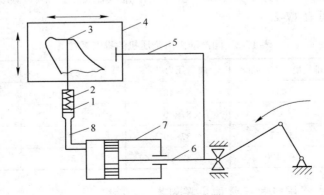

图 17-26　弹簧示功器

1—示功器活塞；2—弹簧；3—笔尖；4—记录纸；5—传动机构；6—活塞杆；7—气缸；8—气管

17.3.3　活塞式空压机的工作参数

17.3.3.1　排气量

空压机的排气量是指单位时间内空压机最末一级排出的气体体积量换算到第一级额定吸气状态下的气体体积量，单位为 m^3/min。排气量可分为理论排气量和实际排气量。

A　理论排气量

理论排气量是指空压机按理论工作循环工作时的排气量，即每分钟内活塞的行程容积，用符号 Q_T 表示，理论排气量可由气缸的尺寸和曲轴的转速确定。

对于单作用空压机：

$$Q_T = nV_g = \frac{\pi}{4}D^2 Ln \qquad (17\text{-}15)$$

对于双作用空压机：

$$Q_T = \frac{\pi}{4}(2D^2 - d^2)Ln \qquad (17\text{-}16)$$

式中　V_g——气缸工作容积，m^3；

　　　D——一级气缸直径，m；

　　　d——活塞杆直径，m；

　　　L——活塞行程，m；

　　　n——空压机曲轴转速，r/min。

对于多级压缩的空压机，上式中的结构参数应按第一级气缸的结构尺寸进行计算。

B　实际排气量

活塞式空压机的实际排气量是指空压机按实际工作循环工作时的排气量。由于影响空压机排气量的主要因素有余隙容积，吸、排气阻力，吸气温度，漏气和空气湿度等，实际排气量用 Q_p 表示，可按式（17-17）计算。

$$Q_p = \lambda Q_T = \lambda_V \lambda_p \lambda_t \lambda_c \lambda_\varphi Q_T \qquad (17\text{-}17)$$

式中　λ——排气系数，它等于实际排气量与理论排气量之比。国产动力用空压机的排气系数见表17-2。

表 17-2　国产动力用空压机的排气系数 λ

类型	排气量/$m^3 \cdot min^{-1}$	排气压力/Pa	级数	排气系数 λ
微型	<1	6.87×10^{-5}	1	0.58~0.60
小型	1~3	6.87×10^{-5}	2	0.60~0.70
V、W 型	3~12	6.87×10^{-5}	2	0.76~0.85
L 型	10~100	6.87×10^{-5}	2	0.72~0.82

C　影响活塞式空压机排气量的主要因素

（1）余隙容积。由实际循环示功图17-25看出，若 V_0 为余隙容积，吸气过程开始前，由于余隙容积中高压气体的膨胀占去了一部分行程，使吸进的气体容积为 V_s'，减少了

ΔV_1，设 $\dfrac{V'_s}{V_T} = \lambda_V$，$\lambda_V$ 称为容积系数。

（2）吸气压力降低。由于吸气压力降低，吸气终了压力小于气缸外原始压力 p_1，所以当折算到压力 p_1 时，还要有一段预压缩，容积又减少了 ΔV_2，吸进气体实际是 V''_s，设 $\dfrac{V''_s}{V'_s} = \lambda_p$，$\lambda_p$ 称为压力系数。它主要受气阀关闭状态的弹簧力及吸气管道的压力波动的影响，一般为 $0.95 \sim 0.98$。

（3）吸气温度升高。在压缩空气时产生大量的热量，机器本身的温度也很高，当大气被吸进压缩机时，空气不断被气阀及气缸等加热，气体受热膨胀，因此，如果吸气压力不变，则充满同样大小的有效容积的空气量就要减小为 V_s。设 $\dfrac{V_s}{V''_s} = \lambda_t$，$\lambda_t$ 称为温度系数，它取决于吸气过程中传给气体的热量，这和压缩比 $\varepsilon = p_2/p_1$ 及冷却情况有关，当压缩比 $\varepsilon = 2 \sim 3$ 时，$\lambda_t = 0.94 \sim 0.98$。

（4）泄漏。泄漏使压缩机排气量减少，用漏气系数 λ_c 来表示其泄漏程度，它取决于机器结构及加工维修质量，一般取 $\lambda_c = 0.9 \sim 0.98$。

（5）湿度。因吸入气体含有水蒸气，在中间冷却器及后冷却器中水蒸气要凝结析出，使排气量减少。因此，需要引入湿度系数 λ_φ，一般取 $\lambda_\varphi = 0.98$。

17.3.3.2　排气压力

活塞式空压机排气压力是指空压机出口的压力。用相对压力度量，用符号 p 表示，单位为 Pa。

17.3.3.3　功率和效率

空压机的功率和效率是评价空压机经济性能的重要指标。空压机消耗的功，一部分直接用于压缩气体，另一部分则用于克服机械摩擦。前者称为指示功，后者称为摩擦功，两者之和为主轴所需的总功，称为轴功。

A　理论功率

空压机在理论循环中所消耗的功率称为理论功率，它可分为等温理论功率和绝热理论功率。

（1）等温理论功率。由式（17-7）可知，压缩 1m^3 空气所消耗的功应为

$$W_{\text{m}^3} = p_1 \ln \frac{p_2}{p_1} \tag{17-18}$$

如果压缩机的排气量为 $Q_p \text{m}^3/\text{min}$，则等温理论功率为

$$N_d = \frac{W_{\text{m}^3} Q_T}{60} = \frac{1}{60} p_1 Q_T \ln \frac{p_2}{p_1} \tag{17-19}$$

（2）绝热理论功率。由式（17-10）可知，绝热压缩 1m^3 空气所消耗的循环功为

$$W_{\text{m}^3} = \frac{k}{k-1} p_1 \left[\left(\frac{p_2}{p_1} \right)^{\frac{k-1}{k}} - 1 \right] \tag{17-20}$$

若排气量为 $Q_p \text{m}^3/\text{min}$，则绝热理论功率为

$$N_{\mathrm{j}} = \frac{1}{60} p_1 Q_{\mathrm{T}} \frac{k}{k-1} \left[\left(\frac{p_2}{p_1} \right)^{\frac{k}{k-1}} - 1 \right] \qquad (17\text{-}21)$$

B　指示功率

压缩机在实际循环中所消耗的功率称为指示功率，如果已知压缩机运转的示功图，并测得指示功为 W_i，机器转数为 n，则指示功率为

$$N_i = \frac{1}{60} W_i n \qquad (17\text{-}22)$$

两级压缩的指示功率为各级指示功率之和。

C　轴功率

原动机传给压缩机轴上的功率称为轴功率。轴功率通常按式（17-23）估算：

$$N = \frac{N_i}{\eta_{\mathrm{m}}} \qquad (17\text{-}23)$$

式中　η_{m}——压缩机的机械效率，一般大、中型压缩机的 $\eta_{\mathrm{m}} = 0.9 \sim 0.95$；小型压缩机的 $\eta_{\mathrm{m}} = 0.85 \sim 0.9$。

空压机的电机功率应为

$$N_{\mathrm{dj}} = (1.05 \sim 1.15) \frac{N}{\eta_{\mathrm{c}}} \qquad (17\text{-}24)$$

式中　η_{c}——传动效率，带传动时 $\eta_{\mathrm{c}} = 0.96 \sim 0.99$；齿轮传动时 $\eta_{\mathrm{c}} = 0.97 \sim 0.99$。

D　效率

压缩机的效率是衡量压缩机经济性的指标，根据所选标准不同分等温效率和绝热效率。

（1）等温效率。等温效率是指等温理论功率与轴功率之比，即

$$\eta_{\mathrm{d}} = \frac{N_{\mathrm{d}}}{N} \qquad (17\text{-}25)$$

现有压缩机的等温效率 $\eta_{\mathrm{d}} = 0.60 \sim 0.75$。

（2）绝热效率。绝热效率是指绝热理论功率与轴功率之比，即

$$\eta_{\mathrm{j}} = \frac{N_{\mathrm{j}}}{N} \qquad (17\text{-}26)$$

实际压缩机的压缩过程更接近绝热过程，所以绝热效率能较好地反映相同级数时，阀片等流通部分阻力损失的影响。

E　比功率

空压机的比功率（单位是 $kW \cdot m^3/min$）是排气压力相同的机器单位排气量所消耗的功率，其值等于压缩机轴功率与排气量之比，即

$$N_{\mathrm{b}} = \frac{N}{Q_{\mathrm{p}}} \qquad (17\text{-}27)$$

比功率是比较工作条件相同（排气压力、进气条件、冷却水入口温度及水耗量）的动力用压缩机的经济性指标。国内生产的空压机的排气量小于 $10 m^3/min$ 的，$N_{\mathrm{b}} = 5.8 \sim 6.3$；排气量大于 $10 m^3/min$ 而小于 $100 m^3/min$ 的，$N_{\mathrm{b}} = 5.0 \sim 5.3$。

17.4　活塞式空压机的两级压缩

活塞式空压机的两级压缩是指将气体的压缩过程分两级进行，并且第Ⅰ级压缩后，将气体导入中间冷却器进行冷却，然后再经第Ⅱ级压缩后排出以供使用。矿用空压机属中压压缩机，排气压力为 0.7~0.8MPa，一般均采用两级压缩。高压压缩机还有采用多级压缩的。

17.4.1　采用两级压缩的原因

（1）节省循环功。压缩机在运行中，即使气缸冷却性能很好，也不可能实现等温压缩，实际上都是接近绝热的多变压缩，见图 17-27 中曲线 1—2。由图可见，它比等温压缩过程曲线要陡，且所需循环功大。

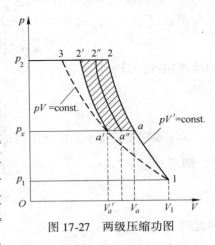

图 17-27　两级压缩功图

当采用两级压缩时，由第Ⅰ级气缸沿 1—a 压缩至压力 p_x 后，气体导入中间冷却器沿 a—a' 进行等压冷却，使气体温度降至初始的 T_1，此时气体容积由 V_a 减至 V'_a，然后进入第Ⅱ级气缸沿 a'—$2'$ 压缩达到终了压力 p_2。可见，采用两级压缩后，比一级压缩节省了 a-a'—$2'$—2 面积的功。从理论上讲，级数越多，压缩过程线越接近等温线，省功越多。但级数过多，将使得机器结构越复杂，体大笨重，增加制造费用。另外，气体通道增加，使流动损失增大运动部件增多，摩擦损失增大，机器效率反而可能降低。所以，一般动力用压缩机都采用两级压缩。

（2）降低排气温度。活塞压缩气体时将放出热量，再加上摩擦生热，使缸内润滑油温度上升，黏度下降，润滑性能下降，导致摩擦加重。同时，温度的上升也会引起润滑油的迅速分解，影响压缩机的正常工作，甚至在气阀或排气管处润滑油分解而积垢，有燃烧和爆炸的危险。因此规定空压机排气温度：单缸不得超过190℃，双缸不得超过160℃，压缩机油的闪点不得低于215℃。所以应选用高闪点的润滑油，尽量降低排气温度。

由空压机排气温度的计算式 $T_2 = T_1 \varepsilon_1^{(n-1)/n}$ 可知，压缩比 ε 越高，排气温度越高。通过计算将不同压缩比的排气温度列在表 17-3 中。

表 17-3　不同压缩比的排气温度

压缩比	排气温度/℃	
2	64	85
4	129	165
6	181	220
8	220	263

从表 17-3 可见，当压缩比 $\varepsilon = 8$ 时，排气温度超过了规定值，所以从安全角度出发，必须降低压缩比，分两级压缩。

（3）提高容积系数。由于提高压缩比，使余隙容积中气体膨胀所占的容积增大，气缸的有效容积减小，容积系数 λ_V 降低，从而降低压缩机的排气量。所以，采用两级压缩可以减小各级压缩比，提高容积系数。

17.4.2　中间压力的确定

由图 17-27 可以看出，中间压力 p_x 的大小影响到各级间功的分配。当总压缩比一定时，应以各级功的总和为最小的原则来确定中间压力。

假定一台两级压缩机中间压力为 p_x，中间冷却完善，即 $T_x = T_1$，每级多变压缩指数均为 n，则两级压缩的总循环功为

$$W = W_1 + W_2 = \frac{n}{n-1}\left\{p_1 V_1\left[\left(\frac{p_x}{p_1}\right)^{\frac{n-1}{n}} - 1\right] + p_x V_x\left[\left(\frac{p_2}{p_x}\right)^{\frac{n-1}{n}} - 1\right]\right\} \tag{17-28}$$

因冷却完善，即 $p_1 V_1 = p_x V_x$，所以

$$W = \frac{n}{n-1}p_1 V_1\left[\left(\frac{p_x}{p_1}\right)^{\frac{n-1}{n}} + \left(\frac{p_2}{p_x}\right)^{\frac{n-1}{n}} - 2\right] \tag{17-29}$$

为了确定总功最小的中间压力 p_x，可求 W 对 p_x 的一阶导数并令其等于零，即 $\mathrm{d}W/\mathrm{d}p_x = 0$，则有 $p_x^{2\frac{n-1}{n}} = (p_1 p_2)^{\frac{n-1}{n}}$ 或 $p_x^2 = p_1 p_2$，即

$$p_x = \sqrt{p_1 p_2} \quad 或 \quad \frac{p_x}{p_1} = \frac{p_2}{p_x} \quad 即 \quad \varepsilon_1 = \varepsilon_2 \tag{17-30}$$

因此有

$$\varepsilon = \frac{p_2}{p_1} = \frac{p_x}{p_1}\frac{p_2}{p_x} = \varepsilon_1 \varepsilon_2 \tag{17-31}$$

可见，采用两级压缩时，为获得最小的总循环功，两级压缩比应相等，并等于总压缩比的平方根。

当 $\varepsilon_1 = \varepsilon_2$ 时，各级的循环功相等，总循环功为

$$W = \frac{2n}{n-1}\ p_1 V_1 (\varepsilon^{\frac{n-1}{2n}} - 1) \tag{17-32}$$

各级压缩终了时的温度亦相等，即

$$T_2 = T_1 \varepsilon_1^{\frac{n-1}{2n}} \tag{17-33}$$

式中　T_1——各级的吸气温度。

由图 17-27 可知，由于中间冷却完善，即 $T_1 = T_a'$，则

$$p_1 V_1 = p_x V_a' \quad 或 \quad \frac{p_x}{p_1} = \frac{V_1}{V_a'} \quad 即 \quad \varepsilon_1 = \frac{p_x}{p_1} = \frac{V_1}{V_a'} \tag{17-34}$$

当两级活塞行程相等时，

$$\varepsilon_1 = \frac{V_1}{V_a'} = \frac{S_1}{S_2} = \frac{D_1^2}{D_2^2} \tag{17-35}$$

式中　S, D——各级气缸的断面积和直径。

由上式可知，只要各级气缸直径保持这种关系就可以实现等压比分配，即消耗功最

小。但实际上压缩机不完全按等压比原则分配，因为压力的分配除了考虑省功这一原则外，还要兼顾其他一些因素，如排气量、各级温度、活塞受力等。所以各级压缩比并不是完全相等。

一般第一级的压缩比取小些，以保证较高的容积系数，使第 I 级气缸尺寸不致过大，即

$$\varepsilon_1 = (0.90 \sim 0.95) \sqrt{\varepsilon} \qquad (17\text{-}36)$$

17.4.3　两级压缩的实际工作循环

两级压缩的实际工作循环，由于各级的冷却程度不可能完全相同，因此压缩过程不同，各级的余隙容积、阻力及惯性力也不一样，故两级的循环功不等。其实际循环示功图如图 17-28 所示。

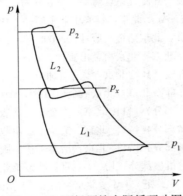

图 17-28　两级压缩实际循环功图

复习思考题

17-1　矿山压气设备主要由哪些部分组成？

17-2　简述活塞式空压机的工作原理。

17-3　活塞式空压机由哪几部分组成，各部分包含了哪些主要部件？

17-4　试结合 $p\text{-}V$ 图分析理论工作循环与实际工作循环的区别。

17-5　空压机的排量受哪些因素的影响，提高空压机供气效率的途径有哪些？

17-6　对空压机排气量进行调节的目的是什么，常用的调节方法和装置有哪几种？

17-7　为什么矿用空压机一般都采用两级压缩？

参 考 文 献

[1] 宁思渐. 采掘机械 [M]. 2版. 北京：冶金工业出版社，1991.

[2] 魏大恩. 矿山机械 [M]. 北京：冶金工业出版社，2017.

[3] 谢锡纯，李晓豁. 矿山机械与设备 [M]. 3版. 徐州：中国矿业大学出版社，2012.

[4] 黎佩琨. 矿山运输及提升 [M]. 北京：冶金工业出版，1984.

[5] 庄严. 矿山运输与提升 [M]. 徐州：中国矿业大学出版社，2009.

[6] 于仁录. 矿山机械构造 [M]. 北京：机械工业出版，1981.

[7] 忻沿正. 矿山机械 [M]. 北京：冶金工业出版，1982.

[8] 于宝池. 现代水泥矿山工程手册 [M]. 北京：冶金工业出版社，2013.

[9] 李宝祥. 金属矿床露天开采 [M]. 北京：北京冶金出版社，1992.

[10] 李晓豁. 采掘机械 [M]. 北京：北京冶金出版社，2011.

[11] 李锋，刘志毅. 现代采掘机械 [M]. 北京：煤炭工业出版社，2007.

[12] 陶驰东. 采掘机械（修订版）[M]. 北京：煤炭工业出版社，1993.

[13] 苑忠国. 采掘机械 [M]. 北京：北京冶金出版社，2009.

[14] 李晓豁. 露天采矿机械 [M]. 北京：北京冶金出版社，2010.

[15] 黄开启，古莹奎. 矿山工程机械 [M]. 北京：化学工业出版社，2013.

[16] 汤铭奇. 露天采掘装载机械 [M]. 北京：北京冶金出版社，1993.

[17] 周恩浦. 矿山机械（选矿机械部分）[M]. 北京：冶金工业出版社，1979.

[18] 陈玉凡. 矿山机械（钻孔机械部分）[M]. 北京：冶金工业出版社，1981.

[19] 李健成. 矿山机械（装载机械部分）[M]. 北京：冶金工业出版社，1981.

[20] 李仪钰. 矿山机械（提升运输机械部分）[M]. 北京：冶金工业出版社，1980.

[21] 王运敏. 现代采矿手册（上、中、下）[M]. 北京：冶金工业出版社，2011.

[22] 杨振宏. 矿山机械设备与运输 [M]. 西安建筑科技大学出版社，1996.

[23] 郎宝贤，郎世平. 破碎机 [M]. 北京：冶金工业出版社，2008.

[24] 张栋林，刘伯华. 地下铲运机 [M]. 北京：冶金工业出版社，2002.

[25] 陈国山. 矿山提升与运输 [M]. 北京：冶金工业出版社，2009.

[26] 王丽，刘训涛，徐广明. 矿山运输与提升设备 [M]. 哈尔滨：哈尔滨地图出版社，2006.

[27] 查丁杰，王永祥. 采掘机械使用与维护 [M]. 徐州：中国矿业大学出版社，2009.

[28] 黄声显. 重型汽车构造与维修（上、下）[M]. 人民交通出版社，1992.

[29] 纽强. 岩石爆破机理 [M]. 沈阳：东北工学院出版社，1990.

[30] 徐小荷，余静. 岩石破碎学 [M]. 北京：煤炭工业出版社，1984.

[31] 王文龙. 钻眼爆破 [M]. 北京：煤炭工业出版社，1984.

[32] 王汉生. 岩石磨蚀性对金刚石钻进岩石可钻性效果的影响 [J]. 有色矿冶，1989（4）：1~5.

[33] 鲁凡. 岩石可钻性分级的讨论及可钻性精确测量 [J]. 超硬材料工程，2007（2）：24~29.

[34] 单守智. 用凿碎比功法预估凿岩机钻眼效果 [J]. 吉林冶金，1989（2）：19~22.

冶金工业出版社部分图书推荐

书 名	作者	定价（元）
中国冶金百科全书·采矿卷	本书编委会 编	180.00
中国冶金百科全书·选矿卷	本书编委会 编	140.00
选矿工程师手册（共4册）	孙传尧 主编	950.00
金属及矿产品深加工	戴永年 等著	118.00
露天矿开采方案优化——理论、模型、算法及其应用	王 青 著	40.00
金属矿床露天转地下协同开采技术	任凤玉 著	30.00
选矿试验研究与产业化	朱俊士 等编	138.00
金属矿山采空区灾害防治技术	宋卫东 等著	45.00
尾砂固结排放技术	侯运炳 等著	59.00
采矿学（第2版）（国规教材）	王 青 主编	58.00
地质学（第5版）（国规教材）	徐九华 主编	48.00
碎矿与磨矿（第3版）（国规教材）	段希祥 主编	35.00
露天采矿学（本科教材）	叶海旺 主编	59.00
选矿厂设计（本科教材）	魏德洲 主编	40.00
智能矿山概论（本科教材）	李国清 主编	29.00
现代充填理论与技术（第2版）（本科教材）	蔡嗣经 编著	28.00
金属矿床地下开采（第3版）（本科教材）	任凤玉 主编	58.00
边坡工程（本科教材）	吴顺川 主编	59.00
现代岩土测试技术（本科教材）	王春来 主编	35.00
爆破理论与技术基础（本科教材）	璩世杰 编	45.00
矿物加工过程检测与控制技术（本科教材）	邓海波 等编	36.00
矿山岩石力学（第2版）（本科教材）	李俊平 主编	58.00
金属矿床地下开采采矿方法设计指导书（本科教材）	徐 帅 主编	50.00
新编选矿概论（本科教材）	魏德洲 主编	26.00
固体物料分选学（第3版）	魏德洲 主编	60.00
选矿数学模型（本科教材）	王泽红 等编	49.00
采矿工程概论（本科教材）	黄志安 等编	39.00
矿产资源综合利用（高校教材）	张 佶 主编	30.00
选矿试验与生产检测（高校教材）	李志章 主编	28.00
选矿原理与工艺（高职高专教材）	于春梅 主编	28.00
矿石可选性试验（高职高专教材）	于春梅 主编	30.00
选矿厂辅助设备与设施（高职高专教材）	周晓四 主编	28.00
露天矿开采技术（第2版）（职教国规教材）	夏建波 主编	35.00
井巷设计与施工（第2版）（职教国规教材）	李长权 主编	35.00
工程爆破（第3版）（职教国规教材）	翁春林 主编	35.00